飞机结构材料环境腐蚀与疲劳分析

穆志韬　李旭东　刘治国
朱做涛　陈定海　苏维国　编著

国防工业出版社

·北京·

内 容 简 介

飞机结构环境腐蚀及腐蚀疲劳是一个复杂的系统工程,所牵涉的学科内容甚广。针对军用飞机的环境腐蚀及腐蚀疲劳问题,作者所在研究团队结合承担的课题进行了多年探索研究,取得了部分研究成果并获初步应用。本书是根据团队部分人员近几年在《航空学报》《机械强度》《腐蚀科学与技术》等30余种期刊上所发表研究论文的汇总,按照飞机服役环境、材料腐蚀失效分析与腐蚀控制、腐蚀形貌特征及腐蚀等级评价、金属腐蚀疲劳、涂层及非金属材料环境失效分析、腐蚀损伤修理6个方面进行了梳理总结。本书所收集论文密切结合工程实际,实用性与理论性较强,对从事结构腐蚀防护与修理领域工程科技人员具有重要参考意义,也可作为有关专业研究生的技术参考资料。

图书在版编目(CIP)数据

飞机结构材料环境腐蚀与疲劳分析/穆志韬等编著. ——北京:国防工业出版社,2014.10
ISBN 978-7-118-09483-1

Ⅰ.①飞… Ⅱ.①穆… Ⅲ.①航空材料 – 结构材料 – 腐蚀疲劳 Ⅳ.①V25

中国版本图书馆 CIP 数据核字(2014)第 183619 号

※

国防工业出版社出版发行

(北京市海淀区紫竹院南路23号 邮政编码100048)
北京奥鑫印刷厂印刷
新华书店经售

*

开本 787×1092 1/16 印张 32¾ 字数 763 千字
2014 年 10 月第 1 版第 1 次印刷 印数 1—2500 册 定价 78.00 元

(本书如有印装错误,我社负责调换)

国防书店: (010)88540777 发行邮购: (010)88540776
发行传真: (010)88540755 发行业务: (010)88540717

前　言

环境适应性是航空武器装备的一种极其重要的质量特性,它直接关系到飞机结构的使用寿命和安全性。飞机结构材料受环境因素作用而发生腐蚀损伤是导致飞机结构环境适应性下降的关键,目前已成为我军现役飞机结构的一种主要损伤形式,也是当前世界各国军用飞机和民用飞机在维修保障中所面临的严峻问题之一。

飞机结构中由于使用了多种大量的高强度金属材料,环境腐蚀损伤使得结构的强度和刚度受到严重的削弱。一方面,腐蚀损伤引起的结构品质的恶化是无法预测的,当腐蚀萌生后,若不加以有效的控制,它将比疲劳损伤发展得更快、更严重;另一方面,高强度金属材料的合金化程度高,对腐蚀敏感性大,在飞行训练中,金属结构件一旦发生腐蚀或腐蚀疲劳失效,往往引起灾难性的后果。为此,许多国家花费巨额经费用于飞机结构的腐蚀防护与快速修理技术研究。

在以美、英为代表的西方国家,从 20 世纪 70 年代开始就十分重视飞机腐蚀防护和腐蚀控制技术的应用研究,相继制定了"航宇武器系统腐蚀预防和控制""防止湿热、盐雾、霉菌"试验标准和要求、"海军飞机腐蚀维修大纲"等大量的配套技术规范,将腐蚀控制贯穿于设计、制造、维护和修理全过程,对新飞机型号研制提出了"优先搞好结构腐蚀控制"的政策,使外军飞机在开发新防护体系、防腐控制手段等方面取得了较快的发展。北大西洋公约组织(NATO)针对海军飞机腐蚀突出的特点,将腐蚀控制工作贯穿于飞机的全寿命管理,特别重视各种抗腐蚀结构细节设计技术和工程分析技术研究,重视维护中早期发现和修复腐蚀损伤,并进行跟踪和预测,使海军飞机在海洋环境中使用具有较高的环境适应能力。

20 世纪 80 年代,美国海军飞机研究中心针对分别在太平洋、大西洋、印度洋、地中海和波斯湾等海域服役的 4 艘核动力和常规动力航空母舰甲板进行了航空铝合金、合金钢、铝锂合金、复合材料和防护涂层的曝露腐蚀试验,研究了舰载环境条件下航空结构材料的腐蚀类型、腐蚀损伤特征及腐蚀损伤发展的动力学规律,验证防腐体系的有效性,并在实验室条件下进行模拟件的加速腐蚀及疲劳试验,再现了舰面甲板曝露试验的腐蚀损伤发展过程,为舰载飞机的结构疲劳寿命评定、腐蚀防护与控制提供了理论基础和大量的试验验证数据。

结构腐蚀损伤缺陷和腐蚀疲劳能加速结构材料件的裂纹扩展、降低材料的断裂韧性、减小结构件断裂的临界裂纹尺寸,从而使结构裂纹形成寿命和裂纹扩展寿命明显缩短。从维修性和经济性方面考虑,腐蚀损伤降低了飞机的可用性,增加了每飞行小时的腐蚀维修工作量。2004 年美国海军相关研究机构统计表明,当年用于海军现役飞机腐蚀维护的费用为 20 亿～30 亿美元,占海军飞机总维护费用的 1/3。如 1983 年美国某型舰载机每飞行小时只需要腐蚀维修达 1 个工时,而到 1997 年由于腐蚀损伤越来越严重,每飞行小时需要腐蚀维修达到 8.7 个工时，严重影响了该型机的出动率和战备完好性。

随着我军现役飞机使用年限的增加，特别是近十几年来，飞机结构受环境腐蚀的问题也日益显得突出，究其原因是多方面的。从飞机设计方面看，总体设计中对飞机结构防腐要求没有明确的指标，表面处理和防腐密封技术还沿用传统的工艺；在结构上选用新的耐防腐材料很少；由于飞机结构越来越复杂，设备大量增加，使整机的可达性、维修性指标下降，造成外场飞机维护困难。从飞机的使用环境看，沿海城市工业发展带来的腐蚀环境越来越恶劣，空气中有害腐蚀物质含量越来越高，海洋盐雾环境加工业废气污染，尤其加剧了海军飞机的腐蚀。从飞机维修情况看，多年来腐蚀防护手段没有大的变革，在可达性下降的情况下，外场防护的范围受到局限；由于经费的困难，国外先进的防腐手段和设备难以引进。鉴于上述诸多因素影响，腐蚀损伤已成为威胁飞行安全的重要因素之一。因此，广泛开展军用飞机结构环境适应性及腐蚀控制技术研究，是军用飞机实现长寿命、良好维修性和结构完整性的重要保障，具有重要的军事意义和经济价值。

针对军用现役飞机的环境腐蚀及腐蚀疲劳问题，作者所在研究团队在总装备部"十一五""十二五"预研项目"现役飞机寿命可靠性工程"、海军科研课题等连续支持下进行了 10 余年的探索研究，取得了一系列的科研成果并获得了初步应用。本书就是研究团队部分成员近几年在《航空学报》《中国工程科学》《腐蚀科学与技术》等 30 余种期刊上所发表部分研究论文的汇总，按照飞机服役环境、材料腐蚀失效分析与腐蚀控制、腐蚀形貌特征及腐蚀等级评价、金属腐蚀疲劳、涂层及非金属材料环境失效分析及腐蚀损伤修理 6 个方面进行了归纳总结。全书由穆志韬负责统稿，参加本书研究工作的还有李旭东、刘治国教员及朱做涛、陈定海、苏维国、柳文林、刘晖、孔光明、邢伟等研究生。

本书在组稿编著过程中得到了海军飞机寿命可靠性研究中心诸多人员的大力协助，特别是书中收集的众多论文研究成果得到了该中心结构腐蚀疲劳专家段成美教授、金平教授、杨晓华教授、陈跃良教授，以及中国直升机设计研究所夏千友研究员、曾本银研究员的指导和帮助，在此表示诚挚的感谢！本书的完成，是课题研究小组全体人员，包括已毕业的研究生共同努力的结果。本书的顺利出版得到了国防工业出版社的大力支持，我们在此表示衷心的感谢。另外，许多参考资料来自国内外文献及已出版的各种著作和手册，在收录的每篇论文参考文献中均有署名，在此对这些作者一并致谢。

飞机结构的环境腐蚀及腐蚀疲劳问题是一个复杂的系统工程，所牵涉的学科内容甚广，且各相关技术仍在不断发展和完善之中，加之作者水平所限，书中所收集的研究论文存在疏漏和不足，甚至谬误之处在所难免，敬请广大读者、同行批评指正。

编者

2013 年 11 月

目　录

第一篇　腐蚀环境及环境谱 ·· 1

飞机用 LY12CZ 材料大气腐蚀环境因子灰色关联性研究 ·················· 2

飞机服役环境当量加速腐蚀折算方法研究 ···························· 8

军用飞机结构局部环境谱编制方法研究 ······························ 14

海军飞机结构当量加速腐蚀试验研究 ································ 20

第二篇　结构材料腐蚀失效分析及腐蚀控制技术 ······················ 25

高强度铝合金的腐蚀损伤分布规律研究 ······························ 26

飞机结构主体材料腐蚀损伤特点分析 ································ 31

LY12CZ 铝合金型材构件腐蚀失效动力学规律研究 ···················· 35

某型飞机结构腐蚀的损伤研究 ······································ 39

LD2 铝合金腐蚀行为研究 ·· 43

飞机结构铝合金材料腐蚀行为和腐蚀速率研究 ························ 51

基于中值寿命和特征寿命相当的腐蚀当量折算关系研究 ·············· 56

铝锂合金加速腐蚀损伤概率分布规律研究 ···························· 62

某型飞机机翼大梁腐蚀失效分析 ···································· 69

海军现役飞机的腐蚀损伤失效分析及腐蚀防护 ························ 75

工程应用中的 LY12CZ 型材腐蚀失效分析及腐蚀控制 ················ 83

现役直升机结构腐蚀原因及控制 ···································· 86

航空结构材料的腐蚀失效分析及防腐控制 ···························· 90

飞机结构腐蚀及防护修理 ·· 96

军用飞机的腐蚀检测及监控技术 ···································· 101

飞机结构件中的铝型材剥蚀分析及腐蚀控制技术 ······················ 106

飞机结构主体材料的腐蚀环境与腐蚀损伤特点 ························ 110

现役飞机的结构腐蚀及其控制 ······································ 117

我国现役海军飞机结构腐蚀疲劳研究与发展对策 ···················· 122

某型飞机的结构腐蚀及腐蚀控制 ···································· 132

第三篇　腐蚀形貌特征及腐蚀等级评定技术 ·························· 139

基于图像处理技术的铝合金腐蚀分形特征 ···························· 140

铝合金加速腐蚀形貌灰度特征提取方法 …………………………………………… 145

铝合金加速腐蚀形貌分形特征提取 ……………………………………………… 152

基于分形理论的 6A02 铝合金腐蚀损伤评估 …………………………………… 158

LD2 铝合金加速腐蚀蚀坑演化的 ARIMA 模型研究 ………………………… 164

基于二值图像的铝合金加速腐蚀损伤演化规律研究 ………………………… 173

腐蚀坑应力集中系数影响分析 ………………………………………………… 179

基于图像处理技术的铝合金腐蚀等级评定方法 …………………………… 184

LC3 铝合金材料腐蚀等级评定 ………………………………………………… 190

第四篇　高周疲劳损伤分析技术 ………………………………………… 199

高周疲劳载荷环境下动部件的寿命评估 …………………………………… 200

某型直升机主桨叶配重条甩出故障分析 …………………………………… 205

直升机某动部件飞行状态的载荷分布特点研究 …………………………… 210

直升机飞行动作时间比例改变对动部件疲劳损伤影响分析 ……………… 215

直升机疲劳载荷谱的编制方法研究 ………………………………………… 224

直升机动部件的疲劳损伤与可靠性分析 …………………………………… 229

高周疲劳载荷环境下直升机动部件的损伤容限分析 ……………………… 234

某型直升机主桨叶裂纹扩展寿命研究 ……………………………………… 239

某型直升机尾桨叶安全检查周期的确定方法 ……………………………… 246

动部件疲劳强度减缩系数确定方法研究 …………………………………… 250

断裂性能试验及裂纹扩展寿命分析 ………………………………………… 256

不同裂纹扩展公式的裂纹扩展寿命对比研究 ……………………………… 262

直升机高置信度中值使用飞行谱编制方法研究 …………………………… 267

直升机疲劳载荷谱及空测数据的预处理 …………………………………… 274

直升机疲劳评定技术的应用与发展 ………………………………………… 280

直升机金属动部件的寿命管理 ……………………………………………… 285

直升机结构疲劳寿命评定思想的几点思考 ………………………………… 290

直升机动部件寿命评定技术 ………………………………………………… 295

直升机动部件寿命管理的损伤容限方法 …………………………………… 300

第五篇　结构材料腐蚀疲劳及寿命分析技术 ………………………… 307

预腐蚀铝合金材料裂纹萌生寿命评估 ……………………………………… 308

现役飞机结构腐蚀疲劳及寿命研究 ………………………………………… 315

铝合金材料腐蚀形貌及裂纹扩展分析 ……………………………………… 322

基于马尔科夫链模型的铝合金预腐蚀疲劳裂纹扩展表征 ………………… 328

基于短裂纹的 LD10CZ 铝合金腐蚀预疲劳裂纹扩展 ……………………… 333

腐蚀坑对疲劳裂纹扩展的影响分析 ………………………………………… 341

铝锂合金预腐蚀疲劳退化研究 ……………………………………………… 346

基于腐蚀损伤表征因子的疲劳寿命衰减影响研究 ………………………… 351

腐蚀环境下飞机结构疲劳寿命的分析方法 ………………………………… 358

温度对铝合金材料疲劳短裂纹萌生行为影响的研究 ……………………… 364

腐蚀环境下现役飞机使用寿命的评估 ……………………………………… 370

基于损伤检测的腐蚀疲劳寿命预测概率模型 …………………………… 377

基于神经网络与蒙特卡洛方法的疲劳寿命可靠性分析 ………………… 385

LY12CZ 腐蚀损伤及日历寿命预测的神经网络研究 …………………… 397

LY12CZ 航空铝合金腐蚀疲劳断口研究 ………………………………… 402

LY12CZ 腐蚀疲劳寿命的神经网络研究 ………………………………… 409

飞机使用寿命的跟踪监控与评定 ………………………………………… 415

第六篇　涂层及非金属材料失效分析技术 …………………………… 419

基于灰色神经网络的有机涂层寿命预测研究 …………………………… 420

基于粗糙集的有机涂层腐蚀损伤综合评定模型 ……………………… 426

飞机典型结构件防护涂层耐腐蚀试验对比研究 ……………………… 435

固体发动机结构密封特性分析 ………………………………………… 442

密封结构中超弹性接触问题的有限元分析方法 ……………………… 447

不可压缩超弹性密封圈的回弹特性和载荷衰减分析 ………………… 453

固体发动机工况中密封圈大变形接触应力分析 ……………………… 459

固体发动机密封技术的研究现状与发展 ……………………………… 465

金属裂纹板复合材料单面胶接修补结构应力分析 …………………… 471

金属裂纹板复合材料修补结构的超奇异积分方程方法 ……………… 486

金属裂纹板复合材料胶接修补结构裂纹扩展行为研究 ……………… 499

金属损伤复合材料胶接修补结构力学试验研究 ……………………… 505

第一篇　腐蚀环境及环境谱

飞机用 LY12CZ 材料大气腐蚀
环境因子灰色关联性研究

摘　要: 影响飞机 LY12CZ 材料大气腐蚀的大气环境为灰色系统。选取典型地域大气环境因子(气象环境和介质环境)统计数据,并利用飞机 LY12CZ 材料不同腐蚀年限的大气腐蚀速率计算结果,依据灰色系统理论对影响飞机 LY12CZ 材料大气腐蚀速率的环境因子灰色关联性进行计算分析,量化研究不同环境因子对飞机 LY12CZ 材料大气腐蚀速率的影响程度。研究发现,雾日数和 Cl⁻ 浓度分别为气象环境因子与介质环境因子中对 LY12CZ 的大气腐蚀速率影响最大的环境因子。

关键词: 飞机 LY12CZ;大气腐蚀;腐蚀速率;环境因子;灰色关联

1　引言

LY12CZ 铝合金为飞机主体结构材料,其在飞机服役过程中遭受大气环境作用易发生大气腐蚀[1,2],该类型腐蚀的产生与发展是一个涉及多种环境因素的复杂过程,其影响环境因素可分为气象环境因素和介质环境因素[3,4]。其中:气象环境因素主要包括温度、湿度、降水(含降雨、降雪、雾、凝露等)、降尘等环境因子;介质环境因素主要包括 SO_2、Cl^-、NO_2 等腐蚀性介质环境因子。不同的环境因子对飞机 LY12CZ 铝合金结构大气腐蚀的作用强弱不同[4,5],因而,各环境因子与飞机 LY12CZ 材料大气腐蚀关联性如何以及关联程度如何量化是飞机 LY12CZ 材料大气腐蚀分析的关键性和基础性问题。针对这一问题,本文将影响飞机 LY12CZ 材料大气腐蚀速率的大气环境视为灰色系统[6],依据实测环境因子数据和 LY12CZ 材料大气腐蚀速率计算结果,采用灰色关联理论,对影响飞机 LY12CZ 材料大气腐蚀速率的环境因子灰色关联度进行计算,分析不同环境因子影响飞机 LY12CZ 材料大气腐蚀速率的强弱规律,进而为飞机 LY12CZ 材料环境适应性研究和腐蚀控制研究提供基础性技术依据。

灰色系统理论目前已在材料腐蚀相关研究方面进行应用,主要集中于石油化工、腐蚀性环境因素关联分析和相关结构及材料的腐蚀寿命与可靠性预测研究[7-10],但在飞机铝合金结构材料的腐蚀相关问题研究中灰色系统理论应用目前还是空白。

2　灰色关联分析基本原理

灰色关联是指事物间的不确定关联,灰色关联分析是指采用灰色系统理论,对信息不完全、关系不明确的自主行为与因子构成的灰色系统进行不同因子与主行为或因子间相关程度分析的一种数学方法。其本质思想是基于因子间的影响程度或因子序列的微观或

2

宏观几何接近来分析和确定因子对主行为的影响程度[6]。该分析方法的数量表征通常采用灰色关联度表示,灰色关联度越大,表明因子与主行为的相关性越强。

设参考序列(即主行为序列)为

$$X_0 = \{X_0(k) \mid k = 1,2,\cdots,n\} \tag{1}$$

比较序列(即因子序列)为

$$X_i = \{X_i(k) \mid k = 1,2,\cdots,n\} \quad (i = 1,2,\cdots,m) \tag{2}$$

令 $M = \max_i\max_k\Delta_i(k)$,$m = \min_i\min_k\Delta_i(k)$,则称 M 为两极最大差,m 为两极最小差。其中:$\Delta_i(k) = |X_0(k) - X_i(k)|$ 为第 k 点 $X_i(k)$ 与 $X_0(k)$ 的绝对差,$\min_k\Delta_i(k)$ 为第一级最小差,表示在 X_i 曲线上各相应点与 X_0 曲线上各相应点的距离的最小值;$m = \min_i\min_k\Delta_i(k)$ 表示在各曲线上找出的最小差 $\min_k\Delta_i(k)$ 的基础上,再按 $i=1,2,\cdots,m$ 找出所有曲线中最小差的最小差。$M = \max_i\max_k\Delta_i(k)$ 的物理意义同两极最小差相似。

因子 $X_i(k)$ 与主行为 $X_0(k)$ 在 k 点的关联系数为

$$\gamma(k) = \frac{m + \xi M}{\Delta_i(k) + \xi M} \tag{3}$$

式中:$\xi \in (0,1)$;$k=1,2,\cdots,n$;$i=1,2,\cdots,m$。

因子数列整条曲线 X_i 与主行为数列曲线 X_0 的关联度可定义为

$$\gamma = \frac{1}{n}\sum_{k=i}^{n}\gamma_i(k) \tag{4}$$

3　大气环境数据与飞机 LY12CZ 材料腐蚀速率数据

为综合、客观考虑不同大气环境因子对飞机 LY12CZ 材料腐蚀速率的影响,选取了横跨 4 个气候带、具有不同环境特点的 7 个典型地域,不同地域多年实测平均处理得到的环境参数见表 1[11]。

表 1　典型地域环境参数

环境因子		地　　域						
		青岛	江津	万宁	琼海	广州	北京	武汉
气象环境因子	温度/℃	12.5	18.4	24.6	24.5	22.4	12	16.9
	相对湿度/%	71	81	86	86	78	57	77
	降雨量/(mm/a)	643	5339	6736	1881.4	1494.4	551.8	1243.5
	相对湿度大于 80%/(h/a)	4049	5339	6736	6314	5048	2358	4871
	雨日数/(d/a)	92	132	122	149	158	65	114
	雾日数/(d/a)	46	24	11	7	4	11	6
	露日数/(d/a)	76	229	122	243	137	75	152

（续）

	环境因子		地　　域						
			青岛	江津	万宁	琼海	广州	北京	武汉
介质环境因子	Cl⁻ 浓度/(mg/m³)		0.1287	0.0054	0.0382	0.0237	0.0056	0.0127	0.0147
	Cl⁻ 沉积率/(mg·m⁻²·d⁻¹)		0.2498	0.0067	0.4353	0.1988	0.0235	0.0049	0.0105
	SO₂ 浓度/(mg/m³)		0.1046	0.234	0.0752	0.0487	0.0318	0.1073	0.1003
	SO₂ 沉积率/(mg·m⁻²·d⁻¹)		0.7042	0.6973	0.0756	0.1822	0.1068	0.4415	0.2756
	NH₃ 浓度/(mg·m⁻³)		0.0290	0.0766	0.0108	0.0311	0.0152	0.026	0.061
	NH₃ 沉积率/(mg·m⁻²·d⁻¹)		0.0396	0.0933	0.0128	0.2843	0.0834	0.0579	0.061
	H₂S 浓度/(mg·m⁻³)		0.0106	0.0048	0	0.0291	0.0071	0.0001	0.0038
	H₂S 沉积率/(mg·m⁻²·d⁻¹)		0.0130	0.0038	0.0220	0.0291	0.0152	0.0001	0.0038
	NO₂ 浓度/(mg/m³)		0.0379	0.066	0.0009	0.0077	0.0352	0.022	0.0887
	雨水	pH	6.1	4.29	5.01	5.9	5.73	5.5	6.35
		Cl⁻/(mg·m⁻³)	11044	1994	7053.5	1873	353		917
		SO₄²⁻/(mg·m⁻³)	81654	31642	4665	9525	13702	81654	11390
	水降	水溶性/(g·m⁻²·30d)	2.2246	31642	1.3753	2.8823	1.2948	7.5334	4.2229
		非水溶性/(g·m⁻²·30d)	4.2949	3.4338	1.1509	0.0661	3.9885	7.8193	11.7784

文献[11]采用幂函数拟合 LY12CZ 试件大气腐蚀的腐蚀失重规律，即

$$C = At^n \tag{5}$$

式中：C 为腐蚀失重(g/m^2)；t 为曝晒时间（年）；A、n 为常数。

统计 LY12CZ 材料于表 1 中 7 个典型地域大气腐蚀数据，数据拟合得到 A 值和 n 值见表 2[11]。

依据表 2 中所列的 A 值和 n 值，对式(5)进行换算，可得到 LY12CZ 材料于不同地域、不同腐蚀年限下的腐蚀速率，选取腐蚀 1 年、3 年、6 年和 10 年四个时间进行计算，具体计算结果见表 3。从表 3 中可见，不同地域的平均腐蚀速率都随着腐蚀年限的增加呈递减趋势变化。此点与 LY12CZ 材料的大气腐蚀机理较为吻合[12,13]：在腐蚀早期，点蚀主要沿着垂直于材料表面方向向内部发展，腐蚀反应速度较快；而在腐蚀后期，点蚀则沿着平行于材料表面方向发展，且腐蚀产物堆积限制了腐蚀反应传质过程，因而腐蚀反应速度减慢。

表 2　LY12CZ 材料典型地域大气腐蚀的 A 值和 n 值

参　数	地　　域						
	青岛	江津	万宁	琼海	广州	北京	武汉
A	7.08	4.06	4.18	0.88	0.80	0.44	0.48
n	0.47	1.01	0.06	0.86	0.97	0.86	0.67

表 3　LY12CZ 材料不同地域、不同大气腐蚀年限下腐蚀速率

地点	平均腐蚀速率/(μm/a)			
	1a	3a	6a	10a
青岛	2.62	1.4649	1.0145	0.7739
江津	1.5	1.0203	0.8309	0.5387
万宁	1.51	0.5512	0.2873	0.1776
琼海	0.31	0.2795	0.2536	0.2361
广州	0.3	0.2867	0.2808	0.2765
北京	0.16	0.1337	0.118	0.1077
武汉	0.18	0.1237	0.0984	0.0832

4　飞机 LY12CZ 材料大气腐蚀环境因子灰色关联分析

依据灰色系统理论[6],影响飞机 LY12CZ 材料大气腐蚀的大气环境是一个元素信息不完整、边界信息不完全的灰色系统,各种环境因子对该材料大气腐蚀的影响构成了一个典型的灰色关联空间,因此适宜采用灰色关联分析方法对影响飞机 LY12CZ 材料大气腐蚀的多种环境因子进行关联度计算,进而实现环境因子对该材料大气腐蚀影响程度的量化研究,并可确定不同环境因子影响程度随日历时间的演变规律。

4.1　飞机 LY12CZ 材料大气腐蚀气象环境因子灰色关联分析

气象环境因子直接决定 LY12CZ 材料结构表面液膜形成、干湿变化频率以及液膜存在时间的长短,进而影响 LY12CZ 材料大气腐蚀的速率。本文将各典型地域气象环境因子作为因子序列,将 LY12CZ 大气腐蚀 1 年、3 年、6 年和 10 年腐蚀速率作为主行为序列,经过无量纲化处理后[6],依据上述灰色关联算法计算得到不同腐蚀年限气象环境因子灰色关联度,如表 4 及图 1 所示。

表 4　LY12CZ 材料不同大气腐蚀年限下气象环境因子灰色关联度

气象环境因子		腐蚀年限/a			
		1	3	6	10
温度	X_1	0.6029	0.6189	0.6494	0.6172
相对湿度	X_2	0.6927	0.7150	0.7122	0.6811
降雨量	X_3	0.5507	0.5679	0.5990	0.5647
相对湿度大于80%日数	X_4	0.6603	0.6802	0.7026	0.6649
雨日数	X_5	0.6478	0.6625	0.6937	0.6561
雾日数	X_6	0.9357	0.9340	0.9017	0.8752
露日数	X_7	0.5413	0.5431	0.5486	0.5622

从表 4 中可见,LY12CZ 材料在不同大气腐蚀年限下气象环境因子灰色关联度排序均未发生变化,其排序为雾日数 > 相对湿度 > 相对湿度大于 80% 日数 > 雨日数 > 温度 > 降雨量 > 露日数。其中,雾日数关联度围绕 0.9 波动,表明雾日数在气象环境因子中对 LY12CZ 材料大气腐蚀影响最大,其后分别为湿度和相对湿度大于 80% 日数。从 LY12CZ 材料大气腐蚀原理可知,LY12CZ 材料大气腐蚀主要是电化学腐蚀[4],材料表面液膜生存周期、干湿交变频率是其腐蚀的先决条件,因而腐蚀过程受雾日数、湿度等关系到液膜形成及驻留周期的气象环境因素影响较大。此点与本文的气象因子灰色关联分析结论较为一致,说明采用灰色关联分析方法可真实并量化反映不同气象环境因子对飞机 LY12CZ 材料大气腐蚀的影响程度。

4.2　飞机 LY12CZ 材料大气腐蚀介质环境因子灰色关联分析

与上述气象环境因子灰色关联分析过程相同,将各典型地域介质环境因子作为因子序列,将 LY12CZ 材料大气腐蚀 1 年、3 年、6 年和 10 年腐蚀速率作为主行为序列,进行灰色关联度计算,得到不同腐蚀年限介质环境因子灰色关联度,如表 5 所示。

表 5　LY12CZ 材料不同大气腐蚀年限下介质环境因子灰色关联度

介质环境因子			腐蚀年限/a			
			1	3	6	10
Cl$^-$ 浓度		X_1	0.9690	0.9622	0.9467	0.9281
Cl$^-$ 沉积率		X_2	0.9252	0.9005	0.8852	0.8710
SO$_2$ 浓度		X_3	0.8786	0.8885	0.9028	0.9196
SO$_2$ 沉积率		X_4	0.9233	0.9519	0.9425	0.9227
NH$_3$ 浓度		X_5	0.7963	0.8172	0.8272	0.8438
NH$_3$ 沉积率		X_6	0.7096	0.7283	0.7405	0.7561
H$_2$S 浓度		X_7	0.8834	0.8809	0.8714	0.8628
H$_2$S 沉积率		X_8	0.8661	0.8466	0.8323	0.8209
NO$_2$ 浓度		X_9	0.8363	0.8604	0.8789	0.8837
雨水	pH	X_{10}	0.8656	0.8694	0.8519	0.8385
	Cl$^-$	X_{11}	0.9821	0.9554	0.9339	0.9148
	SO$_4^{2-}$	X_{12}	0.9460	0.9362	0.9182	0.9016
沉降	水溶	X_{13}	0.7845	0.7921	0.8057	0.8230
	非水溶	X_{14}	0.8329	0.8524	0.8372	0.8204

从表 5 中可见,大气中 Cl$^-$ 浓度、大气中 Cl$^-$ 沉积率、大气中 SO$_2$ 浓度、大气中 SO$_2$ 沉积率、雨水中 Cl$^-$ 含量、雨水中 SO$_4^{2-}$ 含量等介质环境因子灰色关联度始终位于排序的前面;与之相反,大气中 NH$_3$ 沉积率、水溶性沉降、大气中 NH$_3$ 浓度、非水溶性沉降、H$_2$S 沉积率等介质环境因子灰色关联度始终位于排序的后面。同时,雨水中 Cl$^-$ 含量、SO$_4^{2-}$ 含量介质环境因子灰色关联度随腐蚀年限增加而逐渐减小。

LY12CZ 材料大气腐蚀初期的主要腐蚀形式为点蚀[11-13],在此过程中,Cl$^-$ 进入铝合金钝化膜上的微孔或缺陷会极大加速点蚀发展[14],因而该介质环境因子灰色关联度始终较大。此外,Cl^-、SO_2、SO_4^{2-}等介质因子进入 LY12CZ 材料表面液膜会形成电解液膜并加速铝阳极溶解,因而上述介质环境因子的灰色关联度也排序靠前。因此,采用灰色关联分析方法也较合理地量化分析了介质环境因子对飞机 LY12CZ 材料大气腐蚀的影响程度。

5 结论

本文利用灰色关联分析方法研究大气环境因子对飞机 LY12CZ 材料大气腐蚀的影响程度规律。研究发现:

(1)气象环境因子作为腐蚀的必要因子是 LY12CZ 材料大气腐蚀的首要条件,各因子灰色关联度排序为雾日数 > 相对湿度 > 相对湿度大于 80% 日数 > 雨日数 > 温度 > 降雨量 > 露日数。

(2)介质环境因子作为腐蚀的决定性因子对 LY12CZ 材料大气腐蚀速率起决定性作用。各因子灰色关联度有规律性地发生变化。大气中 Cl^- 浓度、大气中 Cl^- 沉积率、大气中 SO_2 浓度、大气中 SO_2 沉积率、雨水中 Cl^- 含量、雨水中 SO_4^{2-} 含量始终位于排序的前面,对 LY12CZ 材料大气腐蚀影响较大,是主要的介质环境因子。大气中 NH_3 沉积率、水溶性沉降、大气中 NH_3 浓度、非水溶性沉降、H_2S 沉积率始终位于排序的后面,对 LY12CZ 材料大气腐蚀影响相对较小。

参 考 文 献

[1] 张有宏,吕国志,任克亮,等.不同环境下 LY12CZ 铝合金表面腐蚀损伤演化规律研究[J].航空学报,2007,28(1):142 – 145.

[2] 穆志韬,李荻.LY12CZ 铝合金型材构件腐蚀失效动力学规律研究[J].机械工程材料,2003,27(8):18 – 20.

[3] 穆志韬.海军飞机结构腐蚀损伤规律及使用寿命研究[D].北京:北京航空航天大学,2002:23 – 24.

[4] 刘道新.材料的腐蚀与防护[M].西安:西北工业大学出版社,2006.

[5] ROBERGEA P R,KLASSENA R D,HABERECHTB PW. Atmospheric corrosively modeling – a review[J]. Materials and Design,2002,23:321 – 330.

[6] 刘思峰,郭天榜,党耀国.灰色系统理论及其应用[M].北京:科学出版社,1999.

[7] 梁平,杜翠薇,李晓刚,等.X70 管线钢在鹰潭土壤模拟溶液中腐蚀因素灰关联分析[J].腐蚀与防护,2009,30(4):231 – 233.

[8] 李俊键,姜汉桥,陈民锋,等.聚合物驱效果影响因素关联性及适应性分析[J].石油钻采工艺,2008,30(2):86 – 89.

[9] 姜永明,吴明,陈旭,等.某油田埋地管道土壤腐蚀的灰色关联分析[J].腐蚀与防护,2011,32(7):564 – 566.

[10] 刘立涛,王优强.灰色系统理论在油管腐蚀寿命预测中的应用[J].润滑与密封,2006(4):157 – 159.

[11] 曹楚南.中国材料的自然环境腐蚀[M].北京:化学工业出版社,2005.

[12] 胡艳玲,李荻,郭宝兰.LY12CZ 铝合金型材的腐蚀动力学统计规律研究及日历寿命预测方法探讨[J].航空学报,2000,(21):53 – 57.

[13] 王逾涯,韩恩厚,孙祚东,等.LY12CZ 铝合金在 EXCO 溶液中的腐蚀行为研究[J].装备环境工程,2005,2(1):20 – 24.

[14] 管明荣.Cl^- 离子对孔蚀的作用机理[J].济南大学学报,1997,7(3):62 – 64.

(作者:刘治国,李旭东,穆志韬。发表于《腐蚀与防护》,2012 年第 12 期)

飞机服役环境当量加速腐蚀折算方法研究

摘　要：本文依据飞机服役机场地面环境谱与腐蚀损伤等当量原则，建立了环境加速腐蚀当量折算关系，给出了飞机结构主要高强度铝合金材料的当量折算系数 α 及 RH $-$ α、$T-\alpha$ 曲线。依据建立的当量折算关系编制的加速环境谱，对飞机铝合金构件进行加速腐蚀试验研究，得到了温度 T、相对湿度 RH 对环境当量折算系数的影响规律，为飞机结构防腐控制及日历寿命研究提供了工程技术依据。

关键词：飞机结构；环境谱；加速腐蚀；当量关系

1　引言

飞机在服役期间时刻都受到环境因素的作用，整个历程复杂而又漫长。相关研究表明，环境腐蚀是加速疲劳关键部位破坏的重要因素，因此在飞机的使用寿命评定中必须考虑环境因素的影响[1-3]。飞机使用环境包括空中飞行环境和地面停放环境。据有关机种使用资料统计，海军飞机的停放时间占全部日历寿命时间的百分比均在 95% 以上，因此飞机的停放环境是影响飞机腐蚀的主要原因之一。飞机地面停放环境谱是飞机在停放期间所遭受到的真实自然环境，采用该环境谱模拟飞机服役环境而进行长期的腐蚀试验，从时间、经费和技术条件上都是难以实现的。为使环境谱能够有效地应用于工程实践，要建立在试验中可行的当量加速腐蚀折算关系，将飞机停放环境中的腐蚀损伤等当量地折算成在实验室内能再现的当量加速环境谱[4-6]。

2　金属腐蚀的环境度量参量选择

解决腐蚀损伤的等当量关系，首先要选择一个环境腐蚀性的度量参量。飞机金属结构的腐蚀失效主要由电化学腐蚀引起，阳极过程为金属的氧化溶解，其电化学反应通式可写为

$$M \rightarrow M^{n+} + n \cdot e \tag{1}$$

从电化学原理可知，在金属电化学腐蚀中，没有阳极副反应发生时，金属阳极溶解速度可用阳极电流密度表示。对同一个所研究的金属结构，在不同的环境因素作用下，利用所测得的腐蚀电流 I_c 就可以对比金属结构的腐蚀速率。它能够较准确地度量环境对该金属结构腐蚀性的强弱，有较严格的当量关系。因而本文用腐蚀电流 I_c 作为金属腐蚀的表征参数进行不同腐蚀环境之间的当量折算。假设环境作用时间为 t，则 t 时间内金属腐蚀量为

$$\Delta W = \varepsilon \cdot Q = \varepsilon \cdot I_c \cdot t = \varepsilon \cdot i_c \cdot S \cdot t \tag{2}$$

式中:ε 为电化当量;Q 为腐蚀电量;I_c 为电流;S 为金属的面积;i_c 为电流密度。

此外,由于相同金属材料的电化当量 ε 是常数,故衡量环境腐蚀性时,也可用腐蚀电量 Q 作为度量标准。

3　环境谱的当量折算原理

飞机在服役期间,由于环境介质、季节或服役场地等随机因素的变化,飞机结构的腐蚀也是时强时弱呈谱状变化,代表金属腐蚀速率的电流 I_c 也随时间而变化,如图 1 所示。对同一金属结构件(表面积 S 确定),在 $t_1 \sim t_2$ 时间内金属的腐蚀电量可用积分形式表示,即

$$Q = \frac{1}{F}\int_{t_1}^{t_2} I_c(t)\,\mathrm{d}t \tag{3}$$

实验室条件下,对同一结构件,由选定的加速腐蚀试验谱进行试验,如图 2 所示。其试验件的腐蚀电流为 I'_c,在试验时间 $t'_1 \sim t'_2$ 内金属结构的腐蚀电量可表示为

$$Q' = \frac{1}{F}\int_{t'_1}^{t'_2} I'_c(t)\,\mathrm{d}t \tag{4}$$

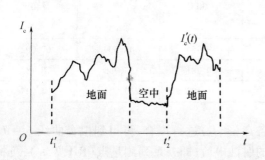

图 1　服役环境的 $I_c - t$ 曲线

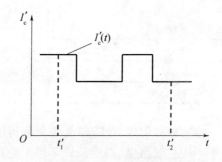

图 2　实验室条件的 $I'_c - t$ 曲线

按腐蚀损伤等效原理,对同一种材料构件,使在服役环境条件中的腐蚀电量 Q 等于在实验室条件下的腐蚀电量 Q',则可建立起两种环境下的等量关系,即

$$\frac{1}{F}\int_{t_1}^{t_2} I_c(t)\,\mathrm{d}t = \frac{1}{F}\int_{t'_1}^{t'_2} I'_c(t)\,\mathrm{d}t \tag{5}$$

I_c 及 I'_c 皆为随时间变化的变量,为使问题简化,将 I_c 及 I'_c 作为常数讨论,并设 $t = t_2 - t_1$,$t' = t'_2 - t'_1$,则式(5)可写成

$$I_c t = I'_c t' \tag{6}$$

为了缩短试验时间 t',达到加速试验目的,可将试验环境条件的腐蚀性加重,如采用提高试验温度、湿度、电解液浓度等方法以提高 I'_c 值。由式(6)得

$$t' = \frac{I_c}{I'_c} t = \alpha t \tag{7}$$

式中:α 为当量折算系数。

环境谱经等损伤当量折算后,试验时间缩短为机场腐蚀时间的 $\frac{1}{2}$,可达到实验室内与机场环境等腐蚀损伤加速试验的目的。

4 环境谱的当量折算方法

4.1 I_c 值的确定

研究环境因素对腐蚀的影响,I_c 的测量必须是对同一构件在不同腐蚀环境下测得,这样才存在折算关系。测量飞机结构上的腐蚀电流 I_c 很困难,尤其是测试仪器的安装受到结构空间及飞行限制。为此,本文采用飞机结构腐蚀严重部位模拟件和机场地面停放环境谱,用人工环境控制箱再现机场的自然腐蚀性环境,把 I_c 的测量转移到实验室内进行,测出该结构件对应的腐蚀电流 I_c。某结构试验件在给定的温度与湿度下测得的 I_c 值见表 1。

表 1 结构试验件的 I_c 测量值

I_c/mA \ T /℃ RH /%	20	25	30	35	40
70	12.027	15.963	19.954	43.509	67.092
80	10.263	19.750	29.281	53.755	78.182
90	1.264	11.211	21.199	47.741	74.247

给定相对湿度,对随温度变化测得的各点 (T, I_c) 进行拟合,可得到拟合曲线 $I_c - T$。对于不同相对湿度、温度及该环境下测得的腐蚀电流,即一系列测量点 (RH, T, I_c),可拟合得到一个三维空间曲面 $I_c - T - RH$。在 $I_c - T - RH$ 空间曲面上对应于表 1 中 $RH = 90\%$ 时的一条曲线(图 3),其拟合方程式为

$$I_c = 42.2668 - 4.86528 \times T + 0.14192 \times T^2 \tag{8}$$

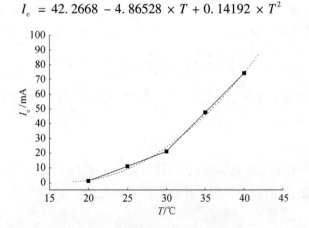

图 3 $RH = 90\%$ 时的 $I_c - T$ 曲线

4.2　当量折算系数的确定方法

为便于实验室内缩短腐蚀试验时间,折算时一般往腐蚀性较强的试验条件上折算。如试验温度20℃,相对湿度70%,测量出该试验件的腐蚀电流为 $I_c(20,70)$;温度40℃,相对湿度90%时测得的腐蚀电流为 $I_{cp}(40,90)$ 。若选择温度40℃,相对湿度90%时的试验条件作为加速试验的基准条件,则定义其当量折算系数为

$$\alpha = \frac{I_c(20,70)}{I_{cp}(40,90)} \tag{9}$$

式中: I_c 为任一环境条件下的腐蚀电流; I_{cp} 为基准条件下的腐蚀电流。

选择温度40℃,相对湿度90%时的试验条件作为基准,把表1中其他环境条件均往温度40℃、RH=90%的条件上折算,所得到的对应当量折算系数见表2。

表2　当量折算系数 α

α　　　　T/℃　　　RH/%	20	25	30	35	40
70	0.162	0.215	0.269	0.586	0.904
80	0.138	0.266	0.394	0.724	0.953
90	0.017	0.151	0.268	0.643	1.000

当试验的基准环境条件改变时,即 $I_{cp} \rightarrow I_{cp1}$, $\alpha_A \rightarrow \alpha'_A$,则 $\alpha_A = \frac{I_c}{I_{cp}}$ 。

$$\alpha'_A = \frac{I_c}{I_{cp1}} \cdot \frac{I_{cp}}{I_{cp}} = \frac{I_c}{I_{cp}} \cdot \frac{I_{cp}}{I_{cp1}} = \frac{\alpha_A}{\alpha_{cp1}} \tag{10}$$

式中: α_A 为基准环境条件下的折算系数; α'_A 为改变环境条件后新的折算系数。

4.3　应用举例

航空铝合金构件的加速腐蚀当量折算试验结果表明,不同的湿度、温度可以折算成一种温度和湿度环境,折算值取决于折算系数 α 的大小。图4给出了水环境介质下的温度 - 相对湿度 - 当量折算系数曲面(T - RH - α 曲面)。从折算结果来看,温度的改变对折算系数的影响要比湿度的变化显著得多。当湿度一定时,温度由20℃升高到40℃,当量折算系数 α 可提高5倍;当温度一定时,相对湿度由60%提高到90%,当量折算系数 α 提高大约2倍。

试验结果表明,材料不同腐蚀当量折算曲线也不同(如铝合金与钢)。但对于同类型的金属材料,由于其腐蚀失效模式基本相同,经试验不同牌号(LY12CZ、LC4CS、LY11CZ)的铝合金材料在温度、湿度谱中的腐蚀折算系数 α 分散性并不大。因此,在图5、图6中给出了高强度铝合金构件在温、湿谱中的腐蚀当量折算系数及温、湿度对当量折算系数的影响规律。

加速腐蚀试验时间的折算办法,由图5、图6中分别查出 T_i 、 RH_i 对应的当量折算系

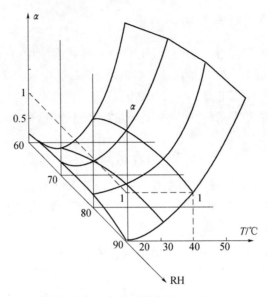

图4   铝合金在水环境中的 $T - \mathrm{RH} - \alpha$

数 α_i,以及要折算到的基准环境条件 T_p、$\mathrm{RH_p}$ 及对应的当量折算系数 α_p,则当量化关系为

$$t_{\mathrm{p}i} = \frac{t_i \alpha_i}{\alpha_\mathrm{p}} \tag{11}$$

则

$$
\begin{aligned}
t_\mathrm{p} &= t_{\mathrm{p}1} + t_{\mathrm{p}2} + t_{\mathrm{p}3} + \cdots + t_{\mathrm{p}i} + \cdots + t_{\mathrm{p}K} \\
&= \sum_{i=1}^{K} t_i \frac{\alpha_i}{\alpha_\mathrm{p}} \\
&= \frac{1}{\alpha_\mathrm{p}} \sum_{i=1}^{K} t_i \alpha_i
\end{aligned} \tag{12}
$$

式中:t_p 为在指定温度、湿度环境下加速腐蚀试验的总时间;K 为服役环境中不同温度、湿度的组合级数。

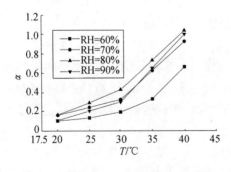

图5   RH $- \alpha$ 曲线

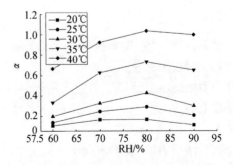

图6 $T - \alpha$ 曲线

4.4   环境谱的当量折算要求

飞机地面停放环境谱的组成较复杂,真实模拟试验时间较漫长,对升温、降温、加湿、

脱湿、介质浓度等试验控制技术要求较高,确定当量折算系数时应以地面停放环境谱为基础加以简化,使之能在实验室内得以实现。对环境谱的当量折算应遵循以下原则:

(1) 与飞机的地面停放环境谱保持严格的腐蚀损伤等当量关系;

(2) 用加重环境腐蚀性的方法提高腐蚀电流,降低作用时间,以达到加速试验过程;

(3) 当量加速谱应尽量简化,以保证试验环境在实验室内易于实现。

飞机服役期间,腐蚀环境影响因素时强时弱。在弱环境下,金属腐蚀量很小,因此,工程应用中仅保留对金属腐蚀贡献量大的因素,剔除腐蚀性贡献小的影响因素,也可实现环境谱的加速。如将服役日历环境中湿润时间保留,将不易产生腐蚀的干燥空气作用时间扣除。据统计某机场湿润时间占全年的32%,而干燥期占68%,则1年中有腐蚀性贡献的时间为365×24×32% = 2800h,另有6000h 的日历时间可剔除,从而也可实现对环境谱的加速。

根据环境谱的当量折算关系,为减少升温、降温、加湿、脱湿等试验环节所需要的时间,应把不同温度和湿度条件下的腐蚀试验折算到同一温度和相对湿度上;同一种材料在不同腐蚀介质中的试验,要通过当量关系转化到同一种腐蚀介质上,且要向腐蚀速率高的环境条件上折算,以便加速构件的腐蚀试验过程,编出工程中易于实现的当量环境谱。

5　结论

(1) 依据法拉第定律和腐蚀损伤相当的原则,提出了编制加速腐蚀当量环境谱的技术方法,建立了不同服役环境条件之间的当量折算关系;采用此折算方法确定了飞机结构高强度铝合金材料在不同温度、湿度条件下的当量折算系数,并在实验室内进行加速腐蚀试验,再现机场环境中飞机构件的腐蚀损伤失效模式。

(2) 试验研究结果表明,不同的湿度、温度可以等当量地折算到实验室内便于实现的一种环境试验条件上,折算值取决于当量折算系数 α 的大小。温度的改变对折算系数的影响要比湿度的变化显著。当湿度一定时,温度由20℃升高到40℃,折算系数 α 可提高5倍;当温度一定时,相对湿度由60%提高到90%,其当量折算系数 α 提高大约2倍。

参 考 文 献

[1] 殷建新,宋智桃.飞机结构腐蚀与使用寿命研究[J].海军航空工程学院学报,2005,20(6):623 – 626.

[2] 穆志韬,段成美.环境腐蚀对 LC4CZ 铝合金结构疲劳寿命的影响分析[J].海军航空工程学院学报,2003,18(3):359 – 362.

[3] 陈跃良,杨晓华.LY12CZ 铝合金力学性能随日历腐蚀环境变化研究[J].海军航空工程学院学报,2002,17(4):477 – 479.

[4] Chen Qunzhi,Li ximing. Investigation of the Corrosion Equivalent Relationships of the Aircraft Structures[A]. The Fourth Sino – Russia Symposium on Aircraft Structure Strength [C]. Xi'an,February 24 – 26,1998.

[5] Chen Y L , Jin P. Study on Local Environmental Spectrum and Accelerated Corrosion Equivalent Spectrum of Aircraft Structure[A]. Fatigue'99[C]. Beijing,1999.

[6] Zhang Qi,Cheng J W , Liu H C. The Study of The Accelerated Corrosion Test Method for High Strength Aluminum[A]. Marine Corrosion and Control[C]. China Ocean Press. 2000.

(作者:穆志韬,柳文林,于战樵。发表于《海军航空工程学院学报》,2007 年第 03 期)

军用飞机结构局部环境谱编制方法研究

摘　要:根据实测得到的某型飞机典型结构温度和湿度数据,采用模糊聚类方法对飞机结构类型进行归并分析,当模糊矩阵阈值 $\lambda = 0.7$ 时,飞机结构可归并为开式、半开式、封闭式三种典型结构。选取典型开式结构,使用回归法建立开式结构温度和湿度预测模型,根据预测模型计算结果对某机场环境谱进行修正计算,编制开式结构局部环境谱,得到的局部环境谱较机场环境谱潮湿空气作用时间比例增加了 1.78%。

关键词:飞机结构;聚类分析;回归法;局部环境谱

1　引言

军用飞机在服役过程中所遭受的环境谱是造成其腐蚀损伤的主要原因。环境谱通常是指飞机结构件所遭到的介质、温度、湿度、应力等因素和时间的联合作用和每种环境因素的强度、持续时间、发生频率以及它们的组合,总体上飞机环境谱包括空中飞行环境谱和地面停放环境谱。军用飞机飞行强度低,大部分时间处于停放状态[1],且部分军用机场环境兼有海洋大气环境和工业大气环境特点[2],因此对军用飞机而言,地面停放环境谱是导致其结构发生腐蚀损伤的主要原因。

飞机的地面停放腐蚀环境根据地理条件、使用情况、结构形式等因素可分为总体腐蚀环境和局部腐蚀环境。总体腐蚀环境是整架飞机各个部位均可能遇到的腐蚀环境,是引起飞机腐蚀的总体环境原因。飞机上某一局部的部件、组合件所处的腐蚀环境条件称为局部环境。由于飞机结构在设计、密封、排水等方面不同造成局部腐蚀环境谱不同于总体腐蚀环境谱,局部环境谱对飞机具体结构腐蚀起决定作用,这就是同一架飞机上有的部位发生腐蚀而有的部位没有发生腐蚀的缘故。因而局部环境谱对研究飞机结构腐蚀损伤至关重要。

目前,文献[3,4]对机场环境谱的编制方法、编制过程进行了深入研究,而由于飞机结构局部环境数据资源以及相关研究资料欠缺,对局部环境谱的研究还非常有限[5-7]。文中根据实测某型机典型结构局部环境数据,采用聚类法和回归法,以右主起舱开式结构为例进行局部环境谱编制方法研究。

2　飞机结构聚类分析

飞机结构千差万别,在编制局部环境谱时,工程上不可能对每一结构局部环境进行分析。因此,编制典型结构局部环境谱之前,应对飞机结构进行聚类分析,将飞机结构归并为几种主要类型。

选取某型飞机典型结构共 15 个,位置及编号见表 1,采用温、湿度测量仪对表 1 中各个位置的温、湿度每隔 1h 测量记录一次,共记录 2 个月的测量数据,部分数据见表 2。其中将测量编号为 2,位置为右翼尖测量点的温、湿度数据视为机场环境温、湿度数据。通过实测数据发现,不同结构的温、湿度数据变化较大,所以文中以机场环境及各个结构的温、湿度数据为依据进行飞机结构聚类分析。

表 1　测量舱室位置及编号

编号	位置	编号	位置
1	主起舱(右)	9	升降舵操纵摇臂(机头)
2	右翼尖	10	中、外翼对接处检查口盖(右)
3	机务舱	11	尾舱
4	驾驶舱	12	发动机排气孔(右)
5	领航舱	13	(停机坪)右机翼尖后部(外)
6	发动机进气道(右)	14	主起落架收放作动筒检查口盖(右)
7	前起舱	15	炸弹舱
8	油量表传感器检查口(后主油箱)	16	液压油箱检查窗口

表 2　典型结构部分温、湿度实测数据

T_1	H_1	T_2	H_2	...	T_{14}	H_{14}	T_{15}	H_{15}	T_{16}	H_{16}
7	77	7	57	...	7	73	10	61	4	73
7	78	7	58	...	7	74	9	62	3	76
...	...	...	...	...	...	...	...	...	...	...
9	67	8	39	...	8	73	9	69	10	62
13	67	12	39	...	10	73	11	65	21	40

依据模糊聚类算法原理[8],根据实测数据计算可得等价模糊聚类矩阵为

$$
R^* = \begin{bmatrix}
1 & 0.9 & 0.8 & 0.9 & 0.7 & 0.6 & 0.6 & 0.7 & 0.8 & 0.6 & 0.6 & 0.6 & 0.6 & 0.6 & 0.6 \\
 & 1 & 0.8 & 0.9 & 0.7 & 0.7 & 0.6 & 0.6 & 0.6 & 0.6 & 0.6 & 0.6 & 0.6 & 0.6 & 0.6 \\
 & & 1 & 0.8 & 0.9 & 0.7 & 0.8 & 0.8 & 0.6 & 0.6 & 0.6 & 0.6 & 0.6 & 0.6 & 0.6 \\
 & & & 1 & 0.6 & 0.8 & 0.8 & 0.8 & 0.7 & 0.6 & 0.7 & 0.6 & 0.6 & 0.6 & 0.6 \\
 & & & & 1 & 0.8 & 0.7 & 0.8 & 0.8 & 0.6 & 0.6 & 0.6 & 0.6 & 0.7 & 0.7 \\
 & & & & & 1 & 0.8 & 0.7 & 0.6 & 0.8 & 0.7 & 0.6 & 0.8 & 0.6 & 0.6 \\
 & & & & & & 1 & 0.9 & 0.8 & 0.6 & 0.6 & 0.8 & 0.7 & 0.7 & 0.8 \\
 & & & & & & & 1 & 0.6 & 0.8 & 0.6 & 0.7 & 0.6 & 0.8 & 0.7 \\
 & & & & & & & & 1 & 0.7 & 0.8 & 0.8 & 0.8 & 0.9 & 0.6 \\
 & & & & & & & & & 1 & 0.9 & 0.7 & 0.8 & 0.6 & 0.7 \\
 & & & & & & & & & & 1 & 0.8 & 0.8 & 0.6 & 0.6 \\
 & & & & & & & & & & & 1 & 0.9 & 0.8 & 0.8 \\
 & & & & & & & & & & & & 1 & 0.8 & 0.7 \\
 & & & & & & & & & & & & & 1 & 0.7 \\
 & & & & & & & & & & & & & & 1
\end{bmatrix}
$$

从上式可知,飞机结构聚类分析阈值 λ 可取 4 个值,分别为 0.6、0.7、0.8、0.9。阈值由小到大变化,聚类由粗变细,文中选取的 15 个典型结构聚类结果阈值变化见表 3。

表 3　不同阈值下舱室聚类结果

阈值 λ	聚类结果
0.6	$\{1,2,\cdots,15,16\}$
0.7	$\{1,6,16\}$,$\{7,8,10,13,14\}$,$\{3,4,5,9,11,12,15\}$
0.8	$\{1,6,16\}$,$\{10,13,14\}$,$\{7,8\}$,$\{3,4,12\}$,$\{5,9,11\}$,$\{15\}$
0.9	$\{1\}$,$\{2\}$,$\cdots$,$\{15\}$,$\{16\}$

其中当阈值 $\lambda = 0.7$ 时,飞机结构聚类分析结果较为合理,飞机结构可压缩、简化为三种类型,根据结构实际构造情况,依次称为开式、半开式、封闭式结构。

3　飞机典型结构温、湿度回归预测模型建立

从表 2 中可见,飞机结构类型不同时,其局部温、湿度数据较机场的温、湿度会发生相应变化。在进行局部环境谱编制时,不可能花费大量时间与精力对飞机局部结构环境数据进行测量。因而考虑以机场环境温、湿度为自变量,典型局部结构环境温、湿度为因变量,建立典型局部结构温、湿度回归预测模型。文中以右主起舱所在的开式结构为例进行分析,根据模型计算结果对机场环境谱进行修正计算编制局部环境谱。

3.1　开式结构温、湿度回归模型适用条件检验

通常,进行线性回归自变量、因变量数据要满足相关性要求,实测的温、湿度数据样本数分别为 673 个,属于小样本问题,相关性可以由温、湿度数据散点图进行观测分析,如图 1 所示。t_1、h_1 与 t_2、h_2 分别表示右主起舱、机场的温、湿度,t_1、t_2 及 h_1、h_2 之间存在明显的线性关系,而 t_1 与 h_1 之间明显不相关。

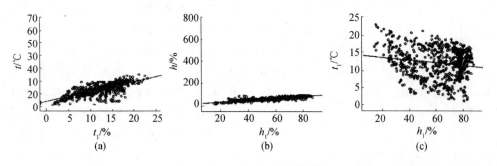

图 1　右主起舱温、湿度散点图

表 4 中列出了右主起舱温、湿度数据与机场温、湿度数据相关系数。从表中可以看出,地面温、湿度与右主起舱的温、湿度相关系数都大于 0.9,说明其相关性较好。

表4　右主起舱温度、湿度与机场温、湿度数据相关系数

变量	样本数/个	显著度	相关系数 R
$t_2 - t_1$	673	0.01	0.97
$h_2 - h_1$	673	0.01	0.905
$t_1 - h_1$	673	0.01	-0.129

3.2　开式结构温、湿度回归模型建立

使用 SPSS 统计软件对右主起舱测量点和机场温、湿度测量数据进行回归分析,得到右主起舱结构温、湿度回归预测模型为

$$\bar{t}_1 = 4.67 + 0.57 \times t_2 \tag{1}$$
$$\bar{h}_1 = 41.91 + 0.52 \times h_2 \tag{2}$$

式中:$\bar{t}_1$ 为右主起舱温度回归预测值;t_2 为机场环境温度;$\bar{h}_1$ 为右主起舱湿度回归预测值;h_2 为机场环境湿度。

3.3　开式结构温、湿度回归预测模型检验

回归模型是否可靠,还需要使用标准化残差直方图与正态 $P-P$ 图对模型进行检验。检验结果如图2~图5所示,残差直方图和 $P-P$ 图都具有正态分布的趋势,所以,上述回归模型是可靠的。

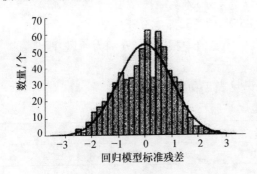

图2　右主起舱温度标准化残差直方图

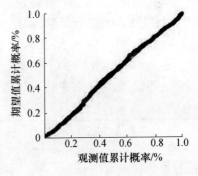

图3　右主起舱温度正态 $P-P$ 图

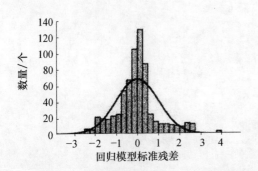

图4　右主起舱湿度标准化残差直方图

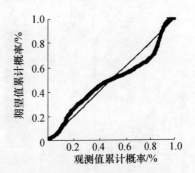

图5　右主起舱湿度正态 $P-P$ 图

4 飞机典型结构局部环境谱编制

利用温、湿度回归预测模型对某机场环境谱[2]进行修正计算来编制某型机开式结构局部环境谱。

当机场温度作用级别为5～30℃时,经式(1)计算右主起舱温度级别为8～22℃,其作用强度等同于机场环境温度为5～30℃的作用强度;当机场环境湿度作用级别为60%～90%时,经式(2)计算右主起舱湿度级别为73%～89%,其作用强度等同于机场环境相对湿度为60%～90%的作用强度。将相对湿度超过70%时的大气视为潮湿空气,因而潮湿空气作用强度包括以下几部分:

(1)11.1%+1.62%=12.72%。其中:11.1%为机场环境相对湿度在60%～90%时的作用强度(百分比为占全年作用时间比例,其他含义与此相同);1.62%为机场环境相对湿度在50%～70%时的作用强度,其经过回归模型计算后作用级别为70%～78%。

(2)雨谱作用强度:6.76%÷2=3.38%。根据实际情况,由于右主起舱位于右机翼下,对机场环境雨谱减半修正,6.76%为机场环境雨谱作用强度。

(3)雾及凝露对右主起舱作用同机场环境状况相同,作用时间比例为6.22%。因此,右主起舱潮湿空气总作用时间比例为:12.72%+3.38%+6.22%=22.32%。

盐雾以及盐雾+工业废气的作用时间比例由潮湿空气加权求得。

(1)盐雾作用时间比例:21.59%×22.32%=4.3%。

(2)盐雾+工业废气作用时间比例16.85%×22.32%=3.38%。

其中,权系数21.59%和16.85%的含义与机场环境谱中相同[2],分别为西风、西北风以及南风全年作用时间比例。

综合上述结果,得到右主起舱局部环境谱见表4和图6。

表4 右主起舱局部环境谱

作用强度	气候类型			
	干燥空气	纯潮湿空气	盐雾+工业废气	盐雾
时间比例/%	77.68	14.64	3.38	4.3
作用时间/h	6054	1955	329	421
pH值	6	3～4		

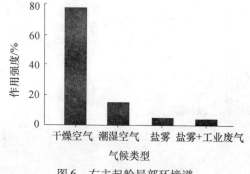

图6 右主起舱局部环境谱

5 结论

采用聚类法和回归法进行飞机结构局部环境谱编制研究。根据模糊聚类计算结果可见,以温、湿度环境数据为依据,飞机结构可以归为开式、半开式和封闭式三种类型。选取右主起舱为例,采用温、湿度回归预测模型对机场环境谱进行修正计算,编制了开式结构局部环境谱,其干燥空气环境作用时间比例与机场环境谱相比有所减少,温度较机场温度低。这主要是因为右主起舱位于右机翼下,阳光不能够直射,加之通风效果稍差,潮湿空气难以蒸发,因而潮湿空气作用比例增加,这与实际情况较符合。文中所用方法同样适用于半开式和封闭式飞机结构的局部环境谱编制。

参 考 文 献

[1] 陈群志.腐蚀环境下飞机结构日历寿命技术体系研究[D].北京:北京航空航天大学,1999.
[2] 穆志韬.海军飞机结构腐蚀损伤规律及使用寿命研究[D].北京:北京航空航天大学,2002.
[3] 陈群志,崔常京,王逾涯,等.典型机场地面腐蚀环境数据库研究[J].装备环境工程,2006,3(3):47-49.
[4] 周希玩.飞机结构的当量环境谱与加速试验谱[J].航空学报,1996,17(5):613-616.
[5] 陈群志,刘桂良,崔常京.军用飞机结构局部环境谱编制的工程方法[J].装备环境工程,2006,3(2):53-56.
[6] 刘文班,李玉海.飞机结构日历寿命体系评定技术[M].北京:航空工业出版社,2004.
[7] 卫振彪,陈明飞,李强.模糊聚类判断在分析12150L柴油机技术状况中的应用[J].科学之友,2008,6(18):5,6.

(作者:刘治国,穆志韬,邹岚。发表于《装备环境工程》,2009 年第 03 期)

海军飞机结构当量加速腐蚀试验研究

摘　要:分析了导致海军飞机结构腐蚀的主要因素,基于飞机地面停放环境谱,采用某型海军飞机机身背鳍角材在某框连接区模拟件,在实验室条件下分别进行当量5、10、15、20、30 a 的加速腐蚀试验,并利用显微镜对试件表面涂层、金属基体材料腐蚀情况进行观察和测量。研究结果表明,结构件当量加速腐蚀与飞机外场服役的腐蚀特征一致,当量加速腐蚀试验时间与外场服役年限相匹配时,基体材料腐蚀程度相当。

关键词:环境谱;加速腐蚀试验;飞机结构

1　引言

目前,我军大多数机种的年平均飞行强度仅有日历时间的 1% ~ 3%[1],有的甚至更低。飞机地面停放时间一般要占到服役时间97%以上,停放的地面腐蚀环境是导致飞机结构腐蚀损伤的主要因素,因此编制飞机地面停放环境谱是研究飞机结构腐蚀损伤的主要依据及工作内容。地面停放环境谱是指飞机在地面停放期间所经受的腐蚀环境 – 时间历程,它应包括地面停放环境中对结构产生腐蚀的各种环境要素的强度、持续性、发生频率以及它们的组合。

以某型海军飞机为例,选取飞机机身背鳍角材在某框连接区模拟件作为试验件,利用课题组在对收集的气象、环境数据进行分析的基础上获得的加速环境谱,在实验室条件下模拟飞机地面停放环境分别进行加速腐蚀试验。利用显微镜观测可知,当量加速腐蚀5a,涂层局部起裂失效;当量加速腐蚀 10a,涂层龟裂明显,金属基体材料孔蚀和轻微剥蚀,铆钉头孔蚀;当量加速 30a,基体材料和铆钉头剥蚀严重。通过对比试验结果与外场使用的实际腐蚀情况,验证加速试验谱和试验方法的可行性和合理性。

2　海军飞机服役环境特点分析

海军机场大都分布在沿海地区,与空军内陆机场相比,受海洋气候影响特别强烈,其特点是:雾季长,温度、湿度较高而且变化大,风、雨天数多,气候变化无常。飞机长期停放在高温、高湿、高盐雾的环境中,有的飞机就停放在海边,水上飞机直接在海上起降,再加上有些机场靠近城市工业区,受附近工厂排出的工业废气的影响,使得海军飞机的使用环境与内陆飞机的服役环境不同,导致海军飞机的腐蚀状况尤为严重[3,4]。

结构件受环境介质、温度、湿度等因素的影响,其腐蚀环境总体上可分为气候环境要素和化学环境要素两大类。

气候环境要素主要有气温、湿度、降水量、风、雾等。飞机在沿海环境条件下发生的自然腐蚀主要是大气腐蚀,而对大气腐蚀程度有决定性影响的是温度和湿度。

影响飞机结构腐蚀的化学环境要素主要有大气污染物(包括 SO_2、SO_3、H_2S 和 NH_3,以 SO_2 为主)、盐雾(Cl^-)。Cl^- 对离海洋区域较近的机场影响较大,它能吸附在金属件表面。Cl^- 增大了表面液膜导电性,本身也具有很强的侵蚀性,因而加速了飞机结构中铝、镁合金材料的腐蚀,主要腐蚀形态为孔蚀、晶间腐蚀和剥蚀。SO_2 主要由工业污染所引起,因此和机场距离城市远近及风向有关,且季节变化明显,它溶解于金属表面薄液膜中,从而形成 H_2SO_3 和 H_2SO_4,对金属具有强腐蚀性。大气中的 SO_2 和 SO_3 还会使降雨形成酸雨。此外,在合金钢件的锈蚀过程中,SO_2 还起到了催化剂的作用。

3　加速腐蚀试验

3.1　试验件

选取海军某型飞机背鳍角材在某框连接区模拟件进行加速腐蚀试验,试验件外形尺寸如图1所示,材料为硬铝合金。

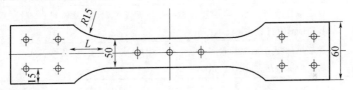

图1　试件外形和尺寸(单位:mm)

3.2　当量环境谱

该型飞机主要在我国东南沿海地区服役,使用环境比较恶劣,属于高温、高湿的海洋大气和工业大气环境。在实验室条件下,用酸性 NaCl 溶液周期浸润,模拟飞机服役环境中酸雨干湿交变情况。课题组通过对该飞机服役机场环境数据的收集和处理,得到飞机地面停放环境当量加速谱。试验要求如下:

(1) 酸性 NaCl 溶液浸泡。5% 的 NaCl 溶液中加入 5% 的稀硫酸使 pH = 4 ± 0.2,溶液温度为(40 ± 2)℃。

(2) 烘烤:在40℃温度和 90% ~100% 相对湿度的潮湿空气中,用远红外线灯照射烘干试件,调节远红外线的功率使试件在临近浸入溶液时恰好被烘干。

加速腐蚀试验在 ZJF - 75G 型周期浸润腐蚀试验箱内进行,一个加速谱周期为30min,浸泡8min,溶液外22min,当量加速腐蚀时间1a的干湿交变次数为23次,当量总时间为11.5h。

3.3　试验内容

加速腐蚀试验前用无水乙醇和柔软毛刷擦除试件表面油污,然后用去离子水清洗、烘干。腐蚀试验时,试件水平放置在绝缘的试件搁架上,试件考核面向上直接接受远红外线灯照射。为避免环境箱工作环境不均匀对试件的影响,每12h随机交换试件位置一次。

每组试验件均为 5 件,分别加速腐蚀当量 5、10、15、20、30a 后将试件取出,用去离子水对试件进行清洗,烘干,放入玻璃干燥器中保存备用。

4　试验结果与分析

分别进行当量 5、10、15、20、30a 后,利用 XTZ - E 型体式显微镜进行观察和腐蚀损伤检测结果见表1。

表1　加速腐蚀试验情况

当量腐蚀时间 /a	腐蚀情况及损伤尺寸
5	金属表面涂层颜色由原来的深黄色变为浅黄色,在显微镜下观察涂层局部失效,有明显开裂现象,最大损伤尺寸达 3.11mm,如图 2 所示;基体材料和铆钉头无明显腐蚀损伤
10	涂层变为浅黄色,在显微镜下观察发现涂层呈龟裂状,最大损伤尺寸 5.53mm;基体材料发生孔蚀,表面出现多个直径约为 0.1mm 的半圆形腐蚀坑,并相互连接,损伤尺寸最大为 1.75mm,如图 3 所示;铆钉头有明显灰色腐蚀斑点
15	涂层变为淡黄色,龟裂严重,最大腐蚀尺寸达 10.43mm,如图 4 所示;基体材料多个蚀孔,相互连接在一起,呈明显剥蚀形貌,最大腐蚀尺寸 2.53mm;铆钉头基体材料剥落
20	涂层颜色淡黄泛白,涂层粉化,腐蚀溶液颜色发黄;基体材料剥蚀,最大损伤尺寸达 4.78mm;铆钉头基体剥蚀严重
30	涂层全部变为灰白色,且多个气泡相互连接,大面积剥落;基体剥蚀严重;铆钉头表面基体材料全部剥落,如图 5 所示

图2　当量腐蚀5a涂层腐蚀情况

图3　当量腐蚀10a基体腐蚀情况

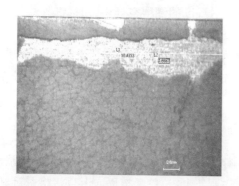

图4　当量腐蚀15a涂层腐蚀情况

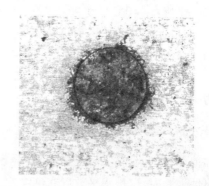

图5　当量腐蚀30a铆钉头腐蚀情况

在加速腐蚀试验前后,分别对同组试件的 5 个试件称重,测量结果见表 2。

表 2　腐蚀失重

当量腐蚀时间 /a		5	10	15	20	30
腐蚀损伤	腐蚀前 /g	2383	2375	2387	2391	2378
	腐蚀后 /g	2382	2372	2382	2384	2365
腐蚀失重率/(g·a⁻¹)		0.2	0.3	0.333	0.35	0.433

将表 2 中的数据点表示在图 6 中,可见随加速腐蚀时间的增长,腐蚀失重速率呈幂函数增长的趋势,假设服从如下规律:

式中:m 为腐蚀失重速率;t 为加速腐蚀时间。

通过数据拟合得:$a = 0.11$,$b = 0.408$。因此,腐蚀失重速率的数学表达式为

$$m = 0.11 \times t^{0.408}$$

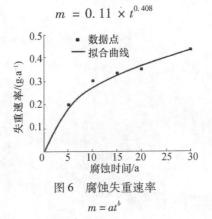

图 6　腐蚀失重速率

$$m = at^b$$

5　结论

(1) 根据试验结果,当量加速腐蚀 5a,涂层局部起裂失效,与外场使用实际情况基本相符,一定程度上验证了加速谱和加速腐蚀试验方法的有效性。

(2) 基体材料当量加速 5a,未见明显腐蚀损伤;当量加速到 10a,基体材料普遍出现蚀孔和轻微的剥蚀;当量加速到 20a,多个蚀孔连成一片,剥蚀严重;到 30a,铆钉头表面整体呈剥蚀形貌。

(3) 随着加速腐蚀时间的增长,腐蚀失重速率呈幂函数增长趋势。

参 考 文 献

[1] 穆志韬,熊玉平.飞机结构主体材料腐蚀损伤特点分析[J].材料保护,2001,34(12):49-50.

[2] 陈群志,李喜明,刘文珽,等.飞机结构典型环境腐蚀当量关系研究[J].航空学报,1998,(4):414-418.

[3] 周希沅,俞树奎.飞机结构环境谱初探[J].航空学报,1992,13(3):121-127.

[4] 刘文珽,李玉海.飞机结构日历寿命体系评定技术[M].北京:航空工业出版社,2004.

(作者:谭晓明,穆志韬,张丹峰、陈跃良。发表于《装备环境工程》2008 年第 02 期)

第二篇 结构材料腐蚀失效分析及腐蚀控制技术

高强度铝合金的腐蚀损伤分布规律研究

摘　要:在飞机大修及外场维护中所检查到的铝合金翼梁腐蚀损伤数据的基础上,利用数理统计的方法,对飞机结构高强度铝合金件在机场使用到一定日历年限后的最大腐蚀深度的统计规律进行了分析研究,建立了高强度铝合金结构件的腐蚀损伤失效模型及统计分布函数。统计结果表明:飞机结构使用到某一日历年限时,最大腐蚀深度较好地服从正态分布规律,在飞机维修工程应用中利用此分布规律可估算出铝合金结构件的最大腐蚀深度。

关键词:铝合金;腐蚀;最大腐蚀深度;统计分析

1　引言

以往在飞机设计中没有明确密封、排水、腐蚀防护等特殊要求和使用中的防腐蚀控制措施。尤其是在沿海及使用环境恶劣的地区,随着飞机使用寿命的增加,飞机结构中70%以上的高强度铝合金材料腐蚀严重。且高强度铝合金所发生的腐蚀是一种局部腐蚀,在同一腐蚀环境条件下,同一架飞机上所发生的腐蚀严重程度差别较大。即使是飞机上同一部位或同一个结构件,因腐蚀的具体环境存在差异,有的地方发生腐蚀,有的不腐蚀。腐蚀坑的深度、面积差异也较大,这主要是高强度铝合金材料腐蚀的发生具有随机性和偶然性。从飞机的外场维护角度来看,外场检查中一旦发现腐蚀部位,按技术要求应立即进行防腐蚀处理,故很难在现役的飞机上得到同一部位腐蚀坑的连续发展数据。因此,本工作用数理统计的方法对检查到的部分腐蚀数据进行了统计处理,研究其腐蚀失效模型及腐蚀损伤规律,以提高外场腐蚀实测数据的应用可靠性。

2　铝合金材料腐蚀失效模型

以往的研究表明,高强度铝合金产生点蚀的最大腐蚀深度服从 Gumbel(I 型极大值)分布[1]。现以 LY12CZ 铝合金型材为例,外场普查到的腐蚀部位其腐蚀过程经历了点蚀、晶间腐蚀、剥蚀,它的最大腐蚀深度服从何种分布类型并不清楚,现以 Gumbel、正态、双参数威布尔分布等分布模型进行检验。其三种分布类型的概率密度函数和分布函数如下:

（1）Gumbel 分布

$$f(x) = \frac{1}{\sigma} e^{-\frac{x-\mu}{\sigma}} e^{-e^{-\frac{x-\mu}{\sigma}}}$$

$$F(x) = \int f(x) \, dx = e^{-e^{-\frac{x-\mu}{\sigma}}}$$

（2）正态分布

26

$$f(x) = \frac{1}{\sqrt{2\pi}\sigma}\mathrm{e}^{-\frac{(x-\mu)^2}{2\sigma^2}}$$

$$F(x) = \int f(x)\,\mathrm{d}x = \int \frac{1}{\sqrt{2\pi}\sigma}\,\mathrm{e}^{-\frac{(x-\mu)^2}{2\sigma^2}}\,\mathrm{d}x$$

（3）双参数威布尔

$$f(x) = \frac{m}{a} \cdot x^{m-1} \cdot \mathrm{e}^{-\frac{xa}{a}}$$

$$F(x) = \int f(x)\,\mathrm{d}x = 1 - \mathrm{e}^{-\frac{x^m}{a}} = 1 - \mathrm{e}^{-\left(\frac{x}{\eta}\right)^m}$$

在对腐蚀损伤数据统计处理时,由于最大腐蚀深度取负值或取 $+\infty$ 都没有意义,因此对积分变量的下限取为 0,上限取结构件腐蚀坑可能的最大腐蚀深度(即最大值为结构腐蚀件的几何厚度)。

3　最大腐蚀损伤深度分布规律分析

某型已使用 10 余年的飞机翼梁的腐蚀深度普查数据见表 1。翼梁缘条的材料为高强度铝合金 LY12CZ,表面经阳极化处理并涂有 H06 – 1012H 航空环氧锌黄底漆。

表 1　飞机翼梁的腐蚀深度

序号	腐蚀深度 d/ mm	序号	腐蚀深度 d/ mm	序号	腐蚀深度 d/ mm	序号	腐蚀深度 d/ mm	序号	腐蚀深度 d/ mm
1	0.9	17	0.7	33	1.8	49	2.1	65	1.0
2	0.7	18	1.5	34	1.9	50	1.0	66	0.9
3	1.8	19	2.4	35	0.4	51	2.1	67	1.9
4	0.7	20	1.3	36	0.6	52	0.7	68	1.6
5	2.0	21	2.2	37	1.1	53	1.8	69	1.4
6	1.3	22	0.3	38	1.2	54	0.6	70	1.4
7	2.3	23	0.9	39	1.7	55	0.5	71	1.1
8	1.1	24	2.1	40	1.5	56	1.7	72	1.2
9	1.2	25	0.8	41	1.2	57	0.9	73	0.3
10	1.6	26	0.4	42	0.6	58	1.2	74	1.7
11	1.6	27	0.5	43	1.4	59	1.4	75	1.8
12	0.8	28	1.9	44	0.3	60	1.3	76	1.7
13	1.3	29	1.6	45	2.2	61	0.6	77	1.5
14	1.8	30	0.8	46	0.8	62	0.8	78	0.4
15	0.9	31	1.5	47	2.0	63	1.5	79	1.6
16	1.7	32	1.3	48	1.3	64	1.0	80	0.5

可将表 1 中翼梁上实测到的腐蚀深度数据按从小到大的顺序重新排列,第 1 号是数值最小的测量值 d_1,第 80 号是数值最大的腐蚀深度测量值 d_{80}。若第 i 号的腐蚀深度测

量值为 d_i，按下式计算腐蚀点的统计概率：

$$P_i = \frac{i}{N+1} \quad (i = 1,2,\cdots,N)$$

式中：N 为腐蚀部位即测量值的总个数，本式样本总数 $N = 80$。

同理，可计算出 $\mathrm{lnln}\frac{1}{P_i}$、$\mathrm{lnln}\frac{1}{1-P_i}$ 的数值，其计算结果见表2。

根据表2计算数据，用 Origin5.0 作图工具，分别采用 Gumbel、正态、双参数威布尔三种分布类型进行拟合检验，用最小二乘法对坐标点进行线性拟合得到的线性方程及相关系数见表3。从拟合结果来看，三种分布类型的拟合结果都具有很好的直线趋势，即三个拟合均为高度线性相关。但 Gumbel（Ⅰ型极大值）分布的线性相关系数为 0.96977，正态分布的线性相关系数为 0.99549，双参数威布尔分布的线性相关系数为 0.98946，均远大于相关系数起码值 $R_{起码} = 0.217$ 且以正态分布线性相关系数最高。由此可见，高强度铝合金翼梁腐蚀深度宜优选用正态分布规律。

腐蚀深度 $d(\mathrm{mm})$ 拟合得到的 Gumbel、正态、双参数威布尔三种分布类型概率密度函数表达式为

$$f(d) = \frac{1}{0.46998} \times \mathrm{e}^{-\frac{d-1.00202}{0.46998}} \cdot \mathrm{e}^{-\mathrm{e}^{-\frac{d-1.00202}{0.46998}}} \tag{1}$$

$$f(d) = \frac{2.27031}{2.27596} \times d^{1.27031} \cdot \mathrm{e}^{-\frac{d^{2.27031}}{2.27596}} \tag{2}$$

$$f(d) = \frac{1}{0.54775 \times \sqrt{2\pi}} \cdot \mathrm{e}^{\frac{(d-1.26375)^2}{2 \times 0.54755}} \tag{3}$$

其概率密度函数曲线如图1所示。

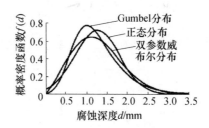

图1　腐蚀深度三种分布类型的概率密度函数 $f(d)$ 曲线

表2　翼梁铝合金型材腐蚀深度有关统计参数计算结果

d_i/mm	P_i	$P_i/\%$	$\mathrm{lnln}\frac{1}{P_i}$	$\mathrm{ln}d_i$	$\mathrm{lnln}\frac{1}{1-P_i}$
0.3	0.01235	1.235	1.48034	− 1.20397	− 4.38824
0.3	0.02469	2.469	1.30868	− 1.20397	− 3.68883
0.3	0.03704	3.704	1.19266	− 1.20397	− 3.27703
0.4	0.04938	4.938	1.10133	− 0.91629	− 2.98294
0.4	0.06173	6.173	1.02425	− 0.91629	− 2.75332
0.4	0.07407	7.407	0.95655	− 0.91629	− 2.56446

（续）

d_i/mm	P_i	$P_i/\%$	$\ln\ln\dfrac{1}{P_i}$	$\ln d_i$	$\ln\ln\dfrac{1}{1-P_i}$
0.5	0.08642	8.642	0.89549	-0.69315	-2.40369
…	…	…	…	…	…
2.2	0.95062	95.06	-2.98294	0.78846	1.10133
2.2	0.96296	96.296	-3.27703	0.78846	1.19266
2.3	0.97531	97.531	-3.68883	0.83291	1.30868
2.4	0.98765	98.765	-4.38824	0.87547	1.48034

表3 腐蚀深度分布类型拟合检验结果

拟合分布类型	拟合的线性方程	线性相关性系数 R	S_D
Gumbel	$Y = 2.13204 - 2.12774 \times d$	0.96977	0.29504
正态	$Y' = 15.91541 + 52.15859 \times d$	0.99549	0.273946
双参数威布尔	$Y'' = 0.82243 + 2.27031 \times \ln d$	0.98946	0.15771

4 利尔福斯法检验

图检验方法简单实用,可以初步推断出高强度铝合金材料最大腐蚀深度服从正态分布,即 $d \sim N(\mu,\sigma^2)$,μ 为均值,σ^2 为方差。但图检法往往不够精确,需采用利尔福斯法进一步检验。用极大似然法对未知参数 μ、σ^2 进行估计:

$$\hat{\mu} = \frac{1}{N}\sum_{i=1}^{N} d_i = 1.26375$$

$$\hat{\sigma}^2 = \frac{1}{N-1}\sum_{i=1}^{N}(d_i - \bar{d})^2 = 0.29981$$

假设检查到的腐蚀深度服从正态分布,即 $F(d) = N(1.2637,0.2998)$,经计算得

$$F(d_i) = \frac{i}{N+1}$$

$$F(d_i)^\# = \phi\left[\frac{d_i - \mu}{\sigma}\right]$$

$$d_n = \sum_{-\infty < d < +\infty}^{max} |F(d_i) - F(d_i)^\#| = 0.09059$$

取检验水平 $a = 0.05$,即其置信水平 $1 - a = 0.95$。查利尔福斯法检验的临界值(d_n,a)表,使得满足 $P\{d_n \geqslant d_{n,a}\} = 0.05$,查表得:$d_{n,a} = 0.1496$。

由于 $d_n = 0.09059 < d_{n,a}$,所以通过假设检验。即高强度铝合金翼梁型材的腐蚀深度符合正态分布规律。

5 高强度铝合金型材的腐蚀规律

一般来说,总体样本服从的分布与腐蚀失效机理和失效模式有很大关系。LY12CZ高强度铝合金一般会发生晶间腐蚀和剥蚀,而不是仅仅发生点蚀。当铝合金材料发生点蚀时,构件上各处的腐蚀深度差异很大,腐蚀孔底部的腐蚀深度要比没有腐蚀孔的区域大得多,因而其腐蚀深度符合极大值分布(Gumbel)的统计规律。机场维护人员检查机体结构腐蚀部位时,由于飞机的使用日历年限已较长,铝合金型材制造的承力构件多在飞机结构内部,被机组人员所能检查到并登记记录的腐蚀部位一般来说腐蚀比较严重,统计测量到的腐蚀深度已达到铝合金材料剥蚀的程度。这主要是高强度铝合金的晶粒之间存在着容易发生腐蚀的阳极相,因此,腐蚀优先沿晶界扩展,在晶界形成连续的阳极溶解通道,即发生晶间腐蚀。在晶间腐蚀过程中,由于腐蚀产物的体积膨胀,在晶界发生"楔入效应"而产生张应力,导致沿晶裂纹的形成和扩大。对于具有平行于表面、有高度方向性的扁平晶粒结构的高强度铝合金型材来说,沿晶裂纹很容易朝着与表面平行的方向扩展,从而使表层的金属发生层状开裂和剥落。飞机铝合金翼梁缘条多为挤压或模锻型材,腐蚀最初期是点蚀,随后就逐渐发展成晶间腐蚀和剥蚀。随着腐蚀的发展,腐蚀深度不但朝着与型材表面垂直的方向扩展,而且还朝着与型材表面平行的方向发展,所以,外场检查到的腐蚀损伤深度较好地符合正态分布统计规律。

参 考 文 献

[1] 谢伟杰,李荻. LY12CZ 和 7075T7351 铝合金在 EXCO 溶液中腐蚀动力学的统计研究[J]. 航空学报,1999,20(1): 34 – 38.
[2] 蒋祖国. 飞机结构腐蚀疲劳[M]. 北京:航空工业出版社,1992.
[3] 任和. 运七机翼腐蚀失效模型及其可靠性分析[J]. 腐蚀科学与防护技术,1998,10(4):212 – 216.
[4] 向定汉. 耐海水腐蚀固体自润滑滑道 TS – 70E 研究[J]. 机械工程材料,2001,25(1):22 – 24.

(作者:穆志韬,熊玉平。发表于《机械工程材料》2002 年第 04 期)

飞机结构主体材料腐蚀损伤特点分析

摘　要:通过对现役飞机腐蚀损伤状况的统计分析,研究了现役飞机结构主体材料在环境腐蚀介质中的疲劳损伤特征和基本破坏失效模式,阐述了今后现役军用飞机在腐蚀环境下疲劳使用寿命和日历寿命研究的相关内容,并对现役军用飞机腐蚀疲劳研究的发展提出一些看法。

关键词:飞机结构;腐蚀疲劳;腐蚀环境谱;腐蚀控制

1　引言

近20年来,随着现役飞机服役时间的增长,特别是20世纪90年代以后,军用飞机使用中由于腐蚀或腐蚀疲劳造成的损伤越来越多,例如,螺钉锈蚀,蒙皮脱漆、变薄,长桁或翼梁缘条发生剥蚀,紧固件及飞机结构上一些重要承力构件出现腐蚀疲劳裂纹等。沿海的海军飞机这类问题更为突出。尤其是海军的特种飞机,如水上飞机、舰载机等常遇到海水、盐雾、潮湿等腐蚀性更强的自然环境,飞机结构在交变载荷和腐蚀环境交互作用下,防腐蚀保护层加速失效、抗疲劳能力降低、飞机的疲劳寿命显著缩短。

2　现役飞机的使用环境特点

飞机结构在使用中经常遭遇化学介质、热和气候因素的侵蚀,严重影响飞机的使用寿命。然而,目前装备部队的现役飞机由于当时技术条件的限制,设计时往往忽视了这些重要的环境因素,导致不少结构件在日历使用期内发生腐蚀疲劳破坏。

飞机使用环境特点研究及环境谱的编制,应首先分析飞机的使用环境状况,选取有代表性的若干个机场,经过数据筛选,删除环境因素中对结构材料腐蚀、涂层老化影响小的参数与作用时间,保留影响大的部分。重点选取的参数是温度、相对湿度、盐雾、凝露、雨、pH值及工业废气等。其中,温度、湿度、雾时及频次、雨时及雨量等要用机场实际环境统计结果。在分析大气污染情况时,应考虑到机场大气污染与其所处地理位置,以及周围污染源方位及风向等因素。编制的机场使用环境谱是飞机预计的真实环境,它可用于大气曝露试验的环境选择和比较,也可用作某些单纯的环境模拟试验的基础;但不能直接用于载荷谱和环境谱同时作用下的环境模拟试验。要进行试验,必须把真实的使用环境谱转换成当量环境谱,并形成用于疲劳试验的载荷/环境谱。

3　飞机结构主体材料的腐蚀失效形式及特征

机体结构材料在海洋大气环境条件下受到盐雾、潮湿、霉菌和工业废气的侵袭,所发生的主要是电化学腐蚀,包括液膜下的电化学腐蚀和局部浸泡在电解质溶液内的电化学腐蚀。军用飞机地面停放时间长,空中飞行时间短,环境腐蚀效应在地面比空中严重得多,受环境条件的影响性大,随机性大,腐蚀类型广泛,且众多的影响因素相互作用。在飞机上不同的部位所产生的腐蚀失效类型,主要有均匀腐蚀、缝隙腐蚀、点蚀、晶间腐蚀、应力腐蚀开裂和腐蚀疲劳等多种形式[1]。

飞机结构件发生腐蚀的形式取决于材料的成分和组织、构件的构造形式以及所处的环境条件和受力状态等。上述几种腐蚀形式交互作用,一般性的腐蚀会增加应力腐蚀的敏感性,并导致飞机结构耐腐蚀疲劳性能降低。我军现役飞机结构的主体材料主要有 LY12CZ、LC4CS、LD5、30CrMnSiA、镁合金等。调查表明,易发生腐蚀的材料主要是铝合金、镁合金和高强度钢,其中以铝合金最为普遍和严重,特别是对晶间腐蚀敏感的 LY12CZ 和 LC4CS 型材。在某型轰炸机的腐蚀普查中机体结构腐蚀件中铝合金占 75% 以上,这些结构件表面一般都涂有防腐蚀涂层,但在使用过程中由于腐蚀介质的侵袭,部分防护涂层失效。当环境相对湿度超过 70%(温度≥20℃)以后,就会达到或接近金属腐蚀的临界湿度,结构件腐蚀加剧,在飞机的不同部位或材料的表面相继产生腐蚀损伤,其腐蚀部位表现出的腐蚀外观特征如下:

(1)铝合金件。铝合金件在飞机上大多用作承力构件的型材及蒙皮。蒙皮的腐蚀一般是漆层大面积脱落、鼓泡、产生点蚀。腐蚀严重部位集中于紧固孔周围、接缝部位及其他连接件的结合面、蒙皮内表面与缘条、长桁、隔框接触的部位。通常机身、机翼和尾翼的下表面蒙皮比上表面蒙皮腐蚀严重。用作承力构件的铝合金型材,腐蚀损伤后缘条鼓起,严重时出现层状剥离外观,腐蚀产物呈灰暗或灰白色的磷片状产物。

(2)钢合金件。飞机结构中使用较多的合金钢件材料是 30CrMnSiA、30CrMnSiNi2A、40CrNiMoA 等以及一些钢镀件、紧固件。钢件腐蚀后轻者出现红褐色锈层,重者出现蚀坑、疲劳裂纹等。合金钢的强度越高,耐蚀能力越差,对应力腐蚀的敏感性就越大。

(3)镁、钛合金件。飞机结构中使用镁或钛合金材料相对比较少。钛合金件的电极电位较高(≥0.1V),一般不易发生腐蚀。镁合金材料电极电位较低,在海洋环境条件下容易产生电化学腐蚀,腐蚀后出现一块块白粉,擦掉则露出蚀坑。如飞机上常见的 ZM-5 合金框架,对应力腐蚀的敏感性比较大。

(4)铜合金件。在飞机上使用也较少,它具有较高的抗蚀性,但在某些特定条件下易产生"冷脆""氢脆"等缺陷。

(5)复合材料件。复合材料作为新型材料,在飞机上的使用范围正逐步扩大,从最初的次要受力构件到现在的主要受力构件。在使用环境及工作应力联合作用下,复合材料结构件会产生溶胀、溶解、化学裂解、渗透、开裂与老化等。这主要是在酸碱等介质的浸蚀作用下引起的高分子化学键的破坏与裂解。

4 飞机结构件的腐蚀疲劳损伤模式及特点

据统计,导致飞机结构材料腐蚀的主要环境介质为高温潮湿空气、盐雾、工业废气、海水、油箱积水以及结构内局部环境积水(据海军飞机使用环境谱统计,潮湿空气即相对湿度≥75%所占比例为全年时间的 20% 左右,盐雾及凝露占 25%)。上述介质可分为腐蚀气体和液体两大类,对飞机结构来说,腐蚀疲劳研究主要是针对材料及结构件在这两类腐蚀介质中的疲劳和裂纹扩展特征。文献[2]统计表明,飞机疲劳受载时间不到日历寿命的1%,99%以上均处于停放状态,且飞行受载过程的腐蚀环境对疲劳强度的直接影响比较小;停放期间环境对飞机结构的腐蚀程度影响极大。因而,这就决定了我军现役飞机结构腐蚀疲劳的基本模式是腐蚀→疲劳→再腐蚀→再疲劳,直至破坏。严格地说,腐蚀与疲劳的纯交替作用几乎是不存在的。表面上的腐蚀—疲劳交替作用,常为两种因素的交互作用创造了条件。如先腐蚀后疲劳,在腐蚀损伤处不仅形成小孔和坑斑,也同时积聚有腐蚀介质,随后的疲劳即使结构总体环境是非腐蚀性的,在损伤处因有局部腐蚀环境的协同作用,仍具有腐蚀疲劳的性质。为了研究问题方便,可视飞机结构的腐蚀疲劳模式为地面腐蚀加飞行中疲劳的交互作用,使飞机结构腐蚀疲劳研究大为简单化。

结构件的腐蚀疲劳特性与材料成分等有关。在同一种腐蚀介质下,不同材料的腐蚀疲劳特点会有显著不同。腐蚀疲劳的最大特点就是交变应力和腐蚀环境的协同作用,二者同时作用于构件并互相促进。一般来说,在腐蚀介质中,绝大部分结构件的疲劳寿命降低,裂纹扩展速率增加。腐蚀介质同时作用造成材料材质的退化,微观分析表明:腐蚀介质一方面在材料表面造成很多小的蚀坑,使结构件表面粗糙度上升,造成局部损伤,形成大量的疲劳源,加速疲劳裂纹的形成,引起疲劳强度降低;另一方面腐蚀介质随裂纹浸入材料内部,在裂尖处高应力区对结构件造成进一步破坏而使裂纹扩展速率加快,裂纹扩展速率加快现象表现在全裂纹扩展曲线的中段(即Ⅱ区)[3]。因而若把腐蚀与疲劳分开作用于结构,得到的寿命并不是真正的腐蚀疲劳寿命。

此外,在飞机的日历寿命期内,绝大部分时间飞机处于停放状态。停机时,飞机结构的应力水平很低,并且没有交变载荷作用。因而,研究疲劳寿命时一般不考虑停放时受载。而对腐蚀疲劳而言,虽停放时飞机不承受疲劳载荷,但此时腐蚀介质可以充分进入疲劳裂纹,当飞行时在交变载荷作用下,裂纹扩展速率明显加快。因此,研究飞机结构的腐蚀疲劳必须考虑日历使用时间,而不仅是空中飞行时间。

腐蚀疲劳在外观上表现出与常规疲劳不同的特征:在腐蚀疲劳条件下,往往同时有多条疲劳裂纹形成(常规疲劳裂纹常只有一条),并沿垂直于拉应力方向扩展[4];腐蚀疲劳断口的源区与疲劳扩展区一般均有腐蚀产物;腐蚀疲劳断裂一般起源于飞机结构件表面腐蚀损伤处(包括孔蚀、晶间腐蚀、应力腐蚀等),大多数腐蚀疲劳断裂的源区及扩展区可见到明显的腐蚀损伤特征,腐蚀疲劳断口呈穿晶及沿晶混合型,断裂表面颜色灰暗、无金属光泽,疲劳条带呈解理脆性特征。

5　现役飞机防腐蚀控制的研究方向

现役飞机结构的腐蚀疲劳及防腐蚀控制研究目前还仅限于部分机型、部分关键结构件和有限的几种典型材料,今后应全面开展对其他型号飞机腐蚀疲劳寿命的评估。为了更好地实现防腐蚀控制,今后需进一步加强如下几个方面的研究:

(1)在现有成果的基础上,补测更多腐蚀环境条件下的材料性能数据,提高腐蚀疲劳试验的技术水平,逐步引入断裂力学的最新研究成果,探索实现从裂纹萌生到临界裂纹长度的全寿命评估手段,发展载荷谱与环境谱协同作用下的寿命预测方法。

（2）腐蚀环境对现役飞机结构寿命的影响很大，但在现有条件下不可能对全机进行腐蚀疲劳试验，如何用材料典型结构件的腐蚀疲劳试验结果来更好地修正全机的使用寿命尚有待进一步研究。评定内容包括低周、高周腐蚀疲劳和谱载腐蚀疲劳以及腐蚀环境谱的当量化折算研究、环境谱与载荷谱的匹配等。

（3）加强现役飞机的腐蚀疲劳机理和理论模型研究，探索总结飞机主体结构材料的腐蚀损伤规律与评估技术。

（4）重点开展腐蚀环境条件下现役飞机的日历寿命和腐蚀损伤容限研究，不仅给出飞机的服役寿命，同时还给出日历寿命及最大允许腐蚀修复程度，确保现役老旧飞机的飞行训练安全[5]。

（5）飞机结构的腐蚀不仅与飞机的设计、选材、制造工艺、使用环境等有关，而且还和外场的维护紧密相连。因此，应建立有效的"现役飞机腐蚀状况监控网络"，以连续地跟踪所有飞机的腐蚀发展情况，进而建立现役军用飞机腐蚀数据库。

（6）引进国外先进的防腐蚀手段、材料、工艺，结合我国现役飞机的特点，加强利用复合材料胶补修理金属腐蚀损伤部位新工艺，研究采用激光仪器强化腐蚀疲劳部位、优化飞机结构的涂层防护体系，尽快制定现役飞机防腐蚀控制维修大纲和规范，加快现役飞机的腐蚀疲劳研究及全寿命跟踪监控，使现役飞机在恶劣的腐蚀环境下具有长寿命、高可靠性。

参 考 文 献

[1] 穆志韬，段成美.飞机结构的腐蚀修理及防护控制技术[J].飞机制造工程，1995(10):16-18.

[2] 陈跃良.飞机结构局部环境加速腐蚀当量谱[J].南京航空航天大学学报，1999,31(3):338-341.

[3] 蒋祖国.飞机结构腐蚀疲劳[M].北京:航空工业出版社，1992.

[4] SaKai T,Ramulu M,Suzuki M. Temperate and Humidity Effects on Fatigue Life Distribution of Carbon Steel[J]. Int J Fatigue,1991,87(3):56-59.

[5] 张福泽.金属机件腐蚀日历寿命的计算模型和确定方法[J].航空学报，1999,20(1):75-79.

（作者：穆志韬，熊玉平。发表于《材料保护》，2001 年第 12 期）

LY12CZ 铝合金型材构件腐蚀失效动力学规律研究

摘　要:依据飞机大修时结构件在不同使用日历年限下的腐蚀损伤数据,建立了机场实际环境中腐蚀深度 D、腐蚀损伤面积 S 与飞机使用日历年限 Y 的函数关系;进一步确定了铝合金结构件发生剥蚀时 D 与 S 的关系;用得到的腐蚀动力学规律,可确定铝合金构件的腐蚀扩展速率。

关键词:腐蚀动力学规律;腐蚀损伤;最大腐蚀深度

1　引言

飞机的使用寿命包括疲劳寿命、飞行起落数和日历寿命,结构的腐蚀损伤严重影响到飞行安全及寿命指标。高强度铝合金型材 LY12CZ 是飞机的主要承力构件,此类构件腐蚀最为严重,腐蚀后外场维修时不易拆换,且其腐蚀历程和腐蚀动力学规律目前尚不清楚[1]。为较准确地预测飞机日历寿命,保证现役飞机飞行安全和维修的经济性,提高外场腐蚀实测数据的应用可靠性,作者以飞机腐蚀修理中收集到的铝合金腐蚀数据为基础,采用统计拟合方法对铝合金型材的腐蚀动力学规律进行了研究。

2　LY12CZ 铝合金结构型材的腐蚀

选择构件为某飞机翼梁缘条(材料:LY12CZ + 阳极化 + H06 - 2),每架飞机的翼梁缘条热处理工艺、防护涂层一致,总体与局部腐蚀环境相同。由于很难得到同一个腐蚀部位随日历使用年限发展的变化数据,因此,把每架飞机在不同使用年限腐蚀大修时翼梁缘条的腐蚀损伤数据作为一个总体样本考虑。外场腐蚀检查得到的腐蚀损伤测量数据见表 1。

表 1　翼梁缘条不同日历年限的腐蚀尺寸值

6a	7a	8.5a	10a	12.5a
$90.0 \times 26.0 \times 1.7$	$55.0 \times 20.0 \times 0.8$	$66.0 \times 21.0 \times 0.9$	$150.0 \times 20.0 \times 1.8$	$106.0 \times 21.0 \times 1.1$
$41.0 \times 21.0 \times 0.6$	$95.0 \times 25.0 \times 1.2$	$96.0 \times 33.0 \times 1.9$	$120.0 \times 20.0 \times 1.7$	$56.0 \times 28.0 \times 0.8$
$30.0 \times 10.0 \times 0.3$	$55.0 \times 16.0 \times 0.7$	$110.0 \times 34.0 \times 2.1$	$120.0 \times 20.0 \times 1.5$	$134.0 \times 26.0 \times 2.0$
$40.0 \times 18.0 \times 0.6$	$86.0 \times 22.0 \times 1.1$	$135.0 \times 25.0 \times 2.2$	$100.0 \times 20.0 \times 1.5$	$170.0 \times 22.0 \times 1.9$
$79.0 \times 21.0 \times 1.3$	$113.0 \times 21.0 \times 1.7$	$77.0 \times 26.0 \times 1.4$	$60.0 \times 28.0 \times 1.0$	$122.0 \times 23.0 \times 1.7$
$36.0 \times 12.0 \times 0.4$	$125.0 \times 25.0 \times 1.9$	$120.0 \times 22.0 \times 1.6$	$100.0 \times 25.0 \times 1.6$	$168.0 \times 32.0 \times 3.0$
$85.0 \times 24.0 \times 1.5$	$95.0 \times 23.0 \times 1.3$	$126.0 \times 28.0 \times 2.0$	$200.0 \times 15.0 \times 1.4$	$98.0 \times 34.0 \times 1.8$

(续)

6a	7a	8.5a	10a	12.5a
47.0×27.0×0.9	190.0×21.0×2.4	143.0×25.0×2.4	200.0×20.0×1.3	96.0×31.0×1.6
14.0×23.0×0.3	90.0×30.0×1.6	66.0×24.0×1.2	50.0×10.0×0.6	56.0×30.0×1.8
40.0×12.0×0.2	90.0×24.0×1.4	115.0×35.0×2.9	200.0×20.0×2.6	150.0×34.0×2.9
18.0×20.0×0.4	65.0×18.0.×0.9	120.0×25.0×2.0	170.0×20.0×2.4	200.0×25.0×3.0
80.0×10.0×0.6	70.0×17.0×0.8	33.0×14.0×0.6	160.0×15.0×1.2	58.0×32.0×0.9
71.0×30.0×1.2	150.0×12.0×1.0	88.0×21.0×1.0	60.0×20.0×0.8	90.0×29.0×1.2
33.0×12.0×0.4	95.0×26.0×1.6	54.0×24.0×0.9	105.0×30.0×1.9	155.0×30.0×2.8
60.0×16.0×.0.7	30.0×24.0×0.6	59.0×18.0×0.8	155.0×25.0×2.4	140.0×29.0×2.3
90.0×12.0×0.8	75.0×18.0×0.9	83.0×33.0×1.8	140.0×40.0×3.0	188.0×32.0×3.1
41.0×21.0×0.7	60.0×28.0×1.0	89.0×30.0×1.9	200.0×30.0×3.0	117.0×37.0×2.7

注:表内数值为腐蚀部位:长(mm)×宽(mm)×深(mm)

3 铝合金结构型材的腐蚀

3.1 腐蚀损伤数据的统计处理

腐蚀数据样本服从的分布规律与结构材料的腐蚀失效机理和失效模式有很大关系[2]。根据表1中的腐蚀损伤数据,对日历使用年限为6、7、8.5、10、12.5a的腐蚀损伤数据分别进行正态分布规律拟合,其拟合计算结果见表2。取检验水平 $a=0.05$,用利尔福斯法检验证明,翼梁缘条腐蚀深度 D 及面积 S 都较好地符合正态分布规律。即 $D \sim N(\mu_1, \sigma_1^2)$,$S \sim N(\mu_2, \sigma_2^2)$,故可计算推断出飞机使用到6、7、8.5、10、12.5a时的最大腐蚀损伤尺寸,见表3和表4。

表2 不同日历使用年限腐蚀损伤数据的正态检验拟合结果

日历年限/a	拟合方程	相关系数 R	统计量计算值 D_n	统计量临界值 $D_{n,a}$
6	$Z=68.099D-6.872$	0.9878	0.1317	0.2183
7	$Z=51.971D-18.375$	0.9918	0.0910	0.2342
8.5	$Z=41.818D-17.859$	0.9835	0.1375	0.2804
10	$Z=36.721D-20.869$	0.9965	0.0859	0.2417
12.5	$Z=33.988D-19.336$	0.9917	0.1047	0.2417
6	$Z=0.047S-1.563$	0.9868	0.1142	0.2183
7	$Z=0.029S-10.599$	0.9900	0.1097	0.2342
8.5	$Z=0.025S-13.123$	0.9929	0.1164	0.2804
10	$Z=0.019S-11.047$	0.9838	0.0985	0.2417
12.5	$Z=0.018S-16.745$	0.9699	0.0893	0.2417

表3　不同日历使用年限腐蚀部位深度统计推断结果

使用年限	腐蚀深度 D/mm		变异系数	方差
Y/a	置信水平50%	置信水平95%	C	σ
6	0.84	1.52	0.4947	0.4131
7	1.32	2.21	0.4124	0.5426
8.5	1.62	2.72	0.4092	0.6640
10	1.93	3.20	0.3993	0.7707
12.5	2.04	3.41	0.4062	0.8286

表4　不同日历使用年限腐蚀部位面积统计推断结果

使用年限	腐蚀面积 S/mm^2		变异系数	方差
Y/a	置信水平50%	置信水平90%	C	σ
6	1102.8	2094.8	0.5452	601.21
7	2078.4	3671.0	0.4644	965.22
8.5	2528.5	4381.2	0.4441	1122.84
10	3184.5	5589.0	0.4577	1457.42
12.5	3690.7	6203.7	0.4127	1523.00

3.2　腐蚀损伤的动力学规律

对表3、表4中不同日历年限下推断出的腐蚀深度 D、腐蚀面积 S 进行拟合分析。通过拟合对比计算,腐蚀深度、腐蚀面积与飞机使用年限的自然对数 $\ln Y$ 线性关系最佳。其中: D—$\ln Y$ 拟合的线性相关系数 $R=0.9730$, S—$\ln Y$ 拟合的线性相关系数 $R=0.9789$。腐蚀深度 D、腐蚀面积 S 与飞机使用年限的自然对数 $\ln Y$ 拟合的关系如图1和图2所示。图中清楚地描述了在机场环境中, D 和 S 均随飞机使用年限的延长而增大。拟合得到的LY12CZ铝合金翼梁型材腐蚀发展的动力学规律函数为

$$D = \begin{cases} 2.58\ln Y - 2.915 & （95\% \text{ 置信水平}） \\ 1.632\ln Y - 1.947 & （50\% \text{ 置信水平}） \end{cases} \tag{1}$$

$$S = \begin{cases} -7365.1 + 5487.4\ln Y & （95\% \text{ 置信水平}） \\ -4781.7 + 3407.7\ln Y & （50\% \text{ 置信水平}） \end{cases} \tag{2}$$

由图1、图2及式(1)、式(2)可知,铝合金翼梁缘条腐蚀深度及面积随飞机服役年限的增加而增大,且都具有线性关系较好的半自然对数关系。当飞机在该环境条件下服役到某一给定的日历年限时,可以推断出在置信度50%及95%下腐蚀坑的最大深度与腐蚀面积。当然,式(1)及式(2)是在真实的环境条件下飞机结构件的实际腐蚀测量数据拟合得到的,该式包括有一定的涂层防护失效期,即式中的日历年限 Y 必须有一定的限制条件。可认为防护漆层失效,基体材料表面开始腐蚀发生时的腐蚀面积 $S=0$[4],则通过计算分析得出,当使用日历年限 $Y \geqslant 3.9a$ 时,式(1)、式(2)才能用于外场飞机铝合金型材的腐蚀状况分析推断,故取 $Y=4a$。飞机使用一定年限后,基体材料开始出现腐蚀,尤其是

出现大面积剥蚀现象时,同一日历年限条件下腐蚀坑的最大深度与最大面积可通过式(1)及式(2)求解,铝合金材料的翼梁缘条型材剥蚀时腐蚀坑深度及面积的对应关系为

$$S = \begin{cases} 2127 \cdot D - 1165 & (95\% \text{ 置信度}) \\ 2088 \cdot D - 716 & (50\% \text{ 置信度}) \end{cases} \tag{3}$$

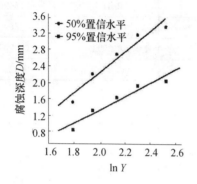

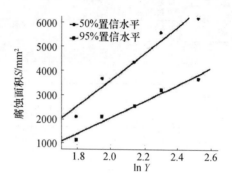

图1　LY12CZ 铝合金翼梁型材腐蚀深度与使用年限的关系

图2　LY12CZ 铝合金翼梁型材腐蚀面积与使用年限的关系

4　结论

(1)高强度铝合金型材构件机场环境中随飞机服役年限的增加,腐蚀损伤深度较好地服从正态分布规律。

(2)高强度铝合金型材在机场环境中的腐蚀深度、腐蚀面积都与使用年限自然对数呈线性关系。

(3)在铝合金发生剥蚀情况时,腐蚀损伤深度与腐蚀面积呈线性关系。

参 考 文 献

[1] Macdonald D D, Urquidi Macdonald M. Corrosion damage funcion – interface between corrosion science and engineering [J]. Corrosion, 1992, 48(5): 354 – 367.

[2] Sheikh A K, Boah J K. Statistical modeling of pitting corrosion and pipeline reliability [J]. Corrosion, 1990, 46(3): 90 – 97.

[3] 穆志韬, 熊玉平. 高强度铝合金的腐蚀损伤分布规律研究[J]. 机械工程材料, 2002, 26(4): 14 – 16.

[4] 谢伟杰, 李荻. LY12CZ 和 7075T7351 铝合金在 EXCO 溶液中腐蚀动力学的统计研究[J]. 航空学报, 1999, 20(1): 34 – 38.

(作者:穆志韬,李荻。发表于《机械工程材料》2003 年第 08 期)

某型飞机结构腐蚀的损伤研究

摘　要:对某型飞机的腐蚀现状、环境及腐蚀机理进行分析研究,提出了对飞机结构腐蚀部位的修理方法与控制腐蚀的具体措施,并在该型飞机腐蚀抢修中得以应用,取得了良好的防腐效果。

关键词:腐蚀环境;腐蚀机理;电化学腐蚀;使用寿命

1　引言

某型飞机是我国从 1968 年开始自行设计,20 世纪 80 年代初交付海军使用,主要用于海上巡逻、侦察、反潜、救护等飞行任务。由于飞机直接从海面起飞、着陆,服役环境恶劣,所以机体、军械及电气设备腐蚀严重。

2　机体结构腐蚀现状

由于该型飞机主要停放在沿海,长期受海水、盐雾、湿热、霉菌及工业废气的侵蚀,因此机体承力构件受到严重损伤。在一次部队机体破损大修中,对 ×× 号飞机进行了全面的腐蚀普查,共查出腐蚀部位 182 处(见表 1~表 3 的腐蚀状况分类统计情况),以飞机的翼梁上、下缘条,机身船体内部长桁,内、外蒙皮,及双金属件、搭铁线、导线的接插头为最多。特别是翼梁缘条几处大面积蚀穿,导致不得不更换右外翼前梁。

表 1　按机体的腐蚀部位分布统计

机翼	机身	水平尾翼	垂直尾翼
110	44	12	16

表 2　按腐蚀部位的材料统计

LY12、LY12CZ	30CrMnSiA	LZ	LD5	钢件
154	6	8	2	12

表 3　按腐蚀部位的深度统计

$0 \leqslant H \leqslant 1.0$	$1.0 < H \leqslant 2.0$	$2.0 < H \leqslant 3.0$	$3.0 < H \leqslant 4.0$	$4.0 < H \leqslant 5.0$	蚀穿
84	71	12	4	1	10

注:腐蚀深度 H/mm。

另外,部队后来还对其他 3 架有飞行训练任务的飞机进行了前梁上、下缘条的腐蚀普查,发现分别有 14 处、17 处和 7 处腐蚀。

3 腐蚀产物的特征

机体蒙皮的腐蚀主要是大面积脱漆、鼓泡、产生点蚀,每个泡内有白色的粉末。机翼翼梁缘条、长桁等主要承力构件的腐蚀表现形式为缘条鼓起,严重时出现层状剥离,腐蚀产物呈灰暗或灰白色的层状或粉末状。机身内部裸露的钢件或镀镉钢件如螺栓、螺母、卡子等产生红色锈蚀。起落架系统内的前、主轮轴及轴承、套环等也都出现严重的红褐色锈层,除锈后留下 1mm 左右的蚀坑。

4 飞机的使用环境

该型飞机平时 90% 的时间是停靠在海边机场,该机场三面环海,常年受海洋气候影响。其气候特点是:雾季长、温、湿度变化大,风、雨多,气候变化无常。据机场驻地气象部门统计,年平均相对湿度为 74%,每年有 120 天的时间相对湿度超过 80%,而钢金属件在大气中腐蚀速度的临界湿度为 65%,铝及其合金的临界湿度为 80%。该机场各月份湿度的变化情况见表4。

表4 机场各月份湿度的变化

月份	1	2	3	4	5	6	7	8	9	10	11	12
湿度月均值/%	66	69	72	79	80	87	92	86	72	65	65	64

另一方面,该型飞机所在机场附近工业废气排放严重,空气中的氧或有害气体如 Cl^-、SO_2、H_2S、CO_2 等溶于水中,不仅能形成腐蚀电池的电解液,而且可以直接与机体接触产生腐蚀。

5 机体结构腐蚀的机理分析

飞机在使用过程中,对其结构完整性有直接影响的因素有三种:一是应力损伤,即结构承受的载荷所引起的损伤;二是环境损伤,是由使用环境对结构的作用而引起的破坏,主要是腐蚀;三是意外事件造成的损伤。而腐蚀破坏是一种物质由于与环境作用引起的破坏和变质,是随着时间的推移所发生的积累性化学损伤和破坏。总之,引起飞机结构产生腐蚀的原因有两个方面:一是飞机的结构防腐设计不完善,本身存在着腐蚀的条件,是内因;二是存在着腐蚀环境,是外因。

该型飞机的结构腐蚀降低了金属结构件的力学性能,使各受力结构的刚度、强度降低,系统及其附件的工作失常,这不仅会增加维修工作量,影响部队飞机的良好率和出勤率,而且会影响到飞机的技术、战术性能和使用寿命,甚至危及飞机的安全。

该型飞机的结构材料主要是 LY12CZ、LD5、钢、30CrMnSiA 等,这些材料在海洋大气环境条件下所发生的主要是电化学腐蚀,它包括液膜下的电化学腐蚀和局部浸在电解质溶液内的电化学腐蚀。所发生的腐蚀破坏类型主要有层状剥蚀、均匀腐蚀、应力腐蚀、晶间腐蚀、微动腐蚀、缝隙腐蚀、腐蚀疲劳和微生物腐蚀。在这些腐蚀破坏类型中,应力腐蚀和腐蚀疲劳是最危险的,直接影响着飞机的使用寿命,晶间腐蚀对飞机的使用寿命和作战性能有很大的影响。

在飞机的结构中,腐蚀比较严重的机翼翼梁缘条材料是 Al – Cu – Mg 系列的高强度铝合金(LY12CZ),其强度高,成形能力和机械加工性能好,而耐蚀能力差。该合金在时效硬化处理过程中:晶界会沉淀出 $CuAl_2$ 金属间化合物,电位较正;晶界附近区域形成低电位的贫铜区,电位较负。那么,低电位的贫铜区就会作为阳极,而非贫铜区的晶粒固体内部成为阴极,当合金表面覆盖有电解液时,便形成许多微电池,贫铜区的金属铝不断溶解成离子而进入溶液中,其过程表达式为

$$Al \rightarrow Al^{3+} + 3e$$

释出的电子迁移到微电池阴极区与电解液中的水和氧发生反应:

$$2H_2O + O_2 + 4e \rightarrow 4OH^-$$

在溶液中,铝离子和氢氧根离子相遇,生成白色氢氧化铝的腐蚀产物;另有部分 Al^{3+} 与溶液少量的 Cl^- 结合生成灰色的三氯化铝沉淀物。

$$Al^{3+} + 3OH^- \rightarrow Al(OH)_3 \downarrow$$

$$Al^{3+} + 3Cl^- \rightarrow AlCl_3 \downarrow$$

对于模锻加工成翼梁缘条的铝合金型材而言,在一定的腐蚀环境条件下,发生晶间腐蚀,沿着平行于表面的平面发展,所形成的腐蚀产物体积增大,产生晶界内张力,破坏了基体的结合力而鼓起,腐蚀最终呈层状剥离的外观。

该型飞机产生大面积腐蚀除材料、环境因素外,还有一些其他的影响因素。例如:采用的防腐技术比较落后;没有一个严格的腐蚀控制文件;飞机装配过程中许多部位未按设计要求施工;局部结构设计不合理;全机密封性较差;排水措施不完善;缺少必要的腐蚀跟踪和预测;维护手段比较落后。

6　机体的腐蚀修理及控制

腐蚀控制包括腐蚀的预防、探测和排除等措施。对飞机而言,应从飞机的设计、材料选取、制造工艺、防护涂层、维护手段等各方面考虑。但对于现有的服役飞机来说,由于飞机的结构、构件的形式及材料、表面处理等都无法做大的变动,因此,从这个意义上来说,实施飞机的腐蚀控制只能是一些"先天不足,后天补救"的措施来减缓腐蚀环境对飞机结构的腐蚀破坏。

对该型飞机的腐蚀部位修理及控制基本上是采取现有的防腐手段综合治理,达到满意的防腐效果。其采取的具体控制措施包括以下几个方面:

(1) 查明飞机结构的腐蚀状况,研究其腐蚀的特征和腐蚀的原因。

(2) 采用先进的防腐修理方法及工艺,对已产生腐蚀的部位进行腐蚀产物清理、打磨、去油污(按技术修理标准要求进行处理)。

(3) 对腐蚀严重部位进行强度校核,以确定是否需要补强或更换。

（4）对打磨处理后的表面进行局部喷丸强化处理，使之表面产生残余压应力，提高该部位的疲劳强度和抗应力腐蚀能力，延长该构件的使用寿命。

（5）用阿洛丁1200S在处理后的表面产生氧化膜，然后涂漆及密封胶。

（6）结合飞机结构设计上的防水与排水措施不严密的特点和飞机地面停放时可能出现的易积水部位，采取机体上部活动易拆、卸口盖用XM－60口盖密封胶进行密封，防止雨天及起飞着陆时从口盖缝隙中进水。在机、尾翼较低的易积水部位增、扩排水孔。

（7）由于该型飞机在海上起降，海水的侵蚀使得机体部分漆层脱落。结合大修对全机脱漆、喷涂抗海水、耐冲击、黏附力强的漆料。

（8）应对飞机进行定期腐蚀普查、监控，建立结构腐蚀情况数据库，飞机的腐蚀进展情况定期反馈到飞机设计及腐蚀研究部门，并不断地得到该部门的指导，推广应用新的防腐方法。同时，部队地勤部门应配合做好平时的防腐维护工作。

参 考 文 献

[1] 魏宝明.金属腐蚀原理及应用[M].北京:化学工业出版社,1984.

[2] 肖纪美.应力作用下的金属腐蚀[M].北京:化学工业出版社,1983.

[3] 刘云.认真研究结构腐蚀问题[M].北京:化学工业出版社,1988.

[4] 刘钰.关于SH－5飞机的结构的防腐设计的有关问题[M].北京:航空航天工业部605所.

[5] 郑文龙,于青.钢的环境敏感断裂[M].北京:化学工业出版社,1982.

[6] 航空航天工业部科学技术研究院飞行试验研究院.飞机结构腐蚀疲劳[M].北京:航空工业出版社,1990.

（作者：段成美，穆志韬，孙明礼，胡芳友。发表于《海军航空工程学院学报》，1995年第02期）

LD2 铝合金腐蚀行为研究

摘　要:LD2 铝合金广泛应用于直升机结构中。铝合金构件在服役过程中会承受环境所造成的疲劳损伤,从而大大降低其服役寿命,因此必须要研究该材料的腐蚀行为。利用 SEM 扫描电镜,结合能谱分析对铝合金腐蚀损伤行为进行了高精度微尺度研究,并在疲劳断口上腐蚀坑底部的"隧道",该腐蚀隧道会使腐蚀损伤评定过于保守,为结构寿命预测带来较大的不确定性。

关键词:铝合金;腐蚀损伤;腐蚀坑;剩余寿命

1　引言

由于铝合金具有高强度和低密度的特性,使其在飞机制造中起着不可替代的作用。在飞机服役过程中,铝合金构件会承受交变载荷与环境腐蚀产生强度退化,极大影响铝合金构件的寿命。随着服役时间的增加,飞机结构受环境腐蚀的问题日益突出,已经成为世界各国军用和民用飞机所面临的严峻问题。系统研究铝合金的腐蚀行为以及与之紧密相连的腐蚀疲劳行为是近年来的研究热点,文中利用扫描电镜(SEM)和能谱分析对 LD2 铝合金腐蚀损伤进行了细观研究[1-4]。

2　腐蚀试验

试件采用 LD2 铝合金板材制成,沿轧制方向截取狗骨状试件,其尺寸如图 1 所示。LD2 铝金成分及其质量分数见表 1 。材料的力学性能:抗拉强度 290MPa,屈服强度 255MPa,延伸率 8.9%,弹性模量 54.4850GPa。腐蚀试验采用 ZJF－45G 周期浸润环境箱进行。

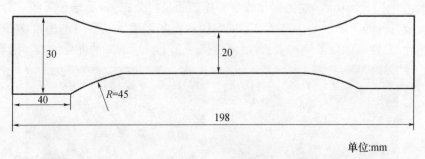

单位:mm

图 1　试件外形尺寸(厚度 $t=2$mm)

表 1 LD2 铝合金成分及其质量分数

材料	Si	Fe	Cu	Mn	Mg	Zn	Ti	Al
LD2	0.5 ~ 1.2	0.5	0.2 ~ 0.6	0.15 ~ 0.35	0.45 ~ 0.9	0.2	0.15	余量

飞机服役时间普遍较长,因此结构环境腐蚀是一个漫长的过程。完全按照腐蚀现场进行试验,不仅时间上不允许,而且即便得到试验结果也失去了价值。实验室试验必须加速腐蚀过程。笔者所在的课题组经过研究,建立了我国某沿海机场基于电化学原则的加速腐蚀环境谱。试验中 ZJF - 45G 周期浸润环境试验箱内为 H_2SO_4 和 NaCl 的混合溶液,pH = 4.0 ± 0.2。溶液保持恒温(40 ± 2)℃。试件在试验箱中进行周期性浸泡和烘干,每一个周期包括 5min 浸泡和 10min 烘干。255 个浸泡—烘干周期后,试件所受到的腐蚀损伤与自然环境下服役 1a 所受到的损伤等价。对试件分别施加不同程度的腐蚀损伤,最高加速腐蚀至 20a。

3 腐蚀铝合金试件的微观特征

利用 SEM 可以对腐蚀试件表面进行细观检测。铝合金不同腐蚀年限下的表面形貌特征如图 2 所示。由图可以看出,未腐蚀表面相对光滑,表面发亮部分是氧化层,氧化层留有材料本身制造过程中留下的缺陷,如图 2(a)所示。当腐蚀到第 7 年的时候,试件表面开始出现点状或片状缺陷,如图 2(b)所示。试件表面腐蚀缺陷使得氧化层逐渐被腐蚀坑侵蚀、剥离,呈现出凹凸不平的特有腐蚀形貌特征。试件表面亮度下降,说明表面粗糙度增加。随着腐蚀年限的增加,铝合金材料表面腐蚀坑继续增多,而且蚀坑剥离面积和剥离深度明显增大。SEM 形貌表明铝合金材料表面粗糙处布满腐蚀析出物,铝合金母材中的析出物大片剥离脱落,形成较大的腐蚀坑,如图 2(d)所示。此外,腐蚀坑形成还伴随着氧化层的龟裂,如图 2(e)所示。随着腐蚀损伤深入基体,部分蚀坑逐步合并连接,形成直径超过该铝合金材料平均晶粒尺度(约为 20μm)的腐蚀孔洞,这是一种典型的剥蚀形貌,如图 2(d)所示。

腐蚀从局部以点腐蚀开始,逐渐连接成片。随着腐蚀损伤的加深,比较平坦的试件表面逐步被片状腐蚀产物所覆盖,腐蚀产物堆积在腐蚀坑周围,造成腐蚀表面呈现出凹凸不平的形态,如图 2(f)所示。腐蚀损伤改变了局部的晶粒分布,容易导致局部应力集中,使材料的抗疲劳性能下降。表 2 列举了不同腐蚀损伤年限下蚀坑深度与密度的变化,随着腐蚀损伤加深,蚀坑深度不断加大;蚀坑密度呈现先上升后下降的变化趋势。随着蚀坑面

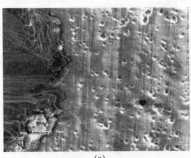
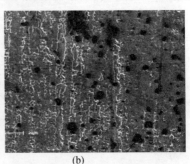

(a)   (b)

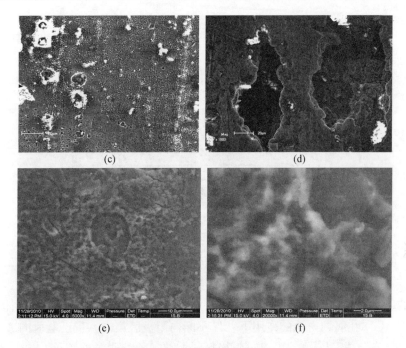

图2　不同腐蚀年限下的LD2铝合金表面

(a) 1a; (b) 7a; (c) 11a; (d) 19a; (e) 15; (f) 腐败产物。

积加大,蚀坑逐渐连接在一起,因此密度会出现下降的趋势。

表2　不同腐蚀年限下的腐蚀特征统计

腐蚀年限 /a	探测区域面积 /mm^2	腐蚀坑密度 /mm^{-2}	平均蚀坑深度 /μm	标准差
0	0.1	0	0	0
7	0.1	89	105	27
15	0.1	67	237	38
19	0.1	27	281	54

　　能谱分析表明,该铝合金腐蚀析出物中含有 Al、O、C、S 及 Mg,如图3所示,成分见表3。Al 和 Mg 是铝合金基体材料上的元素。光电子能谱分析证实了腐蚀析出物的主要成分是 $Al(OH)_3$ 以及 $Al_2(SO_4)_3 \cdot xH_2O$。$Al_2(SO_4)_3 \cdot xH_2O$ 的产生是腐蚀溶液中 SO_4^{2-} 与 Al^{3+} 结合所致[6]。

表3　试件表面腐蚀产物成分组成

合金元素	质量分数/%	原子分数/%
C	8.51	14.44
O	32.23	41.07
Mg	0.68	0.57
Al	55.87	42.21
S	2.70	1.72

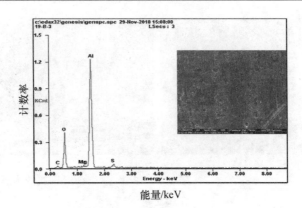

图3　腐蚀19a试件表面腐蚀产物能谱分析

pH<7的NaCl酸性溶液中,由于Cl^-半径较小,而且带有负电荷,容易沉积吸附在铝合金氧化层表面。Cl^-具有强烈的侵蚀性,它会破坏铝合金表面的氧化、钝化薄膜,取代氧化层中的氧元素,引起铝合金表面钝化层的局部腐蚀。在阳极区,铝合金基体在酸性溶液中释放出Al^{3+},在腐蚀电池的作用下,Cl^-不断向阳极区集中。带正电荷的Al^{3+}与带负电荷的Cl^-会结合成$AlCl_3$。$AlCl_3$向阳极区外扩散,当遇到腐蚀溶液中或阴极区内的OH^-,$AlCl_3$中的Al^{3+}会与之结合成粉末状的$Al(OH)_3$产物,这个过程同时又将Cl^-释放出来。Cl^-没有成为腐蚀产物中的组成物,因此在整个腐蚀过程中并没有被消耗,仅仅起到了催化作用。整个过程不断反复,导致腐蚀持续向铝合金基体深入发展。溶液中的SO_4^{2-}在酸性环境中引起两性腐蚀产物$Al(OH)_3$的进一步水解,形成结晶水化合物$Al_2(SO_4)_3 \cdot xH_2O$,这也是一种粉末状的物质,逐步沉积在腐蚀界面底部。由于铝合金腐蚀主要是铝合金第二相引起的局部腐蚀,因此多呈现不连续分布的腐蚀分布特征。对铝合金表面的观察结果表明,蚀坑在腐蚀表面分布具有较强的随机性,对其建模往往需要借助统计学方法[4-7]。

在腐蚀析出物堆积在试件表面的同时,由于蚀坑底部空间有限,这些堆叠在一起的腐蚀产物还会相互挤压,从而产生内应力,造成细微的腐蚀短裂纹产生,如图2(e)所示。这些腐蚀短裂纹使得更深层的铝合金基体进一步曝露在腐蚀环境中,离子半径较小的Cl^-足以通过腐蚀短裂纹进入基体,腐蚀产生的Al^{3+}则通过这些腐蚀裂纹向表面扩散。这个过程重复进行,腐蚀可以逐步深入铝合金材料基体内,若不加以控制,整个材料将被腐蚀成一堆主要成分为$Al(OH)_3$和$Al_2(SO_4)_3 \cdot xH_2O$的白色粉末状混合物,如图4所示。

随着粉末状腐蚀产物的堆积,侵蚀性离子深入材料基体的通道会变得越来越狭窄,腐蚀向基体深度方向上的发展会受到阻碍。对于铝合金材料而言,这种阻碍作用最终抵挡不住酸性NaCl溶液的腐蚀,因此腐蚀损伤会持续不断地加剧,腐蚀坑不断增多、逐渐连接,形成更大面积的剥蚀现象。

腐蚀研究中经常以腐蚀坑深度尺寸评价腐蚀损伤程度。然而,由于腐蚀性产物在腐蚀坑部位的堆积,使得腐蚀坑深度测量难以精准。

一个疲劳断口上腐蚀坑的形貌如图5所示,其断面最大长度约为0.2mm,深入基体约为0.05mm。图5(b)是图5(a)的局部放大图,从中可以看出蚀坑侧壁与底部的形貌不

图 4　粉末状腐蚀产物

同。蚀坑侧壁有裂纹存在,在蚀坑底部发亮处,铝合金材料被严重侵蚀,已经成为"疏松"的微结构,这种疏松结构力学性能退化严重,无法承受外加载荷。从图 5 可见,腐蚀坑深度的精确测量十分困难,蚀坑本身的形状极其不规则。很多文献资料将腐蚀坑简化为半椭圆的形状[5-7],但是文中的断面观测证明这种简化是值得商榷的。从图 5(b)的局部蚀坑放大图像中可以看出,在腐蚀坑底部存在一些腐蚀"隧道",它们往往隐藏于腐蚀产物之下,不进行断口观测根本无法看到。这些隧道是腐蚀性离子侵入材料基体进行电化学腐蚀所形成的孔道,能谱分析表明其中残存有腐蚀性离子 Cl^-,裂纹容易从腐蚀坑底部的"隧道"中萌生,多数文献研究腐蚀坑的时候都忽略了这些隧道的存在[2-4]。

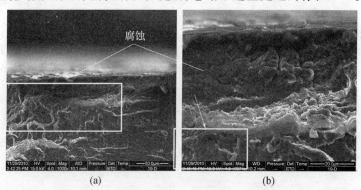

图 5　腐蚀坑侧视图

(a)腐蚀坑形貌;(b)腐蚀坑局部放大。

发生严重腐蚀的材料中,如果不能清除隧道里的侵蚀性物质,母材的力学性能无法得到保证。"隧道"十分隐蔽,需剖开断口才能发现,其深度与蚀坑自身可见深度相比往往不可忽略。"隧道"的存在使得对腐蚀坑深度的估计可能会过于保守。同时,对以腐蚀坑深度作为评价材料腐蚀程度特征参数的准确检测提出了挑战,只有深入研究腐蚀坑表面几何尺寸、形状与腐蚀坑深度关系,以及腐蚀当量年限与腐蚀坑平均尺寸关系,才能有效、简便地预测材料预腐蚀对其性能参数的影响和进行定量评价等工作。

4　预腐蚀损伤试件疲劳剩余寿命

对于预腐蚀试件进行疲劳加载,可以得到其腐蚀损伤与剩余寿命之间的关系。由于疲劳试验成本较高,所以只进行 200MPa 和 240MPa 两个应力水平下的疲劳加载试验,加载应力比均为 $R=0.05$。分别对预腐蚀 1~20a 的试件进行加载,并对每一个试件正、反两个表面腐蚀坑深度进行测量,统计平均。腐蚀坑平均深度与剩余寿命之间的关系如图 6 所示。从图 6 中可以看出,在半对数坐标下,加载应力水平不变,试件剩余对数寿命随着腐蚀坑深度的增大而近似线性减小,但是数据较为分散,因此凭拟合公式预测的剩余寿命存在较大的不确定性。

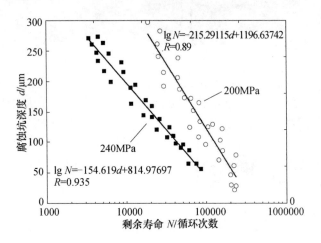

图 6　腐蚀坑深度与剩余寿命的关系

由分析得知,腐蚀坑底部存在"隧道",因此对腐蚀坑深度的测量都是偏保守的。考虑试件断裂路径上的腐蚀坑底部"隧道",对其深度进行修正,就可以得到修正后的腐蚀坑深度与剩余寿命之间的关系,如图 7 所示。从图 7 中可以看出,经过修正后,测得的腐蚀坑深度都有所增加,而且往往深度越高,其考虑"隧道"以后的修正量也越大,拟合曲线的数据分散性明显降低。在腐蚀损伤结构剩余寿命评估的时候,必须要考虑对腐蚀坑底部的隧道进行修正,才可以得到更为准确的评估。

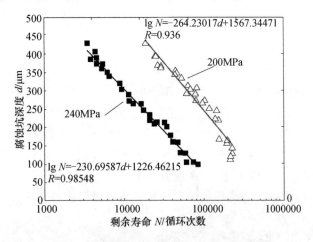

图 7　修正腐蚀坑深度与剩余寿命的关系

5　腐蚀坑对裂纹扩展行为的影响

腐蚀坑的出现意味着材料的性能发生了退化。一个典型腐蚀坑的三维形貌如图 8 所示,该腐蚀坑沿着一个剖面深度的变化曲线如图 9 所示,其形状极为不规则。在疲劳载荷作用下,这些腐蚀坑会成为裂纹萌生的位置。疲劳载荷作用下,多条裂纹从蚀坑处萌生,如图 10 所示,这些裂纹并不总是沿着应力最大的方向扩展,说明蚀坑导致裂纹萌生并不一定是由于应力集中。在腐蚀电化学过程中,材料的局部晶粒排列会产生变化,这是导致裂纹萌生更为重要的原因[4-7]。

图 8　当量腐蚀 5 a 的试件腐蚀坑三维形貌　　　　图 9　试件表面蚀坑深度测量

图 10　裂纹萌生于腐蚀坑

6　结论

(1) 从微尺度研究了铝合金在腐蚀作用下表面腐蚀形貌的变化情况。结合能谱分析以及断口分析,对 LD2 铝合金腐蚀机理做出了合理解释,为腐蚀防护提供了一定的依据。

(2) 发现了腐蚀坑底部被腐蚀产物覆盖的"隧道",这些"隧道"的存在使得精确测量腐蚀坑深度变得非常困难。将其简化成一个规则形状的研究忽视了这些"隧道"对于材料的影响,因此在研究腐蚀、疲劳损伤共同作用下的材料退化行为时需要考虑"隧道"的作用。

(3) 考虑"隧道"效应后,对腐蚀坑深度进行修正,可以对疲劳剩余寿命获得更为精确的评估。

参 考 文 献

[1] Maier H J, Gabor P, Karaman I. Cyclic stress – strain response and low – cycle fatigue damage in ultrafine grained copper [J]. Mater Sci Eng: A, 2005: 410 – 411, 457 – 461.

[2] 刘治国, 边若鹏, 蔡增杰. 机场环境下飞机 LY12CZ 结构腐蚀损伤预测方法研究[J]. 装备环境工程, 2011, 8(5): 12 – 18.

[3] 陈群志, 崔常京, 孙祚东, 等. LY12CZ 铝合金腐蚀损伤的概率分布及其变化规律[J]. 装备环境工程, 2005, 2(3): 31 – 35.

[4] 刘治国, 叶彬, 穆志韬. 铝锂合金加速腐蚀损伤概率分布规律研究[J]. 装备环境工程, 2011, 8(3): 28 – 35.

[5] 吴必胜. 铸造铝镁合金疲劳与失效行为的实验研究[D]. 北京: 清华大学, 2005.

[6] Fatigue and Fracture, ASM Handbook[M]. USA: ASM International, 2001: 148 – 152.

[7] 吕胜利, 张有宏, 吕国志. 铝合金结构腐蚀损伤研究与评价[M]. 西安: 西北工业大学出版社, 2009.

（作者：李旭东，朱武峰，穆志韬，刘治国。发表于《装备环境工程》2013 年第 01 期）

飞机结构铝合金材料腐蚀行为和腐蚀速率研究

摘　要:本文针对海军飞机的使用腐蚀环境特点,对飞机结构高强度铝合金材料的腐蚀行为进行了研究,并用飞机大修时结构件在不同使用日历年限下的腐蚀损伤数据,建立了机场环境中腐蚀深度与飞机使用日历年限的函数关系,得到了机场环境条件下飞机结构铝合金材料的腐蚀扩展速率。

关键词:飞机结构;腐蚀;腐蚀损伤;最大腐蚀速率

1　引言

当飞机使用一定年限后,其结构件表面防腐涂层会逐渐变质,失去与基体表面的结合力而脱落,于是,构件就发生腐蚀。对海军现役机种主体结构的金属材料而言,腐蚀使得结构的强度和刚度受到严重削弱。腐蚀的初期腐蚀部位不易探测到,而当腐蚀萌生后,若不加以控制,它将比疲劳损伤发展得更快、更严重。腐蚀的速率取决于许多因素,但主要取决于所采用的材料种类、飞机所处的环境和为延缓腐蚀过程所采取的防腐蚀措施等因素。

2　铝合金结构材料的腐蚀行为分析

海军机场的大气环境为海洋盐雾环境,含有 Cl^- 及 SO_4^{2-} 等腐蚀性粒子,这种环境容易引起铝合金型材等承力结构件的腐蚀,如图1所示。

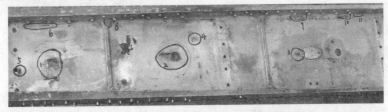

图1　某型飞机翼梁缘条的剥蚀外貌特征

LY12CZ 铝合金在自然时效处理时,主要强化 s 相(Al_2CuMg)、θ 相($CuAl_2$)和少量 $MnAl_6$ 在晶界析出,晶界周围形成一个无沉淀带即贫铜区,如图2所示。晶界区成为一个多相体系,在含 Cl^- 等离子的腐蚀介质中将发生选择性阳极溶解,产生晶间腐蚀及剥蚀。其中晶内基体和正电性的相(如 $CuAl_2$)作为阴极,而负电性的相如晶界贫铜区作为阳极,组成腐蚀微电池,并在大阴极小阳极情况下加速了阳极溶解,形成沿晶界的阳极溶解通道而发生晶间腐蚀。即腐蚀电池的阳极区主要发生金属铝的溶解,不断有溶解出来的 Al^{3+} 离子而转入电解质液膜中:

$$Al \rightarrow Al^{3+} + 3e$$

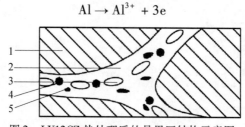

图2 LY12CZ热处理后的晶界区结构示意图

1—晶粒内部；2—晶界贫铜区；3—s相；4—θ相；5—MnAl$_6$。

释放出的电子迁移到微电池的阴极区（CuAl$_2$区），腐蚀电池的阴极区主要发生氧或氢离子的还原反应，即吸氧或析氢反应：

$$2H_2O + O_2 + 4e \rightarrow 4OH^-$$

$$2H^+ + 2e \rightarrow H_2 \uparrow$$

在腐蚀微电池电场力的作用下，腐蚀孔外的 Cl$^-$ 等阴性离子不断向蚀孔内迁移、富集，使得溶液的腐蚀性增强；腐蚀孔内金属 Al^{3+} 离子的浓度随腐蚀反应的进行而不断增加，并且发生水解反应，即

$$Al^{3+} + 3H_2O — Al(OH)_3 \downarrow + 3H^+$$

反应的结果使蚀孔内 H$^+$ 离子浓度升高，溶液酸性增强，进一步加速腐蚀孔内金属铝的溶解。腐蚀孔口因阴极析氢反应而使阴极区溶液的 pH 值升高，形成的腐蚀产物（铝的氢氧化物及杂质）堵塞在孔口，阻碍了腐蚀孔内与孔外的离子扩散和腐蚀溶液对流，蚀孔内溶液得不到稀释形成"闭塞电池"[1]，使蚀孔内腐蚀过程成为一个自催化过程，持续不断地自发进行下去，在蚀孔坑内，腐蚀将优先沿晶界扩展，在晶界形成连续的阳极溶解通道，即发生晶间腐蚀。

铝合金型材在轧制、挤压或模锻加工时，使晶粒沿受力方向变形，成为平行于金属表面的扁平晶粒，具有高度方向性的组织结构，在构件中必然存在沿挤压或轧制方向的残余张应力，使腐蚀沿平行于型材表面的晶间发展。

另一方面，对腐蚀产物的分析表明，在腐蚀过程中生成的 Al(OH)$_3$ 这种不溶性的腐蚀产物，因为金属 Al 的相对原子质量为27，密度为 2.7g/cm^3；Al(OH)$_3$ 的相对原子质量为78，密度为 2.42g/cm^3，所以可以计算出由金属 Al 转化为 Al(OH)$_3$ 时，每消耗 1 体积的金属 Al 就会产生 3.2 体积的 Al(OH)$_3$。由于生成的不溶性腐蚀产物的体积大于所消耗的金属的体积，从而产生"楔入效应"形成晶界内张力，使被破坏了结合力的晶粒翘起，撑开了上面未被腐蚀的金属层，导致沿晶裂纹的形成和扩大，出现层片状的剥蚀外貌。

3 铝合金型材的腐蚀动力学函数及腐蚀速率

3.1 飞机结构铝合金材料的腐蚀损伤状况

选择构件为某飞机翼梁缘条（材料：LY12CZ + 阳极化 + H06 - 2），每架飞机的翼梁缘条热处理工艺、防护涂层一致，总体与局部腐蚀环境相同。由于飞机上很难得到同一个腐蚀部位随日历使用年限发展的变化数据，因此，把每架飞机在不同使用年限腐蚀大修时翼

梁缘条的腐蚀损伤数据作为一个总体样本考虑。外场腐蚀检查得到的腐蚀损伤测量数据见表1。

3.2　腐蚀损伤数据的统计处理

腐蚀数据样本服从的分布规律与结构材料的腐蚀失效机理和失效模式有很大关系[2]。根据表1中的腐蚀损伤数据,对日历使用年限为6、7、8.5、10、12.5a的腐蚀损伤数据分别进行分布规律拟合及检验,取检验水平 $\alpha = 0.05$,利用尔福斯法检验证明,翼梁缘条腐蚀深度 D 较好地符合正态分布规律[3]。其拟合计算结果见表2。

表1　飞机铝合金翼梁缘条的日历年限(a)与腐蚀深度值(mm)统计

6a	7a	8.5a	10a	12.5a
1.7		0.9	1.8	1.1
0.6		1.9	1.7	0.8
0.3		2.1	1.5	2.0
0.6		2.2	1.8	1.9
1.3		1.4	1.0	1.7
0.4		1.6	1.6	3.0
1.5		2.0	1.4	1.8
0.9		2.4	1.3	1.6
0.3		1.2	0.6	1.8
0.2		2.9	2.6	2.9
0.4	0.9	2.0	2.4	3.0
…	…	…	…	…
0.6	0.8	0.6	1.2	0.9
1.2	1.0	1.0	1.0	1.2
0.4	1.6	0.9	1.9	2.8
0.7	0.9	0.8	2.4	2.3
0.8	0.9	1.8	3.0	3.1
0.7	1.0	1.9	3.0	2.7

表2　不同日历使用年限时腐蚀损伤数据的正态检验拟合结果

日历年限/a	拟合方程	相关系数 R	统计量计算值 $D_{统计}$/mm	统计量临界值 $D_{临界}$/mm
6	$Z = 68.099D - 6.872$	0.9878	0.1317	0.2183
7	$Z = 51.971D - 18.375$	0.9918	0.0910	0.2342
8.5	$Z = 41.818D - 17.859$	0.9835	0.1375	0.2804
10	$Z = 36.721D - 20.869$	0.9965	0.0859	0.2417
12.5	$Z = 33.988D - 19.366$	0.9917	0.1047	0.2417

根据翼梁缘条腐蚀数据的拟合结果,飞机使用6、7、8.5、10、12.5a后,其腐蚀损伤深度 D 较好地服从正态分布规律。即 $D \sim N(\mu_1, \sigma_1^2)$,故可计算推断出飞机使用到6、7、8.5、10、12.5a时的最大腐蚀损伤尺寸,见表3。

表3 不同日历使用年限腐蚀部位深度统计推断结果

使用年限 Y/a	腐蚀深度 D/mm		变异系数 C	方差 σ
	置信水平50%	置信水平95%		
6	0.84	1.52	0.4947	0.4131
7	1.32	2.21	0.4124	0.5426
8.5	1.62	2.72	0.4092	0.6640
10	1.93	3.20	0.3993	0.7707
12.5	2.04	3.41	0.4062	0.8286

3.3 腐蚀损伤的动力学速率函数

对表3中不同日历年限下推断出的腐蚀深度 D 进行拟合分析。通过拟合对比计算,腐蚀深度与飞机使用年限的自然对数 $\ln Y$ 线性关系最佳, $D - \ln Y$ 拟合的曲线相关系数 $R = 0.9730$ 。腐蚀深度 D 与飞机使用年限的自然对数 $\ln Y$ 拟合的关系如图3所示。拟合得到的铝合金翼梁型材腐蚀发展的动力学速率函数为

$$D = \begin{cases} 2.58\ln Y - 2.915 & (95\% \text{ 置信水平}) \\ 1.632\ln Y - 1.947 & (50\% \text{ 置信水平}) \end{cases}$$

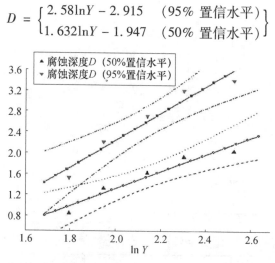

图3 飞机结构铝合金型材腐蚀深度与使用年限关系曲线

由图3及拟合得到的腐蚀动力学速率函数可知,铝合金翼梁缘条腐蚀坑深度随飞机服役年限的增加而增大,且在半对数坐标系下具有良好的线性关系。当然,腐蚀速率函数是在真实的环境条件下飞机结构件的实际腐蚀测量数据拟合得到的,该式包括一定的涂层防护失效期(防护漆层失效),一般认为基体材料表面开始腐蚀发生时的腐蚀面积为 $0^{[4]}$ 。根据机场腐蚀统计的数据来看,飞机使用44年后结构型材表明防护涂层部分开始失效,基体材料开始出现点状腐蚀。因此,拟合得到的腐蚀动力学速率函数在使用时应考

虑结构防护体系的有效寿命期。

4　结论

（1）高强度铝合金型材构件机场环境中随飞机服役年限的增加,在经历点蚀、晶间腐蚀、剥蚀等发展历程后,腐蚀损伤深度较好地服从正态分布规律。

（2）通过对飞机铝合金构件腐蚀损伤数据的拟合分析,得到了高强度铝合金型材在机场环境中的腐蚀动力学速率函数。即腐蚀深度与飞机服役使用年限的自然对数呈线性关系。

（3）利用本文拟合得到腐蚀损伤动力学速率函数可预测飞机结构的腐蚀损伤随服役年限的发展状况,但要考虑铝合金结构件的防护体系有效寿命期。

参 考 文 献

［1］穆志韬.军用飞机的腐蚀检测及监控技术［J］.航空工程与维修,2002(1):38.

［2］Sheikh A K , Boah J K. Statistical modeling of pitting corrosion and pipeline reliability［J］. Corrosion. 1990,46(3): 190 – 197.

［3］穆志韬,熊玉平.高强度铝合金的腐蚀损伤分布规律研究［J］.机械工程材料,2002,26(4):14 – 46.

［4］谢伟杰,李获.LY12CZ 和 7075T7351 铝合金在 EXCO 溶液中腐蚀动力学的统计研究［J］.航空学报,1999,20(1):3438.

［5］张福泽.金属机件腐蚀日历寿命的计算模型和确定方法［J］.航空学报,1999,20(1).

（作者:穆志韬,金平。发表于《科技信息》,2007 年第 17 期）

基于中值寿命和特征寿命相当
的腐蚀当量折算关系研究

摘　要：以 LY12CZ 航空铝合金材料试件为研究对象，以中值寿命 N_{50} 及特征寿命 β 为度量参数，通过对自然环境条件下的腐蚀试验和实验室内加速腐蚀试验数据拟合分析，以增长曲线的形式拟合得到中值寿命 N_{50} 及特征寿命 β 随加速腐蚀时间 t 及自然腐蚀时间 T 的变化规律，得到了基于中值寿命和特征寿命相当的当量折算关系。通过与相关文献的对比，证明该折算关系是可行的和合理的。

关键词：加速腐蚀；自然腐蚀；中值寿命；特征寿命；当量折算

1　引言

对于长期在沿海机场服役的飞机而言，由于受到海洋环境气候的影响，导致飞机结构在实际服役过程中存在比较严重的腐蚀损伤，因此，在飞机结构的使用寿命评定中应充分考虑腐蚀因素的影响[1-3]，这就需要进行大量的环境腐蚀试验。飞机的日历年限一般超过 20a，大修周期在 5~10a 以上，可见，实际服役气候环境与载荷环境对飞机结构的作用是长期、缓慢和十分复杂的，若对飞机结构进行与日历寿命等时间的环境试验，所需时间、经费和人力都难以实现，因此基本上采用实验室加速腐蚀方法，用较短的时间达到与地面停放若干年相同的腐蚀效果[4]，这就需要建立在试验中切实可行的当量加速折算关系。目前，当量关系的建立方法一般有三种：一是以金属腐蚀电流 I_c 作为度量参数，通过法拉第定律和阿伦尼斯方程建立不同环境下的当量化关系式[5-7]；二是用腐蚀程度对比方法，通过不同腐蚀时间下腐蚀深度的变化规律建立加速腐蚀时间与日历腐蚀时间下的当量关系[8-10]；三是根据腐蚀损伤相同则疲劳强度相等的观点，以疲劳强度为准则，用 DFR 值描述飞机结构腐蚀疲劳性能随腐蚀时间的变化规律，建立当量关系[11]。本文试图以试件的中值寿命 N_{50} 及特征寿命 β 作为度量参数，依据试验数据拟合得到中值寿命 N_{50} 及特征寿命 β 随自然环境中腐蚀时间 T 及实验室内加速腐蚀时间 t 的变化曲线，建立当量折算关系。

2　加速腐蚀试验的环境谱

针对 LY12CZ 铝合金，依据文献[12,13]选取加速试验环境谱：①温度（40 ±2）℃；②湿度 RH = 95% ~ 100%；③腐蚀溶液，5% NaCl 溶液加入少量的稀 H_2SO_4 使溶液的 pH 值达到 4~4.5；④每 30min 为一周期，每周期浸泡 7.5min，在溶液外 22.5min，为保证试件表面烘干，在溶液外用远红外灯照射。

3　中值寿命 N_{50} 及特征寿命 β 的估计方法及当量关系的建立

假定:①疲劳寿命服从对数正态分布,则中值寿命 N_{50} 即为各试件寿命的几何均值;②疲劳寿命服从双参数威布尔分布。则对应的特征寿命的计算方法如下[14]:

双参数威布尔分布函数为

$$F(N) = 1 - e^{-(\frac{N}{\beta})^\alpha} \tag{1}$$

式中: β 为特征寿命; α 为形状参数。

两边取双对数,得

$$\ln\ln\frac{1}{1 - F(N)} = \alpha\ln N - \alpha\ln\beta \tag{2}$$

令

$$y_i = \ln\ln\frac{1}{1 - F(N_i)}, x_i = \ln N_i$$

式中: i 为每组试件疲劳寿命从小到大按顺序排列的序号。

若试件数为 n ,则有

$$F(N_i) = \frac{i}{n + 1}$$

对试验数据进行拟合,分别求出 α 、$\ln\beta$,即可求出特征寿命 β 。

在同类腐蚀环境下,无论其强弱,相同结构的腐蚀程度随时间的变化规律基本一致。若用 T 表示结构实际使用年限, t 表示在加速腐蚀环境谱下的作用时间(小时数,周期数),如果结构在日历腐蚀时间 T 和加速腐蚀时间 t 下腐蚀损伤相同,则相对应的不论是中值寿命还是特征寿命都应该相同,即

$$\beta(t) = \beta(T) \tag{3}$$

$$N_{50}(t) = N_{50}(T) \tag{4}$$

4　应用实例

本文采用 LY12CZ 铝合金试样,几何尺寸如图 1 所示。试验应力水平: $S_{max} = 300$ MPa, $S_{min} = 18$ MPa。轴向加载,加载频率 $f = 5$ Hz。

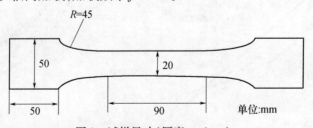

图 1　试样尺寸(厚度 $t = 4$ mm)

将模拟试样用 LF650 周期浸润腐蚀试验箱在实验室环境下进行加速试验环境谱下的预腐蚀试验,分别预腐蚀 0(不进行预腐蚀)、5、10、20d,自然环境中腐蚀试验在东部沿海某地,试件南北放置与地面夹角为30°,分别腐蚀1、2、4a,最后在 MTS-810 疲劳试验机上进行疲劳试验。试验结果见表1。

表1　加速腐蚀及自然腐蚀试验寿命数据

环境	腐蚀时间	N_{50}	β
加速腐蚀	0d	107937 次	214618 次
	5d	95578 次	196059 次
	10d	87029 次	179417 次
	20d	74087 次	159591 次
自然腐蚀	1a	98923 次	200053 次
	2a	92772 次	188299 次
	4a	83756 次	170048 次

利用SPSS分析软件的11种数学模型对试验数据进行拟合,其拟合回归曲线如图2～图5所示(其中4种模型由于与实际不符,没有画出),各拟合曲线的相关系数、显著性见表2。

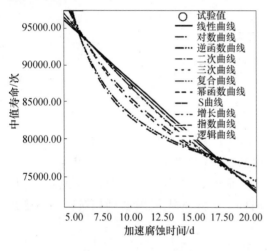

图2　加速腐蚀时间与中值寿命拟合回归曲线

图3　加速腐蚀时间与特征寿命拟合回归曲线

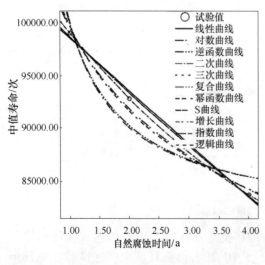

图4　自然腐蚀时间与中值寿命拟合回归曲线

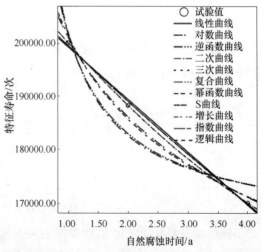

图5　自然腐蚀时间与特征寿命拟合回归曲线

表 2　各拟合曲线的相关系数和显著性

拟合结果曲线　　　腐蚀类型	加速腐蚀		自然腐蚀	
	相关系数 R	显著性	相关系数 R	显著性 S_{ig}
线性曲线	0.986	0.002	0.985	0.078
对数曲线	0.941	0.017	0.995	0.043
逆函数曲线	0	0	0	0
二次曲线	0.878	0.002	0.875	0.013
三次曲线	0.913	0.005	0.881	0.027
复合曲线	0	0	0	0
幂函数曲线	0	0	0	0
S 曲线	0	0	0	0
增长曲线	0.990	0.060	0.997	0.064
指数曲线	0.968	0.001	0.975	0.044
逻辑曲线	0.968	0.001	0.975	0.044

考虑到实际情况:当腐蚀时间为 0 时,疲劳寿命为未腐蚀时的寿命;当腐蚀时间趋向于无穷大时,疲劳寿命趋向于 0。表 2 中,代表显著性水平的 $S_{ig}>0.05$ 时表示接受原假设,即曲线拟合较好。

从中值寿命相当考虑,由于以增长函数的形式来拟合的相关性较高,且代表显著水平的 $S_{ig}>0.05$,因此,可以记为 $N_{50}=e^{a_1+b_1t}=e^{a_2+b_2T}$($t$ 为加速腐蚀时间,T 为自然腐蚀时间)。其中,$a_1=a_2$,但是在实际参数拟合过程中,由于模型参数估计导致估计值存在差别,a_1 和 a_2 可能存在很小的误差,令 k 为当量折算系数,则 $k=b_2/b_1$,可得 $t=KT$。

同理,从特征寿命相当考虑,可以记为 $e^{c_1+d_1t}=e^{c_2+d_2T}$,令当量折算系数 $k=d_2/d_1$,可得 $t=kT$。数据拟合曲线如图 6 ~ 图 9 所示,拟合结果列入表 3 中。

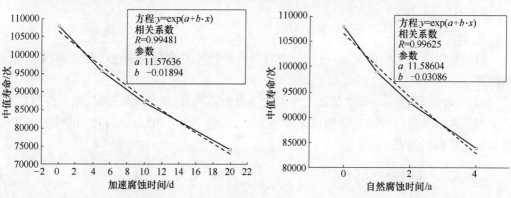

图 6　加速腐蚀下中值寿命拟合曲线　　　　图 7　自然腐蚀下中值寿命拟合曲线

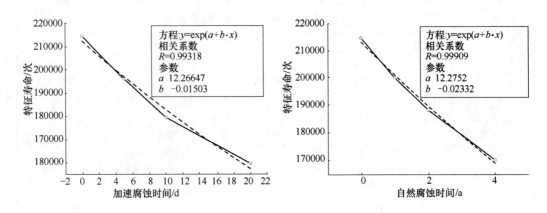

图8 加速腐蚀下特征寿命拟合曲线　　　图9 自然腐蚀下特征寿命拟合曲线

表3　数据拟合结果

寿命　　类别	拟合方程	k	相关系数 R	误差/次
中值寿命	$N_{50} = e^{11.57636 - 0.01894t}$	1.63	0.99481	1.0097
	$N_{50} = e^{11.58604 - 0.03086T}$		0.99625	
特征寿命	$\beta = e^{12.26647 - 0.01503t}$	1.56	0.99318	1.0088
	$\beta = e^{12.2752 - 0.0332T}$		0.99909	

根据表3可知,不论中值寿命还是特征寿命,用增长函数曲线对寿命与时间进行拟合,相关性较高,并且 k 值相差不大。从安全性考虑,可以保守地认为:对于LY12CZ铝合金材料来说,在本文所选取的加速腐蚀环境谱下,加速腐蚀1.65d(约40h)相当于在东部沿海某地外场自然腐蚀1a。该结果与文献[11]用DFR值描述的飞机的疲劳性能随腐蚀时间的变化关系式计算给出的在东部沿海某地加速腐蚀31h,文献[15]加速腐蚀48h与地面停放1a的结果相当。

5　结论

(1) 对铝合金结构件来说,可以以中值寿命和特征寿命相当来进行加速腐蚀当量关系折算。

(2) 以增长函数 $y = e^{a+bx}$ 的形式来拟合当量折算关系,拟合效果较好,相关性很高。

(3) 在本文给定的加速腐蚀试验环境谱下,加速腐蚀1.65d(约40h)相当于东部沿海某地外场自然腐蚀1a。

参 考 文 献

[1] 殷新建,宋智桃.飞机结构腐蚀与使用寿命研究[J].海军航空工程学院学报,2005,20(6):623-626.

[2] 穆志韬,段成美.环境腐蚀对LC4CZ铝合金结构疲劳寿命的影响分析[J].海军航空工程学院学报,2003,18(3):

359 – 362.

[3] 杨晓华,姚卫星,陈跃良.日历腐蚀环境下 LY12CZ 铝合金力学性能研究[J].机械强度,2003,25(2):227 – 228.

[4] 毋玲,孙秦,郭英男.高强度铝合金盐雾加速腐蚀试验研究[J].机械强度,2006,28(1):138 – 140.

[5] 周希沅.中国飞机结构的当量环境谱与加速试验谱[J].航空学报,1996,17(5):613 – 616.

[6] 穆志韬、柳文林.飞机服役环境当量加速腐蚀折算方法研究[J].海军航空工程学院学报,2007,22(3):301 – 304.

[7] 陈跃良,段成美,金平.飞机结构局部环境加速腐蚀当量谱[J].南京航空航天大学学报,1999,31(3):338 – 340.

[8] 李玉海,贺小帆,陈群志,等.铝合金试件腐蚀深度分布特性及变化规律研究[J].北京航空航天大学学报,2002,28(1):98 – 101.

[9] 胡艳玲,李荻,郭宝兰.LY12CZ 铝合金型材的腐蚀动力学统计规律研究及日历寿命预测方法探讨[J].航空学报,2000,21(4):53 – 57.

[10] 宋恩鹏,刘文珽,杨旭.飞机内部腐蚀关键部位加速试验环境谱研究[J].航空学报,2006,27(4):646 – 649.

[11] 陈群志,李喜明,刘文珽.飞机结构典型环境腐蚀当量关系研究[J]. 航空学报,1998,19(4):414 – 418.

[12] Wanhill R J H,Luceia J J De,RusslM T. The fatigue in aircraft corrosion testing programme. AGARD report No713,Feb,1989.

[13] 张蕾,陈群志,宋恩鹏,等.某型飞机典型疲劳关键件加速腐蚀条件下 $C – T$ 曲线的测定[J].机械强度,2004,26(S):55 – 57.

[14] 董聪,戎海武,夏人伟,等.疲劳寿命分布模型及其拟合优度检验[J].航空学报,1995,16(2):148 – 152.

[15] 罗振华.大气腐蚀室内加速试验研究[D].天津大学,2003,12:44 – 51.

(作者:朱做涛,穆志韬,陈定海,张玎,苏维国。发表于《机械强度》,2011 年第 02 期)

铝锂合金加速腐蚀损伤概率分布规律研究

摘 要:本文进行了 1420 铝锂合金在 EXCO 溶液中浸泡腐蚀试验,得到不同腐蚀周期的腐蚀深度数据,对腐蚀深度数据分布规律进行研究,表明其服从 Gumbel 分布、正态分布、威布尔分布和对数正态四种。根据试验数据建立了 1420 铝锂合金的腐蚀动力学规律方程,结果表明:腐蚀深度发展分为两个阶段,在浸泡前期腐蚀较慢,浸泡后期腐蚀较快,两个阶段都近似遵循线性规律。

关键词:1420 铝锂合金;EXCO 溶液;腐蚀深度;概率分布;动力学规律

1 引言

1420 铝锂合金是一种高性能材料,它具有密度小($2.47g/cm^3$)、弹性模量高(76000MPa)等特点。用其代替常规的铝合金,可使构件质量降低 10% ~ 15%,刚度提高 15% ~ 20%。现已具有 20 多年实际使用经验,是目前工程应用最广泛的铝锂合金[1,2],多应用于航空航天及导弹武器等领域,美国和俄罗斯的飞机结构就大量采用该合金材料[3,4]。

1420 铝锂合金作为飞机结构材料,随着飞机服役年限的增加,其在环境中的腐蚀问题也会日益凸显出来,由于飞机结构件的使用寿命通常取决于构件的最大腐蚀深度,因而研究 1420 铝锂合金的腐蚀深度分布类型及发展规律,对于确定飞机结构腐蚀疲劳寿命或日历寿命就显得尤为重要,并可以腐蚀深度为基础依据,制定飞机机铝锂合金结构相应的腐蚀容限或实施腐蚀控制、制定修理周期。因为 EXCO 溶液浸泡能够较好地再现铝锂合金于实际环境中的腐蚀损伤形式[5],故选用 EXCO 溶液对 1420 铝锂合金的腐蚀行为进行研究。

2 试验方法

试件采用 1420 铝锂合金板材加工,尺寸为 60mm × 40mm × 2mm,其成分、加工和热处理状态与飞机结构实际使用的材料一致,原始试件图片及金相微观图片如图 1 所示。试验前需对试件进行相应的预处理[6],试验溶液为标准的 EXCO 溶液[5],每隔 48h 更换一次。试验过程参照 HB 5455—90 标准进行,每隔 24h 取出一组试验件。试件取出后按一定程序进行清洗并测量腐蚀深度[5]。

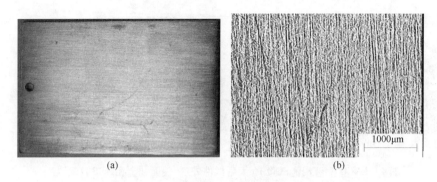

图1 试件未腐蚀试验前的初始状态和微观照片
(a) 初始状态;(b) 微观照片。

3 试验结果

试验共进行了27天:在第3天,试件表面开始出现点蚀;之后至第12天过程中,蚀坑逐渐加深,点蚀逐渐向剥蚀阶段发展;第12天后,试件腐蚀发展为剥蚀阶段,直至试验结束,试件金属基体发展为严重的分层状的剥蚀。部分阶段的试件图片及金相图片如图2～图4所示。

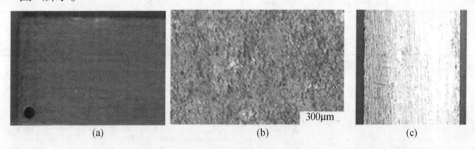

图2 EXCO溶浸泡试验3天后试件外观、表面和金相断口微观照片
(a) 外观;(b) 表面;(c) 微观照片。

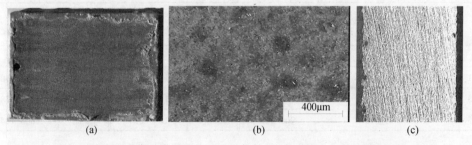

图3 EXCO溶液浸泡试验9天后试件外观、表面和金相断口微观照片
(a) 外观;(b) 表面;(c) 微观照片。

在浸泡16天后,由于试件发生了严重的剥蚀,难以准确测量腐蚀深度数据,故本试验共测得了前16天的试件腐蚀深度数据,部分浸泡周期的腐蚀深度数据如表1～表3所列。

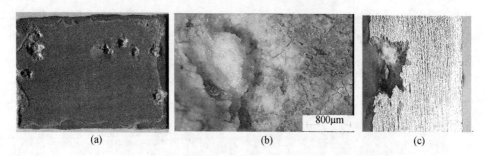

(a)   (b)   (c)

图 4　EXCO 溶液浸泡试验 16 天后试件外观、表面和金相断口微观照片

（a）外观；（b）表面；（c）微观照片。

表 1　浸泡 3 天后的腐蚀深度测量数据

编号	$D_i/\mu m$	编号	$D_i/\mu m$	编号	$D_i/\mu m$	编号	$D_i/\mu m$
1	95.886	11	104.566	21	66.174	31	13.817
3	123.617	13	104.628	23	113.274	33	6.901
5	40.139	15	69.864	25	202.101	35	48.817
7	102.616	17	38.397	27	48.839	37	48.711
9	48.924	19	73.447	29	83.682	39	104.565
10	69.856	20	87.384	30	41.827	40	48.631

表 2　浸泡 9 天后的腐蚀深度测量数据

编号	$D_i/\mu m$	编号	$D_i/\mu m$	编号	$D_i/\mu m$	编号	$D_i/\mu m$
1	202.191	11	139.282	21	236.997	31	174.166
3	173.017	13	111.555	23	146.475	33	195.118
5	202.219	15	104.442	25	153.334	35	139.180
7	195.251	17	250.848	27	146.145	37	209.055
9	153.411	19	111.678	29	146.375	39	132.401
10	139.502	20	132.292	30	125.433	40	174.167

表 3　浸泡 16 天后的腐蚀深度测量数据

编号	$D_i/\mu m$	编号	$D_i/\mu m$	编号	$D_i/\mu m$	编号	$D_i/\mu m$
1	1735.189	7	825.643	13	1512.279	19	1108.080
3	1449.459	9	1506.234	15	1637.694	21	1433.778
5	1686.388	11	760.506	17	1853.694	23	1803.114

4　腐蚀损伤深度分布规律研究

试件腐蚀坑发生的时间及发展速度存在较大的分散性,测量所得的腐蚀深度是一个随机变量,因此,采用统计分析方法对腐蚀数据进行分析比较适宜。以往研究表明[7,8]:

铝合金腐蚀深度的分布形式有正态分布、Gumbel（Ⅰ型极大值）分布、威布尔分布和对数正态分布等。对上述分布函数采取适当的变换[8]，得到四种分布形式的线性回归方程，见表4。

表4　各分布的线性回归方程

分布形式	线性回归方程	Z	A	B
Gumbel 分布	$Z = B \cdot D + A$	$Z = \ln\ln \dfrac{1}{P(D \leqslant D_m)}$	$\dfrac{\mu}{\sigma}$	$-\dfrac{1}{\sigma}$
正态分布	$Z = B \cdot D + A$	$Z = \phi^{-1}[P(D \leqslant D_m)]$	$-\dfrac{\mu}{\sigma}$	$\dfrac{1}{\sigma}$
威布尔分布	$Z = B\ln(D) + A$	$Z = \ln\ln \dfrac{1}{1 - P(D \leqslant D_m)}$	$m\ln\eta$	m
对数正态分布	$Z = B\lg(D) + A$	$Z = \phi^{-1}[P(\lg D \leqslant \lg D_m)]$	$-\dfrac{\mu'}{\sigma'}$	$\dfrac{1}{\sigma'}$

现将不同浸泡周期的腐蚀深度测量值按从小到大的顺序排列，第1号数值为腐蚀深度最小测量值 D_1，第 i 号的腐蚀深度测量值为 D_i，第 i 号数据的统计概率为

$$P_i = \frac{i}{N + 1} \quad (i = 1, 2, 3, \cdots, N) \tag{1}$$

式中：N 为腐蚀深度测量值个数，在本试验中，$N = 40$。

首先假设腐蚀深度分别服从 Gumbel 分布、正态分布、对数正态分布和威布尔分布，然后分别计算出对应的 $\ln\ln(1/P_i)$、$\ln D_i$、$\ln\ln[1/(1 - P_i)]$ 的数值，在对应的概率坐标图中拟合并对各分布进行检验。

Pearson 相关系数的计算公式为

$$r = \frac{\sum\limits_{i=1}^{n} (D_i - \overline{D})(Z_i - \overline{Z})}{\sqrt{\sum\limits_{i=1}^{n} (D_i - \overline{D})^2 \sum\limits_{i=1}^{n} (Z_i - \overline{Z})^2}} \tag{2}$$

式中　　　　　　　$\overline{D} = \dfrac{1}{N} \sum\limits_{i=1}^{N} D_i, \overline{Z} = \dfrac{1}{N} \sum\limits_{i=1}^{N} Z_i$

在显著水平 α 下，满足假设分布的线性相关性临界值为

$$r_C = \frac{t_\alpha(n - 1)}{\sqrt{n - 2 + t_\alpha{}^2(n - 2)}} \tag{3}$$

当显著性水平 $\alpha = 0.05$ 时，即置信水平 $1 - \alpha = 0.95$ 时，计算可得腐蚀周期为 3～15天的 $t_{0.05}(40 - 2) = 1.685$，线性相关临界值 $r_C = 0.2638$；同理，可计算得出腐蚀周期为16天的线性相关临界值 $r_C = 0.3451$。根据式（2）及表1～表3腐蚀深度测量数据，计算结果见表5中所列。

表 5　分布形式的相关系数

腐蚀时间 /d	r_C	相关系数 $\lvert r \rvert$			
		Gumbel 分布	正态分布	威布尔分布	对数正态分布
3	0.2636	0.991	0.9657	0.98	0.9526
6	0.2636	0.986	0.961	0.98	0.9878
9	0.2636	0.984	0.948	0.943	0.9845
12	0.2636	0.972	0.99	0.988	0.9805
16	0.3451	0.943	0.973	0.966	0.9464

从表 5 中可见,四种分布形式的相关系数都远远大于临界线性相关系数,由此可见,1420 铝锂合金在 EXCO 溶液中浸泡的腐蚀深度较好地服从四种分布。

同样,从表 5 中分析可见,在不同的腐蚀周期,腐蚀深度服从四种分布函数具有一定的优劣性:浸泡 3 天腐蚀深度服从 Gumbel 分布的相关系数为 0.991,为四种分布形式相关系数中的最大值,因而浸泡 3 天腐蚀深度的最佳分布为 Gumbel 分布;同理,浸泡 6 天和 9 天最佳分布为对数正态分布;浸泡 12 天和 16 天最佳分布为正态分布。

另将表 1 ~ 表 3 中的腐蚀深度测量数据代入表 4 中的线性方程,则可得到不同分布的线性回归方程,计算结果见表 6。同时根据最小二乘法,有

$$Q = \sum_{i=1}^{n} \left[Z_i - \hat{Z}_i \right]^2 = \sum_{i=1}^{n} \left[Z_i - (B \cdot D_i + A) \right]^2 \tag{4}$$

则可得到不同分布的线性回归方程的剩余标准差为

$$S = \sqrt{\frac{Q}{n}}$$

具体计算结果见表 6。

表 6　分布检验及线性方程

腐蚀时间 /d	分布形式	拟合线性方程	拟合剩余标准差
3	Gumbel 分布	$Z = -0.027 \times D + 1.56$	0.1525
	正态分布	$Z = 0.0212 \times D - 1.655$	0.2392
	威布尔	$Z = 1.731 \times \ln D - 7.788$	0.2267
	对数正态分布	$Z = 3.127 \times \lg D - 5.688$	0.2803
6	Gumbel 分布	$Z = -0.0177 \times D + 2.02$	0.1891
	正态分布	$Z = 0.0139 \times D - 2.018$	0.2551
	威布尔分布	$Z = 2.52 \times \ln D - 12.84$	0.2281
	对数正态分布	$Z = 4.724 \times \lg D - 10.01$	0.1430
9	Gumbel 分布	$Z = -0.024 \times D + 3.32$	0.1940
	正态分布	$Z = 0.188 \times D - 3.1$	0.2943
	威布尔分布	$Z = 3.978 \times \ln D - 20.58$	0.3784
	对数正态分布	$Z = 7.716 \times \lg D - 16.88$	0.1618

（续）

腐蚀时间 /d	分布形式	拟合线性方程	拟合剩余标准差
12	Gumbel 分布	$Z = -0.0244 \times D + 3.02$	0.2698
	正态分布	$Z = 0.02 \times D - 2.927$	0.1462
	威布尔分布	$Z = 3.364 \times \ln D - 17.13$	0.1798
	对数正态分布	$Z = 6.207 \times \lg D - 13.29$	0.1809
16	Gumbel 分布	$Z = -0.00245 \times D + 2.82$	0.3689
	正态分布	$Z = 0.002 \times D - 2.823$	0.2209
	威布尔分布	$Z = 3.004 \times \ln D - 22.01$	0.2817
	对数正态分布	$Z = 5.519 \times \lg D - 17.17$	0.2860

从表 6 中可见,不同分布形式的拟合线性方程的剩余标准差也能够体现不同周期、不同分布函数的优劣性:在腐蚀浸泡周期为 3 天时,其 Gumbel 分布形式的拟合线性方程的剩余标准差为 0.1525,在四种分布函数中最小,说明浸泡周期 3 天腐蚀深度的最佳分布为 Gumbel 分布。此结论与表 5 中相关系数分析结果相同,其他周期腐蚀深度分析结果也与表 5 中分析结果相同,说明本文分析结果有效。

5 腐蚀深度动力学规律研究

将不同腐蚀周期的腐蚀深度数据进行描点,得到 1420 铝锂合金 EXCO 溶液浸泡加速腐蚀深度随腐蚀周期变化规律,如图 5 所示。从图中可见:腐蚀深度变化存在明显分段现象,即在浸泡初期(3~12 天),腐蚀深度发展较慢,过了 12 天后,腐蚀深度增速明显加快。

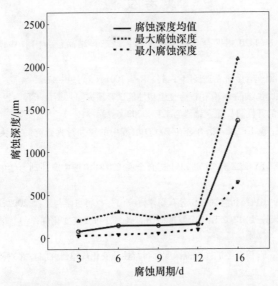

图 5 1420 铝锂合金腐蚀深度与腐蚀时间关系

基于腐蚀深度上述变化规律,遵循"分段建模"[9]原则采用分段函数来建立腐蚀动力学方程,分段节点为浸泡 12 天。基于上述分析,得到不同腐蚀周期腐蚀动力学方程:

（1）当 3 天 $\leq t \leq$ 12 天时，有 t 与 D 呈线性关系，利用最小二乘法拟合得到腐蚀动力学方程为

$$D = -3507.16 + 304.68t$$

（2）当 12 天 $\leq t \leq$ 16 天时，同样有 t 与 D 呈线性关系，利用最小二乘法进行数据拟合得到腐蚀动力学方程为

$$D = 45.38 + 13.67t$$

6 结论

（1）从统计分析结果来看：腐蚀 3 天，铝锂合金腐蚀深度最优分布为 Gumbel 分布；腐蚀 6 天和 9 天，腐蚀深度最优分布为对数正态分布；腐蚀 12 天和 16 天，腐蚀深度最优分布为正态分布。

（2）在 EXCO 溶液浸泡环境下，根据 1420 铝锂合金的腐蚀形貌特征，可将其腐蚀过程归纳点蚀和剥蚀两个阶段。

① 点蚀阶段：腐蚀处于初始阶段，腐蚀深度随试验时间增加而增加，其特征为蚀坑（腐蚀试验的第 3 天~第 12 天），并向剥蚀阶段过渡。

② 剥蚀阶段：腐蚀处于快速增长阶段，腐蚀深度随试验时间增加而迅速增加，呈现出明显的剥蚀特征（腐蚀试验的第 12 天之后），在晶间腐蚀较严重部位呈现出轻微的剥蚀，试验到 16 天以后，晶间腐蚀严重部位转变为明显的剥蚀，浸泡试验到 23 天剥蚀现象十分严重，金属基体被完全腐蚀。

参 考 文 献

［1］张新明，肖蓉，唐建国，等. 1420 铝锂合金的温压变形记动态再结晶行为［J］. 中南大学学报,2006,37(4)：629－634.

［2］杨守杰，陆政，苏彬，等. 铝锂合金研究进展［J］. 材料工程,2001,(5)：44－47.

［3］张艳苓，郭和平，李志强，等. 细晶 1420 铝锂合金超塑性能试验研究［J］. 塑性工程学报,2009,16(4)：134－137.

［4］启文. A380 飞机铝合金的开发［J］. 航空维修与工程,2008,6：29－31.

［5］王逾涯，韩恩厚，孙祚东，等. LY12CZ 铝合金在 EXCO 溶液中的腐蚀行为研究［J］. 装备环境工程,2005,2(1)：20－23.

［6］谢伟杰，李获，胡艳玲，等. LY12CZ 和 7075T7351 铝合金在 EXCO 溶液中腐蚀动力学的统计研究［J］. 航空学报,1999,1：34－38.

［7］陈跃良，杨晓华，秦海勤. 飞机结构腐蚀损伤分布规律研究［J］. 材料科学与工程,2002,20(3)：378－380.

［8］陈群志，崔常京，孙祚东，等. LY12CZ 铝合金腐蚀损伤的概率分布及其变化规律［J］. 装备环境工程,2005,2(3)：1－6.

［9］李玉海，贺小帆，陈群志，等. 铝合金试件腐蚀深度分布特性及变化规律研究［J］. 北京航空航天大学学报,2002,28(1)：98－101.

（作者：刘治国，叶彬，穆志韬。发表于《装备环境工程》2011 年第 03 期）

某型飞机机翼大梁腐蚀失效分析

1 引言

海军航空兵的某型飞机位于沿海一带机场,飞机的腐蚀较为严重,腐蚀防护已成为维修保障工作的一项重要内容。从该型飞机结构上看,腐蚀部位比较严重的有:飞机机翼大梁;机身、机翼下壁铆钉、螺钉周边;平尾配重连接处及平尾后缘;钢制零件,如机翼、机身的连接耳片、紧固件,平尾大轴等。通过外场对该型飞机腐蚀的初步调研统计,着重对该型飞机机翼大梁的腐蚀失效情况进行分析,提出一些防腐维修措施。

2 腐蚀部位及特征

通过调研,发现该型飞机的机翼大梁都存在着轻重不同的腐蚀,其腐蚀部位大部分位于主起落架安装点第二立肋处,中线以下的腹板上及上、下缘条。由于漆层的局部脱落,能见呈条状或点状的黑灰色斑痕;有的腐蚀部位漆层已鼓泡和凸起,用手指轻轻剥开后可见呈灰色的粉状或层状腐蚀产物(图1);在上、下缘条及上、下衬板区域主要有呈条状或点状的灰黑色腐蚀斑痕,用手指轻轻触摸时也有灰白色粉状腐蚀产物脱落。外场统计飞机的机翼大梁腹板腐蚀情况见表1。

图 1 飞机机翼大梁腹板的腐蚀

表 1 飞机机翼大梁腹板的腐蚀状况

机号	累积飞行时间	起落架次	主轮舱机翼大梁腹板			
			腐蚀点数/个		最大深度/mm	
			左	右	左	右
× ×4	451h21min	572	43	79	3.0	0.5
× ×5	581h55min	698	25	15	0.6	0.6
× ×7	497h03min	572	21	16	0.3	0.6
× ×8	399h18min	493	15	5	0.8	0.8

（续）

机号	累积飞行时间	起落架次	主轮舱机翼大梁腹板			
			腐蚀点数/个		最大深度/mm	
			左	右	左	右
××1	319h13min	396	14	23	0.4	1.2
××3	578h21min	710	7	18	0.6	0.7
×53	271h49min	298	12	17	1.6	1.8
×55	175h38min	193	22	51	0.7	1.6
×51	400h23min	404	6	26	0.2	0.4
×54	265h10min	288	13	32	0.4	1.8
×57	335h31min	395	28	7	0.9	0.8
×52	448h00min	552	13	89	0.3	1.1
×46	459h09min	558	27	50	1.9	0.7
××6	226h21min	263	62	55	0.6	1.4
××2	523h17min	624	21	8	1.8	2.3
×56	230h01min	271	11	9	0.5	0.5

3 腐蚀原因分析

该型飞机机翼大梁是用超高强度铝合金 LC4 模压件制造的。热处理状态为:淬火 + 人工时效,表面阳极化后,再涂 H06 - 2 环氧锌黄底漆防护处理。分析机翼大梁的腐蚀原因,必须从发生腐蚀的几个条件入手。

腐蚀是金属或合金与外界介质起化学或电化学反应而引起的变质破坏,分为直接化学腐蚀与电化学腐蚀。在腐蚀反应中,电化学腐蚀是主要的腐蚀形式。电化学腐蚀是金属与电介质溶液发生了电化学反应,反应过程中有电流产生的一种腐蚀。产生电化学腐蚀必须同时满足三个条件:①有腐蚀环境,环境包括电解质溶液及含有腐蚀介质的气体;②金属间互相直接接触;③接触的金属间存在一定的电极电位差。

下面从该型飞机所处的环境及飞机的自身结构来分析是否同时具备电化学腐蚀的三个条件。该型飞机所在机场距海较近,该地区腐蚀环境见表2。

表2 飞机地面停放环境腐蚀介质

介质数据	雾、凝露	雨	盐雾 + 工业废气	盐雾	潮湿空气
时间比例/%	6.22	5.12	3.5		12.76
作用时间/h	545.2	448.5	306.6		1117.96
作用次数	88.3	105.8			
pH 值	3.0~4.0	3.0~4.0			
SO_2/浓度（mg/m^3）		0.263			
NO_2/浓度（mg/m^3）			0.061		

（续）

介质数据	雾、凝露	雨	盐雾＋工业废气	盐雾	潮湿空气
飘尘/(mg/(km²·月))		0.55			
降尘/(吨/(km²·月))		26.21			
CO/浓度(mg/m³)		1.56			
Cl₂/浓度(mg/L)	0.435	69.88			0.435
雨量/mm		594.4			
盐雾含盐量			0.48	0.48	

由表 2 看出,该机场周围的大气中存在着大量的腐蚀介质,当温度发生变化时,飞机表面就会产生冷凝水,腐蚀介质溶于水中形成电解溶液,电化学腐蚀的第一个条件已满足。飞机是由各种材料组装在一起的整体,且飞机本身就是一个大导体,从而满足了第二个条件。飞机机翼大梁是铝合金 LC4,LC4 是 Al－Zn－Mg－Cu 系铝合金。同一种合金材料中含有不同元素,冶炼时就形成不同的合金相化合物,不同的化合物相就会有电位差产生,从而满足了第三个条件。该型飞机机翼大梁正是同时满足上述三个条件的情况下出现腐蚀的。由此可归纳出该型飞机机翼大梁产生腐蚀失效的具体机理原因:

(1) 材料自身的抗蚀能力差。LC4 是 Al－Zn－Mg－Cu 系铝合金,它的抗蚀性能比包铝蒙皮及防锈铝差。在淬火＋人工时效的使用状态下,MgZn 相是主要强化相,其沉淀顺序为:A→G. P 区→η′→η(MgZn)→T(Al₂Zn₃Mg₃)。η 是部分共格的过渡相,为亚稳固的非共格析出相;T 是高温时效(270℃以上)才出现的平衡相;机翼大梁采用单级 135～145℃,16h 的人工时效,此时沉淀相的结构是以 G. P 为主,并有少量的相,虽然能使合金处于最大的时效硬化状态,但它的抗蚀性能较差,容易产生局部腐蚀或剥落腐蚀。例如,调查中发现的 51 号机翼大梁腹板上的剥落腐蚀。由于合金成分不同,一定条件下,从晶界析出第二相,造成晶界及晶界附近和晶粒之间很大的电化学不均匀性,从而在遇到腐蚀介质时溶解速度不等,引发晶间腐蚀的趋势后,由于大梁腹板经加工形成长方形,使得合金晶粒成扁平,晶粒尺寸的长度、宽度大于其厚度,在腐蚀介质作用下,引起剥层腐蚀。再加上机翼大梁是主要的承力构件,当受到拉应力作用时,加速了腐蚀的速度,使鼓泡出现裂纹、皱纹直至掉块。腐蚀产物 AlCl₃ 或 Al(OH)₃ 等体积比铝大,由于体积膨胀必然会沿着晶界产生应力。而且应力的方向是与合金表面方向垂直,随着应力的逐渐增大,也会使机翼大梁产生鼓泡,直至掉块产生剥蚀。

大梁腹板上的钝化膜作为阴极而不受腐蚀,但是当钝化膜表面的水膜中含有活性阴离子时,大梁腹板将发生孔蚀,孔蚀最初从表面的钝化膜开始,介质中的氯离子有选择地吸附在某些部位钝化膜的阳离子周围置换了水分子,形成络合物。阳离子脱离氧离子溶解到溶液中,使钝化膜破坏。这些被破坏的点成为孔蚀源,Cl⁻ 是孔蚀的激化剂,受到破坏的部位为腐蚀电池的阳极。未受到破坏的部位为腐蚀电池的阴极,其面积比阳极面积大得多;而阳极电流密度大,很快被腐蚀成小孔。腐蚀电流流向小孔周围的阴极,使阴极受到保护,溶液中的 Cl⁻ 随着电流的流通,向小孔内迁移,在孔内形成氯化物的浓溶液。氯化物在水溶液中发生水解,水解生成的 H⁺ 使孔内溶液酸度增强,加速了腐蚀的进程。腐蚀生成产物 Al(OH)₃(白色)、AlCl₃(灰色)。金属氯化物的浓度增加到一定程度,在水中水解。其腐蚀过程的电化学反应电子式如下：

① 贫铜区的金属铝成为微电池的阳极，不断溶解成 Al^{3+} 转入液膜中：

$$Al \rightarrow Al^{3+} + 3e$$

② 释放出的电子迁移到微电池的阴极区（$CuCl_2$ 区）与电解液中水和氧发生反应：

$$2H_2O + O_2 + 4e \rightarrow 4OH^-$$

③ 在溶液中铝离子和氢氧根离子（OH^-）相遇，生成白色氢氧化铝：

$$Al^{3+} + OH^- \rightarrow Al(OH)_3 \downarrow$$

④ 在溶液中铝离子和氯离子相遇，生成灰色氯化铝：

$$Al^{3+} + Cl \rightarrow AlCl_3 \downarrow$$

（2）该型飞机服役环境条件恶劣。外场腐蚀普查中发现，该型飞机的机翼大梁，其腐蚀部位、腐蚀状况基本相同，均在主起落架安装点起第二立肋处、中线以下部位，大梁位于主起落架舱内部分，飞机停放时，主起落架舱常年敞开，开口在下表面，机翼盖有蒙布，所以该部位通风不良，常年不见阳光，当外界温差变化较大时，翼梁腹板及壁板上出现凝露或积水，水分难以散发；而且舱口距地面很近，地面上蒸发的水蒸气上升又被起落架舱聚集起来，水蒸气遇到冷的金属表面又重新凝结为珠，这样造成舱内结构长时间处于高温环境中，致使舱内大梁腹板、机翼蒙皮内表面、33 及 38 框间机身的上隔板等部件产生腐蚀。

另外，飞机停放时地面灰尘及起飞、降落时空气中尘埃多沉积在大梁缘条和蒙皮边缘上，这些尘埃形成的沉淀物吸收并保存了空气中的水蒸气、盐分及气体污染物 SO_2 等，从而加速了大梁的腐蚀。这是构成大梁腐蚀严重的又一因素。检查中发现，在腹板与缘条的拐角处积有大量的灰尘。

飞机在起飞、降落收放起落架时，轮胎带来的砂粒撞击大梁腹板表面，使保护层破坏；而且大梁腹板处并排装有冷气导管、座舱增压通气导管三根管子，且管接头均在主起落架安装点起第二立肋处的腹板格子处。由于工作空间小，安装时极易碰伤腹板致使保护层破坏，内部金属直接裸露在外。检查发现多架飞机大梁腹板上该处有划伤。

（3）表面漆层老化变质。腐蚀普查时发现，凡是产生腐蚀故障的飞机，该处的漆层均有不同程度的褪色、硬化、开裂或脱落等老化变质现象，因而硬铝基体合金的防护性能下降。漆层的老化变质程度，与使用时的环境条件及飞机的服役时间有关。据调查，该机场飞机均于 1984 年前后分三批装备部队，服役时间都长达 14 年。由于漆层的结合力下降，即使在不明显发生腐蚀的部位，也已出现漆层脱落现象。有的漆层表面虽然只是一个小洞，但在清理后，可见铝基体已被腐蚀较大面积和一定的深度；有的漆层表面鼓泡和凸起，这是由于腐蚀介质渗入到漆层与铝基体之间，腐蚀时发生化学反应逸出气体的缘故。

（4）设计制造的缺陷。飞机在设计时，没有考虑到该部位在飞机停放时是裸露在外的，而且，海军航空兵部队的使用环境条件又较差，应按外表面防护要求涂漆，而设计时，大梁表面按内部封闭结构件处理，只有一层纯化膜而没有涂面漆，因而使结构对腐蚀的防护能力降低，容易引起腐蚀。

4　腐蚀的危害

4.1　造成大的经济损失

在我国的航空工业中由于腐蚀而报废的航空器材一年就有上万件,其经济损失在数千万元以上。据航空资料介绍,美国对腐蚀而造成的飞机地面维修费用,每飞行 1 小时为 5 ~ 12 美元。洛克希德公司每年用于腐蚀与防腐的科研费用就有 300 万美元。

4.2　影响飞行安全与飞行性能

经强度计算分析,目前大梁的腐蚀部位和深度尚未严重削弱结构的强度,还未构成对飞行安全的影响,但有一定的潜在危险。机翼大梁腹板是机翼的主承力构件,又是 1 号整体油箱的侧壁,如果腐蚀进一步发展,不但会削弱大梁的承载能力,还会导致油箱泄漏而造成飞行事故。如海航某中队 44 号飞机,左机翼大梁腹板腐蚀深度达 3.0mm,局部快要穿透,这很容易使翼梁因应力集中过大而折断,威胁飞行安全。

4.3　对飞机使用寿命的影响

机翼大梁的腐蚀会使飞机的使用寿命下降。该型系列飞机结构定寿说明,没有腐蚀的飞机使用寿命长达 2600 ~ 3000h。目前该型飞机出勤率较低,如果结构腐蚀严重且发展速度较快,飞机就会提前退役。海军航空兵某中队 49 号飞机 11 年就进厂大修,仅飞行了 400 多小时。如果大修后的情况不变,则飞机的总寿命会大大降低,其损失是巨大的。

5　防腐措施

防止腐蚀的发生主要从两方面考虑:一方面是设计的防腐;另一方面是日常维护的防腐。

5.1　材料热处理工艺的改进

在不变更机翼的翼梁外形及材料的前提下,由于它已有足够的强度和延伸率,因此可按 HB/Z 5126—79 变形铝合金热处理说明书的规定,将使用状态改为淬火 + 分级时效。分级时效为:115 ~ 125℃,3h;115 ~ 165℃,3h。此时,第一次时效处理相当于成核处理,第二次时效是以原 G. P 区为核心,形成均匀分布的 η 相处理后,虽然抗拉强度要比一次时效低 10 ~ 30MPa,但能明显地提高抗疲劳性能及抗腐蚀能力。

5.2　密封性改进

密封设计可以防止水分和杂质进入。该型飞机大梁水平缘板与蒙皮贴合面、翼梁垂直缘板与腹板贴合面、在贴合面边缘处与翼梁连接的紧固件墩头或螺母可涂 BMS5 - 95 或 XM - 33 密封剂。这两种密封剂黏性强,不易变质和干裂。为了防止腐蚀介质存在于缘条和托板螺母的托板之间,可在贴合面涂阻蚀密封胶或其他填充物腻子。

5.3 增强表面防护层

零件制造过程中,应严格工艺规程,确保表面防护层的质量。在易发生腐蚀的机翼起落架舱部位,按外部零件表面防护层要求处理,加涂一层 H04-2 防护面漆。这种防护面漆稳定性好,不易受温度的影响而脱落。

5.4 加强地面维护及检查

(1)开展防腐知识教育。为了使防腐落到实处,贯彻到维护人员的实际工作中去,必须开展防腐蚀知识的教育,使大家对腐蚀机理和腐蚀特征有所了解,使防腐变成每个维护人员的自觉行动。

(2)做好防水、防潮工作。在雨后要取下飞机蒙布和堵盖,打开座舱的同时,应加强对主起落架舱内的检查。有结露和积水时,要用干布揩去。

(3)在日常维护、定检、大修中,发现飞机翼梁表面漆层损伤时要补漆。如果发现有明显的腐蚀故障,应通知有关部门进行防腐处理。

(作者:穆志韬,孙明礼,王有喜。发表于《飞行事故和失效分析》1999 年第 01 期)

海军现役飞机的腐蚀损伤失效分析及腐蚀防护

摘　要:根据海军机场的环境特点,对高强度铝合金材料的涂层有效期及基体材料的腐蚀损伤失效过程进行了研究,建立了腐蚀损伤与加速腐蚀日历时间的关系函数,提出了海军现役飞机外场腐蚀控制的具体技术措施。

关键词:腐蚀环境;海军飞机;环境谱;腐蚀动力学规律;腐蚀控制

1　引言

腐蚀是飞机的一种主要损伤形式。随着现役飞机使用年限的增加,特别是近 10 年来,飞机结构受环境腐蚀的问题日益突出,已成为当前世界各国军用和民用飞机所面临的严峻问题。对我国海军现役飞机来说,设计中没有明确的密封、排水、腐蚀防护和使用中的防腐控制要求,其机场大都分布在沿海地区,地面停放环境特点是高温、高湿和盐雾出现时间长,加上沿海城市工业废气的作用,飞机停放环境条件十分恶劣,导致海军大多数飞机结构铝合金件表面防护涂层老化、剥落,基体材料腐蚀严重,飞行性能下降,安全使用寿命降低,已严重影响到海军飞机的飞行安全和战斗出勤率。例如:目前现役的某型飞机因 42 框腐蚀疲劳裂纹导致近 50% 的飞机停飞待修;某型歼轰飞机装备海军部队仅 3 ~ 4 年已出现防护涂层脱落,部分机件材料开始腐蚀[1]。因此,开展现役飞机的腐蚀防护及监控措施研究已迫在眉睫。

2　飞机结构主体材料的腐蚀试验研究

2.1　加速腐蚀试验当量环境的选择

通过对海军飞机使用环境的调查统计及编制的地面停放环境谱分析,不同的使用环境条件,腐蚀对飞机结构的影响是不同的。据海军飞机使用飞行谱统计,海军飞机 98% 以上的日历时间处于机场停放状态[2],其主要腐蚀环境介质是潮湿空气、盐雾及大气中的 SO_2、NO_x 等有害气体。从现役飞机腐蚀损伤失效数据、实物照片及腐蚀产物分析来看,多数腐蚀部位已发展到严重的晶间腐蚀及剥蚀阶段。为研究飞机结构铝合金件腐蚀发生的动力学规律及防护涂层的有效寿命期,采用该机场地面停放环境谱编制的加速腐蚀当量环境谱(表 1)进行加速试验[3],再现铝合金材料的外场腐蚀发展过程。

表 1 加速腐蚀当量环境谱

次序	配方	作用时间/h	
		铝合金制件	钢制件
1	盐酸浓度 3.655g/m³;氯化钠浓度 3.5%;pH=4	39.25	128
2	硫酸浓度 4.443g/m³;硝酸浓度 0.592g/m³;氯化钠浓度 3.5%;pH=4	4.02	5.39
3	氯化钠浓度 3.5%	38.48	61.36
	总作用时间	81.75	195.65

注:试验温度 40℃,相对湿度 >90%,干湿交变次数为 194 次,相当于停放 1 个日历年限

2.2 加速试验研究

2.2.1 试验件材料的选取及制作

选用加速环境谱及对应机场某型飞机已使用 7 年大修时拆换下的前梁缘条(材料为 LY12CZ;防护层为阳极化 + H0621012H),截面形状为 T 形变截面梁。设计制作了 3 种类型的试验件共计 86 个。

(1)选择原防护体系保护较好、表面涂层没有受到损伤的试验件 8 个,用于试验考核原防护涂层系统的剩余寿命有效期。

(2)选择 8 个试验件进行脱漆、打磨,按原翼梁缘条的工艺标准重新阳极化、涂漆,用于考核新防护涂层系统的有效寿命期。

(3)剩余 70 个试验件全部进行脱漆化处理,用于考核翼梁缘条的基体材料在没有防护漆层时的腐蚀失效规律。

2.2.2 试验结果分析

对于带涂层的铝合金试验件,按加速环境谱进行试验,每试验进行 1 个日历年限都要对试验件做观察记录及统计分析,综合分析 A、B 两类试验件的试验结果,见表 2。

表 2 带涂层铝合金缘条试验件的试验结果

试验件	加速腐蚀的日历年限 /年					涂层有效
类型	1	2	3	4	5	期 /年
旧涂层试验件 A	涂层表面无变化	试件表面有气泡产生,漆膜表面发黏	表面附有大量气泡,局部变黑,部分漆层鼓泡、脱落	漆层严重鼓泡、脱落,露出的基体材料发黑,已出现局部腐蚀,涂层已失效	大量漆层脱落,机体材料腐蚀严重	2.5~3
新涂层试验件 B	涂层表面无变化	试件表面涂层无变化	试件表面有少量气泡产生,表面漆膜发黏	试件表面附有大量气泡,局部变黑,有少量的漆层鼓泡、脱落	出现局部漆层脱落,机体发黑,有点蚀现象	3.5~4.5

对无涂层翼梁缘条试验件,每试验 1 个日历年限,随机取出 5 个试验件,沿缘条长度方向平均划分 5 个区域,检测单个试验件每个区域上的最大腐蚀深度。由于最大腐蚀深度服从正态分布[4],求出每个试验件上最可能的最大腐蚀深度,用同样的方法可统计确定每一个腐蚀日历年限条件下 5 个试验件的最大腐蚀深度均值。共计进行了 14 个日历年限的加速腐蚀试验,腐蚀试验统计结果见表 3。

表 3　加速腐蚀不同日历年限时的最大腐蚀深度

腐蚀日历年限 t/a	日历年限 $\ln t$	最大腐蚀深度 /mm	腐蚀日历年限 t/a	日历年限 $\ln t$	最大腐蚀深度 /mm
1	0	0.32	8	2.079	2.05
2	0.693	0.89	9	2.197	2.13
3	1.099	1.32	10	2.303	2.36
4	1.386	1.38	11	2.398	2.47
5	1.609	1.55	12	2.485	2.52
6	1.792	1.75	13	2.565	2.68
7	1.946	1.83	14	2.639	2.74

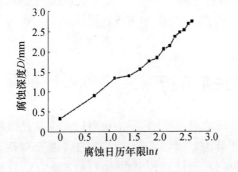

图 1　翼梁缘条加速腐蚀深度 D – $\ln t$ 曲线　　图 2　翼梁缘条加速腐蚀深度的 D – $\ln t$ 曲线

对表 3 中试验得到的数据作图得到的曲线如图 1 所示,较好地描述了随日历时间变化腐蚀深度发展的动力学规律。随日历时间的延长,试验件的腐蚀深度逐渐增大,腐蚀损伤越严重。试验件没有防护涂层,腐蚀到一定程度,试件表面许多大小不同的腐蚀坑连在一起。试验过程中仅测量统计最大腐蚀深度作为腐蚀损伤程度的衡量指标,这是因为最大腐蚀深度直接决定了结构件的承载能力和腐蚀修理容限。

图 1 和图 2 中的描点连线以最大腐蚀深度的变化率表示腐蚀发展速率时,总体上分为两个阶段。加速腐蚀初期(1 ~ 3 年)腐蚀发展速度较快,腐蚀 3 年以后腐蚀速率变慢,以后的腐蚀速度基本上保持稳定,而且腐蚀深度随腐蚀日历年限的发展呈线性变化显著。用最小二乘法分别对图 1 和图 2 中曲线拟合比较,发现图 2 中的线性相关性较好。因此,采用 D – $\ln t$ 对应的有关数据分析拟合,加速腐蚀前期($t \leqslant 3$ 年)及后期($t > 3$ 年)的铝合金翼梁缘条腐蚀发展的动力学规律为

$$D = \begin{cases} 0.30553 + 0.89984 \times \ln t & (R = 0.99767, t \leqslant 3) \\ 0.26409 + 1.12661 \times \ln t & (R = 0.99282, t > 3) \end{cases}$$

式中:D 为腐蚀深度;t 为腐蚀日历年限。

由于试验件加速腐蚀初期腐蚀速度发展较快,主要腐蚀形式为点蚀阶段,腐蚀速率很快就趋于稳定,测量到的数据点数较少,拟合的误差相对较大。

2.3 飞机结构铝合金材料的腐蚀损伤失效规律模式

试验件加速腐蚀初期,腐蚀主要是点蚀的形成和发展过程[5],点蚀孔是沿垂直于试验件表面向下的方向发展的,因而腐蚀深度增加得很快,腐蚀速度较快。加速腐蚀进行3年以后,腐蚀形式主要是发展成为晶间腐蚀、剥蚀阶段。飞机铝合金翼梁缘条挤压或模锻成形时,使得铝合金具有平行于表面的、高度定向的扁平晶粒结构,腐蚀不仅沿着垂直于试验件表面向下的方向发展,而且还沿着晶界向平行于试验件表面的方向发展,因而腐蚀深度发展过程较慢,腐蚀速率较试验件加速腐蚀初期慢。在晶间腐蚀和剥蚀不断向基体材料深入发展的过程中,表面金属不断地出现层状开裂翘起,与缘条基体分离甚至剥落,这就使试验件表面露出新鲜金属,同时也使腐蚀介质的扩展不受阻碍,试验件的腐蚀始终处于活化状态,因而腐蚀深度发展的速度基本上保持不变,腐蚀的深度与加速腐蚀的日历年限 $\ln t$ 呈线性关系变化。这就表明,铝合金材料的腐蚀模式经历了从点蚀发展到晶间腐蚀,最终形成剥蚀的腐蚀全过程,这种腐蚀失效模式与机场飞机翼梁缘条上检查到的腐蚀状况一致。

3 飞机结构的腐蚀与腐蚀环境的关系分析

飞机在使用寿命期内要安全可靠、经济合理的服役使用,一个重要的前提就是要对它的设计、选材、制造、使用维护全过程的各个环节做好腐蚀控制。飞机的腐蚀控制是一项系统工程,其控制过程总的来说包括补救性控制和预防性控制两个主要方面[6]。补救性控制是指当发现飞机结构产生腐蚀后再设法消除它,显然这是一种被动的办法。预测性控制是指预先采取必要的措施,从结构方案设计开始,根据飞机将来可能的使用环境和功能要求来制定腐蚀控制方案。从选材、涂层(镀层)、结构细节设计、工艺制造及热处理等方面采取相应的措施来防止或延缓腐蚀和腐蚀疲劳破坏的进程,尽量减小腐蚀损伤的影响。

对我军服役的大多数机种,由于其结构、构件的形式及选材、表面处理工艺等方面都无法做大的变动。从某种意义上来说,实施对现役机种的腐蚀控制实际上只能是用一些先天不足、后天补救的应急措施来减缓腐蚀环境对飞机构件的腐蚀。由于目前的腐蚀控制技术水平的限制,腐蚀防护层的退化、脱漆及机械损伤等,在使用寿命期内飞机的腐蚀故障及修理仍是不可避免的,而且使用的年限越久,腐蚀范围越广、越严重,维护周期也越短,在没有到达飞机结构的使用寿命或日历年限之前不进行防护抢修就无法保证安全可靠的飞行。

腐蚀损伤是由于材料与环境作用引起的材料品质下降或破坏。由此,可以把飞机结构的腐蚀原因归结为两个主要方面:飞机结构件本身存在腐蚀的条件,这是内因;存在腐蚀环境,这是外因。飞机的腐蚀环境根据地理条件、使用情况、结构形式等因素可细分为总体腐蚀环境、局部腐蚀环境及具体腐蚀环境。飞机使用过程中可从飞机腐蚀与环境因素的关系,寻找不同机种的具体腐蚀控制措施。

3.1　飞机腐蚀与总体腐蚀环境的关系

总体腐蚀环境是整架飞机的各个部位上均可能遇到的腐蚀环境,如盐雾环境、湿热环境、大气污染环境等。随着飞机停放机场的地理位置、气象条件的不同,飞机腐蚀状况存在很大差别。例如,处于多雨、潮湿、气温高、大气污染较为严重的东南沿海等机场的海军飞机腐蚀状况,比地处干燥、寒冷、空气污染轻的内陆机场同期装备部队的飞机要严重得多。因此,可以得到如下结论:

(1) 飞机结构的腐蚀主要是由总体腐蚀环境造成的。

(2) 控制飞机腐蚀的措施是采取"隔离",来减缓飞机与总体腐蚀环境的直接接触。

(3) 对飞机实施腐蚀控制,应根据飞机停放机场的地理位置、气象条件及执行任务所到区域的不同,采取不同的腐蚀控制措施。

3.2　飞机腐蚀与局部腐蚀环境的关系

飞机上某一部件、组合件所处的腐蚀环境称为局部腐蚀环境。同一架飞机上有的地方腐蚀轻微而有的部位腐蚀严重,主要是各部位局部环境存在差异造成的。如海军同一个机场某型飞机腐蚀普查时发现,主起落架舱内前梁腹板严重腐蚀,且其腐蚀部位、腐蚀状况基本相同,均在主起落架安装点第二立肋处,中线以下部位。分析其主要原因是飞机在地面停放时,主起落架舱长年敞开,开口在机翼下表面,并盖有蒙布,通风不良,长年不见阳光,潮湿空气易在该处停留(据检测雨后一般要延长 $2\sim4h$)。舱口距地面很近,地面上蒸发的蒸汽上升进入起落架舱,蒸汽遇到冷的金属表面就凝结在腹板表面上形成水珠。飞机在停放时地面灰尘及起飞降落时空中的尘埃都沉积在前梁上,而尘埃中有 SO_2、H_2S、NaCl 微粒等污染物,加上尘埃毛细管作用,水分更易聚集成为电解质。因而,研究飞机结构局部腐蚀环境的成因,能为分析结构腐蚀原因、制定防腐控制措施提供科学的依据。

3.3　飞机腐蚀与具体腐蚀环境的关系

具体腐蚀环境是飞机上某个构件的具体部位所承受的腐蚀环境。研究具体腐蚀环境,就是研究具体构件腐蚀的直接原因,为研究具体的构件防腐修理方法和工艺提供依据。处于同一个局部腐蚀环境中的结构件,有的容易发生腐蚀,有的则不发生腐蚀,这主要是由于结构件的结构形式、连接安装方法、加工工艺、热处理条件等不符合防腐原则造成的。在防腐修理中,必须采用先进的修理方法和工艺,以消除或减轻具体腐蚀环境。如防腐抢修时,依据结构情况增扩排水孔或采取密封、隔离等技术措施。

4　海军现役飞机的腐蚀防护措施

军用现役飞机所采用的材料主要是铝合金、铸镁合金、钛合金、钢件等金属材料。虽然这些金属材料的表面一般都有防腐蚀涂层,但在飞机使用过程中,随着时间的推移,飞机不同部位、不同的材料表面会先后出现腐蚀现象,影响正常飞行。为保证飞行安全,延长飞机的使用寿命,必须对现役军用飞机所出现的腐蚀采取修理及控制措施;而且应根据在不同部位、不同材料上出现的腐蚀现象采取不同的防护方法。

4.1　飞机蒙皮外表面的腐蚀防护

飞机蒙皮腐蚀防护主要是在飞机蒙皮表面涂上由底漆和面漆组成的防护涂层系统。通过对海军现役飞机的蒙皮防护涂层系统调研统计分析,涂层系统主要是由锌黄环氧酯底漆、锶黄环氧底漆和丙烯酸面漆、聚氨酯面漆等组成。这些飞机由于制造年代比较早,涂层系统的耐候性、保光性、装饰性及附着力、耐冲击性等力学性能较差,在使用过程中出现掉漆、腐蚀等现象。

飞机蒙皮表面出现局部掉漆和腐蚀现象后,可以采取措施加以控制:首先将出现掉漆和腐蚀现象的局部表面进行脱漆、去除腐蚀产物;其次进行基体材料表面的打磨、清洗等表面处理工作,以保证新涂层对基体材料具有良好的附着力;最后在规定时间内按照工艺规范与现场施工要求涂上性能接近国际标准的国产新型底漆和面漆。

4.2　飞机内部材料的腐蚀防护

现役军用飞机内部材料的腐蚀防护主要由防护涂层来完成。这类防护涂层是由锌黄环氧酯底漆、铁红环氧酯底漆与醇酸面漆、丙烯酸氨基面漆、环氧硝基面漆等配套的涂层系统或锌黄环氧酯底漆的单一涂层。沿海地区特别是南海区域,在海雾及潮湿等恶劣条件下,这类防护涂层系统的使用时间较短,较快失去防护作用,在材料表面出现腐蚀现象。随着飞机的老旧,这种腐蚀对飞机的影响越来越严重,大大降低了飞机原结构件的抗疲劳寿命。

由于飞机内部材料所处环境与飞机蒙皮不同,因此对腐蚀采取的控制措施也不同。飞机内部钢件、铝合金材料最容易出现腐蚀的部位是那些有"角落"的零部件。这些位置容易积水,形成有利于产生腐蚀的条件,因此往往在这些部位最先出现腐蚀现象。首先用工具把腐蚀部位的原涂层和腐蚀产物去除掉,并对基本材料表面进行打磨和清洗,使基体表面无杂物、油垢等影响涂层附着力的物质,然后在规定时间内按工艺规范和施工条件涂上防腐蚀能力好的修补用底漆和相应面漆。飞机内部腐蚀部位修补的施工工艺同其他涂漆工艺有所不同,必须根据飞机内部各个零部件所处不同的环境条件采取不同的施工工艺。因此,必须对飞机内部产生腐蚀的部位进行充分了解和掌握,通过实验室试验和外场试用,制定出符合现场施工要求的修补工艺。

4.3　铸镁合金件的腐蚀防护

镁合金件负电位高,化学性活泼,比钢、铝合金材料更易产生腐蚀,因此对防护涂层的抗腐蚀性能要求更高。通过对铸镁合金的防腐研究及涂层材料的筛选,确定了镁合金件腐蚀损伤后的修理工艺为[7]:打磨→涂镁氧化液→涂锌黄底漆→涂墨绿漆。该涂层工艺已在海军某型歼击机的发动机机匣(铸镁合金材料)上得到应用,目前所修飞机已安全飞行200多小时,防腐控制效果良好。

4.4　机载电气设备的腐蚀防护

外场大修防腐施工处理时,机载电气设备的防腐要在专业部门配合下进行。对电缆插头,清洗后用 DJB2823 保护剂保护,安装后用聚氯乙烯薄膜带包扎;对天线等裸露的有色金属附件,外表用"干膜剂"进行保护;电缆应先烘干排潮,再以聚氯乙烯薄膜带缠绕包扎,外部涂以防水胶密封;机载设备内部的印制电路板等器件用 DJB - 823 保护剂或NC - 123 进行防护。

5　对现役飞机腐蚀控制的思考

5.1　腐蚀数据库的建立

飞机结构腐蚀严重影响着我军飞机的日历使用寿命,但是我军飞机的腐蚀情况究竟严重到何种程度,多年来一直没有一个有说服力的具体数字来阐述。只有在长期、全面大量地采集我军飞机结构腐蚀数据的基础上,统计分析腐蚀对飞机结构的影响程度,初步给出少量机种的日历使用寿命及确定这些部位的腐蚀速率和定检周期。要及时准确掌握每种型号、每架机的腐蚀发展状况,一个重要的前提是能够连续和量化地给出飞机的腐蚀数据,这些腐蚀数据可作为飞机寿命评估的科学依据。由于飞机结构十分复杂,要全面收集每一架飞机每一零部件的腐蚀信息难度非常大,也没必要。根据飞机设计应力及疲劳寿命分析,外场飞机使用中的故障情况,在确保飞行安全及满足腐蚀数据库建库要求的前提条件下,将每种型号飞机的重点腐蚀检查部位划分为飞机结构的 I 类疲劳危险部位、飞机结构的 II 类疲劳危险部位、飞机结构的重要承力部位和飞机结构的一般易腐蚀部位四大类[8],这些部位应全面包容并反映飞机的腐蚀情况。

5.2　腐蚀监控网络的建立与管理

建立有效的腐蚀监控网络,主要是研究网络的组织结构、数据采集方法和数据处理手段。监控网的组织结构要完全依托部队现有体制。各飞行团队质量控制室作为网络的最基层组织,其主要负责组织部队按照拟定的方式,进行原始腐蚀数据的采集、汇总上报"数据处理中心"。"数据处理中心"与各飞行团队质量控制室建立直接的业务关系,并负责指导腐蚀部位的数据采集和确定传递方式。数据的采集首先要研究确定飞机的疲劳腐蚀严重监控部位、检查时机、检查方法和数据记录方式。每个机型要单独进行分析研究后,找出监控点,并对飞机的修理情况和与腐蚀相关的故障进行记录,原则上数据的采集时机与部队日常维护工作同步。数据处理必须依赖于"数据处理"软件,该软件要求能够对数据进行快速有效的输入和整理,能进行必要的分析,对单架飞机或机群的腐蚀发展趋势和发展速度做出预测。整个腐蚀监控网络采集和处理的飞机腐蚀数据,可作为新机研制部门选材时评定的科学依据。

5.3　其他防腐控制技术的应用

飞机腐蚀状况的监控是整个飞机腐蚀防护体系的一个重要方面,对阻止或延缓飞机结构腐蚀的发生是十分必要的。随着我军飞机腐蚀监控网络的不断完善和防腐控制技术的深入研究,编写出《军用飞机腐蚀预防和控制大纲》《军用飞机腐蚀控制设计维护指南》及相关配套教材下发部队,并组织力量开发研究性能优良、黏附力强、化学稳定性好的防护涂层漆料系列。为提高海军飞机的安全使用寿命,降低维护费用,保证飞行安全,必须把传统的腐蚀控制技术与新兴的防腐手段结合起来,认真研究并探索军用飞机的腐蚀发展规律及腐蚀损伤机理。尤其是海军特有的小机群如水上飞机、舰载机的腐蚀防护与控制技术。在使用维护中,尽可能地改善飞机的总体环境与局部环境,保护防腐涂层在寿命期内完整有效,勤通风,防止潮气、水分或其他腐蚀性介质与机体结构件长期接触。同时,要借鉴国外先进的防腐维修经验,结合飞机的使用环境特点,研制新型、实用的缓蚀剂、清洗剂等应用于飞机结构的外场维护。加强地勤人员防腐意识教育与技能培训,改善维护手段,提高飞机的日常保养与管理能力,使海军现役飞机向"长寿命、高可靠性、良好的可检性和维修性"方向发展。

参 考 文 献

[1] 穆志韬. 飞机结构的腐蚀修理及防护控制技术[J]. 飞机制造工程,1995,12(5):212－214.

[2] 金平,段成美,陈跃良,等. 飞机停放环境谱的编制[J]. 海军航空技术学院学报,1999,5(1):35－38.

[3] Chen Y L,Jin P. Study on load environmental spectrum and accelerated corrosion equivalent spectrum of aircraft structure [C]. FATUGUE'99,1999:2353－2358.

[4] 张福泽. 金属机件腐蚀日历寿命的计算模型和确定方法[J]. 航空学报,1999,20(1):75－79.

[5] 穆志韬. 海军飞机结构腐蚀损伤规律及使用寿命研究[D]. 北京:北京航空航天大学,2001.

[6] 任和,冯元生,王琛. 运七机翼腐蚀失效模型及其可靠性分析[J]. 腐蚀科学与防护技术,1998,10(4):212－216.

[7] 李金柱. 再论军用飞机的腐蚀控制工程[J]. 航空科学技术,1992,4(3):218－220.

[8] 蒋祖国. 飞机结构腐蚀疲劳[M]. 北京:航空工业出版社,1992.

(作者:穆志韬,谭晓明,刘治国。发表于《装备环境工程》,2009 年第 01 期)

工程应用中的 LY12CZ 型材腐蚀失效分析及腐蚀控制

摘　要: 对工程应用中的 LY12CZ 型材的腐蚀特点和腐蚀机理进行了分析研究。结合实际维修工作中的经验,提出了对 LY12CZ 型材结构件腐蚀损伤部位的修理方法及防腐控制措施,并在实际工程修理中得以应用,取得了良好的防腐控制效果。

关键词: 晶间腐蚀;腐蚀控制;使用寿命;防护体系;体积效应

1　引言

高强度铝合金 LY12CZ 是航空业使用比较多的一种材料,主要用来制造飞机结构承力件,如飞机的机翼翼梁缘条、长桁等。在我国南方一些地区及沿海地区服役的飞机,由于使用环境恶劣,不同程度地出现了腐蚀现象,尤其是飞机结构用铝合金 LY12CZ 型材件腐蚀情况最为严重。

2　LY12CZ 型材的腐蚀特征

飞机机体结构件由于使用环境和服役年限长短的不同,发生腐蚀的部位和腐蚀类型很多。大量的试验分析证明,飞机上使用较多的 LY12CZ 型材在环境作用下产生晶间腐蚀为主导。

腐蚀后的表现形式是:翼梁缘条或长桁人面积鼓起,严重部位出现层状剥离及疏散状翘起,如图 1 所示。与完好的基体材料相比,腐蚀部位已失去金属光泽,并伴有灰白色鳞片状腐蚀产物,轻轻拨动便可有灰白色粉末离析,失去强度和塑性,当轻轻敲击时,失去清脆的金属声。

图 1　用 LY12CZ 制造的某型机翼梁缘条的腐蚀情况

从腐蚀形态上看有两个基本特征:
(1) 腐蚀最终呈层状剥离的外观;

（2）裂纹大都互相平行，并沿着与缘条（或长桁）表面平行的平面由外向内发展，多级开裂严重。

3 LY12CZ 型材的腐蚀机理

LY12CZ 型材的腐蚀，是由其制造的构件在使用环境侵蚀下，通过化学或电化学作用而随着时间的推移所发生的积累性化学损伤和破坏。

含铜量为4%的硬铝合金，其强度高，成形能力和机械加工性能好，但耐蚀能力差。在室温下的金相组织为 $\alpha(Al) + \theta(CuAl_2)$ 相，加热到500℃时，θ 相全部溶入 α 相，成为单相固溶体。若这时迅速冷却（淬火），则得到过饱和固溶体，它是不稳定的，会逐渐沿晶界析出呈连续网状的 $CuAl_2$ 沉淀相，使晶界附近地区成为贫铜区。由于两区之间存在相当大的电位差，贫铜区作为阴极，而非贫铜区成为阳极。在大阴极小阳极情况下作为阳极的晶界处，有电解质溶液存在的情况下便发生严重腐蚀。其反应产物表达式为

$$2Al + 3H_2O + \frac{3}{2}O_2 \rightarrow 2Al(OH)_3 \downarrow$$

上述腐蚀情况也可用图2中的极化曲线来说明。

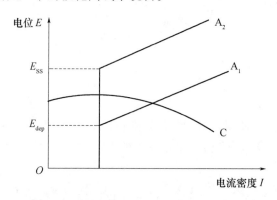

图2　Al − 4% Cu 固溶体及贫铜区阳极极化曲线及腐蚀电流密度示意图

图2中：A_1 为贫铜区阳极极化曲线，A_2 为 $CuAl_2$ 及 Al − 4% Cu 固溶体的阳极极化曲线：

（1）低于 E_{dep}，腐蚀甚微；

（2）E_{dep} 与 E_{ss} 之间，沿晶界腐蚀；

（3）高于 E_{ss}，出现点蚀现象。

另一方面，经过大量的试验证实，$CuAl_2$ 本身就是一个腐蚀微电池，$CuAl_2$ 中的 Al 为阳极，Cu 为阴极。这样，在晶界处实际上有两对腐蚀电偶，即复式双电极体系，从而加速了晶界处的腐蚀。

具有晶间腐蚀倾向的 Al − Cu 系铝合金，经过模锻加工后晶粒变成宽长而扁平的形状。腐蚀沿着与型材表面平行的晶界方向延伸，生成的腐蚀产物 $Al(OH)_3$ 或 $AlCl_3$（空气中溶于电解液的 Cl^- 与 Al^{3+} 结合的产物）等，体积比铝大，由于体积膨胀必然会沿着晶界产生应力，其方向大体上垂直型材表面。当应力逐渐增大时，就使已经失去了基体之间

结合力的扁平晶粒向外鼓起,使合金表面生成鼓泡,严重时呈千层饼状或产生剥落(图3)。构件上一旦出现腐蚀,由于腐蚀产物的体积效应,此时更容易进入、吸附、储存腐蚀介质而难以排除,从而加速了铝合金 LY12CZ 型材的腐蚀。

(a)   (b)

图3　LY12CZ 型材腐蚀

(a) 腐蚀后出现的千层饼状腐蚀产物;(b) 腐蚀后腐蚀产物翘起脱落。

4　LY12CZ 型材腐蚀部位修理及腐蚀控制

腐蚀控制包括腐蚀的预防、探测和排除等措施。在航空修理工程中,对产生腐蚀的 LY12CZ 型材通常采用下列修理方法及防腐控制措施:

(1) 对腐蚀部位进行腐蚀产物清理(打磨、去油污等)。打磨处理后的腐蚀深度在修理标准范围以内时,允许不加强、不换件。

(2) 对腐蚀严重部位进行强度校核,以确定是否需要补强或更换结构件。

(作者:穆志韬,段成美,金平。发表于《材料工程》,1995 年 10 期)

现役直升机结构腐蚀原因及控制

摘　要：结合某型直升机的日历寿命研究分析了现役直升机的腐蚀情况,具体研究了引起腐蚀的三大原因,针对这些原因提出了相应的控制措施,对未来几年直升机腐蚀控制的研究提出了一些看法。

关键词：直升机；腐蚀控制；日历寿命

1　引言

随着各机种服役时间增长,腐蚀问题日益突出,日历寿命不得不作为与飞行小时数、起落次数相匹配的一个重要寿命指标而提出。国际运输协会报告统计,由于腐蚀导致飞机的定期维修和结构件更换所造成的经济损失为 5~12 美元/h。航空史上因腐蚀直接或间接造成的事故也屡有发生。因此腐蚀问题应该引起足够重视。

2　现役直升机结构的腐蚀现状

与现役同期固定翼飞机相比,现役直升机一般具有相对较好的涂层防护系统和较完善的排水系统,腐蚀损伤程度比固定翼飞机轻。但是由于所处自然环境恶劣和本身的振动,尤其是舰载机,腐蚀问题也不容忽视。在对某型直升机日历寿命研究时,曾对正在使用和库存的尾桨叶进行检查,共检查使用了 10 种不同日历年限的尾桨叶 89 片,损伤检查结果如表 1 所列。由表可见,碰伤和非金属的老化很严重,金属的腐蚀相对轻微。严格来说,腐蚀包括金属的腐蚀和非金属的老化。腐蚀损伤占 50%,裂纹和碰伤占 50%。未及时处理的裂纹和碰伤又为腐蚀提供了条件,加上直升机固有的振动环境,这些部位容易成为疲劳源,产生腐蚀疲劳破坏。

我国现役直升机所处机场很多位于沿海地区,直升机长期停放在高温、高湿、高盐雾的环境中。尤其是一些舰载机,常年处于海洋环境中,腐蚀状况尤为严重,腐蚀部位主要有：主、尾桨叶翼尖罩蒙皮内严重的晶间腐蚀；轮毂的大面积腐蚀；非金属件(橡胶密封圈和导管等)的老化造成系统密封性能变差,出现渗漏以及导线发生黏连,绝缘性能降低；压气机有沉积物使得功率下降等。

3　腐蚀原因分析

3.1　"先天不足",设计不当或制造缺陷

对现役机型来讲,由于当时技术条件的影响,"先天不足"是存在的,如某型直升机隔

离传感器的 O 形关键胶圈老化后容易压入燕尾槽内,造成密封性能下降,使得旋翼刹车效率降低,后改为燕尾形关键胶圈。随着对腐蚀故障机理的分析以及新材料、新工艺的引入,同时强调对飞机结构的防腐蚀设计和制造工艺,由此造成的腐蚀情况正在改善。

3.2 恶劣的环境条件

对直升机来讲,恶劣的环境主要是使用环境和振动环境。

表 1 尾部损伤检测结果

损伤类型	配重松动	大梁碰伤	蒙皮碰伤	整流罩裂纹	非金属老化		金属腐蚀	
					胶接不良	螺钉腐蚀	大梁腐蚀	
片数	1	1	12	1	12	1	2	

表 2 不同环境下的日历寿命

腐蚀类型	沿海地区		内陆(露天)
	露天(有防护罩布)	机库	
金属腐蚀并表面脱漆	3 ~ 5(日历年限)	10 ~ 11	5 ~ 6
风扇叶轮腐蚀	2 ~ 3	6 ~ 9	4 ~ 5
非金属的老化	3 ~ 5	10 ~ 12	8 ~ 10

3.2.1 使用环境

现役直升机设计时由于技术条件限制忽视了重要的环境因素,导致不少结构件在日历使用期内发生腐蚀疲劳破坏。直升机的腐蚀环境根据地理条件、使用情况、结构形式等因素可细分为总体腐蚀环境、局部腐蚀环境及具体腐蚀环境[1]。据统计,现役直升机飞行高度 $H < 1500m$ 的飞行时间占总飞行时间约 70%,地面停放时间占全部日历时间的90% 以上,直升机的使用环境比较恶劣。尤其是舰载机和沿海一带服役的直升机常年处在海洋环境中,大量的氯离子和硫离子存在使得构件很容易发生腐蚀,而且相对湿度高(钢金属件在大气中的腐蚀速度的临界湿度为 65% ;铝合金件的临界湿度为 80%)。在潮湿环境中,没有保护层的金属机件容易发生电化学腐蚀,氧化膜保护层和铬保护层的组织多孔,受潮气影响防腐性能会大大降低,油漆保护层则容易变软而脱落。曾对不同停放环境下直升机构件腐蚀发生日历年限做过统计,见表 2 所列。因为腐蚀的发生对以飞行小时计的使用寿命不敏感,这里以腐蚀发生的日历年限作为量化标准。

此外,若是停机坪有沙石等杂物,直升机起飞和降落时由旋翼旋转引起的下洗气流激起这些杂物易打伤机身蒙皮和压气机叶片的防护涂层,成为腐蚀发生的隐患。

3.2.2 直升机固有的振动环境

振动是直升机的固有特性,直升机工作时产生的各种频率振动,使得离质心远的地方振动更大,在振动交变载荷作用下,蒙皮内的晶间腐蚀成为疲劳源,易发生腐蚀疲劳破坏;振动使一些部件(星形件柔性区)承受重复大应变作用,这些部件的涂层易发生裂纹,会使涂层下金属材料或复合材料腐蚀;振动使一些液压软管弹性迅速降低,外胶层老化产生裂纹使得钢丝层容易腐蚀,腐蚀后的氧化物接触橡胶又加速了橡胶的老化。

3.3　维护不当

美国飞行安全基金会做过统计:1988—1992 年涡轴式直升机严重飞行事故中 10.6%是由于没有适当维护造成的。维护不当发生腐蚀故障主要原因:①在维修工作中强调了重点工作、重点内容的检查,放松了基本维护工作的落实;②以预防为主的维修体制的弊端,由于定检维修周期短、次数多、拆装多,出现人为差错的概率高;③机务人员缺乏必要的防腐知识,难以有针对性地进行防腐蚀维护,而且在出现腐蚀现象后不能实施有效的控制。

4　直升机结构的腐蚀控制

腐蚀控制是一个系统工程,从设计制造开始就应该强调直升机结构的防腐蚀设计和制造工艺;但对现役直升机的腐蚀控制,实际上主要是通过控制服役环境和加强维护来减缓直升机构件的腐蚀。

固有振动环境的控制:自 20 世纪 80 年代以来在直升机的设计和制造中大量采用新材料、新结构以及各种振动控制措施,直升机的振动水平已降到 $0.1g$。使用环境控制与加强维护工作是紧密相关的,对现役直升机一些具体的腐蚀控制措施有:

(1) 每次飞行结束视情进行机体和发动机的清洗,清洗后及时排水和发动机冷开车烤干水分,为确保清洗质量可用试纸检查,而后喷涂防腐剂或缓蚀剂。

(2) 直升机及时入库或加盖蒙布,长时间停放应用含缓蚀剂的水冲洗。对一些橡胶软管及时涂防腐油膏,既可保护胶层,又可在外胶层产生裂纹后填满缝隙防止腐蚀物质进入。

(3) 机件拆卸后要严格油封,小部件可采用防腐袋,大的部件要装箱封存,内充氮气和放置防潮砂。

(4) 机务人员应学习防腐知识,了解直升机结构的化学腐蚀机理和电化学腐蚀机理,以便对不同材料机件接触面进行防腐处理。同时熟知材料性能,以便于适当的维护工作。例如,由于镁合金的电位很低易发生电化学腐蚀,不能直接用钢丝刷或钢锉(需镀锌)进行修理,也不能使用金刚砂砂布和氧化铁砂布,可用氧化铝砂布。

5　直升机腐蚀控制研究发展方向

(1) 加紧对复合材料腐蚀机理的研究。随着直升机的更新换代,选材上采用复合材料代替原有的金属材料[2],在减轻质量的同时增强了机体结构的抗腐蚀能力。复合材料对湿度非常敏感,虽然沿纤维方向具有很好的抗疲劳性能,但抗冲击能力差,局部过应力适应性差。加上复合材料的腐蚀机理比较复杂,复合材料的腐蚀分析还处在研究阶段,目前重点仍是复合材料的腐蚀防护研究。

(2) 找出重点腐蚀因素以便进行有针对性的防护。由于飞机停放环境的腐蚀作用,飞机即使不飞行,其寿命也在损失。因此,应重点开展腐蚀条件下飞机日历寿命和腐蚀损伤容限研究,不仅给出飞机的服役寿命,同时还给出日历寿命及最大允许腐蚀修复程度,以确保现役老旧飞机的飞行训练安全。

（3）对现役直升机的腐蚀情况进行统计与分析，建立腐蚀状况监控网络，完善防腐方案。要及时准确地掌握直升机的腐蚀发展状况，统计分析腐蚀对结构的影响程度，给出部件的日历使用寿命及确定这些部位的腐蚀速率和定检周期，这将大大提高直升机的安全可靠性。

（4）先进防腐技术的搜集与优化推广[3,4]。结合现役直升机的特点，加强利用复合材料胶补新工艺修理金属腐蚀损伤部位，研究采用激光强化腐蚀损伤部位，优化直升机结构的涂层防护体系，尽快制定防腐控制维修大纲和规范。

（5）转变维修体制，减少人为差错的概率。传统以预防为主的维修思想存在维修周期短、维修内容多的弊端，因此要在规范现役直升机维修法规的基础上对维护规程做必要的修改，使之更符合以可靠性为中心的维修（RCM）理念。

参 考 文 献

[1] 穆志韬.军用飞机的腐蚀检测及监控技术[J].航空工程与维修,2002(1):38.

[2] 倪先平,蔡妆鸿,曹喜金,等.直升机技术发展现状与展望[J].航空学报,2003,24(1):15.

[3] 张福泽.金属机件腐蚀日历寿命的计算模型和确定方法[J].航空学报,1999,20(1):75.

[4] 穆志韬,金平,段成美.现役飞机结构腐蚀疲劳及寿命研究[J].中国工程科学,2000,2(4):34.

（作者：柳文林，穆志韬，段成美。发表于《腐蚀科学与防护技术》2005 年第 05 期）

航空结构材料的腐蚀失效分析及防腐控制

摘　要：阐述了航空结构材料的腐蚀破坏类型及腐蚀特性，分析探讨了航空结构材料的腐蚀使用环境及主要腐蚀原因。结合实际维修工作，提出了结构腐蚀损伤部位的修理方法及防腐控制技术措施。

关键词：腐蚀环境；腐蚀控制；表面保护；晶间腐蚀；腐蚀修理

1　引言

飞机在使用过程中，随着民用日历年限的增长，对其结构材料造成损伤的主要破坏形式是环境作用下的腐蚀。飞机的腐蚀基本上是材料在使用环境条件下，通过化学或电化学作用所发生的积累性化学损伤和破坏。对航空结构中的金属材料而言，这种复杂的化学或电化学反应使得金属转变回其原态（盐和氧化物）而变得失效，这种粉末状的物质代替了原来的金属，使得航空结构的强度和刚度受到严重的损失。目前，我国飞机使用金属材料约占结构总重的90%，主体材料中铝合金占70%左右，用于机身蒙皮、框、机翼壁板、纵横受力构件等；10%的合金钢用于空间有限，要求强度、刚度兼顾的梁、接头、紧固件、起落架等重要构件；10%的钛合金、镁合金和铜合金等用于其他构件。另外，还使用了一些比例不大但种类繁多的复合材料。

据美国空军后勤中心（ALC）对20多种现役飞机的详细调查，开裂与腐蚀各占飞机全部损伤事故的30%和20%，而开裂往往是由腐蚀造成，腐蚀又使裂纹在使用载荷作用下疲劳扩展。在我国，据对一些类型现役机种的腐蚀普查，腐蚀状态也比较突出，特别是对海军使用的各型飞机，腐蚀问题更为普遍和严重。

本文主要综述航空结构材料腐蚀类型、特征、起因以及腐蚀控制技术。

2　常见航空结构材料的腐蚀与腐蚀特征

航空金属结构材料表面一般都有防腐蚀涂层，但在使用过程中会受到潮湿、盐雾、霉菌及工业废气的侵蚀。当环境中的相对湿度超过65%（温度≥20℃）以后，就会达到或接近金属腐蚀速度的临界湿度，腐蚀速度加剧，在飞机的不同部位、不同的材料表面将先后产生腐蚀。

2.1　铝合金

在航空结构中使用比较多的铝合金材料是 LY12、Al－Zn－Mg－Cu 耐蚀合金、LC4、LC9、LD5、LD10 等，它们大多用作承力构件的型材、边框、缘条、长桁及蒙皮等。蒙皮的腐蚀一般是大面积脱漆（图1）、鼓泡、点蚀等。腐蚀严重部位集中于紧固件周围、接缝部位及其他连接件的接合面、蒙皮内表面与缘条、长桁和隔框接触的部位。通常机身、机翼的下蒙皮比上蒙皮腐蚀严重。作为承力构件的铝合金型材腐蚀后,缘条鼓起,严重时出现层状剥离外观,腐蚀产物呈灰暗色层片状,例如,用 LY12CZ 型材制造的某机翼梁的腐蚀如图 2 所示。

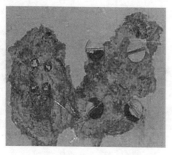

图 1 某机平尾蒙皮脱漆后产生的腐蚀

图 2 某型机翼梁缘条的腐蚀

这种硬铝合金强度高、成形能力和机械加工性能好,但抗腐蚀性能差,特别是当热处理不合适时更甚,在飞机上使用时通过阳极氧化、涂漆等工艺使基体与环境介质隔离以进行防腐。但长期处在腐蚀恶劣的环境条件下,金属表面的漆膜、氧化膜就会失去防腐功能,当局部环境湿度比较大时,大气中的氧或有害物质如 Cl^-、CO_2、H_2S、SO_2 及结构内部材料表面附着的污染物质等溶于水中:

$$H_2O + CO_2 \rightarrow H_2CO_3 \rightarrow H^+ + HCO_3^-$$

这种导电的水溶液便是引起结构材料腐蚀失效的最主要、最普遍的环境介质。

铝合金在时效硬化处理过程中:晶界会沉淀出 $CuAl_2$ 金属间化合物,电位较正;邻近晶界处形成贫铜区,电位较负。当合金表面覆盖有电解液时便形成许多微电池,贫铜区的金属铝成为微电池的阳极,不断溶解成离子而转入溶液中:

$$Al - 3e \rightarrow Al^{3+}$$

释出的电子迁移到微电池的阴极区($CuAl_2$ 区)与电解液中的水和氧发生反应:

$$2H_2O + O_2 + 4e \rightarrow 4OH^-$$

在溶液中铝离子和氢氧根离子(OH^-)相遇,生成白色的氢氧化铝腐蚀产物:

$$Al^{3+} + 3OH^- \rightarrow Al(OH)_3 \downarrow$$

在一定条件下,$Al(OH)_3$ 会分解成 Al_2O_3;另一方面空气中的 Cl^-、SO_4^{2-}、CO_3^{2-}、灰分、碱性物质等会使腐蚀产物变暗变色,这在腐蚀产物的化学成分分析中已经证实。

铝合金型材在挤压或模锻加工时造成晶粒呈扁平细长形排列,腐蚀沿平行于型材表面的晶间发展。从腐蚀形态上看有两个基本特征:一是腐蚀由表面向基体发展;二是裂纹大都互相平行,并在主裂纹上产生各种次级裂纹。当腐蚀产物比较多时,其体积膨胀,形成晶界内张力,使被破坏了结合力的晶粒翘起,出现图 2 中所示的剥蚀外貌。

2.2 合金钢

现役一般航空结构中使用比较多的合金钢件材料有 30CrMnSiA、30CrMnSiNi2A、40CrNiMoA 等以及一些镀钢件、紧固件。钢件腐蚀后轻者普遍出现红褐色锈层(图 3),重者出现蚀坑、腐蚀疲劳裂纹等,如某型机起落架系统内轮轴的腐蚀,除锈后出现1.0mm左右的蚀坑(图4)。合金钢的强度越高,耐蚀能力越差,对应力腐蚀的敏感性也越大。

图 3　钢螺钉的腐蚀　　　　　　　　　　　图 4　某型机轮轴的腐蚀

2.3　镁、钛合金

　　航空结构中使用镁或钛合金相对比较少。钛合金电极电位较高(≥0.1V),一般不易发生腐蚀。镁合金材料电极电位比较低,在环境作用下极易产生电化学腐蚀。腐蚀后出现一块块白粉,擦掉则显露蚀坑,如常用的 ZM-5 镁合金材料,其对应力腐蚀敏感性就比较大。

2.4　铜合金

　　铜合金材料在航空结构上使用得也比较少,它具有较高的抗蚀性,但在某些使用条件下会产生冷脆、季脆、氢脆等缺陷。

2.5　复合材料

　　复合材料作为一种新型材料在航空上使用量逐步扩大,从次要受力构件到主要受力构件。复合材料和金属材料一样,同样存在着腐蚀问题,在使用环境及工作应力作用下会产生溶胀、溶解、化学裂解、渗透、开裂与老化等失效形式。主要是在酸或碱等介质的侵蚀作用下所引起的复合材料高分子化学键发生破坏与裂解。

3　航空材料的主要腐蚀失效破坏类型

　　航空结构材料在使用环境作用下发生腐蚀破坏的类型很多,主要是电化学腐蚀,它包括液膜下的电化学腐蚀和局部浸在电解质溶液内的电化学腐蚀。就现有的几个机型腐蚀数据记录统计,主要有7种形式。

3.1　均匀腐蚀

　　均匀腐蚀是以金属表面的剥落为特征,化学或电化学反应在金属表面均匀进行,腐蚀的结果使金属表面均匀变薄,直到破坏。均匀腐蚀比较常见,对航空结构危害性小,易发现,易于修理和防腐控制。

3.2 孔蚀(点蚀)

金属表面防护层遭到破坏,使金属直接曝露在腐蚀介质中,形成局部腐蚀小坑并向深入发展的一种破坏形式。其腐蚀部位常被腐蚀产物所覆盖,孔径小,不易发现,易产生应力集中,成为腐蚀疲劳的裂纹源。孔蚀危害性极大,有可能导致飞机结构的突发性事故。

3.3 电偶腐蚀

在电解液存在的前提下,两种不同电位的金属或金属与非金属导体电化连接所引起的腐蚀,又称接触腐蚀。这种腐蚀的破坏类型在航空结构材料上最为普遍。

3.4 缝隙腐蚀

由于金属结构件之间形成缝隙,腐蚀介质就会进入并留在缝隙中,从而使缝隙内部金属腐蚀加速。缝隙腐蚀在航空结构中常发生在垫片的底面、螺帽或铆钉帽下的缝隙处及铆接结构的搭接缝处。

3.5 晶间腐蚀

晶间腐蚀是沿着材料晶体的晶粒边界或晶界附近发生的腐蚀,其结果使晶粒的结合力遭到破坏,金属的强度和塑性大大降低。在航空结构中,用于制造承力构件的铝合金型材常发生晶间腐蚀,也称剥蚀。剥蚀是晶间腐蚀的一种特殊形式。

3.6 应力腐蚀(应力腐蚀开裂)

应力腐蚀是指金属材料在拉应力和特定腐蚀介质共同作用下引起的开裂失效。这是一种危险性最大的腐蚀形态,往往引起结构件的突然断裂。

3.7 腐蚀疲劳

腐蚀疲劳是指在腐蚀介质和交变应力共同作用下引起的材料或构件的破坏,也是航空结构中最普遍且危害性大的一种破坏形式,对飞机的使用寿命有着直接的影响。

除上述腐蚀破坏类型外,还常有微动腐蚀、微生物腐蚀、丝状腐蚀等。但在大多数情况下,结构的腐蚀破坏类型并不明显,有时候很难确定它是属什么类型的腐蚀破坏,常常一种腐蚀破坏包括两种或两种以上的腐蚀类型。

4 航空结构腐蚀的主要原因分析

航空结构的腐蚀原因归结为两个方面:一是飞机结构本身存在着腐蚀的条件,这是内因;二是存在腐蚀的环境,这是外因。使用环境的好坏直接影响到飞机的使用寿命。飞机使用环境包括空中飞行环境和地面停放环境,据文献[2]统计,停放时间占全部日历时间的百分比均在99%以上,因此停放环境的好坏是影响飞机腐蚀的主要原因之一。

停放环境又可细分为总体腐蚀环境、局部腐蚀环境和具体腐蚀环境。总体环境是整架飞机的各个部位上均可能遇到的腐蚀环境,它决定着飞机可能遇到的总的腐蚀环境,但造成腐蚀损伤往往是飞机上某个部件、组合件所处的具体的腐蚀环境起作用。

腐蚀环境可分为气候环境要素和化学环境要素两大类。

4.1　气候环境要素

气候环境要素主要有气温、湿度、降水量、固体沉降物、风、雾、盐等。飞机在机场停放而引起的自然腐蚀主要是大气腐蚀,而影响大气腐蚀程度的因素主要有温度、相对湿度、雾和凝露、降水量、固体沉降物和太阳辐射。其中,温度和相对湿度是最主要的因素,固体沉降物则被潮湿的机体表面所吸附形成局部腐蚀环境。

4.2　化学环境要素

导致飞机结构腐蚀的主要化学环境要素有工业废气(SO_2)、酸雨、盐雾及Cl^-等,这些介质对飞机结构的腐蚀速率都有较大的影响。

航空结构材料的腐蚀除使用环境因素影响外,还有如下几个主要方面:

(1) 设计材料的选择及采用的防腐技术比较落后;

(2) 没有严格的腐蚀控制文件,飞机装配过程中许多部位未按设计要求施工;

(3) 全机密封不严,局部结构设计不合理,长期局部存在积水,湿热环境;

(4) 缺少必要的腐蚀跟踪和预测,外场使用维护质量也不够好。

5　航空结构的腐蚀修复及控制

5.1　结构腐蚀失效部位的检测

腐蚀部位的检测是防止结构进一步腐蚀、搞好腐蚀控制的中心环节。腐蚀部位的判断主要靠宏观目视(可借助放大镜、孔探仪等)检查和简单的测试仪器进行。

腐蚀损伤失效总是发生在构件表面,会留下多种痕迹。从形貌外观及颜色上看,基体金属材料表面出现脱漆、鼓起、分层,严重腐蚀部位出现层状剥离及疏散现象:失去金属光泽与材料原有的强度和塑性,轻敲时失去清脆的金属声。另一方面腐蚀一般始于棱边、孔壁、划伤涂层或氧化膜受到破坏处;结构中双金属接触处;易积水、潮湿部位。

5.2　结构腐蚀部位的打磨修复要求

腐蚀部位修复应充分挖掘静强度储备,在保证静强度前提下,考虑疲劳强度影响,留有余量,同时还要考虑所采用的修理技术和施工现场条件。

腐蚀程度在修理标准范围以内,采取原位修理。清除腐蚀产物后,进行打磨。打磨深度一般为腐蚀深度的 $1/20 \sim 1/10$,整个打磨面应光滑过渡;在蚀坑的两端加长打磨 $5 \sim 10$ 倍的腐蚀深度,最后用腐蚀凹坑测深仪检查整个打磨面深度不得超过修理标准,并用涡探仪或着色法检查打磨面有无腐蚀疲劳裂纹。

对于轴承面、导轨面和一些精密配合面的腐蚀除锈,采用研磨膏除锈技术,保证其表面粗糙度和尺寸精度。

5.3 结构腐蚀部位的表面保护

打磨过的构件表面采用"氧化－涂漆－涂密封胶"的联合防腐体系进行防腐修理。

铝合金件：打磨→涂阿洛丁(1200S)→环氧锌黄底漆丙烯酸聚氨酯磁漆(有的部位需用涂 XM－33 等类密封胶)。

镁合金件：打磨→涂镁氧化液→涂锌黄底漆涂墨绿漆。

对结构内部裸露的钢螺钉、螺栓、固定环、卡子等，打磨去锈后涂防护油脂或采用"干膜剂"进行保护。

5.4 腐蚀防护及控制中的其他措施

(1) 认真研究结构腐蚀部位产生的具体环境、原因和破坏类型，为腐蚀部位的修复和进一步的防腐控制做技术准备。

(2) 对腐蚀严重的构件，除锈后应进行强度校核。需补强的部位采用复合材料胶补技术修复受损的部位；也可根据结构空间情况铆接加强构件，但构件的质量增加，形成的新应力集中区、传力情况等应考虑。

(3) 对重要的承力构件，打磨除锈后在表面防护氧化前应进行旋片喷丸强化处理，提高腐蚀部位的抗应力腐蚀能力。

(4) 飞机结构上搭铁线的安装与固定，首先要保证有良好的电接触性能，待安装、固定之后再用密封胶局部密封。

(5) 对于结构中的自攻螺钉、螺栓的固定部位及所有异种金属构件的连接处，加防腐隔离层或采用"湿装配"方法装配，然后涂密封胶。

(6) 对结构中易积水的沟、槽等局部腐蚀环境，视结构情况增、扩排漏水孔或增加排水管。

(7) 对易腐蚀部位的上表面所有可能性、渗水部位，口盖采用新研制的 XM－60 口盖密封胶密封。铆缝用 HM－101 密封胶灌缝密封。

(8) 积极开展现役飞机结构防腐蚀修理工艺研究，借鉴和采纳国外先进的防腐控制技术；同时加强结构腐蚀普查及监控工作，建立完善的腐蚀数据库，抓紧制定可行的腐蚀控制大纲。

(9) 做好防腐宣传、教育工作，增强地勤人员的防腐蚀意识，提高日常维护保养质量。

参 考 文 献

[1] 李金桂,赵闰彦.航空产品腐蚀及其控制手册(上)[M].航空工业部 621 所,1984.
[2] 段成美,等.海军地面停放环境谱的编制[M].海军装备维修研究所,1995,3.
[3] 李金桂,等.再论军用飞机的腐蚀控制工程[J].航空科学技术,1992,3.
[4] 穆志韬.某型机使用中的结构腐蚀[J].飞机工程,1995(2).

(作者:穆志韬,赵霞。发表于《材料工程》1997 年第 03 期)

飞机结构腐蚀及防护修理

摘　要：本文重点分析了现役飞机结构的腐蚀破损类型和特征,介绍了腐蚀发生率比较高的几种金属材料以及结构腐蚀破损部位的探测与修理方法。

关键词：使用寿命;腐蚀修理;腐蚀控制

1　引言

飞机结构的腐蚀实质上是结构元件在使用环境下,通过化学或电化学作用所发生的积累性化学损伤和破坏。飞机腐蚀的严重程度与使用年限密切相关,并随着使用年限的增长迅速加快。飞机结构在制造过程中均已采取了一定的表面防腐措施。但是,当飞机使用一定年限后,特别是在沿海、沿湖、多雨、潮湿、高温地区使用的飞机,其构件表面防腐涂层会逐渐变质,失去与基体表面的结合力而脱落。于是,构件就发生腐蚀。构件的局部位置一旦发生腐蚀,由于腐蚀产物的体积效应,腐蚀介质更易吸附,进入基体而难以排除,从而加速构件腐蚀。如不及时地实施有效的腐蚀修理与控制,已腐蚀部位将加剧腐蚀,原来没发生腐蚀的部位也可能出现新的腐蚀。

腐蚀是一个异常复杂的问题,受环境条件的影响性大,随机性大,腐蚀类型广泛,且众多的影响因素交互作用。在飞机结构上不同的部位所产生的腐蚀破坏主要有以下几种形式:

（1）均匀腐蚀:是以金属表面的剥落为特征的,化学或电化学反应在金属表面均匀进行,结果使金属表面均匀变薄,直至破坏。一般来说,均匀腐蚀对机体结构危害性小,易发现,易于修理。

（2）电化腐蚀:在电解液存在的前提下,两种不同电位的金属或金属与非金属导体电化连接所引起的腐蚀,又称接触腐蚀。这种腐蚀形式在飞机结构上最为普遍。

（3）缝隙腐蚀:处于腐蚀介质中的金属结构,由于金属结构件之间形成缝隙,腐蚀介质就会进入并留在缝隙内,从而使缝隙内部腐蚀加速。在飞机结构中,不锈钢、铝合金、钛合金对缝隙腐蚀最为敏感。

（4）孔蚀（点蚀或坑蚀）:金属表面在拉应力或化学物质作用下,保护层遭到破坏,使金属直接曝露在腐蚀环境中,形成局部腐蚀小孔并向深入发展的一种破坏形式。其腐蚀部位常被腐蚀产物所覆盖,不易发现,易产生应力集中,成为腐蚀疲劳的裂纹源。孔蚀危害性极大,有可能导致飞机结构的突发性事故。

（5）晶间腐蚀:沿着晶体的晶粒边界或晶界附近发生的腐蚀。其结果使晶粒间的结合力遭到破坏,从而使金属的强度和塑性大大降低。在飞机结构中,用来制造承力构件的机翼梁缘条、长桁等铝合金构件易产生晶间腐蚀。

（6）应力腐蚀开裂:简称应力腐蚀,是指金属材料在拉应力和特定的腐蚀介质共同作用引起的开裂。这是一种危险性最大的腐蚀形态,往往引起结构件的突然断裂,造成灾难性事故。

（7）腐蚀疲劳:是腐蚀介质和交变应力共同作用下引起的材料或构件的疲劳破坏。是飞机结构中出现比较多的,且危险性比较大的一种破坏形式,直接影响着飞机结构的使用寿命。

金属材料或构件发生破坏的形式取决于材料的成分和组织、构件的构造形式以及所处的环境条件和受力状态等因素。上述几种腐蚀破坏形式之间彼此有一定的关系,通常的腐蚀都会增加应力腐蚀的敏感性,并将导致飞机结构耐腐蚀疲劳性能的降低。

2　结构中常见材料腐蚀及腐蚀部位的检查

2.1　机体结构中常见材料的腐蚀

飞机结构上最常见的材料是钢、铝合金、镁合金等。飞机曝露在日晒雨淋的使用环境下,会受到潮湿、盐雾、霉菌及工业废气的侵袭。据介绍,当环境中的相对湿度超过70%以后,就会达到或接近金属腐蚀速度的临界湿度,腐蚀速度加剧。

机体蒙皮的腐蚀主要是大面积脱漆、鼓泡,产生点蚀,每个蚀泡内都产生白色的粉末。通常情况下,机身下部蒙皮比上背部蒙皮腐蚀严重。就农业飞机而言,后机身下部蒙皮腐蚀更为严重。镁合金件锈蚀后会出现一块块白粉,擦掉则呈蚀坑。翼梁缘条、长桁、舱门边框等承力构件的腐蚀表现形式是缘条鼓起,严重时出现层状剥离,腐蚀产物呈灰暗或灰白色。机体结构内部裸露的钢件或镀镉钢件、紧固件,如螺栓、螺母、钢螺钉等都会产生严重锈蚀,出现红褐色锈层。起落架系统内的轮轴、轴承、套环等,除锈后在个别飞机上甚至出现 1mm 左右的蚀坑。机体结构中使用比较多的是高强度合金钢 30CrMnSiNi2A,其强度高,但耐蚀能力差,对应力腐蚀敏感性大,使用中结构元件应力腐蚀开裂现象时有发生。

目前,从我国一些使用时间较长的军用飞机和民用飞机的检查情况看,用铝－铜－镁系硬铝合金(LY12CZ)制造的主要承力构件,如翼梁、翼肋、隔框、桁条、蒙皮等腐蚀现象较严重。这种合金强度高,成形能力和机械加工性能好,但抗腐蚀能力不佳,特别是当热处理工艺不合适时更甚。其电化学腐蚀机理可简单描述为:该合金在时效硬化处理时,在晶界会沉淀出 $CuAl_2$ 金属间化合物,其电位相对较正;在邻近晶界处形成贫铜区,其电位相对较负。当合金表面覆盖有电解液时便形成许多微电池,贫铜区的金属铝成为微电池的阳极,不断溶解成 Al^{3+} 而转入液膜中:

$$Al \rightarrow Al^{3+} + 3e$$

释放出的电子迁移到微电池的阴极区($CuAl_2$ 区),与电解液中水和氧发生反应:

$$2H_2O + O_2 + 4e \rightarrow 4OH^-$$

在溶液中铝离子和氢氧根离子(OH^-)相遇,生成白色氢氧化铝的腐蚀产物:

$$Al^{3+} + 3OH^- \rightarrow Al(OH)_3 \downarrow$$

在一定条件下,$Al(OH)_3$ 会分解成 Al_2O_3,这在腐蚀产物的化学分析中得以证实。

铝合金型材在挤压或模锻加工时造成晶粒呈扁平细长形排列,腐蚀沿平行于型材表面的晶间发展,腐蚀产物体积膨胀,形成晶界内张力,使被破坏了结合力的晶粒翘起,呈现出层片状的剥蚀外貌,这种现象在飞机的翼梁缘条、长桁等构件上比较多见。

2.2 结构腐蚀部位的检查与判断方法

飞机结构腐蚀部位的检查与处理,是防止机体结构进一步腐蚀恶化的关键。国外对飞机的腐蚀及防护研究工作开展较早,采用的腐蚀控制手段也比较先进。如美国在飞机一些重要承力构件上装有许多体积很小的传感器,利用结构腐蚀后材料变薄而电阻值改变的原理,能及时探测到腐蚀损伤部位并记录显示。我国目前现有的腐蚀监控手段还比较落后,一般是在大修时利用一些简单工具普查。腐蚀部位的判别方法一般有以下几条原则:

(1)形貌外观。基体表面出现脱漆、鼓泡,严重腐蚀部位出现层状剥离及疏散现象。

(2)颜色观察。腐蚀部位与完好的基体相比已失去金属光泽,失去强度和塑性。轻轻拨动时,铝、镁合金件可见灰白色粉末掉下;钢件的腐蚀部位有红褐色锈斑。

(3)对腐蚀部位轻轻敲击时,失去清脆的金属声。

(4)腐蚀一般始于棱边、孔壁、划伤涂层或氧化膜受到破坏处,并向基体内部发展,同时也向表层蔓延。

(5)机体结构中有不同电位的金属或非金属导体相接触的部位,易产生腐蚀。

(6)腐蚀部位由于腐蚀产物的形成导致电阻增大,可用涡流电导仪进行测量,对比分析进行判断。

3 结构腐蚀部位的修理

要使飞机结构、航空产品在使用寿命期内安全可靠,就应对它们的设计、制造、使用维护全过程的各个环节做好腐蚀控制。但对于现役的飞机来说,其结构形式、材料、表面处理工艺等都已确定,无法做大的变动,只能采取补救性的控制措施。也就是说,在使用过程中,结构产生腐蚀后再设法消除它,控制构件的进一步腐蚀损伤。

3.1 飞机结构腐蚀部位修理的一般要求

飞机主要构件的腐蚀深度在修理标准范围以内,允许打磨,不加强,不换件。打磨深度以腐蚀产物清理干净后再深打磨腐蚀深度的 $1/20 \sim 1/10$ 为宜,然后用水磨砂纸磨光腐蚀区达到 $Ra = 1.6$,用量具或仪器检查,整个打磨深度不超过修理标准。对腐蚀部位用 $240^\#$ 砂纸或风动铣轮打磨(或采用进口的便携式喷砂机来除锈),不允许留有凹坑,在腐蚀坑周围允许范围内打磨成光滑曲面;对梁缘条、桁条的腐蚀,沿宽度打磨成光滑曲面,沿长度方向在蚀坑的两端至少打磨腐蚀深度的 $5 \sim 10$ 倍。在打磨部位采用涡探或着色方法检查是否有裂纹直至合格。

3.2 腐蚀部位打磨后的表面保护

打磨过的构件表面采用"氧化 – 涂漆 – 涂密封胶"的联合防腐体系进行防腐修理。

铝合金件:打磨→涂阿洛丁(1200S)→涂环氧锌黄底漆。

镁合金件:打磨→涂镁氧化液→涂锌黄底漆→涂墨绿漆。

裸露的钢螺钉、螺栓等,打磨去锈后涂防护油脂。

3.3　腐蚀部位修理中采用的其他技术措施

(1)腐蚀严重的承力构件,打磨后应依据腐蚀深度进行强度校核,以确定是否需要补强或更换。

(2)重要的构件,如翼梁缘条,打磨后的部位在表面防护处理前,采用旋片式喷丸装置进行局部喷丸强化,使表面产生残余压应力,提高腐蚀部位的疲劳强度和抗应力腐蚀能力。

(3)对发生电偶腐蚀的装配面,要加防腐隔离层或采用"湿装配"的方法进行装配。

(4)搭铁线的安装和固定,首先要保证有良好的电接触性能,待安装、固定之后,再用密封胶局部密封。

(5)易积水的沟、槽,视结构情况增设排水孔或适当扩大原有的排水孔。

(6)对易腐蚀部位的上表面所有易进水部位,采用口盖密封胶进行密封处理,防止潮气、雨水渗入。

4　飞机结构的腐蚀控制

飞机结构的腐蚀控制包括腐蚀的预防、探测和排除等措施。要求飞机在最恶劣的环境条件下不因腐蚀而造成事故或提前修理。这种控制思想体系是一个复杂的系统,即在方案论证、结构设计、材料与工艺选择、研制和生产过程以及维护使用中贯彻一系列指令性和指导性文件,作为统一全过程的腐蚀预防和控制大纲。

通过腐蚀控制技术可以增强结构的抗腐蚀特性,延长腐蚀维修周期。但是,由于目前的腐蚀控制技术水平的限制,腐蚀防护层的退化、脱漆及机械损伤等,在使用寿命期内飞机的腐蚀故障及修理仍是不可避免的。而且使用年限越久,腐蚀范围越广、越严重,维修周期也越短。如果到达飞机结构的经济寿命或日历年限不修理,就不能保证安全可靠的使用,而再修理经济上又不合算。

为提高飞机的使用寿命、降低维护费用、保证飞行安全,必须把传统的腐蚀控制技术与新兴的防腐手段结合起来,认真研究环境对机体结构的腐蚀损伤机理,建立机群腐蚀数据库和编制飞机的使用环境谱,优化结构设计的细节,注意结构的防护密封,合理地选择耐蚀性能好的材料,新的表面处理工艺和黏附力强、化学稳定性好的防护涂层系统。在飞机制造过程中,要严格控制制造技术和工艺,并采取适当的措施,防止引起腐蚀并消除腐蚀隐患,保证结构材料固有的抗蚀性不受损伤,制造中所采用的技术工艺和加工程序必须是经过研究证明不会造成材料耐蚀性能下降,或导致材料应力腐蚀敏感性增大的。在使用维护过程中,尽可能地改善飞机的总体环境与局部环境,保护防腐涂层完整有效,勤通风,防止潮气、水分或其他腐蚀性介质与机体结构件长期接触。同时,要借鉴国外一些先进的防腐维修经验,结合自己的机型,研究开发出新型、实用的缓蚀剂、清洁剂等应用于飞机结构的外场防护,使飞机结构向"长寿命,高可靠性,良好的可检性和维修性"方向发展。

参 考 文 献

［1］蒋祖国,等.飞机结构腐蚀疲劳［M］.北京:航空工业出版社,1992.

［2］曹定国.飞机结构设计中的腐蚀控制与结构完整性［J］.航空科学技术,1994,2.

［3］李金桂,等.再论军用飞机的腐蚀控制工程［J］.航空科学技术,1992,3.

（作者:穆志韬,段成美,金平。发表于《航空制造过程》,1995 年第 05 期）

军用飞机的腐蚀检测及监控技术

摘　要:针对目前现役军用飞机结构主体材料的腐蚀损伤特点,结合外场飞机的腐蚀抢修经验,分析了飞机结构的腐蚀与环境因素的关系,以及对腐蚀损伤部位的检测、修理技术,并对军用飞机的腐蚀数据采集处理及监控措施进行了研究。

1　引言

飞机的腐蚀控制是一项系统工程,其控制过程包括两个主要方面,即补救性控制和预防性控制。补救性控制是指当发现飞机结构产生腐蚀后再设法消除它。显然,这是一种被动的办法。预测性控制是指预先采取必要的措施,从结构方案设计开始,根据飞机将来可能的使用环境和功能要求来制定腐蚀控制方案。从选材、涂(镀)层、结构细节设计、工艺制造及热处理等方面采取相应的措施来防止或延缓腐蚀和腐蚀疲劳破坏的进程,尽量减小腐蚀损伤的影响。

图1定性地表示了两个不同时间采用防腐控制措施后的应用效果,它说明:如果从开始设计时就考虑结构的抗腐蚀性问题,飞机服役过程中腐蚀程度显然要轻微得多;如果是发现腐蚀后再采取补救措施的结构,则腐蚀程度还要继续发展一段后才能降到原来的水平。因此,要求从飞机结构的设计初期就要采取预防性腐蚀控制措施。

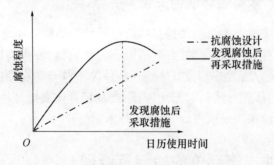

图1　补救性控制和预防性控制方法的结果

对于我军现役的国产各型机种来说,基本上没有考虑抗腐蚀及腐蚀疲劳设计。

2　飞机腐蚀与环境的关系及控制措施

可以把飞机结构的腐蚀原因归结为两个主要方面:一是飞机结构件本身存在腐蚀的条件;二是存在腐蚀环境。飞机的腐蚀环境根据地理条件、使用情况、结构形式等因素可细分为总体腐蚀环境、局部腐蚀环境及具体腐蚀环境。

2.1 飞机腐蚀与总体腐蚀环境的关系

总体腐蚀环境是整架飞机的各个部位均可能遇到的腐蚀环境,如盐雾环境、湿热环境、大气污染环境等。随着飞机停放机场的地理位置、气象条件的不同,飞机腐蚀状况存在很大差别。例如,处于多雨、潮湿、气温高、大气污染较为严重的东南沿海地区机场的海军飞机腐蚀状况比较严重。因此可以得到如下结论:

(1)飞机结构的腐蚀主要是由总体腐蚀环境造成的。

(2)控制飞机整体腐蚀的措施是采取"隔离"办法,来减缓飞机与总体腐蚀环境的直接接触。

(3)对飞机实施腐蚀控制,应根据飞机停放机场的地理位置、气象条件及执行任务所到区域的不同,采取不同的腐蚀控制措施。

2.2 飞机腐蚀与局部腐蚀环境的关系

飞机上某一部件、组合件所处的腐蚀环境称为局部腐蚀环境。如对海军同一机场某型飞机腐蚀普查时发现,主起落架舱内前梁腹板严重腐蚀,且其腐蚀部位、腐蚀状况基本相同,均在主起落架安装点第二立肋处,中线以下部位。其主要原因是:飞机在地面停放时,主起落架舱长年敞开,开口在机翼下表面,并蒙有蒙布,通风不良,长年不见阳光,潮湿空气易在该处停留,下雨或雾后,该部位就比较潮湿舱口距地面很近,地面上蒸发的水蒸气凝结在腹板表面上形成水珠;飞机在停放时地面灰尘及起飞降落时空中的尘埃都沉积在前梁上,而尘埃中有 SO_2、H_2S、$NaCl$ 微粒等污染物,加上尘埃毛细管作用,水分更易聚集成为电解质。

2.3 飞机腐蚀与具体腐蚀环境的关系

具体腐蚀环境是飞机上某个构件的具体部位所承受的腐蚀环境。处于同一个局部腐蚀环境中的结构件,有的容易发生腐蚀,有的则不发生腐蚀,发生腐蚀主要是由于结构件的结构形式、连接安装方法、加工工艺、热处理条件等不符合防腐原则造成的。在防腐修理中,必须采用先进的修理方法和工艺,以消除或减轻具体腐蚀环境。如防腐抢修时,依据结构情况增扩排水设施或采取密封、隔离等技术措施。

3 飞机结构腐蚀损伤部位的检测及修理

3.1 结构腐蚀失效部位的检测

腐蚀部位的外场检查判断主要靠宏观目视(可借助放大镜、孔探仪等)检查。从形貌外观及颜色上看,机体金属材料表面出现脱漆、鼓起、分层,严重腐蚀部位出现层状剥离及疏散现象金属失去光泽和清脆的金属声。另一方面,腐蚀一般始于棱边、孔壁、划伤涂层或氧化膜受到破坏处并向机体内部发展,同时也向表层蔓延;腐蚀或处于结构中双金属接触处;易积水、潮湿部位。根据腐蚀产物呈现出的特征,可以判断被腐蚀物的性质。

(1)铝合金轻微的腐蚀后为灰色,其腐蚀深度为 0～0.05mm;中等锈蚀呈白色或灰色斑点,一般腐蚀深度在 5mm 以内;再发展下去出现鼓泡或层状剥离,腐蚀产物呈灰暗或白色粉末。

(2) 铜及铜合金的腐蚀产物呈综红色、绿色,有时呈黑色。

(3) 镁合金的腐蚀产物呈白色粉末,有时呈黑色斑点。

(4) 钢件的腐蚀部位有红褐色锈斑。

宏观检查只能粗略地判断金属件的腐蚀情况,像孔蚀、应力腐蚀、腐蚀疲劳裂纹等要借助一些专门仪器进行检查。目前大修中使用的主要方法有光学法、渗透法、电阻法、磁探法、超声波检测与 X 射线照相技术。除上述方法外,还有声发射检测、激光全息摄影、视频成像技术等,这些方法在国外飞机检修中已得到成功应用。

3.2　结构腐蚀部位的打磨技术要求

腐蚀程度在修理标准范围以内时采取原位修理。清除腐蚀产物后,加深打磨腐蚀深度的 1/20 ~ 1/10,整个打磨面应光滑过渡;在蚀坑的两端加长打磨 5 ~ 10 倍的腐蚀深度,最后用腐蚀凹坑测深仪检查整个打磨面深度不得超过修理标准,并用涡探仪或着色法检查打磨面有无腐蚀疲劳裂纹。

对于轴承面、导轨面和一些精密配合面的腐蚀除锈,采用研磨膏除锈技术,以保证其表面粗糙度和尺寸精度。

3.3　结构腐蚀损伤部位的修理技术

(1) 认真研究结构腐蚀部位产生腐蚀的具体环境、原因和破坏类型,并制订修复和防腐控制的技术准备。

(2) 飞机结构上搭铁线的安装与固定,并保证有良好的电接触性能,之后再用密封胶局部密封。

(3) 对于结构中的自攻螺钉、螺栓的固定部位及所有异金属材料的连接处,加防腐隔离层或采用"湿装配"方法装配,然后涂密封胶。

(4) 对结构中易积水沟、槽等局部腐蚀环境,视结构情况增、扩排水孔和排水管。

(5) 对易腐蚀部位的上表面所有可能进、渗水部位,口盖采用新研制的 XM – 60 口盖密封胶密封;铆缝用 HM – 101 密封胶灌缝密封。

(6) 对腐蚀严重的承力构件,除锈后应进行强度校核,在不需加强的部位,打磨除锈后在表面防护氧化前应用手提式旋片喷丸机进行喷丸强化处理,以满足强化参数要求,增强抗应力腐蚀能力。

(7) 需加强修理的构件,可根据结构空间情况采用铆接加强,但由于构件质量的增加,对形成的新应力集中区、传力情况等应进行分析。

(8) 采用复合材料修复腐蚀损伤部位的新技术。该技术具有结构增重小、抗疲劳性能和耐蚀性能好、修理时间短、易保证修理后的气动外形,尤其是对复杂的曲面形状,无需制作桁架和工装,成本较低等优点。修理时要根据腐蚀疲劳损伤的严重程度和表面气动要求,采用不同的修补方法。

(9) 采用激光熔敷技术修理腐蚀损伤部位。目前该技术正处在研究之中,有望在2 ~ 3 年的时间内应用于军用飞机的外场腐蚀抢修。

4 飞机的腐蚀防护与控制技术途径

4.1 飞机蒙皮外表面的腐蚀防护

通过对空、海军现役军用飞机的蒙皮防护涂层系统调研统计分析，涂层系统主要是由锌黄环氧酯底漆、锶黄环氧底漆和丙烯酸面漆、聚氨酯面漆等组成。飞机蒙皮表面出现局部掉漆和腐蚀现象后，首先将出现掉漆和腐蚀现象的局部表面进行脱漆、除腐蚀产物，然后进行基体材料表面的打磨、清洗等表面处理工作，之后在规定时间内按照工艺规范和现场施工要求涂上性能接近国际标准的国产新型底漆和面漆。

4.2 飞机内部材料的腐蚀防护

现役军用飞机内部材料的腐蚀防护涂层采用锌黄环氧酯底漆、铁红环氧酯底漆与醇酸面漆、丙烯酸氨基面漆、环氧硝基面漆等配套的涂层系统或是锌黄环氧酯底漆的单一涂层。飞机内部钢件、铝合金材料最容易出现腐蚀的部位是那些"角落"的零部件。这些位置容易积水，形成有利于产生腐蚀的条件，因此最先出现腐蚀现象。对于钢、铝合金零部件的腐蚀控制，首先用工具除掉腐蚀部位的原涂层和腐蚀产物，并对基本材料表面进行打磨和清洗，使基体表面无杂物、油垢等影响涂层附着力的物质，然后在规定时间内按工艺规范和施工条件涂上防腐蚀能力好的修补用底漆和相应面漆。

4.3 铸镁合金件的腐蚀防护

镁合金件负电位高，化学性活泼，比钢、铝合金材料更易产生腐蚀，因此对防护涂层的抗腐蚀性能要求更高。通过对铸镁合金的防腐研究及涂层材料的筛选，确定了镁合金件腐蚀损伤后的修理工艺为：打磨—涂镁氧化液—涂锌黄底漆—涂墨绿漆。该涂层工艺已应用在海军某型歼击机的发动机机匣（铸镁合金材料）上，防腐控制效果良好。

4.4 机载电气设备的腐蚀防护

外场大修防腐施工处理时，机载电气设备的防腐要在专业部门配合下进行。对电缆插头，清洗后用 DJB－823 保护剂保护，安装后用聚氯乙烯薄膜带包扎；对天线等裸露的有色金属附件，外表用"干膜剂"进行保护；电缆应先烘干排潮，再以聚氯乙烯薄膜带缠绕包扎，外部再涂以防水胶密封；机载设备内部的印制电路板等器件用 DJB－823 保护剂或 NC－123 进行防护。

5 飞机腐蚀数据库及监控网络的建立

5.1 腐蚀数据库的建立

在经过长期、全面地采集我军飞机结构大量腐蚀数据的基础上，统计分析腐蚀对飞机结构的影响程度，初步给出少量机种的日历使用寿命及确定这些部位的腐蚀速率和定检周期。要及时准确掌握每种型号、每架飞机的腐蚀发展状况，一个重要的前提是能够连续和量化地给出飞机的腐蚀数据,这些腐蚀数据可作为飞机寿命评估的科学依据。由于飞机结构十分复杂,要全面收集每一架飞机每一个零部件的腐蚀信息难度非常大,而且也没必要。根据飞机设计应力及疲劳寿命分析,外场飞机使用中的故障情况,在确保飞行安全及满足腐蚀数据库建库要求的前提条件下,将每种型号飞机的重点腐蚀检查部位划分为四大类:①飞机结构的Ⅰ类疲劳危险部位;②飞机结构的Ⅱ类疲劳危险部位;③飞机结构的重要承力部位;④飞机结构的一般易腐蚀部位。这些部位应全面包容并反映飞机的腐蚀情况。

5.2　腐蚀监控网络的建立与管理

建立有效的腐蚀监控网络,主要是研究网络的组织结构、数据采集方法和数据处理手段。监控网的组织结构要完全依托部队现有体制。各飞行团队质量控制室作为网络的最基层组织,其主要负责组织部队按照拟定的方式,进行原始腐蚀数据的采集、汇总上报"数据处理中心"。数据的整理、输入及分析由"数据处理中心"完成。"数据处理中心"与各飞行团队质量控制室建立直接的业务关系,并负责指导腐蚀部位的数据采集和确定传递方式。数据的采集首先要研究确定飞机的疲劳腐蚀严重监控部位、检查时机、检查方法和数据记录方式。每个机型在单独进行分析研究后,找出监控点,并对飞机的修理情况和与腐蚀相关的故障进行记录,原则上数据的采集时机应与部队日常维护工作同步。数据处理必须依赖于"数据处理"软件。该软件要求能够对数据快速有效地输入和整理,并做必要的分析。对单架飞机或机群的腐蚀发展趋势和发展速度做出预测。整个腐蚀监控网络采集和处理的飞机腐蚀数据,作为新机研制部门选材时评定的科学依据。

(作者:穆志韬。发表于《航空维修》,2002 年第 01 期)

飞机结构件中的铝型材剥蚀分析及腐蚀控制技术

摘　要：本文对飞机结构中的硬铝(LY12CZ)型材腐蚀特点和腐蚀机理进行了分析研究。结合实际维修工作中的经验,提出了硬铝合金型材结构件腐蚀损伤部位的修理方法及防腐蚀控制措施,并在部队现场防腐抢修中得以应用,取得了良好的腐蚀控制效果。

关键词：复式双电极体系;晶间腐蚀;使用寿命;阳极极化;腐蚀控制

1　引言

高强度的铝合金是航空工业中使用比较多的一种材料,主要用来制造飞机结构的承力构件,如飞机的机翼大梁缘条、口盖边框、机身或机翼上的长桁等。由于一些机型受恶劣使用环境的影响,在我国南方一些地区及沿海城市服役的飞机都不同程度地出现了腐蚀现象。这些用铝合金制造的型材件腐蚀现象最为常见,其腐蚀的面积和深度也较飞机结构上其他类型的材料严重。

2　铝合金型材制造的结构件腐蚀特征

飞机机体结构件由于使用环境、服役年限的长短不同在机体结构上所发生的腐蚀部位和腐蚀类型很多,大量的环境、断口、腐蚀产物试验分析证明,飞机上所使用较多的铝合金(LY12CZ)型材在大气环境作用下以产生沿晶间剥蚀现象为主导。

铝合金基体材料被腐蚀后的表现形式是翼梁缘条或长桁大面积鼓起,严重部位出现层状疏离及疏散状翘起如千层饼状或产生剥落(图1)。

图1　某型机机翼大梁上缘条的腐蚀状况

腐蚀部位与完好的铝合金基体材料相比已失去了金属光泽,并伴有灰暗或灰白鳞片状腐蚀产物,轻轻拨动时可见有粉末离析,失去了铝合金基体材料原有的强度和塑性,当轻轻敲击时,失去清脆的金属声,用专用刮刀刮到一定深度才显示金属光泽,留下深浅不一,形状不规则的槽形坑道。

从腐蚀形态上看,有两个基本特征:一是腐蚀最终呈层状剥离的外观,由表面向基体深处发展;二是裂纹大都是互相平行的,并沿着平行于缘条(或长桁)表面的平面发展,并在主裂纹上产生各级次小裂纹。

3　铝合金型材的腐蚀机理分析

用铝合金型材制造的飞机结构件,一旦出现腐蚀,不仅会降低金属结构件的力学性能,缩短飞机的使用寿命,增加维修工作量,影响部队飞机的良好率和出勤率,而且还会影响到飞机的战术、技术性能,甚至危及飞行安全。其结构件的腐蚀,是在使用环境作用下通过化学或电化学作用而随着时间的推移所发生的积累性化学损伤和破坏。

用来制造飞机翼梁缘条或长桁的铝合金材料多为 $Al - Cu - Mg$ 系列,其强度高、成形能力和机械加工性能好,耐腐蚀能力欠佳,特别是当热处理不当时更甚。在飞机上使用时靠阳极氧化、涂漆、保护层等办法使基体金属与环境介质隔离以进行防腐蚀。如含铜量4%的硬铝合金在室温下的金相组织为 $\alpha(Al) + \theta(CuAl)_2$ 相,加热到500℃时 θ 相全部溶入 α 相成为单相固溶体,若这时迅速冷却(淬火),则得到过饱和固溶体。它是不稳定的,会逐渐沿晶界析出呈连续网状的 $(CuAl_2)$ 沉淀相,而在晶界析出附近地区成为贫铜区(两相之间存在相当大的电位差)作为阳极,而非贫铜区的晶粒内部成为阴极。在大阴极、小阳极的情况下,作为阳极的晶界处发生严重腐蚀,其反应方程为

$$2Al + 3H_2O + \frac{3}{2}O_2 \rightarrow 2Al(OH)_3 \downarrow$$

上述的腐蚀情况也可用图2中的极化曲线来说明,A_1 为贫铜区阳极极化曲线,A_2 为 $CuAl_2$ 及 $Al - 4\%Cu$ 固溶体的阳极极化曲线。图中:

① 低于 E_{dep},腐蚀甚微;

② E_{dep} 与 E_{ss} 之间,沿晶界剥蚀;

③ 高于 E_{ss},出现点蚀现象。

另一方面,经过大量的试验证实,$CuAl_2$ 本身就是一个腐蚀微电池,$CuAl_2$ 中的 Al 为阳极,Cu 为阴极。这样,在铝合金基体材料的晶界处实际上有两对腐蚀电偶(所谓复式双电极体系),从而加速了晶界处的腐蚀。

具有晶间腐蚀倾向的硬铝合金经模段加工后,晶粒变成宽长而扁平的形状。腐蚀沿着与型材表面平行的晶界方向延伸,生成的腐蚀产物 $Al(OH)_3$ 或 $AlCl_3$(空气中溶于电解液的 Cl^- 与 Al^{3+} 结合的产物)等体积比基体材料大,由于体积膨胀必然会沿着晶界产生应力,其方向大体上垂直于型材表面。当应力逐渐增大时,就会使已经失去了基体之间结合力的扁平晶粒向外鼓起,使合金表面生成鼓泡,严重时产生脱落(图3)。用铝合金制造的结构件一旦出现腐蚀,由于腐蚀产物的体积效应,更容易进入、吸附、储存腐蚀介质而难以排除,从而加速了铝合金型材的进一步腐蚀。

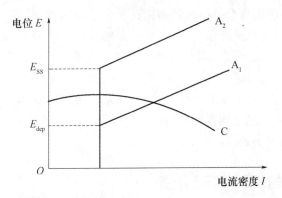

图 2　Al－4% Cu 固溶体 A$_2$ 及贫铜区 A$_1$ 阳极极化曲线及腐蚀电流密度示意图

图 3　某型飞机翼梁(LY12CZ)缘条的腐蚀鼓泡

4　铝合金型材件的腐蚀部位修理及腐蚀控制

　　飞机结构的腐蚀控制包括载荷/环境谱;材料在环境/力共同作用下的裂纹形成和扩展特性,考虑应力、变形以及包括选材、表面防护、密封、排水、通风在内的结构细节设计技术;裂纹形成和扩展的定量分析以及可靠性为中心的维修周期的确定等重要内容。而结构在腐蚀环境中与力交互作用下产生的应力腐蚀和腐蚀疲劳则是目前腐蚀控制技术有待研究的新兴内容。要求飞机在最恶劣的环境条件下不因腐蚀而造成事故或提前维修,这种腐蚀控制思想体系是一个复杂的系统工程,即在飞机的方案论证、结构设计、材料工艺的选择、研制和生产过程以及维护中贯彻一系列指令性和指导性文件,作为统一全过程的腐蚀预防和控制大纲。

　　通过腐蚀控制技术的实施,可以增强飞机结构的抗腐蚀特性、延长腐蚀维修周期。但是,由于目前腐蚀控制技术水平的限制,腐蚀防护层的、脱落及机械损伤等现象在使用寿命期内飞机结构上仍是不可避免的,而且随着使用的飞机年代越久,腐蚀的范围越广、越严重,修理周期也越来越短,从而因不修理不能保证安全可靠使用,再修理经济上就不合算,而到达其经济寿命或日历年限。

　　目前,在部队实际维护工作中,对产生腐蚀的铝合金型材通常采用现有的腐蚀防护手段进行综合治理,达到所期待的防腐效果。其采取的具体技术措施包括以下几个方面:

　　(1) 对腐蚀部位进行腐蚀产物清理(打磨、去油污等),打磨处理后腐蚀深度在修理标准范围以内,允许不加强、不换件。

　　(2) 对腐蚀严重部位进行强度校核,以确定是否需要补强或更换。

（3）对打磨处理后的表面采用旋片式喷丸强化装置进行局部喷丸强化，使处理后的腐蚀表面产生残余压应力，提高该部位的疲劳强度和抗应力腐蚀能力，延长该构件的使用寿命。

（4）对修理部位的表面进行防腐蚀控制处理，采用漆胶联用的多层防腐体系，如：化学氧化（用阿洛丁1200S在修理部位产生氧化膜）→涂漆（涂环氧锌黄底漆）→涂胶（对对腐蚀缺损部位填充XM–23密封胶）。

参 考 文 献

［1］肖纪美.应力作用下的金属腐蚀［M］.北京:化学工业出版社,1984.

［2］段成美,穆志韬,等.SH–5飞机结构腐蚀的损伤研究［J］.海军航空工程学院学报,1995(2).

［3］张栋.某飞机的结构腐蚀及腐蚀控制［M］.北京:空军第一研究所,1990.

［4］蒋金勋,等.金属腐蚀学［M］.北京:国防工业出版社,1986.

［5］克舍 H.金属腐蚀［M］.呈荫顺,译.北京:化学工业出版社,1984.

［6］海军航空装备维修研究所.某飞机结构腐蚀部位处理工艺［M］海潮出版社.1992.

［7］魏宝明.金属腐蚀理论及应用［M］.化学工业出版社,1984.

（作者：穆志韬,段成美。收录于《飞机结构腐蚀疲劳学术研讨会论文集》,青岛,1995年第05期）

飞机结构主体材料的腐蚀环境与腐蚀损伤特点

1 引言

近十几年来,随着海军现役飞机使用日历年限的延长,机体结构件的腐蚀越来越重,特别是进入 20 世纪 90 年代,外场维护中发现由于腐蚀或腐蚀疲劳造成的破坏也越来越多,已对现役飞机的飞行安全构成严重威胁,并影响到飞机的使用寿命。由此可见,海军现役飞机由于其特殊的海洋服役环境条件,飞机结构件在交变载荷和腐蚀环境介质交互作用下,防腐保护层加速失效,抗疲劳能力降低,飞机的疲劳寿命显著缩短。

目前,我国国产飞机使用的金属材料约占结构总质量的 95% 以上,主体材料中铝合金占 70% 左右,主要用于机身蒙皮、隔框、机翼壁板、纵横梁等主要承力构件,10% 的合金刚用于空间有限、要求强度高、刚性好的一些梁接头、紧固件及起落架构件;10% 的钛合金、镁合金和铜合金等用于其他构件。飞机结构件的主体材料主要有 LY12CZ、LD5、LZ、30CrMnSiA、镁合金等。这些材料在海洋大气环境条件下会受到潮湿、盐雾、霉菌、工业废气的侵袭,所发生的腐蚀失效类型主要是电化学腐蚀,它包括液膜下的电化学腐蚀和局部浸在电解质溶液内的电化学腐蚀。主要的破坏类型是层状剥蚀、均匀腐蚀、应力腐蚀、晶间腐蚀、微动腐蚀、缝隙腐蚀、腐蚀疲劳和微生物腐蚀等。在这些腐蚀破坏类型中,应力腐蚀和腐蚀疲劳是最危险的,直接影响飞机的使用寿命。

2 海军型飞机的环境腐蚀特点

海军机场多数分布在沿海一带,飞机地面停放的环境特点是高温、高湿和盐雾出现时间长,甚至某些特种飞机停放在海边或海上起降。靠近城市工业区的机场还受到工业废气的作用。服役环境恶劣,飞机结构腐蚀普遍严重。据海军飞机地面停放环境谱的统计资料(表 1)表明,飞机疲劳受载时间不到日历时间的 1% ,而 99% 以上的时间均处于停放状态,且飞行受载过程的腐蚀环境对疲劳强度的直接影响比较小,日历停放期间结构的腐蚀程度对飞机的使用寿命影响较大。因此,飞机停放环境是影响飞机腐蚀的主要原因之一,研究飞机结构的腐蚀环境是防止和控制飞机结构主体材料进一步腐蚀的关键。

飞机的停放环境又分为单体腐蚀环境、局部腐蚀环境和具体腐蚀环境。这三者之间既有密切的联系也有各自的特点,总体环境是每架飞机各个部位均可能遇到的腐蚀环境,它决定飞机可能遇到的总的腐蚀环境;但造成腐蚀损伤往往是飞机上某部件的具体腐蚀环境起作用。

表 1 海军部分机型飞行时间与地面停放时间统计结果

机型	停放时间占日历时间的百分比/%
轰 X	99.21
强 X	99.25
歼 X	99.46
歼 Y	99.76
直 X	99.14

腐蚀环境通常是指结构件所遭到介质、温度、湿度、应力和时间等元素的联合作用,单体上可分为气候环境要素和化学环境要素两大类。

气候环境要素主要有气温、湿度、降水量、固体沉降物、风、雾、盐等。飞机在沿海环境条件下发生的自然腐蚀主要是大气腐蚀,而对大气腐蚀程度有决定性影响的是温度和温度。固体沉降物微粒如 NaCl 盐粒等被潮湿的机体表面所吸附,形成局部的腐蚀环境。

化学环境要素主要有工业废气(SO_2)、酸雨(SO_4^{2-})、盐雾及 Cl^- 等。这些介质对飞机结构的腐蚀速率都有较大的影响。对于非黑色金属,SO_2 被消耗在腐蚀反应中,而在合金钢件的锈蚀过程中,SO_2 还起到了催化剂的作用,一个分子的 SO_2 能生成上百个分子的铁锈,即在合金件表面形成硫酸亚铁→加入 O_2→铁的水合化合物 + 硫酸→再循环。SO_2 主要是由工业污染所引起的,因此和机场距离城市远近和风向有关,和季节变化明显。盐雾对海洋区域附近的机场影响较大,它能吸附在金属件表面,Cl^- 增大了表面液膜导电性,本身也具有很强的浸蚀性,尤其能够加速飞机上铝、镁合金材料的腐蚀。

沿海机场与内陆机场相比,受海洋气候影响强烈,其特点是:雾季长,温度、湿度变化大,风、雨天数多,气候变化无常。如海军某机场气象资料统计,年平均相对湿度为 74%,每年有 120 天的相对湿度超过 80%(钢件在大气中的腐蚀速度的临界湿度为 65%;铝合金件的临界湿度为 80%)。该机场每年大雾天数为 36 天,阴天为 170 天左右,年平均七级以上风的天数为 76 ~ 77 天;年降水量最高为 1230mm,20 年来降水量的年平均值为 731.1mm;年平均气温为 12.4℃。该机场大气成分含量 10 年监测的均值及各月份温度、湿度变化见表 2 和表 3。

海军现役飞机结构的腐蚀是具体的机种结构材料件在上述使用环境条件下,通过化学或电化学作用而随着时间推移所发生的积累性化学损伤和破坏失效。

表 2 海军某机场环境大气成分含量统计

月份	Cl^-(HCl)	SO_2
1	0.311	1.29
2	0.437	0.602
3	0.702	0.282
4	0.442	0.122
5	0.605	0.118
6	0.381	0.099
7	0.658	0.297

（续）

月份	Cl⁻（HCl）	SO₂
8	0.65	0.54
9	1.41mg/m³	0.75mg/m³
10	<0.043mg/m³	<0.13mg/m³
11	0.617	0.45
12	0.43	1.183

注:除特别说明外,含量的单位为 mg/(100cm³·d),十月份为 HCl 的含量

表3　海军某机场环境湿度及温度的月均值

月份	湿度/%	温度/℃
1	66	−0.2
2	69	1.0
3	72	4.7
4	79	9.6
5	80	14.8
6	87	19.1
7	92	23.4
8	86	25.3
9	72	22.0
10	65	16.8
11	65	9.4
12	64	2.8
年平均	74	12.4

3　海军飞机地面停放使用环境谱

　　飞机结构在实际使用中经常遭受到化学介质、热和气候因素的侵蚀,严重影响飞机的使用寿命。然而目前装备部队的现役飞机,由于当时技术条件的限制,设计时往往忽视了这些重要的环境因素,导致不少结构件在日历使用期内发生腐蚀疲劳破坏。为此,海军组织有关单位开展了飞机腐蚀疲劳及防腐控制技术研究,调研了海军飞机的使用环境,统计处理了 200 多万个环境数据,编制了海军飞机地面停放使用环境谱。

　　海军飞机环境谱的编制,首先分析了海军飞机的使用状况,选取了有代表性区域特点的机场,取其近 10 年的气象资料和大气成分,经过数据筛选,删除环境因素中对结构主体材料腐蚀及老化影响少的参数与作用时间,保留影响大的部分。重点选取的参数是温度、相对湿度、盐雾、凝露、雨、pH 值及工业废气等。其中:温度,湿度,雾时及频次,雨时及雨量、频次,均是统计出来的;凝露则是根据相对湿度和飞机结构的温差计算而来的。考虑到机场大气污染与其所处地理位置、周围污染源方位及风向有关,有害介质取其平均值,

用各种风向占全年的百分比进行修正。

编制的机场使用环境谱是飞机预计的真实环境,它可用于大气曝露试验的环境选择和比较,也可用作某些单纯的环境模拟试验的基础,但不能直接用于载荷谱和环境谱同时作用下的环境模拟试验。要进行试验,必须把真实的使用环境谱转换成当量环境谱,并形成用于疲劳试验的载荷—环境谱。此项工作我国一些单位的科技人员正在进行研究,但由于受经费、设备、时间等因素的影响,目前还没有比较可靠的结果。环境谱的当量化研究可以说是腐蚀疲劳研究的一个关键环节。

海军飞机地面环境谱的编制,为研究确定飞机的腐蚀疲劳寿命、日历持续时间以及制定维修大纲和腐蚀防护、机载设备的"三防"提供可靠的地面环境参数,同时也为进一步编制空中飞行环境谱和飞机局部环境谱提供了基础依据。

4 现役飞机腐蚀疲劳损伤特点

根据对海军飞机的使用环境调研统计,得出导致飞机结构主体材料腐蚀的主要环境介质为高温潮湿空气、盐雾、工业废气、油箱积水以及结构内局部环境积水(潮湿空气即相对湿度≥75%所占比例为全年时间的20%左右,盐雾及凝露占25%)。上述介质可分为腐蚀气体和液体两大类,对飞机结构来说,腐蚀疲劳研究主要是针对材料及结构件在这两类腐蚀介质中的疲劳和裂纹扩展特征。

结构件的腐蚀疲劳特性与材料的成分、热处理有关。在同一种腐蚀介质下,不同材料的腐蚀疲劳特点会有显著的不同。腐蚀疲劳的最大特点是交变应力和腐蚀环境的协同作用,两者缺一不可,并且同时作用于构件,相互之间有促进作用。一般来说,在腐蚀介质中绝大部分结构件的疲劳寿命降低,裂纹扩展速率增加,结构主体材料的材质性能退化。

由于飞机在停放期间环境对结构的疲劳寿命影响较大,这就决定了现役军用飞机结构腐蚀疲劳的基本模式是:腐蚀→疲劳→再腐蚀→再疲劳,直至破坏。严格地说,腐蚀与疲劳的纯交替作用几乎是不存在的。表面上的腐蚀—疲劳交替作用,常为两种因素的交互作用创造了条件。如先腐蚀后疲劳,在腐蚀损伤处不仅形成小孔和坑斑,同时也积聚有腐蚀介质,随后的疲劳即使结构总体环境是非腐蚀性的,在损伤处因有局部腐蚀环境的协同作用,仍具有腐蚀疲劳的性质。从微观分析中可以看到:一方面,腐蚀介质在材料表面造成很多小的蚀坑,使结构件表面粗糙度上升,造成局部损伤,形成大量的疲劳源,加速疲劳裂纹的形成,引起疲劳强度降低;另一方面,腐蚀介质随裂纹进入材料内部,在裂尖处高应力区对结构件造成进一步破坏而使裂纹扩展加快,裂纹扩展速率加快现象表现在全裂纹扩展曲线的中段。因而若把腐蚀与疲劳分开作用于结构,得到的寿命并不是真正的腐蚀疲劳寿命。所以,目前的腐蚀疲劳试验研究多数采用环境模拟箱做试验。但模拟的环境同实际使用环境之间仍存在着一定的差别,它是略去使用环境中腐蚀贡献量小的因素,抓住腐蚀贡献量大且作用时间长的主要几种腐蚀介质成分或者是它们向一种环境介质成分上的当量折算,同时试验时还要考虑加载频率和日历时间等因素的影响。

腐蚀疲劳断裂失效既不同于应力腐蚀开裂,也不同于一般的机械疲劳断裂。腐蚀疲劳对环境介质没有特定的限制,不像应力腐蚀那样需要金属材料与腐蚀介质构成特定的组合关系。腐蚀疲劳一般不具有真正的疲劳极限,腐蚀疲劳曲线类似非铁基合金(如铝、镁)的一般疲劳曲线,没有与应力完全无关的水平线段,腐蚀疲劳的条件疲劳极限与材料抗拉强度没有直接关系。腐蚀疲劳性能同循环加载频率及波形密切相关,加载频率的影响尤为明显,加载的频率越低,腐蚀疲劳就越严重。这是因为当加载频率很高时,裂尖应变速率很高,环境影响来不及进行,环境对疲劳损伤的促进作用降低;相反,当加载频率降低时,腐蚀介质可以浸透到裂纹尖端,对疲劳损伤的促进作用加剧。

腐蚀环境下的疲劳累计损伤规律也是较复杂的,不存在像空气中那样的规律,有时甚至出现相反的结果。如两级载荷作用下的腐蚀疲劳损伤的累积,当高—低顺序加载时会出现 $D > 1$ 的现象,而低—高顺序加载时则出现 $D < 1$。对于不同应力水平的组合,由此所导致的损伤累积效应也不相同。影响腐蚀疲劳损伤的因素很多,除加载顺序、应力水平等主要因素外,材料环境体系、构件几何形状、表面状态、残余应力等也均有一定的影响。我国科技工作者根据力学—化学相互作用原理曾提出了腐蚀疲劳损伤估价方法及累积形式,但还有待于大量的试验结果去证明,目前还不能有效地应用于工程评价当中。

腐蚀疲劳在外观上表现出与常规疲劳不同的特征。在腐蚀疲劳条件下,往往同时有多条疲劳裂纹形成(常规疲劳裂纹常只有 1 条),并沿垂直于拉应力方向扩展。腐蚀疲劳断口的源区与疲劳扩展区一般均有腐蚀产物,通过微区成分分析,可测定腐蚀介质的组分及相对含量。腐蚀疲劳断裂一般起源于飞机结构件表面腐蚀损伤处,大多数腐蚀疲劳断裂的源区及扩展区可见到明显的腐蚀损伤特征,腐蚀疲劳断口呈现穿晶及沿晶混合型,断裂表面颜色灰暗、无金属光泽,疲劳条带呈解理脆性特征。

5 腐蚀环境下飞机疲劳寿命的评估

在飞机结构腐蚀疲劳研究领域,工程上用于腐蚀疲劳寿命估算的方法及影响因素比较多但都不是十分完善,在对具体结构的腐蚀疲劳寿命估算时要视结构的受载情况、使用环境特点等因素选择相应的估算方法。目前,实际应用中较多的是选择一些既受较大疲劳载荷又受腐蚀环境影响的飞机结构关键部位进行典型结构的腐蚀疲劳试验和分析,并结合评定机种的服役使用统计情况来综合评定。其主要的技术途径如下:

(1)通过典型材料和结构件在不同腐蚀等级 M 程度下的疲劳试验,建立不同腐蚀等级与之对应的疲劳强度 S 之间的关系。

(2)对现役飞机典型结构主体材料腐蚀普查统计分析,建立飞机的日历使用时间 T 与腐蚀等级程度之间的关系,即可获得 $T - S$ 曲线。

(3)通过对飞机使用时间统计,建立日历飞行时间谱,即各日历时间段 ΔT_i 内的飞行小时 F_{hi}。

(4)根据典型结构件关键疲劳部位的实测载荷谱 $S_{aj} - n_i$,分别按各日历时间段对应的疲劳强度 S_i 和飞行小时数 F_{hi},采用 Miner 法则求出各日历时间段内飞行累积损伤 d_i 和总累积损伤 D,当总累积损伤 $D = 1$ 时,所对应的飞行小时和日历时间即为该结构的腐蚀疲劳修正寿命。其计算公式为

$$\frac{S_a}{S_{\infty p}} = 1 + \frac{A}{N^\alpha}$$

$$N_j = A^{1/\alpha} \cdot \left(\frac{S_{aj}}{S_{\infty pj}} - 1 \right)^{-\frac{1}{\alpha}}$$

$$d_i = F_{hi} \cdot \sum_{j=1}^{m} \frac{n_j}{N_j}$$

则总的累积损伤为

$$D = \sum_{j=1}^{k} d_j \tag{1}$$

式中:m 为疲劳载荷级数;k 为日历时间分段数;$S_{\infty p}$ 为安全疲劳强度极限;A、α 为疲劳曲线形状参数;S_a、N 为疲劳载荷及其对应的疲劳寿命。

6　飞机结构的腐蚀防护与监控设想

海军飞机在使用寿命期内安全可靠地服役使用,就必须对其设计、选材、制造、使用维护全过程的各个环节做好腐蚀控制。通过腐蚀控制可以增强飞机的抗腐蚀特性,延长腐蚀维修周期。但对于海军现役的各型飞机来说,由于飞机结构形成及选材、表面处理工艺等都无法做大的改动。另一方面目前由于腐蚀控制技术水平的限制,腐蚀防护层的退化脱漆且机械损伤等在使用寿命期内飞机的腐蚀故障及修理是不可避免的,而且使用的年限越久,腐蚀范围越广、越严重,维修周期也就越短。为提高海军飞机的使用寿命,降低腐蚀防护费用,对现役飞机实施腐蚀控制,必须采用综合治理的技术措施,把传统的腐蚀控制技术与新兴的防腐手段结合起来,认真研究海洋环境条件下现役飞机结构腐蚀损伤机理,建立机群腐蚀数据库,对腐蚀重点部位进行跟踪监控。其技术措施如下:

(1) 在现有研究成果的基础上,补测更多的腐蚀环境条件下的材料性能数据,提高腐蚀疲劳试验的技术水平和测试手段,逐步引入目前断裂力学的新研究成果,探索实现从裂纹萌生到临界裂纹长度的全寿命评估手段,发展载荷谱与环境谱协同作用下腐蚀疲劳寿命评估方法。

(2) 继续加强现役飞机的腐蚀疲劳机理和理论模型研究,探索总结飞机的腐蚀损伤规律与评估技术,针对海军用途特殊但数量少的机种及新装备的机型逐步实行"单机寿命管理"及"腐蚀监控管理"。

(3) 由于飞机停放环境的腐蚀问题,飞机即使不飞行,其寿命也在损失。因此,今后应重点开展腐蚀环境条件下现役飞机的日历寿命和腐蚀损伤容限研究。不仅给出飞机的服役寿命,同时还要给出日历寿命及最大允许腐蚀修复程度,确保现役老旧飞机的飞行训练安全。

(4) 要及时准确掌握每架服役飞机的腐蚀发展状况,能够连续和量化地给出飞机的腐蚀数据,建立有效的"海军飞机腐蚀状况监控网络"及"海军飞机腐蚀数据库"。这些腐蚀数据可作为腐蚀环境下飞机寿命评估的科学依据,对于可靠使用飞机装备将发挥重要的指导作用,使海军飞机的腐蚀监控和防护工作达到一个更高的层次。

(5) 针对国外近几年先进的防腐手段、材料、工艺等进行搜集与优化推广,结合我国海军现役飞机的特点,合理地选择黏附力强、化学稳定性好、抗老化、耐浸蚀的防护涂层系统。加强利用复合材料胶补修理金属腐蚀损伤部位新工艺,研究采用激光仪器强化提高腐蚀疲劳损伤部位的疲劳性能,尽快制定海军型飞机的防腐控制维修大纲和规范。

（6）在维护使用中,对飞机的腐蚀部位勤检查,及时进行防腐修理或更换,这是解决飞机结构腐蚀控制的中心环节。尽可能地改善飞机的总体与局部腐蚀环境,保护防腐涂层完整有效,勤通风,防止潮气、水分或其他腐蚀介质与机体结构长期接触。定期给部队举办防腐技术培训班,增强地勤人员的防腐意识。

（作者：穆志韬,发表于《飞行事故和失效分析》,2001 年第 01 期）

现役飞机的结构腐蚀及其控制

摘　要：重点分析了现役飞机机体结构件中常见材料的腐蚀破坏类型及特征；通过对飞机结构的使用环境分析，提出了现役机种结构件腐蚀防护的一些具体措施与想法。

关键词：飞机结构腐蚀；材料；使用与维护

1　现役飞机的腐蚀现状

随着我军现役飞机使用日历年限的增长，飞机机体结构件的腐蚀越来越严重，特别是进入 20 世纪 80 年代后期，由于腐蚀或腐蚀疲劳造成的机体结构件的破坏也越来越多，已经对飞行安全构成威胁，并严重地影响到飞机的正常使用寿命。据空军等大修厂统计，在 26 架大修的某型轰炸机中，有 16 架存在不同程度的重要构件的腐蚀，占送修飞机的 61.5%，有的承力构件已腐蚀到难以修复的程度。某型水上飞机，虽服役时间不长，但腐蚀环境十分恶劣，结构设计、选材上采用的防腐设计手段不够先进，造成船底蒙皮、桁条、机翼前/后梁缘条及平尾、起落架等构件已严重腐蚀，据某架水上飞机腐蚀普查统计，已出现 100 多个腐蚀部位，不得不进行腐蚀抢修，造成多个零部件现场进行更换。某型水上飞机和某型歼击机机翼大梁的腐蚀状况如图 1 和图 2 所示。现役的歼击机、强击机腐蚀现象也很突出，如某型机的平尾下壁板、主起落架内筒、前轮舱内连接接头、翼梁缘条腹板等都出现了严重的腐蚀。另外，还有其他一些机型在使用维护中都发现了不同程度的腐蚀，例如，平尾后梁安装接头螺栓腐蚀疲劳断裂，部分飞机的轮毂、轮轴、刹车盘出现严重锈蚀，发动机的涡轮叶片、某型直升机的风扇叶轮等都发生了腐蚀。据某部的一项腐蚀状况统计调查，因其所处环境条件十分恶劣，受腐蚀的某型机占该部在编飞机的 100%，其腐蚀严重的占 92.3%。按腐蚀部位统计分析：机翼前梁腐蚀的有 60 架，占在编飞机的 47.6%；油箱下舱盖纵梁腐蚀有 35 架，占 27.8%；襟翼蒙皮腐蚀的有 17 架，占 13.5%；平

图 1　某型水上飞机机翼前梁上缘条的腐蚀

图 2　某型歼击机机翼前梁腹板的腐蚀

尾腐蚀的有 12 架,占在编飞机的 9.5%;机翼长桁腐蚀的有 4 架,占在编飞机的 3.2%。由此可见,现役机种的结构腐蚀已十分严重,因此开展现役机种的腐蚀防护研究已迫在眉睫,目前已列为我军保证飞行安全的重要议事日程。

2 现役机种中常见的腐蚀材料及腐蚀特征

飞机结构上最常见的材料是合金钢、铝合金、镁合金等。飞机曝露在日晒雨淋的使用环境或海洋大气条件下会受到潮湿、盐雾、霉菌及工业废气的侵袭,当环境中的相对温度超过 70% 时会加速机体结构的腐蚀。

2.1 合金钢类

飞机结构中常见的合金钢类材料有 30CrMnSiA、30CrMnSiNi2A、40CrNiMoA、30CrNiMoA 以及其他的合金钢件,腐蚀后出现红褐色锈层,温度比较高的部位伴有红褐色黏泥;有的钢件如轮轴、轴承套环等出现蚀坑,腐蚀深度为 0.1 ~ 1.0mm。合金钢的强度越高,对应力腐蚀的敏感性越大,腐蚀开裂现象多有发生。

2.2 铝合金类

铝合金材料在飞机上主要用作金属蒙皮、翼梁上/下缘条、腹板、长桁、框舱门、口盖边框等一些承力构件。蒙皮的腐蚀常伴有大面积脱漆、鼓泡(泡内有白色或灰暗色粉末),产生点蚀。一般来说,飞机的机身、机翼、尾翼的下蒙皮比上蒙皮腐蚀严重。对于用铝合金型材挤压或模锻加工成的结构中的承力构件,腐蚀后由于腐蚀产物的体积效应而鼓起,里面是一层粉状产物,颜色是灰暗或灰白的,刮到一定深度才显出金属光泽;如果鼓泡是圆的,则出现一个圆坑,若鼓泡是长条的,刮掉腐蚀产物后则是一条深浅不一的槽形坑道。腐蚀特别严重时,呈现出片状的剥离外貌(千层饼状)或产生剥落。

2.3 镁合金类

飞机结构中使用的镁合金材料主要是 ZM - 5。由于镁的腐蚀电极电位比较低,在使用环境条件下极易发生电化学腐蚀。镁合金件腐蚀后会出现一块块白粉,擦掉则呈蚀坑,如某型飞机的轮毂腐蚀。

腐蚀是一种物质由于与环境作用引起的破坏和变质。腐蚀是一个异常复杂的问题,受环境条件影响性大,随机性大,有多种腐蚀类型,且众多的影响因素交互作用,在现役飞机结构上不同的部位所产生的腐蚀破坏类型主要有以下几种形式:

(1) 均匀腐蚀:是以金属表面的剥落为特征的,化学或电化学反应在金属件表面均匀进行,结果使金属表面均匀变薄,直至破坏。一般来说,均匀腐蚀对机体结构危害性小,外场维护中易于发现,也易于修理和防腐处理。

(2) 双金属接触腐蚀:在电解液存在的前提条件下,两种不同电位的金属或金属与非金属导体电化连接所引起的腐蚀。这种腐蚀破坏形式在飞机结构上最普遍,也是最有代表性的电化学腐蚀。

(3) 缝隙腐蚀:处于腐蚀介质中的金属结构,由于结构件之间形成缝隙,腐蚀介质就会进入并留在缝隙内,从而使缝隙内部腐蚀加速。在飞机结构中,缝隙腐蚀常发生在连接部位垫片的底面。不锈钢、铝合金、钛合金对缝隙腐蚀最为敏感。

(4) 晶间腐蚀:是沿着晶体的晶粒边界或晶界附近发生的腐蚀。其结果使晶粒间的结合力遭到破坏,从而使金属的强度和塑性大大降低。在飞机结构中,用来制造承力构件的机翼大梁的缘条、长桁等铝合金构件易产生晶间腐蚀。在铝合金型材挤压或模锻加工时,造成晶粒呈扁平细长形排列,腐蚀沿着平行于型材表面的晶间发展,形成晶界内张力,最终晶粒翘起,常出现剥蚀的外观特征。

(5) 微生物腐蚀:是指在微生物生命活动参与下发生的腐蚀过程,其破坏了金属表面起保护作用的非金属覆盖层或缓蚀剂的稳定性,从而使金属出现局部腐蚀。对于海军型飞机,尤其是水上飞机由于海洋微生物的浸蚀,发生的微生物腐蚀概率比较大。

(6) 孔蚀:是金属表面在拉应力或化学物质作用下,保护层遭到破坏,出现局部穿透使金属直接曝露在腐蚀环境中形成局部腐蚀小孔并向深处发展的一种腐蚀破坏形式,又称点蚀或坑蚀。其腐蚀部位常被腐蚀产物覆盖,不易发现,易产生应力集中,成为腐蚀疲劳的裂纹源。在飞机结构中,孔蚀危害性极大,有可能导致飞机结构件的突发性事故。

(7) 磨损腐蚀:磨损是指物体表面相对运动而导致其相互作用表面物质的不断消失。而磨损腐蚀则是磨损与腐蚀综合作用下材料发生的一种加速腐蚀破坏。因为其机场或飞行多在风沙比较多的地带,磨损腐蚀在陆航使用的飞机结构上比较突出。

(8) 应力腐蚀开裂:是指金属材料在拉应力和特定的腐蚀介质共同作用下引起的开裂,简称应力腐蚀。在飞机结构中,这是一种危险性最大的腐蚀形态,往往引起结构件的突然断裂,造成灾难性事故。

(9) 腐蚀疲劳:是腐蚀介质和交变应力共同作用下引起的材料或构件的疲劳破坏。它是飞机结构中出现比较多,且危险性大的一种破坏形式,直接影响飞机结构的使用寿命。目前,在现役机种的老旧飞机上发生腐蚀疲劳裂纹的部位比较多。

金属材料或构件发生腐蚀破坏的形式取决于材料的成分和组织、构件的构造形成以及所处的环境条件与受力状态等因素。在大多数情况下,飞机结构件的腐蚀破坏特征是不明显的,有时很难确定它属于哪种类型的腐蚀破坏,一种腐蚀破坏常包括两种或两种以上的腐蚀破坏类型。

3　飞机结构腐蚀的环境及原因分析

产生现役飞机结构的腐蚀:内因是飞机结构在设计、选材、制造等过程中造成本身存在腐蚀的条件;外因是使用中承受着造成腐蚀的环境。据某环境谱资料统计,我国的飞机停放时间长,而飞行时间仅占日历寿命的 0.5% 左右,即需要的日历寿命很长,而飞行小时则较少。由此可见,停放环境是影响飞机腐蚀的主要原因,研究飞机结构的腐蚀环境是防止和控制飞机结构进一步腐蚀的关键。

飞机使用环境包括空中飞行环境和地面停放环境两个方面。对飞机结构腐蚀起决定性作用的地面停放环境要素分为气候环境要素和化学环境要素两大类。

气候环境要素主要有气温、相对湿度、降水量、固体沉降物、风、雾、盐等。飞机在机场停放而引起的自然腐蚀主要是大气腐蚀,而影响大气腐蚀程度的因素主要有温度、湿度、雾和凝露、降水、固体沉降物、太阳辐射,其中温度和湿度是最主要的因素。固体沉降物则被潮湿的机体表面所吸附,形成局部腐蚀环境。

化学环境要素主要有 SO_2、SO_4^{2-}、氮氧化物 NO_x、酸雨、盐雾。其中 SO_2 危害最大,SO_2 溶于水形成硫酸是强的去极化剂。对于非黑色金属,SO_2 被消耗在腐蚀反应中,而在合金钢件的锈蚀过程中,SO_2 还起到了催化剂的作用,一个分子的 SO_2 能生成上百个分子的铁锈,即在合金钢件表面→形成硫酸亚铁→加入 O_2→铁的水合化合物 + 硫酸→再循环。SO_2 主要由工业污染所引起,因此和机场距离城市远近及风向有关,且季节变化明显。酸雨的 pH 值对腐蚀速率有较大的影响,盐雾对离海洋区域较近的机场影响大。

从细化研究结构件的腐蚀机理出发,飞机结构的腐蚀停放环境还可分为总体腐蚀环境、局部腐蚀环境和具体腐蚀环境。这三者之间存在着密切的相互关系,但也各具自身的特点。总体环境决定着飞机可能遇到的总的腐蚀环境,但造成腐蚀损伤往往是具体的腐蚀环境起作用。一般来说,海军在热带沿海区域使用的飞机与空军在内陆使用的飞机,其总腐蚀环境是十分不同的,对于水上飞机、舰载机等特殊用途的机种更应注意恶劣的总体环境,更应搞好飞机的腐蚀防护及控制。

飞机上某一部件、组合件所处的腐蚀环境称为局部腐蚀环境。同一架机上各部位的局部腐蚀环境往往存在很大差异,研究飞机结构的局部腐蚀环境:应着重找出局部部位腐蚀的现象、特点,确定腐蚀的性质;分析腐蚀介质的种类、性质和来源。

飞机结构件上具体的腐蚀环境是飞机上某个构件的具体部位所承受的腐蚀环境。研究具体腐蚀环境是研究具体结构件腐蚀的直接原因,为研究具体的构件的防腐修理方法和工艺提供依据。腐蚀的具体环境主要是由于结构件的结构形式、连接安装方法、加工工艺等原因造成的。

现役飞机结构的腐蚀,是具体的构件在上述分析的使用环境条件下通过化学或电化学作用而随着时间的推移所发生的累积性化学损伤和破坏。影响结构件腐蚀的原因很多,其主要原因有:

(1) 飞机的使用环境十分恶劣。

(2) 飞机设计、选材欠佳,防腐蚀技术比较落后。

(3) 没有严格的腐蚀控制文件,飞机装配过程中许多部位未按设计要求施工。

(4) 局部结构不合理,全机密封性较差。

(5) 缺少必要的腐蚀跟踪和预测,维护条件与保养水平不高。

大量的机体结构腐蚀资料统计表明,结构件腐蚀类型很多,现以腐蚀比较普遍的铝合金型材的剥蚀为例说明其腐蚀机理。含铜量为 4% 的硬铝合金,在室温下的金相组织为 $\alpha(Al) + \theta(CuAl_2)$ 相;热处理时,将合金加热到 $500℃$ 时,可使全部 $CuAl_2$ 相溶入 α 相中形成单相固溶体,若这时迅速冷却(淬火),则得到过饱和固溶体,它是不稳定的,会在晶粒边界处析出呈连续网状的 $CuAl_2$ 沉淀相,而在晶界附近地区则成贫铜区。在贫铜区与非贫铜区之间存在相当大的电位差,贫铜区成为阳极,而非贫铜区的晶粒内部成为阴极。在大阴极、小阳极的情况下,作为阳极的晶界处发生严重腐蚀。同时,已经证实在晶界处析出的 $CuAl_2$ 相本身就是一个腐蚀电池,$CuAl_2$ 中的 Al 为阳极,Cu 为阴极。这样,在晶界处实际上有两对腐蚀电偶,即在晶界形成了复式双电极体系,从而加速了晶界处的腐蚀。

具有晶界腐蚀倾向的铝合金,在一定的腐蚀介质条件下,腐蚀沿着与型材表面平行的晶界方向发展,生成的腐蚀产物 $AlCl_3$ 或 $Al(OH)_3$ 等体积比铝大,产生与铝合金表面法线方向一致的内应力,发展到严重时出现层状剥离,即剥蚀。同时,研究表明,剥蚀速率在型材的三维方向上有明显的差别。

构件上一旦出现腐蚀,若不及时进行防腐处理,由于腐蚀产物的体积效应,这时更容易进入、吸附、储存腐蚀介质而难以排除,从而加速腐蚀的进行,这是一种非常普遍的恶性循环。

4　现役飞机结构腐蚀的防护及控制

要使飞机结构在使用寿命期内安全可靠、经济合理,就必须对它的设计、选材、制造、使用维护全过程的各个环节做好腐蚀控制。通过腐蚀控制技术可以增强机体结构的抗腐蚀特性,延长腐蚀维修周期。但对于部队现役的各类型飞机来说,由于飞机的结构、构件的形式及选材、表面处理等方面都无法做大的变动,从某种意义上来说,实施对现役机种的腐蚀控制,实际上只能是一些"先天不足,后天补救"的应急措施来减缓腐蚀环境对飞机构件的腐蚀。我军目前通过对两个型号机种的腐蚀现场抢修,积累了一些对现役飞机的防腐控制经验,总的防腐指导思想是"上封下排",增扩排水孔;对防护表面失效或受腐蚀损伤后的修理表面,以阿洛丁形成置换膜或用磷化底漆 XF-6 打底再喷涂 H06-1012H 环氧底漆,面漆用 S04-101H 丙烯酸聚氨酯磁漆的涂层防护体系;口盖采用 XM-60 口盖密封胶进行密封;铆缝采用 HM-101 密封胶灌缝密封;油箱采用 XM-23 密封胶进行密封。

为提高飞机的使用寿命,降低腐蚀防护费用,对现有飞机实施腐蚀控制,必须采用综合治理的技术措施,把传统的腐蚀控制技术与新兴的防腐手段结合起来,认真研究环境对现役飞机机体结构的腐蚀损伤机理,建立机群腐蚀数据库和编制飞机的使用环境谱,合理地选择黏附力强、化学稳定性好、抗老化的防护涂层系统。在使用维护过程中,对飞机的腐蚀部位勤检查,及时进行防腐修理或更换,这是解决结构腐蚀控制的中心环节;尽可能地改善飞机的总体腐蚀环境与局部腐蚀环境,保护防腐涂层完整有效,勤通风,防止潮气、水分或其他腐蚀性介质与机体结构件长期接触。做好防腐宣传教育工作,增强地勤人员的防腐蚀意识。同时,要借鉴国外一些先进的防腐维修经验,结合自己部队的机型,研究开发出新型、实用的缓蚀剂、清洁剂等应用于飞机结构的外场维护;部队要和飞机的研究、生产厂家多协作,定期反馈飞机的腐蚀信息,并不断地得到该研究部门的指导,推广应用新的防腐及控制方法。

参 考 文 献

[1] 李金佳,等.航空产品腐蚀及其控制手册[M].北京:中国工业部,1984.

[2] 穆志韬,段成美.飞机结构腐蚀及防护修理[J].航空制造工程,1995(5).

[3] 钟栋梁.我军飞机实施腐蚀控制措施的探讨[J].飞行事故和失效分析,1993(3).

[4] 张栋.轰六飞机的结构腐蚀及腐蚀控制.飞行事故与失效分析空军第一研究所,1999.

[5] 穆志韬,等.SH-5 飞机结构腐蚀的损伤研究[J].海军航空工程学院学报,1995(2).

(作者:穆志韬。发表于《飞机工程》,1998 年第 01 期)

我国现役海军飞机结构腐蚀疲劳研究与发展对策

摘　要:本文从我国现役飞机的实际使用情况出发,通过对海军现役飞机的寿命使用及腐蚀损伤状况的统计分析,结合作者近几年的理论研究和国内外腐蚀疲劳研究成果,科学地分析并研究了海军现役机种在环境腐蚀介质中的疲劳损伤特征和基本破坏失效模式;论述了海军型飞机地面停放使用环境谱的编制以及在腐蚀环境中飞机腐蚀疲劳寿命与日历寿命计算模型,并对未来几年我国海军型飞机腐蚀疲劳研究的发展及寿命的安全使用提出了一些建议。

关键词:海军型飞机;腐蚀监控;腐蚀疲劳寿命;环境谱;日历寿命

1　国内外飞机腐蚀疲劳研究的现状

近 20 年来,随着现役飞机服役时间的增长,特别是进入 20 世纪 80 年代后期,军用飞机使用中发现由于腐蚀或腐蚀疲劳造成的破坏也越来越多。例如,螺钉锈蚀,蒙皮脱漆、变薄,翼梁缘条发生剥蚀,紧固件及飞机结构上一些重要承力构件出现腐蚀疲劳裂纹等,沿海地区的海军飞机这类问题更为突出。尤其是海军的特种飞机如水上飞机、舰载机等常遇到海水、盐雾、潮湿等腐蚀性更强烈的自然环境,飞机结构件在交变载荷和腐蚀环境交互作用下,防腐保护层加速失效,抗疲劳能力降低,飞机的腐蚀疲劳寿命显著缩短。

目前,军用飞机的腐蚀疲劳研究受到国内外航空界的广泛重视。从 20 世纪 60 年代开始,美国率先开展了对沿海和海上军用飞机的腐蚀问题的调查,联合国内几所大学和研究机构立项研究如何解决腐蚀和确定在腐蚀环境下飞机的服役期问题,建立了专用的实验室和测试方法。北大西洋公约组织、瑞典宇航院(FFA)等国家和机构都投入了大量资金与人力进行腐蚀防护及腐蚀疲劳机理研究,取得了大量的研究成果,并成功地应用于军用飞机的腐蚀控制。

我国从 20 世纪 70 年代中期开始对材料的损伤容限分析及与环境相关的腐蚀疲劳进行研究。最先主要是针对飞机起落架材料的腐蚀疲劳性能分析、环境的适应性进行研究,大规模地进行研究是在 80 年代以后,结合海军飞机(水上飞机)的腐蚀及寿命问题开展了腐蚀普查,载荷谱与环境谱的确定,材料的多种环境条件下的试验,结构件的腐蚀疲劳试验等,取得了大量研究成果与试验方法,积累了一些航空常用材料的腐蚀试验数据和分析结果。

2　海军飞机地面使用环境谱研究

飞机结构在实际使用中经常遭受到化学介质、热和气候因素的侵蚀,严重影响飞机的使用寿命。然而,目前,装备部队的现役飞机由于当时技术条件的限制,设计时往往忽视了这些重要的环境因素,导致不少结构件在日历使用期内发生腐蚀疲劳破坏。目前海军各型飞机发生腐蚀破坏的事故率很高,已严重影响到飞行训练,引起了军队领导的极大关注。"八五"期间国防科工委专拨经费开展了海军飞机腐蚀疲劳通用课题的研究,调研统计了海军飞机的使用环境,获得了 200 多万个腐蚀环境数据,编制了海军飞机地面停放使用环境谱。

海军飞机环境谱的编制,首先分析了海军飞机的使用状况,选取了有代表性的若干个机场,取其近 10 年的气象资料和大气成分,经过数据筛选,删除环境因素中对结构腐蚀、老化影响小的参数与作用时间,保留影响大的部分。重点选取的参数是温度、相对湿度、盐雾、凝露、雨、pH 值及工业废气等。其中:温度、湿度、雾时及频次、雨时及雨量、频次均是统计出来的;凝露则是根据相对湿度和飞机结构的温差计算而来的。在大气污染情况分析中,考虑到机场大气污染与其所处地理位置、周围污染源方位及风向有关。有害介质取其平均值,用各种风向占全年的百分比进行修正。

编制的机场使用环境谱是飞机预计的真实环境,它可用于大气曝露试验的环境选择和比较,也可用作某些单纯的环境模拟试验的基础,但不能直接用于载荷谱和环境谱同时作用下的环境模拟试验。要进行试验,必须把真实的使用环境谱转换成当量环境谱,并形成用于疲劳试验的载荷—环境谱。此项工作我国一些单位的科技人员正在做,但由于受经费、设备、时间等因素的影响,目前还没有比较可靠的结果。环境谱的当量化研究是腐蚀疲劳研究的一个关键环节。

海军飞机地面环境谱的编制,为研究确定飞机的腐蚀疲劳寿命、日历持续时间以及制定维修大纲和腐蚀防护、机载设备的"三防"提供可靠的地面环境参数,同时也为进一步编制空中飞行环境谱和飞机局部环境谱提供了基础依据。

3　海军现役飞机的腐蚀疲劳破坏模式

海军机场大都分布在沿海一带,其地面停放环境特点是高温、高湿和盐雾的出现时间长,靠近城市工业区的机场还受到工业废气的作用,服役环境恶劣,飞机结构腐蚀普遍严重。据海军飞机地面停放环境谱的统计资料(表 1)表明[2],飞机疲劳受载时间不到日历时间的 1%,而 99% 以上的时间均处于停放状态,且飞行受载过程的腐蚀环境对疲劳强度的直接影响比较小;日历停放期间环境对飞机结构的腐蚀程度对飞机的疲劳寿命影响极大。因而,这就决定了我军现役飞机结构腐蚀疲劳的基本模式是:腐蚀—疲劳—再腐蚀—再疲劳……,直至破坏。严格地说,腐蚀与疲劳的纯交替作用几乎是不存在的。表面上的腐蚀—疲劳交替作用,常为两种因素的交互作用创造了条件。如先腐蚀后疲劳,在腐蚀损伤处不仅形成小孔和坑斑,也同时积聚有腐蚀介质,随后的疲劳即使结构总体环境是非腐蚀性的,在损伤处因有局部腐蚀环境的协同作用,仍具有腐蚀疲劳的性质。然而,从腐蚀介质对温度的敏感性来考虑,飞机起飞后很快进入低温的高空,尽管马赫数较大的飞机部分表面会造成气动加温,但由于飞行时间短,这种加热不会使结构温度上升很多。是否存在温度阈值,即当环境温度低于此阈值时,腐蚀介质的存在并不影响材料的疲劳性能。如果存在这个温度阈值,则可将飞机在一定飞行速度、飞行高度和飞行时间的结构最强温度场计算出来,若飞机结构疲劳危险部位的温度在腐蚀疲劳的温度阈值以下,则该结构飞行腐蚀疲劳可不做考虑,而只考虑其飞行疲劳的影响。这样可视飞机结构的腐蚀疲劳模式为地面腐蚀。飞行中疲劳的交互作用,使飞机结构腐蚀疲劳研究大为简单化。

表 1　海军部分机型地面停放时间统计结果

机型类别	某 I 型飞机	某 II 型飞机	某 III 型飞机	某 IV 型飞机	某 V 型飞机
停放时间占日历时间的百分比/%	99.21	99.25	99.46	99.14	99.76

4　飞机结构腐蚀疲劳累积损伤的研究

疲劳累积损伤规律是实验室等幅载荷的疲劳性能与实际承受的随机载荷下的性能评价之间相联系的桥梁。目前人们在近百年的疲劳研究中,已提出了几十种疲劳累积损伤模型,损伤的定义也是多种多样。在工程结构的疲劳寿命计算中最常采用的累积损伤模型大多是 Miner 线性累计损伤公式:

$$\sum n_i/N_i = D$$

当 $D = 1$ 时发生破坏,与加载次序无关。许多学者通过大量的试验研究结果指出,D 的取值有一个变化范围(0.25 ~ 4)。对光滑试验件而言,低—高顺序加载时总有 $D > 1$,高—低顺序加载时则 $D < 1$。因此,Miner 准则的最大缺陷是没有考虑加载顺序的影响。即使现有的考虑了加载顺序影响的非线性疲劳损伤模型,它们几乎也是在空气中研究得出的,这些模型未考虑腐蚀性环境与疲劳交互作用造成的损伤,直接用来进行腐蚀疲劳损伤估算时是欠妥当的,加之寿命估算方法本身的误差较大,在计算中应根据具体的使用环境进行修正或取一定的腐蚀损伤因子。

腐蚀疲劳环境下的累积损伤规律是复杂的,不存在像空气中那样的规律,有时甚至出现相反的结果。如两级载荷作用下的腐蚀疲劳损伤的累积,当高—低顺序加载时会出现 $D > 1$,而低—高顺序加载时则出现 $D < 1$。对于不同应力水平的组合,由此所导致的损伤累积效应也不相同。影响腐蚀疲劳损伤的因素很多,除加载顺序、应力水平等主要因素外,材料环境体系、构件几何形状、表面状态、残余应力等也均有一定的影响。我国科技工作者根据力学—化学互作用原理曾提出了腐蚀疲劳损伤估价方法及累积形式,但还有待于大量的试验结果去证明,目前还不能有效地应用于工程评价中。

5　海军现役飞机腐蚀疲劳破坏的特点研究

根据对海军飞机的使用环境调研统计,得出导致飞机结构材料腐蚀的主要环境介质为高温潮湿空气、盐雾、工业废气、油箱积水以及结构内局部环境积水(据海军飞机使用环境谱统计,潮湿空气即相对湿度大于或等于 75% 所占比例为全年时间的 20% 左右,盐雾及凝露占 25%)。上述介质可分为腐蚀气体和液体两大类,对飞机结构来说,腐蚀疲劳研究主要是针对材料及结构件在这两类腐蚀介质中的疲劳和裂纹扩展特征。

结构件的腐蚀疲劳特性与材料的成分、热处理制度有关。在同一种腐蚀介质下,不同材料的腐蚀疲劳特点会有显著的不同。腐蚀疲劳的最大特点就是交变应力和腐蚀环境的协同作用,二者缺一不可,并且同时作用于构件,且相互之间有促进作用。一般来说,在腐蚀介质中绝大部分结构件的疲劳寿命降低,裂纹扩展速率增加。腐蚀介质同时作用会造成材料材质的退化。从微观分析中可以看到:一方面,腐蚀介质在材料表面造成很多小的蚀坑,使结构件表面粗糙度上升,造成局部损伤,形成大量的疲劳源,加速疲劳裂纹的形成,引起疲劳强度降低;另一方面,腐蚀介质随裂纹浸入材料内部,在裂尖处高应力区对结构件造成进一步破坏而使裂纹扩展加快,裂纹扩展速率加快现象表现在全裂纹扩展曲线的中段(即常说的Ⅱ区较明显)。因而,若把腐蚀与疲劳分开作用于结构,则得到的寿命并不是真正的腐蚀疲劳寿命。所以,目前的腐蚀疲劳试验研究都是采用环境模拟箱来做试验。但模拟的环境同实际使用环境之间仍存在着一定的差别,它是略去使用环境中腐蚀贡献量小的因素,抓住腐蚀贡献量大且作用时间长的主要几种腐蚀介质成分或者是它们向一种环境介质成分上的当量折算。同时试验时还要考虑加载频率和日历时间等因素的影响。

腐蚀疲劳断裂失效既不同于应力腐蚀开裂,也不同于一般的机械疲劳断裂,腐蚀疲劳对环境介质没有特定的限制,不像应力腐蚀那样需要金属材料与腐蚀介质构成特定的组合关系。腐蚀疲劳一般不具有真正的疲劳极限,腐蚀疲劳曲线类似非铁基合金(如铝、镁)的一般疲劳曲线,没有与应力完全无关的水平线段,腐蚀疲劳的条件疲劳极限与材料抗拉强度没有直接关系。腐蚀疲劳性能同循环加载频率及波形密切相关,加载频率的影响尤为明显,加载的频率越低,腐蚀疲劳就越严重。这是因为当加载频率很高时,裂尖应变速率很高,环境影响来不及进行,环境对疲劳损伤的促进作用降低;相反,当加载频率降低时,腐蚀介质可以浸透到裂纹尖端,对疲劳损伤的促进作用加剧。

此外,在飞机的日历服役寿命期内,绝大部分时间飞机处于机场停放状态。停机时,飞机结构的应力水平很低,并且没有交变载荷作用,因而,研究疲劳寿命时一般不考虑停放时受载。普遍认为,这一状态对疲劳寿命影响不大。而对腐蚀疲劳而言,虽停放时飞机不承受疲劳载荷,但此时腐蚀介质可以充分进入疲劳裂纹,飞行时在交变载荷作用下裂纹扩展速率明显加快。因此,研究飞机结构的腐蚀疲劳必须考虑日历使用时间,而不仅仅是飞行时间。

腐蚀疲劳在外观上表现出与常规疲劳不同的特征。在腐蚀疲劳条件下,往往同时有多条疲劳裂纹形成(常规疲劳裂纹常只有1条),并沿垂直于拉应力方向扩展。腐蚀疲劳断口的源区与疲劳扩展区一般均有腐蚀产物,通过微区成分分析,可测定腐蚀介质的组分及相对含量。腐蚀疲劳断裂一般起源于飞机结构件表面腐蚀损伤处(即包括孔蚀、晶间腐蚀、应力腐蚀等),大多数腐蚀疲劳断裂的源区及扩展区可见到明显的腐蚀损伤特征,腐蚀疲劳断口呈现穿晶及沿晶混合型,断裂表面颜色灰暗,无金属光泽,疲劳条带呈解理脆性特征。

6　飞机结构腐蚀疲劳寿命评估方法

我国飞机结构的腐蚀疲劳研究起步较晚,可供借鉴与参考的资料也不多,许多理论还有待于进一步的验证和完善。因而,在目前条件下,根据现有的腐蚀疲劳机理,进行精确的理论计算,确定飞机结构的腐蚀疲劳寿命具有相当大的困难;同时,模拟实际使用环境条件下结构全尺寸件的疲劳试验也需要很长的时间,要花费巨大的人力、物力和财力。目前的技术条件下进行这样的腐蚀疲劳试验确定飞机的疲劳寿命是不现实的,一个可行的解决办法是:选择一些既受严重疲劳载荷又受严重腐蚀环境影响的飞机结构关键部位进行典型结构的腐蚀疲劳试验和分析,以用于实验室全尺寸飞机机体或部件疲劳试验结构的修正。

目前,在飞机结构腐蚀疲劳研究领域用于腐蚀疲劳寿命估算的方法也比较多,在对具体结构的腐蚀疲劳寿命估算时要视结构的受载情况、使用环境特点等因素选择相应的估算方法。下面介绍工程中常见的有关腐蚀疲劳寿命的估算方法。

6.1 腐蚀等级—寿命评估法

（1）通过典型材料和结构件在不同腐蚀等级 M 程度下的疲劳试验,建立不同腐蚀等级与之对应的疲劳强度 S 之间的关系。

（2）对现役飞机典型结构腐蚀普查统计分析,建立飞机的日历使用时间 T 与腐蚀等级程度之间的关系,即可获得 T—S 曲线。

（3）通过对飞机使用时间统计,建立日历飞行时间谱,即各日历时间段 ΔT_i 内的飞行小时数 F_{hi}。

（4）根据典型结构件关键疲劳部位的实测载荷谱 S_{aj}—n_i,分别按各日历时间段对应的疲劳强度 S_i 和飞行小时数 F_{hi},采用 Miner 法则求出各日历时间段内飞行累积损伤 d_i 和总累积损伤 D,当总累积损伤 $D=1$ 时,所对应的飞行小时和日历时间即为该结构的腐蚀疲劳修正寿命。其计算公式为

$$\frac{S_a}{S_{\infty p}} = 1 + \frac{A}{N^{\alpha}},$$

$$N_j = A^{\frac{1}{\alpha}} \cdot \left(\frac{S_{aj}}{S_{\infty pi}} - 1 \right)^{-\frac{1}{\alpha}}$$

$$d_i = F_{hi} \sum_{j=1}^{m} \frac{n_j}{N_j}$$

则总的累积损伤为

$$D = \sum_{i=1}^{k} d_i \tag{1}$$

式中:m 为疲劳载荷级数;k 为日历时间分段数;$S_{\infty p}$ 为安全疲劳强度极限;A、α 为疲劳曲线形状参数;S_a、N 为疲劳载荷及其对应的疲劳寿命。

6.2 影响系数法

在飞机定期检查和大修时,对腐蚀疲劳严重的典型结构件,应根据其实际使用时间和腐蚀疲劳严重程度确定典型结构件的腐蚀疲劳寿命。

（1）定义典型结构件的腐蚀疲劳寿命与疲劳寿命(不考虑环境条件的影响)的比值为腐蚀疲劳缩减系数,即

$$\beta = \frac{\text{腐蚀疲劳寿命}}{\text{疲劳寿命}}$$

（2）分析飞机主要使用地区的温度和相对湿度,假设温度、相对湿度对疲劳寿命的影响满足三参数威布尔分布[3],确定温度与相对湿度影响系数分别为 f_T、f_H。

（3）对于其他环境条件,如工业污染、盐雾、海水等因素,同样可根据实际情况确定寿命影响系数 f_E。

（4）如果通过分析和试验得到飞机结构的疲劳寿命为 L_f,则依据使用环境可确定各影响系数。故飞机结构的腐蚀疲劳寿命为

$$L_{ef} = \beta \cdot L_f = f_T \cdot f_H \cdot f_E \cdot L_f \tag{2}$$

若飞机在两个或多个不同的地区使用过,则可分别求出各使用地区的影响系数,并根据飞机在各地区的使用时间进行加权平均。

6.3 疲劳强度修正—加权系数法

（1）首先通过对飞机结构件选用材料在大气和在使用环境介质下的疲劳试验求出材料的腐蚀疲劳强度比例系数,即

$$F = S_c/S_0$$

式中:S_c、S_0 分别为 S—N 曲线上同一 N 值时的介质和空气中的疲劳强度 S 值。然后用比例系数 F 修正等寿命图。

（2）飞机在使用过程中受多种环境介质的影响,机体各个部位受到的腐蚀也是不同的。对于飞机上某一具体部位,可按该部位所受各介质作用时间比和防护条件等因素确定一个加权系数 C_i,以考虑该种介质对该部位疲劳损伤的影响。对应各种腐蚀介质的加权系数 C_i,且有

$$\sum_{i=1}^{n} C_i = 1$$

式中:n 为环境中含有介质的种类数。

用各介质的经过修正的等寿命图计算环境中某介质作用下的结构损伤 D_i,则各种介质联合作用产生的损伤为

$$D_e = \sum_{i=1}^{n} D_i \cdot C_i$$

飞机结构的腐蚀疲劳寿命为

$$L_e = 1/D_e \tag{3}$$

7 飞机结构日历寿命的评定方法研究

飞机日历寿命即飞机使用寿命以日历持续时间表示,单位为年。在日历寿命期内,只要飞机的飞行小时数或起落次数未达到使用寿命指标要求,飞机仍能具有所规定的使用功能,并确保飞行安全。日历寿命也是一种从经济角度确定的经济寿命,即到此寿命时,飞机会由于普遍存在的开裂和腐蚀等影响飞机功能和安全,而若做修理,所花费用及代价又太高。飞机结构的日历寿命和飞行载荷作用下的疲劳寿命(飞行小时数)是飞机使用的两个重要战技指标,缺一不可。由于影响腐蚀的因素太多且复杂,最近国内外都开展了

关于飞机结构日历寿命评定的研究课题,大都停留在理论分析和探索阶段,在实际工程中还没有找到一套确实可行的评定方法。现依据海军飞机腐蚀疲劳研究的理论基础和空军张福泽院士的理论设想,从以下两个方面建立飞机结构日历寿命评估计算模型。

7.1 建立在腐蚀损伤基础上的评估计算模型

（1）根据法拉第定律的原理推断出,飞机结构在某一环境介质中,达到同样腐蚀量 D 的情况下,提高腐蚀环境温度 T,可以减少腐蚀停放的日历小时数 H,腐蚀环境温度 T 降低,需要腐蚀持续的小时数 H 增长,当温度低到某一临界值 T_e 时,则需无穷腐蚀时间(即接近不腐蚀),可建立飞机结构材料的腐蚀 $T-H$ 曲线,如图 1 所示。

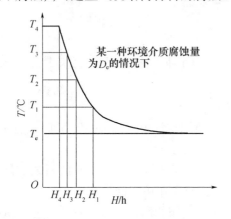

图 1　飞机结构材料的腐蚀 $T—H$ 曲线　　　　图 2　　温度—时间日历腐蚀谱

（2）假设任何一个腐蚀结构件都有一个临界腐蚀量 D_e,它可以是腐蚀深度、面积或腐蚀失重量。

（3）假定结构件有如图 2 所示的使用温度 T 和时间小时数 H 的腐蚀谱。

（4）假定结构件腐蚀到 D_e 时,腐蚀温度—时间谱的总循环谱块数为 λ,即在腐蚀温度—时间谱作用下,经过 λ 次循环后,就可达到临界腐蚀量 D_e。

（5）日历寿命数学模型的建立。由图 1 和图 2 组合分析可以得到:在 $T—H$ 曲线上,在 T_1 温度下,为得到 D_e 的腐蚀量,需要 H_1 小时,但在使用的温度—腐蚀谱中,在 T_1 温度下,只腐蚀作用了 h_1 小时,根据在某一温度下,腐蚀量与腐蚀时间成线性关系,因此它只占总腐蚀损伤量的 h_1/H_1,称它为腐蚀损伤度。同时,得到使用温度—时间谱中 T_2, $T_3, \cdots, T_i, T_k$ 的腐蚀损伤度 $h_2/H_2, \cdots, h_i/H_i, h_k/H_k$。

根据腐蚀损伤线性累积假设,一个腐蚀温度—时间谱块的累积腐蚀损伤度为

$$\frac{h_1}{H_1} + \frac{h_2}{H_2} + \cdots + \frac{h_i}{H_i} + \frac{h_k}{H_k} = \sum_{i=1}^{k} \frac{h_i}{H_i} \tag{4}$$

而它只占循环谱块损伤度的 $1/\lambda$,因此有

$$\sum_{i=1}^{k} \frac{h_i}{H_i} = \frac{1}{\lambda}$$

即

$$\lambda \sum_{i=1}^{k} \frac{h_i}{H_i} = 1 \qquad (5)$$

若腐蚀结构件是在 m 种介质的使用温度—时间谱同时作用时,则可以得到结构件的腐蚀损伤日历寿命的计算公式为

$$\lambda \left[\left(\sum_{i=1}^{k} \frac{h_i}{H_i} \right)_1 + \left(\sum_{i=1}^{k} \frac{h_i}{H_i} \right)_2 + \cdots + \left(\sum_{i=1}^{k} \frac{h_i}{H_i} \right)_i + \left(\sum_{i=1}^{k} \frac{h_i}{H_i} \right)_m \right] = 1$$

即

$$\lambda \sum_{j=1}^{m} \left(\sum_{i=1}^{k} \frac{h_i}{H_i} \right)_j = 1 \qquad (6)$$

7.2　建立在飞机大修经济基础上的评估计算模型

日历寿命指标实际上是在经济能力许可范围内,通过以可靠性为中心的维修大纲(RCM),努力保证使用寿命规定的起落次数或飞行小时数能够达到。这个要求,国外飞机,如波音系列飞机,对使用寿命所规定的飞行小时数、起落次数与日历寿命基本协调,即飞行小时数或飞行起落次数(两者之一)达到后,日历寿命也告终结(根据日使用率进行计算)。国外飞机日使用率高,新机换代频繁,对日历寿命要求相对较短(如波音系列飞机使用 20 年),而我国情况相反。按目前我国许多机种实际使用率,即使规定较长的日历寿命,也很难使飞机能利用到规定的飞行小时数或起落次数。因此,要求的飞机日历寿命就完全属于一种经济寿命。

从经济观点确定飞机结构日历寿命,目前有几种不同的计算方法,主要方法是将其历次修理的成本总和与购置一架新机的费用相比,或用最后一次大修所需成本与一架新机的费用相比。这个比数不一定是一个定数,它还和其他许多因素有关,如老旧飞机修复后的价值、新机替代的可能性、用户的经济状况等。根据上述情况,建立飞机结构日历寿命评定模型为

$$\left(\frac{N}{T} - 1 \right) \cdot C_m \leqslant \eta \cdot C_0 \qquad (7)$$

式中:N 为日历寿命;T 为平均间隔修理时间;η 为经济比数;C_m 为平均一次修理成本;C_0 为一架飞机总成本。

若考虑到随使用年代越长,修理范围越广、腐蚀越严重,修理成本按某系数的指数上涨,同时修理周期越来越短,也按某系数的指数下降,则式(7)修改为

$$\begin{cases} \sum_{i=1}^{n-1} (C_m \cdot \alpha^{i-1}) \leqslant \eta \cdot C_0 \\ \sum_{i=1}^{n} \left(\frac{T}{\beta^{i-1}} \right) \leqslant N \end{cases} \qquad (8)$$

式中:α 为修理成本增加的系数;β 为翻修间隔缩减的系数。

8　海军现役飞机腐蚀疲劳研究的发展对策

海军现役飞机结构的腐蚀疲劳研究目前虽取得了一些成绩,但是初步的、局部的,还

仅限于部分飞机型号、部分关键结构件和有限的几种典型材料,今后应全面开展对其他型号飞机腐蚀疲劳寿命的评估。为了更科学、合理地给出海军现役飞机的服役寿命并加以安全监控,今后需进一步加强如下几个方面的研究和完善工作:

(1)在现有研究成果的基础上,补测更多的腐蚀环境条件下的材料性能数据,提高腐蚀疲劳试验的技术水平和测试手段,逐步引入目前断裂力学的最新研究成果,探索实现从裂纹萌生到临界裂纹长度的全寿命评估手段,发展载荷谱与环境谱协同作用下的寿命预测方法。

(2)腐蚀环境对现役飞机结构寿命的影响很大,但在现有经济条件下又不可能对全机进行腐蚀疲劳试验,如何用材料、典型结构件的腐蚀疲劳试验结果更好地修正全机使用寿命有待进一步研究,以确定适合中国国情的评定方法。评定的内容包括低周、高用腐蚀疲劳和谱载腐蚀疲劳以及腐蚀环境谱的当量化折算研究、环境谱与载荷谱的匹配等内容。

(3)继续加强海军现役飞机的腐蚀疲劳机理和模型研究,探索总结海军飞机的腐蚀损伤规律与评估技术;拓宽研究我国南沙、西沙等海域环境介质对飞机腐蚀疲劳寿命的影响,进一步搞好海军舰载飞机的防腐与控制。

(4)由于海军飞机停放环境的腐蚀问题,飞机即使不飞行,其寿命也在损失。因此,在"十五"期间应重点开展腐蚀环境条件下现役飞机的日历寿命和腐蚀损伤容限研究,不仅给出飞机的服役寿命,同时还给出日历寿命及最大允许腐蚀修复程度,确保现役老旧飞机的飞行训练安全。军用飞机所担负的任务不同于民机,飞机的飞行小时数或起落次数(统称为疲劳寿命)使用进度较慢,当飞机日历寿命已达到指标规定值时,实际飞行小时数往往只达到飞机小时寿命的1/3,甚至更低。若飞完规定的小时寿命,日历寿命则要超过规定指标若干年。长期以来,海军飞机三项寿命指标严重不配套的问题一直未能解决。由于飞机寿命指标的规定原则与外场使用实际情况不符,使部队在管理飞机日历寿命时有较大的随意性,缺少充分的科学依据。寿命使用中的不配套问题,不仅可造成修理费用的浪费,同时也隐藏着较大的不安全隐患。

(5)飞机结构的腐蚀不仅和飞机的设计、选材、制造工艺、使用环境等有关,而且还和外场的维护紧密相连。要及时准确掌握飞机的腐蚀发展状况,一个重要的前提是,能够连续和量化地给出飞机的腐蚀数据,这些数据可作为飞机寿命评估的科学依据。做到这一点,唯一途径是建立有效的"海军飞机腐蚀状况监控网络"。有了腐蚀监控网,就可以连续地跟踪所有飞机的腐蚀发展情况,进而建立起海军飞机腐蚀数据库。这对于可靠使用飞机装备将发挥重要的指导作用,使海军飞机的腐蚀控制和防护工作达到一个更高的层次。

(6)针对海军用途特殊但数量少的机种及新装备的机型逐步实行"单机寿命管理"及"腐蚀监控管理"。尤其是新机型在装备部队初期建立这样的监控机制是最佳时机,有望做到全寿命监控。

(7)针对国外近几年先进的防腐手段、材料、工艺等进行搜集与优化推广,结合我国海军现役飞机的特点,加强利用复合材料胶补修理金属腐蚀损伤部位新工艺,研究采用激光仪器强化腐蚀疲劳部位,优化飞机结构的涂层防护体系,尽快制定海军型飞机的防腐控制维修大纲和规范,加快海军现役飞机的腐蚀疲劳研究及全寿命跟踪监控,使海军现役飞机具有长寿命、高可靠性。

参 考 文 献

［1］穆志韬.飞机结构的腐蚀修理与防护控制技术［J］.飞机制造工程,1995,（10）.

［2］空军第一研究所.飞机结构腐蚀疲劳学术研究论文集［M］.1995.

［3］Sakai T. Temperature and Humidity Effects. Effects on Fatigue life Distribution of Carbon Steel［J］,Int. J Fatigue,March,1991.

［4］金平,段成美,等.飞机停放环境谱的编制［J］.海军航空技术学院学报,1999,（1）.

［5］张福泽.金属机件腐蚀日历寿命的计算模型和确定方法.航空学报,1999,（1）.

（作者:穆志韬。发表于《海军航空工程学院青岛分院学报》,2003 年第 04 期）

某型飞机的结构腐蚀及腐蚀控制

摘　要:某型飞机直接在海面上起飞降落,95% 以上的时间停靠在海边机场,受海水、盐雾、湿热和霉菌的侵蚀。尽管设计与制造中采取了一些腐蚀控制技术,提高了飞机的防腐蚀能力,但由于使用的环境条件相当恶劣,该型飞机服役 10 余年便发生了严重腐蚀,多处机翼大梁缘条腐蚀,其中普查到的一架飞机就有 182 个腐蚀部位,已危及飞行安全。

1　飞机结构腐蚀概况

1.1　机身船体

由于在海上起降,每次飞行,船体结构内部都有少量的海水进入。用淡水洗后,一些不易清洗的地方仍有海水积存;加之该机的局部气密性不好,温热的海洋性大气也会进入船体,辐射冷却或局部蒸发的结果会导致这些气体的凝结,天长日久,水分蒸发,还会出现积盐。因此,机身船体结构内部构件也同外表面一样,普遍存在着腐蚀,甚至某些地方更为严重。

主要的腐蚀状况有:机身船体外部蒙皮油漆大面积脱落,蒙皮表面局部出现白色粉末(有的呈灰暗色,与大气中的氯离子、硫酸根离子、灰分、碱性物质等有关);铆钉孔周围,铆钉和螺钉处,有的没有按规定涂 XM – 23 密封胶或 XM – 23 密封胶局部脱落,导致该部位腐蚀严重;机身内部裸露的钢件或镀镉钢件,如螺栓、螺母、把手和卡子等,产生红色锈蚀(图 1);与 34 隔框后龙骨梁上缘条连接的元宝接头及其螺栓、螺母、长桁腐蚀比较严重,尤其是船底易积盐处,并且大多数发生在与蒙皮等部件相接触的部位,如 14# 机身13 框后右侧下部桁条产生严重腐蚀,其腐蚀范围达 70mm × 25mm × 3mm,且其接头已被蚀穿;内部搭放角材及其连接角片、包括长桁的连接角片有多处产生腐蚀,呈白色片层状或粉末状;抑波槽拉杆、接头和连接螺栓多处产生腐蚀,槽内两边脱漆部位较多,个别铆钉腐蚀松动;机身上部炮塔罩和内部液压系统蓄压瓶腐蚀穿孔。

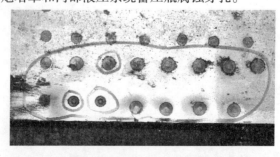

图 1　机身结构上钢件的腐蚀

1.2　机翼和尾翼

机翼和尾翼虽然不会像船体那样浸泡在海水里，但也会有飞溅的海水、冲洗用的淡水进入其内部，加上机上或缺少排水孔和漏水孔，或部分排水孔、漏水孔已被周围腐蚀产物堵塞，使进入机翼和尾翼结构内部的水溶液难以排出。另外，海雾也会侵入并凝结在内壁上，它的内部不如机身舱内那样易于通风、清洗，因而腐蚀状况也十分严重。

主要的腐蚀情况有：机翼蒙皮脱漆部位较多，而且大多数发生在铆钉周围，腐蚀后，铆钉松动；机翼内部镀隔钢件腐蚀很普遍，在机翼的下表面，沿蒙皮缝隙处和螺钉孔常有红色锈蚀流出；机翼、尾翼各活动部位的轴承几乎都遭到不同程度的腐蚀，轻者出现红褐色层锈，轴承锈死，重者防尘套锈穿，滚珠套环锈烂；垂直尾翼下部前缘蒙皮、左垂尾方向舵下支座、蒙皮腐蚀较严重，多处蒙皮被腐蚀穿透，烂穿面积达 100mm×70mm；襟翼缘条中后缘蒙皮腐蚀也有多处腐蚀穿孔，最大面积达 20mm×100mm；机翼的翼梁缘条相对来说腐蚀最为严重，而且大多数都发生在铆钉孔周围。其中腐蚀最为严重的 14# 飞机，仅左、右机翼上就有 110 处，水平尾翼上有 12 处，垂直尾翼上有 16 处。从 4 架该型飞机的机翼前梁缘条的腐蚀统计来看，12# 机 7 处、13# 机 14 处、14# 机 46 处、15# 机 17 处腐蚀的深度多为 1.0~2.5mm（图 2），其中有 10 多处已腐蚀穿透缘边。有的飞机已不得不停飞进行防腐抢修、更换或补强翼梁缘条。机翼肋腹板上的撑杆也有多处产生腐蚀，主要发生在螺栓连接处；机翼上应急放油口盖腐蚀、翼尖下翼面敌我识别天线周围蒙皮螺钉腐蚀等。

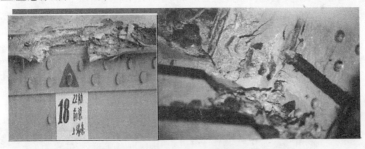

图 2　机翼翼梁上、下缘条的腐蚀

1.3　起落架

起落架直接与海水接触，环境条件十分恶劣，腐蚀现象也很普遍。主要腐蚀有主轮轴、轴承，尤其是轴承，严重者滚珠、套环完全锈坏，不能使用；前轮轴、轴承腐蚀程度较主轮轴、轴承轻，腐蚀严重的也使轮轴出现红褐色锈层，除锈后出现 1mm 左右蚀坑（图 3）；主起落架活动接耳腐蚀；前起落架舱内螺栓、螺母腐蚀比较普遍，严重者完全烂掉，起不到作用；主起落架舱上的螺栓也有一定的腐蚀，刹车盘、刹车片呈红色锈蚀；轴销产生腐蚀，锈蚀后销子不灵活；主起落架的摇臂在使用过程中，也曾多次发生腐蚀疲劳断裂，使起落架无法收放，严重影响正常飞行训练。

1.4　发动机

发动机的腐蚀比较复杂，主要腐蚀情况有：发动机尾喷管、启动发动机排气管出现红

图3　起落架轮轴的锈蚀

褐色均匀腐蚀;发动机喷口处蒙皮常有片层状脱落现象;发动机螺旋桨叶尖呈层状脱落;发动机进气道内壁及发动机舱内出现大面积锈蚀。

1.5　液压操纵系统

液压操纵系统主要腐蚀情况有:液压导管根部出现腐蚀裂纹;操纵钢索部分腐蚀断裂;升降舵调整片拉杆腐蚀严重;方向舵弹簧拉杆有的全部锈死,不能工作。

1.6　电气系统

电气系统主要腐蚀情况有:机身、机翼内部导线发黏,长期受盐雾、海洋微生物等侵蚀,长白霉、变绿现象比较普遍;电缆线局部变黑,腐蚀严重的电插头产生绿色锈蚀(图4),导电性能下降;油泵导线铝包皮腐蚀,导线发黏。

图4　电缆插头及导线的腐蚀

1.7　搭铁线

几乎所有的搭铁线安装部位及其周围都产生了腐蚀,最大腐蚀深度达5mm。一些重要承力构件上的搭铁线,如升降舵第一固定支座搭铁部位的腐蚀尤为严重,腐蚀呈片层状脱落。

1.8　结构件腐蚀开裂

该型飞机多处出现应力腐蚀、腐蚀疲劳开裂等事故。主起落架摇臂已出现5次断裂;

照相机窗口和窗门在几架飞机上均发现有裂纹,最长达数十毫米;机身尾部舵轴套出现穿透性裂纹,从轴套上部一直扩展到下部;升降舵调整片拉杆接头出现多条裂纹,最长20mm。另外,左升降舵根部前缘配重处蒙皮腐蚀开裂、声纳浮标窗口盖接耳腐蚀断裂、水密舱门的连接腹板腐蚀开裂等多处开裂部位。

2 该型飞机使用环境分析

该型飞机所处机场三面环海,受海洋气候影响,其特点是:雾季长,温、湿度变化大,风、雨天数多,气候变化无常。据机场驻地气象部门统计,年平均相对湿度为74%,每年有120天的相对温度超过80%。钢金属件在大气中腐蚀速度的临界湿度为65%;铝及其合金件的临界湿度为80%。该机场各月份湿度变化见表1。

表1 飞机使用环境湿度月均值统计

月份	1	2	3	4	5	6	7	8	9	10	11	12	均值
环境湿度/%	66	69	72	79	80	87	92	86	72	65	65	64	74

该机场所在地域,每年大雾天数为36天,阴天为170天左右,年平均七级以上风的天数为76~77天,年降水量最高为1230mm,20年降水量的年平均值为731.1mm;年平均气温为12.4℃。另一方面,该型飞机所在机场紧邻市区,尤其是离橡胶工厂较近,工业废气排放严重。空气中的氧或其他有害气体如 Cl^-、SO_2、H_2S、CO_2 等溶于水中,不仅能形成腐蚀电池的电解液,而且可以直接与机体接触产生腐蚀。特别是在海洋大气区域内,含有大量的盐粒或盐雾,由于海盐是吸湿性的,一旦它聚集在金属表面上,很容易在金属表面形成液膜,在昼夜或季节性气候变化达到露点时尤为明显,从而增强了环境的腐蚀性。机场附近环保部门15年监测大气中有害物质平均值见表2。

表2 机场环境大气成分浓度

名称	氯离子	硫化氢	二氧化硫	二氧化碳
浓度值/(mg/m³)	0.1173	0.0123	0.1700	0.1300

在这些污染杂质中,对金属腐蚀危害最大的是 SO_2 气体。据大气曝晒结果,钢铁的腐蚀速度与空气中 SO_2 的含量近似成正比;而铝及其合金在干燥大气中受 SO_2 的影响很小,但在高湿度的工业大气中 SO_2 的影响很大。而海洋大气中含有较多的 Cl^- 和 NaCl 颗粒,它能吸附在金属件表面上,增大了表面液膜的导电性,氯离子本身也有很强的浸蚀性,因而使该环境条件下服役的飞机腐蚀变得十分严重。

3 该型飞机的腐蚀破坏类型

该型飞机发生腐蚀的主要结构材料有 LY12、LC4、30CrMnSiA 和 LD5 等。这些材料在海洋大气环境条件下所发生的腐蚀主要是电化学腐蚀,它包括液膜下的电化学腐蚀和局部浸在电解质溶液内的电化学腐蚀。就现有的普查统计结果来看,所发生的腐蚀破坏类型主要有均匀腐蚀、点腐蚀(孔蚀)、缝隙腐蚀、微动腐蚀、电偶腐蚀、微生物腐蚀、晶间腐蚀(剥蚀)、应力腐蚀和腐蚀疲劳。在这些腐蚀破坏类型中,应力腐蚀和腐蚀疲劳是最危险的,直接影响着飞机的使用寿命;晶间腐蚀、微动腐蚀和双金属接触腐蚀对飞机的使用寿命和作战性能有很大影响。但在大多数情况下,飞机腐蚀破坏特征是不明显的,有时很难确定它是属于哪种类型的腐蚀破坏,一种构件或零件的腐蚀破坏常包括两种或两种以上的腐蚀类型。

4 腐蚀产生的主要原因及腐蚀的一般规律

飞机在使用过程中对结构完整性有直接影响的破坏因素有三个方面:一是应力损伤,即结构承受的载荷所引起的损伤;二是环境损伤,由使用环境对结构的作用而引起的破坏,主要是腐蚀破坏;三是意外事件造成的损伤。而腐蚀破坏是一种物质由于与环境作用引起的破坏和变质,是随着时间的推移所发生的累积性化学损伤和破坏。总之,引起该型飞机结构产生大面积腐蚀的原因有两个方面:一是飞机的结构防腐设计不完善,本身存在着易产生腐蚀的条件,是内因;二是存在着恶劣的腐蚀环境,是外因。

在飞机结构中,腐蚀比较严重的机翼翼梁缘条材料是 Al-Cu-Mg 系的高强度铝合金(LY12CZ),其强度高,成形能力和机械加工性能好,而耐腐蚀能力差,不能满足水上飞机使用环境条件的要求,但在该型飞机主要的承力构件上大量使用了这种材料,最终导致 14# 飞机的前翼梁缘条上出现了 46 处腐蚀。该合金在时效硬化处理时,在晶界会沉淀出 $CuAl_2$ 金属间化合物,电位较正;在晶界附近区域形成低电位的贫铜区,电位较负。那么,低电位的贫铜区就会作为阳极,而非贫铜区的晶粒固体内部成为阴极,当合金表面覆盖有电解质溶液时,便形成许多微电池,贫铜区的金属铝不断溶解成铝离子面进入液膜中。其过程表达式为

$$Al - 3e \rightarrow Al^{3+}$$

释出的电子迁移到微电池阴极区与电解液膜中的水和氧发生反应:

$$2H_2O + O_2 + 4e \rightarrow 4OH^-$$

在溶液中,铝离子 Al^{3+} 和氢氧根离子 OH^- 相遇,生成白色氢氧化铝的腐蚀产物;另有部分 Al^{3+} 与溶液中少量的 Cl^- 结合产生灰色的三氯化铝沉淀物。

$$Al^{3+} + 3OH^- \rightarrow Al(OH)_3 \downarrow (白色)$$

$$Al^{3+} + 3Cl^- \rightarrow AlCl_3 \downarrow (灰色)$$

对于模锻加工成翼梁缘条的铝合金型材而言,在一定的腐蚀环境条件下,发生晶间腐蚀,沿着平行于表面的平面发展。所形成的腐蚀产物体积增大,产生晶界内张力,破坏了金属合金基体的结合力而鼓起,腐蚀破坏最终呈层状剥离的外观(图2)。

该型飞机产生严重的腐蚀除材料、环境因素外,还有一些其地影响因素。例如:采用的防腐技术比较落后;没有一个严格的腐蚀控制文件及使用环境谱;飞机装配过程中许多部位未按设计要求施工;局部结构设计不合理;全机密封性较差;排、漏水措施不完善;机体外表防腐漆层黏附力差;缺少必要的腐蚀跟踪和监控;维护与防腐手段比较落后等。

该型飞机的腐蚀发生范围非常广泛,大多数材料、零部件和许多部位均可见到腐蚀现

象,尤其是机身船体水线以下部分、机尾翼结构上腐蚀严重。如机身底部的长桁、角片、蒙皮、水舵、起落架、机翼、尾翼后缘蒙皮、铆钉孔周围、轴承、裸露的镀镉钢件,以及搭铁线安装部位,从它们在传力过程中的作用来看,一般不致造成灾难性的后果,并且大多可以在换季、定检中得到修理或更换。

从所用材料看:腐蚀的一般规律是机上使用的铝合金、高强度钢和不锈钢都出现了不同程度的腐蚀,其中以保护层遭到破坏处腐蚀较为严重;机身、机翼内部导线、插接头发黏、长霉现象很普遍;飞机表面油漆脱落较多,尤其是船底蒙皮前缘部分;润滑脂耐海水性能较差,使得飞机上许多轴承发生了较严重的腐蚀。

从腐蚀部位看:飞机的内表面比外表面、下部比上部腐蚀严重;机翼、尾翼的翼梁缘条腐蚀严重;铆钉、螺钉孔周围易于遭受腐蚀,尤其是水线以下蒙皮的铆钉孔;飞机上凡是存有缝隙部位都易产生缝隙腐蚀。

从飞机结构看:腐蚀最严重的是机翼、升降舵、方向舵;其次是机身、起落架以及操纵系统。它们之中又以缘条、长桁、角片、轴承和紧固件腐蚀最为严重。

从普查到的腐蚀点危险程度上看,飞机上最危险的腐蚀是应力腐蚀、腐蚀疲劳和晶间腐蚀,这三类腐蚀破坏形式在该型飞机结构腐蚀中均有所出现。

5　该型飞机的腐蚀控制

飞机结构的腐蚀控制包括腐蚀的预防、探测和排除等措施。要求飞机在最恶劣的环境条件下不因腐蚀而造成事故或提前修理。这种控制思想体系是一个复杂的系统,即在方案论证、结构设计、材料与工艺选择、研制和生产过程以及维护使用中贯彻一系列指令性和指导性文件,作为统一全过程的腐蚀预防和控制大纲。

国外飞机公司对飞机的腐蚀控制给予特别重视,规定了严密的防护措施和腐蚀修理程序。如美国空军与麦道公司签定设计生产F-15战斗机合同时,空军明确提出要求,F-15飞机在设计和加工期间优先搞好腐蚀控制,以确保F-15飞机在最恶劣环境条件下使用10年而不需要进行与腐蚀有关的定期维修。从法国引进的"超黄蜂"直升机在我国北方某沿海机场已服役近20年,但腐蚀情况比国产飞机要轻得多。"超黄蜂"直升机属于海军型飞机,主要用于舰载机、海上巡逻、反潜等军事任务,从设计制造到使用维修都有一套良好的防护体系。

对于现役的该型飞机来说,由于飞机的结构、构件的形式及材料、表面处理等都无法做大的变动,因此,从这个意义上来说,实施该型飞机的腐蚀控制只能采取一些"先天设计不足,后天维护补救"的措施来减缓腐蚀环境对飞机结构的腐蚀破坏。

根据该型飞机使用的环境条件,所出现的腐蚀情况,存在的问题和国外水上飞机的腐蚀控制技术,对该型飞机的腐蚀部位修理及控制基本上是采用现有的防腐手段综合治理,以达到满意的防腐效果。所采取的具体控制措施包括以下几个方面:

(1) 重视腐蚀和防腐蚀知识的教育,提高机务人员对腐蚀的危害性和防腐蚀重要性的认识。

(2) 借鉴国外一些先进的防腐维修经验,结合水上飞机的特点,研究开发出新型实用的缓蚀剂、清洁剂等应用于飞机结构的外场维护。

（3）该型飞机机身、机翼、尾翼、发动机短舱蒙皮表面与海洋大气和海水接触,要求表面防护涂层有良好的耐蚀性。应选用附着力好而又耐海水的磷化底漆,以及锌黄环氧聚酰胺底漆和环氧聚酰胺磁漆表面涂层系列。

（4）查明飞机结构的腐蚀状况,研究其腐蚀的特征和腐蚀的原因。采用先进的防腐蚀修理方法及工艺,对已产生腐蚀的部位进行腐蚀产物清理、打磨、去油污。

（5）对腐蚀严重部位进行强度校核,以确定是否需要补强或更换。

（6）对腐蚀部位打磨处理后,要进行裂纹探伤检查,然后确保在无裂纹的条件下进行局部喷丸强化处理,使之表面产生残余压应力,提高该部位的疲劳强度和抗应力腐蚀能力。

（7）用阿洛丁1200S在处理后的表面产生氧化膜,然后涂漆及密封胶。

（8）结合该型飞机结构设计上的防水与排水措施不严密的特点和飞机地面停放时可能出现的易积水部位,机体上部要求结构结合面处无间隙,表面不允许漏水,对易拆、卸口盖用XM-60口盖密封胶进行密封,防止雨天及起飞着陆时从口盖缝隙中进水。在机翼、尾翼靠近翼尖下部最低位置易积水部位增、扩排水孔(原排水孔$\phi3$扩至$\phi5$)。

（9）积极开展飞机腐蚀的跟踪和预测工作,加强腐蚀记录的统计与分析,逐步摸清腐蚀规律,建立水上飞机的腐蚀数据库,编制水上飞机的使用环境谱,从损伤容限的角度出发开展腐蚀容限的研究。抓紧制定水上飞机的腐蚀控制大纲与腐蚀控制文件,建立一整套的腐蚀控制机构,做到对腐蚀控制的循环跟踪。

（作者:穆志韬。发表于《飞行事故和失效分析》,1996年第04期）

第三篇　腐蚀形貌特征及
腐蚀等级评定技术

基于图像处理技术的铝合金腐蚀分形特征

摘　要:通过基于二值图像处理技术对 LY12CZ 铝合金表面腐蚀图像进行特征提取,获取不同腐蚀时间下的蚀孔数目;基于统计分形模型的基础上,发现铝合金蚀孔分布具有统计意义上的分形特征;随着腐蚀时间的增加,分维数与失重率也随之增加,分维数随腐蚀时间的变化规律与失重率随腐蚀时间的变化规律基本一致,都符合幂函数的形式,故可采用分维数作为评价腐蚀程度的一个重要参数。

关键词:二值图像;蚀孔数目;分形特征;分维数;失重率

1　引言

在腐蚀科学与工程中,腐蚀图像包含着大量的腐蚀信息[1],腐蚀图像直观地记录着腐蚀发生的区域、蚀孔分布情况、蚀坑形状以及腐蚀的严重程度等丰富的腐蚀信息。从表面腐蚀形貌图像中提取形貌特征参数,可以获取有用的腐蚀数据,有助于分析腐蚀发生和发展的变化规律,是判别腐蚀类型、分析腐蚀程度、研究腐蚀规律与特征的重要依据。

分形理论是法国数学家 Mandelbrot[2] 于 20 世纪 70 年代中期创立并发展起来的自然几何理论,用以描述欧氏几何以外的复杂对象,指出自然界中大部分的不规则或貌似无序的系统都具有分形的特征。金属材料腐蚀现象本质上具有概率的特征,尤其是局部腐蚀,其腐蚀数据存在着分散性。近十几年来,分形在金属材料腐蚀领域的应用越来越广泛,主要集中于结合计算机图像处理技术,提取金属材料局部腐蚀的表面形貌和结构特征,尤其是孔蚀的外观轮廓和结构特征、腐蚀等级[3]、分维数为参数评价腐蚀程度。

2　基于二值图像的腐蚀图像特征提取

2.1　加速腐蚀试验

试验材料为 LY12CZ 铝合金,试样形状如图 1 所示,加速腐蚀试验溶液为 5% NaCl 溶液配少量的稀 H_2SO_4,使溶液的 pH 值为 4 ~ 4.5,试验设备为周期浸润环境箱,其中浸泡时间为 3.8min,烘烤时间为 17.5min,加速腐蚀 325 个周期相当于机场自然环境中腐蚀 1 年。

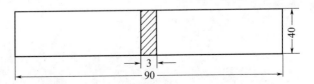

图 1　LY12CZ 铝合金试件形状(单位:mm)

2.2　腐蚀图像的获得

利用柯氏达光学显微镜对不同腐蚀时间下的腐蚀图像进行拍照,图2为腐蚀9年时的腐蚀图像外貌。

图2　加速腐蚀9年时的腐蚀图像外貌

2.3　腐蚀图像的特征提取

获取腐蚀图像后,经过中值滤波、灰度变换、模糊增强,即可构造二值图像矩阵,对图像进行二值特征提取[4]。二值图像只有纯黑和纯白两种灰度,使铝合金表面孔蚀图像中的颜色分为坑蚀点(前景点像素灰度值为1)和基体(背景点像素灰度值为0)。目前较常见的灰度图像二值化的方法是阈值确定法。图像二值化后,根据像素点的值即可对孔蚀区域和未腐蚀区域进行特征提取。图3为腐蚀9年的面积直方图,可见试样表面腐蚀孔共有378个,面积大小不一,图2中试样最大蚀孔面积高达1769个像素点,而最小蚀孔面积只有1个像素点。

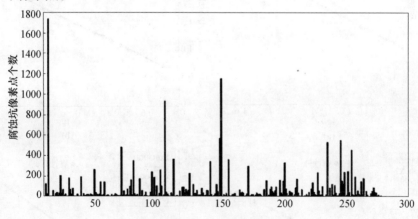

图3　孔蚀面积直方图

3　统计分形模型

对于分形分布,一般可用幂级数分布定义[5],即

$$N(r) \propto rF^{(D)} \tag{1}$$

式中:r为尺度基准,可以为时间、长度、面积等;$N(r)$为基于尺度基准所测得的对象的数量;$F^{(D)}$为分形维数函数;D为分形维数。

统计分形模型可以表示为

$$N(r) \propto Cr^{\pm D} + \varepsilon \tag{2}$$

式中：C 为比例常数；ε 为均值为 0 的独立随机变量。

式（2）可以分为如下两个子模型：

$$N(\leqslant r) \propto Cr^{D} + \varepsilon \ (r > 0) \tag{3}$$

$$N(> r) \propto Cr^{-D} + \varepsilon \ (r > 0) \tag{4}$$

对式（3）两边取对数，得

$$\lg N(r) = D\lg r + \lg C \tag{5}$$

在孔蚀分布图像上随机选取一点为中心，以不同尺度的圆盒子（半径为 r）进行测量，统计该盒子内蚀孔的数目 $N(r)$，改变盒子半径，可得到新的 $N(r)$ 值，重复上述步骤，可得到不同尺度 r 下的系列 $N(r)$ 值，绘制其对数关系曲线 $\lg r - \lg N(r)$，是否呈现分形特征取决于 $\lg r - \lg N(r)$ 关系曲线是否呈线性关系。若呈线性关系，表明蚀孔分布具有分形特征，而分形维数 D 则为曲线斜率[6]。根据不同腐蚀时间下的蚀孔分布图像，绘制出如图 4 所示的曲线。从图 4 可以看出，$\lg r$ 与 $\lg N(r)$ 呈很好的线性关系。也就是说，LY12CZ 铝合金孔蚀分布具有统计意义上的分形特征，并且随着腐蚀年限的增加，分形维数逐渐增加。

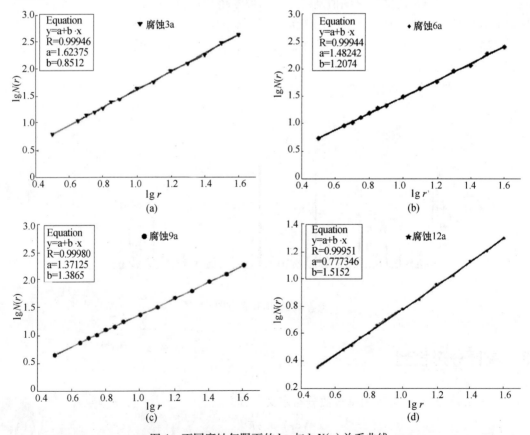

图 4　不同腐蚀年限下的 $\lg r$ 与 $\lg N(r)$ 关系曲线

（a）腐蚀 1 年；（b）腐蚀 6 年；（c）腐蚀 9 年；（d）腐蚀 12 年。

4　分形维数随腐蚀时间的变化与失重率的关系

不同腐蚀年限下的 LY12CZ 铝合金失重率及分形维数见表 1 所列,其变化曲线如图 5 所示。

表 1　不同腐蚀时间下的失重率

腐蚀时间/年	失重率	分形维数
3	3.5589×10^{-4}	0.8512
6	8.03338×10^{-4}	1.2074
9	1.0930×10^{-3}	1.3865
12	1.7547×10^{-3}	1.5152
15	2.3804×10^{-3}	1.6397
18	3.3988×10^{-3}	1.7536
21	4.0590×10^{-3}	1.8189

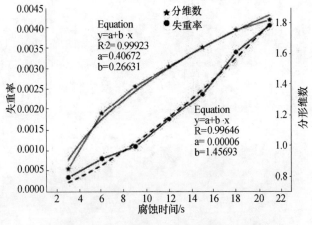

图 5　不同腐蚀时间下的失重率和分形维数

从图 5 中可以看出,LY12CZ 铝合金分形维数随腐蚀时间的变化规律与失重率随腐蚀时间的变化规律基本一致,都符合指数函数的形式[7],即随着腐蚀日历时间的增加,分形维数与失重率也随之增大。根据分形维数大小来判断 LY12CZ 铝合金表面腐蚀孔分布的情况与实际腐蚀状况相一致。因此,可以把分形维数作为评价腐蚀损伤程度的一个衡量指标,并可作为基于图像处理的腐蚀程度的一个重要参数。

5　结论

通过基于二值图像处理技术对 LY12CZ 铝合金表面腐蚀图像进行特征提取,可以获取不同日历腐蚀时间下的蚀孔数目;不同腐蚀时间下的 LY12CZ 铝合金表面蚀孔分布具有分形的特征,可以用分维数来表征 LY12CZ 铝合金表面蚀孔的分布情况;LY12CZ 铝合金表面的腐蚀形貌具有自相似性,其表面蚀孔分布具有分形特征,分形维数与失重率都随腐蚀时间的增加而增大,且其变化规律一致。因此,可以用分形维数作为评价铝合金表面腐蚀损伤程度的一个重要参数。

参 考 文 献

[1] 纪纲,李红梅,张伦武.对镀层材料外观腐蚀特征的识别及分析处理[J].表面技术,2001,30(1):21-24.

[2] Mandelbrot B B. The fractal geometry of nature[M]. New York:Freeman,1983.

[3] Zhu Zuo-tao,Mu Zhitao,Chen Dinghal. Research on evaluation of corrosion grade based on image processing technique[C]. 2009 International Conference on Manufacturing Science and Engineering. 2009:178-184.

[4] 吕俊哲.图像二值化算法研究及其实现[J].科技情报开发与经济,2004,14(2):266-268.

[5] 陈永红,张大发,王悦民,等.基于分形理论的核动力管道腐蚀坑深度预测模型研究[J].原子能科学技术,2009,43(8):673-677.

[6] 范颖芳,周晶,冯新.受腐蚀钢筋混凝土构件破坏过程的分形行为[J].工程力学,2002,19(5):123-129.

[7] 张玮.金属腐蚀形貌特征提取用于腐蚀诊断研究[D].大连:大连理工大学,2004.

(作者:穆志韬,王国才,朱做涛。发表于《海军航空工程学院学报》,2011 年 第 01 期)

铝合金加速腐蚀形貌灰度特征提取方法

摘　要：基于腐蚀图像包含大量的腐蚀信息的客观现象，将数字图像技术和概率统计理论应用于腐蚀图像预处理和特征提取，用腐蚀图像统计特征值的变化来表征腐蚀形貌的演化过程，结合 LY12CZ 铝合金在 EXCO 溶液中加速腐蚀试验，计算得到加速腐蚀不同时间的 6 个典型灰度统计特征值。分析表明：灰度统计特征值随着加速腐蚀时间的增加呈现规律性变化，平均亮度、一致性随腐蚀时间的增加而减少，而平均对比度、平滑度、第3 阶矩、熵随腐蚀时间的增加而增加，说明随着腐蚀时间的增加，试件表面蚀坑逐渐变大变深，腐蚀越来越严重，腐蚀形貌越来越复杂。

关键词：铝合金；腐蚀形貌；特征提取；灰度特征值

1　引言

　　腐蚀图像中蕴涵着大量的腐蚀信息，是腐蚀数据的重要来源之一。腐蚀图像直观地记录着腐蚀发生的区域、蚀坑的分布情况、蚀坑形状以及腐蚀的严重程度等丰富的腐蚀信息，对腐蚀图像进行深入分析，可以从中获取有用的腐蚀信息，提取出腐蚀形貌的特征参数，有助于进行腐蚀知识的挖掘加工[1-5]。D. Itzhak 等用图像方法研究了 AISI304 不锈钢在 50℃时 10% 的 $FeCl_3$ 溶液中浸泡 20min 产生的腐蚀图像[6]。图像是用扫描仪直接扫描腐蚀材料照片得到的，然后将所得的图像进行二值化处理，统计整个试样表面不同大小的蚀坑数，定义并定量计算试样的点蚀率为 9.73%。M. J. Quin 等将图像分析技术用于研究局部腐蚀过程，采用金相分析和图像分析相结合的方法得到了确定点蚀深度和几何形状的方法，通过对孔深分布与腐蚀区域之间关系的定量分析得到了蚀坑的三维分布图[7]。孔德英等采用图像扫描方法获得碳钢、低合金钢试片的腐蚀形貌图像并进行图像分析，用灰度关联及典型相关技术分析了腐蚀图像灰度值分布与试样单位面积平均失重及局部腐蚀平均深度的关系[3]。宋诗哲、王守琰等运用小波图像变换的方法建立了基于图像识别技术研究有色金属大气腐蚀早期行为的研究方法，用扫描仪获取试样的大气腐蚀形貌图像，采用连续小波变换对图像进行分解并提取能量值作为特征信息，研究了图像特征值和试样腐蚀失重数据之间的相关性[8,9]。苏润西、宋诗哲建立了基于恒电位的原位图像采集系统和测试方法，对 304 不锈钢恒电位过程图像分析发现，在蚀坑出现过程中图像的灰度变化与蚀坑的产生和发展有着直接关系[10]。

　　研究者的工作表明，腐蚀形貌图像可以用来表征和分析腐蚀损伤行为，腐蚀中灰度值的分布和变化与腐蚀损伤的形式和程度有着密切关系，而用腐蚀图像的灰度统计特征值来描述金属材料腐蚀形貌特征的研究在国内外鲜见报道。本文结合 LY12CZ 铝合金在EXCO 溶液中加速腐蚀试验，利用现代数字图像处理技术对图像进行一系列预处理，还原材料的本来腐蚀形貌，以试验件表面平均亮度、平均对比度、平滑度、第3 阶矩、一致性、熵

6 个典型的灰度矩阵统计特征值为参数,研究铝合金加速腐蚀规律。

2 试验方法

2.1 试验试件准备

试验件材料为 LY12CZ,属 Cu – Mg – Mn 系铝合金,化学成分见表 1。试验件为尺寸 75mm×40mm×3mm 的板材,试件在试验前进行如下预处理:

（1）去除包铝层:按 HB 5455—90 标准,去除厚度为理论包铝层厚度的 2 倍。

（2）表面清洁:用 3% 金属清洗剂除油,用 150#、360#水砂纸进行打磨。

（3）封样:采用可剥性氯丁橡胶密封非试验面。为确保封样质量,应涂 2 ~ 3 遍胶,封样前应贴上试件标号。

表 1 LY12CZ 化学成分

元素	Cu	Mg	Mn	Fe	Si	Zn	Ti	Al
质量分数/%	3.8 ~ 4.9	1.2 ~ 1.8	0.3 ~ 0.9	0.5	0.5	0.30	0.15	其他

2.2 试验要求及程序

（1）试验采用 HB 5455—90 标准对试件全浸试验,试验溶液为 EXCO 标准溶液。

（2）试验流程:试样预处理→浸泡试验→表面形貌采集。

（3）浸泡周期分别为 24h、48h、72h、120h、168h、240h。

（4）浸泡试验参照 HB5455—90 进行,EXCO 溶液配方是 NaCl 为 234g/L、KNO_3 为 50g/L、HNO_3 为 6.5g/L。

试件在腐蚀溶液中不同浸泡周期的典型表面腐蚀形貌如图 1 所示。

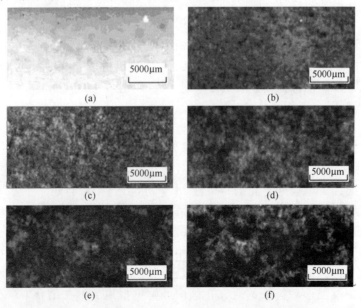

图 1 LY12CZ 铝合金在 EXCO 溶液中的表面腐蚀形貌
（a）t = 24h；（b）t = 48h；（c）t = 72h；（d）t = 120h；（e）t = 168h；（f）t = 240h。

3 腐蚀图像处理及灰度特征提取

3.1 腐蚀图像预处理

腐蚀图像的质量严重影响腐蚀信息的完整和准确,因此,腐蚀图像采集完毕后,需要对图像进行图像数字化、中值滤波、灰度变换、模糊增强一系列预处理,才能进行图像灰度统计特征提取。试验结果表明,针对 LY12CZ 铝合金材料腐蚀图像,5×5 像素点大小窗口的中值滤波可以有效地滤除图像采集过程中产生的噪声信号,线性灰度变化能显示图像中需要的图像细节,而二次简单模糊增强则是一种有效的使图像腐蚀特征明显显现的方法。

3.2 腐蚀灰度图像

LY12CZ 铝合金材料在 EXCO 溶液加速腐蚀不同时间的图像经过预处理后,以灰度图像形式存储在计算机中。在灰度图像的数字矩阵中,每个像素点所对应的灰度值为0~255,即共 256 个灰度级。其中,0 代表黑色,255 代表白色,1~254 分别代表黑色到白色之间的各级过渡色(灰色)。图 2 为加速腐蚀 72h 时预处理后的灰度图像及对应的数字矩阵。

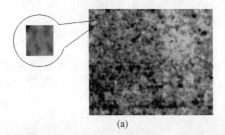

(a)

$$
\begin{bmatrix}
22 & 34 & 59 & 85 & 107 & 118 & 129 & 140 & 150 & 155 & 154 \\
19 & 39 & 67 & 91 & 107 & 114 & 120 & 128 & 140 & 149 & 151 \\
32 & 57 & 82 & 99 & 106 & 106 & 104 & 109 & 123 & 138 & 144 \\
55 & 80 & 98 & 105 & 104 & 97 & 89 & 92 & 107 & 127 & 137 \\
85 & 99 & 111 & 117 & 109 & 94 & 83 & 91 & 110 & 129 & 137 \\
114 & 119 & 123 & 124 & 110 & 98 & 84 & 93 & 113 & 132 & 138 \\
136 & 133 & 134 & 136 & 121 & 106 & 91 & 105 & 127 & 141 & 142 \\
149 & 142 & 137 & 133 & 120 & 108 & 100 & 110 & 129 & 141 & 142 \\
153 & 141 & 131 & 122 & 117 & 108 & 107 & 115 & 131 & 142 & 142 \\
153 & 138 & 124 & 114 & 115 & 110 & 113 & 118 & 130 & 139 & 139 \\
148 & 131 & 119 & 112 & 116 & 113 & 115 & 117 & 127 & 136 & 135
\end{bmatrix}
$$

(b)

图 2 铝合金腐蚀灰度图像及对应的数字矩阵
(a) 灰度图像;(b) 数字矩阵。

观察分析发现,铝合金材料基体呈浅色,表面分布许多灰黑色蚀坑,数字矩阵中每个像素点的灰度值都在 0 ~ 255 之间,灰度的最小值为 22,属于蚀坑区域,最大值为 155,为基体材料。因此,对腐蚀灰度图像而言,图像中的某一像素点的灰度值的大小反映了该点的腐蚀程度,灰度值越小,表明试样上该点的腐蚀越严重,说明产生的蚀坑的深度越大;而灰度值越大,则表明该点的腐蚀越轻微,或者没有腐蚀。腐蚀图像灰度值的大小分布不仅是灰度级的体现,而且也反映了铝合金材料表面腐蚀的基本状况。因此,可以通过灰度的变化特点和统计特征来分析腐蚀形貌与腐蚀损伤的程度。

3.3 腐蚀图像灰度特征值提取

数字化腐蚀图像中蕴含的腐蚀信息是以数据形式存在的,灰度图像共有 256 个灰度级(0 ~ 255),其实质是一个连续的二维函数 $f(x,y)$,该函数被离散为 $M \times N$ 的矩阵。其中,0 代表黑色,255 代表白色,其灰度统计值是一个一维离散函数,可表示为

$$p(z_i) = \frac{n_i}{n} \ (i = 1,2,\cdots,255) \tag{1}$$

式中:z_i 为腐蚀图像 $f(x,y)$ 的第 i 级灰度值;n_i 为腐蚀图像 $f(x,y)$ 中具有灰度值 z_i 的像素点的个数;n 为腐蚀图像 $f(x,y)$ 中像素点的总个数;$p(z_i)$ 为第 i 级灰度值出现的概率统计。

因此,腐蚀图像 $f(x,y)$ 的平均亮度采用灰度均值 m 来度量。m 的表达式为

$$m = \sum_{i=0}^{L-1} z_i p(z_i) \tag{2}$$

腐蚀图像 $f(x,y)$ 的平均对比度采用灰度标准偏差 σ 来度量。σ 的表达式为

$$\sigma = \sqrt{\mu_2(z)} = \sqrt{\sigma^2} = \sqrt{\sum_{i=0}^{L-1} (z_i - m)^2 p(z_i)} \tag{3}$$

腐蚀图像 $f(x,y)$ 的平滑度为区域中亮度的相对平滑度度量。对于常量区域,$R = 0$;对于灰度级的值有较大偏差的区域,$R = 1$。腐蚀图像 $f(x,y)$ 的平滑度表达式为

$$R = 1 - 1/(1 + \sigma^2) \tag{4}$$

腐蚀图像 $f(x,y)$ 的三阶矩为灰度直方图的对称性的度量。若直方图是对称的,则度量为 0;若度量值为正值,则直方图向右偏斜;若度量值为负值,则直方图向左偏斜。腐蚀图像 $f(x,y)$ 的三阶矩表达式为

$$\mu_3 = \sum_{i=0}^{L-1} (z_i - m)^3 p(z_i) \tag{5}$$

腐蚀图像 $f(x,y)$ 的一致性为

$$U = \sum_{i=0}^{L-1} p^2(z_i) \tag{6}$$

当腐蚀图像 $f(x,y)$ 的灰度值相等时,一致性取最大值。

腐蚀图像 $f(x,y)$ 的熵为

$$e = -\sum_{i=0}^{L-1} p(z_i) \lg_2 p(z_i) \tag{7}$$

腐蚀图像 $f(x,y)$ 的熵为腐蚀图像灰度值随机性度量。

4　分析与讨论

腐蚀区域中像素灰度级及其局部变化的空间分布属性可以用灰度图像的数字矩阵来表示,而用图像的局部统计特征能较好地刻画不同腐蚀图像的差异。以 6 个典型的灰度矩阵特征值为参数,即平均亮度、平均对比度、平滑度、第 3 阶矩、一致性、熵。利用公式(2)~式(7)计算出不同加速腐蚀时间的腐蚀图像的统计特征参数,见表 2。

图 3 为各浸泡周期的典型断面腐蚀形貌。

表 2　不同加速腐蚀时间腐蚀图像灰度矩阵特征提取

时间	平均亮度	第 3 阶矩	平均对比度	平滑度	一致性	熵
24h	125. 6660	− 0. 2452	25. 7600	0. 0091	0. 0421	4. 9561
48h	123. 7856	− 0. 1496	32. 9327	0. 0164	0. 0313	5. 2842
72h	121. 9352	− 0. 0737	40. 3046	0. 0244	0. 0243	5. 6436
120h	120. 2979	0. 0116	48. 9536	0. 0356	0. 0184	5. 9747
168h	110. 7843	1. 3162	68. 0045	0. 0664	0. 0138	6. 3156
240h	105. 5188	2. 3700	78. 4232	0. 0864	0. 0136	6. 3157

试验过程中观察发现:大约浸泡 2.5h 时开始出现点蚀,由于蚀坑数目较少,蚀坑面积较小,溶液中腐蚀性离子不容易进入蚀坑,试验件表面仍比较光滑,腐蚀相对比较缓慢;20h 后,新的蚀坑不断出现,并且蚀坑面积不断增加,大量的腐蚀介质进入蚀坑,腐蚀坑外的氯离子等阴性离子不断向蚀坑内迁移、富集,使得蚀坑内溶液的腐蚀性增强,腐蚀速率加快,腐蚀加剧,蚀坑底部已萌生了晶间腐蚀;48h 后试样表面有少量鼓泡裂开并出现剥蚀,之后,随浸泡时间的延长,鼓泡增大、破裂增多,并出现大量腐蚀产物,表层金属呈片状剥落,呈现出剥蚀的扩展;120h 后,大量的腐蚀产物阻碍了腐蚀介质扩散和溶液对流,形成闭塞电池,腐蚀向金属内部纵深发展,腐蚀又变得相对平缓,在试件断面上可以见到明显的层状开裂,在蚀坑周围还出现拱桥形的层状翘起,腐蚀形貌变得越来越复杂。

图 4 显示了平均亮度随加速腐蚀时间的变化规律,图 5 显示了第 3 阶矩随加速腐蚀时间的变化规律。从图中可以看出,平均亮度即腐蚀图像灰度均值随着腐蚀时间的增加逐渐变小,第 3 阶矩由负变正,说明灰度直方图向左偏斜变为向右偏斜,并且偏斜更大,说明试件表面的颜色逐渐加深,腐蚀面积逐渐变大,腐蚀越来越严重。

图 6 显示了平均对比度随加速腐蚀时间的变化规律,说明腐蚀图像灰度标准偏差随加速腐蚀时间逐渐变大。

图 7 显示了平滑度随加速腐蚀时间的变化规律。从图中可以看出,随着腐蚀时间的增加,腐蚀图像灰度值偏差越来越大。这是因为随着加速腐蚀时间的增加,蚀坑逐渐变大变深,腐蚀图像的视觉对比度越来越大。图 8、图 9 分别显示了一致性和熵值随加速腐蚀时间的变化规律,变化趋势说明腐蚀图像灰度值渐渐趋于分散,熵值的增加也证明灰度值的随机性在逐渐增加,腐蚀形貌越来越复杂。

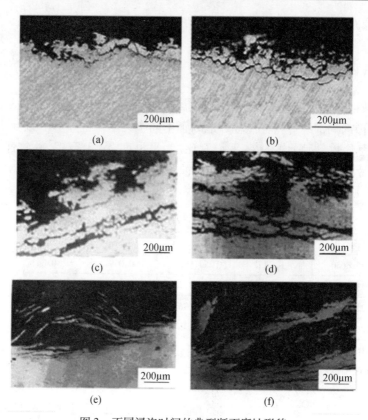

图 3　不同浸泡时间的典型断面腐蚀形貌

（a）$t=24\text{h}$；（b）$t=48\text{h}$；（c）$t=72\text{h}$；（d）$t=120\text{h}$；（e）$t=168\text{h}$；（f）$t=240\text{h}$。

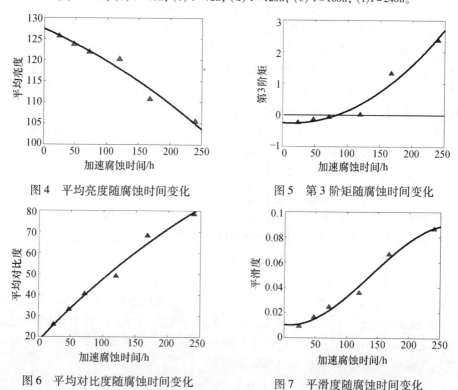

图 4　平均亮度随腐蚀时间变化　　　　图 5　第 3 阶矩随腐蚀时间变化

图 6　平均对比度随腐蚀时间变化　　　　图 7　平滑度随腐蚀时间变化

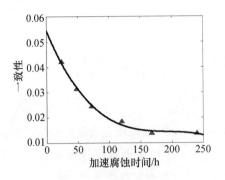

图8　一致性随腐蚀时间变化

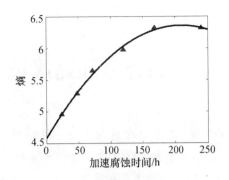

图9　熵值随腐蚀时间变化

5　结论

（1）对于腐蚀形貌图像而言,灰度值的大小分布不仅是灰度级的体现,而且也反映了金属材料表面腐蚀的基本状况,灰度值越小,表明试样上该点的腐蚀越严重。

（2）铝合金加速腐蚀灰度统计特征值随着腐蚀时间的增加呈现规律性变化,平均亮度、一致性随腐蚀时间的增加而减少,而平均对比度、平滑度、第3阶矩、熵随腐蚀时间的增加而增加,腐蚀图像灰度值逐渐变小并趋于分散,随机性在逐渐增加,偏差越来越大,这也证明随着腐蚀时间的增加,试件表面蚀坑逐渐变大变深,腐蚀程度越来越严重,腐蚀形貌越来越复杂。

参 考 文 献

[1] Frantziskonis G N , Simon L B , Woo J , et al. Multiscale characterization of pitting corrosion and application to an aluminum alloy[J]. European Journal of Mechanics, A/Solids, 2000, 19(2):309 – 318.

[2] Costa J M, Sagues F, Vilarrasa M. Fractal patterns from corrosion pitting[J]. Corrosion Science, 1991, 32(516):665 – 668.

[3] 孔德英,王守琰,宋诗哲.金属材料腐蚀形貌图像与实海挂片数据相关性研究[J].中国腐蚀与防护学报,2001,21(6):352 – 356.

[4] 王守琰,孔德英,宋诗哲.基于模糊模式识别的金属材料海水腐蚀形貌诊断系统[J].金属学报,2001,37:517 – 521.

[5] 朱做涛,穆志韬,苏维国,等.基于图像处理技术的腐蚀等级评定研究[J].南京航空航天大学学报,2010,42(4):383 – 386.

[6] Itzhak D, Dinstein I, Zilberberg T. Pitting corrosion evaluation by computer image processing[J]. Corrosion Science, 1981, 21:17 – 22.

[7] Quin M J, Bailey M G, Ikeda B M, et al. Image – analysis techniques for investigating localized corrosion processes[R], Atomic Energy of Canada Limited, AECL, 1993:1 – 51.

[8] 宋诗哲,王守琰,高志明,等.图像识别技术研究有色金属大气腐蚀早期行为[J].金属学报,2002,38:896 – 896.

[9] Wang Shou – yan, Song Shi – zhe. Image analysis of atmospheric corrosion exposure of zinc[J]. Materials Science and Engineering, 2004, 38:377 – 381.

[10] 苏润西,宋诗哲.304 不锈钢孔蚀过程原位图像采集与分析[J].金属学报,1998,34(9):966 – 970.

（作者:穆志韬,苏维国,叶彬。发表于《海军航空工程学院学报》,2012 年 02 期）

铝合金加速腐蚀形貌分形特征提取

摘　要:基于数字图像技术,将分形理论应用于腐蚀形貌图像的特征提取,结合 LY12CZ 铝合金在 EXCO 溶液中的加速腐蚀试验,用分形维数表征腐蚀形貌的演化过程, 计算得到加速腐蚀不同时间的分维值。结果表明,腐蚀初期蚀坑数目增加明显,分形维数 迅速增大。随后,腐蚀速率加快,蚀坑逐渐连成一片,分形维数增加减缓,并趋于平稳。

关键词:腐蚀形貌;特征提取;分形维数

1　引言

　　腐蚀图像中蕴涵着大量的腐蚀信息,是腐蚀数据的重要来源之一。腐蚀图像直观地 记录着腐蚀发生的区域、蚀坑的分布情况、蚀坑形状以及腐蚀的严重程度等丰富的腐蚀信 息,对腐蚀图像进行深入的分析,可以从中获取有用的腐蚀信息,提取出腐蚀形貌的特征 参数,有助于进行腐蚀信息的挖掘加工[1-4]。金属材料腐蚀的腐蚀形貌常是不规则、不光 滑、凹凸起伏的,用常规的数学工具较难描述。Mandelbrot 提出的分形是描述复杂对象的 一条新途径[5],在不同的尺度下所观测的腐蚀坑轮廓形状变化情况是相似的,具有分形 特征,蕴含着丰富的形貌自相似信息,因此可以用分形维数表征腐蚀形貌的演化过程。本 文结合 LY12CZ 铝合金在 EXCO 溶液中的加速腐蚀试验,通过现代数字图像处理技术,用 分形维数定量描述腐蚀分形图形的"非规则"程度,并利用差分数盒子法计算腐蚀图像的 分维值,用分形维数表征腐蚀形貌的演化过程,进而研究铝合金加速腐蚀的规律。

2　腐蚀图像获取

2.1　试验试件准备

　　试件材料为 LY12C 铝合金,其化学成分见表 1。试件尺寸为 75mm ×40mm ×3mm。

表 1　LY12CZ 化学成分

元素	Cu	Mg	Mn	Fe	Si	Zn	Ti	Al
质量分数/%	3.8~4.9	1.2~1.8	0.3~0.9	0.5	0.5	0.30	0.15	其他

　　试件在试验前进行如下预处理:

　　(1)去除包铝层:按 HB 5455—1990 标准,去除厚度为理论包铝层厚度的 2 倍。

　　(2)表面清洁:用 3% 金属清洗剂除油,用 150#、360#水砂纸进行打磨。

　　(3)封样:采用可剥性氯丁橡胶密封非试验面。为确保封样质量,应涂 2~3 遍胶,封样前应贴上试件标号。

（4）浸泡试验参照 HB 5455 – 90 进行，EXCO 溶液配方是 NaCl 为 234g/L、KNO$_3$ 为 50g/L、HNO$_3$ 为 6.5g/L。

2.2 试验件腐蚀形貌采集

对试验件分别浸泡 24h、48h、72h、120h、168h、240h，用浓硝酸浸泡 1～2min 分钟，清除腐蚀产物，用清水洗净，烘干，以免影响图像拍摄质量。采用科斯达显微镜对不同浸泡时间的典型腐蚀形貌进行提取，如图 1 所示。

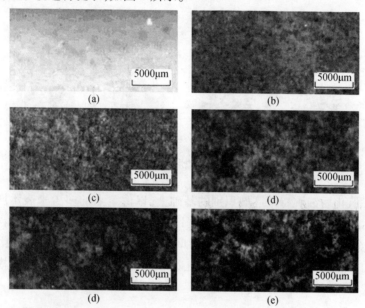

图 1　LY12CZ 铝合金在 EXCO 溶液中的表面腐蚀形貌
（a）$t = 24$h；（b）$t = 48$h；（c）$t = 72$h；（d）$t = 120$h；（e）$t = 168$h；（f）$t = 240$h。

3 腐蚀图像处理及分维提取

3.1 腐蚀图像预处理

腐蚀图像采集完毕后，需要对图像进行中值滤波、灰度变换、模糊增强一系列预处理，才能进行图像二值化[3,4]。试验结果表明，5 × 5 像素点大小窗口的中值滤波可以有效地滤除图像采集过程中产生的噪声信号，线性灰度变化能显示图像中需要的图像细节，而二次简单模糊增强则是一种有效地使图像腐蚀特征明显显现的方法。

预处理后的腐蚀图像经过二值化处理后能很清楚地分辨出腐蚀坑的轮廓。在所采集的腐蚀图像的基础上，利用灰度图像二值化的处理技术得到材料腐蚀损伤变化过程中的形貌图像，再现腐蚀过程的各个阶段。目前，常用的灰度图像二值化的方法是阈值确定法[5]。通过选取不同的阈值，并当量为加速腐蚀的时间，可以得到加速不同腐蚀时间的腐蚀图像。图 2 为模拟的腐蚀形貌演化过程中不同腐蚀时间的 12 个典型图像，每幅图像大小为 250 × 250 像素。

　　腐蚀图像二值化后,根据像素点的值即可对腐蚀区域和未腐蚀区域进行特征提取。以像素点多少表示的腐蚀面积,孔蚀率公式[1]为

$$P = n/N \tag{1}$$

式中:n 为蚀坑像素点个数;N 为图像总像素点个数。

图 2　典型腐蚀形貌演化过程图

　　在图像二值化后蚀坑特征区域识别的基础上,以像素点的多少来表示腐蚀图像的前景尺寸(即腐蚀坑的面积),同时利用二值图像技术统计出腐蚀坑的数目。表 2 列出了LY12CZ 铝合金 EXCO 溶液加速腐蚀不同时间观察计算得到的孔蚀率和蚀坑数目。表 3列出了模拟加速腐蚀不同时间计算得到的孔蚀率和蚀坑数目。对比发现,模拟结果与真实结果相差较小,预处理方法可行有效。

表 2　试验加速腐蚀图像特征提取

腐蚀时间 /h	孔蚀率	蚀坑数目/个
0	0	0
24	0.012	40
48	0.0424	60
72	0.0692	69
120	0.1488	117
168	0.3307	116
240	0.4259	91

表 3　模拟加速腐蚀图像特征提取

腐蚀时间 /h	孔蚀率	蚀坑数目/个
0	0	0
24	0.012	3
48	0.0438	63
72	0.0723	75

（续）

腐蚀时间 /h	孔蚀率	蚀坑数目/个
120	0.1600	119
168	0.3496	101
240	0.4249	87

3.2　腐蚀图像分维提取

分维作为图像表面凹凸起伏、不规则和复杂程度的一种度量,与人类视觉对图像纹理和粗糙程度的感知是一致的[6]。分维值越大,表面越不规则,越粗糙;反之,则越趋于平坦光滑。本文采用差分数盒子算法测定表面腐蚀形貌的分维值。

如图3所示,曲面为图像的灰度面,平面为投影面。首先把 $M \times M$ 像素的原始图像划分为 $r \times r$ 个连续的格子,其中,M 表示图像像素点的数目,则每个格子的大小为 $N = M/r$,其中,大小值用像素点的数目表示。在每个格子上,用大小为 N 的立方体盒子从投影面开始堆砌,使每个格子的灰度面上的最大灰度与最小灰度分别被包含于序号为 1 和 k 的盒子中,则有

$$n_r(i,j) = l - k + 1 \tag{2}$$

式中:(i,j) 为图像坐标;l 和 k 为盒子序号;$n_r(i,j)$ 为包含坐标为 (i,j) 的格子的灰度面所需的最小盒子数。

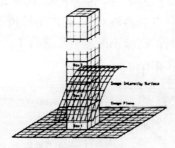

图3　差分数盒子算法

将所有格子的 n_r 求和,用 N_r 表示为

$$N_r = \sum_{i,j} n_r(i,j) \tag{3}$$

改变不同的 r 并求取 N_r,用最小二乘法拟合 $\lg N_r - \lg(1/r)$,所得直线方程的斜率即为分形维数 D_f[7]。

表4列出了图1中LY12CZ铝合金EXCO溶液加速腐蚀不同时间后表面形貌经过预处理和二值化后所计算得到的分维值。

表4　不同加速腐蚀时间分形特征提取

腐蚀时间 /h	分形维数
24	0.8500
48	1.4259

（续）

腐蚀时间 /h	分形维数
72	1.5152
120	1.6502
168	1.7936
240	1.8390

4 分析与讨论

图 4 为模拟 EXCO 溶液加速腐蚀试验及实际 EXCO 溶液加速腐蚀试验分形维数随腐蚀时间变化规律对比。从图中可以看出,腐蚀形貌演化模拟仿真的效果很好,与实际情况一致。试验中发现:大约浸泡 2.5h 时开始出现点蚀;48h 后试样表面有少量鼓泡裂开并出现剥蚀;之后,随浸泡时间的延长,鼓泡增大、破裂增多,并出现大量腐蚀产物,表层金属呈片状剥落,呈现出剥蚀的扩展;168h 后,试样外观变化不大,腐蚀向金属内部纵深发展。同样,从图中又可以看出,在模拟腐蚀演化的初期,分形维数的变化很快,说明在腐蚀的初期,短时间内新的蚀坑不断出现,蚀坑数目迅速增加,腐蚀形貌变得复杂,随着腐蚀时间的增加,腐蚀坑外的氯离子等阴性离子不断向蚀坑内迁移、富集,使得溶液的腐蚀性增强,腐蚀速率加快,蚀坑面积增加,蚀坑开始慢慢连成一片变成更大的蚀坑,形貌的变化会相对变得缓慢。在模拟加速腐蚀 400h 左右,D_f 达到平台($D_f = 2.00$)。到腐蚀后期,大量的腐蚀产物堵塞在孔口,阻碍离子扩散和溶液对流,孔内溶液得不到稀释,形成闭塞电池,使孔内腐蚀过程成为一个自催化过程,持续不断地自发进行下去,腐蚀又相对变得平缓。在随后的加速腐蚀过程中 D_f 值变化很小。

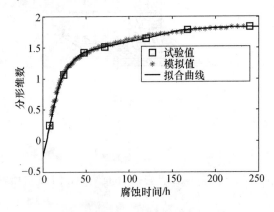

图 4　模拟与试验分维随腐蚀时间变化规律对比

图 5 和图 6 表明分形维数 D_f 值随孔蚀率和蚀坑数目的变化规律,在腐蚀的初期,孔蚀率从 0 变化到 0.05 时,即模拟加速腐蚀到 50h 时,分形维数变化显著。蚀坑数目迅速增加的过程对应于 D_f 值的迅速增大,可以认为是点蚀发展过程的标志。当加速腐蚀到 180h,孔蚀率达到 0.3,蚀坑数目达到最大值 138 个,分形维数达到 1.70,之后随着腐蚀面积的增加,分形维数增加缓慢,蚀坑数目开始减少,D_f 值变化率明显变小。

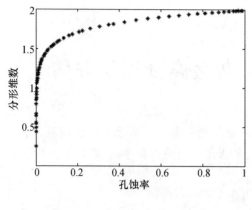

图5　分形维数随孔蚀率变化

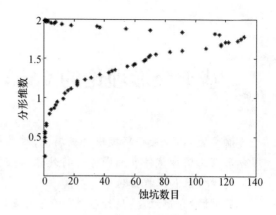

图6　分形维数随蚀坑数目变化

5　结论

（1）腐蚀形貌具有统计自相似性，即分形特征，可以用分维值定量描述腐蚀过程中铝合金表面蚀坑轮廓的不规则的程度。

（2）铝合金加速腐蚀初期，分形维数随腐蚀时间的增加而迅速增大，腐蚀形貌变得复杂，在腐蚀后期出现均匀腐蚀，分形维数增加减缓，并趋于平稳。

（3）在腐蚀前期，分形维数随着孔蚀率的增加而迅速增加，蚀孔率达到一定程度时，分形维数趋于平缓，达到一个平台。

（4）分形维数随着蚀坑数目的增加逐渐增加，之后随着腐蚀面积的增加，蚀坑数目开始减少分形维数增加缓慢，D_f 值变化率明显变小。

参 考 文 献

[1] Itzhak D,Dinstein I,Zilberberg T. Pitting corrosion evaluation by computer image processing[J]. Corrosion Science,1981,21:17 – 22.

[2] Frantziskonis G N,Simon L B,Woo J,et al. Multiscale characterization of pitting corrosion and application to an aluminum alloy[J]. European Journal of Mechanics:A/Solids,2000,19(2):309 – 318.

[3] 孔德英,王守琰,宋诗哲.金属材料腐蚀形貌图像与实海挂片数据相关性研究[J].中国腐蚀与防护学报,2001,21(6):352 – 356.

[4] 王守琰,孔德英,宋诗哲.金属材料海水腐蚀形貌诊断系统[J].金属学报,2001,37:517 – 521.

[5] 张玮,梁成浩.金属表面腐蚀形貌分形特征提取[J].大连理工大学学报,2003,43(1):62 – 64.

[6] 薛东辉,朱耀庭,朱光喜.基于尺度分维的图像边缘检测方法研究[J].华中理工大学学报,1996,24(8):1 – 3.

[7] 苏景新.铝锂合金剥蚀研究和分形维数在表征腐蚀中的应用[D].杭州:浙江大学,2005:86 – 88.

（作者：陈定海，穆志韬，苏维国，匡林。发表于《机械强度》，2012 年第 02 期）

基于分形理论的 6A02 铝合金腐蚀损伤评估

摘　要:铝合金在环境中会被腐蚀,对其使用寿命造成影响。基于数字处理技术,利用分形理论腐蚀试件表面图像进行处理,得到了腐蚀试件表面孔蚀率。涉及的方法具有一定的操作性和工程价值。

关键词:分形维度;腐蚀损伤评估;孔蚀率;铝合金

1　引言

铝合金本身对于氧元素有强烈的亲和性,在空气或者水中能与氧结合成氧化铝膜,使其表现出优良的抗腐蚀性。然而,某些离子尤其是卤离子,会侵入铝合金表面的氧化层,造成腐蚀。因此在沿海以及工业发达的酸雨区、高温潮湿地区,铝合金结构件极其容易遭受腐蚀[1]。

飞机外场服役寿命很长,第三代战机的服役年限甚至超过 30 年。实验室条件下短时间内加速模拟腐蚀过程成为航空材料腐蚀疲劳研究中十分关键的问题。穆志韬等[2,3]建立了我国沿海部分机场的当量加速试验环境谱,利用该环境谱可以在实验室条件下加速模拟飞机服役所受到的腐蚀损伤。

2　试验

试验材料为航空用锻造铝合金 6A02。6A02 铝合金属于 Al – Mg – Si – Cu 系,具有中等强度以及良好的塑性,在飞机结构中多以板材的形式出现,因此试验中所用的试件也均为板材。

腐蚀加速试验是在 ZJF – 45G 周期浸润环境试验箱中完成的。腐蚀环境要素通常指结构件所承受的介质、温度、湿度、应力和时间等环境因素的联合作用,及每种因素的强度、持续时间、发生频率及其联合作用的结果。根据加速试验环境谱[2],环境箱中每一次干—湿交变包括浸泡 5min,烘烤 10min。干湿交变 255 次循环,累计试验时间为 61h,等于自然腐蚀 1 个日历年[3]。对试件分别腐蚀不同的年限,共加速腐蚀到 30 年,每加速腐蚀 1 年取 3 个试验件。预腐蚀试件的几何形状尺寸由 ZJF – 45G 周期浸润环境试验箱的试件搁架确定,尺寸如图 1 所示。

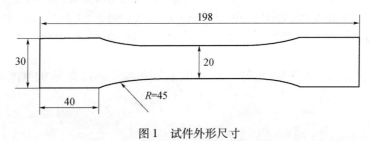

图 1　试件外形尺寸

3　基于分形理论的腐蚀损伤评估

3.1　孔蚀率的获取

腐蚀后的试件表面出现了大量的点蚀与剥蚀损伤,描述和评价腐蚀损伤程度的参数有腐蚀深度、腐蚀面积、孔蚀率、腐蚀等级等。腐蚀损伤造成试件表面形貌极其复杂,蚀坑分布呈现不均匀的状态,即便是单独一个蚀坑,其微观形状也是极度不规则的,如图2(a)和图2(b)所示。如果简化成椭球等规则形状,与实际表面结构差距很远,无法反应腐蚀损伤的真实情况。工程实践亟需寻找一种简单实用的方法来获得反应腐蚀损伤的定量参数。

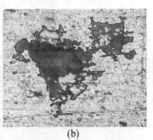

(a)　　　　　　　　　　(b)

图2　腐蚀试件表面三维形貌与二维形貌

(a) 三维形貌；(b) 二维形貌。

蚀坑是腐蚀表面的重要特征,表明了腐蚀损伤的状况。描述蚀坑在腐蚀试件的分布多采用孔蚀率(描述试件表面腐蚀损伤程度的参量)和平均深度(描述试样表面腐蚀损伤深入母材程度的参量)两个参量。

孔蚀率定义如下[3]:

$$\alpha = \frac{1}{A} \sum_{i=1}^{n} A_i \times 100\% \tag{1}$$

式中:n 为腐蚀表面上蚀坑数量;A 为试件表面的总投影面积;A_i 为试件表面 i 个腐蚀坑的投影面积。

因为蚀坑形状过于复杂,单个蚀坑的面积难以利用传统测量手段获得,所以根据式(1)通过直接测量腐蚀表面每个腐蚀坑面积来获取试件表面孔蚀率几乎是办不到的。因此,本部分工作基于 MATLAB 软件,利用数字图像处理技术结合分形理论对获得的腐蚀图像进行处理,获得试件表面孔蚀率。

直接由显微镜采集到的试件表面图像是真彩图像,真彩图像不能直接被计算机识别和处理,需要对其进行数字化处理转换成灰度图像。该过程首先将连续的真彩图像在空间上离散,将其分解为像素离散点的集合;其次将真彩图像中连续变化的色调变成整数表示的图像中每个像素点的灰度值,灰度值依据腐蚀图像的亮度或灰度进行量化得到。数字化最终的目的是将真彩图转化为 $M \times N$ 像素点阵 F,像素点阵中每个点 $f(i,j)$ 的数值代表(i,j)处像素点的灰度值(其中:$i = 0,1,\cdots,M-1;j = 0,1,\cdots,N-1^{[5]}$)。

$$F = \begin{bmatrix} f(0,0) & f(0,1) & \cdots & f(0,N-1) \\ f(1,0) & f(1,1) & \cdots & f(1,N-1) \\ \vdots & \vdots & & \vdots \\ f(M-1,0) & f(M-1,1) & \cdots & f(M-1,N-1) \end{bmatrix}_{M \times N}$$

腐蚀图像数字化后,像素点的数量与原始图像的空间分辨率相关,灰度值范围与数字化的质量相关。试验中每幅腐蚀图像具有 8 位位深,则灰度值有 28 个量级,即灰度值范围为 0~255。灰度值为 0 表示全黑,灰度值为 256 表示全白。图3(b)为数字化处理的铝合金灰度腐蚀图像局部数据矩阵,图中微小区域被数字化为 13×7 的矩阵,矩阵中每个元素代表数字化后灰度图像中对应像素点灰度值,取值范围均在 0~255 之间。其中:最小值为 67,表示该区域颜色最深处的色值,是蚀坑区域;最大值为 254,表示该区域颜色最浅处的色值,是基体材料。腐蚀图像灰度值的分布体现了铝合金材料表面腐蚀的状况。

灰度图像的灰度值虽然体现了试件表面腐蚀状况,但是还无法直接获得孔蚀率等腐蚀参量,需要将其进一步转化为二值图像。二值图像只有纯黑和纯白,通过二值化处理方法,使铝合金表面孔蚀图像数字矩阵每个元素的取值只能是 0 或 1。元素值为 0 的像素点是纯黑的像素点,表示该像素点位于蚀坑位置;元素值为 1 则是纯白的像素点,表示铝合金基体上的像素点。图3(a)给出了腐蚀 15 年试件表面局部的二值化图像。灰度值为 0 的像素点数量与图像中像素点总数之比值即可作为该图像的孔蚀率值。

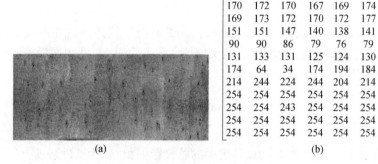

图 3　腐蚀 15 年试件灰度图像及其数字矩阵
(a) 二值化图像;(b) 数据矩阵。

二值化方法很多,文中采用相对简单的阈值确定法。设腐蚀图像 $F(x,y)$ 中,腐蚀区域的灰度阈值为 k,$g(i,j)$ 为图像中位置为 (i,j) 处的像素点的二值化灰度,则在二值化图像过程中,令

$$g(i,j) = \begin{cases} 1 & (f(i,j) \geqslant k) \\ 0 & (f(i,j) < k) \end{cases} \tag{2}$$

统计图像中 $g(i,j)=0$ 的像素的数量。这个数值与图像的总像素比值为该腐蚀图像所代表的腐蚀试件表面的孔蚀率。

利用式(2)进行二值化处理的关键问题是阈值参数 k 的选取,不同的 k 将会导致计算出来的孔蚀率发生变化。阈值参数 k 过大过小都会导致计算结果失真。为了选择合适的需要,应用分形理论[5]。

3.2　基于分形理论计算灰度阈值

由 Mandelbrot B[7] 于 1975 年提出分形理论,是 20 世纪 70 年代诞生的新兴学科,它是用"分维"来刻画大自然中的复杂几何形貌。分形的特征是整体和局部有严格的或统计意义下的自相似性[8]。描述分形的自相似形的定量参数为分形维度,简称分维。计算分形维度的方法很多,如相似维数、Hausdorff 维数、计盒维数、拓扑维数、标尺法、周长和面积法等,需要随研究对象的改变来选择[6,7]。

文中采用计盒维数方法来计算分形维度 D[8-10]。将尺寸为 $\delta \times \delta$ 的正方形盒子分别覆盖原始试件表面图像和二值处理后的图像,δ 是可变参数。编写程序自动对于不同 δ 取值下盒子的计数 N。按照式(3)的形式,对获得的 δ 与 N 进行拟合[8,9],即

$$N = \alpha \delta^{-D} \tag{3}$$

对式(3)做对数变换,得

$$\lg N = -D\lg\delta + \lg\alpha \tag{4}$$

由式(4)可以看出,在双对数坐标下对 δ—N 进行线性拟合,如图 4 所示,分形系数 $D = 1.897$。

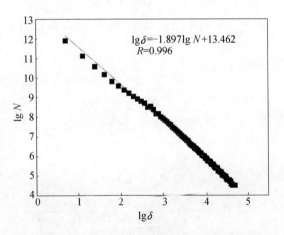

图 4　腐蚀 15 年试件二值图像的分形维数为 1.897

对于一幅灰度图像,给定一个灰度阈值 k 就可以获得一个二值图像,根据式(4)就可以得到相对应的分形维度。因此分形维度 D 与灰度阈值 k 存在函数关系。

图 5 给出了腐蚀 15 年试件表面图像分形维度随着灰度阈值的变化曲线,拟合关系为

$$D = 1.8904 + \frac{1.7478 - 1.8904}{1 + (k/123.5245)^{7.9271}} \tag{5}$$

最佳灰度阈值通过下式确定,即

$$\begin{cases} \mathrm{d}D/\mathrm{d}k = 0 \\ \mathrm{d}^2 D/\mathrm{d}k^2 < 0 \end{cases} \tag{6}$$

求解式(6),得到最佳的灰度阈值为 160,此时对应的分形维度为 1.89,对于每一个腐蚀年限的试件,可以获得相应最佳灰度阈值以及所对应的分形维度。得到不同腐蚀年限

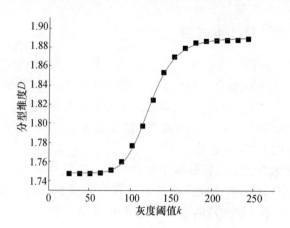

图5　腐蚀15年试件图像分形维度 D 与灰度阈值 k 的关系

下的孔蚀率参数,得到的计算结果如图6所示。利用 Origin 软件中的 Boltzmann 增长模型进行拟合,即

$$\alpha = 570.6231 + \frac{0.0018 - 570.6231}{1 + e^{\frac{t - 53.07618}{3.3229}}} \qquad (7)$$

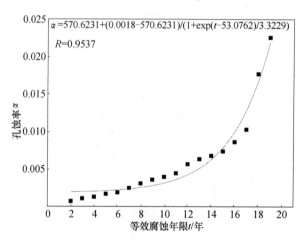

图6　不同腐蚀年限下孔蚀率曲线

式中:t 为日历腐蚀年限。

所对应的分形维度随着腐蚀年限的变化也有规律可循,如图7所示。分形维度随腐蚀年限近似呈线性递减关系。

4　结论

（1）提出了一种基于分形理论结合计算机数字图像处理技术获得反映试件表面腐蚀情况的重要参数、孔蚀率的方法,对于铝合金试件腐蚀评级具有重要的意义,具有比较强的操作性和实际应用价值。

（2）基于文中的腐蚀环境谱,试件表面图像的分形维度随着腐蚀年限的变化近似呈

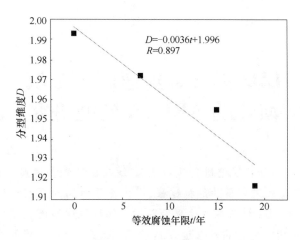

图7 分形维度随着腐蚀年限的变化曲线

线性递减关系。这说明分形维度的变化也在分形维这个角度反映了腐蚀表面形貌的变化。

参 考 文 献

[1] 王玲,宣卫芳,牟献良. 2A11 铝合金/碳钢偶接件在强化自然环境条件下的腐蚀特性[J]. 表面技术,2011,40(5):8-11.

[2] 穆志韬. 海军飞机结构腐蚀损伤规律及使用寿命研究[D]. 北京:北京航空航天大学,2001.

[3] 吕胜利. 铝合金结构腐蚀损伤与评价[M]. 西安:西北工业大学出版社,2009.

[4] 朱做涛,穆志韬,苏维国,等. 基于图像处理技术的铝合金腐蚀等级评定方法[J]. 南京航天航空大学学报,2010,42(3):383-386.

[5] Zuo Jian-ping,Wang Xi-shu. A novel fractal characteristic method on the surface morphology of electrochemically synthesized polythiophene films with self-organized nanostructure[J]. Physica E-low-dimensional Systems& Nano-structures,2005,28(1):7-13.

[6] 刘莹,胡敏,余桂英,等. 分形理论及其应用[J]. 江西科学,2006,24(2):205-209.

[7] Mandelbrot B,Fractal geometry of nature[M]. San Francisco:Freeman,1982.

[8] Mandelbrot B,Ness J W. Fractional brownian motions,fractional noises and applications [J]. SIAM Rev,1968,10(4):422-437.

[9] Gangepain J,Roques C C. Fractal approach to two dimensional and three dimensional surface roughnesses. Wear[J]. 1986,109:119-126.

[10] Sarkar N,Chaudhuri B B. An efficient differential box-counting approach to compute fractal Dimension of image[J]. IEEE Transaction on Systems,Man,and Cybernetics,1994,24(1):115-120.

（作者:李旭东,穆志韬,刘治国,朱武峰。发表于《装备环境工程》,2012 年第 04 期）

LD2 铝合金加速腐蚀蚀坑演化的 ARIMA 模型研究

摘　要:依据加速腐蚀环境谱进行飞机 LD2 结构试件的加速腐蚀试验,并将 LD2 材料的加速腐蚀产生及发展过程视为随机过程,提出基于时间序列理论进行腐蚀损伤预测研究的方法,建立描述 LD2 材料在加速腐蚀环境下蚀坑深度演化规律的时间序列 ARIMA (3,1,1)模型,并利用模型进行腐蚀深度预测研究。结果表明,所建的求和自回归移动平均(Autoregressive Integrated Moving Average,ARIMA)模型能以较高的精度预测未来一段周期内 LD2 材料蚀坑深度的发展趋势,说明采用基于时间序列理论的 ARIMA 模型方法进行飞机 LD2 结构材料腐蚀损伤预测研究有效可行。

关键词:LD2 铝合金;加速腐蚀;腐蚀坑;时间序列;ARIMA 模型;预测方法

1　引言

LD2 铝合金作为飞机结构材料在飞机服役过程中受机场环境作用,易发生腐蚀损伤,从而对飞机结构寿命及可靠性产生影响[1,2]。LD2 结构材料的腐蚀过程受环境因素、人为因素及结构形式等多种因素综合影响,且各种影响因素之间关系错综复杂,因此飞机 LD2 铝合金结构腐蚀损伤的产生及发展本质上为动态的随机过程,其腐蚀损伤数据具有随机性、时间前后顺序关联性等特点。

为研究 LD2 铝合金腐蚀损伤演化规律,本文开展了 LD2 结构材料的加速腐蚀试验,根据试验结果提出基于时间序列理论,利用不同加速腐蚀周期的 LD2 试件蚀坑深度数据,构建反映其蚀坑演化规律的 ARIMA 数学模型,并利用所建模型对蚀坑未来一段周期内发展演化趋势进行预测,从而为飞机结构可靠性及寿命分析等相关研究奠定数据基础。

2　加速腐蚀试验环境谱

为使 LD2 试件在加速腐蚀环境下的蚀坑演化规律与该材料在机场环境下的腐蚀蚀坑演化规律具有相关性,本文首先对机场环境因素进行统计,进而依据当量关系理论[3]编制加速腐蚀试验环境谱。通过对某机场多年实测环境数据的统计分析,得到该机场的总体环境谱,见表 1。根据腐蚀损伤等效原则[3],依据文献[4]中给出的铝合金当量折算系数和当量折算原理,将机场环境谱折算为加速试验谱。该加速环境谱由两种环境组成:①温度 $t = (40 \pm 2)$℃、相对湿度为 90% ~ 95% 的高温、湿烘烤环境;②加入少量稀 H_2SO_4,模拟 pH $= 4 \pm 0.2$ 的 5% NaCl 溶液浸泡环境。加速试验谱具体作用时间及频率如图 1 所示。

由图 1 可见,LD2 铝合金结构在该谱作用$(4.6+12.3) \times 255/60 = 71.82(h)$,即约 3 天的腐蚀量相当于其在机场自然环境中服役 1 年的腐蚀损伤量。

表 1　某机场地面停放环境谱

	雾及凝露	雨	盐雾	潮湿空气	其他
时间比例 /%	9.3	4.98	6.69	11.54	67.49
作用时间 /h	815.9	436.2	586	1 011.41	—
作用次数	121.3	96	—	—	—
pH 值	—	6.3	—	—	—

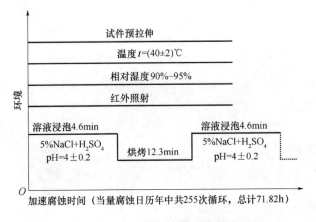

图 1　铝合金结构加速腐蚀试验环境谱

3　加速腐蚀试验

腐蚀试验设备为 ZJF – 75G 周期浸润腐蚀试验箱,蚀坑深度检测设备为 KH – 7700 科视达三维显微镜。试验材料为 LD2 板材,试件外形与尺寸如图 2 所示。试验前需对试件进行相应的预处理[5,6],试验过程参照 HB 5455—90 标准进行,共进行了当量腐蚀 15 年的腐蚀试验。其中每隔一个当量腐蚀年限取出三组试件进行多点的蚀坑深度检测,然后放入试验箱继续进行试验。当量腐蚀 5 年试件表面腐蚀形貌和蚀坑深度测量示意如图 3 ~ 图 5 所示。选取某个试件表面典型蚀坑跟踪测量,其不同当量腐蚀年限蚀坑深度检测结果见表 2,其中当量腐蚀 1 年和 2 年后试件未发生腐蚀,因而未列出蚀坑深度数据。

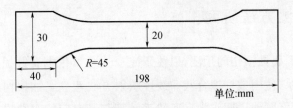

图 2　试样尺寸(厚度为 4mm)

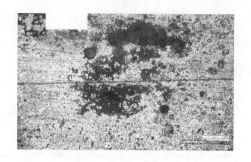

图 3 当量腐蚀 5 年的试件的表面腐蚀形貌 　　图 4 当量腐蚀 5 年的试件的蚀坑立体图

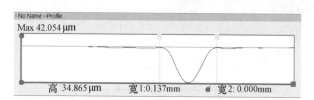

图 5 试件表面蚀坑深度测量示意图

表 2 某典型蚀坑不同加速当量腐蚀年限的深度检测结果

当量腐蚀年限／年	蚀坑深度／μm
3	31.73
4	40.582
5	46.496
6	48.734
7	52.205
8	53.988
9	55.985
10	57.873
11	61.066
12	65.49
13	67.263
14	68.334
15	70.849

4 ARIMA 预测方法研究

对飞机结构材料腐蚀损伤的预测,以往研究[7-12]主要依据腐蚀损伤数据与时间及环境等因素的因果关系,使用数据拟合及非线性映射方法建立腐蚀损伤与相关影响因素对应的数学模型,进而将腐蚀周期作为自变量来计算与其对应的腐蚀损伤。本文尝试用腐蚀损伤数据本身演变规律的方法进行预测研究,具体使用基于时间序列理论的 ARIMA 模型分析方法[13],按照时间顺序排列的检查(观测)数据称为时间序列。ARIMA 模型进行预测遵循的物理思想为,时间序列数据内部相互关系及规律将持续到将来,即未来是过去的延续,该方法是依据时间序列数据本身的演变规律进行预测。ARIMA 模型方法进行飞机结构腐蚀损伤预测的物理基础是对按照时间顺序排列的蚀坑深度数据进行拟合,构建反映不同腐蚀周期蚀坑深度数据之间相互关系的差分方程,利用方程中所蕴含的蚀坑深度数据的演变规律,预测其蚀坑深度未来一段周期的发展趋势。因此,ARIMA 模型方法与前述利用腐蚀损伤与其他腐蚀影响因素对应关系进行预测的方法有本质的不同。ARIMA(p,d,q)模型通常具有如下表达形式:

$$\Phi(B)\ \nabla^d x_t = \Theta(B)a_t$$

$$E(a_t) = 0, \mathrm{var}(a_t) = \sigma^2, E(a_s a_t) = 0, s \neq t$$

$$E(x_s a_t) = 0, \forall s < t$$

式中:x_t 为时间序列数据;t 为时间序列数据的观测时刻,$t = 1,2,\cdots,n,n$ 表示观测时刻的取值范围;x_s 则表示时间序列 x_t 在时刻 $s\{s \in (1,n)\}$ 时的值;$\Phi(B)$ 为模型的 p 阶自回归系数多项式,$\Phi(B) = 1 - \varphi_1 B - \cdots - \varphi_p B^p$,$\varphi_i$ 为自回归多项式的系数,$i = 1,2,\cdots,p,p$ 为自回归运算阶数;B 为延迟运算的数学符号,即 $Bx_t = x_{t-1}$;$\Theta(B)$ 为模型的 q 阶移动平滑系数多项式,$\Theta(B) = 1 - \theta_1 B - \cdots - \theta_q B^q$,$\theta_j$ 为移动平滑多项式的系数,$j = 1,2,\cdots,q,q$ 为移动平滑运算阶数;∇ 为差分运算,$\nabla^d x_t = (1 - B)^d x_t$,$d$ 为差分运算的次数;a_t 为零均值白噪声序列 $\{a_t\}$ 在时刻 $\{t \in (1,n)\}$ 的值;a_s 为在时刻 $s\{s \in (1,n)\}$ 时的噪声序列值;$E(x_t)$ 表示对变量 x_t 求数学期望;$\mathrm{var}(x_t)$ 表示对变量 x_t 求方差;σ^2 为方差。ARIMA 模型的物理实质为:序列 $\{x_t\}$ 当前时刻的检查(观测)值是由过去若干个历史时刻的检查(观测)值与随机干扰的白噪声序列线性组合而成的。

ARIMA 模型分析方法的应用主要包括时间序列数据的获取和预处理、模型结构确定、模型参数估计、模型适用性检验以及利用建立的模型进行预测分析几个步骤。

在本文中,定义 f 表示 LD2 试件腐蚀深度的物理量,T 表示当量腐蚀年限的时间变量,则 f_T 表示 LD2 试件加速腐蚀不同当量日历年限某典型蚀坑深度数据时间序列,$T = 3$,$4,\cdots,15$,见表2。

4.1　ARIMA 模型结构确定

ARIMA 模型结构确定即指确定模型中 p、d、q 的阶数。

(1) 差分次数 d 的确定。由表2可见,试件加速腐蚀深度具有明显的增长趋势,初步对表2中的数据进行1阶差分运算[14],即 $\nabla f_T = f_T - f_{T-1}$。差分运算后的时间序列 ∇f_T 见表3,其时序图和直方图如图6和图7所示。从图6中可见,1阶差分运算将 f_T 序列中增长趋势提取出来,∇f_T 序列围绕均值上下波动为平稳序列。从图7中可见,差分后 ∇f_T 序列基本符合正态分布,即差分序列满足平稳性和正态性,因此定义 $d = 1$。

表3　腐蚀深度数据一阶差分运算后序列

当量腐蚀年限 /年	∇f_T
4	8.852
5	5.914
6	2.238
7	3.471
8	1.783
9	1.962
10	1.888
11	3.193
12	4.424
13	1.773
14	1.071
15	2.515

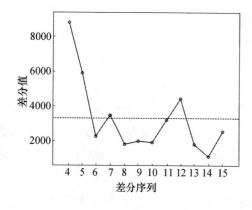

图6　差分序列时序图

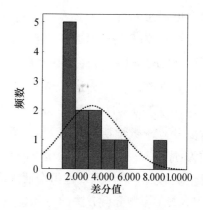

图7　差分序列直方图

（2）自回归阶数 p 和移动平滑阶数 q 的确定。本文采用基于数据序列相关性分析方法[15]的自相关系数（Autocorrelation Function，ACF）图和偏相关系数（Partial Autocorrelation Function，PACF）图进行 p、q 的确定,具体定阶方法见表4。

表4　模型阶数估计方法[15]

p	q	模型阶数
拖尾	p 阶截尾	$AR(p,d,0)$
q 阶截尾	拖尾	$MA(0,d,q)$
拖尾	拖尾	$ARIMA(p,d,q)$

注:如果样本自相关系数(偏自相关系数)在最初的 d 阶明显大于2倍标准差范围,而后几乎95%的自相关系数(偏自相关系数)都落在2倍标准差范围以内并做衰减振荡,此时称自相关系数(偏自相关系数)截尾;否则,称拖尾

差分 $\nabla f_T(T=4,5,6,\cdots,11)$ 序列的自相关图和偏自相关图如图 8 所示。由于当 $T=3$ 时，f_T 无法进行差分运算，故 T 取值从当量腐蚀第 4 年开始；由于 $T=12,13,\cdots,15$ 时的 f_T 序列要用于后续的预测研究分析，故 T 取值截止至当量腐蚀第 11 年。根据表 4 中阶数确定原则及图 8，定义 $p=3$，$q=1$。

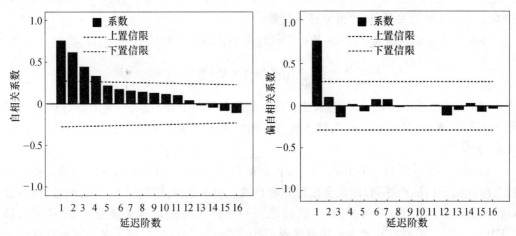

图 8　差分序列自相关和偏自相关图

基于上述分析，本文选用 ARIMA(3,1,1) 结构的模型进行腐蚀深度数据建模分析。

4.2　ARIMA 模型参数估计

选用最小二乘法迭代计算模型参数[13]。该方法的思路是要使序列的残差为零[13,16]，即

$$\sum_{T=4}^{11} a_T^2 = \sum_{T=4}^{11} \left[(1-B)(1-\phi_1 B - \phi_2 B^2 - \phi_3 B^3) x_t + \theta_1 a_{T-1} \right]^2 = 0$$

基于表 3 中 $\nabla f_T(T=4,5,6,\cdots,11)$ 差分数据，通过迭代计算可得各自回归部分参数，具体结果见表 5。由表 5 可见，模型参数估计的 t 统计显著性检验都接近 0，说明模型参数计算满足精度要求。因此，飞机 LD2 结构加速腐蚀的腐蚀深度数据序列的 ARIMA(3,1,1) 模型为

$$(1-B)f_T(1 - 0.145B - 0.491B^2 - 0.248B^3) = a_T(1 + 0.923B)$$

整理，得

$$f_T = 1.145f_{T-1} + 0.346f_{T-2} - 0.243f_{T-3} - 0.248f_{T-4} + a_T + 0.923a_{T-1} \qquad (1)$$

表 5　模型参数计算结果

模型参数	估计值	标准偏差	t 统计	显著性
AR1(ϕ_1)	0.145	0.457	0.318	0.008
AR2(ϕ_2)	0.491	0.527	0.931	0.019
AR3(ϕ_3)	0.248	0.332	0.748	0.076
MA1(θ_1)	−0.923	0.954	−0.968	0.012

4.3 ARIMA 模型检验

式(1)是否合理反映 LD2 材料加速腐蚀条件下蚀坑深度演化的内在随机性规律,还需对其进行有效性检验。相对应于模型参数估计的思路,模型检验方法为验证模型的拟合残差 $\{a_T\}$ 是否为白噪声序列,若 $\{a_T\}$ 是白噪声序列,则说明拟合残差项中没有蕴含该样本序列的任何相关信息,即模型显著有效。

本文使用检验统计量 Ljung – Box[13] 进行模型检验:

$$L_B = N(N+2) \sum_{k=1}^{m} \left(\frac{\hat{\rho}_k^2}{N-k} \right) \sim \chi^2(m) \ (\forall m > 0)$$

式中: L_B 为模型检验统计量;N 为腐蚀深度数据序列样本的样本数量;m 为进行 χ^2 检验的样本数量数,$m = 1, 2, \cdots, N$;ρ_k 为样本数为 k 的样本自相关系数,$\hat{\rho}_k^2$ 为 ρ_k^2 的估计值;χ^2 为 χ^2 检验法。

若在某一延迟阶数下 Ljung – Box 统计量的显著性检验 P 值为零,则认为拟合模型的残差序列属于白噪声序列,即拟合模型显著有效。使用该方法对式(1)进行检验,具体计算结果见表6。从表6中可见,在各阶延迟下 Ljung – Box 统计量都显著为零,说明所建 ARIMA(3,1,1)模型的残差为白噪声序列,即认为该模型有效,可用于腐蚀深度数据预测分析研究。

表6　模型检验计算结果

Ljung – Box 统计		
延迟阶数	统计量值	显著性
1	17.508	0.000
2	29.019	0.000
…	…	…
7	52.503	0.000
8	52.836	0.000
9	17.508	0.000
10	29.019	0.000
…	…	…
15	52.503	0.000
16	52.836	0.000

4.4 ARIMA 模型预测

根据式(1),可得模型预测的表达式为

$$f_{T+l} = 1.145 f_{T+l-1} + 0.346 f_{T+l-2} - 0.243 f_{T+l-3} - 0.248 f_{T+l-4} + a_{T+l} + 0.923 a_{T+l-1}$$

对其各部分分别求期望,则有

$$\hat{f}_T(l) = E(f_{T+l}) = E(1.145 f_{T+l-1} + 0.346 f_{T+l-2}$$
$$- 0.243 f_{T+l-3} - 0.248 f_{T+l-4}) + E(a_{T+l} + 0.923 a_{T+l-1}) \tag{2}$$

式中:l 为截至 $T=11$ 当量腐蚀年限后预测的预测步数,$l=1,2,3,4$;f_{T+l} 为在 $T=11$ 时刻后 l 步(即 $T=11+l$ 当量腐蚀年限)的腐蚀深度预测值;$\hat{f}_T(l)$ 为在 $T+l$ 当量腐蚀年限的腐蚀深度估计值;a_{T+l} 为 $T+l$ 当量腐蚀年限时的噪声序列值,且 $E[a_{T+l}]=0,l>0$。

据此,采用程序迭代计算可得在 $T=11$ 时刻和 $l=1,2,3,4$ 的各步预测值(即当量腐蚀周期为 12～15 年的蚀坑深度预测值)及其误差,见表 7 所列。

表 7　ARIMA(3,1,1)模型预测值其误差

腐蚀周期/年	检查值/μm	预测值/μm	误差/%
12	65.49	63.679	−2.77
13	67.263	66.094	−1.74
14	68.334	69.145	1.19
15	70.849	71.386	0.76

从表 7 中可见,所建模型各步预测值的误差较小并逐步递减。预测值与检查值的时序图如图 9 所示。从图中可见,预测数据序列的发展趋势与检测值序列的发展趋势也相同。

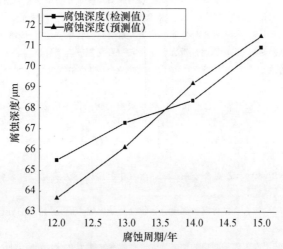

图 9　腐蚀深度检测值与预测值对比时序图

为验证所建 ARIMA(3,1,1)模型的合理性与有效性,本文列举另两个典型蚀坑深度数据进行验证运算,不同腐蚀周期蚀坑原始数据和 ARIMA 预测结果及其误差见表 8。

表 8　另两个蚀坑数据 ARIMA(3,1,1)模型预测值其误差

腐蚀周期/年	蚀坑 1 检查值/μm	蚀坑 1 预测值/μm	误差/%	蚀坑 2 检查值/μm	蚀坑 2 预测值/μm	误差/%
12	72.75	74.51	2.42	55.17	54.35	−1.49
13	78.89	77.59	−1.65	60.33	56.89	−5.7
14	82.11	82.86	0.91	68.82	68.7	−0.17
15	89.16	85.43	4.18	71	75.08	5.75

通过表 8 分析可见,所建 ARIMA(3,1,1)模型对与其他蚀坑深度的预测同样具有较高的精度,因而所建的 ARIMA(3,1,1)模型能较准确地描述飞机 LD2 材料加速腐蚀蚀坑深度的演变规律,并可对蚀坑深度作出合理准确的预测。

5 结论

本文详细论述应用时间序列理论进行飞机 LD2 材料加速腐蚀损伤预测分析研究,并给出蚀坑深度演化的 ARIMA(3,1,1)模型建模过程及预测分析和结果。从预测结果可以看出,ARIMA 模型能有效预测腐蚀深度数据的数值大小及发展趋势,且建模思路清晰、操作性强,预测结果精度较高。因此,时间序列理论及方法可应用于飞机结构材料的腐蚀损伤研究工作,利用已有的飞机结构材料腐蚀损伤数据预测其未来一段周期内腐蚀损伤发展趋势及具体状态,为飞机结构可靠性及相关寿命分析研究提供可靠的数据支持。

参 考 文 献

[1] 张有宏,吕国志,李仲,等.铝合金结构腐蚀疲劳裂纹扩展与剩余强度研究[J].航空学报,2007,28(2):332 – 335.
[2] 杨晓华,姚卫星,陈跃良.日历腐蚀环境下 LY12CZ 铝合金力学性能研究[J].机械强度,2003,25(2):227 – 228.
[3] 陈群志,李喜明,周希沅,等.飞机结构典型环境腐蚀当量关系研究[J].航空学报,1998,19(4):414 – 418.
[4] 穆志韬,柳文林.飞机服役环境当量加速腐蚀折算方法研究[J].海军航空工程学院学报,2007,22(3):301 – 304.
[5] 谢伟杰,李荻,胡艳玲,等.LY12CZ 和 7075T7351 铝合金在 EXCO 溶液中腐蚀动力学的统计研究[J].航空学报,1999,20(1):34 – 38.
[6] 王逾涯,韩恩厚,孙祚东,等.LY12CZ 铝合金在 EXCO 溶液中的腐蚀行为研究[J].装备环境工程,2005,2(1):20 – 24.
[7] 陈群志,崔常京,孙祚东,等.LY12CZ 铝合金腐蚀损伤的概率分布及其变化规律[J].装备环境工程,2005,2(3):1 – 6.
[8] 王逾涯,韩恩厚,孙祚东,等.LY12CZ 铝合金在 EXCO 溶液中的腐蚀行为研究[J].装备环境工程,2005,2(1):20 – 24.
[9] 李玉海,贺小帆,陈群志,等.铝合金试件腐蚀深度分布特性及变化规律研究[J].北京航空航天大学学报,2002,2(1):98 – 101.
[10] 刘延利,钟群鹏,张峥.基于人工神经网络的预腐蚀铝合金疲劳性能预测[J].航空学报,2001,3(2):135 – 139.
[11] 王海涛,韩恩厚,柯伟.腐蚀领域中人工神经网络的应用进展[J].腐蚀科学与防护技术,2004,5(3):147 – 150.
[12] 刘治国,穆志韬,贾民平.LY12CZ 腐蚀损伤及日历寿命预测的神经网络研究[J].装备环境工程,2008,5(5):78 – 81.
[13] 王燕.应用时间序列分析[M].北京:中国人民大学出版社,2005.
[14] 钟秉林,黄仁.机械故障诊断学[M].北京:机械工业出版社,2006.
[15] 杜强,贾丽艳.SPSS 统计分析从入门到精通[M].北京:人民邮电出版社,2009.
[16] 曹昕燕,邹英永.基于 ARMA 模型的振动信号建模与预测[J].长春大学学报,2010,20(6):52 – 55.

(作者:刘治国,穆志韬,边若鹏。发表于《机械强度》,2012 年第 04 期)

基于二值图像的铝合金加速
腐蚀损伤演化规律研究

摘　要：将 LY12CZ 铝合金在 EXCO 溶液中加速腐蚀试验后，运用二值图像技术分析试样表面加速腐蚀损伤的演化过程，计算出不同加速腐蚀时间的孔蚀率和蚀坑数目。结果表明，LY12CZ 铝合金在 EXCO 溶液中呈现先点蚀再晶间腐蚀最后剥蚀的腐蚀规律。腐蚀初期孔蚀率增加缓慢而蚀坑数目增加明显；腐蚀后期腐蚀速率加快，蚀坑逐渐连成一片，腐蚀加重，腐蚀形貌趋于复杂。

关键词：铝合金；加速腐蚀；腐蚀损伤；二值图像

1　引言

腐蚀图像中蕴涵着大量的腐蚀信息，是腐蚀数据的重要来源之一。腐蚀图像直观地记录着腐蚀发生的区域、蚀坑的分布情况、蚀坑形状以及腐蚀的严重程度等丰富的腐蚀信息，通过腐蚀形貌对腐蚀损伤的变化过程进行定性和定量地描述观察对研究腐蚀损伤规律以及评定腐蚀损伤的等级有着极其重要的作用[1-6]。M. J. Quin 等[7]将图像分析技术用于研究局部腐蚀过程，采用金相分析和图像分析相结合的方法得到了确定点蚀深度和几何形状的方法，通过对蚀孔深度分布与腐蚀区域之间关系的定量分析得到了蚀坑的三维分布图。孔德英等[8]采用图像扫描方法获取碳钢、低合金钢实海试片的腐蚀形貌图像并进行图像分析，用灰度关联及典型相关技术分析了图像灰度值分布与试样单位面积平均失重及局部腐蚀平均深度的关系。

文献[9,10]表明，腐蚀形貌图像可以用来表征和分析腐蚀损伤行为，而不同的形貌图像包含着不同的腐蚀信息，不同的观察角度获得的腐蚀信息也不尽相同。腐蚀图像中丰富的灰度信息是图像识别和理解最主要的依据，但是对于腐蚀图像中蚀坑的形状特征可以通过二值图像得到，仅仅有两个灰度级的图像就足以研究蚀坑的形状特征。二值化后的腐蚀图像，基体颜色为白色，蚀坑颜色为黑色，非常直观地给出了腐蚀的形貌，并且在此基础上方便得到腐蚀各个阶段的腐蚀形貌二值图像，对腐蚀形态进行定量的特征描述，计算出孔蚀率、蚀坑数目和蚀坑面积。本文结合 LY12CZ 铝合金在 EXCO 溶液中加速腐蚀试验，观察分析了不同加速腐蚀时间的表面和断面腐蚀形貌，利用二值图像技术得到了试件表面腐蚀轮廓，计算出孔蚀率和蚀坑数目，研究其加速腐蚀的发展规律。

2　试验方法

试验材料为 LY12CZ，属 Cu‑Mg‑Mn 系铝合金，其化学成分（质量分数，单位%）为：Cu 3.8~4.9，Mg 1.2~1.8，Fe 0.5，Si 0.5，Zn 0.30，Ti 0.15，Al 余量。试样尺寸为

75mm × 40mm × 30mm。试验前试样先按 HB 5455—90 标准去除包铝层,去除厚度为理论包铝层厚度的 2 倍,然后用 3%(体积分数)金属清洗剂除油,用 150# 及 360# 水砂纸依次进行打磨;最后用可剥性氯丁橡胶密封非试验面,涂覆 2 ~ 3 遍胶以确保封样质量。

依据 HB 5455—90 标准对试样进行全浸试验,腐蚀溶液为 EXCO 标准溶液,其配方为 NaCl 234g/L,KNO$_3$ 50g/L,HNO$_3$ 6.5g/L。浸泡周期分别为 24h、48h、72h、120h、168h、240h。用 65% 的硝酸浸泡 1 ~ 5min,然后用去离子水清洗干净,烘干备用。

用 XTZ – E 光学体式显微镜采集试样表面腐蚀形貌,试样在腐蚀溶液中不同浸泡周期的典型表面腐蚀形貌如图 1 所示。

图 1　试样在腐蚀溶液中不同浸泡周期的典型表面腐蚀形貌
（a）t = 24h；（b）t = 48h；（c）t = 72h；（d）t = 120h；（e）t = 168h；（f）t = 240h。

3　腐蚀图像处理

3.1　数字腐蚀灰度图像

LY12CZ 铝合金材料在 EXCO 溶液加速腐蚀不同时间的图像以灰度图像形式存储在计算机中。在灰度图像的数字矩阵中,每个像素点所对应的灰度值为 0 ~ 255,即共 256 个灰度级。其中,0 代表黑色,255 代表白色,1 ~ 254 分别代表黑色到白色之间的各级过渡色(灰色)。图 2 为加速腐蚀 72 h 时试件的灰度图像及对应的数字矩阵。

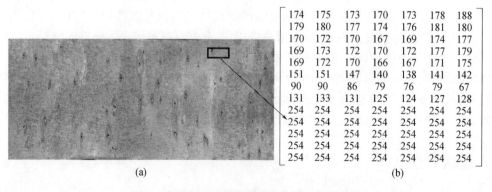

图 2　腐蚀 72h 试件的灰度图像及其数据矩阵
（a）灰度图像；（b）数字矩阵。

观察分析发现,铝合金材料基体呈浅色,表面分布许多灰黑色蚀坑,数字矩阵中每个像素点的灰度值都在 0～255 之间,灰度的最小值为 22,属于蚀坑区域,最大值为 155,是基体材料。因此,对腐蚀灰度图像而言,图像中的某一像素点的灰度值的大小可作为该处腐蚀程度的半定量表达,腐蚀图像灰度值的大小分布不仅是灰度级的表现,而且也反映了铝合金材料表面腐蚀的基本情况。

腐蚀图像采集完毕后,需要对图像进行中值滤波、灰度变换、模糊增强一系列预处理,之后才能进行图像二值化。分析表明,5 ×5 像素大小窗口的中值滤波可以有效地滤除图像采集过程中产生的噪声信号,线性灰度变化能显示需要的图像细节,而二次简单模糊增强是一种有效的使图像腐蚀特征明显显现的方法。

3.2 腐蚀图像二值化处理

预处理后的腐蚀图像已经清楚地与铝合金的基体区分开来,腐蚀坑的数目也很容易分辨。但是,若要精确地定量计算出腐蚀区域的面积,必须对图像进行二值化处理。二值图像只有纯黑和纯白两种灰度,由 0 和 1 组成的二维矩阵表示,使铝合金表面坑蚀图像中的颜色分为前景点坑蚀黑色(像素灰度值为 0)和背景基体白色(像素灰度值为 1)。

目前,常用的灰度图像二值化的方法是阈值确定法。在灰度级为 256 的腐蚀图像中,腐蚀区域和基体材料的灰度阈值分别为 ϕ,$g(i,j)$ 为图像中位置为 (i,j) 处的像素点的灰度值。则在二值图像中,$g(i,j)$ 转化为

$$g(i,j) = \begin{cases} 1 & \left(0 < \dfrac{g(i,j)}{255} < \phi\right) \\ 0 & （其他） \end{cases} \tag{1}$$

式中:$\phi \in (0,1)$。

腐蚀图像二值化后,可以方便地计算出孔蚀率。依据像素点数目和原始腐蚀图像的集合尺寸进行相关换算,即可得到以传统几何尺寸表示的腐蚀坑面积。孔蚀率公式[1]为

$$P = \frac{n}{N} \tag{2}$$

式中:n 为蚀坑像素点个数;N 为图像总像素点个数。

4 分析与讨论

浸泡周期的典型断面腐蚀形貌如图 3 所示。试验过程中观察发现,试件浸泡约 2.5 h 时表面开始出现点蚀,由于蚀坑数目较少,蚀坑面积较小,溶液中腐蚀性离子不容易进入蚀坑,试验件表面仍比较光滑,腐蚀相对比较缓慢;24h 后(图 3(a)),新的蚀坑不断出现,并且蚀坑面积不断增加,大量的腐蚀介质进入蚀坑,腐蚀坑外的氯离子等阴性离子不断向蚀坑内迁移、富集,使得蚀坑内溶液的腐蚀性增强腐蚀速率加快,腐蚀加剧,蚀坑底部已萌生了晶间腐蚀;48h 后(图 3(b))试样表面有明显鼓泡,开裂并出现剥蚀,之后,随浸泡时间的延长,鼓泡增大,破裂增多,并出现大量腐蚀产物,表层金属呈片状剥落;浸泡 72h (图 3(c))后,晶间腐蚀深度明显增大,沿晶裂纹增多,蚀坑周围出现晶粒剥落;120h (图 3(d)～(f))后,大量的腐蚀产物阻碍了腐蚀介质扩散和溶液对流,形成闭塞电池,腐蚀向金属内部纵深发展,腐蚀又变得相对平缓。在试件断面上,可以见到明显的层状开裂,在蚀坑周围还出现拱桥形的层状翘起,腐蚀形貌变得越来越复杂。

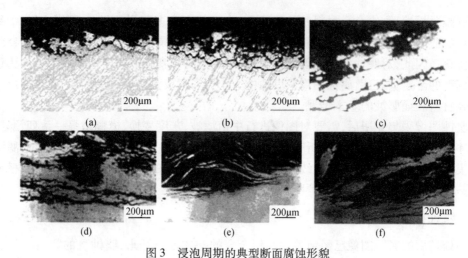

图 3　浸泡周期的典型断面腐蚀形貌

（a）$t=24h$；（b）$t=48h$；（c）$t=72h$；（d）$t=120h$；（e）$t=168h$；（f）$t=240h$。

图 4 为二值处理后的各加速腐蚀时间的腐蚀形貌及其对应的蚀坑面积直方图。腐蚀

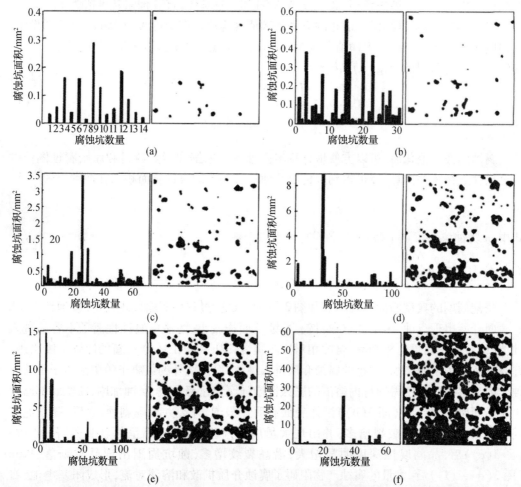

图 4　二值处理后的各加速度腐蚀时间的腐蚀形貌及其对应的腐蚀坑面积直方图

（a）$t=24h$；（b）$t=48h$；（c）$t=72h$；（d）$t=120h$；（e）$t=168h$；（f）$t=240h$。

坑面积直方图的横坐标表示蚀坑的序号,纵坐标表示腐蚀坑的面积。图5和图6为孔蚀率和蚀坑数目随加速腐蚀时间的变化规律。可见,孔蚀率随着腐蚀时间的增加而增大,在加速腐蚀初期,试件表面出现点蚀,腐蚀比较缓慢。随后,腐蚀速率加快,孔蚀率增加明显。蚀坑数目在腐蚀前期明显增加,随着腐蚀时间的增加,蚀坑逐渐变大,最后连成一片,腐蚀形貌越来越复杂。

5 结论

(1) LY12CZ铝合金在EXCO溶液加速腐蚀试验中的腐蚀规律为:先点蚀,后晶间腐蚀,最后剥蚀。腐蚀初期,孔蚀率增加缓慢而蚀坑数目增加明显;腐蚀后期,腐蚀速率加快,蚀坑逐渐连成一片,腐蚀加重,腐蚀形貌趋于复杂。

(2) 腐蚀形貌的二值图像能较好地描述腐蚀坑的形状特征,较为方便、精确地计算出试样的孔蚀率和蚀坑数目,解决了传统几何方法难以精确地计算不规则蚀坑面积的问题。

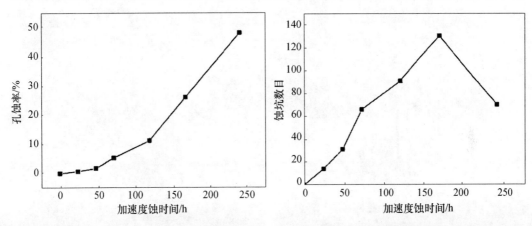

图5 孔蚀率随加速度腐蚀时间的变化　　　图6 腐蚀坑数目随加速度腐蚀时间的变化

参 考 文 献

[1] Frantziskonis G N,Simon L B,Woo J,et al. Multiscale characterization of pitting corrosion and application to an aluminum alloy[J]. European Journal of Mechanics – A/Solids,2000,19(2):309 – 318.

[2] Costa J M,Sagues F,Vilarrasa M. Fractal patterns from corrosion pitting [J]. Corrosion Science,1991,32(5 – 6):665 – 668.

[3] 孔德英,王守琰,宋诗哲.金属材料腐蚀形貌图像与实海挂片数据相关性研究[J].中国腐蚀与防护学报,2001,21(6):352 – 356.

[4] 王守琰,孔德英,宋诗哲.基于模糊模式识别的金属材料海水腐蚀形貌诊断系统[J].金属学报,2001,5(37):517 – 521.

[5] 张玮,梁成浩.金属材料表面腐蚀形貌分形特征提取[J].大连理工大学学报,2003,43(1):60 – 65.

[6] 朱傲涛,穆志韬,苏维国.基于图像处理技术的腐蚀等级评定研究[J].南京航空航天大学学报,2010,42(3):383 – 386.

[7] Quin M J,Bailey M G,Ikeda B M,et al. Imageanalysis techniques for investigating localized corrosion process[R]. Ontari-

o：Atomatic Energy of Canada Limited，1993：1 – 51.

［8］孔德英，王守琰，宋诗哲.金属材料腐蚀形貌图像与实海挂片数据相关性研究［J］.中国腐蚀与防护学报，2001，21（6）：352 – 356.

［9］宋诗哲，王守琰，高志明，等.图像识别技术研究有色金属大气腐蚀早期行为［J］.金属学报，2002，38（8）：893 – 896.

［10］王守琰，高志明，宋诗哲.实海试样腐蚀形貌特征提取及分析［J］.腐蚀科学与防护技术，2001，13（增刊）：461 – 463.

（作者：陈定海，穆志韬，苏维国，丁文勇，孔光明。发表于《腐蚀科学与技术》，2012 年第 06 期）

腐蚀坑应力集中系数影响分析

摘　要:利用 KH‐7700 三维显微镜对经过预腐蚀的 6151/T6 铝合金材料的腐蚀坑三维形貌进行测量分析,发现可以将腐蚀坑近似为规则的半椭球体。对不同加速腐蚀时间的腐蚀坑测量数据统计分析,得到腐蚀坑的三维尺寸比值一般不超过 4,极少达到 10。基于 ABAQUS6.10 有限元软件对含不同形貌、不同位置腐蚀坑的试验件进行应力集中系数分析:对不同形貌的腐蚀坑,随着 b/c 的增大,应力集中系数逐渐变小,而 a/c 增大,应力集中系数逐渐变大的;对于同一腐蚀坑在试验件在不同位置引起的应力集中,其影响的变化不大,大约在 5% 以内。

关键词:铝合金;腐蚀坑;应力集中

1　引言

结构疲劳破坏是机械失效的主要原因之一,引起机械失效的应力峰值往往远远低于构件静态断裂应力,而影响结构疲劳寿命的因素比较多,其中应力集中对结构疲劳寿命的影响最为显著[1]。海军飞机多在沿海地区服役,其服役环境恶劣(高温、高湿、高盐雾),在外场常规检查中发现,飞机结构表面发生腐蚀主要是点蚀和应力腐蚀。腐蚀坑的存在造成表面应力集中,在循环载荷作用下,腐蚀坑容易形成疲劳源,从而影响飞机结构材料疲劳特性[2,3]。

本文通过加速腐蚀试验模拟飞机真实的腐蚀环境,利用 KH‐7700 三维显微镜对腐蚀坑形貌进行测量,并对测量数据进行统计分析,得到不同加速腐蚀时间下腐蚀坑三维尺寸;并利用 ABAQUS6.10 有限元软件对含不同形貌、不同位置腐蚀坑的试验件进行应力集中系数分析。

2　预腐蚀试验

试验件为铝合金材料 6151/T6(旧牌号 LD2,国内代号 6A02),该铝合金属于 Al‐Mg‐Si‐Cu 系,具有中等强度以及较好的弹塑性,其主要成分见表 1。通过单向拉伸试验可以得到试验所用的 6151/T6 铝合金的主要性能参数见表 2。试验件加工成形状如图 1 所示的狗骨形状,并对其表面进行阳极化处理。

表 1　6151/T6 铝合金成分(质量分数)(%)

材料	Si	Fe	Cu	Mn	Mg	Zn	Ti	Al
6151/T6	0.5~1.2	0.5	0.2~0.6	0.15~0.35	0.45~0.9	0.2	0.15	余量

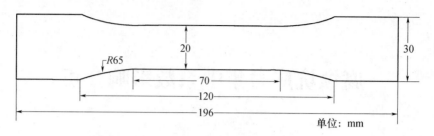

图 1　试验件尺寸(厚度为 3mm)

表 2　6151/T6 铝合金主要性能参数

材料	E/GPa	$\sigma_{0.2}/MPa$	σ_b/MPa	$\delta/\%$
6151/T6	54.4850	255	290	8.9

　　加速腐蚀试验采用某沿海机场环境谱为基础的加速腐蚀试验谱,工作温度 $(40 \pm 2)^{\circ}C$,相对湿度为 90%,腐蚀溶液是 5% NaCl 溶液,加入少量的稀 H_2SO_4,使溶液的 pH 值达到 4 ~ 4.5,采用周期浸润 76.5h 相当于外场腐蚀 1 年。每加速腐蚀 1 年取出 3 个试验件,用 50% 浓 HNO_3 浸泡 1 ~ 5min,清除腐蚀产物,用蒸馏水洗净,烘干,预腐蚀试验件制备完毕。

3　腐蚀形貌分析

　　利用 KH - 7700 型三维显微镜对预腐蚀制备完毕的试验件进行腐蚀坑观察测量,图 2 ~ 图 5 为一个腐蚀坑的三维形貌图(放大 350 倍)。其中:图 2 为腐蚀坑表面图,可用 1 个椭圆近似,其半宽度记为 c,半长度记为 b;图 3 为腐蚀坑截面图,截面垂直于外载荷方向,并经过腐蚀坑最大深度,观察分析认为截面可用半椭圆近似;图 4 为三维显微镜重构的腐蚀坑三维形貌图;图 5 为腐蚀坑断口形貌图,其形貌特征与图 3 基本一样,其半宽度记为 c,最大深度记为 a。通过对大量腐蚀坑形貌观察分析,认为可以将腐蚀坑近似为半椭球体优于其他规则几何图形(如半球体等),半椭球体的三维尺寸分别记为半宽度 c、半长度 b、最大深度 a。

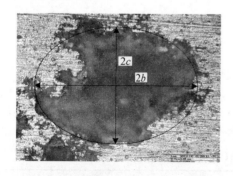

图 2　腐蚀坑表面

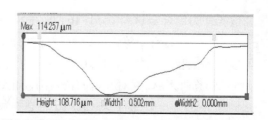

图 3　腐蚀坑截面

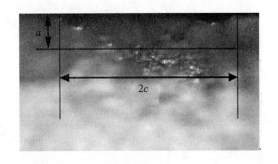

图4　腐蚀坑三维形貌　　　　　　　　　　图5　腐蚀坑断口形状

4　腐蚀坑应力集中系数分析

应力集中的严重程度用理论应力集中系数表示,即

$$K_T = \frac{\sigma_{max}}{\sigma_0}$$

式中:σ_{max}为最大局部弹性应力;σ_0为名义应力。

在有限元计算过程分析应力集中系数,对于受拉伸载荷 P 的腐蚀坑来说,其蚀坑底部和坑的截面处的相对较大应力,取 Mises 应力云图最大值,则有效应力集中系数为

$$K_T = \frac{最大\ Mises\ 应力}{P}$$

腐蚀坑的形状由参数 a、b、c 决定,b/c 及 a/c 不同,腐蚀坑形状就不同。本文对测量的蚀坑点进行分析发现,大部分 b/c、a/c 的值不超过4,且最大一般不超过10,这与文献[4]是一致的。

利用 ABAQUS6.10 对含不同形貌腐蚀坑的试验件进行建模分析,如图6和图7所示,表3和图8是不同形貌的腐蚀坑引起的应力集中统计与分析。随着 b/c 的增大,应力集中系数逐渐变小,而 a/c 增大,应力集中系数逐渐变大。

图6　含腐蚀坑试验件应力集中分析($b/c=2,a/c=2$)

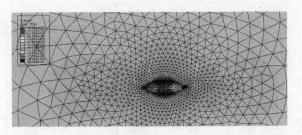

图7　局部放大图($b/c=2,a/c=2$)

表3 不同形貌腐蚀坑的应力集中系数统计

b/c	a/c				
	0.5	1	2	4	8
0.25	4.621	4.964	4.750	5.332	5.835
0.5	3.186	3.496	4.364	4.694	4.048
1	2.296	2.722	3.146	3.607	3.646
2	1.858	2.060	2.281	2.494	2.608
3	1.712	1.842	2.069	2.226	2.333
4	1.642	1.741	1.880	2.062	2.154
8	1.613	1.619	1.697	1.757	1.833

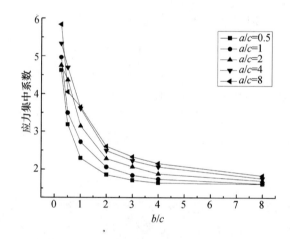

图8 不同形貌腐蚀坑的应力集中系数分析

不同的形貌的腐蚀坑引起的应力集中变化较大,而同一腐蚀坑在试验件不同位置引起的应力集中的变化不大,大约在5%以内。现以 $b/c=2,a/c=2$ 的腐蚀坑为例,分别向 $0°$、$30°$、$45°$、$60°$ 和 $90°$ 方向,并以腐蚀坑半宽度的倍数移动,计算分析得到,最大的应力集中系数与最小的应力集中系数相差0.1以内,即大约在5%以内,如表4和图9所示。

表4 不同位置的腐蚀坑的应力集中系数统计($b/c=2,a/c=2$)

移动方向/(°)	距离(半宽度的倍数)							
	0	1.0	1.25	1.75	2.0	4.0	6.0	8.0
0	2.281	2.283	2.288	2.290	2.282	2.326	2.304	2.339
30	2.281	2.301	2.273	2.275	2.273	2.319	2.271	2.290
45	2.281	2.283	2.279	2.301	2.276	2.299	2.286	2.274
60	2.281	2.280	2.289	2.289	2.305	2.305	2.358	2.266
90	2.281	2.285	2.304	2.304	2.280	2.276	2.315	2.284

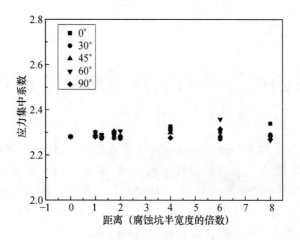

图 9 不同位置的腐蚀坑应力集中系数分析

参 考 文 献

[1] 董志航,廖志忠. 理论应力集中系数的有限元求法[J]. 航空兵器,2005,3.

[2] 任克亮,吕国志,等. 腐蚀结构损伤评估方法[J]. 机械强度,2007,19(6).

[3] 章刚,闫五柱,等. 铝合金点蚀对应力集中系数影响的分析[J]. 强度与环境,2009,36(4).

[4] Keith van der Walde. Corrosion – Nucleated Fatigue Crack Growth[D]. USA,Purdue University,2005.

(作者:陈定海,穆志韬,田述栋,孔光明,朱做涛。发表于《新技术新工艺》,2012 年第 07 期)

基于图像处理技术的铝合金腐蚀等级评定方法

摘　要: 以 LY12CZ 铝合金试件加速腐蚀试验为基础,得到不同腐蚀时间下铝合金腐蚀形貌。采用基于二值特征提取的图像处理技术,确定 LY12CZ 铝合金的灰度阈值为 0.25 ~ 0.3,并以此确定相应的孔蚀率,最终确定相应的腐蚀等级,以腐蚀等级作为铝合金腐蚀损伤的评价指标,为铝合金腐蚀损伤演化规律表征提出新的思路。

关键词: 腐蚀形貌;二值特征;图像处理;孔蚀率;腐蚀等级

1　引言

目前,对腐蚀程度的描述和评价参数一般包括腐蚀深度、腐蚀面积、失重率等定量指标,但是在工程应用实践中,采用这些定量指标来准确评价难度较大,加上实际结构的腐蚀又往往呈现极不均匀的分布状态,因此需要找到一种评定方法,既简单又适合工程应用的腐蚀评价标准。

在腐蚀科学与工程中,腐蚀图像包含着大量的腐蚀信息[1],表面腐蚀形貌图像是判别腐蚀类型、分析腐蚀程度、研究腐蚀规律与特征的重要依据,从表面腐蚀形貌图像中提取形貌特征参数,对腐蚀形貌以定量化描述,对深入研究腐蚀规律具有重要的意义。本文将采用图像处理技术,对铝合金的腐蚀等级评定进行研究,其流程图如图 1 所示。

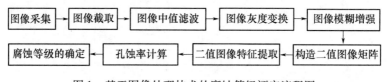

图 1　基于图像处理技术的腐蚀等级评定流程图

2　腐蚀灰度图像

由于采集到的彩色图像不能用于特征的提取,因此必须对图像进行灰度化处理,灰度图像是包含灰度级(亮度)的图像,共有 256 个灰度级[2,3],以数据矩阵表示,矩阵的每一个像素点所对应的灰度值介于 0 ~ 255 之间。其中,0 代表黑色,255 代表白色,1 ~ 254 分别代表黑色到白色之间的各级过渡色(灰色)。

图 2 为经过数字化处理的腐蚀后的铝合金灰度图像及其一微小区域的数据矩阵,图中微小区域被数字化为 11 × 11 的矩阵,矩阵中每个像素点的灰度值都在 0 ~ 255 之间,灰度最小值为 22,是蚀坑区域,最大值为 155,是基体材料。因此,腐蚀图像灰度值的大小分布不仅是灰度级的体现,而且也反映了铝合金材料表面腐蚀的基本状况。

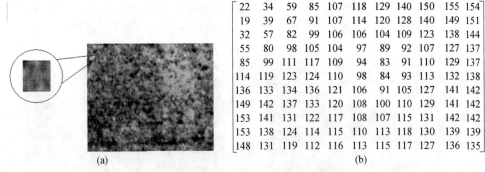

$$\begin{bmatrix} 22 & 34 & 59 & 85 & 107 & 118 & 129 & 140 & 150 & 155 & 154 \\ 19 & 39 & 67 & 91 & 107 & 114 & 120 & 128 & 140 & 149 & 151 \\ 32 & 57 & 82 & 99 & 106 & 106 & 104 & 109 & 123 & 138 & 144 \\ 55 & 80 & 98 & 105 & 104 & 97 & 89 & 92 & 107 & 127 & 137 \\ 85 & 99 & 111 & 117 & 109 & 94 & 83 & 91 & 110 & 129 & 137 \\ 114 & 119 & 123 & 124 & 110 & 98 & 84 & 93 & 113 & 132 & 138 \\ 136 & 133 & 134 & 136 & 121 & 106 & 91 & 105 & 127 & 141 & 142 \\ 149 & 142 & 137 & 133 & 120 & 108 & 100 & 110 & 129 & 141 & 142 \\ 153 & 141 & 131 & 122 & 117 & 108 & 107 & 115 & 131 & 142 & 142 \\ 153 & 138 & 124 & 114 & 115 & 110 & 113 & 118 & 130 & 139 & 139 \\ 148 & 131 & 119 & 112 & 116 & 113 & 115 & 117 & 127 & 136 & 135 \end{bmatrix}$$

(a)   (b)

图2 数字化处理后的灰度图像及其数字矩阵

(a) 灰度图像;(b) 数字矩阵。

3 加速腐蚀试验

为确定腐蚀等级,需要对铝合金试件进行加速腐蚀试验,腐蚀试验采用 75mm × 40mm ×3mm 的 LY12CZ 铝合金试件,采用 HB 5455—90 标准对试件进行全浸试验,试验溶液为 EXCO 标准溶液。浸泡周期分别为 24h、48h、72h、120h、168h、240h,并对不同腐蚀时间的腐蚀形貌进行提取。

4 腐蚀图像预处理

腐蚀图像采集完毕后,由于光照条件、转换器件的精度以及在传输过程中的信息的损失和噪声干扰等影响,都会影响图像质量,从而影响腐蚀等级的评价,因此需要对图像进行一系列预处理后,才能进行图像特征的提取[4,5]。

4.1 图像中值滤波

中值滤波是对腐蚀形貌图像的干扰脉冲和点状噪声有良好的抑制作用,而对图像边缘能较好保持的非线性图像处理方法[6]。使用中值滤波滤除图像噪声的方法有多种,而且十分灵活。选用的窗口有 3×3、5×5、7×7 像素窗口,一般先使用小尺度窗口,然后逐渐加大窗口尺寸。图3 为采用 3×3 像素窗口浸泡 72h 后中值滤波后效果图。

4.2 图像灰度变换

一般图像采集所摄取样品表面腐蚀形貌图像只具有一定亮度响应范围,常出现对比度不足的弊病,使人眼看图像时视觉效果很差。另外,在某些情况下,需要将图像的灰度级整个范围或者其中的某一段扩展或压缩到记录器件输入灰度级动态范围之内,以便显示图像中需要的图像细节,从而大大改善人的视觉效果[7]。图4 为浸泡 72h 后灰度变换后的效果图。

4.3 模糊增强

分析轻微腐蚀以及点蚀图像时,试样的真实形貌特征可能淹没在背景图像中,腐蚀形貌图像的轮廓和边缘比较模糊且形状很不规则,通常的边缘检测方法不能很好地从图像中提取腐蚀形貌特征[8]。为了从图像中提取有用的腐蚀信息,就要用到一种特殊的边缘检测方法——模糊增强处理。图 5 为浸泡 72h 后模糊增强后的效果图。

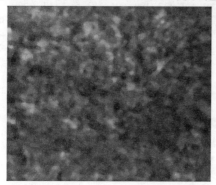

图 3　浸泡 72h 后的中值滤波效果图　　　　　图 4　浸泡 72h 后的灰度变换效果图

5　基于二值腐蚀图像的特征提取

通常,腐蚀区域的形状极不规则,用传统的集合方法难以精确地计算腐蚀面积,因此必须对图像进行二值化处理[9]。二值图像只有纯黑和纯白两种灰度,使铝合金表面孔蚀图像中的颜色分为坑蚀点(前景点像素灰度值为 1)和基体(背景点像素灰度值为 0)。目前较常见的灰度图像二值化的方法是阈值确定法。若腐蚀图像 $f(x,y)$ 中,腐蚀区域和材料基体的灰度阈值分别为 T_c、T_m,$g(i,j)$ 为图像中位值为 (i,j) 处的像素点的灰度值,则在二值化图像中,$g(i,j)$ 转换为

$$g(i,j) = \begin{cases} 1 & (T_m < g(i,j) < T_c) \\ 0 & （其他） \end{cases} \tag{1}$$

图 6 为浸泡 72h 的二值图像。图像二值化后,根据像素点的值即可对孔蚀区域和未腐蚀区域进行特征提取。图 7 为腐蚀孔面积直方图,图中横坐标表示蚀孔数目,纵坐标表示蚀孔面积,可见试样表面共有 278 个蚀孔,面积大小不一,图中试样最大蚀孔面积高达 1769 个像素点,而最小蚀孔只有 1 个像素点。得到了蚀孔面积以后就可以计算试件的孔蚀率,即

$$p = \frac{蚀孔面积}{图像总面积} \tag{2}$$

图 5　浸泡 72h 后的模糊增强效果图　　　　　图 6　浸泡 72h 后的二值图

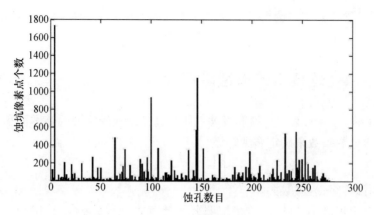

图7 腐蚀孔面积直方图

不同腐蚀时间、不同阈值 T_m 下的孔蚀率见表1,其拟合曲线图8所示。

表1 不同腐蚀时间、不同阈值下的孔蚀率

阈 值	腐蚀时间/h					
	24	48	72	120	168	240
0.5	0.4512	0.4984	0.5308	0.5651	0.5866	0.5994
0.35	0.1004	0.1734	0.2652	0.3814	0.4636	0.5130
0.3	0.04318	0.0931	0.16501	0.27207	0.39964	0.47164
0.25	0.03257	0.0791	0.1314	0.2568	0.3366	0.4298
0.2	0.00887	0.0275	0.0484	0.1191	0.1777	0.2853

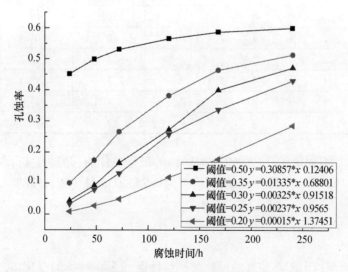

图8 不同腐蚀时间、不同阈值下的蚀孔率示意图

从表1及图8可知,孔蚀率以增长曲线的形式随加速腐蚀时间变化,其拟合曲线的相关性比较高,并且阈值的选择对孔蚀率的结果有很大的影响(阈值选取较大时,孔蚀率较大,这是因为当阈值选择较大时,图像处理过程中将会把基体缺陷当成蚀坑;当阈值选取

较小时,图像处理过程中将会把蚀坑当成基体),因此阈值的选择对图像处理结果会有很大的影响。

6 基于图像处理技术的腐蚀等级评定

根据 GB 6461—86,数字腐蚀等级评定体系基于出现的腐蚀的基本面积,按照将孔蚀率化整到最接近的整数来确定腐蚀等级,其计算公式为

$$M = 3(2 - \lg P) \tag{3}$$

式中:M 为腐蚀等级;p 为孔蚀率。

对于缺陷面积极小的试样,严格按照公式计算将导致评级大于 10 级。因此,式(3)仅限于 $p > 0.046416\%$ 的试样。通常,对没有出现基体金属腐蚀的表面,认为规定为 10级。表 2 列出了根据式(3)计算得到的化整到最接近整数所对应的腐蚀等级。

表 2　化整到最接近的整数对应的腐蚀等级

孔蚀率 $p/\%$	$0 < p \leqslant 0.1$	$0.1 < p \leqslant 0.25$	$0.25 < p \leqslant 0.5$	$0.5 < p \leqslant 1$	$1 < p \leqslant 2.5$
腐蚀等级 M	9	8	7	6	5
孔蚀率 $p/\%$	$2.5 < p \leqslant 5$	$5 < p \leqslant 10$	$10 < p \leqslant 25$	$25 < p \leqslant 50$	$50 < p$
腐蚀等级 M	4	3	2	1	0

根据表 1 和表 2 可以判断不同腐蚀时间下的腐蚀等级,见表 3。

表 3　不同腐蚀时间、不同阈值下的腐蚀等级

阈值	腐蚀时间/h					
	24	48	72	120	168	240
0.5	1	1	0	0	0	0
0.35	2	2	1	1	1	0
0.3	4	3	2	1	1	1
0.25	4	3	2	1	1	1
0.2	6	4	4	2	2	1

由表 3 可知,当阈值为 $0.25 \sim 0.3$ 时腐蚀等级是一样的,并且与实际结果比较吻合,因此,对于 LY12CZ 铝合金试件来说,阈值选为 $0.25 \sim 0.3$ 是比较合理的。

7 结论

(1) 图像处理技术能够较好地反映材料腐蚀区域形貌特征的变化,将腐蚀区和基体材料区分开。

(2) 在基于二值特征提取的基础上,能精确地得到孔蚀面积,解决了以往传统几何方法难以精确地计算不规则孔蚀面积的问题。

(3) LY12CZ 铝合金材料在 EXCO 溶液中,孔蚀率以增长曲线的形式随加速腐蚀时

间变化,并且腐蚀图像二值化的阈值选取对腐蚀等级的评定有很大的影响。

（4）对于 LY12CZ 铝合金来说,计算孔蚀率时灰度阈值取 0.25～0.3 是比较合理的。

参 考 文 献

[1] 纪纲,李红梅,张伦武. 对镀层材料外观腐蚀特征的识别及分析处理[J]. 表面技术,2001,30(1):21 - 24.

[2] 崔屹. 数字图像处理技术与应用[M]. 北京:电子工业出版社,1997.

[3] 沈庭芝. 数字图像处理及模式识别[M]. 北京:北京理工大学出版社,1998.

[4] Brence J R. , Brown D E. Data mining corrosion from eddy current mon - destructive test[J]. Computers&Industrial Engineering,2002,43(4):821 - 840.

[5] Jemberg. P. Corrosion evaluation of coated sheet metal by means of thermography and image analysis[C]. Proceedings of SPIE. The International Society for Optical Engineering, USA: International Society for Engineering, 1991, 1467: 295 - 302.

[6] 陈春宁,王延杰. 在频域中利用同态滤波增强图像对比度[J]. 图像处理,2007,23(2 - 3):264 - 266.

[7] Silva J W J,Bustamante A G,Codaro E N, et al. Morphological analysis of pit formed on Al 2024 - T3 in chloride aqueous solution[J]. Applied Surface Science,2004,236(1 - 4):356 - 365.

[8] Itzhak D, Dinstein I,Zilberberg T. Pitting corrosion evaluation by computer image processing[J]. Corrosion Science,1981, 21(1):17 - 22.

[9] 吕俊哲. 图像二值化算法研究及其实现[J]. 科技情报开发与经济,2004,14(2):266 - 268.

（作者:朱做涛,穆志韬,苏维国,陈定海。发表于《南京航空航天大学学报》2010 年第 03 期）

LC3 铝合金材料腐蚀等级评定

摘　要:铝合金在航空工业中应用广泛,在飞机服役过程中,铝合金构件会受到环境的腐蚀损伤,从而对其力学性能造成极大的退化。由于预算减少,很多飞机都会超期服役,在铝合金构件延寿过程中,腐蚀损伤的影响是最大的。因此,需要对铝合金腐蚀损伤进行评级,从而制定相应的防护措施。

关键词:铝合金;腐蚀评级;腐蚀坑;剩余寿命

1 引言

由于 LC3 铝合金具有较低的密度以及较高的强度,因此广泛应用于飞机结构中。在飞机服役过程中,自然环境会对铝合金构件造成腐蚀,更加有利于疲劳裂纹扩展,严重危害飞机机体安全。腐蚀损伤是不可避免的,必须制定措施将腐蚀损伤控制在一个可以接受的范围内。只要腐蚀损伤位于该范围之内,结构就有较高的安全裕度。但是腐蚀机理复杂,腐蚀的表现千差万别,因此需要制定一套标准来评估腐蚀损伤的程度进而制定相应的措施。飞机工程中采用腐蚀等级来描述飞机构件表面的腐蚀状况,腐蚀等级评价得当与否直接关系到环境当量关系的准确性[1],因此有必要建立一套简便实用的腐蚀评级标准。

2 腐蚀试验

试验件为航空用超硬铝合金 LC3,专门用作受力较大的铆钉,属于 Al – Zn 系合金。试件采用光滑板材,材料成分与主要力学性能见表 1。试件尺寸如图 1 所示,依据美国材料协会(ASTM)的 G34 – 1 标准来配备腐蚀溶液。将 234g NaCl 和 64.9g KNO_3 以及 6.3mL 70%(质量分数,后同)浓硫酸加入适量蒸馏水配成 1L EXCO 溶液,溶液 pH 值为 0.4[1,2],用丙酮清洗试件清洗污渍,并对试件原始表面损伤情况进行记录。试验中共 90 个试件,24h 为 1 个周期,每个浸润周期结束后抽出 3 个试件,最长浸润 30 天。

表 1　LC3 铝合金成分以及主要性能参数

材料	化学成分(质量分数)/%					力学性能			
	Cu	Mn	Mg	Zn	Al	E/GPa	$\sigma_{0.2}$/MPa	σ_b/MPa	δ/%
LC3	1.4~2.0	0.4~0.6	1.2~1.6	6.0~6.7	余量	54.4850	440	520	15

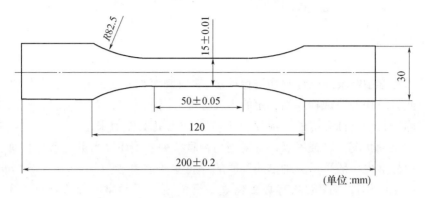

(单位:mm)

图1　试件尺寸

3　LC3 铝合金腐蚀损伤形貌

　　对腐蚀后的试件表面损伤区域在金相显微镜下进行观测,并随机选取区域进行观测,测量腐蚀损伤数据。图2中列出了放大300倍不同腐蚀时间的试件腐蚀区的损伤形貌对比。从图2中可以看出随着腐蚀损伤加深,试件表面逐步由光滑转变为粗糙。铝合金在空气中可以形成一层保护层,但是在酸性 EXCO 溶液浸润下,这层氧化保护膜会被 Cl⁻ 破坏,从而使得腐蚀向铝合金基体扩展。铝合金是面心六面体结构。晶粒之间的结合面抗腐蚀能力较差,因此腐蚀损伤首先发生在晶粒结合部位,铝合金晶粒轮廓逐步显现,呈现出典型的晶间腐蚀形貌,此时形成的腐蚀坑深度较浅,表面积很小,如图2(b)所示。随着浸润时间增长,晶间腐蚀扩展,腐蚀坑持续增多,较大的腐蚀坑相互连接,形成剥蚀,晶粒被从基体材料上腐蚀掉。由于 LC3 铝合金含有 Mg 和 Zn 固溶相,其腐蚀电位相对较低,因此在 Mg 和 Zn 富集区更容易发生大面积的剥蚀,如图2(e)所示。

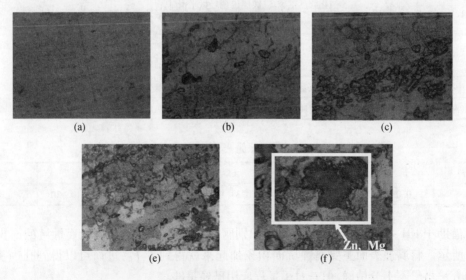

图2　不同腐蚀时间下的试件腐蚀损伤形貌

(a) $t=1$ 天；(b) $t=3$ 天；(c) $t=9$ 天；(d) $t=15$ 天；(e) $t=19$ 天。

4 腐蚀评级

腐蚀工程学中需要对腐蚀损伤进行评级,然后制定相应的防护措施。腐蚀等级是为衡量材料或者结构的腐蚀程度而制定的工程标准。腐蚀等级评定是按照材料或者结构的表观特征确定材料腐蚀等级的一项评价工作[1]。飞机工程中采用腐蚀等级来描述飞机构件表面的腐蚀状况。腐蚀等级评价得当与否直接关系到环境当量关系的准确性。现有的腐蚀评价标准中一般采用多种描述性质的评价术语或者参数,诸多定量分析指标又不适用于大型工程构件[1]。因此有必要建立一套简便实用的腐蚀评级标准。参照 HB—5192《镀层和化学覆盖层表观腐蚀等级评定方法》的规定,对诸如铝合金结构等表面斑点腐蚀结构,如化学覆盖层保护的铝合金结构,按腐蚀破坏百分率确定腐蚀等级,也称表观腐蚀等级[1]。腐蚀破坏百分率为

$$\eta = \frac{F_0}{F_1} \times C \tag{1}$$

式中:F_0 为考核区域腐蚀斑点面积;F_1 为考核区域总面积(F_0/F_1 即孔蚀率 α);C 为腐蚀深度修正系数,按表 2 确定,对于本部分腐蚀时间为 9 天以下的试件取 $C = 1/3$,10～30 天的试件取 $C = 1$。

根据式(1)计算出来的腐蚀破坏百分率按照表 3 就可以对应找出其所对应的表观腐蚀等级 F。

表 2　腐蚀深度修正系数[3]

腐蚀深度	修正系数 C	破　坏　特　征	
		阳极性镀层	阴极性镀层
极浅	1/10	钝化膜严重破坏,镀层出现轻微平滑斑点	轻微镀层腐蚀,未穿透到基体
浅	1/3	镀层轻微腐蚀,轻微浅淡的基体金属锈点	明显的镀层腐蚀,未穿透到基体,未破裂的气泡
中等	1	镀层或基体明显腐蚀	基体金属明显腐蚀
深	2	基体金属严重腐蚀	腐蚀严重凸起、剥落

表 3　铝合金的表观腐蚀等级[3]

F	1	2	3	4	5	6	7	8
$\eta/\%$	<0.03	0.03～0.1	0.1～0.3	0.3～1	1～3	3～10	10～30	>30

借助于 KH–7700 电子显微镜可以识别腐蚀坑,并自动计算出复杂腐蚀坑的面积,如图 3 所示。将腐蚀表面主要腐蚀坑面积累加起来就得到了 F_0,进而可以得到孔蚀率 α。这种方法虽然不十分精确,但是对于工程应用已经足够。

每个腐蚀周期测定 3 个试件的正、反面孔蚀率,将 6 个测量表面的孔蚀率均值作为该腐蚀年限的孔蚀率,从而得到不同浸润周期试件所对应的表观腐蚀等级,如图 4 所示。可

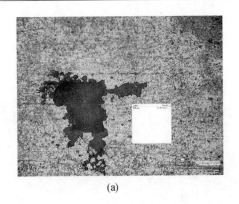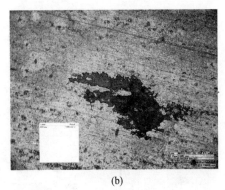

图3 腐蚀坑面积测量

（a）浸润9天试件表面腐蚀坑（面积为0.056mm²）；（b）浸润19天试件表面腐蚀坑（面称为0.066mm²）。

以近似用线性关系进行拟合，即

$$F = 0.2187t + 1.1557 \tag{2}$$

式中：t 为浸润时间（天）。

一般情况下腐蚀等级只取整数值。如果有需要也可以用分数值来区分整数腐蚀等级之间的评级。

除上面描述的表观腐蚀等级评定方法，航空工程中常用的腐蚀评级还有保护等级 R。根据国家标准 GB/T 6461—2002[4]，保护等级评定计算公式为[5]

$$R = 3(2 - \lg\alpha) \tag{3}$$

不同浸润时间下的试件的保护等级 R_p 如图4所示。

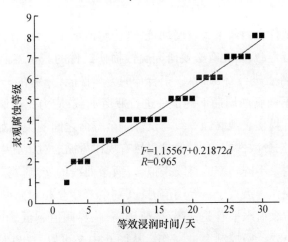

图4 表观腐蚀等级随浸润时间变化曲线

比较两种腐蚀等级评定结果（图5）发现：在低孔蚀率的情况下，两种评价方法得到的腐蚀评级几乎相同；随着孔蚀率的提高，保护评级要略高于表观腐蚀等级，两种腐蚀等级评定结果随着孔蚀率的变化趋势可以利用 Origin 软件里的 Hill 增长模型来描述（差别在于指数不相同），即

$$F = 8.52 \times \frac{\alpha^{0.543}}{\alpha^{0.543} + 0.009^{0.543}} \tag{4}$$

$$F = 10.91 \times \frac{\alpha^{0.538}}{\alpha^{0.538} + 0.009^{0.538}} \tag{5}$$

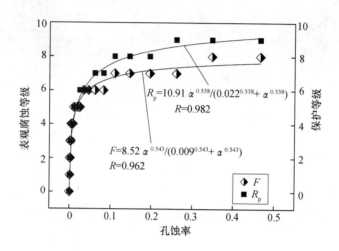

图5　两种腐蚀损伤评级的比较

5　预腐蚀试件腐蚀等级与剩余寿命关系的研究

腐蚀损伤会在试件表面留下大量腐蚀坑,这些腐蚀坑在疲劳载荷作用下会产生裂纹,从而缩短试件的疲劳寿命,因此有必要研究腐蚀损伤试件的剩余寿命变化情况。腐蚀试验在 MTS 疲劳试验件上进行,根据 LC3 铝合金的力学性能,分别在 350MPa 和 400MPa 两个应力水平下对于不同腐蚀周期下的试件进行疲劳加载,应力比控制为 $R = 0.1$,得到的不同应力水平下试件损伤表观腐蚀等级与试件剩余寿命之间的关系如图6所示。从图6中可以看出,尽管数据分散性非常大,但是仍然有规律可循。对于其中每一个应力水平下的数据点都可以用两条不同斜率的直线来拟合,两条曲线的交点位置就是腐蚀等级临界阈值。当试件腐蚀损伤等级大于临界阈值时,其剩余寿命会相对急剧降低。腐蚀对于剩余寿命的影响与疲劳载荷水平有关,疲劳载荷越高,临界阈值越低。这就意味着,承受高应力的铝合金部件更要严格控制腐蚀损伤。从图6中又可以看出:对于 350MPa 载荷条件下,表观腐蚀等级临界阈值为5;而对应于 400MPa 载荷条件下的表观腐蚀等级临界阈值为3。该铝合金的屈服强度 $\sigma_{0.2}$ 为 440MPa(见表1),其在飞机使用中的承受载荷不会超过 400MPa,因此必须控制该合金构件表观腐蚀等级在3以下才能确保较大的剩余寿命安全裕度。根据图5的结果,在低腐蚀损伤(腐蚀等级小于5级)的情况下,表观腐蚀等级和保护等级差别不大,因此上面的讨论也适用于保护腐蚀等级。

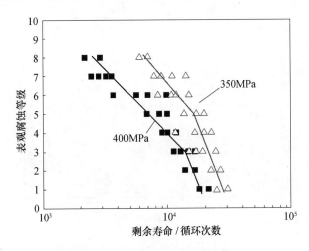

图6　腐蚀等级与试件剩余寿命之间的关系

6　腐蚀坑深度评价

腐蚀深度是表征试件腐蚀程度的参量。腐蚀疲劳裂纹往往会从试件表面较深的蚀坑处成核扩展,它也是影响金属部件寿命预测的一个重要腐蚀参量[1,5,6]。因此。在此对浸润0、7天、15天、19天的试件表面平均蚀坑深度进行统计,统计结果见表4。

表4　不同浸润时间下试件蚀坑平均深度

浸润时间/天	0	7	15	19
平均蚀坑深度/μm	0	104.91	236.49	280.69

用 Origin 软件拟合该曲线,结果如图7所示。从图中可以看出,基于加速腐蚀环境谱进行的预腐蚀试验,当腐蚀时间不超过19天时,腐蚀损伤所造成的蚀坑的平均深度随着浸润时间呈线性增长,即

$$D = 15.08t + 0.9541 \tag{6}$$

式中:D 为试件表面蚀坑的平均深度(μm);t 为浸润时间(天)。

这与目前多数腐蚀研究报道的蚀坑平均深度正比于腐蚀时间的1/3次方有一定的差异。这是由于试验浸润周期较短,而且 LC3 有较强的抵御腐蚀的能力,因此造成的腐蚀损伤还不深。根据铝合金腐蚀的机理,当随着腐蚀加深,腐蚀产物会逐步堆积在腐蚀坑底部,这些腐蚀产物的存在会阻碍腐蚀的进一步深入,因此腐蚀速度应该会逐步减慢。式(6)只是 LC3 铝合金在低腐蚀损伤情况下的腐蚀坑深度变化的一个线性近似。

由于腐蚀时间是与具体腐蚀方式相关的参数,不同的腐蚀方式的腐蚀时间意义不尽相同。但是,孔蚀率、腐蚀等级以及蚀坑平均深度等参量与具体的加速预腐蚀方式关系相对不大,因此蚀坑深度、腐蚀等级随孔蚀率的变化曲线能更深刻地反映出腐蚀损伤变量之间的关系。

图8为蚀坑平均深度以及腐蚀等级随着孔蚀率的变化曲线。其变化曲线均为非简单

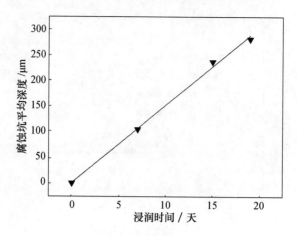

图7　不同浸润时间下试件蚀坑平均深度

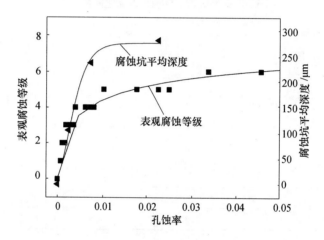

图8　腐蚀等级与蚀坑平均深度随孔蚀率的变化曲线

的线性关系。由蚀坑平均深度随孔蚀率变化曲线可见：随着腐蚀的进行，蚀坑平均深度的增长趋势相对孔蚀率的增长趋缓，说明深度方向的腐蚀损伤受到了抑制。该变化曲线可以用 Origin 软件中 Sgompertz 增长模型进行模拟，即

$$D = 275.3948 \times e^{-e^{442.1334 \times (\alpha - 0.0028)}}$$ （7）

式(7)所示关系与造成腐蚀损伤的具体方式不同，反映的是材料本身的腐蚀性能。

7　结论

本部分工作基于腐蚀加速环境谱对于 LC3 铝合金进行预腐蚀试验，为接下来的疲劳试验准备好试验件。主要获得了以下结果：

（1）在 EXCO 溶液腐蚀条件下，建立 LC3 铝合金表观腐蚀等级以及保护腐蚀等级与浸润腐蚀时间的关系。

（2）建立了试件表面腐蚀坑平均深度与腐蚀浸润时间的关系，与之前的报道不同，基于 EXCO 溶液浸润腐蚀，当浸润时间低于 19 天时，LC3 试件表面蚀坑平均深度与浸润时

间呈线性关系。

（3）为了确保较高的安全裕度,LC3 铝合金构件的表观腐蚀等级不宜超过 3 级。

参 考 文 献

［1］王逾涯,韩恩厚,孙祚东,等.LY12CZ 铝合金在 EXCO 溶液中的腐蚀行为研究[J]. 装备环境工程,2005,2(1):
　　15 – 21.

［2］王红斌,刘海燕.预腐蚀疲劳寿命分散系数研究[J].装备环境工程,2011,9(3):28 – 34.

［3］穆志韬,曾本银.直升机结构疲劳[M].北京:国防工业出版社,2009.

［4］GB/T 6461—2002,金属基体上金属和其他无机覆盖物经腐蚀试验后的试样和试件的评级[S].

［5］Engelhart G,Strehblow H H. The Determination of the shape of developing corrosion pits[J]. Corrosion Science,1994,36
　　(10):1711 – 1725.

［6］李敏伟,傅耘,蔡良续,等.航空产品腐蚀损伤当量折算方法研究[J].装备环境工程,2010,6:28 – 33.

（作者:李旭东,朱武峰,张德龙,穆志韬。发表于《装备环境工程》,2013 年第 02 期）

第四篇　高周疲劳损伤分析技术

高周疲劳载荷环境下动部件的寿命评估

摘　要:本文分析了直升机承受高周疲劳载荷动部件的安全使用寿命评定方法,并用算例进行了计算;分析了实测统计载荷谱中高载的截取概率对直升机部件疲劳使用寿命的影响。

关键词:直升机;使用寿命;载荷谱;高周疲劳;动部件

1 引言

目前,直升机在我国主要应用于运输、反潜、海上巡逻、救护、通信等任务,它的结构特点及其飞行使用特点,决定了直升机的许多动部件如旋翼、尾桨等经常处在非对称流场中工作,由于这些动部件的高速转动,直接导致主要直升机动部件及其相邻结构在高循环、低应力幅值的振动疲劳载荷环境下工作。这种以高周振动疲劳为主的直升机结构,其特点是载荷复杂、结构特殊、飞行状态复杂多变,加之动部件多为单通道传力的要害构件,一旦在飞行中发生疲劳破坏往往导致灾难性事故。

直升机动部件的疲劳寿命评定方法,目前国内外主要采用安全寿命评定思想,并辅以损伤容限技术确保安全,其评定框图如图 1 所示。主要包括以下三个方面的内容:

(1)由飞行实测载荷和飞行状态确定结构的疲劳载荷谱。

(2)确定经过统计处理的小试件和全尺寸结构试件的试验数据为基础的安全 $S—N$ 曲线,即确定结构的疲劳特性。

(3)采用 Miner 累计损伤理论进行寿命计算,并给出使用寿命。

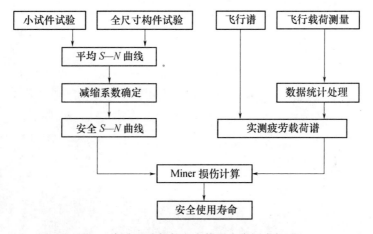

图 1　直升机动部件安全使用寿命评定框图

200

2　直升机动部件安全使用寿命的计算

安全寿命要求在给定寿命期内,结构疲劳破坏的概率极小(如取 $10^{-5} \sim 10^{-6}$)。在确定结构及其动部件安全使用寿命时,考虑到疲劳特性的分散性,应采用一定的寿命分散系数或疲劳强度减缩系数。对于承受高周疲劳、低周疲劳及它们两者的组合情况,应分别采用疲劳强度减缩系数、寿命分散系数及它们两者的结合。

2.1　动部件结构的疲劳特性

动部件结构的疲劳特性主要是指高周振动疲劳的 S—N 曲线特性。必须通过结构的全尺寸疲劳试验确定。

通过疲劳试验较满意地确定结构件的 S—N 曲线,一般需要几十个全尺寸结构试件。对于直升机动部件来说,无论是经费或者研制周期都是无法承担的。为此在大量的经验和研究基础上,对于动部件高周疲劳问题,采用三条基本假设:①构件与具有相同材料小试件的 S—N 曲线形状相同;②构件对应于不同存活率的 S—N 曲线形状相同;③构件的疲劳极限是一个随机变量,呈对数正态分布。

根据上述基本假设,可以通过材料的小试件确定其 S—N 曲线的形状,再通过少量的结构件全尺寸试验(一般取 $n=6$)确定平均 S—N 曲线的位置,然后按照对数正态分布的统计分析确定具有一定成活率和置信度的动部件安全 S—N 曲线。

2.2　疲劳曲线方程及其形状参数

描述结构件 S—N 曲线的方程很多,有幂函数公式、Basquin、Weibull、Stromeyer 等公式,但是在直升机动部件疲劳评定中,根据动部件的承载特点及直升机界在总结过去大量经验的基础上,认为采用 Stromeyer 曲线方程较合适,该方程能较好地描述了 S—N 曲线的中长寿命区和疲劳极限的特点。其方程为

$$\frac{S_a}{S_\infty} = 1 + \frac{A}{N^\alpha}$$

式中:S_a 为交变应力水平;S_∞ 为疲劳极限;N 为与 S_a 相应的疲劳破坏循环次数(其计算单位取 10^6 次为"1");A、α 分别为曲线方程形状参数。

其中,疲劳曲线方程形状参数 A、α 采用大量材料标准小试件的疲劳试验数据拟合,并用来近似代替结构件的 A、α 参数。但这些通过拟合得到的参数值,即使是同一种材料,因机械加工、热处理工艺、材料规格等不同,都会使拟合得到的 A、α 有很大的分散性。任何一个具体的结构件,均有各种条件的差异,而又不可能对所有的结构件进行大量的疲劳试验进行拟合。目前,我国直升机研制中,根据我国直升机发展的具体情况和现有的研究验证[1],直升机结构中采用典型材料的结构疲劳曲线参数值,可采用表1中的推荐值,这些参数与法国直升机疲劳评定中采用的基本相同。

表1　疲劳曲线形状参数

材料	钢		铝合金		钛合金	
有无擦伤腐蚀	有	无	有	无	有	无
A	0.526	0.0323	0.892	0.483	0.811	0.205
α	0.677	1.0	0.5	0.5	0.63	0.49

2.3　安全疲劳极限确定

对承受高周疲劳载荷的直升机动部件,其 $S—N$ 曲线在长寿命区比较平坦,长寿命区对数疲劳寿命常不符合正态分布或仅是近似地符合,而疲劳强度常符合对数正态分布。因此,不能像固定翼机那样采用寿命分散系数法得到安全寿命,而应采用疲劳强度纵向减缩确定安全疲劳极限的方法来确定动部件的安全使用寿命。

确定安全的 $S—N$ 曲线减缩系数 J_p 数理统计理论,采用带有一定存活率、置信度的疲劳强度减缩系数对结构的中值疲劳极限进行缩减。

$$S_{\infty p} = \frac{S_{\infty n}}{J_p}$$

式中: $S_{\infty,n}$ 为 n 个试件疲劳极限的均值; $S_{\infty p}$ 为置信度为 Y、存活率为 P 的安全疲劳极限; J_p 为减缩系数。

减缩系数对动部件的疲劳寿命计算影响十分明显,合理确定减缩系数是整个疲劳评定工作中十分重要的一环。减缩系数可按下式计算:

$$J_p = \max\{J_{p3}, \min(J_{p2}, J_{p1})\}$$

式中

$$J_{p1} = 10^{-ks}$$
$$J_{p2} = 1/(0.35 + 10^{ks}/b)$$
$$J_{p3} = 1/(0.35 + 10^{k\sigma}/b)$$

其中: $b = \max\{10^{k\sigma}/[10^{(u_p - u_r\sqrt{n})\sigma} - 0.35], 2\}$（ U_p 、 U_r 、 k 分别为与存活率 P 、置信度 Y 相关的标准正态偏量和单侧容限系数; σ 、 s 、 n 分别为疲劳极限的对数母体标准差、字样标准差及子样数）。

2.4　动部件疲劳寿命的计算

直升机结构动部件疲劳寿命计算时,采用 Miner 线性累计损伤理论,认为构件在多级交变载荷作用下所造成的损伤可线性叠加,当累积损伤等于某一常数时构件疲劳破坏。根据 Miner 假设和动部件减缩后的安全 $S—N$ 曲线,用实测统计载荷谱进行疲劳寿命计算。

某飞行状态下每飞行小时的损伤为

$$D_{u_j} = \sum_{i=1}^{k} \frac{n_i}{N_i} \tag{4}$$

式中:$N_i = [A/(S_{a_i}/S_{\infty p} - 1)]^{1/\alpha}$;$n_i$ 为飞行状态中第 i 级载荷每小时出现的频数;N_i 第 i 级载荷作用下至破坏的循环数;k 为离散载荷级数。

考虑飞行谱后,每飞行小时的总损伤为

$$D_h = \sum_{j=1}^{m} \delta_j \cdot D_{u_j} = \sum_{j=1}^{m} \delta_j \cdot \sum_{i=1}^{k} \frac{n_i}{N_i} \times 10^{-6} \qquad (5)$$

安全使用寿命为

$$L_f = 1/D_h \qquad (6)$$

式中:m 为造成损伤的飞行状态总数;δ_j 为飞行谱中第 j 个状态的出现率。

3　算例

以某型直升机的尾桨叶作为算例,按照上述疲劳寿命的评定步骤进行计算。

3.1　参数选取

全尺寸试验件数 $n = 6$,取存活率 $P = 99.9999\%$,置信度 $Y = 90\%$。按照我国直升机生产厂家的统计资料及工艺水平,暂定厂家的母体标准差水平估计值 $\sigma = 0.054$;经计算得缩减系数 $J_p = 1.87$;经尾桨叶构件试验数据统计分析得 $S_{\infty m} = 776 \text{N} \cdot \text{m}$;则安全疲劳极限 $S_{\infty p} = 415 \text{N} \cdot \text{m}$。

Stromeyer 方程中的参数 A、α 选取表 1 中有微动擦伤、腐蚀情况下的 A、α 值:$A = 0.526$,$\alpha = 0.667$,其缩减前后的 S—N 曲线如图 2 所示。

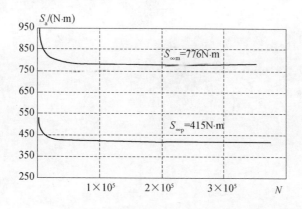

图 2　尾桨叶缩减后的 S—N 曲线

3.2　载荷谱

计算时参照国外直升机动部件寿命计算方法,为了飞行安全把各飞行状态的损伤放大 1.2 倍,并把计算结果与该型直升机国外提供的尾桨叶计算寿命进行比较,其计算结果见表 2。

表 2　高载截取概率对尾桨叶疲劳计算寿命的影响

截取标准	99.9%	99.99%	99.995%	99.999%
计算寿命/h	3315	2986	2943	2936
相对误差/%	27.6	19.6	18.5	18.3

由表 2 中的计算结果比较可知,高载截取标准超过 99.99% 以后,对尾桨叶的疲劳计算寿命影响较小。因而参考有关资料介绍[2],并结合本文计算结果,建议编制直升机动部件疲劳载荷谱时,若空测的起落次数比较少,高载的截取概率取 99.99% 为宜。

参 考 文 献

[1] 夏千友.疲劳曲线形状参数及其对计算寿命的影响分析[J].直升机技术,1994(1).

[2] 李祖钊,夏千友.直升机疲劳定寿技术研究及应用.中国航空科技报告,1995.

[3] Liard F. Fatigue of Helicopter Sevice Life Evaluation Method, AGAR – D – R – 674, 1978.

(作者:穆志韬,段成美,谭海昌。发表于《海军航空技术学院学报》,1998 年第 02 期)

某型直升机主桨叶配重条甩出故障分析

摘　要: 针对某型直升机主桨叶大梁内腔充气压力过大造成大梁内腔配重条在飞行时甩出故障,本文运用 Ansys 软件进行三维有限元分析计算,研究了充气压力大小及环境温度变化对大梁前缘槽张开位移的影响,得出了导致使配重条甩出的临界压力值。

关键词: 直升机;主桨叶;配重条;有限元;动部件

1　引言

直升机作为一种特殊的飞行器,其旋翼系统的主桨叶是最重要的动部件,在飞行中高速旋转,并伴有挥舞、摆振和扭转三个方向的复杂运动和由此而产生的各种高阶振动(包括耦合振动)载荷,飞行中一旦损坏,往往是机毁人亡。主桨叶大梁系变截面梁,从根部到翼尖均匀变薄。其扭度根部为 5′,大梁外端为 5°50′,扭角按比例变化。主桨叶大梁内从根部到端部装有 18 块配重条,与大梁内腔系过盈配合(图 1),大梁内腔充有密封氮气,用来监测大梁在使用过程中出现的疲劳裂纹。

该型直升机在外场使用过程中,由于单位转换的失误,大梁内腔氮气的充气压力曾超过规定值 10 倍,加上夏天季节炎热,主桨叶表面温度升高,内腔气压值增大,使大梁内腔前缘槽张开量增大,在桨叶高速旋转过程中,大梁前缘配重条甩出,导致旋翼系统振动,造成严重的空中飞行事故[1]。

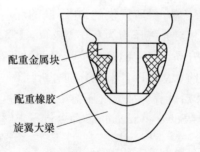

图 1　大梁内腔与配重块示意图

2　有限元分析

2.1　计算模型与方法

主桨叶大梁是一根具有一定的扭转角、铝合金热挤压成形的梁。其剖面从根部到尖部逐渐变薄。为便于分析,简化模型,分别截取根部、中间、翼尖各一段长 30.4cm 的结构

（一块配重条长度），近似看作其厚度及扭转角不变，分析各段变形情况。在偏好选择（Preference）选项中设置为结构分析（Structural）。结构静力方程为

$$K \cdot U = F$$

式中：K 为结构刚度矩阵；U 为位移向量；F 为力向量，包括集中力、热载荷、压力及转动惯量载荷。根据材料手册，确定其材料性能参数：弹性模量 $E = 7.2 \times 10^{10}$，泊松比 $\mu = 0.33$。

运用 Ansys 分析软件，选用高精度的 20 节点空间等参单元，对大梁前缘槽进行三维有限元分析。20 节点等参单元能适应复杂结构的有限元计算，通常是曲面曲棱六面体（图 2 (a)），能适应复杂的空间边界形状。经坐标变换，可将它映射为正方体母单元，自然坐标 ξ、η、ζ 的原点位于单元形心，20 节点在单元上的排序如图 2(b) 所示。同样，整体坐标上的实际单元也可看作由自然坐标上的母单元映射而成。自然坐标中的母单元形状简单规则，且坐标是无量纲的，有利于建立两组坐标之间的转换关系和构造位移插值函数。

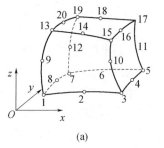 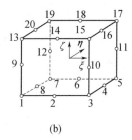

(a)　　　　　　　　　　　　(b)

图 2　20 节点空间等参单元

(a) 整体坐标；(b) 自然坐标。

运用 Ansys 软件的 Mesh tool 工具进行网格自动划分，模型及网格划分如图 3 所示，对前缘槽的两个节点进行网格精确划分如图 4 所示。对大梁两端分别施加 Z 方向约束，并对大梁内腔施加压力，其压力中心在及 25% 弦长处，正常情况下，压力中心位于旋翼纵轴线上。根据"超黄蜂"直升机资料[2,3] 所提供的，在不同的环境温度下大梁内充有不同的充气压力，一般情况下，标准相对充气压力为 0.07MPa（$t = 25℃$）。同时，根据青岛地区的气候特点，在夏天，由于温度升高，天气炎热，主桨叶表面温度有时高达 50 ~ 60℃，这样大梁内氮气的压力最高将达到约 0.95MPa。首先分别分析计算两种温度不同充气压力下大梁前缘槽的张开位移情况；然后计算标准充气压力下环境温度的变化对前缘槽张开位移量的影响；最后运用 Solution – Solve – Current LS 命令进行求解。

 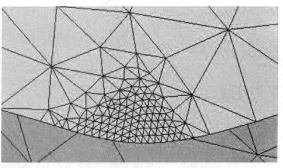

图 3　模型及网格划分　　　　　　　　图 4　网格细化

2.2 有限元分析结果

运用 Ansys 的后处理功能(General Postproc)对计算结果进行分析,表 1 和表 2 分别为 25℃、60℃时不同压力下前缘槽张开位移量情况。表 3 列出了正常压力为 0.07MPa,环境温度变化对前缘槽张开位移量的影响。图 5、图 6 分别为 25℃条件下,0.07MPa 压力下的位移和等效应力云图。图 7、图 8 分别为 60℃条件下,0.95MPa 压力下的位移和等效应力云图。图 9、图 10 为 25℃和 60℃温度条件下的压力和张开量关系曲线。图 11 为 0.07MPa 压力下环境温度变化时前缘槽张开位移量变化情况曲线。

由图 9、图 10 可知,前缘槽的张开位移量在不同压力下呈线性关系。有如下线性方程。

(1)当主桨叶表面温度为 25℃时:

根部 $y = 1.059 \times 10^{-6}x - 3.33 \times 10^{-4}$

中间 $y = 1.378 \times 10^{-6}x$

翼尖 $y = 1.713 \times 10^{-6}x + 2.22 \times 10^{-4}$

(2)当主桨叶表面温度为 60℃时:

根部 $y = 1.527 \times 10^{-6}x - 3.33 \times 10^{-4}$

中间 $y = 1.608 \times 10^{-6}x$

翼尖 $y = 1.713 \times 10^{-6}x + 1.44 \times 10^{-3}$

表 1　主桨叶大梁内腔压力变化时前缘槽张开位移量(一)　　　单位:mm

位移/mm　压力/MPa　位置	0.074	0.148	0.222	0.296	0.37	0.444	0.518	0.592	0.666	0.74
根部	0.078	0.156	0.234	0.312	0.390	0.47	0.547	0.625	0.704	0.783
中间	0.102	0.204	0.308	0.410	0.510	0.615	0.715	0.816	0.920	1.02
翼尖	0.127	0.254	0.38	0.507	0.634	0.761	0.888	1.015	1.141	1.268
注:$t = 25℃$										

表 2　主桨叶大梁内腔压力变化时前缘槽张开位移量(二)

位移/mm　压力/MPa　位置	0.095	0.19	0.285	0.38	0.475	0.57	0.665	0.76	0.855	0.95
根部	0.1524	0.3049	0.4572	0.601	0.762	0.9146	1.0668	1.219	1.372	1.527
中间	0.1608	0.3216	0.482	0.6432	0.80	0.9648	1.126	1.2866	1.447	1.608
翼尖	0.171	0.342	0.515	0.685	0.8556	1.026	1.197	1.3588	1.540	1.723
注:$t = 60℃$										

表3　不同环境温度下前缘槽张开位移量

位移/mm 温度/℃ 位置	−5	0	10	23	40
根部	0.04942	0.05217	0.05769	0.0772	0.07924
中间	0.07160	0.07558	0.08354	0.1002	0.10742
翼尖	0.08585	0.09165	0.10324	0.11830	0.12800

注：$p = 7.0 \times 10^4$ Pa

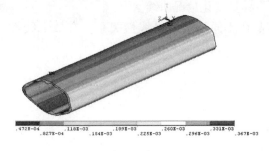

图5　0.07MPa 压力下位移云图

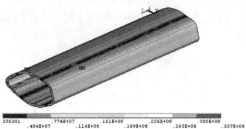

图6　0.07MPa 压力下等效应力云图

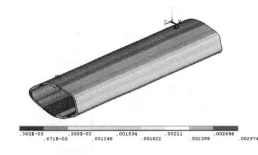

图7　0.95MPa 压力下位移云图

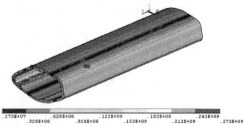

图8　0.95MPa 压力下等效应力云图

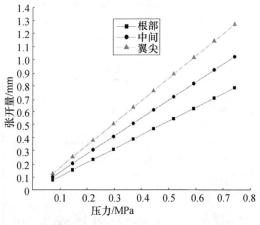

图9　25℃下压力与张开量关系曲线

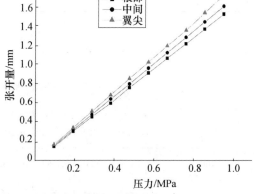

图10　60℃下压力与张开量关系曲线

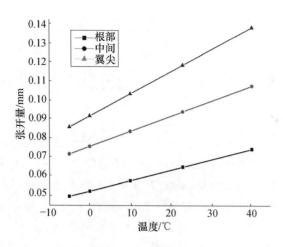

图11　0.7MPa压力下环境温度变化时前缘槽张开位移量变化情况曲线

3　结论

（1）由于配重条最大厚度为29.5mm，前缘槽间距为27.90mm，因此当张开位移量为1.6mm时配重条就有甩出的危险。而由表2可知，在夏天，当主桨叶表面温度达到60℃时，在0.95MPa的压力下的张开位移量为1.72mm。因此，在夏天气温比较高的条件下，当充气压力超过规定值10倍时配重条能甩出去。

（2）经计算知道：在夏天，当主桨叶表面温度达到60℃，充气压力达到0.806MPa时，为配重条甩出的临界状态，超过此压力，配重条就能甩出去；在标准情况下，主桨叶表面温度为25℃，当充气压力达到0.845MPa时，为配重条甩出的临界状态，超过此压力，配重条就能甩出去。

（3）经分析知，当主桨叶表面温度达到60℃时，最大等效应力为273MPa，经查航空材料手册知道，LD12的屈服极限为295MPa，没有达到材料的塑性变形。

（4）由表4可知，温度对前缘槽张开位移量的影响很小，-5～40℃其张开量增量仅为0.05215mm。并且由图11可知，当充气压力值固定时，环境温度对其张开位移量的影响也呈线性。

参 考 文 献

[1] 孙文胜，邹元振.直升机旋翼事故及失效分析[C].第十五届全国直升机年会论文,1999.

[2] "超黄蜂"直升机操作规程（维护数据）.海航独六团机务处,1983.

[3] 直八型运输机技术说明书[S].航空航天工业部第602研究所,1988.

[4] 洪庆章,刘清吉,郭家源.Ansys教学范例[M].北京:中国铁道出版社,2002.

[5] 易日.使用Ansys6.0进行静力学分析[M].北京:北京大学出版社,2002.

[6] 刘坤,吴磊.Ansys有限元方法精解[M].北京:国防工业出版社,2004.

（作者：朱做涛，穆志韬。发表于《海军航空工程学院青岛分院学报》，2006 年第 04 期）

直升机某动部件飞行状态的载荷分布特点研究

摘　要:结合直升机的飞行载荷特点及使用要求,采用某型直升机动部件飞行测量载荷数据,经过"三峰谷点"雨流计数法统计处理,对飞行中实测到的 183 个飞行状态分别进行统计处理、假设检验及回归分析,确定了每个飞行状态的载荷分布类型及飞行状态的损伤,最后压缩归并成对直升机某动部件产生较大损伤的 18 种飞行状态,并提出了飞行状态中载荷的分布类型对直升机动部件的寿命有较大的影响。

关键词:直升机;飞行状态;载荷;动部件;统计处理

1　引言

直升机的操纵机动灵活。突风响应和机动过载小,其构成与疲劳损伤都是次要成分。如某型直升机在 77 种飞行状态中只有 6 种状态使桨叶造成损伤,这 6 种状态的飞行时数约占总飞行时数的 6% ,构成损伤的应力水平基本上都靠近结构的疲劳极限[1]。

同一架直升机同一状态飞行,由于各次飞行之间偶然因素(如驾驶员操纵等)造成的差异,以及同一状态多次飞行中构件应力水平的差异,载荷状态常常改变,因此,必须对不同的飞行状态进行统计分析。另外,在动部件疲劳寿命计算中也需要知道各飞行状态构成的损伤,因而有必要对动部件各飞行状态的载荷分布特点进行研究。

2　原始飞行空测数据

采用某型直升机 183 种飞行状态测量的载荷数据,针对某一动部件将每种飞行状态测量载荷经"三峰谷点"雨流计数处理后,各级应力幅值对应的频数都转换成每飞行小时对应的频数。采用相关系数法对每种飞行状态测量载荷数据的分布状况进行检验。现以匀速下滑和近地面小速度平飞两种飞行状态为例,这两种典型飞行状态的原始计数统计结果(每飞行小时)见表 1 和表 2。

表 1　匀速下滑飞行状态计数结果

组号	组限 $G(I)$	频数 n	频率/%	累积频率/%	标准正态偏量 U_p
1	52.5	6780	5.12	≈100	
2	57.4	7020	5.30	94.88	−1.635
3	62.3	5100	3.85	89.58	−1.259
4	67.0	5220	3.94	85.73	−1.069
…	…	…	…	…	…
75	769.3	60	0.05	0.10	3.156
76	828.7	60	0.04	0.05	3.472

表 2　近地面小速度平飞状态计数结果

组号	组限 $G(I)$	频数 n	频率/%	累积频率/%	标准正态偏量 U_p
1	23.9	720	0.33	≈ 100	
2	27.0	360	0.16	99.67	-2.726
3	63.7	180	0.08	99.51	-2.587
4	74.2	360	0.16	99.43	-2.532
...	...	...	...	...	...
83	482.8	180	0.08	0.16	2.944
84	500.9	180	0.08	0.08	3.218

2.1　频数与频率

表中每一组限 $G(I) \sim G(I+1)$ 内,应力出现的次数 n 为"频数",每组的频数除以总频数 N 可得"频率",将各组频率自下往上累加可得超值累计频率,即母体存活率估计量 P。

2.2　子样均值与标准差

分组数据的子样均值为

$$\bar{X} = \sum_{i=1}^{m} \frac{n_i X_i}{N}$$

子样标准差为

$$S = \sqrt{\sum_{i=1}^{m} \frac{(X_i - \bar{X})^2}{N-1}}$$

式中:n 为各组的频数;X_i 为各组的组中值;m 为分组数;N 为总频数。

2.3　存活率变换

若观测数据 X_p 遵循正态分布,则标准正态偏量 U_p 与 X_p 呈线性关系。式中,U_p 根据 P 转换而来,通过 U_p 和 P 的数值表采用插值方法计算得到[2],即

$$X_p = a + b \cdot U_p \tag{1}$$

3　空测载荷数据分布状态检验

为检验各数据点在正态概率坐标纸上是否表现为直线关系,需计算相关系数 R,以判断两个变量之间线性关系的密切程度。相关系数计算公式为

$$R = \frac{L_{yx}}{\sqrt{L_{yy} \cdot L_{xx}}} \tag{2}$$

式中:L_{yy}、L_{xx}、L_{yx} 是与 m 个数据点坐标 (U_{pi}, X_{pi}) 有关的量,可表示成

$$L_{xx} = \sum_{i=1}^{m} X_{\mathrm{p}i}^2 - \frac{1}{m}\Big(\sum_{i=1}^{m} X_{\mathrm{p}i}\Big)^2 \tag{3}$$

$$L_{yy} = \sum_{i=1}^{m} U_{\mathrm{p}i}^2 - \frac{1}{m}\Big(\sum_{i=1}^{m} U_{\mathrm{p}i}\Big)^2 \tag{4}$$

$$L_{xy} = \sum_{i=1}^{m} X_{\mathrm{p}i}\cdot U_{\mathrm{p}i} - \frac{1}{m}\sum_{i=1}^{m} X_{\mathrm{p}i}\cdot\sum_{i=1}^{m} U_{\mathrm{p}i} \tag{5}$$

对匀速下滑及近地面小速度平飞状态,分别进行正态、对数正态分布检验,计算结果见表3和表4。

根据表3和表4中计算数据,将标准正态偏量 U_{p} 和各飞行状态的分组组限分别取为 X、Y 轴,匀速下滑及近地面小速度平飞两种飞行状态,用最小二乘法拟合的直线分别如图1和图2所示。由相关系数检验表查得:匀速下滑状态 $R_{\mathrm{qm}} = 0.230$;近地面小速度平飞状态 $R_{\mathrm{qm}} = 0.210$,两种假设检验的相关系数都远远大于起码值 R_{qm},但匀速下滑状态的 $R_{\mathrm{lg}} > R_{\sigma}$(下标 lg 表示对数,$\sigma$ 表示正态),且对数正态的点估计标准差也较小;近地面小速度平飞状态的 $R_{\mathrm{lg}} < R_{\sigma}$,而对数正态分布的点估计标准差小于正态分布的标准差,结合拟合的直线图对比分析,认为匀速下滑飞行状态的载荷分布特点更接近对数正态分布,近地面小速度平飞飞行状态的载荷分布特点更接近正态分布。

表3　匀速下滑飞行状态检验计算结果

检验类型	对数正态	正态
点估计均值	2.07115	132.5329
点估计标准差	0.21066	67.80802
相关系数 R	0.9913383	0.8959264

表4　近地面小速度平飞飞行状态检验计算结果

检验类型	对数正态	正态
点估计均值	2.40408	270.4216
点估计标准差	0.16595	91.173
相关系数 R	0.9428943	0.9888393

同理,用该方法对空测的183个飞行状态分布类型进行检验,检验结果:符合对数正态分布的飞行状态有27种;符合正态分布的飞行状态有156种。其中:悬停左转弯飞行状态的相关系数最大($R = 0.99863$),爬升左转弯状态的相关系数最小($R = 0.87906$),均远大于其相对应的相关系数临界值。对测量到的各种飞行状态进行频数统计分析,并依据直升机动部件的受载特点,采用能较好描述 $S—N$ 曲线中长寿命区的 Stromeyer 方程($S_a/S_\infty = 1 + A/N^\alpha$)及线性累积损伤理论(Miner 准则)进行每个飞行状态的损伤计算[3],把不造成损伤或损伤特别小的飞行状态舍弃,经与飞行人员商讨,结合状态统计推断结果,把损伤相同或相近的飞行状态进行压缩归并,最后得到对直升机某动部件造成损伤比较大的18种飞行状态。各飞行状态载荷分布类型检验结果见表5。其中符合对数正态分布的飞行状态有5种,符合正态分布的飞行状态有13种。

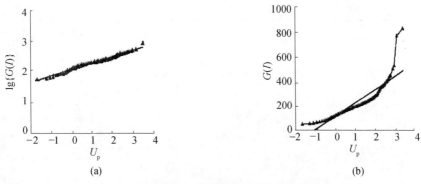

图1　匀速下滑飞行状态载荷分布检验拟合曲线

（a）对数正态；（b）正态。

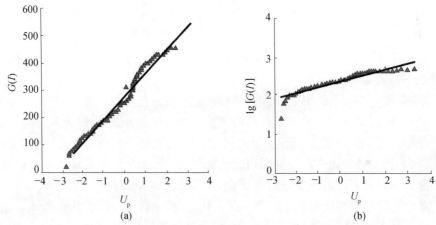

图2　近地面小速度平飞状态载荷分布检验拟合曲线

（a）正态；（b）对数正态。

表5　直升机飞行状态空测载荷分布类型统计检验

序号	飞行状态	飞行谱/%	相关系数 R	载荷分布类型	累计总频数 N	每飞行小时损伤
1	垂直起飞	2.1276	0.99302	对数正态	121680	0.0001741
2	有地效悬停	7.0471	0.99668	正态	410112	0.0000108
3	前后侧飞	0.6197	0.99322	正态	163725	0.0000159
4	增速飞行	6.8002	0.99233	正态	186240	0.0000018
5	近地面小速平飞	2.9806	0.98884	正态	220320	0.0000996
6	爬升	6.8827	0.95642	正态	154080	0.0000612
7	爬升左转弯	1.6252	0.87938	正态	141552	0.0000453
8	变速飞行	0.8755	0.97878	正态	173494	0.0000103
9	增速转弯	1.4197	0.97829	正态	183120	0.0000319
10	平飞条件之一	13.6207	0.97939	对数正态	129210	0.0001633
11	平飞条件之二	27.2177	0.98097	对数正态	140379	0.0001684
12	左右盘旋	0.7354	0.98026	对数正态	128227	0.0001232

（续）

序号	飞行状态	飞行谱/%	相关系数 R	载荷分布类型	累计总频数 N	每飞行小时损伤
13	匀速下滑	6.7515	0.99134	对数正态	132420	0.0001609
14	下滑转弯	1.8431	0.94311	对数正态	133326	0.0001526
15	俯冲拉起	1.0000	0.99564	正态	181440	0.0000411
16	平飞转弯	2.7703	0.98709	正态	209550	0.0000195
17	消速进场	12.1144	0.99331	正态分布	128561	0.0000117
18	着陆	1.8808	0.98032	正态分布	128034	0.0000044

4 结论

通过对每个飞行状态实测载荷数据进行处理分析及损伤计算,直升机动部件的实测载荷具有如下特点:

（1）动部件的实测载荷均以振动疲劳载荷为主,且对任意单一飞行状态,基频载荷基本在同一平均载荷水平循环,且交变载荷的幅值具有较好的分布规律,大致呈对数正态分布或正态分布。对于低速状态(悬停、近地机动、起飞、着陆等),基频波(1阶波)和2阶波幅值相当,相互重叠。而构成结构损伤的载荷,即大于结构安全疲劳极限的载荷,往往只出现在部分飞行状态的高幅值载荷部分。

（2）对直升机造成损伤比较小的飞行受载状态,推断结果一般服从正态分布;造成损伤较大的飞行状态,一般服从对数正态分布,载荷分布类型对寿命影响很大。

（3）由于飞行环境的变化,直升机固有的机动性及驾驶员操纵影响,对同一飞行状态,不同飞行架次的实测载荷不可避免地造成一定的分散性。这种分散性可能导致同一状态的载荷在一些飞行架次中造成损伤,而在另一些飞行架次中不造成损伤的差异。

参 考 文 献

[1] 孙之钊,萧秋庭,徐桂祺. 直升机强度[M]. 北京:航空工业出版社,1990.

[2] 高镇同. 疲劳应用统计学[M]. 北京:国防工业出版社,1986.

[3] Hall A D. Helicopter fatigue evaluation[R]. AGARDR-674.

（作者:穆志韬,段成美,华燃。发表于《南京航空航天大学学报》,2001年05期）

直升机飞行动作时间比例改变
对动部件疲劳损伤影响分析

摘　要: 建立了分析飞行动作时间比例改变对动部件疲劳损伤影响的数学分析模型,引入"疲劳损伤放大系数"的概念,通过计算只有一个飞行动作时间比例改变和只有一个飞行动作时间比例未改变得到的放大系数,可以定性和定量地分析各种飞行动作时间比例改变对动部件疲劳损伤的影响程度。依据某型直升机的实测飞行谱和主、尾桨叶的疲劳载荷频数均值谱,运用所建立的模型进行了分析。研究表明,对某型直升机的关键动部件,所有的 48 种飞行动作中只有 3 种飞行动作造成的损伤在飞行动作时间比例变化 0.1 时疲劳损伤变化超过 0.01,同时飞行动作的敏感性具有很大的部件依赖性,巡航平飞状态是最敏感的飞行动作。最后通过运输直升机改为反潜直升机的谱型变换实例(只有 1 个飞行动作未改变时),说明用文中得到的疲劳损伤放大系数进行不同谱型疲劳损伤计算的适用性。

关键词: 直升机;飞行谱;动部件;疲劳损伤

1　引言

直升机飞行动作复杂,且大多数动部件承受高周振动疲劳,应力—时间历程的随机性大。由于执行不同的任务,飞行动作不断变化,而直升机动部件多为单通道传力结构,其使用寿命和可靠性直接影响直升机的飞行性能和安全,是直升机寿命评定的关键[1]。从使用和维护的应用出发,在疲劳寿命计算中,希望知道各种飞行动作所造成的损伤,以便任务变更后重新估计寿命。

许多工程技术人员对直升机飞行谱[2,3]和动部件疲劳载荷谱[4]的编制进行了研究,G. Polanco Frank[5]分析了飞行谱的扰动对疲劳损伤和全寿命费用的影响。本文建立飞行动作时间比例改变对部件疲劳损伤影响的数学模型,依据此模型分析飞行动作对某型直升机主、尾桨叶中部和根部疲劳损伤的影响。

2　分析模型的建立

2.1　飞行动作时间比例的改变

在保持全谱总飞行时间不变的情况下,假设改变了 k 个飞行动作的飞行时间,其中第 i 个飞行动作的时间主动变化一个比例 ε_i,变化后第 i 个飞行动作的时间与原飞行时间之间有如下关系:

$$T'_i = T_i(1 + \varepsilon_i)\,(i = 1,2,\cdots,k) \tag{1}$$

其余飞行动作的飞行时间比例需自动调整一个比值 $\hat{\varepsilon}$ 使谱块总飞行时间不变,变化后第 i 个飞行动作的时间与原飞行时间之间有如下关系:

$$T'_i = T(1 + \hat{\varepsilon}) \quad (i = k + 1, k + 2, \cdots, m) \tag{2}$$

式中:m 为飞行谱包含的飞行动作。

所有飞行动作的时间比例如上变化后,即可保持总的飞行时间不变:

$$\sum_{i=1}^{m} T' = T \tag{3}$$

即

$$T = \sum_{i=1}^{m} T_i + \sum_{i=1}^{k} T_i \varepsilon_i + \hat{\varepsilon} \sum_{i=k+1}^{m} T_i \tag{4}$$

从而有

$$\sum_{i=1}^{k} T_i \varepsilon_i + \hat{\varepsilon} \sum_{i=k+1}^{m} T_i = \sum_{i=1}^{k} T_i \varepsilon_i + \hat{\varepsilon} \left(T - \sum_{i=1}^{k} T_i \right) = 0 \tag{5}$$

由式(5)移项,可解得

$$\hat{\varepsilon} = - \frac{\sum\limits_{i=1}^{k} T_i \varepsilon_i}{T - \sum\limits_{i=1}^{k} T_i} \tag{6}$$

定义

$$t_i = \frac{T_i}{T}, t' = \sum_{i=1}^{k} \frac{T'_i}{T}, t = \sum_{i=1}^{k} \frac{T_i}{T} \tag{7}$$

则根据式(6)和式(7),可得

$$\hat{\varepsilon} = - \left[\left(\sum_{i=1}^{k} T_i \varepsilon_i + \sum_{i=1}^{k} T_i \right) - \sum_{i=1}^{k} T_i \right] \Big/ \left(T - \sum_{i=1}^{k} T_i \right)$$

$$= - \frac{t' - t}{1 - t} \tag{8}$$

2.2　飞行动作造成的疲劳损伤

原飞行谱总的疲劳损伤为

$$D = \sum_{i=1}^{m} D_i \tag{9}$$

式中:D_i 为原飞行谱中每一飞行动作对部件造成的疲劳损伤。

修改了 k 个飞行动作的时间比例后所有飞行动作造成总的疲劳损伤为

$$D' = \sum_{i=1}^{m} D'_i \tag{10}$$

式中:D'_i 为飞行谱修改后每一飞行动作对部件造成的疲劳损伤。

对动部件而言,任一飞行动作其载荷大小(应力水平)是确定不变的,并且交变载荷

的循环次数只与飞行时间成正比关系(即 $D_i \propto T_i$)。因此,根据 Miner 理论疲劳损伤有

$$D'_i = D_i(1 + \varepsilon_i) \tag{11}$$

式(10)成为

$$D' = D + \sum_{i=1}^{k} D_i \varepsilon_i + \sum_{i=k+1}^{m} D_i \hat{\varepsilon} \tag{12}$$

定义

$$\delta_i = \frac{D_i}{D}, \delta'_i = \frac{D'_i}{D} \tag{13}$$

再分别定义原、新飞行谱中主动修改的 k 个飞行动作造成的疲劳损伤部分和为

$$\delta = \sum_{i=1}^{k} \delta_i, \delta' = \sum_{i=1}^{k} \delta'_i = \sum_{i=1}^{k} \delta_i(1 + \varepsilon_i) \tag{14}$$

从而有

$$\delta' - \delta = \sum_{i=1}^{k} \delta_i \varepsilon_i \tag{15}$$

将式(12)移项,利用式(13)~式(15)整理后,可得

$$\begin{aligned}
\frac{D'}{D} - 1 &= \sum_{i=1}^{k} \delta_i \varepsilon_i + \hat{\varepsilon}\left(1 - \sum_{i=1}^{k} \delta_i\right) \\
&= (\delta' - \delta) + \hat{\varepsilon}(1 - \delta)
\end{aligned} \tag{16}$$

将式(8)代入式(16),得

$$\frac{D'}{D} - 1 = (\delta' - \delta) + \frac{1 - \delta}{1 - t}(t' - t) \tag{17}$$

定义相应各动作的放大系数为

$$\beta_i = \delta_i - \frac{1 - \delta}{1 - t} t_i \tag{18}$$

因此,由式(17)和式(18)以及式(7)和式(14),可得

$$\begin{aligned}
\frac{D'}{D} - 1 &= (\delta' - \delta) + \frac{1 - \delta}{1 - t}(t' - t) \\
&= \sum_{i=1}^{k} \delta_i(1 + \varepsilon_i) - \sum_{i=1}^{k} \delta_i - \frac{1 - \delta}{1 - t}\left(\sum_{i=1}^{k} t_i(1 + \varepsilon_i) - \sum_{i=1}^{k} t_i\right) \\
&= \sum_{i=1}^{k} \beta_i \varepsilon_i
\end{aligned} \tag{19}$$

2.3　四种特殊情况分析

2.3.1　假设主动改变的 k 个飞行动作的飞行时间比例都改变了一个相同的值 $\bar{\varepsilon}$

在此种假设下有

$$\delta' - \delta = \sum_{i=1}^{k} \delta_i \varepsilon_i = \bar{\varepsilon}\delta \tag{20}$$

$$t' - t = \sum_{i=1}^{k} t_i \varepsilon_i = \bar{\varepsilon} t \tag{21}$$

因此,新谱的疲劳损伤变化可表达为

$$\frac{D'}{D} - 1 = \frac{\delta - t}{1 - t}\bar{\varepsilon} \tag{22}$$

根据式(19),有

$$\frac{D'}{D} - 1 = \sum_{i=1}^{k} \beta_i \varepsilon_i = \bar{\varepsilon}\beta \tag{23}$$

式中:$\beta = \sum_{i=1}^{k} \beta_i$ 为总放大系数。

β 的符号决定了飞行谱中飞行动作的时间比例改变后疲劳损伤是增加还是减少。由式(22)和式(23)可得

$$\beta = \frac{\delta - t}{1 - t} \tag{24}$$

由式(24)可知:

(1)只要 $\delta > 1$,放大系数总为正,飞行动作时间比例的增加都会造成部件疲劳损伤的增加;反之,若 $\delta < 1$,放大系数总为负,飞行动作时间比例的减少会造成部件疲劳损伤的增加。

(2)当 $\delta = 1$ 时,总的疲劳损伤放大系数 $\beta = 0$,即修改谱造成的疲劳损伤与原谱是相同的。

按式(24)得到总的放大系数的曲线族如图1所示。

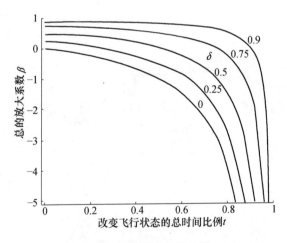

图1　总的放大系数曲线

2.3.2　只有一个飞行动作时间主动改变

不妨设主动改变时间的飞行动作为第 j 个飞行动作,则有

$$\delta = \frac{D_j}{D} = \delta_j, t = \frac{T_j}{T} = t_j \tag{25}$$

因此,式(18)变化为

$$\beta_j = \frac{\delta_j - t_j}{1 - t_j} \tag{26}$$

此种情况下计算得到的放大系数可考虑单个飞行动作飞行时间的变化对疲劳损伤的影响程度。

2.3.3　只有一个飞行动作时间没有主动改变

不妨设只有第 j 个飞行动作时间没有主动改变(它的时间比例通过自动调整仍可变化 $\hat{\varepsilon}$);其他动作情况的时间均为主动改变。因此,由式(18)可得相应各动作的放大系数为

$$\beta_i = \delta_i - \frac{1 - \delta}{1 - t} t_i$$

$$= \delta_i - t_i \left(1 - \sum_{i=1}^{k} \delta_i\right) \Big/ \left(1 - \sum_{i=1}^{k} t_i\right)$$

$$= \delta_i - t_i \left(1 - \sum_{i=k+1}^{m} \delta_i\right) \Big/ \left(1 - \sum_{i=k+1}^{m} t_i\right)$$

$$= \delta_i - \frac{\delta_j}{t_j} t_i$$

$$\beta_j = 0 \tag{27}$$

2.3.4　几种飞行动作之间存在相互关联

当几种飞行动作存在相互关联时(如起飞和着陆),不妨假设有三种飞行动作相互关联,时间比例变化分别为 ε_1、ε_2、ε_3。假设:状态 1 先变化 ε_A,其他飞行动作自动调整 $\hat{\varepsilon}_a$,状态 2 先变化 ε_B,其他飞行动作自动调整 $\hat{\varepsilon}_b$,状态 3 先变化 ε_C,其他飞行动作自动调整 $\hat{\varepsilon}_c$。则存在如下关系:

$$\varepsilon_1 = \varepsilon_A + \hat{\varepsilon}_b + \hat{\varepsilon}_c \tag{28}$$

$$\varepsilon_2 = \hat{\varepsilon}_a + \varepsilon_B + \hat{\varepsilon}_c \tag{29}$$

$$\varepsilon_3 = \hat{\varepsilon}_a + \hat{\varepsilon}_b + \varepsilon_C \tag{30}$$

结合式(6)可得到 $\hat{\varepsilon}_a$、$\hat{\varepsilon}_b$、$\hat{\varepsilon}_c$ 的三个方程,联立式(28)~式(30)即可求得三种状态各自单独变化的时间比例。

3　实例分析

依据某型直升机多年来的使用情况统计结果,编制的包含 3 种起飞重量、3 种重心位置、3 种飞行高度、48 种飞行动作的飞行谱[3]和综合了 7 种不同飞行重量、重心的主、尾桨叶的疲劳载荷频数均值谱[4],得到每种飞行动作对各部件的疲劳损伤,依据上面建立的数学模型进行分析。

3.1　只有一个飞行动作改变时的放大系数

根据式(26)计算得到的疲劳损伤放大系数见表 1。

(1) 表 1 中的数据按照放大系数由大到小的顺序排列,对每一部件来讲,可定性分析

各飞行动作时间比例增加时疲劳损伤是增加(放大系数为正值)还是减少(放大系数为负值)。放大系数为正值的飞行动作:尾桨叶中部 11 个,尾桨叶根部 16 个,主桨叶中部 4 个,主桨叶根部 13 个。放大系数绝对值超过 0.01 的飞行动作:尾桨叶中部 19 个,尾桨叶根部 17 个,主桨叶中部 13 个,主桨叶根部 14 个。

(2) 从表 1 可以看出:对四个疲劳危险部位来讲,飞行动作代码 24(巡航平飞)是比较敏感的飞行动作。对尾桨叶中部来讲,飞行动作代码 14(爬升右转)的敏感性要高于飞行动作 24;对主桨叶中部和根部来讲,飞行动作 44(消速下滑)的敏感性要高于飞行动作代码 24。

(3) 飞行动作的敏感性排序具有很大的部件依赖性。对四种部件来讲各飞行动作的放大系数的顺序不尽相同,同时符号也有差异。如飞行动作代码 34(左盘旋)对尾桨叶中部和根部的放大系数均大于零,而对主桨叶中部和根部的放大系数均小于零。也就是说,飞行动作代码 34 的飞行时间增加,对尾桨叶中部和根部造成的损伤增加,反而减少了对主桨叶中部和根部的疲劳损伤。

表 1 飞行动作单独变化时的放大系数

尾桨叶中部		尾桨叶根部	
动作代码	放大系数	动作代码	放大系数
14	3.8599×10^{-1}	44	1.5354×10^{-1}
45	2.0608×10^{-1}	14	1.2305×10^{-1}
26	6.4370×10^{-2}	45	5.4703×10^{-2}
…	…	…	…
34	4.1853×10^{-4}	34	1.7592×10^{-3}
…	…	…	…
10	-6.8517×10^{-2}	10	-6.9407×10^{-2}
24	-3.1388×10^{-1}	24	-1.6488×10^{-1}
主桨叶中部		主桨叶根部	
动作代码	放大系数	动作代码	放大系数
44	$6.4685 \times 10^{-0.01}$	44	$7.0973 \times 10^{-0.01}$
45	$2.9739 \times 10^{-0.02}$	9	$1.4015 \times 10^{-0.02}$
46	$5.7697 \times 10^{-0.04}$	22	$1.2651 \times 10^{-0.02}$
…	…	…	…
34	$-1.2777 \times 10^{-0.04}$	34	$-2.8580 \times 10^{-0.04}$
…	…	…	…
23	$-1.1133 \times 10^{-0.01}$	10	$-1.3982 \times 10^{-0.01}$
24	$-2.0843 \times 10^{-0.01}$	24	$-3.0874 \times 10^{-0.01}$

3.2 只有一个飞行动作未改变时的放大系数

只有一个飞行动作主动改变时的放大系数只能反映该飞行动作对部件疲劳损伤的影

响程度,要计算同时几个飞行动作改变时对部件造成的总疲劳损伤,正如上面讨论的第四种特殊情况那样,各飞行动作间会存在关联,组合多种情况求解会很麻烦。其中特例之一,只有一个飞行动作时间未主动改变时的放大系数,却可以较容易地根据式(27)计算得到。因为飞行动作代码24(巡航平飞)与其他飞行动作不存在关联,此处假设巡航平飞未主动改变飞行时间。

根据式(27)计算得到的疲劳损伤放大系数见表2。表中数据按照放大系数由大到小顺序排列。

表 2　单个飞行动作不变化时的放大系数

尾桨叶中部		尾桨叶根部	
动作代码	放大系数	动作代码	放大系数
14	4.1083×10^{-1}	44	1.8521×10^{-1}
45	2.3850×10^{-1}	14	1.3932×10^{-1}
…	…	…	…
35	2.0856×10^{-2}	35	2.6845×10^{-2}
…	…	26	2.2034×10^{-2}
3	1.4742×10^{-2}	…	…
…	…	3	-2.3292×10^{-2}
47	0	10	-2.8967×10^{-2}
主桨叶中部		主桨叶根部	
动作代码	放大系数	动作代码	放大系数
44	6.4831×10^{-1}	44	7.3307×10^{-1}
45	5.5640×10^{-2}	9	4.3044×10^{-2}
…	…	…	…
18	-8.1717×10^{-4}	3	1.1416×10^{-2}
35	-1.1073×10^{-3}	35	1.1332×10^{-2}
…	…	…	…
41	-1.7271×10^{-2}	36	-2.3104×10^{-5}
3	-2.2508×10^{-2}	1	-3.6234×10^{-4}

(1) 假设飞行动作代码3(有地效悬停)时间比例增加0.1,飞行动作代码35(右盘旋)时间比例增加0.15,根据表2中的放大系数和式(19)得到尾桨叶中部和主桨叶根部造成的疲劳损伤分别增加1.4745×10^{-3}、1.1927×10^{-3},而尾桨叶根部和主桨叶中部的疲劳损伤分别减少2.3328×10^{-3}、2.2116×10^{-3}。

(2) 从表2可知,对尾桨叶中部来讲所有的放大系数$\beta \geqslant 0$,任何飞行动作的时间增加都不会造成疲劳损伤的减少。

(3) 大多数的飞行动作时间比例增加0.1,对疲劳损伤造成的影响大都不超过0.01。超过0.01的状态及其放大系数如下:

尾桨叶中部:动作代码14(爬升右转)0.041083

动作代码45(垂直着陆)0.023850

尾桨叶根部:动作代码44(消速下滑)0.018521

动作代码14(爬升右转)0.013932

主桨叶中部:动作代码44(消速下滑)0.064831

主桨叶根部:动作代码44(消速下滑)0.073307

3.3   运输谱变为反潜谱

根据此型机编制的飞行谱,当由运输谱变为反潜谱时变化的飞行动作及其时间比例如表3所列。

根据式(27)表2的数据只与原飞行谱有关,对于48种飞行动作中有很多飞行动作时间比例没有被改变,即可看作48种飞行动作中除巡航平飞动作(代码24)外其他飞行动作的时间比例也主动改变了,但$\varepsilon_i = 0$。

表3   谱型变化时飞行动作时间变化比例

状态代码	飞行时间变化比例	状态代码	飞行时间变化比例	状态代码	飞行时间变化比例
1	− 0.2987	13	0.0214	28	2.2396
2	0.7575	14	− 0.1767	41	− 0.17716
3	− 0.3012	15	3.456	42	5.7937
9	1.784	18	3.4536	43	0.090984
10	− 0.2924	21	1.3748	44	− 0.28893
12	− 0.2471	25	4.4136	45	− 0.28763

根据式(19)和表2、表3的数据计算得到疲劳损伤减少0.20796,则疲劳寿命相应地提高了1.26倍。这与此型机两种谱型基于全尺寸疲劳试验的疲劳寿命评定结果一致,说明谱型变换时直接用本方法计算疲劳损伤和寿命是可行的。

4   结论

(1)本文建立的飞行动作时间比例改变对动部件疲劳损伤影响的数学模型具有普遍性。通过计算得到的只有一个飞行动作改变和只有一个飞行动作未改变时的放大系数,可以定性和定量地分析各飞行动作的改变对动部件疲劳损伤的影响程度。

(2)对动部件疲劳损伤影响大的一般是所占飞行时间比例大的飞行动作,但是仍有一些飞行时间比例小的状态对疲劳损伤有较大的影响。

(3)对此型直升机的主桨叶和尾桨叶的关键危险部位来讲,所有的48种飞行动作中,只有爬升右转弯、消速下滑、垂直着陆3种飞行动作造成的损伤在飞行动作时间比例变化0.1时疲劳损伤变化超过0.01。

参 考 文 献

[1] 柳文林,穆志韬,段成美.直升机金属动部件的寿命管理[J].机械强度,2002,23(3):255−258.

［2］James Michael，Geoffrey Collingwood，Michael Augustine，et al. Continued evaluation and spectrum development of a health and usage monitoring system. DOT/FAA/AR－04/6.

［3］涂慧萍，夏千友. 直8型机飞行谱编制［J］. 直升机技术，1994，(2)：15－20.

［4］穆志韬，徐可君，段成美. 直升机疲劳载荷谱的编制方法研究［J］. 机械强度，1999，21(4)：302－304.

［5］Polanco Frank G. Usage spectrum perturbation effects onhelicopter component fatigue damage and life－cycle costs［R］. DSTO－RR－0187.

（作者：柳文林，穆志韬，金平。发表于《机械强度》，2008年第05期）

直升机疲劳载荷谱的编制方法研究

摘　要：对高周疲劳环境下直升机疲劳载荷谱的编制方法进行了研究，采用某直升机尾桨叶飞行实测数据，对飞行实测到的 183 个飞行状态分别进行统计处理、假设检验及回归分析，确定每个飞行状态的载荷分布类型及状态损伤，最后压缩归并成对尾桨叶造成损伤比较大的 18 种飞行状态，编制了建立在统计基础上的尾桨叶实测疲劳载荷谱。文中还对载荷谱的高载截取和低载截取进行了分析讨论。提出了适合工程应用的高、低载截取准则和编谱方法。

关键词：疲劳载荷谱；直升机动部件；飞行状态；高周疲劳载荷

1　引言

直升机疲劳寿命评定中，实测载荷谱反映直升机各部件在使用中所承受的疲劳载荷情况，是进行损伤计算和寿命评估的主要数据，需要根据飞行实测载荷的统计处理结果编制。由于直升机的结构特点，特别是以动部件为代表的特殊结构形式和复杂的振动载荷环境，决定了它的基本定寿方法与固定翼机有较大的差别。直升机飞行状态多、突风响应小、机动过载也较小，大部分动部件以低应力幅值、高循环次数的振动高周疲劳为主，只有个别部件按低周疲劳考虑(如直升机的机身结构)。

另一方面，由于直升机的飞行特点和使用环境，全机重心处的过载并不能代表部件上应力水平的高低。因而，直升机动部件疲劳评定不是依靠全机重心处的过载载荷谱，而是依靠关键动部件的应力谱进行单个部件的疲劳寿命评定。这就决定了直升机实测时应变测量点多、同步信息量大、干扰信号多、遥测技术要求高等特点，给直升机载荷谱的编制处理带来了较大难度。

2　建立在统计基础上载荷谱的编制

直升机动部件飞行遥测得到的数据信号，经幅值域、时域、频域分析和 A/D 转换压缩处理，采用改进的"三峰谷点"雨流计数法。根据飞行测量大纲的要求，以某直升机尾桨叶空测到的 183 个飞行状态为例，其中包含 63 个不同状态，根据不同的飞行状态或科目分别进行统计处理，将各级应力幅值对应的频数都转换成每飞行小时内对应的频数。

2.1　直升机实测载荷的特点

通过对实测载荷进行大量的数据处理分析，发现直升机动部件的实测载荷具有如下主要特点：

(1)动部件的实测载荷均以振动疲劳载荷为主，对任意单一飞行状态基频载荷基本在同一平均载荷水平循环。且交变载荷的幅值具有较好分布规律,大致呈对数正态或正态分布。对于低速状态(悬停、近地机动、起飞、着陆等),基频波(1 阶波)和 2 阶波幅值相当,相互重叠。而构成结构损伤的载荷,即大于结构安全疲劳极限($S_{\infty p}$)的载荷,往往只出现在部分飞行状态的高幅值载荷部分。

(2)由于飞行环境的变化、直升机固有的机动性及驾驶员操纵影响,对同一飞行状态、不同飞行架次的实测载荷不可避免地存在一定的分散性。这种分散性可能导致同一状态的载荷在一些飞行架次中造成损伤,而在另一些飞行架次中不造成损伤的差异。

2.2 母体推断的假设检验

直升机飞行状态的多样性,以及同一状态多次飞行中构件应力水平的差异,载荷大小常常改变。一方面,依据经验,只有在同类型载荷状态下的实测数据才宜于作为取自一个母体的子样,因此,必须根据不同的飞行状态分别进行统计处理;另一方面,在疲劳寿命计算中往往希望知道各种飞行状态所构成的损伤,因此有必要对各飞行状态做统计处理。

母体推断采用相关系数法,并进行回归分析,以确定母体参数的估计值。对每种飞行状态的载荷分布类型进行假设检验。现以匀速下滑飞行状态某直升机尾桨叶根部接头受到的挥舞弯矩为例:

(1)原始数据。匀速下滑飞行状态(状态号 Q2T3u)的雨流计数统计结果和频率分布直方图见表 1、图 1。

表 1 匀速下滑飞行状态计数结果

组号	组限 $G(I)/(N·m)$	组限对数 值 $\lg G(I)$	频数 n	频率 /%	累积频率 /%	标准正态 偏量 U_p
1	52.5	1.7202	6780	5.12007	≈100	
2	57.4	1.7589	7020	5.80131	94.87994	−1.63529
3	62.3	1.7945	5100	3.85138	89.57862	−1.25949
4	67.0	7.8261	5220	3.94200	85.72724	−1.06945
5	72.1	1.8579	5640	4.25918	82.78524	−0.90769
…	…	…	…	…	…	…
75	769.3	2.8861	60	0.04531	0.09062	3.15556
76	828.7	2.9184	60	0.04531	0.04531	3.47223

(2)统计推断。若观测数据 X_p 遵循正态分布,则标准正态偏量 U_p 与 X_p 呈线性关系:

$$X_p = a + b · U_p \tag{1}$$

式中:U_p 根据 P 转换而来;a、b 可表示为

$$a = \left(\sum_{i=1}^{m} X_p - b · \sum_{i=1}^{m} U_p \right)/m$$

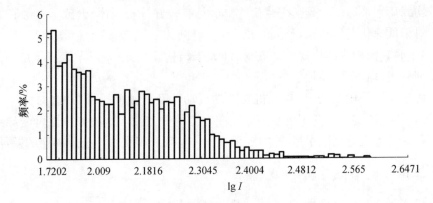

图 1　匀速下滑飞行状态频率分布直方图

$$b = \frac{\sum_{i=1}^{m} U_{\mathrm p} \cdot X_{\mathrm p} - \left[\left(\sum_{i=1}^{m} U_{\mathrm p} \right) \cdot \left(\sum_{i=1}^{m} X_{\mathrm p} \right)/m \right]}{\sum X_{\mathrm p}^2 - \left[\left(\sum_{i=1}^{m} X_{\mathrm p} \right)^2/m \right]}$$

为判断两个变量之间线性关系的密切程度,相关系数计算如下:

$$R = L_{yx} / \sqrt{L_{yy} L_{xx}} \tag{2}$$

式中:L_{yx}、L_{yy}、L_{xx}为与 m 个数据点坐标$(U_{\mathrm p}, X_{\mathrm p})$有关的量,可表示为

$$L_{xx} = \sum_{i=1}^{m} X_{\mathrm p}^2 - \left[\left(\sum_{i=1}^{m} X_{\mathrm p} \right)^2/m \right]$$

$$L_{yy} = \sum_{i=1}^{m} U_{\mathrm p}^2 - \left[\left(\sum_{i=1}^{m} U_{\mathrm p} \right)^2/m \right]$$

$$L_{xy} = \sum_{i=1}^{m} X_{\mathrm p} \cdot U_{\mathrm p} - \left[\sum_{i=1}^{m} X_{\mathrm p} \cdot \sum_{i=1}^{m} U_{\mathrm p}/m \right]$$

检验结果是匀速下滑飞行状态符合对数正态分布$(R = 0.9913)$。母体均值 μ 及标准差 σ 的估计值为

$$\mu = 2.72051, \sigma = 0.208435$$

将求得的母体估计值代入式(3),可得反映母体性质的理论频率函数为

$$f(x) = \frac{1}{\sqrt{2\pi}\sigma} \mathrm{e}^{-\frac{(x-\mu)^2}{2\sigma^2}} (-\infty < x < +\infty) \tag{3}$$

利用理论频率函数 $f(x)$ 可求得超值累积频率及累积频数为

$$F(X_{\mathrm p}) = P(\xi > X_{\mathrm p}) = \int_{x_{\mathrm p}}^{\infty} f(x)\,\mathrm{d}x \tag{4}$$

其母体推断计算结果及频数曲线见表 2、图 2。

同理,用该方法对空侧的 183 个飞行状态分布类型进行检验。检验结果符合对数正态分布的飞行状态有 27 种,符合正态分布的飞行状态有 156 种。其中,悬停左转弯飞行

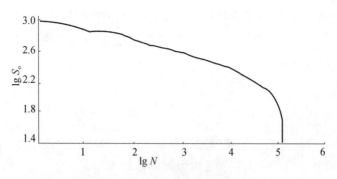

图 2　匀速下滑飞行状态频数曲线

状态的相关系数最大($R = 0.9986$),爬升左转弯状态的相关系数最小($R = 0.8791$),均远大于相对应的相关系数临界值。

表 2　匀速下滑飞行状态推断结果

弯矩幅值 $S_{\mathrm{o}}/(\mathrm{N}\cdot\mathrm{m})$	超值累积频率 $F(x)$	超值累积频数 N	频数 n
276	0.03854	5103.5	1642.0
300	0.02614	3461.5	1380.2
332	0.01572	2081.3	930.4
370	0.00869	1190.9	559.5
415	0.00447	591.4	278.6
460	0.00986	312.8	153.2
505	0.00181	159.6	96.3
550	0.00078	108.8	37.0
615	0.00050	66.3	33.8
670	0.00085	32.5	20.6
725	0.00009	11.9	3.6
785	0.00006	8.3	3.3
815	0.00004	4.9	3.1
905	0.00001	1.8	1.8
970	0.00000	0.0	0.0

2.3　疲劳载荷谱的编制

对实测的每个飞行状态进行统计分析及损伤计算,比较同一种飞行状态在不同起落中所造成的损伤大小,为编制偏保守的载荷谱,选取损伤度比较大的起落中的实测数据作为该状态的代表数据。若某一飞行状态仅在一个起落中出现,则该状态的代表数据取它本身。舍弃不造成损伤的飞行状态,把损伤相同或相近的飞行状态进行压缩归并,最后得到对直升机尾桨叶造成损伤比较严重的 18 种飞行状态。其中,符合对数正态分布的飞行状态有 5 种,符合正态分布的飞行状态有 13 种。

根据状态的归并结果,考虑到低于结构安全疲劳极限的载荷不造成损伤,取低载的截取标准为安全疲劳极限 $S_{\infty p}$。最大载荷截取可按 99.9% 的概率确定,最终得到尾桨叶偏保守的实测统计疲劳载荷谱。

3 结论

采用编制的疲劳载荷谱对尾桨叶进行寿命计算,计算结果与设计厂家提供的数据十分吻合,并得出如下几条工程中有参考价值的结论:

(1)直升机疲劳载荷谱的编制应按单个飞行状态进行统计推断,只有这样才能满足载荷历程来自同一母体的特性要求。

(2)对直升机造成损伤比较小的飞行受载状态,推断结果一般服从正态分布;损伤比较大的飞行受载状态,推断结果一般服从对数正态分布。载荷分布类型对寿命影响很大。

(3)编制直升机动部件疲劳载荷谱时,低载荷按安全疲劳极限截取,高载按 99.9% 的概率截取比较适宜。

(4)对直升机复杂的高周疲劳载荷时间—历程,"三峰谷点"雨流计数法较适宜。

(5)直升机疲劳载荷谱的编制应以关键的动部件为主。

参 考 文 献

[1] 孙之钊. 直升机强度[M],北京:航空工业出版社,1990.

[2] 高镇同. 疲劳应用统计学[M],北京:国防工业出版社,1986.

[3] 穆志韬. 某型直升机疲劳载荷谱的编制方法研究及疲劳寿命评定[D]. 西安:西北工业大学,1996.

[4] Avakov V A. Fatigue strength distribution [J]. Fatigue,1993,15(2):85-91.

[5] Huber H,Polz G. Studies on blade-to-blade and rotor-Fuselage-tail interference[C]. AGARD Conference Proceeding,London,England. 1982,334.

(作者:穆志韬,徐可君,段成美。发表于《机械强度》,1999 年第 04 期)

直升机动部件的疲劳损伤与可靠性分析

摘　要:针对直升机动部件的载荷特点和疲劳损伤形式,在确定某型直升机旋翼检查周期时,以 Weibull 型 *S—N* 曲线公式为基础结合 Miner 线性累积损伤法则计算安全使用寿命,依据概率断裂力学理论建立了具有角裂纹形初始缺陷结构的损伤容限分析模型,由此可获得保证一定可靠度的使用寿命和检查周期,对此型直升机旋翼动部件寿命评定与监控有重要的工程应用价值。

关键词:直升机;动部件;疲劳损伤;损伤容限;检查周期

1　引言

直升机结构形式独特,使用状态复杂,在长期复杂的振动疲劳载荷环境下,直升机及其部件的疲劳及安全性问题与固定翼飞机相比更显突出[1]。据统计,直升机的事故率明显高于固定翼飞机,军用直升机事故率又远高于民用直升机[2]。对直升机的动部件而言,主要包括旋翼、尾桨及操纵和传动系统中承受高周疲劳载荷为主的关键件,它们不是采用余度技术或复式传力的结构,而且由于早期直升机设计水平的限制,这些部件没有以损伤容限为设计条件。动部件一旦在飞行中发生疲劳破坏,将会导致机毁人亡的灾难性事故,因此一般都要求动部件必须具有 0.999999 的可靠度[3]。

2　直升机动部件的疲劳损伤

2.1　载荷形式

直升机动部件的疲劳载荷,以高频率、低幅值为主要特点,其载荷频率一般都在数十赫以上,而动应力水平又大多在几十兆帕以下。如某型直升机在 77 种飞行状态中,只有 6 种状态使桨叶造成损伤,这 6 种状态的飞行时数占总飞行时数的 6%。在米 -6 直升机桨叶疲劳寿命估算中,构成损伤的飞行时数占总飞行时数的 23%,其应力水平基本都靠近结构的疲劳极限,而应力水平为疲劳极限 2 倍的飞行时数仅占总飞行时数的 0.2%[4,5]。

2.2　疲劳损伤形式

疲劳损伤所引起的破坏过程通常有四个阶段:①微观裂纹成核;②微观裂纹进一步扩展至主裂纹出现;③主裂纹的稳定扩展;④主裂纹不稳定扩展直至断裂。直升机动部件由疲劳引起的多为表面裂纹和角裂纹,裂纹首先在尖角、孔、键槽、螺纹等应力集中部位产生。常见的裂纹形式如图 1 所示。

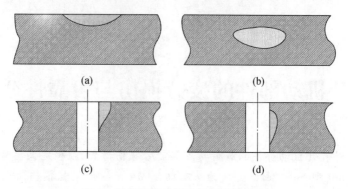

图 1　常见的直升机动部件裂纹形式

3　疲劳累积损伤的确定和寿命计算

在常规疲劳寿命研究中,已经发展了数十种疲劳累积损伤理论,一般可分为线性累积损伤理论和非线性累积损伤理论两类,其中 Miner 线性累积损伤理论获得了广泛的工程应用。Miner 理论有两大优点:一是公式简单明了,运算简便,便于工程应用;二是在大多数情况下往往过低估计寿命,虽然浪费,但是安全。

因此,根据理论多级变幅应力水平下使用寿命(周期总数)与载荷级数及循环次数的关系可表示为

$$T \sum_{i=1}^{k} \frac{n_i}{N_i} = 1 \tag{1}$$

式中:n_i 为某一载荷的疲劳作用次数;N_i 为该载荷级对应的疲劳寿命;k 为载荷级数;T 为周期总数,即构件发生疲劳破坏时的疲劳寿命。

对直升机动部件来讲主要承受高频低幅载荷,各国的直升机公司一般采用适合于中、长寿命区的 Weibull 型 S—N 曲线公式,即

$$S = S_\infty + (S_u - S_\infty) e^{-\alpha(\ln N)^\beta} \tag{2}$$

式中:S、N 为疲劳载荷及其对应的疲劳寿命;S_∞ 为疲劳极限;S_u 为强度极限;α、β 为疲劳曲线形状参数。

式(2)可以描述从 $N = 1$(静强度)到 $N \rightarrow \infty$(持久极限)的整个寿命区间的 S—N 曲线形状,对于现代直升机的所有动部件,疲劳寿命的最低要求为 5000h,属于高周疲劳件,可取 $\beta = 1$。因此,式(2)便由四参数变为三参数表达式,即

$$\frac{S}{S_\infty} = 1 + \frac{A}{N^\alpha} \tag{3}$$

对于承受高周疲劳载荷的直升机动部件来说,其 S—N 曲线在长寿命区比较平坦,长寿命区对数疲劳寿命常不符合正态分布或近似地符合,而疲劳强度常符合对数正态分布。因而,在确定其寿命时,必须采用带有一定可靠度和置信度的疲劳强度减缩系数 J_p 对动部件疲劳极限的均值 S_∞ 进行缩减,以获得动部件的安全疲劳极限 $S_{\infty p}$,即

$$S_{\infty p} = \frac{S_\infty}{J_p} \tag{4}$$

把式(4)代入式(3),得

$$N = \left(\frac{AS_\infty}{J_p S - S_\infty} \right)^{1/\alpha} \tag{5}$$

A、α、J_p 按照文献[6]提供的方法确定。因此,把式(5)代入式(1)可得裂纹形成寿命(使用寿命)计算式为

$$T \sum_{i=1}^{k} \left[n_i \Big/ \left(\frac{AS_\infty}{J_p S - S_\infty} \right)^{1/\alpha} \right] = 1 \tag{6}$$

在一定的置信度下,J_p 是风险率的函数,因此通过式(6)可得到裂纹形成寿命与风险率的关系。

正因为确定安全使用寿命采用 Miner 准则大多数情况下不能充分发挥寿命潜力,有时又过高地估计寿命反而不安全,因而采用安全寿命结合损伤容限的可靠性分析方法在确保安全的前提下充分发挥寿命潜力。

损伤容限分析参照文献[7,8],建立具有角裂纹形初始缺陷结构的损伤容限分析模型可得到裂纹扩展寿命与风险率的关系。

4　安全寿命结合损伤容限的可靠性分析

考虑到直升机动部件的载荷特点和结构形式的复杂性,动部件的可靠性分析采用以安全寿命设计原则确定使用寿命,以损伤容限保障安全的分析方法[8-10]。

对确定的单一动部件裂纹形成寿命的风险率($R_s = 1 - P_s$)和裂纹扩展寿命的风险率($R_t = 1 - P_t$)作为两个独立事件,若两者同时发生,即认为该动部件破坏。

风险率为

$$R = R_s \times R_t \tag{7}$$

可靠度为

$$P = 1 - R = 1 - R_s \times R_t \tag{8}$$

对直升机动部件而言,要求的可靠度为 0.999999,即风险率控制在 10^{-6},由前面建立的裂纹形成寿命以及裂纹扩展寿命与风险率的关系结合式(8)可建立安全裂纹形成寿命(使用寿命)和安全裂纹扩展寿命(检查周期)的对应关系。由此可确定一定可靠度下部件的使用寿命和检查周期。

5　算例分析

选取某直升机主桨叶作为分析算例,飞行中承受离心力和挥舞方向、摆振方向力矩,通过主桨叶的应力分析计算和疲劳试验结果,确定其危险部位为根部接头外端螺栓孔。采用飞行实测载荷数据[5],按照飞行谱规定的重量重心比例及损伤等效原则,采用各级动载荷的频数加权法,按照飞行谱规定的 48 个状态,大、中、小 3 种起飞重量,0～3000m 的 3 个飞行高度,前限、后限、正常 3 个重心位置组合的 7 个重量重心载荷分谱,编制用于裂纹形成寿命分析的疲劳载荷谱。该谱主要包含飞行谱规定的全部载荷状态,各状态占

的时间比例、静载荷、各级动载荷及其对应的频数。

根据根部区域的细节应力分析,同时将低于临界裂纹扩展阈值的应力循环截取,按照任务剖面的规定将各状态的载荷顺序按低—高—低排列编制用于裂纹扩展寿命分析的断裂谱。

取置信度 $\gamma = 90\%$,由上面介绍的可靠性分析方法可得一定可靠度 $P = 0.999999$,即风险率 $R = 10^{-6}$ 的使用寿命与检查周期的关系,见表1。

表1 一定可靠度下使用寿命与检查周期的关系

风险率			使用寿命	检查周期
$\lg R$	$\lg R_s$	$\lg R_t$		
−6.0	−5.9	−0.1	1251	446.6
−6.0	−5.8	−0.2	1289	404.3
...			...	...
−6.0	−5.6	−0.4	1369	335.6
−6.0	−3.1	−2.9	3199	98.88
−6.0	−3.0	−3.0	3347	95.50
...			...	...
−6.0	−0.6	−5.4	18569	50.59
−6.0	−0.5	−5.5	21725	49.05

通过拟合得到如图2所示的曲线,据此可提出适合外场使用的主桨叶使用寿命和安全检查周期。

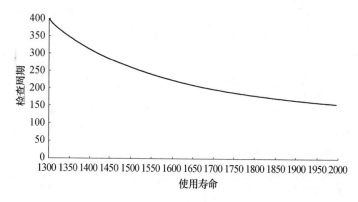

图2 一定可靠度下安全使用寿命和检查周期的关系

6 结论

安全性是任何定寿过程的主要目标,但从经济性和使用方来讲,需要部件具有更长的使用寿命。本文以安全寿命设计原则确定使用寿命,以损伤容限原则确定检修周期保障安全。随着使用寿命的增加,检查周期不断缩短,直至预测的下一次检修周期过短,其经济效益不足以补偿无损探伤的费用为止。应当指出的是,对于直升机金属动部件一旦检测到裂纹,即使裂纹长度没有达到临界裂纹长度或者它们的静强度没有明显降低,也应在使用中予以更换。这是因为直升机的载荷循环积累比较迅速,在应力高于裂纹扩展阈值时,以飞行小时计的剩余寿命很短,往往是几个飞行小时甚至不到一个飞行小时。算例分析结果提出的使用寿命和检查周期与外场维护检查经验相吻合,说明本文的分析方法是合理的,可以应用于其他承受高周低幅载荷的机械零部件的寿命分析。

参 考 文 献

[1] 柳文林,穆志韬,段成美. 直升机振动与减振特性分析[J]. 海军航空工程学院学报,2004,19(5):533 – 536.

[2] Everett R A,Elber W. Damage tolerance issues as related to metallic rotorcraft dynamic components[A]. Presented at the NATO/RTO spring symposium on aging systems:application of damage tolerance principles for improved airworthiness of rotorcraft[C]. Corfu,Greece April 21 – 22,1999.

[3] Lombardo D C , Fraser K F. Importance of reliability assessment to helicopter structure component fatigue life prediction [R]. DSTO – TN – 0462.

[4] 孙之钊,萧秋庭,徐桂祺. 直升机强度[M]. 北京:航空工业出版社,1990.

[5] 穆志韬,段成美,华燃. 直升机某动部件飞行状态的载荷分布特点研究[J]. 南京航空航天大学学报,2001,33(5):503 – 506.

[6] 穆志韬,段成美. 直升机动部件寿命评定思想的几点思考[J]. 飞机工程,1999,2:12 – 15.

[7] 曾玖海,曾本银,史斯佃. 直升机动部件安全寿命和破损安全相结合定寿技术[J]. 直升机技术,2003,(3):15 – 20.

[8] Scott C Forth,Rcchard A Everett,John A Newman. A novel Approach to Rotorcraft Damage tolerance [A]//6th Joint FAA/DoD/NASA. Aging Aircraft Confererce[C]. 2002:16 – 19.

[9] 高镇同. 直升机结构疲劳、断裂可靠性研究技术途径[J]. 航空科学技术,1996:3 – 6.

[10] 康浩. 直升机复合材料动部件可靠性分析[J]. 机械强度,1996,18(4):66 – 69.

(作者:柳文林,穆志韬,周凯,段成美。发表于《海军航空工程学院学报》,2005 年第 06 期)

高周疲劳载荷环境下直升机动部件的损伤容限分析

摘　要:以某型直升机为例,用飞行空测载荷数据编制的实测统计载荷谱,对直升机高速旋转的尾桨叶的损伤容限进行分析研究。在高周振动载荷环境中的动部件,低于安全疲劳极限 $S_{\infty p}$ 的大量小幅值载荷虽对尾桨叶不造成疲劳损伤,但其载荷谱中不同低载截除条件对尾桨叶疲劳裂纹扩展寿命的影响较大。本文建立计算模型时还考虑了海洋腐蚀环境的影响,结合试验引进了腐蚀修正系数 F_i,最后以 $67\% S_{\infty p}$ 的低载截除条件计算了尾桨叶的裂纹扩展寿命,并提出适合外场使用的尾桨叶安全检查周期及检查要求。

关键词:损伤容限;疲劳裂纹;尾桨叶;直升机动部件;高周疲劳载荷

1　引言

直升机的结构特点以及它的飞行使用特点,决定了直升机的许多动部件如旋翼、尾桨等经常处在非对称流场中,由于这些动部件的高速转动,直接导致直升机主要动部件及其相邻结构在高循环、低应力幅值的振动疲劳载荷环境下工作。这种以高周振动疲劳为主的直升机结构,其特点是载荷复杂、结构特殊、飞行状态复杂多变,加之动部件多为单通道传力的要害构件,一旦在飞行中发生疲劳破坏往往导致灾难性事故。直升机的疲劳评定,目前仍以完全寿命为主要思想,并辅以损伤容限技术确保飞行安全。损伤容限设计是允许直升机结构存在缺陷和其他损伤,但要把这些缺陷和损伤限制在一定的范围内,并保证这些缺陷在下次检出之前不会发展到直升机出现灾难性事故的程度,主要依靠剩余强度来保证安全。这就要求结构的初始损伤在使用寿命期内不会扩展到断裂的临界尺寸(即裂纹容限 α_{cr})。也就是说,随裂纹的扩展量增加,结构的剩余强度降低,但其强度降低到不可接受的水平以前,损伤应能发现。影响其裂纹扩展的主要因素有初始疲劳质量、载荷历程、腐蚀环境、结构及材料的特性。

2　直升机动部件的损伤容限分析方法

以某型直升机关键动部件之一的尾桨叶为例进行分析计算。

2.1　疲劳危险剖面的确定

根据直升机尾桨叶结构的应力分析计算及尾桨叶的疲劳试验结果,尾桨叶的疲劳危险部位是尾桨叶根部耳片接头 5 号螺栓孔处,其结构简图如图 1 所示。

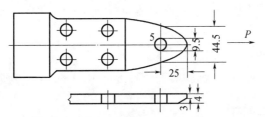

图1　尾桨叶根部耳片接头示意图

2.2　疲劳初始裂纹的确定

假设初始损伤是在装配式结构中存在的缺陷,在尺寸上刚好小于生产线上无损检测的最大不可检缺陷。这些假设涉及损伤的大小、形状和部位,都是基于对现有的无损检测数据的概括。根据美国军用飞机损伤容限要求 MIL – A – 83444,假设结构中任一个紧固件孔都可能是临界孔,并且都可能存在一条相当于 1.27mm 的径向角裂纹的初始缺陷。依据该假设,取尾桨叶根部初始缺陷尺寸 $a_0 = 1.27$mm 的角裂纹。

2.3　尾桨叶根部耳片接头的应力强度因子计算

简化计算模型如图2所示。

$$K = \beta \sigma_{br} \sqrt{a\pi} \qquad (1)$$

式中:β 为正则化应力强度因子,由文献[1]表 1.7.9B 中按 $r_0/r_1 = 3$ 对应的一列数据拟合曲线中得到;a 为裂纹长度;σ_{br} 为紧固件连接孔的挤压应力,表示成

$$\sigma_{br} = \frac{P}{2Br_1}$$

式中:r_1 为耳片内部孔半径;B 为耳片厚度;P 为载荷,表示成 $P = \frac{1}{2}\left(15294 + \dfrac{M_a}{0.063}\right)$,其中,$M_a$ 为尾桨叶根部挥舞弯矩。

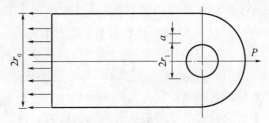

图2　单边角裂纹的直耳片计算模型

2.4　尾桨叶根部耳片接头临界裂纹的确定

直升机尾桨叶根部连接耳片接头的材料为40CrNiMoA(模锻件),其材料的化学成分与力学性能见表1。

表1　材料的化学成分与力学性能

$\omega(C)/\%$	$\omega(Cr)/\%$	$\omega(Mn)/\%$	$\omega(Ni)/\%$	$\omega(Mo)/\%$	σ_b/MPa	σ_h/MPa	$\delta/\%$
0.44	0.9	0.8	1.65	1.65	1079	932	12

由文献[2]中查得该材料中的平面应变断裂韧度 $K_{IC} = 70 \text{MN/m}^{3/2}$，由式(1)，得

$$\beta \sigma_{brmax} \sqrt{a_{cr}\pi} = 70, \sigma_{rb\,max} = \frac{P_{max}}{2Br_1}$$

经计算得到 $a_{cr} = 10.1 \text{mm}$，即临界裂纹长度为 10.1 mm，P_{max} 为最大载荷。

2.5 裂纹扩展计算模型

直升机尾桨叶属高速旋转的动部件，承受低应力幅值、高循环次数。按照直升机强度规范使用说明要求及文献[3,4]推荐用 Paris 公式进行裂纹的扩展分析计算。

$$(da/dN)_i = F_i C_i (\Delta K)_i^n \tag{2}$$

$$\Delta K_i = \beta \Delta \sigma_{br} \sqrt{a_i \pi} \tag{3}$$

式中：ΔK_i 为第 i 级载荷作用下的应力强度因子幅值；F_i 为腐蚀环境影响修正系数，根据该型直升机使用腐蚀环境谱及材料的腐蚀疲劳试验结果选取该值为 1.5；$\Delta \sigma_{br}$ 为紧固件连接孔的挤压应力幅值；C_i、n 为裂纹扩展速率曲线参数，由文献[2]查得 $C_1 = 1.07 \times 10^{-7}$，$n = 2.5$。

尾桨叶在谱载作用下的裂纹扩展寿命由下式计算：

$$L_f = \int_{a_0}^{a_{cr}} 1 \Big/ \sum_{i=1}^{K} [N_i \cdot (da/dN)_i] da \tag{4}$$

式中：$(da/dN)_i$ 为第 i 级载荷作用下的扩展速率；a_{cr} 为临界裂纹长度；N_i 为每飞行小时第 i 级载荷出现的频数；a_0、K 分别为初始裂纹长度、载荷级数。

载荷谱采用实测飞行载荷数据编制的断裂谱进行计算。

3 计算结果分析

依据某型直升机飞行实测载荷数据编制的载荷谱，分别选取 66.7% $S_{\infty p}$、80% $S_{\infty p}$、$S_{\infty p}$ 三个低载截除条件进行裂纹扩展寿命分析计算，其计算结果分别为 152.623 飞行小时、260.731 飞行小时和 743.326 飞行小时。由此可见，直升机实测载荷中安全疲劳极限以下的小幅值载荷，在裂纹形成寿命(疲劳寿命)计算中虽不造成损伤，但在裂纹扩展寿命计算时，小幅值载荷的作用对裂纹扩展寿命的影响应予以考虑。因直升机的尾桨叶为其关键性动部件，一旦出现故障有可能造成机毁人亡的后果。为了飞行安全性的考虑，实测载荷数据编制的载荷谱中(见表2，依据桨叶根部的应力分析计算及实测结果，造成根部破坏的载荷主要是飞行中的挥舞弯矩)，按 66.7% $S_{\infty p}$ 的低载截除条件进行损伤容限分析计算，计算结果如表3、图3所示。

表2 直升机尾桨叶损伤容限计算载荷谱(每飞行小时)

挥舞弯矩 M_a/(N·m)	276	300	332	370	415	460
频次 n	5423	5115	3768	2306	1020	401
挥舞弯矩 M_a/(N·m)	505	560	615	670	725	785
频次 n	171	49	23	17	11	3.8

（续）

挥舞弯矩 $M_a/(\text{N} \cdot \text{m})$	505	560	615	670	725	785
频次 n	171	49	23	17	11	3.8

表3　裂纹扩展寿命计算结果

a/mm	L_f/h	a/mm	L_f/h
1.27	0.000	6.00	116.003
2.07	24.489	7.00	131.777
2.67	40.414	8.00	142.692
3.07	50.576	9.00	148.890
3.47	60.510	10.10	151.801
4.00	73.341	11.00	152.623
5.00	96.127		

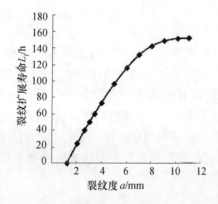

图3　尾桨叶根部接头裂纹寿命扩展曲线

4　安全检查周期的确定

直升机的寿命评定是以安全寿命为主要思想，并辅以损伤容限技术确保飞行安全[5]。参照使用维护情况及其原准机型尾桨叶根部疲劳试验结果(用完使用寿命的桨叶经疲劳试验验证还有400飞行小时的剩余安全寿命和150飞行小时的裂纹扩展寿命)。本文是按较严重飞行状态的载荷谱进行计算，采用的数据比较保守，对计算得到的裂纹扩展寿命取分散系数 $D_f = 3$，安全检查周期 $T = L_f/D_f = 50.6$ 飞行小时，取安全检查周期为50飞行小时。允许漏检两次，每次检出概率大于90%，但要求三次总的检出概率大于99.9%。具体的详细检查要求见表4。

表4　直升机尾桨叶安全检查周期及技术要求

项目	尾桨叶根部接头耳片
a_0/mm	1.27
a_{cr}/mm	10.1
分散系数	3
检查次数	3
检查间隔/(小时/年)	50/2
允许漏检次数	2
每次检出概率/%	>90
三次总的检出概率/%	≥99.9
要求检出最小裂纹/mm	1.27
检查方法	分解5号螺栓的螺母及垫圈,用5倍放大镜检查并探伤

注:若检查时不分解尾桨叶根部接头的螺栓,根据外场维护检查经验暂定检查间隔为20飞行小时。检查间隔的日历时间为2年,部队外场使用时以检查日历间隔或飞行时间间隔先到哪一个为准

5　结论

通过对某型直升机关键动部件之一的尾桨叶根部接头损伤容限分析,建立了工程计算模型,选取三个低载截取条件(安全疲劳极限的66.7% $S_{\infty p}$、80% $S_{\infty p}$、$S_{\infty p}$)进行裂纹扩展寿命计算。计算结果表明,直升机动部件实测载荷中安全疲劳极限 $S_{\infty p}$ 以下的小幅值载荷在疲劳寿命计算时一般不考虑,但在损伤容限分析裂纹扩展寿命计算时,小幅值载荷的作用对裂纹扩展寿命的影响应予以考虑。同时,通过计算结果分析并结合直升机的外场维护检查经验,确定了其安全维修检查周期及检查时的技术要求。

参 考 文 献

[1] USAF Damage Tolerant Design Handbook[M]. Xi,an:Northwestern Poltechnical University Press. 1989.

[2] WU Xueren. Handbook of mechanical properties of aircraft structural metals [C]. Beijing:Aviation Industry Prsss,1996.

[3] 孙之钊. 直升机强度[M]. 北京:航空工业出版社,1990.

[4] Liard F. Helicopter fatigue design guide[J]. AGARD – AGr292,1983.

[5] Avakov V A. Fatigue strength distribution[J]. Int. J. Fatigue,1993,15(2):85 – 91.

(作者:穆志韬,华然,段成美。发表于《机械强度》,2002 年第 01 期)

某型直升机主桨叶裂纹扩展寿命研究

摘　要：为保证某型直升机延寿后的飞行安全，对其疲劳危险部位根部接头进行了材料断裂性能试验，并对试验数据进行分析处理。通过计算，对比研究了不同裂纹扩展公式下的裂纹扩展寿命。采用考虑因素较全面的，且具有较高可靠度的全范围 Forman 公式进行裂纹扩展寿命分析，得到不同风险率下的裂纹扩展寿命，并给出了适合的检查周期。

关键词：裂纹扩展模型；断裂性能试验；可靠度；裂纹扩展寿命；检查周期

1　引言

某型直升机是 1974 年从法国引进的，现已服役 30 多年。现有的 140 余片主桨叶中，有 80 多片已经飞满寿命期而停止使用，其余也都即将到寿。由于国外早已停止该机型及其配件的生产，我军装备的该型机队已经面临全面停飞的严重状态。因此，为满足我军现有该型直升机的使用需要，深入挖掘主桨叶的寿命潜力，使该型直升机能继续安全、有效地使用，对主桨叶进行延寿并制定合理的检查周期非常必要，且十分迫切。

2　裂纹扩展速率方程

疲劳裂纹扩展机理复杂，影响因素众多，至今没有定量的解析式，不同的扩展公式对应的扩展寿命不同，裂纹扩展速率公式的具体形式将直接关系到裂纹扩展寿命的估算精度。常用的裂纹扩展速率方程有 Paris 公式、Walker 公式、Forman 公式和全范围 Forman 公式等[1]。

2.1　Paris 公式

1961 年，Paris 等人提出，在恒幅加载下，$\mathrm{d}a/\mathrm{d}N$ 与应力强度因子幅值 ΔK 有关，并给出了 Paris 公式。Paris 公式是应用最为广泛的一个公式：

$$\frac{\mathrm{d}a}{\mathrm{d}N} = C(\Delta K)^n \tag{1}$$

式中：C、n 为试验确定的材料常数，它们都是针对给定的应力比 R 的；ΔK 为应力强度因子幅值。它与试样几何参数及裂纹几何形状有关。

2.2　Walker 公式

Walker 公式是 Paris 公式的改型，其优点在于考虑了应力比 R 的影响：

$$\begin{cases} \dfrac{\mathrm{d}a}{\mathrm{d}N} = C\big[\,\Delta K(1-R)^{m-1}\,\big]^n & (R \geqslant 0) \\[3mm] \dfrac{\mathrm{d}a}{\mathrm{d}N} = C\big[\,K_{\max}(1-R)^{m-1}\,\big]^n & (R < 0) \end{cases} \tag{2}$$

式中:C、n 和 m 为试验确定的材料常数。

2.3　全范围 Forman 公式

$$\frac{\mathrm{d}a}{\mathrm{d}N} = \frac{C(1-f)^n \Delta K^n \Big[\, 1 - \dfrac{\Delta K_{\mathrm{th}}}{\Delta K} \,\Big]^p}{(1-R)^n \Big[\, 1 - \dfrac{\Delta K}{(1-R)K_{\mathrm{IC}}} \,\Big]^q} \tag{3}$$

式中:ΔK_{th} 为应力强度因子门槛值;K_{IC} 为临界应力强度因子;f 为裂纹张开函数;C、n、p 和 q 为材料常数。

3　断裂性能试验及数据处理

3.1　断裂韧性

主桨叶危险部位为根部接头。采用标准试验方法先测定该材料的延性断裂韧度 J_{IC},然后换算出 K_{IC}。数据分析结果见表 1 所列。

表 1　断裂韧性试验数据分析结果

编号	$K_{\mathrm{IC}}/(\mathrm{N} \cdot \mathrm{mm}^{-1/2})$	编号	$K_{\mathrm{IC}}/(\mathrm{N} \cdot \mathrm{mm}^{-1/2})$
1	6649.68	6	5049.15
2	6067.19	7	5929.98
3	6571.86	平均值	6053.988
4	6802.63	标准差	628.619
5	5307.43		

3.2　裂纹扩展门槛值

分别进行应力比 R 为 0.1、0.3 和 0.5 下的材料断裂门槛值试验,各应力比下的每组试验均进行 4 个试样的试验。试验数据分析结果见表 2。

表 2　断裂门槛值试验数据分析结果

R	$K_{\mathrm{IC}}/(\mathrm{N} \cdot \mathrm{mm}^{-1/2})$				
	1	2	3	4	平均值
0.1	203.74	191.19	198.73	224.39	204.52
0.3	180.55	173.07	—	245.30	199.64
0.5	192.18	—	145.48	147.09	161.58

注:"—"表示试验因停电而中断

3.3　扩展速率

分别进行应力比 R 为 0.1、0.3 和 0.5 下的材料裂纹扩展速率试验,各应力比下的每组试验均进行 5 个试样的试验。在此仅画出应力比为 0.1 的第一个试样的材料裂纹扩展速率试验数据和材料裂纹扩展 a—N 试验数据,如图 1 和图 2 所示。

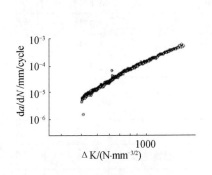

图 1　$R=0.1$ 的材料裂纹扩展速率试验数据

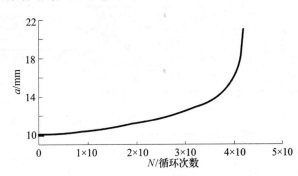

图 2　$R=0.1$ 的裂纹扩展试验数据

3.4　数据分析与处理

3.4.1　K_{IC} 与 ΔK_{th} 数据处理

根据表 1 知,K_{IC} 平均值为 6053.99N·mm$^{-3/2}$,由表 2 试验数据并根据公式:

$$K_{mth} = \frac{\Delta K_{tb}(1 + R)}{2(1 - R)}$$

计算得到各应力比下门槛值变程 ΔK_{th} 和均值 ΔK_{mth} 见表 3。

表 3　各应力比下门槛值变程和均值

R	$\Delta K_{th}/(N \cdot mm^{-3/2})$	$\Delta K_{mth}/(N \cdot mm^{-3/2})$
0.1	204.52	125.0
0.3	199.64	185.38
0.5	161.58	242.38

3.4.2　材料常数数据处理

采用多元线性回归方法将裂纹扩展速率试验和门槛值试验的全部数据用于公式拟合,各公式的试验常数拟合结果见表 4 ~ 表 6。

表 4　全范围 Forman 公式拟合结果

参数项	拟合值	参数项	拟合值
C	1.0216×10^{-12}	p	0.2066
n	2.7893	q	0.4632

表 5   Paris 公式参数拟合结果

R	区域	参数项	拟合值
		C	m
0.1	近门槛区	5.3434×10^{-18}	4.671
	稳定扩展区	4.9097×10^{-14}	3.143
0.3	近门槛区	2.0848×10^{-17}	4.6718
	稳定扩展区	8.6699×10^{-15}	2.7575
0.5	近门槛区	2.0848×10^{-15}	3.9236
	稳定扩展区	1.4424×10^{-12}	2.7127

表 6   Walker 公式参数拟合结果

参数项	拟合值
C	7.4327×10^{-13}
n	2.6958
m	0.5336

4 $p - \dfrac{\mathrm{d}a}{\mathrm{d}N} - \Delta K$ 曲线

考虑到裂纹扩展速率试验数据分散性的影响,计算的疲劳裂纹扩展寿命应具有可靠度,因此,必须采用具有可靠度的裂纹扩展速率表达式,即 $P - \dfrac{\mathrm{d}a}{\mathrm{d}N} - \Delta K$ 表达式。要获得材料裂纹扩展速率的 $P - \dfrac{\mathrm{d}a}{\mathrm{d}N} - \Delta K$ 曲线,必须知道裂纹扩展速率的分散度或标准差 σ。一方面,σ 反映了材料生产过程中的随机变化的因素;另一方面,σ 也反映了材料裂纹扩展速率试验过程中产生的随机误差(包括设备和人为的误差)。根据统计结果,$\sigma = 0.2$ 是保守的[7]。故全范围 Forman 公式裂纹扩展速率的 $P - \dfrac{\mathrm{d}a}{\mathrm{d}N} - \Delta K$ 曲线公式为[8]

$$\frac{\mathrm{d}a}{\mathrm{d}N} = 10^{-\sigma\mu} \cdot \frac{CP(1-f)\Delta K \left[1 - \dfrac{\Delta K_{\mathrm{th}}}{\Delta K}\right]^{P}}{(1-R)^{n} \left[1 - \Delta K \Big/ \left(1 - \dfrac{\Delta K}{(1-R)K_{\mathrm{IC}}}\right)\right]} \tag{4}$$

5   初始裂纹及临界裂纹

初始裂纹的选取取决于无损检测的能力。根据我国检测技术水平和固定翼飞机损伤容限分析的经验,可偏保守地假设初始裂纹长度为 1.25 mm。临界裂纹尺寸是指在给定的受力情况下,不发生断裂所容许的最大裂纹尺寸。对于直升机金属动部件,通常剩余强度载荷取飞行使用中承受最大载荷的 1.2 倍。

将剩余强度载荷 $\sigma_{br\,max} = 1.2P_{max}/2Br$ 及断裂韧度 $K_{IC} = f\sigma_{br\,max}\sqrt{\pi a_{cr}}$ 代入应力强度因子公式中,可以得到临界裂纹长度 $a_{cr} = 1/\pi(K_{IC}/f\sigma_{br\,max})$,由其控制计算裂纹扩展寿命,就能保证主桨叶有足够的剩余强度。计算得到临界裂纹长度 $a_{cr} = 19mm$。

6 裂纹扩展寿命

6.1 裂纹扩展寿命计算

根据材料的裂纹扩展速率公式以及所得的裂纹扩展数据和拟合参数,编程计算得到不同模型下的裂纹扩展寿命见表7,拟合曲线如图3所示。

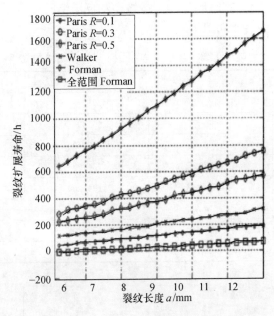

图3 不同公式下的裂纹扩展寿命曲线

表7 不同速率公式下的裂纹扩展寿命

裂纹长度 / mm	扩展寿命/ h				
	Paris			Walker	全范围 Forman
	$R = 0.1$	$R = 0.3$	$R = 0.5$		
6.75	727.88	330.63	247.66	131.6	0.0089
7	760.88	345.68	259.38	138.27	2.8889
8	933.53	426.5	325.56	165.19	15.76
9	1095.7	492.96	376.2	211.63	28.782
10	1 280.8	579.26	446.5	241.31	42.657
11	1507.3	684.33	531.66	279.13	60.347
11.5	1563.7	719.86	544.56	286.76	63.972
12	1658.8	754.85	571.66	319.68	70.852

根据计算结果可知,由 Paris 模型算出的裂纹扩展寿命最大,其次是 Walker 模型,最后是全范围 Forman 模型。全范围 Forman 裂纹扩展公式包括近门槛区和接近临界裂纹强度因子时的快速扩展区,并考虑裂纹尖端的塑性产生的裂纹闭合效应和应力比对裂纹扩展速率的影响,能很好地拟合各种应力比下的材料裂纹扩展速率试验数据,考虑因素更加全面合理。为保证延寿后的安全,采用全范围 Forman 模型计算的裂纹扩展寿命比较安全。

6.2 不同风险率下的裂纹扩展寿命

根据该型直升机执行的任务特点,其断裂谱有运输型和反潜型。采用具有可靠度的全范围 Forman 裂纹扩展速率表达式,确定运输型和反潜型两种情况下不同风险率 γ 所对应的裂纹扩展寿命 L,如表 8 和图 4 所示。

表 8　主桨叶根部接头安全裂纹扩展寿命和风险率关系

风险率 γ	裂纹扩展寿命 L /h		
	lgγ	运输型	反潜型
0.0000010	−6	86.494	70.839
0.0000100	−5	110.62	88.45
0.0000481	−4.37855	131.63	105.72
0.0000591	−4.228413	134.26	107.92
0.0001000	−4	141.36	113.83
0.0005009	−3.300249	170.76	137.91
0.500000	−0.3010	787.54	630.63

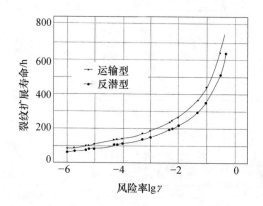

图 4　主桨叶根部接头裂纹扩展寿命和风险率关系

7　检查周期

检查周期的确定可依据以下方法实施:

(1) 依据要求的使用寿命(裂纹形成寿命 L_s)确定对应的裂纹扩展寿命 L_t,在部件达到首翻期后,依周期 $T = L_t$ 实施检查,直至使用寿命。

(2) 在达到首翻期(此时裂纹形成寿命记为 L_0)后,依据 $L_s = L_t - L_0$ 确定检查周期 $T \le L_t$,此时确定裂纹扩展寿命 $L_t = T$ 时的裂纹形成寿命 L_s,记为 L_0,重复前面确定检查周期的过程直至使用寿命。

该主桨叶的原有使用寿命为 1500h,因此可以此作为延寿的起点。同时,为降低部件可能出现裂纹的概率,宜将裂纹形成的风险率控制在 $\gamma \le 10^{-5}$。检查周期可按每 25 飞行小时目视检查一次,每 100 飞行小时允许漏检 3 次,每 50 飞行小时无损探伤 1 次,每 100 飞行小时允许漏检 1 次,总风险率 $\gamma \le 10^{-6}$,延寿到累计总寿命结束时为止。

8　结论

(1) 通过直升机主桨叶根部接头材料的断裂性能试验及对试验数据进行处理,拟合得到 Paris、Walker 和 Forman 裂纹扩展公式所对应的材料常数,编程计算得到不同裂纹扩展模型下的裂纹扩展寿命。通过分析比较可知:Paris 公式不能考虑不同应力比(即平均载荷因素)的影响;Walker 公式虽然考虑了应力比的影响,但没有考虑应力强度变程门槛值对裂纹扩展的影响,寿命计算结果与 Paris 公式相比更接近实际情况;全范围 Forman 裂纹扩展公式包括近门槛区和接近临界裂纹强度因子时的快速扩展区,并考虑了裂纹尖端的塑性产生的裂纹闭合效应和应力比对裂纹扩展速率的影响,能很好地拟合各种应力比下的材料裂纹扩展速率试验数据,考虑因素更加全面合理。因此,进行裂纹扩展分析计算时选用全范围 Forman 公式最佳。

(2) 对应于 Paris 模型,R 越小其裂纹扩展寿命越大。因此,可相应地推出:对于不同的裂纹扩展公式,应力比越大,裂纹扩展寿命越小;应力比越小,裂纹扩展寿命越大。

通过采用具有可靠度的全范围 Forman 裂纹扩展公式,确定不同风险率下的裂纹扩展寿命,并制定了合理的检查周期。

参 考 文 献

[1] 李庆芬,胡胜海,朱世范.断裂力学及其工程应用[M].哈尔滨:哈尔滨工程大学出版社,2005.
[2] 穆志韬,段成美.某型直升机动部件延寿技术[R].青岛:中国海军科技报告,2003.
[3] 穆志韬,华然,段成美.高周疲劳载荷环境下直升机动部件的损伤容限分析[J].机械强度,2002,24(1):113-115.
[4] 刘文廷.断裂性能测试[M].北京:北京航空航天大学出版社,1985.
[5] 胡仁伟.直升机动部件损伤容限评定方法研究[D].北京:北京航空航天大学,1995.
[6] 陈瑞峰.裂纹扩展寿命模型的对比研究[J].计算力学学报,1997,14(2):96-101.
[7] 熊峻江,高镇同.广义断裂等寿命曲线与二维门槛值概率分布[J].北京航空航天大学学报,2000,13(2):206-211.
[8] 王永廉,吴永瑞.一个适用性广泛的疲劳裂纹扩展速率表达式[J].航空学报,1987,8(4):191-196.

(作者:朱做涛,穆志韬,辛素玉,张玎。发表于《NDT 无损检测》,2009 年第 03 期)

某型直升机尾桨叶安全检查周期的确定方法

1 引言

根据损伤容限设计理论,允许直升机结构存在某些缺陷或其他损伤,但应把这些缺陷或损伤限制在一定的范围之内,并保证这些缺陷在下次检出之前不会扩展到直升机出现灾难性事故的程度。这就要求结构的初始损伤在使用寿命期内不会扩展到断裂的临界尺寸(即裂纹容限 a_{cr})。也就是说,随裂纹的扩展,结构的剩余强度降低;但其强度在降至不可接受的水平以前,损伤应能发现。裂纹扩展示意如图1所示。

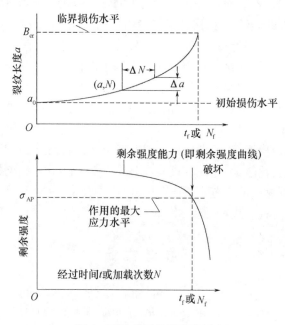

图1 裂纹扩展特性示意图

当裂纹很小时,其扩展速率很慢;当裂纹较长时,其扩展速率增大;当裂纹达到临界尺寸 a_{cr} 时,结构元件便发生断裂。影响裂纹扩展的主要因素有初始疲劳质量、载荷历程、结构的特性和材料的特性。

2 尾桨叶疲劳危险剖面的确定

根据《直升机尾桨叶结构的应力分析计算报告》,尾桨叶的疲劳危险部位是尾桨叶根部耳片接头5号螺栓孔处,其结构如图2所示。

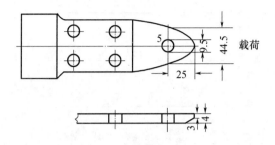

图2 尾桨叶根部耳片接头示意图

3 尾桨叶根部接头初始裂纹的确定

假设在装配中结构存在的缺陷,其尺寸刚好小于生产线上无损检测的最大不可检缺陷,并将其视为初始损伤。这些假没涉及损伤的大小、形状和部位,是基于对现有的无损检测数据的概括。根据美国军用飞机损伤容限要求(MIL – A – 83444),假设结构中任一个紧固件孔都可能是临界孔,并且都可能存在一条相当于 0.05in(1in = 2.54cm) 的径向角裂纹的初始缺陷,如图 3 所示。

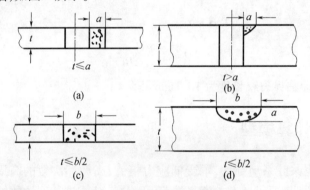

图3 完整结构初始缺陷假设
(a) $t \leqslant a$;(b) $t > a$;(c) $t \leqslant b/2$;(d) $t \leqslant d/2$。

依据上述假设,取尾桨叶根部初始缺陷尺寸 $a_0 = 0.05\text{in}$ 的角裂纹。

4 尾桨叶根部耳片接头的应力强度因子计算

图 4 为简化计算模型。

$$K = \beta \cdot \sigma_{\text{br}} \sqrt{a\pi} \tag{1}$$

式中:$\sigma_{\text{br}} = P/2Br_1$($P$ 为载荷;B 为耳片厚度;r_1 为耳片内部孔半径;a 为裂纹长度);β 为正则化应力强度因子值,可由《美国空军损伤容限手册》表 1.7.9B 中 $r_0/r_1 = 3$ 对应的一列数据拟合曲线中得到。

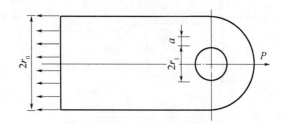

图 4　单边角裂纹的直耳片计算模型

5　尾桨叶根部耳片接头临界裂纹的确定

尾桨叶根部耳片接头的材料:40CrNiMoA(锻件)。

材料化学成分:$\omega(C)=0.44\%$,$\omega(Cr)=0.9\%$,$\omega(Mn)=0.8\%$,$\omega(Ni)=1.65\%$,$\omega(Mo)=1.65\%$。

力学性能:$\sigma_b=1079MPa$,$\sigma_s=932MPa$,$\delta=12\%$。

由《中国航空材料手册》查得该材料的平面应变断裂韧性 $K_{IC}=70MN\cdot m^{-\frac{3}{2}}$,由式(1):

$$\beta\cdot\sigma_{brmax}\sqrt{a_{cr}\pi}=70$$

$$\sigma_{brmax}=\frac{P_{max}}{2Br_1}$$

得 $a_{cr}=10.1mm$,即临界裂纹长度为 10.1mm。

6　裂纹扩展计算模型

由于直升机尾桨叶系动部件,承受低应力幅值、高循环次数的高周疲劳,按照《直升机强度规范使用说明》要求及有关资料推荐,用 Paris 公式进行裂纹的扩展分析计算:

$$(da/dN)_i=FC_1(\Delta K_i)^n \tag{2}$$

$$\Delta K_i=\beta\sigma_{cr}\sqrt{\pi a_i} \tag{3}$$

$$\frac{da}{d\lambda}=\sum_{i=1}^{k}N_i\cdot\left[\left(\frac{da}{dN}\right)_i\right] \tag{4}$$

式中:ΔK_i 为第 i 级载荷作用下的应力强度因子幅值;F 为腐蚀环境影响修正系数,$F=1.5$;σ_{cr} 为紧固件连接孔的挤压应力幅值;C_1、n 为裂纹扩展速率曲线参数($C_1=1.07\times10^{-7}$,$n=2.5$);$(da/dN)_i$ 为第 i 级载荷作用下扩展速率;$da/d\lambda$ 为每飞行小时的裂纹扩速率。

构件在谱载作用下的裂纹扩展寿命由下式计算:

$$L_i=\int_{a_0}^{a_{cr}}1\left/\sum_{i=1}^{k}N_i\cdot\left[\left(\frac{da}{dN}\right)_i\right]\right.da \tag{5}$$

式中:a_{cr} 为临界裂纹长度;a_0 为初始裂纹长度;N_i 为每飞行小时第 i 级载荷出现的频数;K

为载荷级数。

载荷谱采用编制的实测统计疲劳载荷谱。

7 计算结果

根据直升机尾桨叶实测载荷谱(略),并考虑安全疲劳极限 $S_{\infty p}$ 以下的小幅值载荷对裂纹形成寿命的影响,代入式(5)计算,其计算结果见表1。

表 1 计算结果

裂纹长度/mm	扩展寿命/h	裂纹长度/mm	扩展寿命/h
1.27	0.000	6.00	116.003
2.07	24.489	7.00	131.777
2.67	40.414	8.00	142.692
3.07	50.576	9.00	148.890
3.47	60.510	10.10	151.801
4.00	73.341	11.00	152.623
5.00	96.127		

8 尾桨叶安全检查周期的确定

对计算得到的裂纹扩展寿命取分散系数 $D_f = 3$,安全检查周期 $T = 151.801/3 = 50.6(h)$,取整数 $T = 50h$。

允许漏检 2 次,每次检出概率大于 90%,但要求 3 次总的检出概率大于或等于 99.9%。具体的检查要求见表2。

表 2 检查

项目	尾桨叶根部接头耳片
a_0/mm	1.27
a_{cr}/mm	10.1
分散系数	3
检查次数	3
检查间隔/(小时/年)	50/2
允许漏检次数/%	2
每次检出概率/%	>90
3 次总的检出概率/%	≥99.9
要求检出最小裂纹/mm	1.27
检查方法	分解 5 号螺栓的螺母及垫圈,用 5 倍放大镜检查

注:若检查时不分解尾桨叶根部接头的螺栓,根据外场维护检查经验暂定检查间隔为 20 飞行小时

(作者:穆志韬。发表于《NDT 无损检测》,1998 年第 03 期)

动部件疲劳强度减缩系数确定方法研究

摘　要: 低周疲劳常采用寿命分散系数描述结构疲劳强度的固有分散性,而高周疲劳采用疲劳强度减缩系数来描述。在分析美、俄、法、英、德、意六国疲劳强度减缩系数取值方法的基础上,依据统计学理论,假设疲劳强度服从正态分布和对数正态分布从理论上确定了疲劳强度减缩系数的取值方法。针对我国现役机型特点,建立了母体标准差已知和母体标准差未知时的疲劳强度减缩系数取值方法,最后通过与国外疲劳强度减缩系数取值的分析比较,证明所建立的疲劳强度减缩系数取值方法适合我国直升机飞行使用特点。

关键词: 直升机;动部件;疲劳强度减缩系数;分布

1　引言

由于受到材质和工艺的影响,造成了结构疲劳强度的固有分散性,这种固有分散性可以在大量实践经验的基础上通过数理统计理论确定。在低周疲劳区常采用疲劳寿命分散系数描述,在高周疲劳区则需要采用疲劳强度减缩系数描述[1,2]。疲劳强度减缩系数的确定方法在各直升机公司存在差异,这种差异直接影响疲劳寿命计算结果。1980 年美军方假想变距拉杆寿命估算,寿命结果差异很大,C. T. Gunsallus 通过数理统计方法研究表明85%是由减缩系数和计数法造成。各国直升机公司对计数法的看法较一致,认为"雨流计数法"合理,因此合理地确定疲劳强度减缩系数是动部件疲劳评定工作中十分重要的一环。

2　疲劳强度减缩系数理论计算公式

目前,对疲劳强度的概率分布主要采用的假设有正态分布、对数正态分布和威布尔分布。虽然采用威布尔分布更接近实际情况,但需要的全尺寸疲劳试验数据量大,同时计算相当麻烦。在直升机界普遍采用的还是正态分布和对数正态分布,工程上也常采用 3σ 缩减[3-5]。

当只有有限的疲劳试验数据时,中值疲劳极限的频率分布曲线如图 1 所示。

2.1　假设疲劳强度服从正态分布

疲劳极限平均值为

$$S_{\infty \mathrm{m}} = \frac{1}{n} \sum_{i=1}^{n} S_{\infty i} \tag{1}$$

标准差为

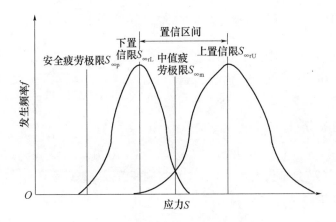

图 1　中值疲劳极限的频率分布曲线

$$s = \sqrt{\frac{1}{n}\sum_{i=1}^{n}\left(S_{\infty i} - S_{\infty\mathrm{m}}\right)^2} \tag{2}$$

变异系数为

$$C_{\mathrm{v}} = \frac{s}{S_{\infty\mathrm{m}}} \tag{3}$$

2.2　假设疲劳强度服从对数正态分布

疲劳极限平均值为

$$\log S_{\infty\mathrm{m}} = \frac{\sum\limits_{i=1}^{n}\lg S_{\infty i}}{n} \tag{4}$$

标准差为

$$s = \sqrt{\frac{\sum\limits_{i=1}^{n}\left(\lg S_{\infty i} - \lg S_{\infty\mathrm{m}}\right)^2}{n-1}} \tag{5}$$

2.3　母体标准差已知

当母体标准差已知,或者认为小试件的标准差能代表全尺寸试件的标准差,假设正态分布和对数正态分布的母体标准差分别为 σ_0、σ_{01},取随机中值疲劳强度置信度 r 的下置信限,则:

对于正态分布,有

$$S_{\infty\mathrm{rL}} = S_{\infty\mathrm{m}} - u_r \times \frac{\sigma_0}{\sqrt{n}} \tag{6}$$

对于对数正态分布,有

$$\lg S_{\infty rL} = \log S_{\infty m} - u_r \times \frac{\sigma_{01}}{\sqrt{n}} \qquad (7)$$

当取可靠度为 p 时，对于两种分布：

对于正态分布，有

$$S_{\infty p} = S_{\infty r} + u_p \times \sigma_0 \qquad (8)$$

对于对数正态分布，有

$$\lg S_{\infty p} = \lg S_{\infty rL} + u_p \times \sigma_{01} \qquad (9)$$

把式(6)、式(7)分别代入式(8)、式(9)得到疲劳强度减缩系数：

对于正态分布，有

$$J_p = \frac{1 + u_p C_v}{1 + \dfrac{u_r}{\sqrt{n}} C_v} \qquad (10)$$

对于对数正态分布，有

$$J_p = 10^{\left(\frac{u_r}{\sqrt{n}} - u_p\right) \times \sigma_{01}} \qquad (11)$$

式中：u_r、u_p 为与置信度和可靠度相对应的标准正态偏量。

2.4　母体标准差未知

当母体标准差未知，或者认为小试件的标准差不能代表全尺寸试件的标准差。根据子样试验的标准差 s，采用单侧容限系数法[6]：

对于正态分布，有

$$S_{\infty p} = S_{\infty m} + k \times s \qquad (12)$$

$$J_p = \frac{1}{1 + kC_v} \qquad (13)$$

对于对数正态分布，有

$$\log S_{\infty p} = \log S_{\infty m} + k \times s \qquad (14)$$

$$J_p = 10^{-ks} \qquad (15)$$

当子样数小于 4 时，取由公式计算得到的疲劳强度减缩系数和表1[7,8]中小的数据。

表 1　小子样减缩系数推荐值

试验件数	1	2	3
减缩系数	2	1.5	4/3

3　国外直升机公司采用的疲劳强度减缩系数

国外直升机公司在实际应用中，都有自己的疲劳强度取值方法，往往采用一些理论和经验对疲劳强度减缩系数值进行修正。

（1）法国航宇公司采用式（15）计算，但当计算值 $J_p < 0.7$ 时，则需要按以下公式修正：

$$J_p = \left(0.35 + \frac{S_{\infty p}}{2 \times S_{\infty m}}\right)^{-1} \qquad (16)$$

同时规定了一个限制值，对于钢 $J_p = 1.77$，对于铝合金 $J_p = 1.95$。即不论是按式（15）的理论计算结果，还是式（16）的修正结果，当得到的减缩系数值小于该限制值时，一律取该限制值。规定子样容量为 6，可靠度 $p = 99.9999\%$ 和置信度 $r = 90\%$，在疲劳寿命计算时还要附加机动飞行时数的损伤系数 1.2。

（2）英国 Westland 公司通过大子样试验分析，用威布尔分布拟合疲劳试验数据，发现中值疲劳极限减去 3 倍标准差，其值已达到或低于按威布尔分布估算的零破坏概率点。因此在英国金属材料结构的减缩系数是以 3 倍标准差的水平为基础的。减缩系数取值公式如下：

$$J_p = 10^{3\sigma\sqrt{1+1/n}} \qquad (17)$$

同时，还要附加飞行分散系数 1.3，因此，实际采用的减缩系数为

$$J_p = 1.3 \times 10^{3\sigma\sqrt{1+1/n}} \qquad (18)$$

（3）德国 MBB 公司认为，以对数正态分布或正态分布为基础的统计分析，在高可靠度的情况下会给出过于保守的结论。当取可靠度 $p = 99.9\%$ 和置信度 $r = 95\%$ 时采用式（11）和式（15）计算。

（4）俄罗斯直升机界认为高可靠度时疲劳极限已偏离正态分布规律，疲劳极限存在某一界限，然而要找出这一界限则是不可能的。对疲劳关键件规定取可靠度 $p = 99.99\%$ 和置信度 $r = 95\%$，式（11）与式（15）缩减工作曲线，实际的可靠度 $p > 99.99\%$。

（5）美国的 Boeing Vertol 公司在确定直升机动部件工作 S—N 曲线时，选取三条 S—N 曲线中最低的一条作为安全 S–N 曲线：$u - 3\sigma$、0.8μ、N_{min}（通过寿命最低那个试件试验点的 S—N 曲线）。

（6）意大利 Agusta 公司确定减缩系数的方法与美国相似，一个是采用平均疲劳极限减去 3 倍标准差，另一个是减去一个固定的百分比，对于钢、钛合金取 20%，对于铝合金取 25%，减缩系数取二者之中较大的。

各国直升机公司针对某型合金钢结构件所采用的疲劳强度减缩系数见表 2。

表 2　各国合金钢结构件的疲劳强度减缩系数

试件数	1	2	3	4	5	6	7
法国						1.76	
英国	1.55	1.46	1.33	1.42	1.41	1.4	1.39
德国	1.63	1.55	1.52	1.50	1.49 2.18	1.48 1.98	1.46 1.79
美国	2	1.43				1.36	
意大利				1.36		1.36	

4 我国的疲劳强度减缩系数取值方法

根据我国在役直升机情况,疲劳强度减缩系数的选取参照法国宇航的经验,假定疲劳强度符合对数正态分布:

(1)当母体标准差 σ_0 已知时,有

$$J_p = 10^{\left(\frac{u_r}{\sqrt{n}} - u_p\right) \times \sigma_0} \tag{19}$$

(2)当母体标准差 σ_0 未知时,有

$$J_p = \max\{J_{p3}, \min[J_{p2}, J_{p1}]\} \tag{20}$$

式中

$$J_{p1} = 10^{-ks}, J_{p2} = \left(0.35 + \frac{10^{ks}}{b}\right)^{-1}, J_{p3} = \left(0.35 + \frac{10^{k\sigma}}{b}\right)^{-1}$$

其中:k 为与置信度、可靠度、子样容量相对应的单侧容限系数;σ 为母体标准差的估计值;s 为子样试样标准差;$b = \max\{2, 10^{k\sigma}/10^{(u_p - u_r/\sqrt{n})\sigma} - 0.35)\}$。

母体标准差的估计值,根据国内的统计数据和相关文献[5],动部件的综合标准差,对钢结构为 $\sigma = 0.045$,对铝合金结构 $\sigma = 0.06$。

依据式(19)和式(20),在不同的子样容量和不同的子样标准差情况下所得到的减缩系数与国外几家直升机的结果对比见表3和表4。

表3 不同子样容量和标准差的合金钢减缩系数结果(母体标准差未知)

子样容量	国家	0.045	0.06	0.08	0.1	0.15	0.2
6	中国	1.76	1.95	2.16	2.34	2.63	2.7
	法国	1.76	1.95	2.16	2.34	2.63	2.76
	德国	1.48	1.98				
5	中国	1.81	2.00	2.23	2.40	2.67	2.79
	德国	1.49	2.18				
4	中国	1.89	2.11	2.33	2.50	2.74	2.82
3	中国	2.10	2.33	2.55	2.68	2.82	2.85

表4 不同子样容量合金钢的减缩系数结果(母体标准差已知)

子样容量	1	2	3	4	5	6	8
减缩系数	1.87	1.80	1.77	1.75	1.74	1.73	1.72

根据疲劳试验数据,当母体标准差 $\sigma_0 = 0.048$ 时,依据式(19)不同子样容量和不同置信度下的减缩系数的变化趋势如图2所示。从图上可以看出:

(1)在一定的置信度和可靠度下,随子样容量的增加,疲劳强度减缩系数的值变小;

(2)在一定的置信度和子样容量下,随可靠度的增加,疲劳强度减缩系数的值变大;

(3)在一定的可靠度和子样容量下,随置信度的升高,疲劳强度减缩系数的值变大。

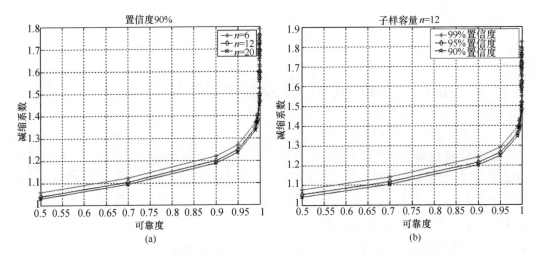

图2　母体标准差已知不同子样容量和不同置信度下的减缩系数

（a）疲劳强度减缩系数随子样容量的变化；（b）疲劳强度减缩系数随置信度的变化。

5　结论

依据统计学理论,假设疲劳强度服从正态分布和对数正态分布,从理论上确定了疲劳强度减缩系数的取值方法,在分析美、俄、法、英、德、意六国减缩系数确定方法的基础上,针对我国机型特点,建立了母体标准差已知和母体标准差未知时的疲劳强度减缩系数取值方法,最后通过与国外减缩系数取值的分析比较,证明本文建立的疲劳强度减缩系数取值方法是适合我国直升机飞行使用特点的。

参　考　文　献

［1］周凯,韩福辰,金平.损伤容限法在直升机尾桨叶中的应用[J].海军航空工程学院学报,2003,18(2):249－252.

［2］柳文林,穆志韬,段成美.直升机动部件的疲劳损伤和可靠性分析[J].海军航空工程学院学报,2005,20(6):620－622.

［3］Harris William D , Larchuk Terry . Application of Probabilistic Methodology in the Development of Retirement lives of Critical Dynamic Components in Rotorcraft［A］//Presented at the American Helicopter Society 55th Annual Forum［C］. May, 25－27,1999,Montreal,Canada.

［4］Toulas N, Irving P E . ISaety Factors and Risk in usage Monitoring and fatigue Substantiation of Helicopter Components［A］//Presented at the American Helicopter Society 59th Annual Forum［C］. 2003,Phoenix,Arizona,6－8.

［5］Fujimoto William T. A Critical Assessment of Fatigue Prediction Methodologies for Rotorcraft Members［A］//Presented at 2002 Aging Aircraft Conference ［C］. September,2002:16－19.

［6］高镇同,熊俊江.疲劳可靠性[M].北京:北京航空航天大学出版社,2000.

［7］孙之钊,萧秋庭,徐桂祺.直升机强度[M].北京:航空工业出版社,1990.

［8］曾玖海,曾本银,史斯佃.直升机动部件安全寿命和破损安全相结合的定寿技术[J].直升机技术,2003(3):15－20.

（作者:柳文林,穆志韬。发表于《海军航空工程学院学报》,2007年第04期）

断裂性能试验及裂纹扩展寿命分析

摘　要:通过断裂性能试验确定了某型直升机部件金属材料的断裂韧性和裂纹扩展门槛值,采用多元线性回归方法拟合得到裂纹扩展速率方程的材料常数。采用不同的裂纹分析方法进行了损伤容限分析。研究结果表明:对此型直升机部件的金属材料来讲,应力强度因子变程门槛值对应的应力比上截止限取 0.7 是合理的;低于安全疲劳极限的小载荷对裂纹扩展寿命有较大影响,尤其是按安全疲劳极限截除小载荷对裂纹扩展寿命的影响是非常显著的,当截除标准低于 0.8 倍的安全疲劳极限时,裂纹扩展寿命的差别不是很显著。

关键词:裂纹扩展;损伤容限;裂纹扩展门槛值;断裂韧性

1　引言

国内外已成功地把损伤容限方法应用于固定翼飞机的疲劳裂纹预测,提高了部件的安全性和可靠性[1-3]。与固定翼飞机不同,直升机动部件长期在低幅值高循环次数的振动疲劳载荷环境中工作,如图 1 所示,其寿命的大部分消耗在裂纹形成上,且从裂纹形成至断裂的时间相对较短。因此,限制了损伤容限方法在直升机上的应用。损伤容限方法在直升机动部件上的应用与固定翼飞机相比主要不同是:容许裂纹尺寸更小;小范围内载荷变化更大;载荷形式更严重(高频低幅)。

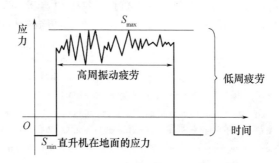

图 1　直升机部件的典型应力历程

由于不可能采用全尺寸疲劳试验对结构进行裂纹扩展寿命试验,一般通过计算得到裂纹扩展寿命。本文以某型直升机典型金属材料的断裂性能试验数据为依据,对该部件进行损伤容限分析并研究了各因索对裂纹扩展寿命的影响。

2 材料的断裂性能试验

在结构的损伤容限分析中,为确定使用寿命并给出合适的检修周期,必须估算其裂纹扩展寿命。为此,需对材料的断裂韧性、门槛值和疲劳裂纹扩展速率进行测定。

用 3 件某型直升机主桨叶根部接头进行线切割共加工标准 CT 试样 34 件,试样形状和尺寸如图 2 所示,$B = 12.5\text{mm}$,$h = 15\text{mm}$,$W = 25\text{mm}$,$a = 7.5\text{mm}$。经检验,B、W 的偏差均小于 0.5%。线切割加工缺口,长度约 7.5mm。34 件试样中用于断裂韧性试验 7 件,裂纹扩速率试验 15 件,门槛值试验 12 件。所有试验均在 MTS – 880 – 100 kN 试验机上进行。

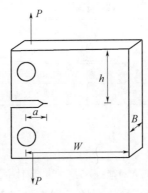

图 2　CT 试样尺寸图

2.1 裂纹扩展门槛值试验

按照 HB5261 以及美国标准 ASTME561 分别进行应力比为 0.1、0.3 和 0.5 下的材料断裂门槛值试验,各应力比下的每组试验均进行 4 个试样的试验。采用柔度(COD)控制法,试验中自动记录裂纹扩展速率曲线。试验环境为室温大气,试验加载频率 10 Hz。采用线性回归方法对断裂门槛值试验数据进行处理[4,5],分析结果见表 1。

表 1　断裂门槛值试验数据分析结果

应力比 R	$\Delta K_{\text{th}}/(\text{MPa} \cdot \text{mm}^{1/2})$	$K_{\text{mth}}/(\text{MPa} \cdot \text{mm}^{1/2})$
0.1	204.52	125.0
0.3	199.64	185.38
0.5	161.58	242.38

拟合上面试验数据,得到断裂等寿命曲线为

$$\Delta K_{\text{th}} = 204.74 \times \left[1 - \left(\frac{K_{\text{mth}}}{294.68} \right)^{7.97} \right] \tag{1}$$

2.2 断裂韧性试验

若按照标准试验方法测定 K_{IC},则所需试样的厚度尺寸很大,试验难以实现。故本文按照中国国家标准 GB 4161 以及美国标准 ASTME399,采用阻力曲线法来测定材料的延伸断裂韧性 J_{IC},然后换算出其 K_{IC}。共进行 7 个试样试验,疲劳预裂载荷 7/0.7 ~ 6/0.6 kN,疲劳初始裂纹长度 12.5mm,满足 $0.5W < a < 0.75W$ 条件。采用柔度控制法,试验中自动记录 P—δ(加载点位移) 曲线。试验环境为室温大气,试验加载频率 10Hz。

K_{IC} 值由下式计算出:

$$K_{\mathrm{IC}} = \sqrt{\frac{1 - \mu^2}{E} \cdot J_{\mathrm{IC}}} \qquad (2)$$

式中:μ 为泊松比;E 为弹性模量。

试验分析结果见表 2 所列,单位均为 $\mathrm{MPa} \cdot \mathrm{mm}^{\frac{1}{2}}$。

表 2　断裂韧性测定结果

试样 1	试样 2	试样 3	试样 4
6649.68	6067.19	6571.86	6802.63
试样 5	试样 6	试样 7	试样 8
5307.43	5049.15	5929.98	6053.988

2.3　裂纹扩展速率试验

参照美国材料试验协会标准 ASTME647—88a 和中国国家标准 GB – 6398—86 分别进行应力比为 0.1、0.3 和 0.5 下的材料裂纹扩展速率试验,各应力比下的每组试验均进行 5 个试样的试验。采用柔度控制法,试验中自动记录裂纹扩展速率曲线。试验环境为室温大气,试验加载频率 10Hz。

采用多元线性回归方法[6,7]对试验得到的裂纹扩展数据进行处理,得到 Forman 裂纹扩展公式材料常数,见表 3。

表 3　Forman 公式材料参数

C	n	P	q
1.0126×10^{-8}	2.7893	0.2066	0.4632

3　裂纹扩展寿命分析

根据试验获得的四参数 Forman 裂纹扩展模型的材料常数,裂纹扩展门槛值和断裂韧性,结合按 4 个截除标准 66.7%、80%、90%、100% 安全疲劳极限 $S_{\infty \mathrm{p}}$ 编制的断裂谱和此型直升机飞行状态顺序及其状态在该次出现所占的时间比例,分别用 NASA/FLAGRO、AFGROW、NASGRO 进行裂纹扩展寿命计算。

(1) 取 0.999999 的存活率,用 NASA/FLAGRO、AFGROW、NASGRO 进行裂纹扩展寿命计算,得到两种不同初始裂纹长度(1.25mm 和 6.25mm)的计算结果,如图 3 所示。

AFGROW 和 NASGRO 的不同之处在于应力比的上截止限,根据图 3,对于此型直升机主桨叶根部材料来讲,取应力比的截止限为 0.7 对计算结果影响不大。

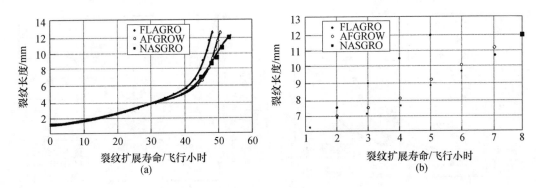

图3 不同软件的裂纹扩展寿命曲线

（a）初始裂纹长度 1.25mm；（b）初始裂纹长度 6.25mm。

通过上面的计算分析，不同的应力强度门槛值求法对计算结果影响不大，采用 NASA/FLAGRO 分析得到值相对较小，为安全起见，以下的分析均采用 NASA/FLAGRO 进行。

（2）断裂谱的影响。按 $66.7\% S_{\infty p}$、$80\% S_{\infty p}$、$90\% S_{\infty p}$、$S_{\infty p}$ 四个截除标准编制的断裂谱采用 NASA/FLAGRO 进行分析，得到两种不同初始裂纹长度（1.25mm 和 6.25mm）的计算结果，如图4所示。

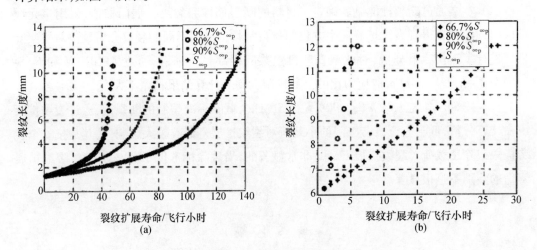

图4 不同断裂谱截除标准裂纹扩展寿命曲线

（a）初始裂纹长度 1.25mm；（b）初始裂纹长度 6.25mm。

由上述计算结果可知，低于安全疲劳极限的小载荷对裂纹扩展寿命有较大影响，尤其是按安全疲劳极限截除小载荷对裂纹扩展寿命是非常显著的，当截除标准低于 $80\% S_{\infty p}$ 时，裂纹扩展寿命的差别不是很显著为安全起见，本文采取 $66.7\% S_{\infty p}$ 的截除标准。

（3）不同风险率下裂纹扩展寿命曲线。按 $66.7\% S_{\infty p}$ 的截除标准编制的断裂谱采用 NASA/FLAGRO 计算得到三种不同风险率下裂纹扩展寿命曲线（对应两种不同的初始裂纹长度 1.25mm 和 6.25mm），如图5所示。

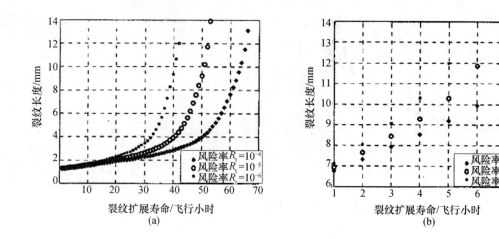

图 5　三种不同风险率下裂纹扩展寿命曲线

（a）初始裂纹长度 1.25mm；（b）初始裂纹长度 6.25mm。

4　结论

（1）本文通过断裂性能试验确定了材料的断裂韧性和裂纹扩展门槛值，采用多元线性回归方法拟合得到裂纹扩展速率方程的材料常数。采用不同的裂纹分析软件对主桨叶根部进行了损伤容限分析，对此型直升机主桨叶根部材料来讲，通过 AFGROW 和 NAS-GRO 计算结果比较分析，取应力比的上截止限为 0.7 计算结果相差不大。

（2）按 66.7% $S_{\infty p}$、80% $S_{\infty p}$、90% $S_{\infty p}$、$S_{\infty p}$ 四个截除标准编制的断裂谱，通过裂纹扩展寿命计算分析，低于安全疲劳极限的小载荷对裂纹扩展寿命有较大影响，尤其是按安全疲劳极限截除小载荷对裂纹扩展寿命是非常显著的，当截除标准低于 80% $S_{\infty p}$ 时，裂纹扩展寿命的差别不是很显著。

参 考 文 献

[1] Forth Scott C , Turnberg Dy LE,Jay . An Evaluation of the Applicability of Damage Tolerance to Dynamic Systems[C]. The 8th Joint NASA/FAA/DOD Aging Aircraft Conference. Palm Springs,California,USA,2005.

[2] 柳文林,穆志韬,周凯,等.直升机动部件的疲劳损伤和可靠性分析[J].海军航空工程学院学报,2005,20(6)：620－622.

[3] 钱峰,张海兵,孙金立.某型直升机轮毂涡流检测探头主要参数的确定[J].海军航空工程学院学报,2007,22(6)：619－621.

[4] 熊峻江,高镇同.广义断裂等寿命曲线与二维门槛值概率分布[J].北京航空航天大学学报,2002,28(3)：350－353.

[5] 熊峻江,彭俊华,高镇同断裂韧性和疲劳裂纹扩展门槛值的可靠性测定方法[J].北京航空航天大学学报,2000,26

（6）:694 - 696.

[6] 黄蓝,曾本银,潘春蛟.四参数全范围 Forman 裂纹扩展速率曲线 P—da/dN—ΔK 曲线拟合技术[J].直升机技术,
2003(3):9 - 1.

[7] 李慧涌,熊峻江,叶少波,等.四参数全范围 da/dN 曲线测定方法研究[J].试验力学,2004,19(2):222 - 227.

（作者:穆志韬,史佩,柳文林。发表于《海军航空工程学院学报》,2008 年第 06 期）

不同裂纹扩展公式的裂纹扩展寿命对比研究

摘　要：不同裂纹扩展公式所对应的扩展寿命是不同的,本文在某型直升机主桨叶延寿过程中,通过对其根部接头材料的断裂性能试验,计算得到了不同裂纹扩展公式下的裂纹扩展寿命,对比研究了不同裂纹扩展公式下的裂纹扩展寿命的差异,并分析研究了应力比对裂纹扩展寿命的影响。对于不同的裂纹扩展公式:应力比越大,裂纹扩展寿命越小;应力比越小,裂纹扩展寿命越大。

关键词：裂纹扩展模型;断裂性能试验;裂纹扩展寿命;应力比

1　引言

疲劳裂纹扩展机理复杂,影响因素很多,至今没有定量的解析式,通常把裂纹扩展速率 da/dN 表示为应力强度因子变程 ΔK 的函数,即 $da/dN = f(\Delta K)$,不同的扩展公式对应的扩展寿命不同,裂纹扩展速率公式的具体形式将直接关系到裂纹扩展寿命的估算精度。常用的裂纹扩展速率方程有 Paris 公式、Walker 公式、Forman 公式和全范围 Forman 公式等[1]。

2　裂纹扩展速率方程

2.1　Paris 公式

1961 年,Paris 等人提出,在恒幅加载下,da/dN 与应力强度因子幅值 ΔK 有关,并给出了 Paris 公式。Paris 公式是描述 da/dN—ΔK 关系应用最为广泛的一个公式:

$$da/dN = C(\Delta \mathrm{K})^n$$

式中:C、n 为试验确定的材料常数,它们都是针对给定的应力比 R 的;ΔK 为应力强度因子幅值,它与试样几何参数及裂纹几何形状有关。

2.2　Walker 公式

与 Paris 公式和相比,Walker 公式的优点在于考虑了应力比 R 的影响,它是 Paris 公式的改进:

$$\begin{cases} da/dN = C\left[\Delta K(1-R)^{(m-1)}\right]^n & (R \geqslant 0) \\ da/dN = C\left[K_{\max}(1-R)^{(m-1)}\right]^n & (R < 0) \end{cases}$$

式中:C、n、m 为试验确定的材料常数。

2.3 全范围 Forman 公式

$$\frac{\mathrm{d}a}{\mathrm{d}N} = \frac{C(1-f)^n \Delta K^n \left[1 - \dfrac{\Delta K_{th}}{\Delta K} \right]^p}{(1-R)^n \left[1 - \dfrac{\Delta K}{(1-R)K_{IC}} \right]^q}$$

式中：ΔK_{th} 为应力强度因子门槛值；K_{IC} 为临界应力强度因子；f 为裂纹张开函数；C、n、p、q 为材料常数。

3 命题及实例

本文的研究对象实例采用某型直升机主桨叶根部接头[2,3]，其材料为 30NCD16，通过断裂性能试验[4]，并对试验数据进行分析处理，得到了不同扩展公式下的扩展寿命。

3.1 材料的断裂性能试验

3.1.1 材料的断裂韧性

由于该型机主桨叶根部接头材料有很高的韧强比（$K_{IC}/\sigma_{0.2}$），按照标准试验方法直接测定 K_{IC} 所需试样厚度至少在 40mm 以上，试验很难实现，故采用标准试验方法先测定该材料的延性断裂韧度 J_{IC}，然后换算出 K_{IC}。数据分析结果见表 1 所列。

表 1 断裂韧性试验数据分析结果

	试样 1	试样 2	试样 3	试样 4	试样 5	试样 6	试样 7
$K_{IC}/\mathrm{N} \cdot \mathrm{mm}^{-\frac{3}{2}}$	6649.68	6067.19	6571.86	6802.63	5307.43	5049.15	5929.98
结果：K_{IC} 平均值 = 6053.988N · mm$^{-3/2}$，K_{IC} 标准差 = 628.619 N · mm$^{-3/2}$							

3.1.2 裂纹扩展门槛值试验

分别进行应力比为 0.1、0.3 和 0.5 下的材料断裂门槛值试验，各应力比下的每组试验均进行 4 个试样的试验。试验数据分析结果见表 2 所列。

表 2 断裂门槛值试验数据分析结果

应力比 $R = 0.1$					
	试样 1	试样 2	试样 3	试样 4	平均值
$\Delta K_{th}/(\mathrm{N} \cdot \mathrm{mm}^{-\frac{3}{2}})$	203.74	191.19	198.73	224.39	204.52
应力比 $R = 0.3$					
	试样 1	试样 2	试样 3	试样 4	平均值
$\Delta K_{th}/(\mathrm{N} \cdot \mathrm{mm}^{-\frac{3}{2}})$	180.55	173.07	—	245.30	199.64
应力比 $R = 0.5$					
	试样 1	试样 2	试样 3	试样 4	平均值
$\Delta K_{th}/(\mathrm{N} \cdot \mathrm{mm}^{-\frac{3}{2}})$	192.18	—	145.48	147.09	161.58

3.1.3 扩展速率试验

分别进行应力比为 0.1、0.3 和 0.5 下的材料裂纹扩展速率试验,各应力比下的每组试验均进行 5 个试样的试验。应力比为 0.1 的第个试样的材料裂纹扩展速率试验数据和材料裂纹扩展 a—N 试验数据如图 1 和图 2 所示。

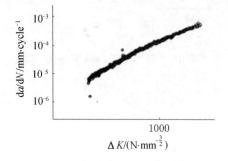

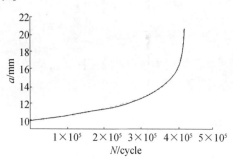

图 1　应力比为 0.1 的第 1 个试样
材料裂纹扩展速率试验数据

图 2　应力比为 0.1 的第 1 个试样
裂纹扩展 a – N 实验数据

3.2　试验数据分析与处理

3.2.1 断裂韧度 K_{IC} 与断裂门槛值 ΔK_{th} 数据处理

根据表 1,断裂初度平均值 $\overline{K}_{IC} = 6053.99 \mathrm{N \cdot mm}^{-\frac{3}{2}}$。由表 2 断裂门槛值的试验数据,并根据公式:

$$K_{mth} = \frac{\Delta K_{th}(1 + R)}{2(1 - R)}$$

计算得到各应力比下门槛值变程和均值见表 3 所列。

表 3　各应力比下门槛值变程和均值

$\Delta K_{th}/(\mathrm{N \cdot mm}^{-1.5})$		$(R = 0.1)$	$\Delta K_{th}/(\mathrm{N \cdot mm}^{-1.5})$		$(R = 0.3)$	$\Delta K_{th}/(\mathrm{N \cdot mm}^{-1.5})$		$(R = 0.5)$
均值	变程		均值	变程		均值	变程	
204.52	125.0		199.64	185.38		161.58	242.38	

根据断裂等寿命曲线拟合方法,拟合得到的断裂等寿命曲线如图 3 所示。

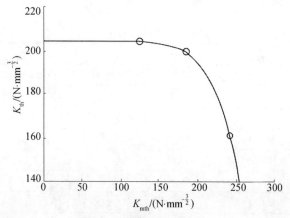

图 3　断裂等寿命曲线

3.2.2　材料常数数据处理

材料常数可根据对应的裂纹扩展试验数据,采用多元线性回归方法将裂纹扩展速率试验和门槛值试验的全部数据用于公式拟合,各公式的试验常数拟合结果见表4~表6所列。

表4　全范围 Forman 公式拟合结果

C	n	p	q
1.0216×10^{-12}	2.7893	0.2066	0.4632

表5　Paris 公式参数拟合结果

应力比	$R = 0.1$		$R = 0.3$		$R = 0.5$	
参数	C	m	C	m	C	m
近门槛值	5.3434×10^{-18}	4.671	2.0848×10^{-17}	4.6718	2.0848×10^{-15}	3.9236
稳定扩展区	4.9097×10^{-14}	3.143	8.6699×10^{-13}	2.7575	1.4424×10^{-12}	2.7127

表6　Walker 公式参数拟合结果

C	n	m
7.4327×10^{-13}	2.6958	0.5336

3.3　裂纹扩展寿命计算

根据材料的裂纹扩展速率公式以及所得的裂纹扩展数据和拟合参数,编程计算得到不同模型下的裂纹扩展寿命见表7所列,拟合曲线如图4所示。

表7　不同速率公式下的裂纹扩展寿命(h)

裂纹长度/mm	6.75	7	8	9	10	11	11.5	12
Paris	727.88	760.88	933.53	1095.7	1280.8	1507.3	1563.7	1658.8
Paris	330.63	345.68	426.5	492.96	579.26	684.33	719.86	754.85
Paris	247.66	259.38	325.56	376.2	446.5	531.66	544.56	571.66
Walker	131.6	138.27	165.19	211.63	241.31	279.13	286.76	319.68
全范围 Forman	0.0089	2.8889	15.76	28.782	42.657	60.347	63.972	70.852

4　结论

(1) 根据计算结果可知,由 Paris 模型算出的裂纹扩展寿命最大,其次是 Walker 模型,最后是全范围 Forman 模型。这是因为 Paris 公式不能考虑不同应力比(即平均载荷因素)的影响,用同一应力比下的参数计算载荷谱作用下的裂纹扩展寿命,具有很大的误差。Walker 公式虽然考虑了应力比的影响,但没有考虑应力强度变程门槛值对裂纹扩展的影响,寿命计算结果与 Paris 公式相比更接近实际情况。

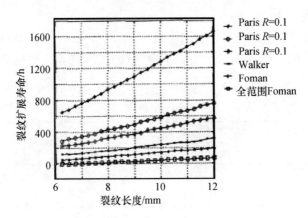

图4　不同公式下的裂纹扩展寿命曲线

　　全范围 Forman 裂纹扩展公式包括近门槛区和接近临界裂纹强度因子时的快速扩展区,并考虑裂纹尖端的塑性产生的裂纹闭合效应和应力比对裂纹扩展速率的影响,能很好地拟合各种应力比下的材料裂纹扩展速率试验数据,考虑因素更加全面合理,因此采用全范围 Forman 模型计算的裂纹扩展寿命比较安全。

　　(2) 对应于 Paris 模型,应力比 R 越小,其裂纹扩展寿命越大。因此,可相应地推出,对于不同的裂纹扩展公式:应力比越大,裂纹扩展寿命越小;应力比越小,裂纹扩展寿命越大。

参 考 文 献

[1] 李庆芬,胡胜海,朱世范.断裂力学及其工程应用[M].哈尔滨:哈尔滨工程大学出版社,2005.

[2] 穆志韬,段成美.某型直升机动部件延寿技术[R].中国海军科技报告,2003.

[3] 穆志韬,华然,段成美.高周疲劳载荷环境下直升机动部件的损伤容限分析[J],机诚强度,2002,24(1):113 – 115.

[4] 刘文廷.断裂性能测试[M].北京:北京航空航天大学出版社,1985.

[5] 胡仁伟.直升机动部件损伤容限评定方法研究[D].北京:北京航空航天大学,1985.

[6] 陈瑞峰,陈浩然.裂纹扩展寿命模型的对比研究[J].计算力学学报,1997,14(2).

(作者:朱做涛,穆志韬,辛素玉,张玎。发表于《新技术新工艺》,2008 年第 09 期)

直升机高置信度中值使用飞行谱编制方法研究

摘　要:依据直升机使用寿命分布规律,在高置信度条件下提出了飞行谱编制的最小样本容量准则。在此基础上,采用科目统计和飞行状态分解技术,基于单机 10 年统计分析的方法,研究了直升机高置信度中值使用飞行谱编制原理,以此编制的使用飞行谱具有一定的置信区间,能够真实地反映直升机单机短期执行任务的分散性和整个机群长期服役的规律性,为研究直升机关键动部件的损伤与直升机定寿提供依据。

关键词:飞行状态;小样本;β 分布;非参数置信区间;中位秩

1　引言

飞行谱是直升机使用方法的函数,是飞行载荷实测、载荷谱编制以及直升机定寿的基本依据[1]。目前,国内研究人员根据飞行数据,采用飞行科目统计和状态分解方法,编制了基于人—年统计分析方法的使用飞行谱[2,3]。鉴于直升机短期内执行任务随机性强的特点,本文采用单机 10 年飞行数据统计分析方法来消除随机性的影响,体现了长期飞行的规律性。

与此同时,由于用于飞行谱母体参数估计的样本容量(机群的单机数量)有限,一般小于 30,属于小样本。在小样本的统计处理中,用样本特征量代替母体估计的可信程度往往是不确定的。为此,在飞行谱编制过程中,本文提出了的最小样本容量准则,来确定满足高置信度中值使用飞行谱编制的要求,将估计的最大误差控制在允许范围内。

2　最小样本容量准则

根据 n 架某型直升机单机 10 年的飞行统计数据,得到样本容量为 n 的飞行谱编制样本,依据飞行谱中飞行状态数据处理方法,初步得到中值使用飞行谱。在此基础上,参照直升机关键动部件使用寿命计算模型[4-6],计算基于单机飞行状态百分比数据的使用寿命样本,即 n 架单机使用寿命观察值 x_1, x_2, $\cdots$, x_n。同理,得到基于初步飞行谱的使用寿命值 μ_1。记使用寿命样本 X 的平均值和标准差分别为 $\bar{x}$ 和 S,则有

$$\bar{x} = \frac{1}{n} \sum_{i=1}^{n} x_i \tag{1}$$

$$S = \sqrt{\frac{1}{n-1} \cdot \sum_{i=1}^{n} (x_i - \bar{x})^2} \tag{2}$$

考虑到统计得到的样本容量 $n < 30$,为小样本,所以基于初步飞行谱的使用寿命值 μ_1

能否代表使用寿命母体参数的估计需要进一步分析。现假设使用寿命 X 服从工程上最常用的正态分布，即 $X \sim N(\mu, \sigma^2)$，并令 $\mu = \mu_1$，来确定最小样本容量 n[7]。

根据 t 分布理论[8]，选取样本函数 $t = (\bar{x} - \mu)(s/\sqrt{n})$，则随机变量 t 服从 $n-1$ 个自由度的 t 分布。选取显著性水平为 a，对应的置信度 $r = 1 - a$，母体平均值 μ 的双侧置信区间估计为

$$\bar{x} - \frac{S}{\sqrt{n}} t_{a/2} < \mu < \bar{x} + \frac{S}{\sqrt{n}} t_{a/2} \qquad (3)$$

式(3)改写为

$$-\frac{S}{\bar{x}\sqrt{n}} t_{a/2} < \frac{\mu - \bar{x}}{\bar{x}} \frac{S}{\bar{x}\sqrt{n}} t_{a/2} \qquad (4)$$

式中：$(\mu - \bar{x})/\bar{x}$ 为子样平均值 $\bar{x}$ 与母体真值 μ 的相对误差。

令 δ 为相对误差限度，则有

$$\delta = \left| \frac{S}{\bar{x}\sqrt{n}} t_{a/2} \right| \qquad (5)$$

考虑实际情况，一般取 $a = 0.05$，$\delta = 5\%$。当 $\bar{x}$、S、μ 和 n 均满足式(5)时，表示以 r 为置信度，相对误差不超过 δ，这时可给出最少观测数，也即最小样本容量 n。

若统计的机群单机数量不能满足最小样本容量 n 的要求，则应增加单机统计的架数；若满足，则尽可能扩大样本容量来提高估计精度。

3 任意连续型概率分布函数的非参数置信区间

设 $t_1, t_2, \cdots, t_n (t_1 \leq t_2 \leq \cdots \leq t_n)$ 是来自概率分布函数 $F(t, \lambda_1, \lambda_2, \cdots, \lambda_n)$ 的母体的一个有序随机样本，其中 $\lambda_1, \lambda_2, \cdots, \lambda_n$ 为分布参数[9]。令

$$P_i = F(t_i, \lambda_1, \lambda_2, \cdots, \lambda_n) \quad (i = 1, 2, \cdots, n) \qquad (6)$$

即 P_i 为该母体中个体小于第 i 个有序观测值 t_i 的概率。由于 t_i 的值随着样本的不同而不同，所以，P_i 的值也随着样本的变化而变化，即 P_i 也是一个随机变量，称为第 i 个秩统计量。其概率密度函数为

$$g_n(P_i) = \frac{n!}{(i-1)!(n-i)!} P_i^{i-1} (1 - P_i)^{n-i} \qquad (7)$$

P_i 的中位数 P_{mi} 称为中位秩，根据 β 分布函数有

$$\int_0^{P_{mi}} g_n(P_i) \mathrm{d}P_i = 0.5 \qquad (8)$$

由于数据有限，第 i 个数据的试验概率值 P_{mi} 一般采用中位秩经验公式[10]，即

$$P_{mi} = (i - 0.3)/(n + 0.4) \qquad (9)$$

现定义 P_{ui} 和 P_{li}

$$\int_0^{P_{ui}} g_n(P_i)\mathrm{d}P_i = r, \quad \int_{P_{li}}^l g_n(P_i)\mathrm{d}P_i = r \tag{10}$$

则称 P_{ui}、P_{li} 分别为置信度为 r 的非参数单侧置信上限和置信下限，$[P_{li},P_{ui}]$ 为置信度为 $2r-1(r\geqslant 50\%)$ 的非参数置信区间。

考虑到秩分布是一个 β 分布，对式(10)进行变换，得

$$P_{ui} = \frac{[i/(n-i+1)]F_{1-r,2i,2(n-i+1)}}{1-[i/(n-i+1)]F_{1-r,2i,2(n-i+1)}},$$

$$P_{li} = \frac{i/(n-i+1)}{i/(n-i+1)+F_{1-r,2(n-i+1),2i}} \tag{11}$$

表 1 分别给出了对应于置信度 $r=95\%$、样本容量为 $n=10$ 的 P_{ui} 值。P_{li} 值可由下式换算得到

$$P_{li} = 1 - P_{u(n-i+1)} \tag{12}$$

表 1　样本容量 $n=10$、置信度为 95% 的 P_{ui} 值

i	1	2	3	4	5	6	7	8	9	10
P_{ui}	0.2589	0.3942	0.5069	0.6066	0.6965	0.7776	0.8500	0.9127	0.9632	0.9949

4　飞行谱中飞行状态数据处理方法

4.1　飞行状态分布规律假设

（1）假设各个飞行状态所占的飞行时间百分比（以下简称飞行状态时间百分比）相互独立。实际上，记飞行状态时间百分比分别为 $d_1,d_2,\cdots,d_m$，则有

$$d_1 + d_2 + \cdots + d_m = 100\% \tag{13}$$

这表明各个飞行状态百分比之间有一定的线性相关性，为简化计算假设各状态相互独立。

（2）假设每个飞行状态时间百分比分别服从正态分布、对数正态分布、双参数威布尔分布和 Gumbel(I 型极大值)分布四种常用的连续性概率分布，以子样推断母体的分布，从中择优确定母体最佳分布形式。

（3）在上述假设前提下，对飞行状态百分比样本进行统计处理，得到的母体飞行状态百分比往往不满足求和为 100% 的要求，为此需要进行归一化处理。归一化公式为

$$d'_i = \frac{d_i}{\sum d_i} \times 100\% \tag{14}$$

式中：d'_i 为归一化后的飞行状态百分比。

4.2　飞行状态百分比的参数估计

采用最小二乘法进行线形回归分析，对以上四种统计分布中的累积分布函数进行变换，得到线形回归方程[11]，见表 2。

表 2 各分布的线性回归方程

分布形式	线性方程	X	Y	截距 A	斜率 B
正态	$Y = B \cdot \nu + A$	ν	$Y = \Phi^{-1}[P(\nu \leqslant \nu_m)]$	$-\dfrac{\mu}{\sigma}$	$\dfrac{1}{\sigma}$
对数正态	$Y = B \cdot \ln\nu + A$	$\ln\nu$	$Y = \Phi^{-1}[P(\ln\nu \leqslant \ln\nu_m)]$	$-\dfrac{\mu'}{\sigma'}$	$\dfrac{1}{\sigma'}$
双参数 Weibull	$Y = B \cdot \ln\nu + A$	$\ln\nu$	$Y = \ln\ln\dfrac{1}{1 - P(\nu \leqslant \nu_m)}$	$-m\ln\eta$	m
Gumbel	$Y = B \cdot \nu + A$	ν	$Y = \ln\ln\dfrac{1}{P(\nu \leqslant \nu_m)}$	$\dfrac{\mu}{\sigma}$	$-\dfrac{1}{\sigma}$

注：μ、σ 分别为正态均值和方差；μ'、σ' 分别为对数正态分布的均值和方差；m、η 分别为双参数 Weibull 分布的形状和尺度参数；μ''、σ'' 分别为 Gumbel 分布的位置和尺度参数。

对所讨论的上述分布，可以用观察值代替理论值，并获得一组 (X_i, Y_i) 数据。然后在对应的概率坐标图中采用最小二乘法对各分布进行拟合，计算得到其截距 A、斜率 B 及相关系数 R 如下：

$$\hat{A} = \overline{Y} - \hat{B} \cdot \overline{X}, \quad \hat{B} = l_{xy}/l_{xx}, \quad R = l_{xy}/\sqrt{l_{xx} \cdot l_{yy}} \tag{15}$$

式中

$$\overline{X} = \frac{1}{n}\sum_{i=1}^{n} X_i, \ \overline{Y} = \frac{1}{n}\sum_{i=1}^{n} Y_i, \ l_{xx} = \sum_{i=1}^{n}(X_i - \overline{X})^2$$

$$l_{xy} = \sum_{i=1}^{n}(X_i - \overline{X})(Y_i - \overline{Y}), \ l_{yy} = \sum_{i=1}^{n}(Y_i - \overline{Y})^2$$

求得 A、B 值后，可根据表 2 得到上述四种分布参数的估计值。

4.3 飞行状态百分比统计分布检验

由线性相关系数 R 与自由度为 $n-2$ 的 t 分布的关系，在显著水平 a 下满足假设分布的线性相关系数临界值 R_c 可由下式计算：

$$R_c = \frac{t_a}{\sqrt{n - 2 + t_a^2}} \tag{16}$$

当假设分布拟合数据的 $R > R_c$ 时，则通过检验。

5 实例分析

为编制飞行谱，先后统计了 10 架某型直升机 10 年的飞行情况，根据使用特点，归并整理得到 27 个典型飞行科目对应的 49 个飞行状态及其时间百分比关系，以飞行时间为权重，得到 10 架直升机飞行状态时间百分比观察值，也即飞行谱样本，见表 3 所列。

表3 直升机飞行谱样本

时间百分比/% 直升机号 / 飞行状态	01	02	03	…	10
1	1.5761	1.9752	1.7606	…	1.8518
2	0.3477	0.2885	0.3601	…	0.3570
…	…	…	…	…	…
49	2.2161	2.4158	2.2027	…	2.1368
合计	100.0000	100.0000	100.0000	…	100.0000

以飞行谱样本中各架直升机的飞行状态时间百分比分别作为假定飞行谱,结合文献 [12－14]的寿命计算方法,对应于该型机动部件(如主桨叶)所编制的载荷谱和疲劳特性 S—N 曲线,运用 Miner 累积损伤理论,计算得到各单机的使用寿命,见表4所列。

表4 直升机寿命样本

机号 i	01	02	03	04	05	06	07	08	09	10
寿命 x_i/h	1435.1	1275.6	1459.8	1374.4	1428.2	1413.6	1365.1	1479.9	1342.6	1326.3

根据最小样本容量准则,检验实例的飞行谱样本是否满足高置信度飞行谱编制的要求,计算得到:$\bar{x} = 1390.1$,$\mu_1 = 1401.9$,$S = 64.3403$。取 $\delta = 5\%$,$r = 95\%$,由式(5)得,$n \geqslant 4.3860$,即最小样本容量 $n = 5$,而实例的样本容量 $n = 10$,满足高置信度的要求。

以飞行谱样本中飞行状态 1 为例,对飞行谱样本的数据处理过程进行分析。查表 1 确定样本大小 $n = 10$,单侧置信度 $r = 95\%$ 对应的 P_{ui},结合式(9)和式(12)得到表5。

表5 飞行状态1百分比数据

机号	飞行状态1	中位秩	置信上限	置信下限	机号	飞行状态1	中位秩	置信上限	置信下限
i	%	P_{mi}	P_{ui}	P_{li}	i	%	P_{mi}	P_{ui}	P_{li}
01	1.2539	0.0673	0.2589	0.0051	06	1.9752	0.5481	0.7776	0.3035
02	1.5612	0.1635	0.3942	0.0368	07	2.0200	0.6442	0.8500	0.3934
03	1.5761	0.2596	0.5069	0.0873	08	2.1062	0.7404	0.9127	0.4931
04	1.7606	0.3558	0.6066	0.1500	09	2.1790	0.8365	0.9632	0.6058
05	1.8518	0.4519	0.6965	0.2224	10	2.2184	0.9327	0.9949	0.7411

根据表5,采用最小二乘法进行回归分析,并以中位秩相关系数最优为原则,确定飞行状态 1 的百分比数据的最优分布,进行飞行谱母体中飞行状态 1 的百分比数据的中值估计。图 1 ~ 图 4 为飞行状态 1 百分比数据的四种分布回归分析结果,可以得到双参数威布尔分布的拟合效果最好,且对应的中位秩相关系数 $R = 0.9869 > R_c = 0.4427$。

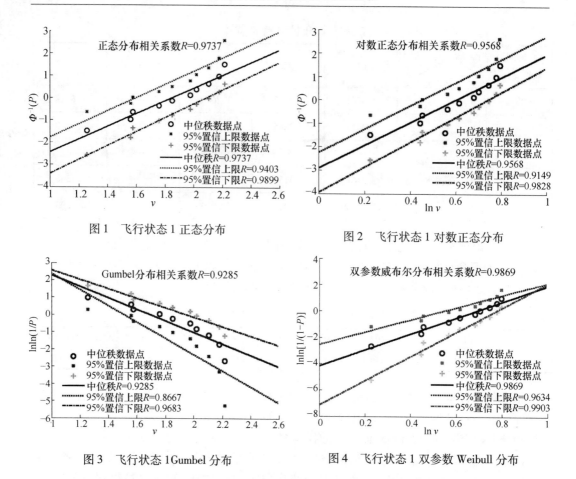

图1 飞行状态1正态分布

图2 飞行状态1对数正态分布

图3 飞行状态1Gumbel分布

图4 飞行状态1双参数Weibull分布

故采用双参数威布尔分布进行飞行谱母体估计,初步得到母体飞行状态1的百分比中值 $d_1 = 1.8721\%$,对应置信度90%的双侧置信区间为 $[1.5935\%, 2.0855\%]$。同理,可以得到各个飞行状态百分比中值数据 $d_i(i=2,3,\cdots,49)$。归一化后,得到最终的飞行谱,如图5所示。

通过计算,得到基于该中值飞行谱的当量使用寿命1401.9h,相对误差 $\delta = 3.31\%$,满足95%置信区间 $[1344.1, 1436.1]$ 的要求。

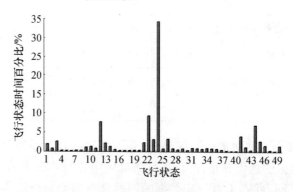

图5 飞行谱柱状图

6 结论

（1）基于某型直升机实际飞行统计数据，运用数理统计的参数估计理论，提出了最小样本容量准则，确定了高置信度飞行谱母体估计的最小样本容量。

（2）基于飞行科目统计分析方法，研究了直升机高置信度中值使用飞行谱编制原理。运用连续型分布函数的非参数置信区间方法，对飞行谱样本的各个飞行状态百分比进行估计，得到母体具有高置信度的飞行状态百分比，由此编制的飞行谱具有高置信度，能够真实地反映直升机单机短期执行任务的随机性和整个机群长期服役的规律性。

参 考 文 献

[1] 穆志韬,曾本银.直升机结构疲劳[M].北京:国防工业出版社,2009.

[2] 喻溅鉴,曾本银.直升机飞行使用任务剖面编制方法[J].直升机技术,2004,138(2):1-4.

[3] 涂慧萍,夏千友.直8型机飞行谱编制[J].直升机技术,1996,105(1):33-36.

[4] 穆志韬,段成美,等.直升机动部件疲劳载荷谱的编制方法研究[J].航空学报,1997,18(3):382-384.

[5] 金平,陈跃良,等.直升机动部件定寿技术研究[J].航空学报,2002,23(3):255-258.

[6] 顾伟豪,王公铺,等.直升机疲劳设计指南[C].直升机强度规范编写办公室,1987:186-187.

[7] 闫楚良,高镇同.最少空测飞行起落次数设计准则[J].航空学报,1999,20(6):514-517.

[8] 盛骤,谢式千.概率论与数理统计及其应用[M].北京:高等教育出版社,2005.

[9] 傅惠民,高镇同,等.三参数威布尔分布的置信限[J].北京航空航天大学学报,1991,2:79-83.

[10] 贺国芳,许海宝.可靠性数据的收集与分析[M].北京:国防工业出版社,1995.

[11] 金星,洪延姬.可靠性数据计算及应用[M].北京:国防工业出版社,2003.

[12] 柳文林.直升机金属动部件疲劳寿命可靠性评估技术研究[D].烟台:海军航空工程学院,2006:30-45.

[13] 柳文林,穆志韬.动部件疲劳强度减缩系数确定方法研究[J].海军航空工程学院学报,2007,22(4):439-442.

[14] 穆志韬.直八型机动部件疲劳载荷谱的编谱方法研究及疲劳寿命评定[D].西安:西北工业大学,1996:53-64.

（作者：马晓乐，李文辉，穆志韬。发表于《海军航空工程学院学报》，2013 年第 09 期）

直升机疲劳载荷谱及空测数据的预处理

摘　要：本文对直升机承受高周疲劳关键动部件疲劳载荷谱的特点及编谱方法进行了分析研究,并讨论了用于编制直升机疲劳载荷谱空测数据的预处理方法。

关键词：疲劳载荷谱；安全使用寿命；高周疲劳载荷；动部件

1　引言

直升机的结构特点以及它的飞行使用特点,特别是以动部件为代表的特殊结构形式和复杂的振动载荷环境决定了它的基本定寿方法与定翼机有较大的差别。直升机动部件的疲劳评定方法,目前仍以安全寿命为主导思想,采取损伤容限技术进一步保安全。在疲劳评定中,疲劳载荷谱的编制是关键的一环。

2　直升机疲劳载荷谱的编谱特点

载荷谱是反映直升机各零部件在使用寿命中所承受的疲劳载荷情况,是用于进行损伤计算和寿命评估的主要数据,它包括在飞行谱中规定的各种受载状态下的各种交变载荷值和出现的频数。载荷谱的编制必须较真实地反映各零部件在使用寿命期内实际的承载情况,必须采用飞行实测载荷的数据处理结果。将飞行载荷实测获得的载荷—时间历程(使用谱),转化成更具有普遍意义的、更便于实验加载或工程计算的载荷—频数关系,即试验谱或计算谱,这就是疲劳载荷谱的编制工作。它是把实测载荷数据简化成为典型载荷谱的一个全过程,编制时,必须遵守下列要求：

(1) 简化后的载荷谱应与实际情况一致,即二者给出的疲劳寿命是一致的。因此,在载荷循环变换时,应考虑到损伤等效的原则。

(2) 根据有限次数的实测数据,估算出整批产品的载荷变化规律,以取得具有代表性的典型谱。为此,需要借助统计方法,由子样来推断母体。

(3) 载荷实测数据最大,即使在几分钟内就能采集到成千上万个数据。为此,在判读和计数时,需采取自动化措施,利用计算机进行处理。

(4) 由于各种产品工作条件不同,载荷—时间历程的类型也不同。编谱工作要有较强的针对性,因此首先要讨论机种的特点和编谱的前提。

不同机种其使用环境不同,编谱方法也各具特点。例如：歼击机以机动载荷为主；大型客机和运输机以突风载荷和“地—空—地”循环载荷为主；而直升机具有使用状态多样性,它与定翼机的主要区别在于直升机对突风响应小,机动过载也较小,二者构成的疲劳损伤都是次要成分。而绝大部分构件以低应力幅值、高循环次数的振动高周疲劳为主,只有个别构件按低周疲劳考虑。如某型直升机,在其77种飞行状态中,只有6种状态使桨叶造成损伤,这6种状态的飞行时数约占总飞行时数的6%。又如,20世纪50年代中期设计的米-6直升机,在其桨叶的疲劳寿命估算中可以看出,构成损伤的飞行状态的时数约占总飞行时数的23%,而构成损伤的应力水平基本上都靠近结构的疲劳极限S_∞,应力水平高达$2S_\infty$的飞行状态的时数,只占飞行时数的0.2%。所以说,直升机疲劳强度评定中经常遇到的是低应力幅值、高循环次数的问题。另一方面,由于直升机的工作特点,全机重心处的过载并不能代表部件上的应力水平的高低。因此,绝大部分的直升机构件的疲劳评定不是依靠全机重心处过载的载荷谱,而是依靠动部件各关键部位的应力谱来进行单个部件的疲劳寿命评定。

直升机动部件的应力—时间历程理论上应该是周期函数,但实际上不存在真正的定常状态,所以构件中平均应力及幅值都是时间的函数。此外,对同一架机同一飞行状态,由于各次飞行之间偶然因素(如驾驶员操纵等)造成的差异,以及各架机之间的差异等又是随机的,因此,使用谱需要用数理统计的办法进行处理。考虑到直升机的使用状态很多,各种状态在不同的部件中引起的损伤程度不尽一致,因此要针对具体的关键动部件进行编谱。绝大多数动部件的振动应力值的最大值(或平均值),与直升机前飞速度、全机重心位置有关。尾桨的严重载荷情况,还包括原地回转、近地面飞行及侧滑等。机动飞行的情况较复杂,过渡过程的应力波形特点如图1所示。从图1中可见,平均应力和交变应力都会有显著的变化。所以要求飞行应力实测时一定要同时记录飞行状态及有关参数,这样便于正确地判读空测应力谱,也使分状态的频数统计有可靠的依据。

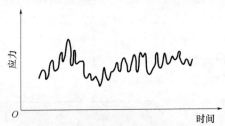

图1　过渡过程的应力—时间历程

综上所述,直升机疲劳载荷的编谱工作具有的特点是:①直升机固有的振动疲劳;②低应力幅值、高循环数;③以动部件载荷(应力)谱为主;④需处理的数据量大。直升机应力(载荷)谱的编制过程如图2所示。

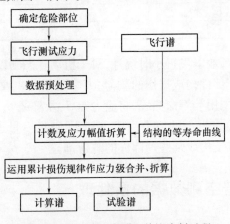

图2　直升机应力(载荷)谱的编制过程

3　疲劳载荷谱的分类及应用

载荷谱是直升机结构疲劳设计和寿命评估的基本依据。按直升机的设计研制阶段和使用阶段分别编制出设计使用载荷谱与实测载荷谱(又称工作载荷谱)。

3.1　设计使用载荷谱

在原型机设计研制阶段由于不可能进行飞行载荷测量,因此允许采用相似机种和计算分析获得的载荷数据,编制偏保守的暂定载荷谱,即设计使用载荷谱,用于进行疲劳设计和放飞寿命(或初步寿命)的评估。设计使用载荷谱是直升机在设计阶段所编制的各种类型载荷谱的总称,它代表直升机预定的最严重或平均的使用情况。设计使用载荷谱应按任务剖面编制。根据疲劳载荷谱的种类,应包括机动、阵风、着陆撞击,以及具有特殊用途的直升机所对应的特殊载荷谱。

3.2　实测载荷谱

实测载荷谱是直升机结构动部件进行最终疲劳评定的依据,必须通过飞行载荷实测的数据处理结果编制。

实测载荷谱是直升机结构进行安全寿命评定的基本依据,应按飞行载荷实测的数据处理结果编制,并按各考核结构的动部件分别给出。其主要项目包括:全部飞行状态,各飞行状态的百分比,以及各级动、静载荷的均值和频数等。

对于单一飞行状态得到的载荷可按静载荷与交变载荷的分级矩阵表示。设 S_a 和 S_m 为各级交变载荷和静载荷的均值,所对应的频数为 N_{1j},其载荷矩阵如下:

S_m＼S_a	S_{a1}	S_{a2}	...	S_{aj}	...	S_{am}
S_{m1}	N_{11}	N_{12}	...	N_{1j}	...	N_{1m}
S_{m2}	N_{21}	N_{22}	...	N_{2j}	...	N_{2m}
⋮	⋮	⋮	...	⋮	...	⋮
S_{mi}	N_{i1}	N_{i2}	...	N_{ij}	...	N_{im}
⋮	⋮	⋮	...	...	...	⋮
S_{mn}	N_{n1}	N_{n2}	...	N_{nj}	...	N_{nm}

对于定常飞行状态,频数以飞行小时统计,对于机动状态则以每次机动过程统计。由于直升机结构中的一些动部件构成损伤的载荷,大多数循环主要发生在静载荷接近零的小变动范围内,所以允许采用等寿命曲线,将应力幅 S_a 及静载 S_m 折算成指定同一静载荷(尽可能的接近波动中心)水平上的应力幅值,把二元随机变量进行单参数化处理,这样即可得到简化了的直升机结构或某些动部件的载荷谱。

4　编制疲劳载荷谱空测数据的预处理

编谱工作中的数据预处理是指从数据采集之后到计数之前的一段处理过程,包括数据的分段、压缩和峰谷值检测。

4.1　目视检查

通过地面解调器回放信号,由示波器进行观察,检查信号是否记上,并检查信号的规律性。

通过观察可以剔除较显见的干扰信号,选取进行详细处理的取样段;找到机动飞行状态的进入、改出和稳定飞行时间历程的差别,找出载荷较重的信号段,确定取样时间。

4.2　幅值域、时域、频域分析

对实测的随机载荷—时间历程,根据随机理论进行幅值域分析,一方面是为了得到载荷的分布规律,另一方面也为峰谷值检测及计数处理提供依据。考虑到要尽可能真实地反映载荷—时间历程的原形,特别是有效地捕捉到各个峰谷点,采样频率应尽可能高,同时还要对载荷—时间历程进行时域分析、频域分析(如图 3 和图 4 所示,巡航状态下尾桨叶的挥舞载荷—时间历程和频谱图曲线分析),确定波形类型,找到信号频率成分的应变分量及一些瞬时值之间的关系,以便选择适当的详细处理方法和确定采样频率的大小、分析振源等。

通过上述载荷随机特性的分析处理,即可了解随机载荷的幅值分布及频率结构,为进一步建立其分析模型奠定基础。

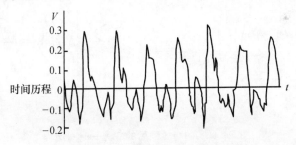

图 3　巡航状态下尾桨叶的挥舞载荷—时间历程

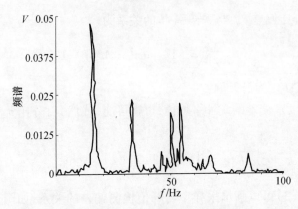

图 4　巡航状态下尾桨叶的频谱曲线图

4.3　A/D 转换及压缩处理

将记录在磁带上的模拟信号通过 A/D 变换器转换成离散的数字量传输给计算机进行压缩处理。由于直升机动部件上交变应力的频率范围和目前广为采用的疲劳试验加载频率范围都比较窄，通常为 2～100Hz（如某型直升机尾桨结构的响应频率为80Hz），在此频率范围内频率的改变对结构的疲劳寿命没有太大影响。因此，在编谱过程中，真实的载荷—时间历程中的时间尺度是无关紧要的，只要知道应力幅值及平均应力依其真实次序排列，就可以完全描述其使用谱的特征。只保留特征数据（峰、谷值），而不计中间过程的应力—时间历程，叫做压缩后的应力—时间历程，如图5(b)所示。A/D 模数转换的目的，主要是想通过峰谷值检测，获得压缩的应力—时间历程。为获得一定精度的压缩的应力—时间历程，就要把图6所示的峰（谷）值检测偏差 b 降低到一定的程度。如果把结构对振动载荷响应的每一周内有多少个采样点定义为采样率 M，那么可以写成

$$M = \frac{f_g}{f_\tau} \tag{1}$$

式中：f_g 为采用频率；f_τ 为响应频率。

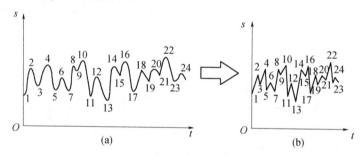

图5　真实的与压缩后的应力—时间历程

（a）真实的应为—时间历程；（b）压缩后的应力—时间历程。

显然，最大百分比偏差 e_{max} 与采样率 M 的关系为

$$e_{max} = \frac{b_{max}}{A} = \left[1 - \cos(\pi/M)\right] \times 100\% \tag{2}$$

式中：A 为实际峰值；b_{max} 为最大偏差。

如从概率的角度求偏差的统计平均值，可得可能（或然）百分比 $b_{可能}$ 与采样率 M 的关系为

$$b_{可能} = \left[1 - \frac{\sin(\pi/M)}{\pi/M}\right] \times 100\% \tag{3}$$

根据式（2）、式（3）可以画出采样率与峰值检测偏差的关系，如图7所示。有关数据列入表1中，供选择采样率 M 时参考。

现代数据处理机的采样频率 $f_g > 10^4$ 次/s 量级的，而直升机上经常遇到结构的响应频率 $f_\tau < 100$ 次/s 量级的，所以说一般情况下峰谷值检测精度是能够保证的。

表1　采样率与峰值检测偏差

M	5	10	20	40
$e_{max}/\%$	19.1	4.9	1.2	0.3
$e_{可能}/\%$	6.3	1.7	0.3	≈ 0

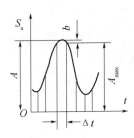

图6　峰值检测偏差

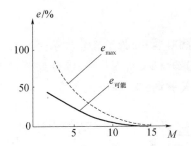

图7　采样率与峰值检测偏差的关系

5　数据预处理的结果

　　数据预处理最终结出的结果是具有一定精度的压缩的应力—时间历程,且令其具有一定的工程单位(如应力单位 MPa、弯矩单位 N·m 等),这样就可得到用于编制直升机疲劳。

参 考 文 献

[1] 孙之钊,直升机疲劳应力谱的编制[J].南京航空学院科技资料,总编号277,1978.

[2] 吴富民,张保法.随机载荷—时间历程数据的统计处理[J].西北工业大学科技资料总字665期,1978.

[3] Liard F. Helicopter Fatigue Design Guide[R]. AGARD – AG – 292,1983.

[4] Liard F. Fatigue of Helicopter – service Life Evaluation Method[R]. AGAR – D – R – 674,1978.

(作者:穆志韬,段成美,吴富民。发表于《海军航空技术学院学报》,1996 年第 02 期)

直升机疲劳评定技术的应用与发展

摘　要:分析了直升机承受高周疲劳载荷的特点及其关键动部件的高周疲劳特性,阐述了直升机使用飞行谱、疲劳载荷谱的编谱思想及疲劳寿命的评定方法。

关键词:直升机;疲劳寿命;评定方法

1　直升机疲劳评定的思想

目前,直升机在我国主要应用于运输、反潜、海上巡逻、救护、通信等任务。其结构特点与飞行使用特点决定了直升机的许多动部件,如旋翼、尾桨等经常处在非对称流场中工作。这些动部件的高速转动,直接导致了直升机主要动部件及其相邻结构在高循环、低应力幅值的振动疲劳载荷环境下工作。

直升机结构,特别是以动部件为代表的特殊结构形式和复杂的振动载荷环境决定了其定寿方法与固定翼机有较大的差别。直升机动部件疲劳评定方法,目前仍以安全寿命为主要思想,采取损伤容限技术确保安全。其基本组成部分包括:由飞行实测载荷和飞行状态得到的载荷谱,经过统计处理的小试件和全尺寸试件的试验数据为基础的工作(安全)S—N曲线,以及累积损伤假说。其主要的评定过程如图1所示。但各主要直升机公司和厂家在执行具体的环节上形成了一套各自满意的疲劳评定方法,缺乏统一性。

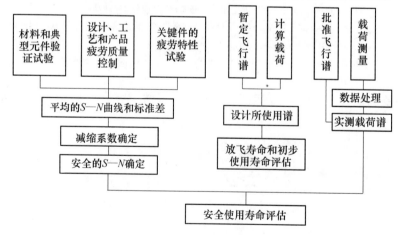

图1　直升机动部件疲劳寿命评定框图

2　直升机疲劳评定中使用飞行谱的编制

直升机飞行谱是直升机在使用总寿命期内各种飞行状态及其所占时间的百分比,其编制过程如图2所示。直升机使用飞行谱应能正确或偏保守地反映直升机的飞行使用情况,它是根据任务类型、使用方法、使用环境、直升机的性能和飞行限制等而编制的。由于直升机在实际飞行中的使用状态复杂多变,因此直升机飞行谱的编制还必须通过对直升机实际飞行使用情况进行大子样的统计分析确定。

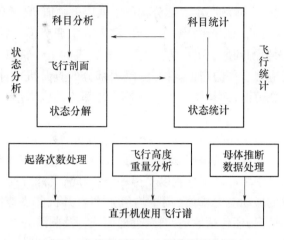

图2　直升机使用飞行谱的编谱框图

3　直升机疲劳评定中的飞行载荷测量

为了编制直升机动部件及机体结构的实测载荷谱,为直升机的疲劳评定提供依据,参照军用直升机强度与刚度规范疲劳和损伤容限的有关规定及直升机的飞行使用要求,飞行载荷测量必须包括:①承受和传递的全部疲劳载荷;②飞行谱中规定的全部飞行载荷;③最大飞行重量;④带功率和不带功率的飞行;⑤在不同转速下的最大前飞速度;⑥最大侧飞和后飞速度;⑦相应的重心极限位置;⑧两种以上的飞行高度;⑨飞行限制可能达到最大机动过载系数。

测量载荷必须真实地反映飞行中各零部件实际承受的载荷,测量记录还必须包括对应于各测量状态的飞行参数,即重心处的过载、桨距、姿态(俯仰、侧倾、偏航、侧滑)角及其变化率、空速、高度、大气温度、重量和重心位置、尾桨转速、发动机转速和扭矩、着陆时的下沉速度及其他必要的参数。如对尾桨、旋翼等高速旋转的动部件采用先进的遥测技术和集流环传输技术进行实测。

4　直升机疲劳评定中疲劳载荷谱的编制

载荷谱是反映直升机各零部件在使用寿命中所承受的疲劳载荷情况,是用于进行损伤计算和寿命评估的主要数据,必须采用飞行实测载荷的数据处理结果编制。编制时,必须遵守下列要求:

(1)简化后的载荷谱应与实际情况一致,因此在载荷循环变换时,应考虑到损伤等效的原则。

（2）根据有限次数的实测数据，估算出整批产品的载荷变化规律，以取得具有代表性的典型谱。为此，需要借助统计方法，由子样来推断母体。

（3）由于各机种用途不同，载荷—时间历程的类型也不同，编谱工作要有较强的针对性，因此，首先要讨论机种的特点和编谱的前提。

直升机具有使用状态多样性，绝大部分构件以低应力幅值、高循环次数的振动高周疲劳为主，只有个别构件按低周疲劳考虑，所以说，在直升机疲劳强度评定中经常遇到的是低应力幅值、高循环次数的问题。另一方面，由于直升机的工作特点，全机重心处的过载并不能代表部件上的应力水平的高低。因此，绝大部分的直升机构件的疲劳评定不是依靠全机重心处过载的载荷谱，而是依靠动部件各关键部位的应力谱来进行单个部件的疲劳寿命评定。

直升机动部件的应力—时间历程理论上应该是周期函数，但实际上不存在真正的定常状态，所以，构件中平均应力及幅值都是时间的函数。考虑到直升机的使用状态很多，各种状态在不同的部件中引起的损伤程度不尽一致，因此，要针对具体的关键动部件进行编谱。大多数动部件的振动应力幅值（或平均值），与直升机前飞速度、全机重心位置有关。尾桨的严重载荷情况，还包括原地回转、近地面飞行及侧滑等。机动飞行的情况较复杂，平均应力和交变应力都有显著的变化。所以，要求飞行实测时一定要同时记录飞行状态及有关参数，这样便于正确地判读空测应力谱，也使各状态的频数统计有可靠的依据。

5 直升机关键动部件的疲劳寿命评定

目前，国外各主要直升机公司和生产厂家，基本上都采用安全寿命与损伤容限相结合的设计原则，是一种既考虑裂纹形成寿命，又考虑裂纹扩展寿命，并且将两者结合起来，给出具有一定检修周期的使用寿命。它克服了安全寿命评定的局限性，能充分利用结构的寿命潜力，可以保证在同样风险率的前提下，有效地提高直升机结构的使用寿命。

安全寿命要求在给定寿命期内，结构疲劳破坏的概率很小。在确定结构及其动部件安全使用寿命时，考虑到疲劳特性的分散性，应采用一定的寿命分散系数或疲劳强度减缩系数。对于承受高周疲劳、低周疲劳及它们两者的组合情况，应分别采用疲劳强度减缩系数、寿命分散系数及它们两者的结合。

（1）动部件结构的疲劳特性。动部件结构的疲劳特性主要是指高周振动疲劳的 S—N 曲线特性。必须通过结构的全尺寸疲劳试验确定，并采用三条基本假设：①构件与具有相同材料小试件的 S—N 曲线形状相同；②构件对应于不同存活率的 S—N 曲线形状相同；③构件的疲劳极限是一个随机变量，呈对数正态分布。

根据上述基本假设，可以通过材料的小试件确定其 S—N 曲线的形状，再通过少量的结构件全尺寸试验（取 $\eta = 6$）确定平均 S—N 曲线的位置，然后按照对数正态分布的统计分析确定具有一定成活率和置信度的结构件安全 S—N 曲线，即使用（工作）S—N 曲线。

（2）疲劳曲线方程及其形状参数。描述结构件 S—N 曲线的方程有幂函数、Basquin、Weibull、Stromeyer 等公式，但是，在直升机动部件疲劳评定中，采用 Stromeyer 方程较合适，该方程能较好地描述 S—N 曲线的中长寿命区和疲劳极限的特点。其方程为

$$\frac{S_a}{S_\infty} = 1 + \frac{A}{N^\alpha}$$

式中：S_a 为交变应力水平；S_∞ 为疲劳极限；N^α 为与 S_a 相应的疲劳破坏循环次数（其计算单位取：10^6 次为"1"）；A、α 为曲线方程形状参数。

目前，我国直升机研制中，根据我国直升机发展的具体情况和现有的研究验证，直升机结构中采用典型材料的结构疲劳曲线参数 A、α 值，可采用表 1 中的推荐值，这些参数与法国"超黄蜂"直升机疲劳评定中采用的基本相同。

表 1　疲劳曲线形状参数（A，α）

材料有无擦伤腐蚀	钢		铝合金		钛合金	
	有	无	有	无	有	无
A	0.526	0.0323	0.892	0.483	0.811	0.205
α	0.667	1.0	0.5	0.5	0.63	0.49

（3）安全疲劳极限确定。对承受高周疲劳的直升机关键动部件，其 $S—N$ 曲线在长寿命区比较平坦，长寿命区对数疲劳寿命常常不符合正态分布或仅仅是近似地符合，而疲劳强度常符合对数正态分布，因而要采用疲劳强度纵向减缩确定安全疲劳极限的方法来确定动部件的安全使用寿命。

确定安全的 $S—N$ 曲线减缩系数 J_p 应按数理统计理论，采用带有一定存活率、置信度的疲劳强度减缩系数对结构的中值疲劳极限进行减缩。

（4）直升机结构动部件疲劳寿命的计算。直升机结构动部件疲劳寿命计算时，采用 Miner 线性累计损伤理论，认为构件在多级交变载荷作用下所造成的损伤可线性叠加，当累计损伤等于某一常数时构件疲劳破坏。根据 Miner 假设和构件减缩后的安全 $S—N$ 曲线，用实测统计载荷谱即可进行疲劳寿命估算。

6　直升机疲劳评定技术的发展

直升机在实际执行任务飞行中，不少动部件是承受多项载荷的，现有的编谱方法主要是针对疲劳危险部位单轴应力状态（或单向载荷）进行，并做了适当的修正。为了更进一步真实地反映动部件空间受载的真实情况，采用矢量分析法把多向载荷归并成若干组共线矢量，进而运用已有的单向载荷的成套编谱方法，将各组共线矢量折算成三维载荷谱。这是今后直升机疲劳寿命评定发展的主要研究方向。

另外，由于一些类型的直升机经常在海上或近海区域飞行。据某型直升机的统计资料表明，该型直升机的飞行使用时间，即疲劳受载时间不到日历时间的 1%，而 99% 以上的时间均处于海岸区域的停放状态。影响直升机动部件使用寿命的主要因素还取决于日历停放期间环境对结构的腐蚀程度，这就决定了直升机动部件的腐蚀疲劳问题的基本模式，即腐蚀→腐蚀疲劳→再腐蚀→再腐蚀疲劳，直至破坏。因此，直升机动部件疲劳寿命的评定方法必须进一步研究环境腐蚀对其寿命的影响。初步的考虑是，将直升机动部件腐蚀标准分成几个等级，将试件和典型结构件预腐蚀到不同级别后，再做腐蚀疲劳试验，

　　由此获得的 S—N 曲线,经适当减缩后,用来估算直升机结构或动部件的疲劳寿命。

　　在直升机疲劳寿命评定中,用于编制疲劳载荷谱的空测数据仅仅是直升机使用寿命中的一极小部分,再加上直升机使用状态的多样性、环境腐蚀、维护损伤等其他不可避免的外界影响,所以在直升机的使用过程中,对主要的动部件进行必要的疲劳监控及日历寿命研究,以修正直升机结构及其动部件的疲劳载荷谱和安全使用寿命。

参 考 文 献

[1] 夏千友.疲劳曲线形状参数及对计算寿命的影响分析研究[J].直升机技术,1991(4).

[2] 凌志高.直升机任务跟踪定寿方法[J].航空工业总公司六〇二所,KT(82) – 3482,1982.

(作者:穆志韬,段成美,吴富民。发表于《航空科学技术》,1997 年第 06 期)

直升机金属动部件的寿命管理

摘　要:针对某型直升机动部件承受高频低幅振动载荷的特点,探讨了安全寿命和损伤容限相结合的寿命控制方法。以直升机的金属主桨叶为例,采用飞行空测载荷数据编制的实测统计载荷谱,通过 Miner 线性累积损伤理论计算得到裂纹形成寿命与风险率的关系。同时,考虑裂纹扩展寿命对降低风险率的贡献,通过断裂力学分析计算出应力强度因子、损伤容限临界裂纹尺寸,建立了主桨叶损伤容限分析的工程计算模型,得到了裂纹扩展寿命(检查周期)与风险率的关系。

关键词:直升机;动部件;安全寿命;损伤容限;寿命管理

1　引言

直升机动部件为直升机的飞行提供了升力、前进力和操纵力,其使用寿命和可靠性直接影响着直升机的飞行性能和安全,是直升机寿命评定的关键所在。与固定翼飞机不同,直升机的疲劳问题以低幅高频的振动疲劳为主,这使得直升机以飞行小时计的使用寿命低很多,同时裂纹扩展寿命也很短。现役早期的一些直升机由于设计时技术水平的限制,没有采用损伤容限的设计思想,在寿命评定时主要采用疲劳强度缩减的安全寿命方法,不考虑裂纹扩展寿命,限制了寿命潜力的发挥,造成了经济上的浪费。因此,在动部件的寿命评定中,考虑其损伤容限具有非常重要的意义。

目前,在直升机的寿命管理中主要采用安全寿命法和损伤容限法,以及基于安全寿命法的裂纹容限法和基于损伤容限法的缺陷容限法[1]。安全寿命方法仅将疲劳破坏的风险率控制在单一的裂纹形成寿命上,而未考虑安全裂纹扩展寿命(损伤容限)对降低风险率的贡献。因此,对直升机动部件进行损伤容限分析可在确保安全性的前提下,充分发挥其寿命潜力。本文采用安全寿命和损伤容限相结合的寿命管理方法[2,3]对某型直升机金属旋翼动部件的使用寿命控制进行了研究。

2　疲劳危险部位材料的力学性能参数

2.1　疲劳危险部位的确定

根据直升机主桨叶结构的应力分析计算及主桨叶的疲劳试验结果,主桨叶的疲劳危险部位是主桨叶根部接头区域外端螺栓孔,结构简图如图 1 所示。主桨叶通过根部接头的法兰盘和螺栓与主桨毂相连,是典型的紧固件连接形式。在飞行使用过程中,桨叶大梁承受桨叶的挥舞和摆振弯矩以及桨叶的离心力,这些载荷通过连接大梁和接头的 5 排 14 个 $\phi15mm$ 的螺桩传给接头,然后再由接头传向主桨毂。通过对这些螺桩孔的应力分析,外端螺桩孔的应力明显大于其他螺桩孔,故外端螺桩孔为桨叶根部接头的首要危险区,并得到疲劳试验结果验证。

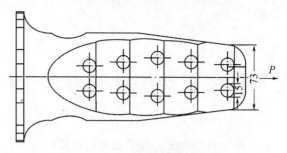

图 1　主桨叶根部接头示意图

2.2　材料的热处理及力学性能

直升机主桨叶根部接头采用的是 30CrNi4MoA。材料的热处理和力学性能见表 1。

表 1　材料的热处理和力学性能

热处理	抗拉强度 σ_b/MPa	疲劳极限 σ_{-1}/MPa	屈服极限 σ_s/MPa	临界应力强度因子 K_{IC}/(MPa·mm$^{1/2}$)	应力强度因子门槛值 ΔK_{th0}/(MPa·mm$^{1/2}$) ($R=0$)
850℃淬火 580℃回火	1080	502.4	990	3810.9	222.7

3　金属主桨叶的寿命管理方法

3.1　裂纹形成寿命分析

直升机主桨叶裂纹形成寿命采用安全定寿方法。按文献[3]安全寿命计算方法,根据主桨叶根部接头的疲劳特性数据,采用飞行实测载荷谱,确定不同风险率 R_s 的 P—S—N 曲线,结合疲劳载荷谱通过 Miner 线性损伤累计理论计算裂纹形成寿命,得到主桨叶裂纹形成寿命与风险率的关系,如图 2 所示。

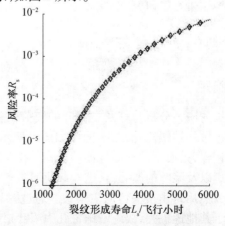

图 2　裂纹形成寿命与风险率关系曲线

3.2　裂纹扩展寿命分析

3.2.1　主桨叶根部接头应力强度因子计算

裂纹扩展分析采用含单边穿透裂纹孔的有限宽板受销钉载荷的扩展模型,如图3所示。

由文献[3]应力强度因子计算:

$$K = \beta\sigma\sqrt{\pi a} \tag{1}$$

式中:β 为裂纹形状函数;a 为裂纹长度;σ 为应力, $\sigma = P/2Br$(B 为有限宽板厚度)。

裂纹扩展模型的 β 函数可按下述方法确定:

$$\beta = f_w F_1 f_h G_1 \tag{2}$$

式中

$$F_1(a/r) = 0.707 - 0.18\lambda + 6.55\lambda^2 - 10.54\lambda^3 + 6.85\lambda^4 (\lambda = 1/(1 + a/r))$$

$$f_h = \sqrt{\sec(\pi r/W)}$$

$$f_w = \sqrt{\sec[\pi/2 \cdot (2r + a)/(W - a)]}$$

$$G_1 = r/W + 1/\pi \cdot r/(r + a/2)\sqrt{\lambda} \quad (W \text{ 为有限宽板的宽度})$$

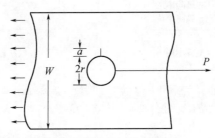

图3　裂纹扩展简化模型

3.2.2　初始裂纹和临界裂纹的确定

初始裂纹的确定与结构的可检程度和无损检测技术水平有密切关系。国外在直升机动部件的损伤容限分析中初始裂纹长度定为 0.4mm[1],根据我国检测技术水平和固定翼飞机损伤容限分析的经验,可偏保守地假设初始裂纹长度为 1.25mm,使用中一般不分解螺栓,则初始裂纹长度取 6.25mm。

为了使主桨叶根部接头在临界裂纹长度时有足够的剩余强度,剩余强度载荷取为飞行使用中承受最大载荷的 1.2 倍。将剩余强度载荷及断裂韧度代入相应的应力强度因子公式中,可以得到临界裂纹长度 a_{cr},由其控制计算裂纹扩展寿命,就能保证主桨叶接头有足够的剩余强度。分析得主桨叶根部接头临界裂纹长度 $a_{cr} = 12\text{mm}$。

3.2.3　裂纹扩展计算模型

裂纹扩展计算采用带风险率的全范围 Forman 裂纹扩展公式[4]:

$$\frac{\mathrm{d}a}{\mathrm{d}N} = 10^{-\sigma u_p} \cdot C \frac{(1 - f)^n \Delta K^n (1 - \Delta K_{th}/\Delta K)^p}{(1 - R)^n \left[1 - \dfrac{\Delta K}{(1 - R)K_{IC}}\right]^q} \tag{3}$$

$$\Delta K_{th} = \Delta K_{th0}[4/\pi \cdot \arctan(1 - R)] \tag{4}$$

式中：N、a、R 分别为循环次数、裂纹长度、应力比；ΔK、K_{IC} 分别为应力强度因子变程，临界应力强度因子；ΔK_{th}、ΔK_{th0} 分别为应力强度因子门槛值、$R=0$ 时的应力强度因子门槛值；U_p 为与存活率 P 相关的标准正态偏量；f 为裂纹张开函数，具体求解可参阅文献[4]；C、n、p、q 均为材料常数，由文献[4]得，$C=7.76\times10^{-8}$，$n=1.27247$，$p=2.4434$，$q=0.9703$；σ 为裂纹扩展速率的标准差，保守取 0.2。

3.2.4 裂纹扩展寿命与风险率关系

根据材料的裂纹扩展速率公式和编制的损伤容限谱，计算得到三种不同风险率下裂纹扩展寿命曲线（对应两种不同的初始裂纹长度），如图 4 所示。同时可确定对应不同初始裂纹长度的裂纹扩展寿命 L_t 与风险率 R_t 的关系，如图 5 所示。

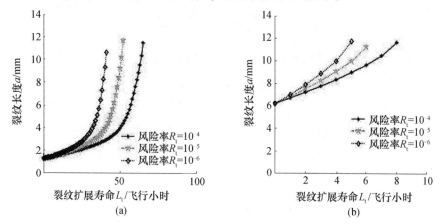

图4　三种不同风险率下裂纹扩展寿命曲线

（a）初始裂纹长度 1.25mm；（b）初始裂纹长度 6.25mm。

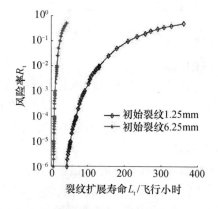

图5　裂纹扩展寿命与风险率关系曲线

4 计算结果分析

作为直升机关键动部件之一的主桨叶，可靠度要求非常高，所以在寿命管理中必须考虑裂纹扩展寿命对降低风险率的贡献。直升机主桨叶的寿命管理以安全寿命为主，辅以损伤容限技术确保飞行安全[5]。把裂纹形成和裂纹扩展作为两个独立事件，若两者同时发生即认为该部件破坏或失效,其总风险率 $R = R_s \times R_t$。为降低主桨叶根部出现裂纹的概率,宜将总风险率控制在 $R = 10^{-6}$ 以内。使用中若分解根部接头检查,总风险率取 $R = 10^{-6}$;若不分解检查,考虑到垫片可能偏于一侧而影响裂纹的初始尺寸的检查,为确保直升机的使用安全,将此种情况的总风险率取 $R = 10^{-7}$ 为宜。通过上述计算得到的裂纹形成寿命和风险率的关系(图2)以及裂纹扩展寿命与风险率的关系(图5)可分别获得总风险率 $R = 10^{-6}$ 和 $R = 10^{-7}$ 的主桨叶根部接头的裂纹形成寿命与裂纹扩展寿命的关系曲线,如图6所示。

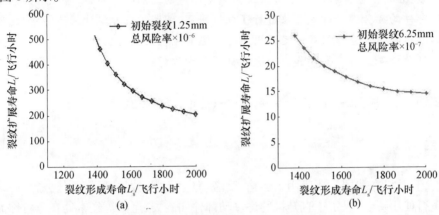

图6　裂纹形成寿命与裂纹扩展寿命的关系曲线
(a) 初始裂纹长度 1.25mm;(b) 初始裂纹长度 6.25mm。

　　根据主桨叶根部接头裂纹形成寿命和裂纹扩展寿命的关系曲线,可以定出主桨叶的安全使用寿命和检查周期。在外场使用中,按照给出的安全使用和检查周期进行主桨叶的寿命控制,可在确保安全的情况下充分发挥主桨叶的寿命潜力。

参 考 文 献

[1] Forth Scott C, Everett Richard A, Newman John A. A Novel Approach to Rotorcraft Damage tolerance[J]. 6th Joint FAA/DoD/NASA Aging Aircraft Conference,2002:16 - 19.

[2] 金平,陈跃良,段成美. 直升机动部件定寿技术研究[J]. 航空学报,2002,23(3):255 - 258.

[3] 曾玖海,曾本银,史斯佃. 直升机动部件安全寿命和破损安全相结合定寿技术[J]. 直升机技术,2003,(3):15 - 20.

[4] 黄蓝,曾本银,潘春蛟. 四参数全范围 Forman 裂纹扩展速率曲线 $P - da/dN - \Delta K$ 曲线拟合技术[J],直升机技术,2003,(3):9 - 14.

[5] 穆志韬,华燃,段成美. 高周疲劳载荷环境下直升机动部件的损伤容限分析[J]. 机械强度,2002,24(1):113 - 115.

(作者:柳文林,穆志韬,段成美。发表于《机械强度》,2005 年第 03 期)

直升机结构疲劳寿命评定思想的几点思考

摘　要：分析了直升机的飞行持点及关键动部件的高周疲劳特性,重点对国内外直升机结构动部件的疲劳寿命评定方法进行了分析研究,阐述了直升机使用飞行谱、疲劳统计载荷谱的编谱思想及直升机疲劳定寿思想与固定翼飞机之间的区别。最后对损伤容限技术在确定直升机安全检查周期和我国直升机疲劳寿命评定技术的研究发展方向提出了几点思考。

关键词：直升机;动部件;疲劳寿命;疲劳载荷谱;减缩系数;损伤容限

1　引言

目前,直升机在我国主要应用于运输、反潜、海上巡逻、救护、通信等任务,它们结构特点及其飞行使用特点,决定了直升机的许多动部件如旋翼、尾桨等经常处在非对称流场中工作,由于这些动部件的高速转动,直接导致直升机主要动部件及相邻结构在高循环、低应力幅值的振动疲劳载荷环境下工作。这种以高周振动疲劳为主的直升机结构,其特点是载荷复杂、结构特殊、飞行状态复杂多变,加之动部件多为单通道传力的要害构件,一旦在飞行中发生疲劳破坏往往导致灾难性事故。1981—1984 年在世界范围内的统计资料表明:喷气客机、涡轮螺旋桨客机与双发直升机的灾难性事故比例为 1.5 : 4 : 10,可见直升机的灾难性事故较多。因此,我国直升机制造业,对于新研制及批量生产的直升机都以相当大的代价从事疲劳设计、疲劳评定、质量控制、使用监控与定期检查,以降低在正常使用情况下发生疲劳破坏的概率。

1980 年,美国军方提出了一个假想的疲劳寿命估算课题,并邀请各直升机公司针对此假想课题进行寿命估算,同年在美国直升机学会中西部专家会议上,有七家公司公布了他们的计算结果。使直升机界震惊的是这些结果相互之间差别很大,其中运用非循环计数法的寿命估算结果从 9h ~ 2594h 不等,运用计数法的寿命估算结果从 58h ~ 27816h 不等。为此,国际直升机疲劳界认为直升机现行疲劳评定方法是需要进一步研究的课题。

2　直升机使用飞行任务谱的确定

直升机飞行任务谱是表示直升机在使用总寿命期内各种飞行状态及其所占时间的百分比。它包括直升机执行各种规定任务中所有可能出现的各种飞行状态,以及这些状态在整个过程中所占的时间百分数,是直升机使用方法的函数,是飞行载荷实测、疲劳载荷谱的编制,以及直升机结构或动部件定寿的基本依据之一。

直升机各零部件使用寿命的飞行任务谱应能正确或偏保守地反映直升机的飞行使用情况,它是根据任务类型、使用方法、使用环境、直升机的性能和飞行限制而编制的。由于直升机在实际飞行中的使用状态复杂多变,因此,直升机飞行任务谱的编制还必须通过对直升机的实际飞行使用情况进行大子样的统计分析确定。

飞行谱统计按每个飞行员历年来的飞行科目、飞行时间及起落次数等记录的数据,以年为单位进行统计。然后按典型科目进行飞行状态分解,得到各飞行状态占全年飞行时间的百分比。对统计结果进行假设检验和推断,以求出每种飞行状态的母体值;再加上飞行重量、飞行高度、全机重心位置不同及所占总飞行时间的百分比,最终得到代表母体性质的直升机的使用飞行任务谱。其使用飞行谱编制过程如图1所示。

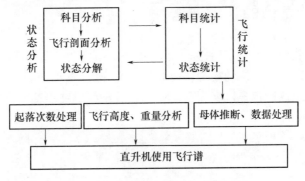

图1　直升机使用飞行谱的编谱框图

3　直升机疲劳统计载荷谱的编谱特点

直升机动部件疲劳评定中,实测载荷谱是直升机结构及动部件进行安全寿命评定的基础依据。解决直升机结构及其动部件疲劳评定的先决条件是编制出能模拟真实飞行情况的载荷谱,以此作为理论分析和全尺寸结构疲劳试验的基础。

对于不同的机种,由于使用环境及用途不同,其疲劳载荷编谱方法也各具特点。例如:歼击机以机动载荷为主;大型客机和运输机以突风载荷和"地—空—地"循环载荷为主;而直升机具有使用状态多样性,它与固定翼机的主要区别在于直升机对突风响应小,机动过载也较小,二者构成的疲劳损伤都是次要成分,而绝大部分构件以低应力幅值、高循环次数的振动高周疲劳为主,只有个别构件按低周疲劳考虑。如某型直升机,在其77种飞行状态中,只有6种状态使桨叶造成损伤,这6种状态的飞行时数约占总飞行时数的6%,而构成损伤的应力水平基本上都靠近结构的疲劳极限 S_∞,应力水平高达 $2S_\infty$ 的飞行状态的时数,只占飞行时数的0.2%。所以,直升机疲劳强度评定中经常遇到的是低应力幅值、高循环次数的问题。另一方面,由于直升机的工作特点,全机重心处的过载并不能代表部件上的应力水平的高低。因此,绝大部分的直升机构件的疲劳评定不是依靠全机重心处过载的载荷谱,而是依靠动部件各关键部位的应力谱来进行单个部件的疲劳寿命评定。

直升机动部件的应力—时间历程理论上应该是周期函数,但实际上并不存在真正的定常状态,所以构件中平均应力及幅值都是时间的函数。考虑到直升机的使用状态很多,各种状态在不同的部件中引起的损伤程度不尽一致,因此要针对具体的关键动部件进行编谱。绝大多数动部件的振动应力幅的最大值,与直升机前飞速度、全机重心位置有关。

尾桨的严重载荷情况,还包括原地回转、近地面飞行及侧滑等。机动飞行的情况较复杂,平均应力和交变应力都会有显著的变化。所以要求飞行应力实测时一定要同时记录飞行状态及有关参数,这样便于正确地判读空测应力谱,也使分状态的频数统计有可靠的依据。

综上所述,直升机疲劳载荷的编谱工作具有的特点:①直升机固有的振动疲劳;②低应力幅值、高循环次数;③以动部件载荷(应力)谱为主;④状态多,需处理的数据量大。

4 直升机疲劳寿命的评定方法

直升机的疲劳载荷谱确定以后,为了进一步评定结构及其动部件的使用寿命,就要对直升机的材料和结构的高周振动疲劳特性进行研究,高周振动疲劳是直升机结构疲劳破坏的主要形式。用于评定直升机高周振动疲劳金属结构的疲劳曲线,一般采用能较好反应中长寿命区的 Stromeyer 方程:

$$\frac{S_a}{S_{\infty p}} = 1 + \frac{A}{N^\alpha}$$

该疲劳曲线在长寿命区($N > 10^5$)显得比较平坦,在确定结构的安全疲劳($S—N$)特性时,易于采用纵向减缩的方法,采用带有一定存活率和置信度的减缩系数对中值疲劳曲线进行减缩,即

$$S_{\infty p} = \frac{S_{\infty m}}{J_p} \tag{1}$$

式中:$S_{\infty m}$为 n 个试件疲劳极限的均值;$S_{\infty p}$为置信度 γ 和存活率为 P 安全疲劳极限;J_p 为减缩系数,其计算公式为

$$J_p = \max\{\min[J_{p1}, J_{p2}], J_{p3}\}$$
$$J_{p1} = 10^{-k_{n,r} \cdot \sigma}$$
$$J_{p2} = 1/(0.35 + 10^{k_{n,r} \cdot \sigma}/b)$$
$$J_{p3} = 1/(0.35 + 10^{k_{n,r} \cdot \gamma}/b)$$

式中:σ 为母体标准差的估计值;b 为修正系数,$b = \max\{e^{k_{n,r} \cdot \sigma}/[10^{(u_p - u_r/\sqrt{n})\sigma} - 0.35], 2\}$;$k_{n,r}$为与置信度 γ、可靠度 p 以及子样容量 n 相关的单侧容限系数,表示成

$$k_{n,r} = \frac{u_p + u_r \sqrt{[1 - u_r^2/(2n-2)]/n + u_p^2/(2n-2)}}{[2 - u_r^2/(n-1)]/2}$$

疲劳曲线方程中的参数 A、a 是用来描述直升机结构高周振动疲劳曲线形状的基本参数,而振动疲劳强度减缩系数 J_p 又是确定安全疲劳特性的关键系数。疲劳强度减缩系数的合理确定是十分复杂的,不仅需有正确的统计理论分析,而且还要结合设计、工艺、生产中的质量控制和长期飞行使用中的实践经验和数据统计资料。

这种以高周振动疲劳为主的直升机结构,要建立一套具有高存活率和高置信度且适用的疲劳定寿技术方法具有较大的难度,这与目前国内外固定翼机的定寿途径有较大差别。

目前,国外各主要直升机公司和厂家基本上都采用安全寿命与损伤容限相结合的设计原则,是一种既考虑裂纹形成寿命又考虑裂纹扩展寿命,并且将两者结合起来,给出具有一定检修周期的使用寿命。它克服了安全寿命评定的局限性,能充分利用结构的寿命潜力,保证在同样风险率的前提下,有效地提高结构的使用寿命。目前,损伤容限技术已在直升机关键动部件的设计与制造中得到应用,作为安全寿命的一个补充和安全保障。

安全寿命要求在给定寿命期内结构疲劳破坏概率极小(一般取 $10^{-5} \sim 10^{-6}$)。安全寿命思想的定寿方法主要包括三个方面内容:确定结构的疲劳载荷谱,确定结构的 $S—N$ 曲线特性和采用 Miner 损伤理论对关键危险部位进行疲劳寿命估算,并给出最后的安全使用寿命和检查周期。在确定直升机结构及其部件安全使用寿命时,考虑到疲劳特性的分散性,应采用一定的寿命分散系数或疲劳强度减缩系数。对于承受高周疲劳、低周疲劳及它们两者的组合情况,应分别采用疲劳强度减缩系数、寿命分散系数及它们两者的结合。

5　损伤容限评定与检查周期

直升机结构件的破损安全和损伤容限分析方法的意图是,即使结构件中已出现损伤,也能确保其设计结构完整性的足够高比例。

许多年来,国外直升机的疲劳关键构件(如旋翼桨叶、桨毂、尾桨叶、尾桨毂等)都是按安全寿命原理设计的。在安全寿命设计中,所有疲劳关键构件都设计成具有具体的使用寿命,并且在达到该寿命时间或者在这之前这些疲劳关键构件部将从使用中予以撤换,以使得疲劳破坏概率很小。安全寿命设计方法仅适应于可统计预测的破坏,而这些破坏的发生来自于疲劳强度与外加疲劳载荷的随机组合。所以,安全寿命原理不能定量地描述可能存在的裂纹。而直升机服役使用过程中,一些结构件或动部件的疲劳破坏常常是由于诸如工艺缺陷、维护不良和使用诱发的损伤等无法预估的因素引起。据采用安全寿命设计思想的结构件使用历史表明,结构元件不可预测破坏的数量远多于可预估破坏的数量。

损伤容限设计原理表明,结构的能力在于成功地含有损伤,虽经过指定的时间增量但对于飞行安全并尚未构成威胁。这种损伤最普遍的是由构件的工艺加工、热处理或材料本身的初始缺陷等引起的裂纹为特征的。损伤容限方法的基础是了解存在缺陷或损伤的结构特性,其对飞机飞行安全的影响主要取决于:它们本身初始缺陷的尺寸,在使用中的扩展速率,临界缺陷尺寸,结构的可检查能力和基本结构设计的抑制断裂能力。它主要依靠剩余强度来保证安全。这就要求结构的初始损伤在使用寿命期内不会扩展到断裂的临界尺寸(即裂纹容限 a_c)。也就是说,随裂纹的扩展量增加,结构的剩余强度降低,但其强度降低到不可接受的水平以前,损伤应能发现。这就要求在使用维护当中应定期进行检修,其检修周期为

$$检修周期 \leqslant \frac{裂纹扩展寿命}{分散系数}$$

在确定的检查周期内作定期检查时,允许漏检两次,每次检出概率大于90%,但要求三次总的检出概率大于或等于99.9%。

6 直升机疲劳寿命评定方法的完善

直升机在实际执行任务飞行中,有不少动部件是承受多项载荷的,现有的编谱方法主要是针对疲劳危脸部位单轴应力状态(或单向载荷)进行的,并做了适当的修正。为了更进一步真实地反映动部件空间受载的真实情况,采用矢量分析法把多向载荷归成若干组共线矢量,进而运用已有的单向载荷的成套编编谱方法,将各组共线矢量折算成三维载荷谱。这是今后直升机疲劳寿命评定发展的主要研究方向。

另外,由于一些类型的直升机经常在海面或近海区域飞行,据某型直升机的统计资料表明[1],该型直升机的飞行使用时间,即疲劳受载时间不到日历时间的1%,而99%以上时间均处于海岸区域的停放状态。影响直升机动部件使用寿命的主要因素还取决于日历停放时间环境对结构的腐蚀程度,这就决定了直升机动部件的腐蚀疲劳问题的基本模式,即腐蚀→腐蚀疲劳→再腐蚀→再腐蚀疲劳,直至破坏。因此,直升机动部件疲劳寿命的评定方法必须进一步研究环境腐蚀对其寿命的影响。初步的考虑是,将直升机动部件腐蚀标准分成几个等级,将试件和典型结构件预腐蚀到不同级别后,再做腐蚀疲劳试验。由此获得的 S—N 曲线,经适当减缩后,用来估算直升机结构或动部件的疲劳寿命。

在直升机疲劳寿命评定中,用于编制疲劳载荷的空测数据仅仅是直升机使用寿命中的一极小部分,再加上直升机使用状态的多样性,环境腐蚀,维护损伤等其他不可避免的外界影响,所以,在直升机的使用过程中,对主要的动部件进行必要的疲劳监控及日历寿命研究,以修正直升机结构及其动部件的疲劳载荷谱和安全使用寿命。

参 考 文 献

[1] 段成美,等. 某型直升机使用飞行谱的编制[R]. 海军航空技术学院,1992.

[2] 凌志高. 直升机任务跟踪定寿方法[R]. 航空工业总公司602所,KT(82)-3482,1982.

[3] 穆志韬. 某型直升机动部件疲劳载荷谱的编谱方法研究及疲劳寿命评定[D]. 西安:西北工业大学,1996,4.

[4] Liard F. Helicopter Fatigue Design Guide[R]. AGARD-AG-292,1983.

[5] Liard F. Fatigue of Helicopter Service Life Evaluation Method [R] AGAR-D-R-674,1979.

(作者:穆志韬。发表于《飞机工程》,1999 年第 02 期)

直升机动部件寿命评定技术

1 引言

依据部件所承受载荷和应力以及部件破坏后果的严重性,把直升机部件分类为关键件、重要件和一般件。旋翼、尾桨、操纵系统等动部件属于高周疲劳结构,这些部件没有采用余度技术或复式传力,而且也没有采用损伤容限的设计方法,而机体结构属低周疲劳结构通常类似于固定翼飞机结构形式,具有合理的损伤容限品质,属于低周疲劳结构。因此,在对直升机结构进行寿命评定时分为动部件定寿和机体结构定寿两大部分,动部件定寿是直升机疲劳定寿的主体。与固定翼飞机相比直升机定寿有自身的特点,两者的对比见表1。

表 1 直升机与固定翼飞机定寿技术比较

类型 项目	直升机	固定翼飞机
危险部件	以动部件为代表	关键部位
载荷形式	高频低幅的振动载荷	高幅低频的载荷
疲劳载荷谱	使用飞行状态空测和编谱	典型任务剖面的任务段空测编谱
	突风响应和机动过载的疲劳损伤小,主要是高周疲劳,依靠动部件各关键部位的应力谱来进行单个部件的疲劳寿命	全机重心处的过载载荷谱,战斗机以机动载荷为主,大型客机和运输机以突风载荷和"地—空—地"循环载荷为主

1981—1984 年世界范围的统计资料显示,涡轮喷气客机、涡轮螺旋桨客机和双发直升机三种飞机的灾难事故比例大约为 3∶8∶20。由于使用目的和使用环境的特殊性,军用直升机事故率又明显高于民用直升机,因此准确地确定直升机的使用寿命就显得尤为重要。

2 国内外直升机动部件定寿情况

国外各直升机公司都有自己的疲劳寿命评定方法,1980 年美国军方提出一个假想变距杆疲劳寿命估算课题,使直升机界震惊的是寿命估算结果从 9h ~ 2594h 不等,这说明各种方法不具有统一性。为此,国际疲劳界认为直升机现行寿命评定方法是需要进一步研究的课题,目前国外在直升机设计和寿命管理中主要采用安全寿命和损伤容限两种方法,以及以安全寿命为基础的裂纹容限方法和以损伤容限为基础的缺陷容限方法。

我国的直升机定寿研究开始于 20 世纪 80 年代后期,借鉴国外的一些做法,主要以采用疲劳强度减缩系数和疲劳寿命分散系数的安全寿命评定方法为主。安全寿命方法有两个不足:①给出的使用寿命未必可靠,原因是未考虑结构件在加工、安装过程中可能存在的缺陷或使用中造成的损伤;②经济上的浪费。为了保证给出的安全寿命具有较高的可靠度和置信度,采用较大的疲劳强度减缩系数和寿命分散系数,限制了多数结构件的寿命潜力。直升机动部件长期在低幅值高循环次数的振动疲劳载荷的环境中工作,其寿命的大部分消耗在裂纹形成上,且形成裂纹至断裂的时间相对较短,因此损伤容限方法在动部件上的应用受到了一定的限制。随着计算机技术和检测技术的发展,特别是复合材料在旋翼系统结构中的应用,发展了安全寿命和损伤容限相结合的寿命评定方法。该方法克服了安全寿命方法的保守性和局限性,可以保证在同样风险率的前提下,有效地提高结构的使用寿命。安全寿命与损伤容限相结合的评估方法基本思路:按安全寿命原则确定不同风险率下的使用寿命,按损伤容限原则确定其检修周期,通过结合确定结构在一定检修周期下的使用寿命,并保证在该使用寿命期内结构发生破坏的概率极小。这样以来,寿命评估过程由安全寿命(裂纹形成寿命)分析和裂纹扩展寿命分析两部分组成。

3 动部件的裂纹形成寿命分析

按安全寿命原则确定不同风险率下的裂纹形成寿命主要工作程序如图 1 所示。

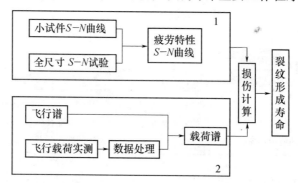

图 1 安全寿命工作程序图

3.1 疲劳特性 $S—N$ 曲线

通过疲劳试验确定 $S—N$ 曲线,一般需要数十个全尺寸试件。对于直升机动部件,无论是经费还是研制周期都无法承担。为此在大量经验和研究基础上,对于动部件高周疲劳问题,采用三条基本假设:①构件与具有相同材料小试件的 $S—N$ 曲线形状相同;②构件对应于不同存活率的 $S—N$ 曲线形状相同;③构件的疲劳极限是一个随机变量,符合对数正态分布。根据上述基本假设,可以通过材料的小试件确定其 $S—N$ 曲线的形状,再通过少量的结构全尺寸试件(一般为 6 件)确定平均 $S—N$ 曲线的位置,然后按照对数正态分布的统计分析确定具有存活率和置信度的疲劳特性 $S—N$ 曲线,这一过程如图 1 框 1 所示。

3.2 载荷谱

在直升机的定寿工作中载荷谱是一个重要问题。疲劳载荷谱反映直升机各零部件在使用寿命中所承受的疲劳载荷情况,是用于损伤计算与寿命评估的主要数据。疲劳载荷谱编制建立在统计基础上。

3.2.1 飞行谱

如图1框2所示,要确定载荷谱需先确定使用飞行谱。直升机飞行谱是直升机在使用总寿命期内各种飞行状态和地面状态及其所占时间的百分比。直升机的飞行谱是根据任务类型和使用方法编制的。由于直升机的使用状态复杂多变,直升机飞行谱的编制还必须通过对直升机的实际飞行使用情况进行大子样的统计分析确定。飞行谱的编制必须考虑直升机的任务类型和各飞行部件的疲劳损伤情况这两个方面的因素。目前的编谱方法主要有编制设计飞行谱时的类比法和任务分解法,以及根据飞行记录编制飞行谱的飞行科目统计分析法和飞行参数状态识别统计分析法。

3.2.2 飞行载荷实测

要编制能够反映直升机动部件真实受载情况的载荷谱,飞行载荷实测是必不可少的。

测试技术的关键是:①确保动部件上微弱信号的拾取和不失真的传输;②安装在高速旋转动部件上仪器设备和传感器不能影响直升机的原有性能;③要解决构件复合受载作用的识别问题;④安全可靠性的问题。国外有专门用来进行测试的样机,国内飞行载荷的测试则是在现役直升机上进行,也就是说在确保完成测试任务以后对直升机还要全面恢复,试验件还需装机并确保安全长期使用。

飞行载荷实测内容必须包括:①承受和传递全部疲劳载荷的机构;②最大侧飞和后飞速度;③飞行谱中规定的全部飞行状态;④相应的重心极限位置;⑤最大飞行重量;⑥飞行限制可能达到的最大机动过载系数;⑦带功率和不带功率的主旋翼转速范围;⑧两种以上的飞行高度;⑨在不同转速下的最大前飞速度。国内某型直升机采用遥测和集流环传输方式取得了飞行载荷实测的圆满成功。

3.2.3 数据处理

实测载荷谱应能真实反映结构在飞行使用中的实际受载情况,载荷简化应能保持损伤等效、数据处理及编谱方法工程可行。实测载荷的数据处理应采用"雨流"法或其他能较好地符合结构损伤等效原理的循环计数法。

计数方法的选择是疲劳载荷谱编制的中心环节,目前国内外已发展的计数法有10余种。疲劳寿命估算的可靠性在很大程度上取决于载荷谱,而载荷谱的编制又与所采用的计数方法有关。由于疲劳载荷的随机性,对于同一载荷历程用不同的计数方法进行处理将会得到不同的结果;用同一计数方法而用不同的简化原则也将编出不同类型的载荷谱,用这些载荷谱进行寿命估算所得到的结果也不相同。因此,选择哪种计数方法对寿命估算是非常重要的,有必要根据使用要求选取适当的计数方法或进行改进。从统计观点上看,现有的计数法大体可分为两类:单参数法,单参数法有较大的缺陷,只考虑某一参数一般不足以描绘载荷的循环特征;双参数法,目前较多采用的是"雨流"计数法,提出了一种建立在"三峰谷"计数条件基础上的改进"雨流"计数法,在简化计数条件的同时免除了第二阶段计数,使计数速度提高了近40倍,且用此计数方法计数对直升机动部件产生的损伤是等效的,这种计数法用来处理直升机高周疲劳动部件的复杂载荷—时间历程效果显著。

3.2.4 编制疲劳载荷谱

常见的疲劳载荷谱编谱方法有载荷均值、损伤度中值和频数均值等。频数均值编谱方法在国外编制直升机动部件的疲劳载荷谱时应用较为普遍。该方法是将出现在同一幅值载荷级内的多架次实测载荷的频数平均值作为该载荷级的频数,它既保持了实测载荷的真实性,又能反映各次实测架次的疲劳损伤的平均情况。但由于飞行实测的环境和架次有限,频数均值不能反映大量飞行使用中结构疲劳损伤的概率分布情况。有人提出过采用对幅值载荷进行对数正态分布拟合的数理统计方法修补谱形,这对于频数较大的中、低幅值载荷具有很好的效果,可是对于那些频数较少的高幅值载荷部分又会引起严重失真,而这些低频高载又往往是构成主要损伤的载荷部分,因此该措施并未真正得到广泛应用。

3.3 损伤计算

载荷谱中每一飞行状态每一级交变载荷对应的疲劳寿命 N 可通过 Stromeyer 三参数公式计算得出。这是因为 Stromeyer 公式能较好地描述 S—N 曲线的中长寿命区($N >$ 10^5)的变化规律,适合直升机动部件的承载特点。Stromeyer 公式如下:

$$\frac{S_a}{S_\infty} = 1 + \frac{A}{N^\alpha} \tag{1}$$

式中:S_a、N 分别为疲劳载荷及其对应的疲劳寿命;S_∞ 为疲劳极限;A、α 为疲劳曲线形状参数。

对于承受高周疲劳载荷的直升机动部件来说,由于其 S—N 曲线在长寿命区比较平坦,长寿命区对数疲劳寿命常不符合正态分布或近似符合,而疲劳强度常符合对数正态分布,因而在确定其寿命时必须采用带有一定存活率和置信度的疲劳强度减缩系数 J_p 对动部件疲劳极限的均值 $S_{\infty m}$ 进行缩减,以获得动部件的安全疲劳极限 $S_{\infty p}$,即

$$S_{\infty p} = \frac{S_{\infty m}}{J_p} \tag{2}$$

根据 Miner 线性累积损伤理论和动部件的安全 S—N 曲线,结合动部件的疲劳载荷谱即可求得不同风险率 γ_s 下的裂纹形成寿命 L_s。

4 动部件的裂纹扩展寿命分析

按损伤容限原则求,不同风险率下的裂纹扩展寿命主要工作程序如图 2 所示。

4.1 结构和材料特性

确定材料的断裂性能参数,材料的断裂性能参数是进行损伤容限分析的基础。包括材料的断裂韧性 K_{IC},裂纹扩展门槛值 ΔK_{th} 和材料裂纹扩展速率 da/dN—ΔK。这些可以通过材料试验确定。同时根据裂纹扩展形式采用相应的应力强度因子 K。

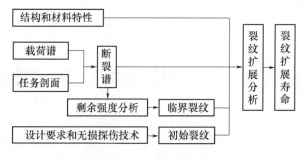

图 2　裂纹扩展寿命分析

4.2　断裂谱

根据疲劳载荷谱按照疲劳断裂的等效原则,在进行高载截取和低载截除后编制用于损伤容限分析的断裂谱,断裂谱中载荷顺序按照典型任务剖面的飞行状态排列。

4.3　初始裂纹和临界裂纹的确定

根据结构的初始设计要求、初始损伤假设和所采用的无损探伤技术确定初始裂纹长度 a_0,根据断裂谱和剩余强度分析确定临界裂纹长度 a_{cr}。

4.4　裂纹扩展寿命分析

直升机动部件主要承受高频低幅的疲劳载荷,在建立裂纹扩展模型时应考虑近门槛区的低速扩展和接近临界裂纹强度因子时的快速扩展,并考虑裂纹尖端塑性产生的裂纹闭合效应和应力比对裂纹扩展速率的影响。裂纹扩展寿命为

$$N = \int_{a_0}^{a_{cr}} f(\Delta K)\, dN \tag{3}$$

式中:$f(\Delta K)$ 为材料裂纹扩展速率 da/dN—ΔK 表达式。表达式也是对应存活率 p 的相关标准正态偏量 U_p 的函数。根据式(3)和材料裂纹扩展速率 da/dN—ΔK,结合断裂谱即可求得不同风险率 γ_r 下的裂纹形成寿命 L_t。

5　动部件使用寿命和检查周期的确定

安全寿命和损伤容限相结合的评估技术引入了概率设计的思想,把裂纹形成过程和裂纹扩展过程看成两个独立事件。因此可确定在总风险率 $\gamma = \gamma_s \times \gamma_t$ 不变条件下的安全寿命和检查周期,据此建立总风险率不变条件下 L_s 与 L_t 关系。因此,使用寿命和检查周期的确定可依据以下方法实施:

(1) 依据要求的使用寿命(裂纹形成寿命 L_s)确定对应的裂纹扩展寿命 L_t,在部件达到首翻期后,依周期 $T = L_t$ 实施检查,直至使用寿命。

(2) 在达到首翻期(此时裂纹形成寿命记为 L_0)后,依据 $L_s = L_t - L_0$ 确定检查周期 $T \leqslant L_t$,此时确定裂纹扩展寿命 $L_t = T$ 时的裂纹形成寿命 L_s,记为 L_0,重复前面确定检查周期的过程直至使用寿命。

(作者:柳文林,穆志韬,段成美。发表于《飞机工程》,1999 年第 02 期)

直升机动部件寿命管理的损伤容限方法

摘　要:讨论了直升机动部件寿命管理中的安全寿命法和损伤容限法,以及基于安全寿命法的裂纹容限法和基于损伤容限法的缺陷容限法;重点介绍了安全寿命法的两大缺点和损伤容限法中要解决的三方面问题;比较了损伤容限法应用于直升机动部件与应用于固定翼飞机的不同点;回顾了国内外损伤容限法的发展历史和研究现状;介绍了损伤容限寿命管理方法的主要工作;展望了亟待解决的一些问题。

关键词:直升机;损伤容限;寿命管理;无损检测

1　引言

早在 15 世纪,Leonardo da Vinci 就在讨论飞行物理学和"飞行器"设计中提到损伤容限的思想。简单说来,损伤容限是以断裂力学为理论基础,以无损检测技术和断裂韧度的测量技术为手段,以有初始缺陷或裂纹的零部件剩余寿命估算为中心,以断裂控制为保证,确保零构件在其服役期内能够安全使用的一种疲劳设计方法[1]。

据统计,直升机的事故率明显高于固定翼飞机,军用直升机事故率是民用直升机事故率的 2 倍[2]。1981—1984 年的世界范围的统计资料显示,涡轮喷气客机、涡轮螺旋桨客机和双发直升机三种飞机的灾难事故比例大约为 3:8:20。在飞机结构完整性大纲中,飞机结构的安全性在很大程度上依靠损伤容限准则。在过去的 20 多年里,国内外已成功地把损伤容限方法应用于固定翼飞机,提高了部件的安全性和可靠性。与固定翼飞机不同,直升机动部件长期在高频低幅振动疲劳载荷环境中工作,其寿命的大部分消耗在裂纹形成上,且从裂纹形成至断裂的时间相对较短。因此,限制了损伤容限方法在直升机上的应用。损伤容限方法在直升机动部件上的应用与固定翼飞机主要不同[3]是:① 容许裂纹尺寸更小;② 小范围内载荷变化更大;③ 载荷形式为高频低幅。目前,把损伤容限方法用于直升机动部件的寿命管理主要有两种方式:①对安全寿命方法设计的部件开展损伤容限寿命评定工作;②采用损伤容限方法进行新机部件的设计。

2　国内外研究现状

2.1　国外的研究状况

20 世纪 60 年代末,按安全寿命设计的多种美国空军飞机出现了断裂事故(如 F – 111、F – 5、F – 4 等飞机),这些事故发生时的寿命比疲劳试验验证的寿命大大提前了,事故后的调查结论是:结构中存在初始缺陷,这表明按无初始缺陷设计和定寿的安全寿命准则并不能确保飞机的安全。大量事故调查和研究表明,50% 以上的疲劳失效是由制造过程中产生的制造缺陷和使用中的意外损伤(腐蚀和外来物损伤)所致,这促使美国空军从 70 年代开始,放弃了安全寿命准则而转向损伤容限/耐久性准则上来。1972 年,美国空军把损伤容限准则以军用标准 MIL - STD - 1530 形式加以规范,在此之前,美国多种军机已经采用了损伤容限的准则进行新机设计和老机评定。70 年代中期 F - 100 发动机装备部队后故障频频,致使 1979 年 F - 100 发动机曾短缺 90 ~ 100 台,1980 年也有 90 架 F - 15、F - 16 战斗机无发动机可装。因此,美国空军开展了 F - 100 发动机的损伤容限评估,取得了巨大的经济和军事效益。发动机受载情况与直升机有很多相同之处,都要承受高频振动载荷,损伤容限方法在发动机上的成功应用,推动了其在直升机上的应用。1983 年,美国 Sikorsky 公司开始对 HH - 53 直升机进行损伤容限评估,至此损伤容限方法开始真正应用于直升机。目前国外已把损伤容限方法应用于直升机的新机设计和老机评估。

2.2　国内的研究状况

在我国,GJB 775.1—89《军用飞机结构完整性大纲》和 GJB 776—89《军用飞机损伤容限要求》的制定和实施,标志着我国军用飞机开始步入损伤容限/耐久性寿命管理的新阶段。国内在一些直升机动部件的寿命管理中采用了损伤容限与安全寿命相结合的方法[4,5]:按安全寿命原则确定其使用寿命,又按损伤容限原则确定其检修周期,通过两者结合,确定结构在一定检修周期下的使用寿命,并保证在该使用寿命期内结构发生破坏的概率极小。通过这种方法在确保安全的情况下,充分发挥了结构的寿命潜力。国内把损伤容限方法用于直升机动部件的设计还未见报道。

3　直升机动部件的寿命管理方法

直升机动部件的寿命管理通常采用安全寿命法(应力寿命法)和损伤容限法,以及基于安全寿命法的裂纹容限法和基于损伤容限法的缺陷容限[4-7]。

(1)安全寿命法:安全寿命法要求在给定的使用寿命期内结构破坏的概率极小。通常依据常幅载荷下全尺寸疲劳试验确定结构的三参数 $S—N$ 曲线,根据结构的疲劳载荷谱运用 Miner 理论进行寿命评估。若结构的可检性好,建议进行周期性的目视检查,但不是必须的。

(2)裂纹容限法:以安全寿命法为基础,建立三种条件下结构的 $S—N$ 曲线(标准结构、含几乎不可检损伤结构、含明显可检损伤结构),根据结构的疲劳载荷谱运用 Miner 理论得出三种情况下的使用寿命。裂纹容限法的寿命管理中,周期性的检查是必须的,检查周期的确定由含明显可检损伤结构的使用寿命决定。

(3)损伤容限法:与安全寿命法不同,考虑到裂纹扩展寿命,允许直升机结构存在缺陷和其他损伤,但要把这些缺陷和损伤限制在一定的范围之内,并保证这些缺陷在下次检出之前不会扩展到直升机出现灾难性事故的程度,主要依靠剩余强度来保证安全。这就要求结构的初始损伤在使用寿命期内不会扩展到断裂的临界尺寸,即结构的剩余强度随裂纹的扩展量增加而降低,但其强度降低到不可接受的水平以前,应能发现损伤。损伤容限法的寿命管理必须进行周期性检查,一旦发现裂纹立即更换。在结构使用到安全寿命时通过增加损伤检查直至达到经济寿命。

（4）缺陷容限法：融合了裂纹容限法和损伤容限法，假设缺陷具有裂纹的传播形式，把初始制造缺陷和腐蚀、外来物损伤等用当量初始缺陷尺寸（EIFS）来定量描述。标准结构的 EIFS 用来预测结构的耐久性寿命，含损伤结构的 EIFS 用来给出检查周期。

1980 年，美国军方提出一个假想的寿命估算课题，并邀请各直升机公司针对此假想课题进行寿命估算，同年在美国直升机学会中西部专家会议上，有七家公司公布了他们的计算结果。使直升机界震惊的是这些结果相互之间差别很大，估算结果从 9h ～ 2594h 不等，基于安全寿命法的寿命管理的可靠性受到质疑。这种寿命管理方法主要有两大缺点[2]：一是忽略了制造和加工过程中的缺陷，以及使用中腐蚀和一些意外损伤，同时还可能导致选材错误，选材时偏面强调材料具有高强度，而忽略断裂韧性和损伤容限特性，这种材料往往具有环境敏感性，容易发生应力腐蚀开裂和腐蚀疲劳；二是主要通过采用保守载荷和大幅度缩减 S—N 曲线强度，来保证高可靠性，结果，限制了寿命潜力的发挥，造成了经济上的巨大浪费。另外，部件的失效大多是由于制造中的缺陷、维护不当、腐蚀以及过载造成。美国飞行安全基金会作过统计：1988—1992 年涡轴式直升机事故研究中，严重飞行事故中 10.6% 是由于没有适当维护。因此，安全寿命法不能很好地保证安全性。随着服役年限的增加，直升机的"老龄化"问题较为突出。从长远来看，要科学地进行中、后寿命期寿命管理问题，主要还是要靠基于损伤容限的寿命管理方法。为此要解决：① 安全寿命和损伤容限的关系；②建立基于损伤容限概念的部件更换时间或者是检查周期；③建立健全直升机结构的损伤容限设计、维护准则。

4 损伤容限寿命管理方法的主要工作

在直升机动部件的寿命管理中运用损伤容限的方法，主要工作包括以下四个方面：

（1）任务谱和载荷谱的确定。任务谱代表了直升机使用的最佳估计，包含两方面的内容：一是采用飞行状态及其各状态所占的时间比例表示的飞行谱；二是采用典型任务科目组成的任务剖面。载荷谱作为直升机及其结构件的应力环境，是结构件应力分析、零部件寿命试验和寿命评估的依据。

（2）应力分析和危险部位的确定。通过结构件应力分析和实际使用经验确定裂纹起始部位。通常采用有限元方法进行分析，其中边界条件的确定是关键。同时，在进行飞行载荷实测时，也不可能在每一个部位都贴上应变片，必须依靠应力分析来确定危险部位。

（3）无损检测能力评估[8]。无损检测是直升机维修质量的基本保障之一，是外场维护的重要手段。以损伤容限评估为中心的现役直升机寿命管理，主要依靠内、外场的周期性无损检测来发现有故障或有故障隐患的结构件。因此，无损检测能力十分重要。评估的对象是翻修厂和外场维护部队。评估的目标：一是在现行工艺规程下，各个危险部位的可检裂纹或损伤尺度；二是试验评估现行检测方法和工艺的可靠性。利用无损检测技术检测出最小裂纹尺寸。如何尽早准确发现直升机结构损伤的部位及缺陷尺寸大小、形状，是实施损伤容限寿命管理的关键技术之一。

（4）裂纹扩展分析。由于不可能采用全尺寸疲劳试验对结构进行裂纹扩展寿命试验，一般通过计算得到裂纹扩展寿命，计算中存在许多不确定因素，尤其是对紧固件连接形式来说。

① 初始裂纹尺寸:是指开始计算寿命时的最大原始裂纹尺寸,可以用无损探伤方法测出。零构件中的缺陷种类很多,形状各异,有表面的、深埋于内部的,有单个的、密集的。直升机动部件的裂纹一般是表面裂纹和角裂纹。进行寿命估算时,必须对它们进行当量化处理,转化为规则化裂纹。应重点分析最大应力区的缺陷,一般假定裂纹面垂直于最大拉应力方向。裂纹形状应样假定为使其应力强度因子值在整个裂纹扩展阶段为最大。初始裂纹尺寸的大小与探伤技术的发展及探伤人员的技术水平有关。在有条件进行破坏试验或从零构件缺陷处取样时,一般采用对疲劳断口进行金相或电镜分析,并使用概率统计方法确定初始裂纹尺寸。一般认为若 0.5~1.25mm 的裂纹能够被可靠的检测出,则在直升机动部件的寿命管理中就可以运用损伤容限的方法。美国空军一般假定固定翼飞机机身和机翼的初始角裂纹尺寸为 1.27mm,直升机动部件初始裂纹尺寸定为 0.4mm。

② 临界裂纹尺寸:是指在给定的受力情况下,不发生断裂所容许的最大裂纹尺寸。在工程应用中,临界裂纹尺寸是根据结构的受力情况和使用安全确定的,不同的结构和使用情况有不同的计算公式。对直升机动部件,通常剩余强度载荷取为飞行使用中承受最大载荷的 1.2 倍。需要指出,当临界裂纹尺寸不可检的情况下,必须采用安全寿命方法以确保安全。

③ 裂纹扩展模型:用于直升机动部件裂纹扩展分析的模型很多,文献[9]中推荐用 Paris 公式进行裂纹的扩展分析计算:

$$da/dN = C(\Delta K)^m$$

Paris 公式仅适用于一定的应力比 R,在不同的应力比下其 C 和 m 值可能有所不同。为了考虑平均应力的影响,Forman 提出了以下修正式:

$$da/dN = \frac{C(\Delta K)^m}{(1-R)K_c - \Delta K}$$

另外,还有一些其他的模型,如 Elber 模型、Wheeler 模型、Walker 模型等。这些模型都不是通用的,只是能够更好地符合某种假设条件。文献[4,5]对直升机动部件的裂纹扩展分析采用了带存活率的 Forman 模型,该模型考虑了近门槛低速扩展区和接近临界裂纹强度因子时的快速扩展区。不管那一种模型,应力强度因子和材料断裂力学参数的确定都是必不可少的。应力强度因子的确定是裂纹扩展分析的前提,主要借助于固定翼飞机的成功经验获得。材料的断裂力学性能可从相应的材料手册查得,或者通过紧凑拉伸试件常幅载荷试验获得。

5　亟待完善和发展的方面

(1) 载荷谱的编制。载荷谱对直升机动部件寿命的影响是非常显著的。国内在对某型直升机的定寿中发现,当载荷变化 5% 时,寿命变化在 3 个数量级以上。Sikorsky 公司在对 HH-53 进行损伤容限评估时得出了相同结论[2]。在直升机寿命评定中,用于编制疲劳载荷谱的空测数据仅是直升机使用寿命中的一小部分。另外,直升机在执行飞行任务中,有不少动部件是承受多项载荷的,现有的编谱方法主要是针对疲劳危险部位单轴应力状态(或单向载荷)进行的,并做了适当的修正。为了更真实地反映动部件空间受载的真实情况,采用矢量分析法把多向载荷归并为若干组共线矢量,进而运用已有的单向载荷成套编谱方法,将各组共线矢量折算成三维载荷谱,是今后直升机寿命管理发展的主要研究方向。

(2)使用情况监视。直升机使用状态多变,环境腐蚀及外来物损伤等不可避免。在直升机的使用过程中,需要对直升机动部件进行必要的使用情况监视,以修正直升机动部件的飞行谱、疲劳载荷谱和安全使用寿命。现代电子信息技术在直升机上应用的一个重大成果,是直升机状态与使用监视系统(HUMS)。当直升机动部件(旋翼、尾桨、传动系统)遭受意外损伤或发生故障时,HUMS能及时为空勤人员提供有关的损伤信息,最大限度地减少整机损失。美国已在 S-92 直升机上运用了这种系统[2]。

(3)短裂纹效应。由于短裂纹的疲劳裂纹扩展速率表达式与长裂纹不同,因此,在精确计算疲劳裂纹扩展寿命时要考虑"短裂纹效应"。但目前短裂纹的裂纹扩展试验数据还很少,工程中还难以实际应用。

(4)裂纹扩展门槛值。裂纹扩展门槛值受材料成分和热处理的影响很大,同时对应力比和试验条件有很强的敏感性。美国 ASTM 和 GB 6398—86 通过线性拟合计算方法确定裂纹扩展门槛值,试验时近门槛区数据点少,拟合的门槛值不稳定,分散性大;若要获得较多的近门槛区数据点,则试验周期很长。现有的裂纹扩展门槛值试验方法需要进一步改进,或者利用一些新的理论计算方法来确定裂纹扩展门槛值。

(5)材料的裂纹扩展分析。裂纹扩展模型中材料属性参数分析是必不可少的,通过常幅载荷试验,钢和钛合金试件的试验得到的材料属性参数与损伤容限手册吻合较好,而铝合金试件试验数据吻合较差。对铝合金试件的裂纹扩展分析要做进一步的试验研究[2]。复合材料在直升机上的应用越来越广泛,虽然采用复合材料的动部件寿命大大提高,有的甚至给出无限寿命,但是由于使用中的意外损伤和环境腐蚀,复合材料部件的寿命也可能迅速降低。由于复合材料的非均匀性和各向异性,复合材料结构的损伤表征远比金属更复杂,类似于裂纹长度这样的单参数损伤表征在金属中是合理的,而在复合材料中却是不科学的。目前,复合材料的损伤容限评估还主要是建立在全尺寸疲劳试验基础上的经验做法。

6　结论

在直升机动部件的寿命管理中运用损伤容限的方法,既是新研制直升机合格签证的必要手段,又是现役直升机安全持续适航或延寿的重要保障。各国的直升机制造厂家、使用方都在致力于此方面的研究与应用。发展适合我国的直升机动部件损伤容限寿命管理方法,把损伤容限技术更好的应用于新机设计和老机评估,是一项刻不容缓的任务。

参 考 文 献

[1] 赵少汴. 损伤容限设计方法和设计数据[J]. 机械设计,2000(5):4-7.

[2] Everett R A,Elber W. Damage Tolerance Issues as Related to Metallic Rotorcraft Dynamic Components[A]. Presented at the NATO/RTO Spring Symposium on Aging Systems:Application of Damage Tolerance Principles for Improved Airworthiness of Rotorcraft[C],Corfu,Greece April 21-22,1999.

[3] Jim Lua. Probabilistic Design of Damage tolerant Rotorcraft Components [J]. AIAA-2002-1473.

［4］金平,陈跃良,段成美.直升机动部件定寿技术研究[J].航空学报,2002,23(3):255－258.

［5］曾玖海,曾本银,史斯佃.直升机动部件安全寿命和破损安全相结合定寿技术[J].直升机技术,2003,3:15－20.

［6］Forth Scott C,Everrtt Richard A, Newman John A. A Novel approach to rotorcraft damage tolerance[A].6th Joint FAA/DoD/NASA Aging Aircraft Conference[C].2002:16－19.

［7］穆志韬,华燃,段成美.高周疲劳载荷环境下直升机动部件的损伤容限分析[J].机械强度,2002,24(1):113－115.

［8］赵福星.以耐久性和损伤容限为中心的现役发动机寿命控制方法[J].航空动力学报,2001,16(4):305－308.

［9］孙之钊.直升机强度[M].北京:航空工业出版社,1990.

（作者:柳文林,穆志韬,段成美。发表于《中国工程科学》,2005 年第 02 期）

第五篇　结构材料腐蚀疲劳及寿命分析技术

预腐蚀铝合金材料裂纹萌生寿命评估

摘　要:铝合金在航空工业中广泛应用,因此对于铝合金构件的寿命评估很重要。利用扫描电子显微镜(SEM)原位观测技术,研究了预腐蚀铝合金试件在循环应力作用下的疲劳裂纹萌生和扩展行为。结果表明,腐蚀坑对于裂纹萌生扩展行为具有强烈的影响。基于局部应变法,提出了一种预测带有腐蚀损伤的铝合金疲劳裂纹萌生寿命的评估公式。

关键词:铝合金;原位技术;预腐蚀;疲劳短裂纹

1　引言

虽然以复合材料为代表的一系列新材料大量应用于航空工业,但是对于国内航空工业来说,铝合金仍然大量应用于飞机结构件中。飞机中的铝合金材料不仅要承受循环疲劳载荷的作用,还要承受腐蚀环境造成的损伤。腐蚀作用下,疲劳裂纹更加容易萌生,会缩短结构件的寿命。因此,研究铝合金材料在腐蚀条件下的疲劳裂纹寿命具有重要的意义。对于结构件来讲,其寿命由裂纹萌生寿命和裂纹扩展寿命两部分组成,而裂纹萌生寿命往往占70%以上。确定裂纹萌生寿命有助于确定飞机部件的检修周期。在实验室条件下,由于腐蚀和疲劳的作用周期差别较大,因此多采用先腐蚀后疲劳的研究方法[1]。

2　预腐蚀实验

实验材料采用航空用锻造铝合金6151 – T6,试件采用板材,试件尺寸如图1所示,厚度 t =4mm。材料成分与主要力学性能见表1。腐蚀加速试验是在 ZJF – 45G 周期浸润环境试验箱中完成的。该环境试验箱为人工气候腐蚀试验箱,根据航空工业部标准 HB 5194 – E1 和 GB/T 19746—2005《金属和合金的腐蚀、盐溶液周浸试验》的规定,可以进行模拟大气腐蚀环境条件下的腐蚀试验。

为了便于疲劳加载时捕捉裂纹,在试件中部预置了一个半径为 $30\mu m$ 的小缺口[1-4]。为建立起实验室加速腐蚀与某型飞机外场实际条件下腐蚀损伤等效关系,基于电化学等效原则,建立了我国沿海某地的加速腐蚀环境谱。基于该环境谱,加速腐蚀试验过程中保持 ZJF – 45G 环境试验箱内空间恒温 θ = 40 ±2℃,保持 ZJF – 45G 周期浸润环境试验箱溶液为酸性 NaCl 溶液,pH = 4.0 ± 0.2。环境箱中每一次干—湿交变包括浸泡5min,烘烤10min。干—湿交变255次循环,累计试验时间61h,等当量于材料在服役环境中自然腐蚀1个日历年(a)的损伤。对试件分别腐蚀不同的年限,共加速腐蚀到20个日历年(a)。

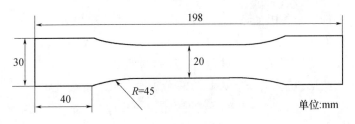

图 1　试件外形尺寸

表 1　6151 - T6 铝合金材料成分以及主要力学性能

材料成分								主要性能参数			
$\omega(\mathrm{Si})$ /%	$\omega(\mathrm{Fe})$ /%	$\omega(\mathrm{Cu})$ /%	$\omega(\mathrm{Mn})$ /%	$\omega(\mathrm{Mg})$ /%	$\omega(\mathrm{Zn})$ /%	$\omega(\mathrm{Ti})$ /%	$\omega(\mathrm{Al})$ /%	E/GPa	$\sigma_{0.2}$ /MPa	σ_{b} /MPa	δ /%
0.5 ~ 1.2	0.5	0.2 ~ 0.6	0.15 ~ 0.35	0.45 ~ 0.9	0.2	0.15	其他	54.4850	255	290	8.9

3　SEM 原位疲劳加载试验

为了研究腐蚀对于疲劳裂纹萌生和扩展行为的影响,采用带有液压伺服疲劳加载设备的扫描电子显微镜原位观测研究方法,对预腐蚀试件一边进行疲劳加载,另一边进行局部小尺度缺陷演化过程的实时观测。本方法克服了传统研究手段无法实时追踪疲劳短裂纹的萌生与扩展行为,导致难以揭示预腐蚀条件下试样疲劳失效机制的弊端;能够实时观察到疲劳载荷作用下材料腐蚀特征与疲劳裂纹的相关性,定量表征铝合金预腐蚀特征与疲劳裂纹萌生之间的关联程度。疲劳试验采用 SS550 型电子显微镜和液压伺服疲劳试验机联合完成微小尺度原位观测与加载过程。电子显微镜观察与液压伺服加载相对独立,分别由两台计算机控制。电子显微镜自身的放大倍数为 20 ~ 200000 倍,最佳状态时分辨率可以达到 10nm,配合液压伺服加载系统后由于加载过程中产生振动的原因使得原位观测最佳分辨率有所下降,大约在亚微米量级,适宜拍摄高解析度的微小裂纹图像。扫描电子显微镜不仅可以对静止试件表面进行观察,而且可以对处于运动中的试件表面进行跟踪观测,这种观测的原理如图 2 所示[2-3]。

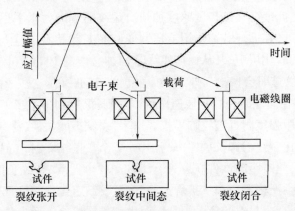

图 2　SEM 原位观测原理

　　试验中对 4 个预腐蚀年限的预腐蚀试件进行疲劳加载即 0(未腐蚀)、7a、15a、19a,接下来分别简称为 CS0(Corrosion state of 0 year 的简称)、CS7、CS15、CS19。根据材料的力学性能(见表 1),每个腐蚀年限分别进行 220MPa、240MPa、250MPa3 个应力水平的疲劳实验。试验采用正弦波形,应力比 $R = 0.1$ 的疲劳加载,疲劳加载过程中为了缩短实验时间,设定加载频率 $f = 6Hz$,根据裂纹扩展情况每隔一段时间拍摄一次试件表面情况,拍照时为了获得分辨率更高的图片,将频率调整为 $f = 0.5Hz$。

4　结果与讨论

4.1　预腐蚀铝合金疲劳裂纹的扩展行为研究

　　当受到外界疲劳载荷的作用后,腐蚀损伤处就会成为裂纹萌生源,从而在试件表面产生大量的细碎短裂纹。图 3 展示了腐蚀 7a 后在 250MPa 应力水平作用下的疲劳多裂纹萌生与扩展过程。从图 3 中可以发现,随着疲劳循环的加载,当循环次数 $N = 1200$ 已经可以发现有至少 7 条短裂纹,这些短裂纹都会在循环载荷作用下扩展。其中引起试样最终失效的裂纹路径上的所有短裂纹称为有效短裂纹,也称主裂纹。逆序观察图 3,很容易确认裂纹 C 是该试件的主裂纹。主裂纹未必一直都是最长的裂纹,也未必是扩展最快的裂纹,这也表明最先萌生的裂纹未必是导致断裂的主导裂纹。如图 3(b)中所示,此时裂纹 C 长度相对其余裂纹比较短,进而推论此时它的扩展速度相对其余裂纹较慢。主裂纹的位置与应力水平以及腐蚀损伤情况有关,难以在扩展初期进行判断,这就造成了跟踪捕捉主裂纹早期演化过程十分困难。一旦主裂纹产生,其余裂纹的扩展速度将会大大降低甚至完全停止扩展。这里通过比较裂纹 C 和裂纹 D,给出扩展速度的变化。从 $N = 0$ 到 $N = 1200$ 时,裂纹 C 的平均扩展速率为 1.4×10^{-8}m/cycle,裂纹 D 为 3.0×10^{-8}m/cycle;而从 $N = 6044$ 循环到 $N = 7680$,裂纹 C 的平均扩展速率保持在每循环 1.6×10^{-8}m,而裂纹 D 经过测量后,未见明显扩展。图 3 中主裂纹的扩展分析表明,当其处于短裂纹阶段($\leqslant 60\mu m$),其扩展路径受到腐蚀坑的强烈影响。实验所用 6151 – T6 铝合金的晶粒尺寸为 $20 \sim 30\mu m$,对其而言,短裂纹阶段大约相当于 $2 \sim 3$ 个晶粒尺度。当超过这一尺度,随着承受外加载荷面积的显著减小,裂纹未扩展区域的应力水平显著增加,微结构对裂纹扩展的影响逐渐减小,因此疲劳裂纹扩展速度加快。裂纹前端应力水平逐渐超过材料的弹性极限,产生塑性变形。在循环载荷作用下塑性变形逐步累积,铝合金母材表面出现滑移痕迹,使得相对脆性的氧化层龟裂,从而产生大量与加载方向 $10° \sim 20°$ 夹角的表面裂纹,如图 3(g)所示,主裂纹这时会偏离与外加载荷垂直的方向,穿越这些表面裂纹,呈现出一种“台阶状”的扩展路径。此时裂纹扩展速率可以达到每循环 $10^{-6} \sim 10^{-7}$m。这个扩展速率为铝合金材料在屈服强度附近裂纹临界扩展速率,裂纹扩展失稳,材料对裂纹扩展失去抵抗能力。这一速率比裂纹稳态扩展速率高出 $1 \sim 2$ 个数量级。图 3(g)为主裂纹即将失稳进入瞬断区的照片,此时距离试件断裂只有不到 200 个循环,裂纹长度大约为 $300\mu m$。飞机铝合金构件中必须严格避免裂纹扩展失稳,为此要制定合理的检查周期,避免造成飞行事故。因此,建立铝合金材料的疲劳短裂纹萌生和扩展评价体系十分重要。

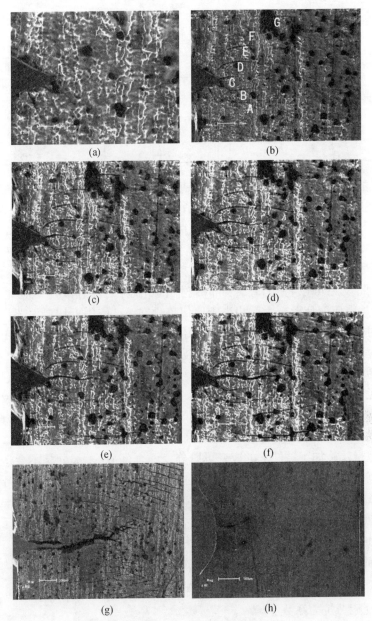

图 3　疲劳多裂纹的扩展行为（CS7，250MPa，$N_f = 11060$）

（a）$N = 0$；（b）$N = 1200$；（c）$N = 3242$；（d）$N = 5568$；

（e）$N = 6044$；（f）$N = 7680$；（g）$N = 10892$；（h）$N = 11015$。

4.2　基于 SEM 原位观测的腐蚀疲劳裂纹萌生规律的研究

SEM 原位疲劳试验具有实时观测、分辨率高的特点，可以展现微裂纹的扩展行为。利用 SEM 原位观测很容易确认导致最终断裂的主裂纹。对主裂纹的寿命评估，尤其是萌生寿命评估，便可进一步确定试件结构的疲劳寿命。该 6151 – T6 铝合金的平均晶粒尺度为 $20\mu m$，因此根据裂纹萌生寿命的定义，只要捕捉到主裂纹扩展到 $20\mu m$ 时对应的应力循环次数就可以作为裂纹萌生寿命。通过原位疲劳试验，得到预腐蚀 0、7a、15a、19a 的裂纹萌生寿命见表2。

表2 疲劳裂纹萌生寿命
单位:次

腐蚀年限/a	220MPa	240MPa	250MPa
0	40933	37486	28353
7	20014	12707	11960
15	15947	9107	8068
19	10019	6462	6539

文献[3]的工作说明采用应变腐蚀疲劳萌生寿命曲线预测腐蚀环境下带有初始缺陷构件的疲劳裂纹萌生寿命是合理的,采用的方法是局部应变法。当试件承受名义应力范围 $\Delta\sigma$ 作用时,由于缺口的存在,切口根部的材料受到局部应变范围 $\Delta\varepsilon_{notch}$ 的作用。由于局部应力集中的放大作用,切口根部局部应变范围 $\Delta\varepsilon_{notch}$ 一般要高于切口件平均名义应变范围 $\Delta\varepsilon$。对于试件切口根部而言,名义应力 $\Delta\sigma$ 与该处局部应变范围 $\Delta\varepsilon_{notch}$ 具有一一对应关系,因此设想可以将切口件根部的材料取出制成光滑试件。对此光滑试件在 $\Delta\varepsilon_{notch}$ 作用下进行应变疲劳行为就相当于原切口件在 $\Delta\sigma$ 作用下切口根部材料的腐蚀疲劳行为。此时应变疲劳下的试件寿命就可以代表原始切口件在名义应力 $\Delta\sigma$ 下的疲劳寿命。基于该应变疲劳思想,可以对切口件的裂纹萌生寿命进行估算。

应力疲劳载荷作用下,金属疲劳行为中存在临界应力强度因子 ΔK_{th},它代表结构疲劳寿命趋于无穷时承受的最大应力强度因子范围。同样,在金属腐蚀应变疲劳中也存在临界应变范围 $\Delta\varepsilon_{th}$,在给定腐蚀环境下,当循环应变疲劳范围低于 $\Delta\varepsilon_{th}$ 的时候,则裂纹不会发生腐蚀疲劳断裂,也就是其腐蚀疲劳寿命趋于无限。对于腐蚀疲劳,$\Delta\varepsilon_{th}$ 是与腐蚀条件相关的物理量。施加于试件上的应变可以分为两个部分:一部分是不会造成金属损伤的临界应变范围 $\Delta\varepsilon_{th}$,这一应变范围在疲劳过程中可以恢复;另一部分是高于此值的造成材料损伤的 $\Delta\varepsilon_{D}$,该部分损伤应变无法恢复,在应变疲劳过程中会逐步累积。这两部分之和就是总的施加应变范围,即 $\Delta\varepsilon = \Delta\varepsilon_{th} + \Delta\varepsilon_{D}$。材料的萌生寿命 $N_{initial}$ 取决于应变疲劳过程中 $\Delta\varepsilon_{D}$ 的累积。

基于 Manson – Coffin 公式以及疲劳应变的思想,裂纹萌生寿命可以表示[3]为

$$N_{initial} = A(\Delta\varepsilon - \Delta\varepsilon_{th})^{-2} \tag{1}$$

式中:A 为应变疲劳抗力系数。

由于疲劳试验中的材料承受的实验名义应力值一般低于材料自身的屈服强度,结构处于弹性变形范围。因此,胡克定律依然适用,即

$$\Delta\sigma = E \cdot \Delta\varepsilon \tag{2}$$

$$\Delta\sigma_{th} = E \cdot \Delta\varepsilon_{th} \tag{3}$$

式中:$\Delta\sigma_{th}$ 为与临界应变范围 $\Delta\varepsilon_{th}$ 对应的应力值;E 为材料的弹性模量。

将式(2)和式(3)代入式(1),得

$$N_{initial} = AE^2(\Delta\sigma - \Delta\sigma_{th}) \tag{4}$$

考虑应力比以及应力集中的影响,因此需要对名义应力范围 $\Delta\sigma$ 进行修正,成为等效名义应力 $\Delta\sigma_{eqv}$,即

$$\Delta\sigma_{eqv} = \left[1/2(1 - R)\right]^{1/2} \cdot K_t \cdot \Delta\sigma \tag{5}$$

式中:K_t可以由有限元计算或者手册获得。对于加工的试件,预置人工缺口造成的K_t为1.17~1.36不等。

以式(5)中的$\Delta\sigma_{eqv}$替代(4)中的$\Delta\sigma$,则可得

$$N_{initial} = A_s\left[\Delta\sigma_{eqv} - (\Delta\sigma_{eqv})_{th}\right]^{-2} \tag{6}$$

式中:A_s为应力腐蚀疲劳裂纹起始系数[3];$(\Delta\sigma_{eqv})_{th}$为裂纹起始门槛值[2,3]。

对式(6)取自然对数,得

$$\lg N_{initial} = \lg A_s - 2\lg\left[\Delta\sigma_{eqv} - (\Delta\sigma_{eqv})_{th}\right] \tag{7}$$

根据 SEM 原位试验下试件的萌生寿命 $N_{initial}$,就可以得到 A_s 和 $(\Delta\sigma_{eqv})_{th}$ 的值。

在 $\lg N_{initial} - \lg\left[\Delta\sigma_{eqv} - (\Delta\sigma_{eqv})_{th}\right]$ 双对数坐标下,式(7)表示一条斜率为 -2 的直线。编制计算机程序进行线性回归,在斜率为 -2 ± 0.002 的条件下,可以求出 A_s 和 $(\Delta\sigma_{eqv})_{th}$ 的值。程序流程图如图4所示。其中 $(\Delta\sigma_{eqv})_{th}$ 的初值设为 10MPa,迭代增量步 0.1MPa。计算得到的 A_s 和 $(\Delta\sigma_{eqv})_{th}$,随着腐蚀年限的变化曲线绘制如图5所示[4,5]。

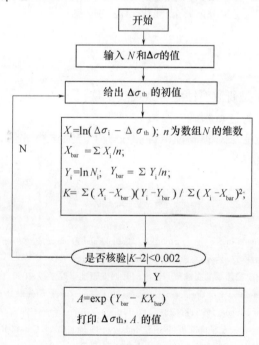

图4　回归计算流程

可以看出:在半对数坐标下,$\lg A_s$ 随着腐蚀年限线性递减,这意味着 A_s 与腐蚀年限呈现指数递减关系,拟合见式(8),线性相关系数 $R^2 = 0.9888$,线性程度良好。

$$A_s = 10^{-0.05736T+8.63385} \tag{8}$$

而 $(\Delta\sigma_{eqv})_{th}$ 随着腐蚀年限呈现线性递增,其与腐蚀年限的拟合关系式为。

$$(\Delta\sigma_{eqv})_{th} = 2.45285T + 93.80827 \tag{9}$$

拟合线性相关系数 $R^2 = 0.9887$,同样具有满意的拟合效果。

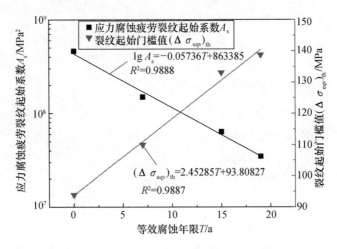

图5　A_s 和 $(\Delta\sigma_{eqv})_{th}$ 随腐蚀年限变化曲线

利用结果就可以对预腐蚀试件在疲劳循环载荷作用下的裂纹扩展寿命进行评估。从而为飞机铝合金构件的定检、寿命评估提供一定的依据。

5　结论

（1）SEM 原位技术是研究腐蚀疲劳微裂纹扩展行为的一项有效工具，可以对材料微尺度裂纹萌生与扩展行为进行精确的观测。

（2）借助于疲劳应变法对预腐蚀试件裂纹萌生寿命进行评估，得到了一套评估经验公式，具有一定的指导价值。

参 考 文 献

［1］Zheng X, Lu B. Fatigue Formula under Cyclic Strain［C］. Fatigue and Fracture, Proc Conf, 1990:175－184.

［2］王荣. 金属材料的腐蚀疲劳［M］. 西安:西北工业大学出版社, 2001.

［3］王荣, 高惠临. 铝合金表面防护体系的腐蚀疲劳性能［J］. 西安石油学院学报, 2000, 15(2):45－48.

［4］Shuter D M, Geary W. The Influence of Specimen Thickness on Fatigue Crack Growth Retardation Following an Overload ［J］. International Journal of Fatigue, 1995, 17(2):111－119.

［5］Wang Xi－shu, Kawagoishi Norio. A Simple Predicting Method of Fatigue Crack Growth Rate Based on a Tensile Strength of Carbon Steel［J］. Journal of Iron and Steel Research International, 2003, 10(2):58－62.

（作者:李旭东, 穆志韬, 刘治国, 朱武峰。发表于《装备环境工程》, 2012 年第 05 期）

现役飞机结构腐蚀疲劳及寿命研究

摘 要:分析研究了在环境腐蚀介质中飞机的疲劳损伤特性和基本破坏失效模式,阐述了现役军用飞机地面停放使用环境谱的编制以及在腐蚀环境条件下飞机腐蚀疲劳寿命的估算方法,并对未来几年我军飞机结构的腐蚀疲劳研究的发展提出了一些看法。

关键词:腐蚀;飞机结构;腐蚀疲劳;疲劳寿命;腐蚀环境谱

1 引言

近20年来,随着现役飞机服役时间的增长,特别是进入20世纪80年代后期,军用飞机使用中发现由于腐蚀或腐蚀疲劳造成的破坏越来越多[1]。例如,螺钉锈蚀,蒙皮脱漆、变薄,翼梁缘条发生剥蚀,紧固件及飞机结构上一些重要承力构件出现腐蚀疲劳裂纹等,尤其是沿海地区使用的海军型飞机经常遇到海水、盐雾、潮湿等腐蚀性更强烈的自然环境,飞机结构件在交变载荷和腐蚀环境交互作用下,防腐保护层加速失效,抗疲劳能力降低,飞机的腐蚀疲劳寿命显著缩短。

我国从20世纪70年代中期开始进行材料的损伤容限分析及与环境相关的腐蚀疲劳研究。最先主要是进行飞机起落架材料的腐蚀疲劳性能分析及环境的适应性研究,大规模的研究是80年代以后,结合海军飞机的腐蚀及寿命问题开展了腐蚀普查、载荷谱与环境谱的确定、材料的多种环境条件下的试验、结构件的腐蚀疲劳试验等,取得了大量的研究成果与试验方法,积累了一些航空常用材料的腐蚀试验数据和分析结果。

2 飞机地面使用环境谱的编制

飞机结构在实际使用中经常遭受到化学介质、热和气候因素的侵蚀,严重影响飞机的使用寿命。然而,目前装备部队的现役飞机由于当时技术条件的限制,设计时往往忽视了这些重要的环境因素,导致不少结构件在日历使用期内发生腐蚀疲劳破坏。

军用飞机环境谱的编制,首先是分析飞机的使用环境状况,选取有代表性的若干个机场,取其近10年左右的气象资料和大气成分,经过数据筛选,删除环境因素中对结构腐蚀、老化影响小的参数与作用时间,保留影响大的参数。重点选取的参数是温度、相对湿度、盐雾、凝露、雨、pH 值及工业废气等。其中温度、湿度、雾时及频次、雨时及雨量、频次,均是统计出来的;凝露则是根据相对湿度和飞机结构的温差计算出来的。在大气污染情况分析中,考虑到机场大气污染与其所处地理位置、周围污染源方位及风向有关,有害介质取其平均值,用各种风向占全年的百分比进行修正。

编制的机场使用环境谱,是现役飞机的真实使用环境,它既可用于大气曝露试验的环境选择与比较,也可用作某些单纯的环境模拟试的基础,但不能直接用于载荷谱和环境谱同时作用下的环境模拟试验。要进行试验,必须把真实的使用环境谱转换成当量环境谱,并形成用于疲劳试验的载荷—环境谱。飞机地面环境谱的编制,为研究确定飞机的腐蚀疲劳寿命、日历持续时间以及制定维修大纲和防护技术、机载设备的"三防"提供可靠的地面环境参数,同时也为进一步编制空中飞行环境谱和飞机局部环境谱提供基础依据。

3　军用飞机的腐蚀疲劳破坏模式

海军机场大都分布在沿海一带,其地面停放环境特点是高温、高湿和盐雾的出现时间长,靠近城市工业区的机场还受到工业废气的污染,服役环境恶劣,飞机结构腐蚀普遍严重。统计资料[2]表明,飞机疲劳受载时间不到日历时间的 1%,99% 以上的时间处于停放状态,且飞行受载过程的腐蚀环境对疲劳强度的直接影响比较小,日历停放期间环境对飞机结构的腐蚀程度影响飞机疲劳寿命非常大。这就决定了我军现役飞机结构腐蚀疲劳的基本模式是:腐蚀—疲劳—再腐蚀—再疲劳—直至破坏。严格地说,腐蚀与疲劳的纯交替作用几乎是不存在的。表面上的腐蚀—疲劳交替作用,常为两种因素的交互作用创造了条件。如先腐蚀后疲劳,在腐蚀损伤处不仅形成小孔和坑斑,也同时积聚有腐蚀介质,随后的疲劳即使结构总体环境是非腐蚀性的,在损伤处因有局部腐蚀环境的协同作用,仍具有腐蚀疲劳的性质。然而,从腐蚀介质对温度的敏感性来考虑,飞机在高空飞行时,由于大气环境温度较低,飞行时间短,环境介质成分相对于地面来说腐蚀性较弱。根据机场飞机实际使用情况统计分析和室内盐雾试验结果,环境温度在 0℃ 以下时,腐蚀介质的存在并不影响材料的疲劳性能。因此,飞机空中飞行时的腐蚀疲劳可不予考虑,而只考虑其飞行疲劳的影响。这样可视飞机结构的腐蚀疲劳模式为地面停放中的腐蚀和飞行中的疲劳损伤。

疲劳累积损伤规律是将实验室等幅载荷的疲劳特性与实际承受随机载荷下的性能评价相联系的桥梁。目前在疲劳寿命估算中通常采用的累积损伤模型大多是 Miner 线性累积损伤公式:$\sum n_i/N_i = D$。Miner 准则的最大缺陷是没有考虑加载顺序的影响。即使现有的考虑了加载次序影响的非线性疲劳损伤模型,它们几乎都是在空气中研究得出的,这些模型未考虑腐蚀性环境与疲劳交互作用造成的损伤,因此,直接用来进行腐蚀疲劳损伤估算是欠妥当的,加之寿命估算方法本身的误差较大,在计算中应根据具体的使用环境进行修正或取一定的腐蚀损伤因子。

腐蚀疲劳环境下的累积损伤规律是复杂的,不存在像空气中那样的规律,有时甚至出现相反的结果。如两级载荷作用下的腐蚀疲劳损伤的累积,当高—低顺序加载时会出现 $D > 1$ 的现象,而低—高顺序加载时则出现 $D < 1$。对于不同应力水平的组合,所导致的损伤累积效应也不相同。影响腐蚀疲劳损伤的因素很多,除加载顺序、应力水平等主要因素外,材料环境体系、构件几何形状、表面状态、残余应力等也都有一定的影响。

4　现役军用飞机腐蚀疲劳破坏的特点

根据对军用飞机使用环境的调研统计,导致飞机结构材料腐蚀的主要环境介质为高温潮湿空气、盐雾、工业废气、油箱积水以及结构内局部环境积水(海军飞机使用环境谱统计表明,潮湿空气,即相对湿度≥75%占全年时间的20%左右,盐雾及凝露占25%)。上述介质可分为腐蚀气体和液体两大类。对飞机结构来说,腐蚀疲劳研究主要是针对材料及结构件在这两类腐蚀介质中的疲劳和裂纹扩展特征。

结构件的腐蚀疲劳特性与材料的成分和热处理制度有关。在同一种腐蚀介质下,不同材料的腐蚀疲劳特征会有显著的不同。腐蚀疲劳的最大特点是交变应力和腐蚀环境的协同作用,二者缺一不可,并且同时作用于构件,又相互促进。一般来说,在腐蚀介质中,绝大部分结构件的疲劳寿命降低,裂纹扩展速率增加。在腐蚀介质同时作用时,材料材质会退化。从微观分析中可以看到:腐蚀介质一方面在材料表面造成很多小的蚀坑,使结构件表面粗糙度变大,造成局部损伤,形成大量的疲劳源,加速疲劳裂纹的形成,导致疲劳强度降低;另一方面腐蚀介质沿裂纹浸入材料内部,在裂尖处高应力区,对结构件造成进一步破坏而使裂纹扩展加快,裂纹扩展速率加快现象表现在全裂纹扩展曲线的中段(即Ⅱ区较明显)。因而若把腐蚀与疲劳分开作用于结构件,得到的寿命并不是真正的腐蚀疲劳寿命。所以,目前都采用环境模拟箱进行腐蚀疲劳试验研究。但模拟的环境同实际使用环境之间仍存在着一定的差别,前者略去了使用环境中腐蚀贡献量小的因素,抓住腐蚀贡献量大且作用时间长的几种主要腐蚀介质成分,或者将它们向一种环境介质成分做当量折算。同时,试验时还要考虑加载频率和日历时间等因素的影响。

腐蚀疲劳断裂失效既不同于应力腐蚀开裂,也不同于一般的机械疲劳断裂,腐蚀疲劳对环境介质没有特定的限制,不像应力腐蚀那样,需要金属材料与腐蚀介质构成特定的组合关系。腐蚀疲劳一般不具有真正的疲劳极限,腐蚀疲劳曲线类似于非铁基合金(如铝、镁)的一般疲劳曲线,没有与应力完全无关的水平线段;腐蚀疲劳的条件疲劳极限与材料抗拉强度没有直接关系。腐蚀疲劳性能同循环加载频率及波形密切相关,加载频率的影响尤为明显,加载的频率越低,腐蚀疲劳越严重。这是因为当加载频率很高时,裂尖应变速率很高,环境影响来不及进行,环境对疲劳损伤的促进作用降低;相反,当加载频率降低时,腐蚀介质可以浸透到裂纹尖端,对疲劳损伤的促进作用加剧。此外,在飞机的日历服役寿命期内,绝大部分时间飞机处于机场停放状态。停机时,飞机结构的应力水平很低,并且没有交变载荷作用,因而研究疲劳寿命时一般不考虑停放时受载,普遍认为这一状态对疲劳寿命影响不大。而对腐蚀疲劳而言,虽停放时飞机不承受疲劳载荷,但此时腐蚀介质可以充分进入疲劳裂纹,当飞行时在交变载荷作用下,裂纹扩展速率明显加快。因此,研究飞机结构的腐蚀疲劳必须考虑日历使用时间,而不仅仅是空中飞行时间。

腐蚀疲劳在外观上表现出与常规疲劳不同的特征。在腐蚀疲劳条件下,往往同时有多条疲劳裂纹形成(常规疲劳裂纹通常只有一条),并沿垂直于拉应力方向扩展。腐蚀疲劳断口的源区与疲劳扩展区一般均有腐蚀产物,通过微区成分分析,可测定腐蚀介质的组分及相对含量。腐蚀疲劳断裂一般起源于飞机结构件表面腐蚀损伤处(即包括孔蚀、晶间腐蚀、应力腐蚀等),大多数腐蚀疲劳断裂的源区及扩展区可见到明显的腐蚀损伤特征,腐蚀疲劳断口呈现穿晶及沿晶混合型,断裂表面颜色灰暗、无金属光泽,疲劳条带呈解理脆性特征。

5　飞机结构腐蚀疲劳寿命评估方法

我国对飞机结构的腐蚀疲劳的研究起步较晚,许多理论还有待于进一步验证和完善。

因此,在目前条件下,根据现有的腐蚀疲劳机理进行精确的理论计算,以确定飞机结构的腐蚀疲劳寿命,尚具有相当大的困难;同时,模拟实际使用环境条件下全尺寸结构件的疲劳试验也需要有很长的时间,花费巨大的人力、物力和财力。在目前的技术条件下进行这样的腐蚀疲劳试验以确定飞机的疲劳寿命是不现实的。一个可行的解决办法是选择一些既承受严重疲劳载荷又遭受严重腐蚀环境影响的飞机结构关键部位,进行典型结构的腐蚀疲劳试验和分析,用于实验室全尺寸飞机机体结构或部件疲劳试验的修正。

目前,在飞机结构腐蚀疲劳研究领域,用于腐蚀疲劳寿命估算的方法比较多,在估算具体结构的腐蚀疲劳寿命时要视结构的受载情况、使用环境特点等因素选择相应的估算方法。

5.1 腐蚀等级——寿命评估法[2]

(1)通过典型材料和结构件在不同腐蚀等级程度 M 下的疲劳试验,建立不同腐蚀等级与其对应的疲劳强度 S 之间的关系。

(2)对现役飞机典型结构腐蚀普查进行统计分析,建立飞机的日历使用时间与腐蚀等级程度之间的关系,可获得曲线。

(3)通过对飞机使用时间的统计,建立日历飞行时间谱,即各日历时间段 Δt_i 内的飞行小时数 F_{hi}。

(4)根据典型结构件关键疲劳部位的实测载荷谱 S_{aj}—n_j,分别按各日历时间段对应的疲劳强度和飞行小时数,采用 Miner 法则求出各日历时间段内飞行累积损伤 d_i 和总累积损伤 D。当总累积损伤 $D=1$ 时,所对应的飞行小时和日历时间即为该结构的腐蚀疲劳修正寿命。其计算公式为

$$\frac{S_a}{S_{\infty p}} = 1 + \frac{A}{N^\alpha}, \quad N_j = A^{1/\alpha} \cdot \left(\frac{S_{aj}}{S_{\infty p}} - 1 \right)^{-\frac{1}{\alpha}}, \quad d_i = F_{hi} \cdot \sum_{j=1}^{m} \frac{n_j}{N_j}$$

式中:m 为疲劳载荷级数;$S_{\infty p}$ 为安全疲劳强度极限;A、α 为疲劳曲线形状参数;S_a 为载荷幅值;N 为疲劳寿命的循环数。

总的累积损伤为

$$D = \sum_{i=1}^{k} d_j \tag{1}$$

式中:k 为日历时间分段数。

5.2 影响系数法

在飞机定期检查和大修时,对腐蚀疲劳严重的典型结构件,根据其实际使用时间和腐蚀疲劳的严重程度,确定典型结构件的腐蚀疲劳寿命。

(1)假如定义典型结构件的腐蚀疲劳寿命与疲劳寿命(不考虑环境条件的影响)的比值为腐蚀疲劳缩减系数 β,即

$$\beta = \frac{\text{腐蚀疲劳寿命}}{\text{疲劳寿命}}$$

(2)分析飞机主要使用地区的温度和相对湿度,假设温度、相对湿度对疲劳寿命的影

响满足三参数威布尔分布[3],确定温度与相对湿度的影响系数分别为 f_T、f_H。

（3）对于环境腐蚀介质,如工业污染、盐雾、海水等因素,同样可根据实际情况确定寿命影响系数 f_E。在考虑环境因素时,介质成分有时可能比温度、湿度对腐蚀性的影响更大。

（4）如果通过分析和试验得到飞机结构的疲劳寿命为 L_f,则依据使用环境可确各影响系数,此时飞机结构的腐蚀疲劳寿命为

$$L_{ef} = \beta \cdot L_f = f_T \cdot f_H \cdot f_E \cdot f_f \tag{2}$$

若飞机在两个或多个不同的地区使用过,则可分别求出各使用地区的影响系数,并根据飞机在各地区的使用时间进行加权平均。

5.3　疲劳强度修正——加权系数法

（1）通过对飞机结构件选用材料在大气和在使用环境介质下的疲劳试验,求出材料的腐蚀疲劳强度比例系数 $F = S_e/S_0$（式中: S_e 和 S_0 分别 S—N 为曲线上同一 N 值的介质和空气中的疲劳强度 S 值）;然后用比例系数修正等寿命图。

（2）飞机在使用过程中受多种环境介质的影响,机体各部位受到的腐蚀也是不同的。对于飞机上某具体部位,可按该部位所受各介质作用时间比和防护条件等因素确定一个加权系数 C_i,以考虑该种介质对该部位疲劳损伤的影响。对各种腐蚀介质加权系数,有

$$\sum_{i=1}^{n} C_i = 1$$

用各介质经过修正的等寿命图计算环境中某介质作用下的结构损伤,则各种介质联合作用产生的累积损伤及腐蚀疲劳寿命为

$$D_e = \sum_{i=1}^{n} D_i \cdot C_i$$
$$L_e = 1/D_e$$

式中: n 为环境中含有介质的种类数; D_i 为单个介质作用下的结构损伤; C 为腐蚀介质的加权系数。

5.4　飞机结构日历寿命的评定方法

飞机日历寿命即飞机使用寿命以日历持续时间表示,单位为年。在日历寿命期内,只要飞机的飞行小时数或起落次数未超过使用寿命指标的限定,飞机仍能具有规定的使用功能,并确保飞行安全。日历寿命是一种从经济角度确定的经济寿命,到此寿命时,飞机会由于普遍存在的开裂和腐蚀等影响飞机功能和安全,而若做修理,所花费用及代价又太高。飞机结构的日历寿命和飞行载荷作用下的疲劳寿命（飞行小时数）,是飞机使用的两个重要技术指标,缺一不可。由于影响腐蚀的因素太多且复杂,最近国内外都开展了关于飞机结构日历寿命评定的研究课题,但大都停留在理论分析和探索阶段,在实际工程中还没有找到一套切实可行的评定方法。目前主要是从经济观点确定飞机结构日历寿命,主要方法是将其历次修理的成本总和与购置一架新机的费用相比,或用最后一次大修所需成本与一架新机的费用相比,这个比数不一定是个定数,它还和其他许多因素有关,如老

旧飞机修复后的价值、新机替代的可能性、用户的经济状况等。根据上述情况,可建立飞机结构日历寿命评定模型为

$$\left(\frac{N}{t} - 1\right) \cdot C_m \leqslant \eta \cdot C_0 \tag{3}$$

式中:N 为日历寿命;t 为平均间隔修理时间;η 为经济比数;C_m 为平均一次修理成本;C_0 为一架飞机总成本。

若考虑到使用年代越长,修复范围越广,腐蚀越严重,修理成本按某系数的指数上涨;同时,修理周期越来越短,也按某系数的指数下降。则式(3)修改为

$$\begin{cases} \sum\limits_{i=1}^{n-1} (C_m \cdot \alpha^{i-1}) \leqslant \eta \cdot C_0 \\ \sum\limits_{i=1}^{n} \left(\frac{t}{\beta^{i-1}}\right) \leqslant N \end{cases} \tag{4}$$

式中:α 为修理成本增加的系数;β 为翻修间隔缩减的系数。

6 现役军用飞机腐蚀疲劳研究的发展方向

现役飞机结构的腐蚀疲劳研究,目前虽取得了一些成绩,但是初步的,还仅限于部分飞机型号及关键结构件和有限的几种典型材料。为了更科学、更合理地给出现役军用飞机的寿命并加以安全监控,今后应加强以下几方面的研究和完善工作:

(1)在现有研究成果的基础上,补测更多的腐蚀环境条件下的材料性能数据,提高腐蚀疲劳试验的技术水平和测试手段,逐步引入目前断裂力学的最新研究成果,探索实现从裂纹萌生到临界裂纹长度的全寿命评估手段,发展谱载与环境谱协同作用下的寿命预测方法。

(2)腐蚀环境对现役飞机结构寿命的影响很大,但在现有的经济条件下又不可能对全机进行腐蚀疲劳试验。如何用材料和典型结构件的腐蚀疲劳试验结果更好地修正全机使用寿命,有待进一步研究,以确定适合中国国情的评定方法。评定的内容包括低周、高周腐蚀疲劳和谱载腐蚀疲劳以及腐蚀环境谱的当量化折算研究、环境谱与载荷谱的匹配等内容[4]。

(3)由于军用飞机停放环境对飞机的腐蚀作用,飞机即使不飞行,其寿命也在损失。因此应重点开展腐蚀条件下飞机日历寿命和腐蚀损伤容限研究。不仅给出飞机的服役寿命,同时还给出日历寿命及最大允许腐蚀修复程度,以确保现役老旧飞机的飞行训练安全[5]。

(4)飞机结构的腐蚀不仅与飞机的设计、选材、制造工艺、使用环境等有关,而且还与外场的维护紧密相联。要及时准确地掌握飞机的腐蚀发展状况,一个重要的前提是,能够连续和量化地给出飞机的腐蚀数据,这些数据就可作为飞机寿命评估的科学依据。要做到这一点必须建立有效的"军用飞机腐蚀状况监控网络"。有了腐蚀监控网络,就可以连续地跟踪所有飞机的腐蚀发展情况,进而建立起军用飞机腐蚀数据库,这对于可靠地使用飞机装备将发挥重要的指导作用。

（5）针对国外近几年先进的防腐手段、材料、工艺等进行搜集与优化推广,结合我国现役飞机的特点,加强利用复合材料胶补新工艺修理金属腐蚀损伤部位,研究采用激光强化腐蚀损伤部位,优化飞机结构的涂层防护体系,尽快制定军用飞机的防腐控制维修大纲和规范,加快现役飞机的腐蚀疲劳研究及全寿命监控,使军用飞机具有长寿命、高可靠性。

参 考 文 献

[1] 穆志韬.飞机结构的腐蚀修理及防护控制技术[J].飞机制造工程,1995,5:12－14.

[2] 徐建新,魏志毅.飞机结构的腐蚀疲劳寿命计算方法和修补技术研究[A].中国航空学会失效分析分会.飞机结构腐蚀疲劳学术研究论文集[C].青岛,1995:221－225.

[3] Sakai T,Ramaul M,Suzuki M. Temperature and humidity effects on fatigue life distribution of carbon steel [J]. Int. J. Fatigue,1991,21(2):117－125.

[4] 金平,段成美,陈跃良.飞机停放环境谱的编制[J].海军航空技术学院学报,1999,9(1):50－54.

[5] 张福泽.金属机件腐蚀日历寿命的计算模型和确定方法[J].航空学报,1999,20(1):75－79.

（作者：穆志韬,金平,段成美。发表于《中国工程科学》,2000 年第 04 期）

铝合金材料腐蚀形貌及裂纹扩展分析

摘　要:通过加速腐蚀试验,利用 QUESTAR 三维光学显微镜观察,将蚀坑看作是椭球形,其深度及宽度都符合幂函数的形式,都随腐蚀时间的增加而增加,但增加的速率都降低;腐蚀能显著降低试件的疲劳寿命,是疲劳裂纹形成的主要原因;AFGROW 软件较好地拟合了腐蚀试件的裂纹扩展寿命,拟合误差较低,且所得的裂纹扩展寿命及临界裂纹长度比实际试验值都偏保守。

关键词:腐蚀坑;腐蚀形貌;疲劳寿命;疲劳裂纹;裂纹扩展

1　引言

飞机在服役期间必然受到腐蚀环境和载荷的共同作用,一方面飞机在停放时受到环境的作用导致基体受到腐蚀,另一方面飞机在飞行状态下,腐蚀环境和载荷的共同作用加速了飞机结构的腐蚀损伤,飞机结构件在交变应力和腐蚀环境的交互作用下,疲劳性能明显降低,疲劳寿命显著缩短[1]。因此,基于飞机的使用环境,有必要对飞机的使用寿命进行重新评估。研究表明,腐蚀坑是导致疲劳裂纹形成并扩展的重要原因[2-10]。

AFGROW 由美国空军开发,是目前计算裂纹扩展的一种有效分析软件。波音公司在对 KC-135 飞机的腐蚀疲劳寿命评估中采用了该软件,文献[11-14]也对该软件计算结果与试验结果进行了对比,都验证其有较高的精度。文献[15]分别使用了 FASTRAN 和 AFGROW 对 7075-T651 铝合金试件和 7075-T7351 铝合金试件进行了裂纹扩展预测,并进行了分析比较,所得结果也表明在两种软件中 AFGROW 的估算更为准确。笔者将蚀坑看作是半椭球形,其长半轴为 a、深度为 c,并利用 AFGROW 软件对不同腐蚀时间下的疲劳裂纹扩展进行研究。

2　加速腐蚀试验及蚀坑形貌

2.1　加速腐蚀试验

采用 LD2 铝合金试验件,试验件形状如图 1 所示(试件厚度为 3mm),其材料组成及力学性能见表 1。加速腐蚀试验采用 ZJF-45G 周期浸润箱进行,浸泡 14.8min,烘烤 3.6min,加速腐蚀 340 个循环相当于外场腐蚀 1a。分别腐蚀不同的年限,共加速腐蚀 10a,每年取 8 个试验件,利用 QUESTAR 三维光学显微镜对不同腐蚀时间下的最大腐蚀深度及蚀坑宽度进行测量(图 2),并取平均值作为该腐蚀年限下的最大腐蚀深度及蚀坑宽度。

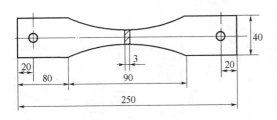

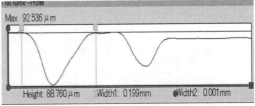

图 1　试验件形状示意　　　　　　　　图 2　蚀坑深度及宽度测量

2.2　蚀坑形貌

利用 QUESTAR 三维光学显微镜对腐蚀坑进行观察,发现蚀坑形貌大部分呈椭球形,如图 3 所示,其疲劳断面的蚀坑形貌如图 4 所示。因此,可以将蚀坑看作是椭球形状,其深度为 a、长半轴为 c,如图 5 所示。

图 3　蚀坑形状示意　　　　　　　　　图 4　疲劳断面蚀坑形状

表 1　LD2 铝合金材料成分及力学性能

材料成分							力学性能	
$\omega(\text{Si})$ /%	$\omega(\text{Fe})$ /%	$\omega(\text{Cu})$ /%	$\omega(\text{Mn})$ /%	$\omega(\text{Mg})$ /%	$\omega(\text{Zn})$ /%	$\omega(\text{Ti})$ /%	$\sigma_{0.2}$/MPa	σ_{b}/MPa
0.15 ~ 1.2	0.5	0.2 ~ 0.6	0.15 ~ 0.35	0.45 ~ 0.9	0.2	0.15	260	290

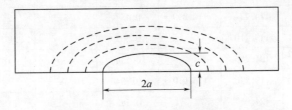

图 5　蚀坑疲劳断面形状示意

3　腐蚀数据统计

对不同腐蚀时间下的最大蚀坑深度及对应的蚀坑宽度进行测量,每个试验件测量三个点,取其平均值作为该试验件的最大蚀坑深度及蚀坑宽度,测量后的腐蚀试验件在 ATM – 800 疲劳试验机上做疲劳试验,最大应力为 15.2kN,应力比为 0.06,记录其疲劳寿命,见表2。

表2　不同腐蚀年限下的腐蚀数据

腐蚀时间 /a	试件编号	腐蚀深度 /μm	平均深度 /μm	腐蚀宽度 /mm	平均宽度 /mm	疲劳寿命 /次	平均寿命 /次
0	1#	—	—	—	—	100689	
	2#	—	—	—	—	157218	135658
	3#	—	—	—	—	149067	
2	1#	21.916		0.127		63024	
	17#	25.790	26.009	0.193	0.179	68378	67277
	23#	31.078		0.217		70419	
3	13#	43.714		0.223		65782	
	34#	42.096	45.007	0.208	0.215	63848	65449
	58#	49.785		0.214		66716	
4	9#	62.573		0.317		47237	
	23#	61.619	63.097	0.298	0.305	49317	48683
	37#	65.100		0.301		49494	
5	5#	79.118		0.321		37859	
	10#	73.573	77.176	0.337	0.328	39464	39186
	31#	78.836		0.325		40236	
6	25#	83.051		0.383		32888	
	39#	104.724	93.085	0.374	0.386	30320	32807
	47#	90.630		0.403		35214	
7	38#	102.779		0.445		29327	
	56#	106.35	104.911	0.446	0.447	25699	27835
	17#	105.604		0.45		28479	
8	16#	98.823		0.479		23140	
	29#	114.774	110.899	0.457	0.532	24318	22747
	44#	119.410		0.502		20784	
9	19#	104.765		0.536		18283	
	33#	119.236	116.019	0.554	0.587	19676	18668
	60#	124.057		0.585		18045	
10	8#	127.571		0.594		15487	
	48#	115.260	120.321	0.615	0.652	17298	15795
	24#	118.132		0.628		14601	

从表2可以看出,蚀坑的存在大大降低了试件的疲劳寿命,不同腐蚀时间下的蚀坑深度及宽度变化曲线如图6所示。由图可以看出,蚀坑深度及宽度都随着腐蚀时间的增加而增加,增加的速率均降低,符合幂函数的形式。其函数关系式为

$$y = a(1 - e^{-bx})$$

这与文献[16,17]是一致的。

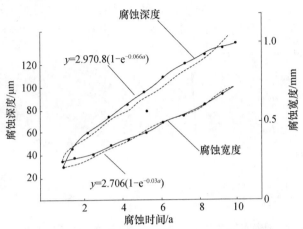

图6　不同腐蚀年限下的蚀坑深度及宽度变化曲线

4　AFGROW 裂纹扩展分析

运用 AFGROW 软件对不同腐蚀年限下不同蚀坑深度及宽度的裂纹扩展寿命进行分析,计算得到不同腐蚀年限下的裂纹扩展寿命见表3,试验及软件分析所得的疲劳寿命拟合曲线如图7所示。

表3　AFGROW 分析所得不同腐蚀年限下的疲劳寿命

腐蚀时间/a	2	3	4	5	6	7	8	9	10
疲劳寿命/次	66034	64765	47396	38653	30179	25487	21921	17258	14037

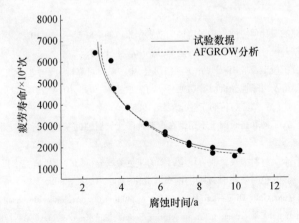

图7　试验及 AFGROW 分析所得的疲劳寿命

可以看出,AFGROW 能较好地拟合腐蚀试件的裂纹扩展寿命,拟合误差较低且偏保守。因此,可以利用 AFGROW 软件来分析计算腐蚀试件的裂纹扩展寿命。

图8为利用AFGROW软件分析所得的加速腐蚀6a后的疲劳寿命及临界裂纹长度。图9为加速腐蚀6a后39#试验件观察到的裂纹,用QUESTAR三维光学显微镜测量裂纹长度后,继续做疲劳试验,160次循环后试件断裂,因此可以将所观察到的裂纹长度视为试件的临界裂纹长度。从图8和图9可以看出,利用AFGROW软件分析所得的临界裂纹长度也与试验所得的临界裂纹长度大致相当。

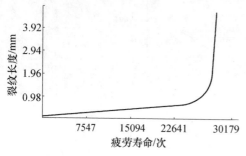

图8　AFGROW软件计算的裂纹长度

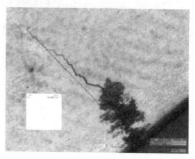

图9　利用QUESTAR三维光学显微镜
测量的临界裂纹长度

5　结论

（1）蚀坑是疲劳裂纹形成的主要原因,腐蚀坑的存在大大降低了构件的疲劳寿命,可以将蚀坑看作是半椭球形状。

（2）蚀坑深度及宽度均随着腐蚀时间的增加而增加,增加的速率均降低,符合幂函数的形式。

（3）AFGROW软件能较好地拟合腐蚀试件的裂纹扩展寿命,拟合误差较低,且所得的裂纹扩展寿命及临界裂纹长度都偏保守。

参 考 文 献

［1］张九渊.孔蚀统计规律的对比研究［J］.中国腐蚀与防护学报,1994,8(2):102－108.

［2］曹楚南.腐蚀试验数据的统计分析［M］.北京:化学工业出版社,1988.

［3］牟致忠.腐蚀可靠性分析模型及应用［C］.中国航空协会,中国航空可靠性工程学会论文集,1999.

［4］任和.运7飞机腐蚀模型及可靠性分析［J］.腐蚀科学与防护技术,1998,10(4):87－92.

［5］高镇同.疲劳应用统计学［M］.北京:国防工业出版社,1986.

［6］郝献超,李晓刚,董超芳.不同暴露时间下不锈钢在典型地区大气腐蚀的灰色分析［J］.北京科技大学学报,2008,30(5):503－504.

［7］裴和中,雍岐龙,金蕾.金属材料大气腐蚀与环境因素的灰色关联分析［J］.钢铁研究学报,1999,11(4):53－54.

［8］刘思峰,党耀国,方志耕.灰色系统理论及其应用［M］.北京:科学出版社,2008.

［9］Zhu Zuo－tao,Mu Zhi－tao,Chbv Ding－hai. Research on evaluation of corrosion grade based on image processing technique［C］.2009 international Conference on Manufacturing Science and Engineering,2009:178－184.

［10］Manning S D,Yang J N. Guidelines for analysis and design of durable aircraft structures［K］.1984.

［11］Medved J J,Breton M,Irving P E. Corrosion pit size distributions and fatigue lives－a study of the eIFS technique for fatigue design in the presence of corrosion［J］. International Journal of fatigue. 2004,(26):71－80.

［12］Osama M. Corrosion and corrosion fatigue of aluminum allays［D］.Lehigh University,2002.

[13] Dolley E J,Leeb,Wei R P. The effect of pitting corrosion on fatigue life [J]. Fatigue Fract Eng Mater Struct. 2000,23:
555 – 560.

[14] 朱青云,李曙林,薛军,等. 某机中央翼下壁板疲劳寿命扩展寿命估算[J]. 机械强度,2004,26(3):234 – 236.

[15] James A. Comparison of contemporary FCG life prediction tools interactional of fatigue [J]. International Journal of Fa-
tigue. 1999,12(5):181 – 185.

[16] Itzhak D,Dinstein I,Zilberberg T. Pitting corrosion evaluation by computer image processing[J]. Corrosion Science,
1981,21(1):17 – 22.

[17] Wanhill R J H,Luceia J J,Russlm T. The fatigue in aircraft corrosion testing program [R]. 1989,2.

（作者：叶彬，朱做涛，穆志韬。发表于《装备环境工程》,2011 年第 04 期）

基于马尔科夫链模型的铝合金预腐蚀疲劳裂纹扩展表征

摘　要:本文基于腐蚀疲劳裂纹扩展数据的分散性及统计特性,提出用马尔可夫链模型模拟腐蚀疲劳裂纹的扩展,得到给定应力循环次数时的裂纹长度概率分布。结果表明,马尔可夫链模型能够很好地模拟腐蚀疲劳裂纹扩展情况,为飞机结构的寿命预测和可靠性分析提供参考。

关键词:腐蚀疲劳;裂纹扩展;马尔可夫链

1　引言

腐蚀损伤可以加速疲劳裂纹的形成与扩展,比单纯的机械疲劳对于金属结构的可靠性和完整性威胁更大[1-3]。研究腐蚀环境下疲劳裂纹扩展规律对金属结构的可靠性分析和寿命预测显得尤为重要,对于航空工业意义尤为重大。本文针对6A02航空用锻造铝合金,通过马尔可夫链模型模拟裂纹扩展过程[4,5],建立腐蚀环境下疲劳寿命的预测表征方法。

2　腐蚀疲劳裂纹扩展试验

2.1　试验材料

试验件材料为6A02铝合金,其化学成分:$\omega(Al)=92.5\%$;$\omega(Cu)=4.5\%$;$\omega(Mg)=1.42\%$;$\omega(Mn)=0.74\%$;$\omega(Fe)=0.26\%$;$\omega(Si)=0.19\%$;$\omega(Zn)=0.13\%$。抗拉强度450MPa,屈服强度342MPa。为了便于捕捉到裂纹,试验件为含单边缺口SENT狗骨状试件,其形状如图1所示。

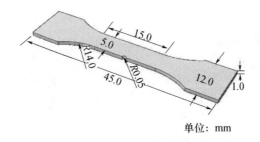

单位: mm

图1　试件形状以及尺寸

2.2　试验方案

由于飞机在飞行过程中主要承受机械疲劳,而在地面停放的时候主要承受来自于环

328

境的腐蚀损伤,因此在其任务剖面中存在"疲劳—腐蚀—再疲劳—再腐蚀"循环。本文采用对试件进行预先腐蚀,然后再对腐蚀试件进行疲劳加载的试验方案。

对于铝合金而言,EXCO 溶液腐蚀是一种常用的腐蚀方式,其试验数据重复性好[4]。基于 ASTM G34 标准,配置标准 EXCO 溶液,然后将铝合金试件在腐蚀溶液中浸泡 10h,以模拟环境带来的腐蚀损伤。

疲劳试验采用带疲劳加载装置的 SS550(Shimadzu,Japan)扫描电镜完成。试验在室温条件下进行,对试验件进行轴向拉—拉疲劳加载,波形为正弦波,最大加载应力为250MPa,应力比为 0.1,加载频率为 5Hz。在疲劳加载过程中,通过扫描电镜图像记录系统进行疲劳试件表面原位拍照,每间隔 1000 个应力循环次数记录 1 次裂纹长度及相应的循环数,直到试验件断裂为止,如图 2 所示。

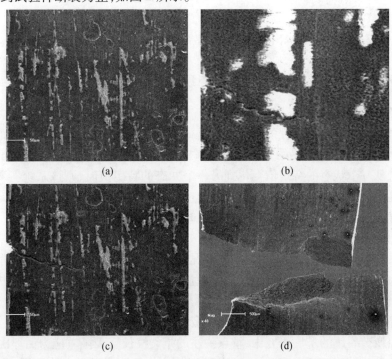

图 2　疲劳试件表面原位
(a) $N = 4000$；(b) $N = 8000$；(c) $N = 10000$；(d) $N = 18973$。

3　结果与分析

3.1　试验数据分散性

从图 3 所示的部分试验结果可以很明显地发现疲劳裂纹扩展试验数据存在较大的分散性。即使是宏观上不存在任何差别的试样,在严格控制的试验环境下得到的疲劳裂纹扩展试验结果也会相差很大,裂纹扩展存在分散性的同时也具有统计特性,疲劳裂纹扩展具有较大的统计变异性[3,4]。因此,在进行飞机结构疲劳裂纹扩展分析时,可采用统计分析的方法,通过马尔可夫链模型模拟疲劳裂纹的扩展[5]。

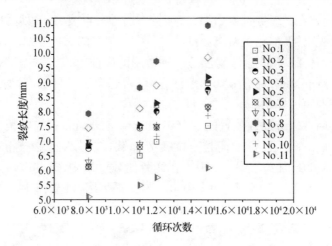

图 3 不同循环数的裂纹长度分布

3.2 基于马尔可夫链模型的腐蚀疲劳裂纹扩展表征

3.2.1 马尔科夫过程

马尔可夫过程是随机过程的一种。它是研究系统"状态"与"状态"之间的关系。假如系统完全由定义为"状态"的变量的取值来描述,则该系统处于一个"状态"。假如描述系统的变量从一个状态的特定值变化到另一个状态的特定值时,则该系统实现了状态的转移。并且这样的状态转移的过程完全是随机的,它们的转移规律不能以确定的规律进行,而只能按某种概率转移。一般地,系统在时刻所处的状态为已知的条件下,过程在时刻所处状态的条件分布与系统在时刻之前所处的状态无关的特性称为马尔可夫性或无后效性。即系统"将来"的情况与"过去"的情况是无关的。时间和状态都是离散的马尔可夫过程称为马尔可夫链模型。它是一种累积损伤概率模型,可以描述各种随机损伤的寿命分布和损伤状态分布。

3.2.2 腐蚀疲劳裂纹扩展的马尔科夫链模型

在腐蚀疲劳裂纹的扩展研究中,重点关注的是裂纹长度 X 随着应力循环次数 t 变化,($0 \leqslant t \leqslant N_f$, N_f 为结构的疲劳寿命)。为此可以将应力循环次数划分为若干个人状态 $0 \leqslant t_2 < t_3 < \cdots \leqslant N_f$,与每个状态对应的都会有裂纹长度 $0 \leqslant X_1 < X_2 < X_3 < \cdots \leqslant X_{fracture}$($X_{fracture}$ 为试件断裂时的裂纹长度),这样就构成了一个随机变量序列 $\{X(t), t \in N_f\}$。做如下假设,$\{X(t), t \in N_f\}$ 满足:

(1)时间集合为非负整数集 $N_f = \{n = 0, 1, 2,\}$,对应于每个时刻(应力循环次数),状态空间为离散集,即 $E = \{n = 0, 1, 2, \cdots\}$,即 $X(t)$ 为时间离散状态离散变量。

(2)对任意的正整数 s、m、k 及任意的非负整数 $j_s > \cdots > j_2 > j_1$,与相对应的状态 i_{m+k},$i_m, i_{j_s}, \cdots, i_{j_2}, i_{j_1}$,有

$$P\{X(m+k) = i_{m+k} \mid X(m) = i_m, X(j_s) = j_s, \cdots, X(j_2) = j_2, X(j_1) = j_1\}$$
$$= P\{X(m+k) = i_{m+k} \mid X(m) = i_m\} \tag{1}$$

恒成立,则 $\{X(t), t \in N_f\}$ 为马尔科夫链。当 $k = 1$ 时,式(1)变为

$$P\{X(m+1) = i_{m+1} \mid X(m) = i_m\} = P\{X(m+1) = j \mid X(m) = i\} = P_{ij}(m) \tag{2}$$

式（2）表示裂纹长度在 m 时刻长度为 i，在 $m+1$ 时刻长度为 j 的一步状态转移概率。

根据马尔科夫链模型的假设，在一个迭代步之后的裂纹扩展情况只取决于在这个迭代步的损伤程度和这个迭代步本身，与这个任务循环之前损伤的累积过程无关，任一时刻的损伤状态完全由初始损伤状态和概率转移矩阵来决定。

一般来说，状态转移概率与迭代步 m 有关，是迭代步的函数。若状态转移矩阵与迭代步无关，为恒定值，则为齐次状态转移概率。本文假设 $\{X(t),t\in N_{\rm f}\}$ 符合齐次马尔科夫链模型，设状态转移矩阵 $\boldsymbol{P}$ 为常量矩阵。若当前时刻的裂纹概率分布为 $p(n)$，前一个应力循环的裂纹长度概率分布为 $p(n-1)$，则 $p(n)=p(n-1)\boldsymbol{P}$。根据递推关系得到经过 K 个迭代步以后裂纹长度的概率分布为 $p(K)=p(0)\boldsymbol{P}^K$。若设初始状态裂纹长度概率分布为 $p(0)=(a_1,a_2,\cdots,a_m)$，且

$$
\boldsymbol{P}=\begin{bmatrix} p_{11} & p_{12} & \cdots & p_{1m} \\ p_{21} & p_{22} & \cdots & p_{1m} \\ \vdots & \vdots & & \vdots \\ p_{m1} & p_{m2} & \cdots & p_{mm} \end{bmatrix} \tag{3}
$$

式中：$0\leqslant p_{ij}\leqslant1(i,j=1,\cdots,m)$，$\displaystyle\sum_{j=1}^{m}p_{ij}=1$。

则

$$
p(K)=(a_1,a_2,\cdots,a_m)\begin{bmatrix} p_{11} & p_{12} & \cdots & p_{1m} \\ p_{21} & p_{22} & \cdots & p_{1m} \\ \vdots & \vdots & & \vdots \\ p_{m1} & p_{m2} & \cdots & p_{mm} \end{bmatrix}^K = \{p_k(j),j=1,2,\cdots,m\} \tag{4}
$$

令 D_k 表示第 k 个应力循环之后裂纹长度的概率分布，则 $p_k(j)=P\{D_k=j\}$ 表示第 k 个离散化的应力循环之后裂纹长度为 j 的概率。根据马尔科夫模型可以求得给定应力循环时裂纹长度的概率分布为

$$
F_D(j,k)=P\{D_k\leqslant j\}=\sum_{i=1}^{j}p_k(t) \tag{5}
$$

基于如上所述的马尔科夫链，对于 1.2 节所述的裂纹扩展试验数据进行仿真，每隔 1000 个应力循环设为一个迭代步，得到 6000 次循环和 13000 次循环后的裂纹长度概率 F_D 分布曲线如图 4 所示。与试验得到的累计概率分布误差较小，说明基于马尔可夫链模型的腐蚀疲劳裂纹扩展具有较高的预测能力，对腐蚀环境下飞机铝合金结构的寿命预测和可靠性分析具有参考价值。

分析式（4）所示的腐蚀疲劳裂纹扩展马尔可夫链模型，它的每一步裂纹长度分布预测都是基于初始步裂纹分布信息 $p(0)=(a_1,a_2,\cdots,a_m)$ 进行预测的，而且假设转移矩阵不变，而对于腐蚀裂纹来说，其下一步的扩展与当前步扩展情况紧密相连，而且由于随机分布的腐蚀坑会影响裂纹的扩展，所以转移矩阵应该是与裂纹尖端前方的腐蚀情况相连，不可能与一个常数矩阵。因此，随着预测步的增多，真实值与预测值的差别会越来越大，预测的准确性也会逐步降低。图 4（b）所示的 15000 个应力循环后裂纹长度预测分布与试验分布误差相对图 4（a）所示的 8000 个应力循环的误差明显增大。根据齐次马尔科夫

链模型的平稳分布特征,经过足够多的步数之后,该模型会导致预测结果趋向于一个固定的裂纹分布状态,这显然与试验现象不相符合。这就影响了基于马尔科夫链过程的裂纹扩展模型的长期预测准确性。因此,如何对腐蚀疲劳裂纹马尔可夫链模型进行改进,使得模型能够更新当前迭代步的信息,并根据腐蚀损伤的情况自动更新状态转移矩阵 P,将是提高基于马尔可夫过程的腐蚀疲劳裂纹扩展预测方法工程可靠性的重要努力方向。

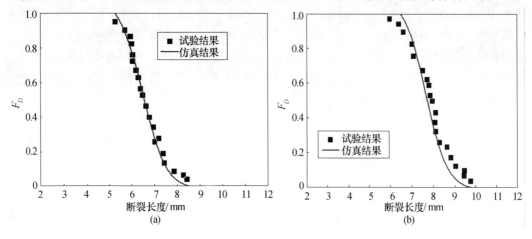

图 4　裂纹长度的马尔科夫链模拟
（a）$N = 8000$；（b）$N = 15000$。

4　结论

（1）腐蚀疲劳裂纹扩展具有非常强的不确定性,必须利用统计学方法进行表征。

（2）腐蚀疲劳裂纹扩展过程可以用离散化的马尔科夫链模型进行评价。

（3）本文提供的基于马尔科夫链的腐蚀疲劳裂纹预测方法准确性会随着预测步数的增加而下降,需要进一步进行改进。

参 考 文 献

［1］ Chen G S,Liao C M. Pitting corrosion and fatigue crack nucleation,effects of the environment on the initiation of crack growth［S］. ASTM STP1298,American Society for Testing and Materials,1997.

［2］ Duquesnay D L,Underhill P R,Britt H J. Fatigue crack growth from corrosion damage in 7075 – T6511 aluminum alloy under aircraft loading ［J］. International Journal of Fatigue,2003(25):371 – 377.

［3］ Liou H Y,Ni C C,Wu W F. Scatter and statistical analysis of fatigue crack growth data ［J］. Journal of Chinese Society of Mechanical Engineers,2001,22(5):399 – 407.

［4］ Bogdanoff J L,Kozin F. Probabilistic models of cumulative damage［M］. New York:Wiley,1985.

［5］ Wu W F,Ni C C. A study of stochastic fatigue crack growth modeling through experimental data［J］. Probabilistic Engineering Mechanics,2003(18):107 – 118.

（作者:李旭东,刘治国,穆志韬。发表于《环境适应性和可靠性》,2012 年第 12 期）

基于短裂纹的 LD10CZ 铝合金
腐蚀预疲劳裂纹扩展

摘　要: 腐蚀疲劳是一种由疲劳应力和腐蚀介质共同引起的材料损伤。利用扫描电镜原位观测技术对于预腐蚀 LD10CZ 铝合金进行了疲劳试验研究。试验结果表明,腐蚀损伤强烈影响铝合金的疲劳裂纹扩展行为。

关键词: 疲劳裂纹;铝合金;腐蚀;扫描电子显微镜

1　引言

铝合金构件在飞机服役过程中不但承受疲劳载荷,还会受到环境带来的腐蚀,造成材料性能退化,甚至酿成安全事故。对于沿海机场服役的飞机结构尤其突出。由于腐蚀疲劳造成的事故并不鲜见,每年损伤数千亿美元。因此各个国家都不惜巨资对此进行研究[1-3]。本文研究了锻造铝合金 LD10CZ 的预腐蚀疲劳短裂纹萌生与扩展行为,尝试建立裂纹扩展速率以及疲劳寿命的预测方法。

2　预腐蚀试验

试验材料采用了航空用锻造铝合金 LD10CZ,试件采用板材试件尺寸如图 1 所示,材料成分与主要力学性能见表 1。试验采用 ZJF - 45G 周期浸润环境试验箱。该环境试验箱为人工气候腐蚀试验箱,根据航空工业部标准 HB - 5194 - E1 和 GB/T 19746—2005《金属和合金的腐蚀、盐溶液周浸试验》,可以模拟大气腐蚀环境条件下的腐蚀试验。为了建立起实验室加速腐蚀与某型飞机外场实际条件下腐蚀损伤腐蚀当量等效关系,基于电化学等效原则,建立了我国沿海某地的加速腐蚀环境谱[4,5]。

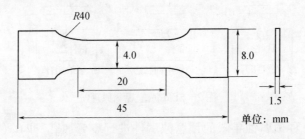

图 1　试件外形尺寸(厚度 1.5mm)

表 1　LD10CZ 铝合金材料成分以及主要性能参数

材料成分								力学性能			
$\omega(Si)$ /%	$\omega(Fe)$ /%	$\omega(Cu)$ /%	$\omega(Mn)$ /%	$\omega(Mg)$ /%	$\omega(Zn)$ /%	$\omega(Ti)$ /%	$\omega(Al)$ /%	E /GPa	$\sigma_{0.2}$ /MPa	σ_b /MPa	δ
0.9	0.5	4.3	0.6	0.7	0.3	0.15	其他	71	345	440	10%

基于该环境谱,加速腐蚀试验过程中保持 ZJF – 45G 内空间恒温 $T = 40 \pm 2℃$。ZJF – 45G 试验箱溶液为 H2SO4 与 3.5%(质量分数) NaCl 混合溶液,pH = 4.0 ± 0.2。环境箱中每一次干—湿交变包括浸泡 5min,烘烤 10min。干—湿交变 255 次循环,累计试验时间 61h,等当量于材料在服役环境中自然腐蚀 1 个日历年的损伤。将试件分别加速腐蚀到不同等效日历年,最高加速腐蚀 15a。

3　扫描电子显微镜原位加载疲劳试验

为研究腐蚀对于疲劳裂纹萌生和扩展行为的影响,采用带有液压伺服疲劳加载设备的扫描电镜原位观测研究方法,对预腐蚀试件边进行疲劳加载边进行局部小尺度缺陷演化过程的实时观测[6]。本方法克服了传统研究手段无法实时追踪疲劳短裂纹的萌生与扩展行为,难以揭示预腐蚀条件下试样疲劳失效机制的弊端,能够实时观察到疲劳载荷作用下材料裂纹扩展行为与腐蚀损伤特征的关系[7]。疲劳试验采用 SS550 型电镜和液压伺服疲劳试验机联合完成微小尺度原位观测与加载过程。电镜自身的放大倍数为 20 ~ 200000 倍,最佳状态时分辨率可以达到 10nm,配合液压伺服加载系统后由于加载过程中产生振动的原因使得原位观测最佳分辨率有所下降,大约为在亚微米量级,适宜拍摄高解析度的微小裂纹图像[8]。扫描电镜不仅可以对静止试件表面进行观察,而且可以对处于运动中的试件表面进行跟踪观测,这种观测的原理如图 2 所示。

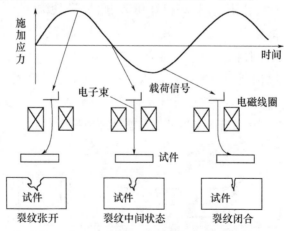

图 2　SEM 原位观测原理

试验中对于 4 种预腐蚀年限的预腐蚀试件进行疲劳加载,即 0a(未腐蚀)、5a、10a、15a,接下来分别简称为 CS0(Corrosion state of 0 year 的简称)、CS5、CS10、CS15。根据材料的力学性能,每个腐蚀年限分别进行三个应力水平的疲劳试验,即 220MPa、240MPa、250MPa。

试验采用正弦波形,应力比 $R=0.1$ 的拉—拉疲劳加载,疲劳加载过程中为了缩短试验时间,设定加载频率 $f=6$Hz,根据裂纹扩展情况每隔一段时间拍摄一次试件表面情况,拍照时为了获得分辨率更高的图片,将疲劳加载频率调整为 $f=0.5$Hz。

4　结果与讨论

4.1　预腐蚀铝合金疲劳裂纹的偏折与分叉行为研究

与宏观裂纹相比,短裂纹扩展行为受材料局部微结构的影响很大。因此,铝合金试件在疲劳载荷作用下产生的裂纹扩展路径十分复杂,裂纹偏折与分叉很常见。造成裂纹扩展路径发生偏折的原因很多[9],试验中主要观察到三种裂纹扩展偏折现象:

(1)典型的裂纹偏折由腐蚀损伤引起。腐蚀损伤会造成材料局部力学性能退化,导致裂纹容易产生,并且容易在扩展阻力相对较小的腐蚀区域进行扩张。图 3 为腐蚀微结构对于裂纹扩展路径影响的例证。

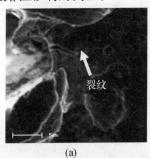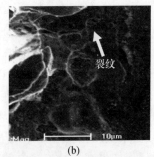

(a)　　　　　　　　　　(b)

图 3　裂纹扩展路径受蚀坑位置的影响(CS15,220MPa)
(a) $N=8918$, $a=11\mu m$;　(b) $N=11510$, $a=16\mu m$。

(2)裂纹扩展路径的偏折由临近裂纹引起。裂纹扩展到一定长度后会发生裂纹之间的连接。由于裂纹扩展取向不一致,连接过程中必然会使得裂纹偏离原扩展方向。这种偏折效应不仅会发生在短裂纹阶段中,如图 4(a)所示,也存在于长裂纹阶段。图 4(b)为临近疲劳断裂前,试件表面两个长裂纹发生连接。这两条裂纹基本上平行于滑移带,在随后的发展中它们并未继续沿着滑移带扩展,而是穿越滑移带发生连接。

(3)引发偏折的原因是滑移带的存在。当裂纹扩展前方区域局部应力超过材料的弹性极限时,就会产生塑性变形进而产生滑移。发生滑移的区域局部力学性能被大大削弱,因此容易造成滑移区域临近裂纹偏离原扩展方向,朝向被滑移削弱的区域扩展。

伴随着裂纹扩展的偏折,裂纹将产生分叉。分叉裂纹的进一步扩展取决于裂尖前方条件是否有利。图 4(c)、(d)所示的裂纹出现两个分叉,由于上方腐蚀程度相对较重,有利于进一步扩展。因此,该裂纹开始沿着上方的分支扩展,下方的分支则受到抑制,未见明显扩展。

从塑性能量积累或损伤能量角度来考虑,裂纹的偏折分叉就是使裂纹沿着阻力最小,扩展消耗能量最低的路径扩展。由于裂纹的偏折分叉,使得短裂纹扩展路径显得十分复杂[10]。

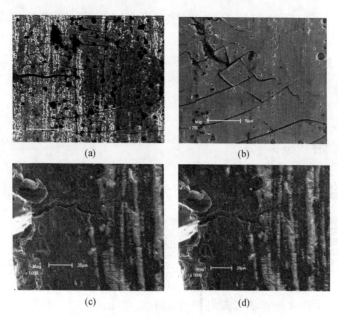

图 4　裂纹偏折与分叉现象

（a）$N=8636$（CS5，250MPa）；（b）$N=8636$（CS5，250MPa）；

（c）$N=15988$（CS15，220MPa）；（d）$N=16444$（CS15，220MPa）

　　诸多短裂纹在疲劳加载过程中会逐步连接成一条主裂纹。主裂纹的产生伴随着短裂纹的交联，如图 5 所示。裂纹的交联既可以发生在短裂纹阶段，也可以发生在长裂纹阶段。裂纹的连接使得评价裂纹扩展速率存在不确定性。例如，以图 6 为例，计算从 $N=8324$ 到 $N=8360$ 的循环期间，疲劳裂纹的扩展速率，如果在裂纹连接之前不考虑裂纹 B 的长度，只在裂纹连接之后将裂纹 B 的长度计入，那么得到的裂纹扩展速率大约为 2.21×10^{-6}m/循环。如果在裂纹连接之前就考虑 B 的长度，将裂纹 A 和 B 的长度合起来考虑，得到的平均扩展速率为 8.09×10^{-7}m/循环，两者相差 3 倍，因此对于裂纹连接的不同处理方式会造成显著的差别。

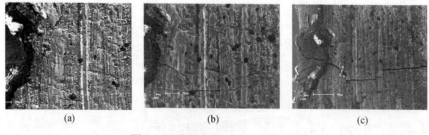

图 5　短裂纹连接（CS5，220MPa）

（a）$N=0$；（b）$N=8712$；（c）$N=9992$。

　　经过反复的比较计算，本文认为后者的处理计算方法相对合理而且可行，有两个原因：一是前者处理结果往往会造成裂纹扩展速率的大幅度突然跳跃，破坏扩展速率数据的连续性；二是主裂纹扩展行为应该包含断裂路径上所有裂纹的扩展行为。原位观测研究方法使得通过对比试件断裂过程的扫描电子显微镜照片上可以找到主导裂纹扩展路径上的所有微小裂纹，对其进行整体评估。裂纹连接带来的裂纹扩展评估在宏观裂纹扩展速率评价中多被忽视。基于短裂纹的裂纹扩展速率评估具有更高的精度,可以为结构寿命评估提供更为可靠的依据。

图6 长裂纹连接(CS15, 240MPa)

(a) $N = 7882$;(b) $N = 8324$;(c) $N = 8460$。

4.2 基于短裂纹的预腐蚀疲劳裂纹扩展速率的评价

扫描电子显微镜原位疲劳试验具有实时观测、分辨率高的特点,可以展现微裂纹的扩展行为。利用扫描电子显微镜原位观测可以很容易确认导致最终断裂的主裂纹。对主裂纹的扩展寿命评估就确定了构件的疲劳寿命。疲劳裂纹扩展速率是一个衡量材料抵抗疲劳失效的重要参数,它的意义是指在疲劳载荷作用下,每一个循环周次中的裂纹长度扩展量,通常用 da/dN 来表示。借助于扫描电子显微镜原位技术,本文尝试对短裂纹裂纹扩展速率进行评价。

从图7可以看出,在半对数坐标系下裂纹长度 a 与循环寿命 N 近似呈线性关系,即 $\lg a \propto N$,进行微分得到 $da/a \propto dN$,即 $da/dN \propto a$。这说明在疲劳载荷水平一定的情况下裂纹扩展速率与裂纹长度成正比,即

$$\frac{da}{dN} = k_g a \tag{1}$$

式中:k_g 为单位长度裂纹扩展系数,单位为 cycle^{-1}。

根据式(1),当给定裂纹长度就可以计算出扩展到该长度时的裂纹扩展速率。现在假设裂纹长度 $a = 1\mu\text{m}$,那么裂纹扩展的速率(数值上等于 k_g 的值)与最大疲劳应力的关系可以用图8表示。

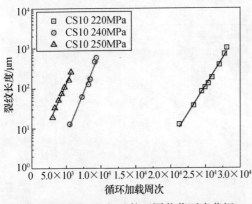

图7 预腐蚀10年试件不同载荷下疲劳短裂纹长度与循环加载周次的关系

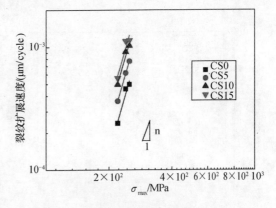

图8 裂纹扩展速率与 σ_{max} 的关系($a = 1\mu\text{m}$)

从图 8 中可以发现:在双对数坐标系,腐蚀损伤相同的前提下,裂纹扩展速率与最大循环应力呈线性关系;对于不同的腐蚀损伤,差别只在于拟合直线的截距不同,而斜率波动范围十分有限(对应于 CS0、CS5、CS10、CS15 的斜率值分别为 5.96、5.90、5.92、5.93,参见图 8)。这说明 $\lg(\mathrm{d}a/\mathrm{d}N) \propto n\lg\sigma_{\max}$,即 $\mathrm{d}a/\mathrm{d}N \propto \sigma_{\max}^n$。指数 n 为拟合直线的斜率,其取值范围为 5.9~6.0。指数 n 与腐蚀损伤以及疲劳加载应力水平的相关度不大,因此可以视其为 LD10CZ 的材料常数。

综上所述,当疲劳载荷水平不变时,$\mathrm{d}a/\mathrm{d}N \propto a$;当 a 为常数时,$\mathrm{d}a/\mathrm{d}N \propto \sigma_{\max}^n$。逻辑上很自然要综合考虑 $\sigma_{\max}$ 和 a 两个参数对于裂纹扩展速率的贡献,于是考察 $\mathrm{d}a/\mathrm{d}N$ 与 $\sigma_{\max}^n a$ 的关系。对于 LD10CZ 铝合金而言,不同腐蚀状态下的 $\mathrm{d}a/\mathrm{d}N$ 与 $\sigma_{\max}^n a$ 的关系如图 9 所示,图中各曲线的斜率分别为 1.000、0.9992、1.0052 和 1.0040。这说明,在双对数坐标下,不同腐蚀年限的疲劳短裂纹扩展速率 $\mathrm{d}a/\mathrm{d}N$ 与数值项 $\sigma_{\max}^n a$ 近似成比例关系,即 $\lg \mathrm{d}a/\mathrm{d}N \propto \lg \sigma_{\max}^n a$,所以 $\mathrm{d}a/\mathrm{d}N \propto \sigma_{\max}^n a$。比例常数设为 k,因此 $\mathrm{d}a/\mathrm{d}N$ 与 $\sigma_{\max}^n a$ 的关系可以表达为

$$\frac{\mathrm{d}a}{\mathrm{d}N} = k\sigma_{\max}^n a \tag{2}$$

这个关系式无论对于未腐蚀试件(CS0)还是预腐蚀试件均成立。指数 n 是依赖于材料属性的常数,与疲劳试验条件关系不大。比例常数 k 主要反映的是腐蚀损伤的影响,试验中 k 随着等效腐蚀年限的变化曲线如图 10 所示,其与腐蚀损伤年限可以进行指数拟合,即

$$k = (0.72 - 0.44 \times 0.85^t) \times 10^{-18} \tag{3}$$

式中:t 为等效腐蚀年限(a)。

比较式(1)和式(2)不难看出,$k_g = k\sigma_{\max}^n$,从而将腐蚀损伤(主要影响参数 k)与最大疲劳循环应力 $\sigma_{\max}$ 对于短裂纹扩展的影响进行了解耦。这样式(2)对于任意腐蚀损伤-载荷组合体系下的裂纹扩展速率都可以统一评价。

根据式(2),通过积分可以得到试件的疲劳疲劳扩展寿命为

$$N_p = \int_{a_0}^{a_n} \frac{\mathrm{d}a}{k\sigma_{\max}^n a} = \left(\frac{\ln a}{k\sigma_{\max}^n} \right)\bigg|_{a_0}^{a_n} = \frac{\ln(a_n/a_0)}{k\sigma_{\max}^n} \tag{4}$$

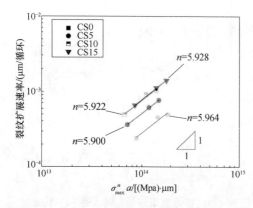

图 9　裂纹扩展速率随 $\sigma_{\max}^n a$ 的变化曲线

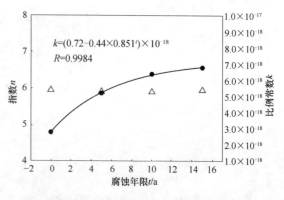

图 10　比例常数 k 与指数 n 与腐蚀年限的关系

通过式(4)就可以计算出从初始裂纹长度 a_0 扩展到长度为 a_n 的寿命。对于 LD10CZ 铝合金试件,取 $n = 6.0$。这个公式使用方便,最大循环应力 σ_{max}(或者应力循环范围 $\Delta\sigma$)和裂纹长度都是可以直接测量的。

为了验证本文所提供的方法的预测能力,对腐蚀 7a、11a 试件分别在 220MPa、250MPa 最大应力,$R = 0.1$ 条件下进行疲劳加载,获得裂纹从 $20\mu m$ 扩展到 $500\mu m$ 消耗的应力循环次数,并且与预测值进行对比,结果列于表 2 内。从中看出预测结果与试验值相比,误差均在 20% 以内,预测精度较高,且预测值低于试验值,偏安全。因此,本文提供的方法具有一定的工程参考价值。

原位试验只能看到试件表面裂纹,其长度与内部裂纹长度存在差异。文献[9]的研究结果表明,对于薄板试件,表面裂纹和内部裂纹长度相差并不大。在短裂纹阶段,它们之间成比例关系,因此可以通过表面裂纹长度计算相应的内部裂纹长度,进而估算结构寿命。这说明通过 SEM 原位技术测量表面裂纹来获得裂纹扩展规律是合理的[11,12]。

表 2　试验值与预测值对比

腐蚀年限/a	最大疲劳应力/MPa	试验值/cycle	预测值/cycle	相对误差%
7	220	52100	49038	−5.88
7	250	27276	22773	−16.51
11	220	45700	43923	−3.89
11	250	24736	20398	−17.54

5　结论

(1) 扫描电子显微镜原位技术是一种研究疲劳短裂纹扩展演化的有效方法。本文扫描电子显微镜研究结果表明,预腐蚀试件疲劳短裂纹扩展行为受到腐蚀微结构的强烈影响,存在连接、偏折分叉等诸多复杂行为特征。

(2) 基于本文提供的环境谱,预腐蚀 LD10CZ 铝合金的裂纹扩展速率可以用 $k\sigma_{max}^n a$ 来描述。k 反映了腐蚀损伤的影响,指数 n 是与材料相关的常数。试验结果表明基于短裂纹扩展规律对于试件剩余疲劳寿命进行评定方法具有一定的预测精度,对于工程应用具有一定的参考价值。

(3) 由于腐蚀疲劳裂纹扩展具有很强的统计学特征,出于试验成本的考虑,本文所做的试验十分有限,因此提出扩展寿命预测评价方法仍然有待更多试验数据的验证。

参 考 文 献

[1] Maier H J, Gabor P, Karaman I. Cyclic stress – strain response and low – cycle fatigue damage in ultrafine grained copper [J]. Mater Sci Eng A, 2005, 25: 457 – 461.

[2] Gall K, Biallas G, Maiers H, J, Horstemeyer M, F, McDowell D, L. Environmentally influenced microstructurally small fatigue crack growth in cast magnesium [J]. Materials Science and Engineering, 2005, 1: 143 – 154.

[3] 陈定海, 穆志韬, 朱做涛, 等. 腐蚀坑对疲劳裂纹扩展的影响分析[J]. 装备环境工程, 2012, 26(4): 4 – 8.

［4］穆志韬.海军飞机结构腐蚀损伤规律及使用寿命研究［D］.北京:北京航空航天大学,2001.

［5］左卫,刘元海.典型海洋环境当量加速试验环境谱研究［J］.包装工程,2011,23:133 －136.

［6］李旭东,刘治国,穆志韬,等.温度对铝合金材料疲劳短裂纹萌生行为影响的研究［J］.海军航空工程学报,2012,27 (6):655 －658.

［7］Andersson H,Persson C. In － situ SEM study of fatigue crack growth behaviour in IN718［J］. Int J Fatigue,2004,26(3): 211 －219 .

［8］Zhang J Z,Meng Z X. Direct high resolution in situ SEM observations of very small fatigue crack growth in the ultra － fine grain aluminum alloy IN 9052［J］. Scripta Mater,2004,50(6):825 － 828.

［9］王苗苗,曾燕屏,王习术,等.航空用超高强度铝合金疲劳裂纹表面长度与内部长度之间的关系［J］.航空材料学报,2009,29(3):102 － 106.

［10］Wang X S,Wu B S,Wang Q Y. Online SEM investigation of microfracture characteristics of concretes at various tempera-ture values［J］. Cement and Concrete Research,2005,35(7):1385 －1390.

［11］Wang X S,Fan J H. SEM online investigation of fatigue crack initiation and propagation in notched cast magnesium speci-mens［J］. Journal of Materials Science,2004,39(7):2617 － 2620.

［12］Wang X S,Liang F,Fan J H,Zhang F H. Investigations on low － cycle fatigue small crack initiation and propagation mechanism of cast magnesium alloys based on in － situ observation with SEM［J］. Philosophical Magazine,2006,86 (11):1581 － 1596.

（作者:李旭东,刘治国,穆志韬。发表于《海军航空工程学院学报》,2013 年第 01 期）

腐蚀坑对疲劳裂纹扩展的影响分析

摘　要：利用显微镜测量了经过预腐蚀的6051铝合金材料的腐蚀坑三维形貌，分析腐蚀坑截面形状，腐蚀坑近似为半椭球形。基于AFGROW软件分析疲劳裂纹扩展寿命，腐蚀坑深度与宽度对疲劳裂纹扩展寿命影响较大，随着腐蚀坑深宽比增加，疲劳裂纹扩展寿命趋于稳定，腐蚀坑的深度相对于宽度对裂纹扩展寿命影响更大。

关键字：铝合金；腐蚀坑；腐蚀形貌；裂纹扩展寿命

1　引言

海军飞机多在沿海地区服役，其服役环境恶劣（高温、高湿、高盐雾）。随着服役年限增加，飞机结构材料出现多种形态的腐蚀损伤，对飞机安全构成严重威胁[1,2]。飞机结构表面发生的腐蚀主要是点蚀和应力腐蚀。腐蚀坑的存在导致表面应力集中，在循环载荷作用下，腐蚀坑容易形成疲劳源，从而影响飞机结构材料疲劳特性。通常将腐蚀坑近似成圆锥形、半球形、半椭球形等[3-5]，且将腐蚀坑沿垂直于外载荷方向进行投影，使其等效成具有相同寿命的表面裂纹[6,7]。

利用KH-7700三维显微镜测量腐蚀坑形貌，分析腐蚀坑截面（截面垂直于外载荷方向，并经过腐蚀坑最大深度），将腐蚀坑等效成具有相同寿命的表面裂纹，并利用AFGROW软件分析腐蚀坑深度与宽度对疲劳裂纹扩展寿命的影响。

2　预腐蚀试验

试验件材料为6051铝合金，其尺寸如图1所示。

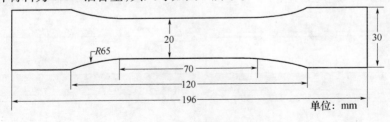

图1　试验件尺寸（厚度 $t=3$ mm）

加速腐蚀试验采用以某沿海机场环境谱为基础的加速腐蚀试验谱，工作温度40±2℃，相对湿度90%，腐蚀溶液是5% NaCl溶液，加入少量的稀硫酸，使溶液的pH值达到4~4.5，采用周期浸润方法，浸泡时间为7.5min，烘烤时间为10.5min，每18min为1个周期，循环255周期相当于外场腐蚀1a。每加速腐蚀1a取出三个试验件，根据GB/T

16545—1996 腐蚀试样上腐蚀产物的清除,清除腐蚀产物,用蒸馏水洗净,烘干,拍照。不同腐蚀日历年限下试验件表面腐蚀损伤(斑坑)情况对比如图 2 所示。

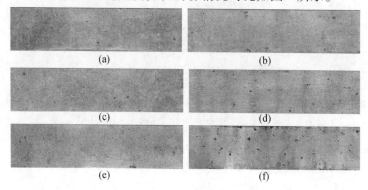

图2 不同腐蚀日历年限下试验件表面腐蚀损伤(斑坑)的分布
(a) 3a;(b) 6a;(c) 9a;(d) 10a;(e) 12a;(f) 15a。

3 腐蚀形貌分析

利用 KH–7700 三维光学显微镜对腐蚀坑进行观察测量,发现蚀坑形貌大部分呈椭球形,如图 3 所示,其疲劳断面形貌如图 4 所示,典型腐蚀坑截面如图 5 所示。通过观察分析认为,可以将蚀坑近似呈半椭球形状优于其他规则几何图形(如半球形等),其最大深度记为 a,半宽度为 c,如图 6 所示。

图3 蚀坑形状示意图

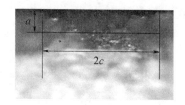

图4 疲劳断面蚀坑形状

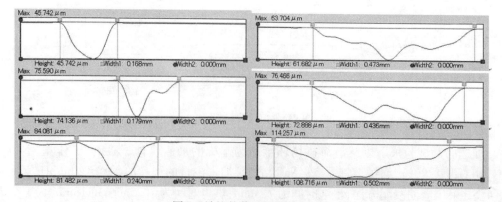

图5 蚀坑的截面视图(350 倍)

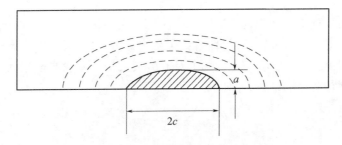

图 6　蚀坑疲劳断面形状示意图

4　讨论

疲劳破坏的断口一般存在疲劳源区、疲劳裂纹稳定扩展区、快速断裂区。通过对预腐蚀试验件的疲劳断口观察分析,发现疲劳裂纹大都起始于腐蚀坑。在预腐蚀试验中,随着腐蚀时间增加,腐蚀坑截面宽度与深度都增加,其深宽比(深宽比是指腐蚀坑最大深度与垂直于外载荷方向并同腐蚀坑最大深度同一截面的腐蚀坑最大宽度的比值)不超过 10,这与文献[3]是一致的。为对比腐蚀坑截面宽度和深度对疲劳裂纹扩展寿命的影响,将数据分为两组:第一组腐蚀坑截面宽度不变,深度等比例增大;第二组腐蚀深度不变,截面宽度等比例增大。

在 AFGROW 分析中,试验件截面 $20mm \times 3mm$,腐蚀坑位置在截面中间,加载方式为等幅加载,最大加载应力为 $253MPa$,$R = 0.06$,腐蚀坑近似为半椭圆表面裂纹,疲劳裂纹扩展公式选择 Harter T – Method。

图 7 是 6051 铝合金材料 R = 0.06 时的疲劳裂纹扩展速率曲线。图 8 是深宽比为 1 时裂纹扩展寿命曲线,从图 8 上可看出裂纹扩展沿着深度与宽度方向扩展,其疲劳裂纹扩展分为稳定扩展过程和快速扩展过程。

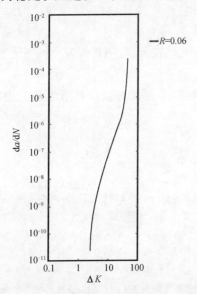

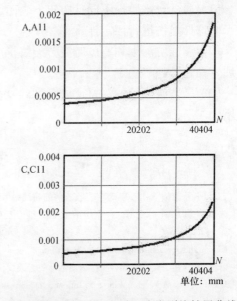

图 7　疲劳裂纹扩展速率曲线　　　　　图 8 腐蚀坑宽度 a 和深度 c 方向裂纹扩展曲线

343

图9是不同深宽比下疲劳裂纹扩展寿命曲线。从图9可看出,腐蚀坑深度与宽度都对疲劳裂纹扩展寿命有较大影响,并且随着深宽比的增大,疲劳裂纹扩展寿命趋于稳定。但从图9无法判断腐蚀坑深度和宽度哪个对疲劳裂纹扩展寿命影响较大。因此,定义腐蚀坑深度与宽度相对影响系数 K,即

$$K = \frac{N_1 - N_2}{N_1} \times 100 \qquad (8)$$

式中:N_1、N_2 为在相同深宽比下,宽度不变和深度不变的疲劳裂纹扩展寿命。

图10是不同深宽比下相对影响系数 K 的曲线,从图10可以看出随着深宽比的增大,腐蚀坑的深度相对宽度对疲劳裂纹扩展寿命影响也增大。

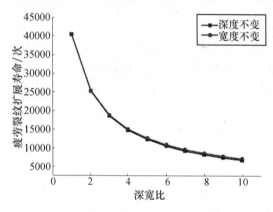

图9　不同深宽比下疲劳裂纹扩展的影响曲线　　图10　不同深宽比下相对影响系数 K 曲线

5　结论

(1)通过对试验件不同日历年下表面腐蚀坑(斑)形貌统计分析,可以将腐蚀坑近似成半椭球形损伤进行评定计算。

(2)腐蚀坑深度和宽度对疲劳裂纹扩展寿命影响都较大,且随着深宽比的增大,裂纹扩展寿命逐渐趋于稳定。

(3)随着腐蚀坑的深宽比增大,腐蚀坑的深度相对于宽度对裂纹扩展寿命的影响逐渐增大。

参 考 文 献

[1] 苏维国,穆志韬,刘涛,等.基于损伤检测的腐蚀疲劳寿命预测概率模型[J].装备环境工程,2009,6(5):33-38.
[2] 朱做涛,穆志韬,陈定海,等.基于中值寿命和特征寿命相当的腐蚀当量折算关系研究[J].机械强度,2011,33(2):253-257.
[3] Keith vander walde. Corrosion-nucleated fatigue crack growth[D]. USA,Purdue University,2005:80-124.
[4] 叶彬,朱做涛,穆志韬.铝合金材料腐蚀形貌级裂纹扩展分析[J].装备环境工程,2011,8(4):54-58.
[5] Du M L,Chiang F P,Kagwade S V. Influence of Corrosion on the Fatigue Properties of Al 7075-T6[J]. Journal of Testing and Evaluation,1998,26(3):260-268.

[6] Medved J J,Breton M,Irving P E. Corrosion pit size distributions and fatigue lives——a study of the EIFS technique for fatigue design in the presence of corrosion [J]. Fatigue,2004,26:71−80.

[7] Lin X B,Smith R A. Finite element modeling of fatigue crack growth of surface cracked plate——Part Ⅲ:Stress intensity factor and fatigue crack growth life [J]. Facture Mech,1999,63:541−556.

[8] Jones K. Effect of microstructure on pit−to−crack transition of 7075−T6 aluminum alloy [D]. University of Utah,2004:50−120.

（作者：陈定海，穆志韬，朱做涛，丁文勇。发表于《装备环境工程》,2012 年第 04 期）

铝锂合金预腐蚀疲劳退化研究

　　摘　要：铝锂合金是一种新型的航空用铝合金。本文基于电化学原则建立了某地的腐蚀加速环境谱，并基于加速环境谱，研究了铝锂合金预腐蚀疲劳性能。结果表明：低腐蚀损伤对其疲劳寿命不大；而高腐蚀损伤会明显缩短试件的疲劳寿命。

　　关键词：铝锂合金；腐蚀；疲劳

1　引言

　　腐蚀损伤作为飞机结构中一种最典型的损伤形式，不仅会导致材料局部强度、刚度下降，而且会使得材料结构寿命大大下降。每年腐蚀给各国带来的经济损伤数以千亿计。腐蚀成为影响飞机日历寿命的主要因素。

　　铝锂合金性能优异，比强度相对传统铝合金高，相对复合材料具有价格优势，所以被视为一种有资格与复合材料竞争的新型金属材料，广泛应用于航空工业中[1]。因此，研究铝锂合金在腐蚀环境下的疲劳性能退化对于保障飞行安全具有非常重要的意义[2,3]。

2　预腐蚀加速试验

　　飞机在地面停放过程中主要承受环境腐蚀，尤其对于沿海机场来说更是如此。在飞行中承受的主要是机械疲劳载荷，所以飞机结构材料在服役过程中存在一种"腐蚀—疲劳—再腐蚀—再疲劳"的循环。因而在研究材料结构在环境中的性能退化往往采用先进行预先腐蚀，然后再进行疲劳加载的方式[4,5]。

2.1　试件准备

　　试验所用的材料为俄罗斯进口的 1420 合金，厚度为 2mm，试验样品经过固溶处理，以及 150h 的实效处理。其材料成分和主要力学性能（实测值）见表 1。外形尺寸如图 1 所示。

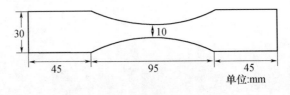

图 1　试件尺寸

表 1　1420 铝合金的材料成分以及力学性能

材料成分					力学性能			
$\omega(Li)/\%$	$\omega(Mg)/\%$	$\omega(Zr)/\%$	$\omega(Fe)/\%$	$\omega(Ti)/\%$	$\omega(Al)/\%$	$\sigma_{0.2}/MPa$	$\delta/\%$	σ_b/MPa
2.2	5.8	0.09	0.2	0.12	其他	275	12	445

2.2　试验方法

2.2.1　基于地面停放环境谱的加速腐蚀试验

飞机服役周期往往比较长,尤其是第三代战机的服役寿命普遍超过 30a,甚至有个别机种要延寿至 50a。因此,腐蚀损伤对于飞机结构的作用也是一个长期的过程。如果完全按照外场环境进行试验,周期过长,而且即便得到试验结构也丧失了价值。因此本文的腐蚀试验是基于电化学方法对于外场损伤因素进行加速等效,获得外场停放加速环境谱。基于该环境谱,一个加速腐蚀损伤周期包括:40 ± 2℃,在 H_2SO_4 和 3.5% NaCl,pH = 4.0 ± 0.2 混合溶液中浸泡 5min;在 40 ± 2℃烘干 10min。255 个浸泡 – 烘干周期对试件造成的损伤相当于试件在自然环境下服役 1a 所受到的损伤。对试件分别施加不同程度的腐蚀损伤,最高加速腐蚀到 30a。对于腐蚀后的试件表面在显微镜下进行拍照、记录其腐蚀损伤特征便于后续分析。

2.2.2　疲劳加载实验

将带有不同等效腐蚀损伤的试件在丙酮溶液中进行超声波清洗并吹干后就可以进行疲劳加载。疲劳试验在 MTS 疲劳试验机上进行。由于疲劳试验成本过高,周期较长。因此,根据材料性能采取恒定应力比以及加载频率的高应力水平下低周疲劳。试验采用正弦波形轴向加载,最大载荷分别为 210MPa 和 250MPa。应力比 $R = 0.05$,加载频率 $f = 5Hz$。每组采用四个平行试样。分别对加速腐蚀试件为 0a(未腐蚀)、5a、15a、30a 的样品进行试验。

3　试验结果与讨论

3.1　腐蚀特征研究

经过预腐蚀后,1420 合金外观变化明显,如图 2 和图 3 所示。

 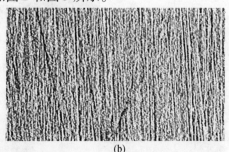

(a)　　　　　　　　　　　　　　　　　(b)

图 2　未腐蚀试验件及其局部细节
(a)未腐蚀;(b)局部细节。

1420 铝锂合金在腐蚀 5a 后,试件的腐蚀特征为点蚀,点蚀坑在试件表面分布较为均匀;浸泡到 15a 时在点蚀较严重部位出现轻微的剥蚀现象;浸泡到 30a 时在点蚀严重部位已经转变为明显的剥蚀,金属基体被完全腐蚀。从图中可以看出,随着腐蚀损伤的加剧,试件表面逐步出现了大量的腐蚀坑,逐步由点腐蚀向剥蚀过渡。腐蚀坑会造成局部的应力集中,在疲劳载荷下容易萌生裂纹,从而大大降低材料的寿命,因此有必要对腐蚀坑进行研究。而对于腐蚀坑,研究者最关心的往往是腐蚀坑深度,因为裂纹往往最容易从腐蚀坑底部萌生。利用科士达 KH – 7700 体显微镜,可以很容易获得腐蚀坑的三维形貌,如图 4 所示,进而可以获得其深度数据。由于腐蚀坑的发展并不均匀,因此需要对试件表面腐蚀坑进行多点测量,获得其平均深度。表 2 列举了部分腐蚀 15a 试件表面腐蚀坑深度数据,可以进行统计获得平均值与统计标准差。

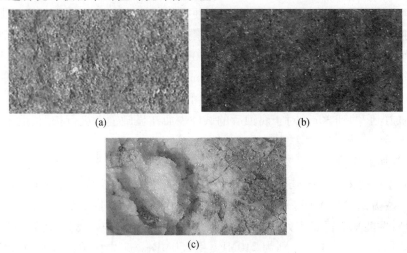

(a)　　　　　　　　　　(b)

(c)

图 3　腐蚀试件形貌(300 倍)

(a) 5a; (b) 15a; (c) 30a。

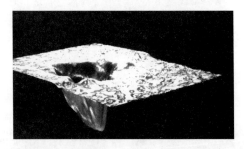

图 4　腐蚀试件表面三维形貌图

表 2　腐蚀 15a 的蚀坑深度数据

序号	$D_i/\mu m$	序号	$D_i/\mu m$	序号	$D_i/\mu m$	序号	$D_i/\mu m$
1	52.191	6	50.282	11	20.997	16	174.166
2	50.988	7	85.463	12	56.272	17	70.275
3	53.017	8	40.555	13	50.475	18	55.118
4	75.260	9	120.492	14	105.783	19	51.523
5	20.219	10	59.442	15	59.334	20	19.180

进而可以获得腐蚀坑平均深度(含标准差)随着等效腐蚀年限的变化趋势,如图 5 所示。在双对数坐标下,该变化趋势可以用一条斜率为 1/3 的直线进行拟合。其腐蚀动力学方程可以表述为

$$D = 10^{1.337}t^{1/3} \approx 21.73t^{1/3} \tag{1}$$

这与大多数金属的腐蚀动力学方程的形式相同,只不过拟合参数有较大差别。对比 LD2 铝合金在同样试验条件下的腐蚀动力学方程[5],即

$$D = 97.2t^{1/3} \tag{2}$$

可以发现 1420 合金具有较强的抗腐蚀性能。

3.2 腐蚀损伤与试件剩余寿命之间的研究

对于腐蚀后的试件进行疲劳加载,可以得到试件剩余疲劳寿命随着预腐蚀损伤的变化情况,如图 6 所示。从图中可以看出,当最大疲劳载荷不变,剩余疲劳寿命随腐蚀损伤变化可以明显分为两个阶段:当腐蚀损伤年限小于 5a,样品的疲劳寿命变化不大,剩余寿命在 20000cycle 以上;而当腐蚀损伤年限大于 5a,样品的剩余寿命会出现比较明显的衰减,在 250MPa 应力条件下,腐蚀 30a 试件的剩余寿命不足 2000cycle,疲劳寿命下降了大约 90%。文中的试验结构是在未进行任何防腐措施的情况下得到的,因此对于服役时间较长的飞机 1420 合金构件要建立严格的防腐体系。

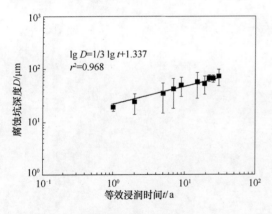
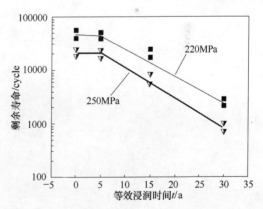

图 5 腐蚀坑深度随着等效腐蚀年限的变化曲线   图 6 试件剩余寿命随腐蚀年限的变化

4 结论

(1) 基于文中所用的腐蚀加速环境谱,获得了其腐蚀坑深度随着腐蚀年限变化的腐蚀动力学方程。通过对比 LD2 铝合金在同样试验条件下的动力学方程,证明 1420 合金的抗腐蚀性能优异。

(2) 获得了预腐蚀 1420 合金的剩余寿命变化曲线,说明腐蚀损伤的加深会严重缩短 1420 构件的疲劳寿命。需要采取严格的措施控制 1420 合金构件腐蚀导致性能退化。

参 考 文 献

［1］袁志山,张显峰,冯朝辉,等.铝锂合金显微组织高分辨电子显微研究［J］.冶金分析,2011,31(4):35-38.

［2］李红英,王晓峰,宾杰,等.2种时效制度对2A97合金组织和性能的影响［J］.中南大学学报(自然科学版),2011,42(5):1261-1279.

［3］Xu Yue,Wang Xiao—jing,Yan Zhao-tong. Corrosion properties of light-weight and high-strength 2195 Al-Li alloy［J］. Chinese Journal of Aeronautics, 2011,24:681-686.

［4］孙刚,王少华,张显峰,等.固溶处理及预拉伸变形对2197铝锂合金组织与性能的影响［J］.金属热处理,2011,36(10):75-79.

［5］Li Xu-dong,Wang xi-shu,Ren Huai-hui. Effect of prior corrosion state on the fatigue small cracking behavior of 6151-T6 aluminum alloy［J］. Corrosion Science. 2012,55:26-33.

（作者：李旭东,刘治国,穆志韬。发表于《新技术新工艺》,2013年第03期 ）

基于腐蚀损伤表征因子的疲劳寿命衰减影响研究

摘　要: 应用 MIT(Mean Impact Value)方法对 LY12CZ 铝合金试件疲劳寿命产生影响的腐蚀损伤表征因子进行筛选,得到了对疲劳寿命衰减影响较大的 5 个腐蚀损伤表征因子。定义了腐蚀疲劳寿命累积衰减函数与疲劳寿命衰减速率函数,建立了寿命累积衰减模型,验证了该模型的准确性,并以腐蚀损伤表征因子和腐蚀累积衰减函数为数据样本,用 BP 神经网络、自适应滤波的 LMS 算法分别预测不同年限下的疲劳寿命。与试验测得的疲劳寿命数据对比得出,BP 神经网络、LMS 方法计算产生的误差工程上可以接受。

关键词: 疲劳寿命累积衰减模型;MIT;疲劳寿命累积衰减率;LMS;神经网络

1　引言

飞机在腐蚀环境下服役时,腐蚀会大大降低结构的疲劳寿命,根据现有的腐蚀疲劳机理进行精确理论计算从而确定飞机结构在腐蚀环境下的疲劳寿命还有相当大的困难。本文通过 LY12CZ 铝合金试件加速腐蚀试验和疲劳试验,得到不同腐蚀年限下 LY12CZ 铝合金试件腐蚀损伤表征因子的相关数据。建立了点蚀阶段腐蚀损伤表征因子与腐蚀疲劳寿命累积衰减的函数模型,通过不同的方法对疲劳寿命进行预测。

2　腐蚀与疲劳试验

试验件材料为 LY12CZ 铝合金,试样形状如图 1 所示;加速腐蚀试验溶液为 5%(质量分数,后同)NaCl 溶液,添加适量的稀 H_2SO_4,使溶液的 pH 值为 4~4.5;试验设备为周期浸润箱。试件在配置溶液中浸泡 3.8min,在溶液外烘烤 17.5min,共 21.3min 为一个周期。试验时试验箱温度设为 40℃,相对湿度为 90%。加速腐蚀试验 325 个周期相当于外场曝露试验 1 年。对试验件分别进行了了当量 1~10 年的实验室加速腐蚀试验,试件经不同的预腐蚀年限后,在 Material Test System 810 电液伺服疲劳试验机上进行疲劳试验。试验在室温下进行,加载波形为正弦波,波形采用 PVC 补偿,采取轴向等幅加载方式,应力

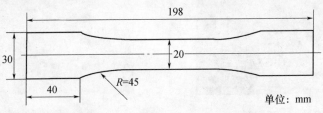

图 1　LY12CZ 铝合金试件形状

比为 0.06,加载频率为 10Hz,最大应力为 308MPa。

3 腐蚀损伤的表征

腐蚀损伤的表征在工程上一般是指腐蚀等级。结构腐蚀是一个渐变的过程,腐蚀损伤表征因子多种多样,所以腐蚀损伤的量化评估十分困难[1]。现有的腐蚀损伤评价标准一般采用描述性的语言。

在实验室的条件下,定义下面 10 个腐蚀损伤表征因子:

（1）腐蚀坑最大深度:试验件上所测腐蚀坑的深度的最大值。

（2）腐蚀坑平均深度:试验件上所测腐蚀坑的深度的平均值。

（3）腐蚀坑平均宽度:垂直于载荷方向的所测腐蚀坑宽度的平均值。

（4）腐蚀坑最大宽度:垂直于载荷方向的所测腐蚀坑宽度的最大值。

（5）腐蚀最大面积:所测的腐蚀区域的面积的最大值。

（6）腐蚀平均面积:所测的腐蚀区域的面积的平均值。

（7）腐蚀坑最大体积:所测腐蚀坑体积的最大值。

（8）腐蚀坑平均体积:所测腐蚀坑体积的平均值。

（9）腐蚀点蚀率:试验件腐蚀部分占试验件表面积的比值。

（10）失重率(用分维数[2]表示):试验件经过腐蚀之后,质量的减少量占试验前试验件质量的比值。用柯氏达显微镜分别对腐蚀当量年限下腐蚀损伤因子进行测量。试验件当量腐蚀 3 年后的腐蚀坑三维形貌、腐蚀区域面积、腐蚀坑的深度、宽度、面积的测量如图 2～图 5 所示。

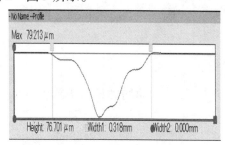

图 2　腐蚀坑三维形貌图

图 3　腐蚀坑宽度与深度测量图

图 4　腐蚀坑面积示意图

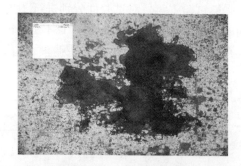

图 5　腐蚀区域面积测量图

工程上计算腐蚀疲劳寿命需要对疲劳断裂相关参数进行修正,用疲劳断裂和损伤理论计算寿命。这样做有两个缺点:

(1) 需要考虑的因素多,修正过程中误差比较大,较难实现寿命的最大利用。

(2) 修正过程中需要大量的工程数据,试验的经济效益不好。

直接研究腐蚀损伤表征因子对疲劳寿命的衰减作用,可以避免上述缺点。

定义

$$M_T = |N_{T-1} - N_T|/N \tag{1}$$

$$F = |N - N_T|/N \tag{2}$$

式中:M_T 为第 T 年腐蚀疲劳寿命衰减速率;N_{T-1} 为腐蚀 $T-1$ 年的疲劳寿命;N_T 为腐蚀 T 年的疲劳寿命;N 为试件无腐蚀影响的疲劳寿命;F 为腐蚀 T 年试件的疲劳寿命累积衰减率。

试验结果如图6和图7所示。从图中可以看出,随着腐蚀年限增加,疲劳寿命逐渐衰减,衰减的速度越来越小。在第7年之后趋于稳定,即腐蚀对疲劳寿命衰减速度影响很小。疲劳寿命的累积衰减率曲线斜率逐渐减小,即腐蚀后期,腐蚀对疲劳的累积衰减越来越小。

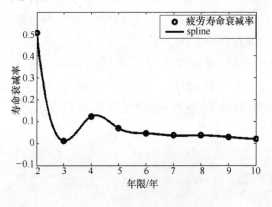

图6 疲劳寿命衰减速率

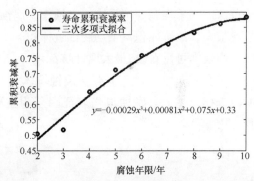

图7 疲劳寿命累积衰减率

4 腐蚀损伤表征因子筛选以及腐蚀对疲劳寿命影响的模型建立

上述 10 个腐蚀损伤表征因子对疲劳寿命的影响大小不同,在选择腐蚀损伤表征因子时没有清晰的理论依据。如果将一些不重要的腐蚀损伤表征因子引入腐蚀模型计算,会增加系统的复杂性,不利于模型的简化,而且计算过程中会大大降低模型的精度,因此需要对腐蚀损伤表征因子进行筛选。

Dombi 等人提出用 MIT 来反映神经网络中的权重矩阵的变化情况,MIT 被认为是在神经网络中评价变量相关性最好的指标之一。它是用于确定输入神经元对输出神经元影响大小的指标,其符号代表相关的方向,绝对值代表影响的相对重要性。其具体的计算过程:在网络训练终止后,将训练样本中的自变量特征在其原值的基础上增加/减少 10% 构成两组新的训练样本,用已经建成的网络进行训练得到两个仿真结果,并计算与真实结果之间的差值,即变动自变量后对输出产生的影响变化值(Impact Value,IV),最后将 IV 按观测例数平均得出该自变量对于网络输出的 MIT。根据 MIT 绝对值大小为各自变量排序,得到各自变量对网络输出影响相对重要性的位次表,从而判断输入特征对网络结果的影响程度,即实现了变量的筛选[3]。

将 10 个腐蚀损伤表征因子作为神经网络的输入变量,输出为腐蚀对寿命的累积衰减率,MIT 绝对值反映了腐蚀损伤表征因子对疲劳寿命的影响大小。对实验取得的 9 组数据进行训练,将样本数据矩阵在原值的基础上增加或减少 10%,得到两组新的训练样本,再次输入网络,得到 10 个腐蚀损伤表征因子的 MIT 值的绝对值见表 1。

表 1　腐蚀损伤表征因子对应的 MIT 绝对值

腐蚀损伤表征因子	最大腐蚀坑深度	平均腐蚀坑深度	最大腐蚀面积	平均腐蚀面积	最大腐蚀坑体积	点蚀率	失重率	腐蚀坑平均宽度	腐蚀坑最大宽度	平均腐蚀坑体积
MIT 绝对值	3.45	3.08	1.82	0.45	1.65	2.81	0.44	1.94	1.87	0.58

根据表 1 可以得出,对疲劳寿命累积衰减率影响的腐蚀损伤表征因子排序为最大腐蚀坑深度 > 平均腐蚀坑深度 > 点蚀率 > 腐蚀坑平均宽度 > 腐蚀坑最大宽度 > 最大腐蚀面积 > 最大腐蚀坑体积 > 平均腐蚀坑体积 > 平均腐蚀面积 > 失重率。

由表 1 可以看出,最大腐蚀坑深度 d_{max}、平均腐蚀坑深度 d、平均腐蚀坑宽度 b、最大腐蚀坑宽度 b_{max}、点蚀率 r、最大腐蚀坑体积 V_{max}、最大腐蚀面积 S_{max} 的 MIT 值相对比较大。所以选择上述 7 个腐蚀损伤表征因子为主要影响因子。腐蚀坑深度服从正态分布,并且有[4]

$$d_{max} = c\sigma + d \tag{3}$$
$$b_{max} = c\sigma + b \tag{4}$$

式中:c 为一个常数[4]。

所以选择最大腐蚀坑深度、最大腐蚀坑宽度、点蚀率、最大腐蚀坑体积、最大腐蚀面积作为衡量腐蚀损伤的 5 个指标。

基于上述结论,假设

$$F = f_1(d_{max}, r, b_{max}, V_{max}, S_{max}) + f_2(R) \tag{5}$$

式中:f_1 为一个非线性函数;$f_2(R)$ 为其他腐蚀损伤表征因子对疲劳寿命累积衰减函数影响总和,表达式为

$$f_2(R) = \alpha f_1(d_{max}, r, b_{max}, V_{max}, S_{max}) \tag{6}$$

其中:$\alpha = n/m$(m 为最大腐蚀坑深度、平均腐蚀坑深度、平均腐蚀坑宽度、最大腐蚀坑宽度、点蚀率、最大腐蚀坑体积、最大腐蚀面积的 MIT 值之和;n 为剩余的腐蚀损伤表征因子的 MIT 值之和)。

经计算可得到 $\alpha = 0.088$。最终得到疲劳寿命累积衰减函数表达式为

$$F = (1 + \alpha)f_1(d_{max}, r, b_{max}, V_{max}, S_{max}) \tag{7}$$

5　疲劳寿命累积衰减函数的线性模型

假设 $f_1(d_{max}, r, b_{max}, V_{max}, S_{max})$ 是一个线性的函数,不考虑最大腐蚀坑深度、最大腐蚀坑宽度、点蚀率、最大腐蚀坑体积、最大腐蚀面积之间的相关性,最终得到腐蚀寿命累积衰减率函数表达式为

$$F = (1 + \alpha)f_1(d_{max}, r, b_{max}, V_{max}, S_{max}) \tag{8}$$

线性网络是 Widrow 和 Hoff 于 1960 年提出的一种网络模型。它的训练算法是自适应滤波的 LMS 算法,所以线性网络是一个自适应可调网络,适用于对线性系统的预测分析[5]。将 d_{max}、r、b_{max}、V_{max}、S_{max} 作为线性网络的 5 个输入,$F/(1 + \alpha)$ 作为网络输出,权值与阈值采用网络默认值。对 4 组数据样本训练,再用训练好的网络对另外 4 组样本进行预测,采用 LMS 对此线性系统分析计算结果如表 2、图 8、图 9 所示。

表 2　LMS 预测与试验结果

年限/年	4	6	8	10
试验寿命值/cycle	45244	30489	21140	14679
预测寿命值/cycle	46744	33193	21119	13585
相对当年的试验寿命误差/%	3.3	8.9	0.1	14.2
相对无腐蚀总寿命的误差/%	1.2	2.1	0.02	1.7

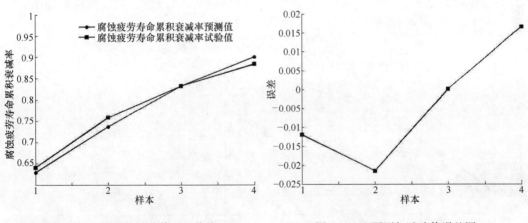

图 8　LMS 预测与试验值对比曲线　　　　图 9　LMS 预测与试验值误差图

由表 2、图 8、图 9 可以看出,用自适应滤波的 LMS 算法对疲劳寿命累积衰减率函数的线性模型的求解在工程上是可以接受的。

6　疲劳寿命累积衰减函数的非线性求解

假设 f_1 函数是非线性函数,采用误差逆传播(BP)算法对疲劳寿命累计衰减函数进行预测。神经网络的输入层由 5 个神经元输入,即最大腐蚀坑深度、最大腐蚀坑宽度、点蚀

率、最大腐蚀坑体积、最大腐蚀面积。网络输出为疲劳寿命的累积衰减率。样本数据见表3所列。

表3　神经网络训练样本数据

分维数	最大腐蚀深度 /μm	最大腐蚀宽度 /mm	最大腐蚀面积 /mm²	最大腐蚀体积 /μm³	试验平均疲劳寿命值 /cycle
0	0	0	0	0	126076
0.8512	73.968	0.233	0.262	129473	60873
0.9699	101.014	0.317	0.328	158475	45244
1.0886	111.969	0.337	0.393	199023	36418
1.2074	128.309	0.403	0.461	211393	30489
1.2682	146.441	0.450	0.503	243103	25869
1.3274	157.320	0.502	0.590	250333	21140
1.3865	168.982	0.585	0.672	253185	17349
1.8941	174.377	0.628	0.748	262468	14679

由于神经网络输入端的数据量级相差较大，所以为了模型能更精确，所以对表3的数据进行归一化。每一列数据归一化公式为

$$y_i = (Y - Y_{\min})/(Y_{\max} - Y_{\min}) \tag{9}$$

对样本数据进行神经网络训练，运用训练好的网络进行预测，其预测结果如图10、图11所示。从图中可以看出，预测值与试验值比较吻合。

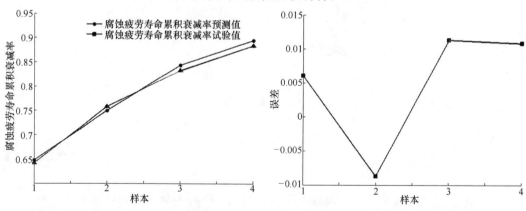

图10　神经网络预测与试验值对比曲线　　　图11　预测与试验值误差图

根据下式将预测的疲劳寿命累积衰减率转换成当年的疲劳寿命预测值，即

$$N = N_0 - [\beta \times N_0/(1 + \alpha)] \tag{10}$$

式中：N_0 为无腐蚀的试验件疲劳寿命；β 为神经网络预测的疲劳寿命累计衰减率。

预测结果见表4所列。由表可以看出，其相对误差最大不超过10%，在工程接受范围之内。利用非线性方法得到的结果要比线性方法计算结果更理想。

表4　神经网络预测与试验结果以及误差

年限/年	4	6	8	10
试验寿命值/cycle	45244	30489	21140	14679
预测寿命值/cycle	44480	31588	19715	13314
相对当年的试验寿命误差/%	1.7	3.6	6.7	9.3
相对无腐蚀总寿命的误差/%	0.6	0.9	1.2	1.1

7　结论

（1）应用 MIT 方法对 LY12CZ 铝合金试件疲劳寿命产生影响的腐蚀损伤表征因子进行筛选,得到了点蚀阶段对疲劳寿命衰减影响较大的腐蚀损伤表征因子,即最大腐蚀坑深度、最大腐蚀坑宽度、点蚀率、最大腐蚀坑体积和最大腐蚀面积。

（2）在寿命累积衰减模型中,应用 MIT 理论,把除了最大腐蚀深度、最大腐蚀宽度、点蚀率、平均腐蚀体积、最大腐蚀面积之外的腐蚀损伤表征因子对疲劳寿命的影响等效成最大腐蚀坑深度、最大腐蚀坑宽度、点蚀率、最大腐蚀坑体积、最大腐蚀面积的影响。

（3）将复杂的腐蚀系统进行简化,定义了腐蚀疲劳寿命累积衰减函数与疲劳寿命衰减速率函数,建立了寿命累积衰减模型,在应力比、加载频率、大小一定的情况下,直接研究腐蚀对疲劳寿命的影响。

（4）通过用非线性神经网络与线性 LMS 的方法预测,通过与试验结果对比,误差工程上可以接受,非线性求解的结果更理想。

参 考 文 献

［1］穆志韬. 直升机结构疲劳［M］. 北京:国防工业出版社,2003.

［2］Zhu Zuotao, Mu Zhitao, Chen Dinghai. Research on evaluation of corrosion grade based on image processing technique ［A］. 2009 international Conference on Manufacturing Science and Engineering. 2009:178－184.

［3］史峰. 王小川. MATLAB 神经网络30 个案例分析［M］. 北京:北京航空航天大学出版社,2010.

［4］谢伟杰. 李荻. LY12CZ 和 7075T7351 铝合金在 EXCO 溶液中腐蚀动力学的统计研究［J］. 航空学报,1999,20(1):34－38.

［5］张德丰. MATLAB 神经网络应用与设计［M］. 北京:机械工业出版社,2009.

（作者:邢玮,穆志韬,周立建。发表于《装备环境工程》,2011 年第 04 期 ）

腐蚀环境下飞机结构疲劳寿命的分析方法

摘　要: 依据海军现役飞机的腐蚀环境特点及结构件腐蚀损伤深度拟合规律,采用应力场强法和局部应力应变法分别对疲劳缺口系数 K_f 及疲劳寿命计算模型进行了分析,提出了一种腐蚀环境下飞机结构疲劳寿命的评定方法。该方法以室温大气环境下的寿命评定结论为依据,考虑了结构件腐蚀损伤后潮湿空气、盐雾、盐雾 $+SO_2$ 等环境介质对疲劳寿命的影响,并结合国产某型飞机机翼前梁缘条腐蚀损伤部位的疲劳寿命及剩余寿命估算实例进行了分析。

关键词: 飞机结构;疲劳寿命;腐蚀环境;疲劳缺口系数

1　引言

飞机结构在腐蚀环境与载荷联合作用下形成的腐蚀疲劳加速了飞机的疲劳破坏。腐蚀环境对现役老旧飞机结构寿命的影响日益突出,已危及到现役军用飞机的飞行安全。目前,我国飞机结构的寿命估算和疲劳试验绝大多数没有考虑环境的影响,也未进行腐蚀环境条件下的寿命修正。部分机型的使用通报中都明确规定,所给定的寿命结论不适用于在高温、高湿地区,也就是说其使用寿命对在沿海服役的飞机不能直接应用。因此,对腐蚀环境下飞机结构腐蚀疲劳寿命评定技术进行研究势在必行。

目前,对腐蚀环境下疲劳寿命的计算方法国内外都处在探索阶段,基本上是依据某个或某几个方面的理论假设,通过实验室模拟件的加速腐蚀试验研究结果,对无腐蚀条件下原构件的寿命进行修正。在环境加速腐蚀介质成分的选择、相互组合及当量折算关系、环境谱与载荷谱的匹配等相关内容对材料造成的腐蚀损伤还不十分清楚的前提下,其计算结果会带来较大的误差。本文依据外场飞机结构件在真实环境中腐蚀深度统计的拟合结果,探讨结构件疲劳寿命随飞机日历使用年限的增加和腐蚀损伤深度的增加而导致的疲劳寿命的下降情况。

2　疲劳寿命的计算方法

工程中应用的疲劳寿命估算方法有局部应力应变法、名义应力法、能量法和细节疲劳额定值(DFR)法等多种形式。本文采用局部应力应变法中 Number 修正法。其基本思想认为,零件或构件的整体疲劳性能取决于最危险区域的局部应力—应变状态。即假定一个结构的危险部位的应力—应变历程与光滑小试件的应力—应变历程相同,则寿命也相同。利用等应变(应力)等损伤的假设使得小区域材料在疲劳载荷作用下的变形与损伤历程同标准光滑小试件的疲劳性能曲线对应起来。

2.1　计算模型

修正的 Number 方法,其表达公式为[1]

$$\Delta\sigma \cdot \Delta\varepsilon = \frac{K_f^2 \cdot \Delta s^2}{E} \tag{1}$$

材料的 $\sigma—\varepsilon$ 迟滞回线方程为

$$\Delta\varepsilon = \frac{\Delta\sigma}{E} + 2\left(\frac{\Delta\sigma}{2K'}\right)^{\frac{1}{n}} \tag{2}$$

材料的应变寿命曲线为[1]

$$\Delta\varepsilon = \frac{2\sigma'_f}{E} \cdot (2N_f)^b + 2\varepsilon'_f \cdot (2N_f)^c \tag{3}$$

为求局部 $\Delta\sigma$ 及 $\Delta\varepsilon$,只要找到材料的 $\sigma—\varepsilon$ 迟滞回线与 Number 双曲线交点即可。采用牛顿迭代法计算,将式(1)代入式(2)移项整理并假设[1]:

$$f(\Delta\varepsilon) = \frac{\Delta s \cdot K_f^2}{\Delta\varepsilon \cdot E^2} + 2\left(\frac{\Delta s^2 \cdot K_f^2}{2\Delta\varepsilon \cdot EK'}\right)^{1/n'} - \Delta\varepsilon$$

则有

$$f'(\Delta\varepsilon) = -\frac{\Delta s \cdot K_f^2}{\Delta\varepsilon^2 \cdot E^2} + \frac{2}{n'}\left(\frac{\Delta s^2 \cdot K_f^2}{2\Delta\varepsilon \cdot EK'}\right)^{1/n'-1} \cdot \left(-\frac{\Delta s^2 \cdot K_f^2}{2\Delta\varepsilon^2 \cdot EK'}\right) - 1$$

假设方程 $f(\Delta\varepsilon)$ 的第 i 次与第 $i+1$ 次近似值分别为 $\Delta\varepsilon_i$ 与 $\Delta\varepsilon_{i+1}$,则有

$$\Delta\varepsilon_{i+1} = \Delta\varepsilon_i - \frac{f(\Delta\varepsilon_i)}{f'(\Delta\varepsilon_i)} \tag{4}$$

以上式中:$\Delta\sigma$、$\Delta\varepsilon$、Δs 分别为局部应力变程、局部应变变程及名义应力变程;K'、n' 分别为循环强度系数、循环应变硬化指数;σ'_f、ε'_f、E 分别为疲劳强度系数、疲劳塑性系数、弹性模量;b、c、K_f 分别为疲劳强度指数、疲劳塑性指数、疲劳缺口系数。

2.2　疲劳缺口系数

疲劳缺口系数受各种因素影响,在疲劳寿命估算中 K_f 值确定的准确与否直接影响计算结果的准确性。迄今为止,已有不少具有实用价值的 K_f 表达式[2]。由于以往的表达式建立在实验拟合的基础上,物理基础不牢,大都偏于保守。为了使 K_f 值的计算更符合实际,采用场强法理论对 K_f 进行了研究。结果表明,场强法理论比较符合疲劳损伤机制,计算得到的 K_f 值具有较高的精度。

应力场强法基本原理是,裂纹形成寿命与缺口根部有限体积的整个应力状态有关,而不仅仅与一点的应力状态有关,如图 1 所示,该方法基于根部一个区域定义一个有效的应力参数——场强。采用应力场强法计算疲劳缺口系数的公式为

$$K_f = \frac{s_e}{s_N} = \frac{1}{V}\int_\Omega f(\sigma_{ij})\Phi(r)\mathrm{d}V \tag{5}$$

对于平面问题,式(5)可写成

$$K_f = \frac{s_e}{s_N} = \frac{1}{V} \int_{\Omega} f(\sigma_{ij}) \Phi(r) \, \mathrm{d}S \qquad (6)$$

式中：Ω 为破坏区域；V、S 分别为对于 Ω 区域的体积和面积；$f(\sigma_{ij})$ 为应力函数；$\Phi(r)$ 为权函数。

该式中如何确定疲劳损伤区域是问题的关键所在。在线弹性情况下，$f(\sigma_{ij})$ 只与试件几何形状有关，计算时选用 Von Mises 等效应力公式[2]；而 $\Phi(r)$ 与材料和应力梯度有关，权函数的选择要考虑计算点的应力梯度 c 到损伤缺口区域的距离 r 以及该点最小截面的夹角函数，即 $\Phi(x) = 1 - cx(1 + \sin\theta)$。

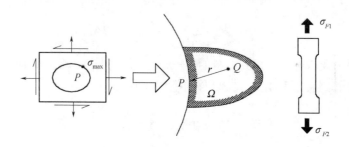

图 1　应力场强法计算模型

利用上述场强法原理，Ω 选为圆形平面场强区域。对海军某型飞机铝合金材料疲劳缺口系数 K_f 随腐蚀坑深度的变化规律进行了计算分析，得到不同腐蚀坑深度条件下的 K_f 值见表 1 所列，对表中数据拟合得

$$K_f = 0.811 + 0.92765 \cdot d + 0.15233 \cdot d^2 \qquad (7)$$

表 1　采用场强法模型计算的 K_f 值

腐蚀坑深度 d/mm	K_f	腐蚀坑深度 d/mm	K_f	腐蚀坑深度 d/mm	K_f
0.6	1.43	1.4	2.61	2.2	3.82
0.8	1.57	1.6	2.81	2.4	5.44
1.0	1.98	1.8	2.87		
1.2	2.01	2.0	2.94		

2.3　材料的疲劳参数选取及损伤准则

材料参数 K'、n'、b、c、σ'_f、ε'_f 等采用"海军飞机腐蚀疲劳定寿研究及应用"研究课题提供的铝合金 LY12CZ 在四种环境介质中的低周疲劳性能参数见表 2 所列。腐蚀疲劳寿命计算遵循常规疲劳线性累计损伤破坏准则[3]，即 $\sum n_i / N_i = 1$（其中：n_i 为第 i 种载荷作用的循环数；N_i 为第 i 种载荷作用下的破坏循环数）时结构件破坏。不同环境条件对构件损伤的影响按环境比例份额线性叠加[3]，即 $D = \sum K_i \cdot d_i$（其中：D 为腐蚀环境下总的疲劳损伤；K_i 为环境谱中单一环境条件所占的比例；d_i 为单一环境条件下的疲劳损伤）。

表 2　铝合金 LY12 CZ 腐蚀环境下低周疲劳材质参数

环境介质	σ'_f	b	$\varepsilon'_f/\%$	c	K'	n'
空气	675.0	− 0.05842	21.42	− 0.5112	706.5	0.08722
湿空气	690.7	− 0.06214	26.84	− 0.5357	718.8	0.09147
盐雾	711.4	− 0.06555	22.50	− 0.5022	704.6	0.08727
盐雾 + SO$_2$	760.4	− 0.07566	42.93	− 0.6025	737.3	0.09634

3　飞机结构腐蚀部位计算实例

选择某型飞机左中外翼 12 号肋前梁下缘条作为计算考核部位,外场腐蚀检查时发现 4 架飞机该部位有不同程度的腐蚀损伤。缘条材料为 LY12CZ,前梁下缘条截面尺寸如图 2 所示。计算时选用该机重心处载荷谱,并把重心谱转换成前梁下缘条 12 肋处名义应力谱进行计算。

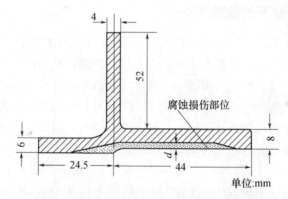

图 2　机翼前梁缘条截面及腐蚀损伤示意图

3.1　腐蚀疲劳寿命计算

随飞机日历使用年限的延长,造成飞机结构疲劳使用寿命降低的主要影响因素有三种情况:

(1) 长期在腐蚀介质环境条件下使用,材料的疲劳品质性能参数下降,计算时选择表 2 中提供的铝合金材料在腐蚀介质中的材质参数。

(2) 随结构件腐蚀损伤尺寸的增大,该部位疲劳缺口系数 K_f 增大,导致该处疲劳寿命降低,因而计算疲劳寿命时采用拟合得到的式(7)计算。

(3) 结构件随腐蚀坑深度的增加,截面积逐渐减小,前梁缘条在该处应力水平逐步升高,导致疲劳损伤增大,使该处疲劳寿命大幅度降低。计算时采用对该型飞机连续十几年的外场腐蚀普查得到的大量腐蚀损伤数据,经统计拟合分析得到的前梁缘条平均腐蚀深度 d 与日历使用年限 t 的关系式为[4]

$$d = - 1.94716 + 1.632\ln t \tag{8}$$

采用局部应力应变法模型及式(8)进行腐蚀环境下疲劳寿命计算,得到不同腐蚀日历年限单环境介质条件下该部位疲劳寿命计算值见表3所列。

表3 不同服役日历年限单一环境介质条件下疲劳寿命计算结果

日历使用年限 /a	腐蚀深度 /mm	K_f	疲劳寿命/h			
			实验室空气	潮湿空气	3.5% NaCl 盐雾	盐雾 + SO_2
15	2.47	4.04		649064800.0	273594800.0	24199490.0
16	2.58	4.21		322884100.0	141113000.0	13577460.0
17	2.68	4.39	515766300	165873300.0	74255170.0	7680666.0
18	2.77	4.55	211218400	69757060.0	30478560.0	3541702.0
19	2.86	4.71	26582370	10021710.0	4402902.0	753165.7
20	2.94	4.86	1196553	559616.6	291779.8	77852.3
21	3.02	5.00	50364	29071.2	19579.5	7289.8
22	3.10	5.15	2818	1982.3	1263.2	836.7
23	3.17	5.28	244	206.3	155.7	130.0

3.2 综合腐蚀环境下的疲劳寿命

由于地面腐蚀降低了飞机结构材料的疲劳特性,而飞机在腐蚀气氛中飞行和停放必须考虑腐蚀疲劳对飞机结构寿命的影响。飞机结构的腐蚀疲劳综合寿命应是单一环境介质下疲劳寿命按空中飞行使用环境谱中各环境项所占的百分比进行折合。目前我国还没有针对某一机种而编制的空中使用环境谱,本文计算时参考美国波音飞机及海军飞机的飞行环境特点暂定的飞行使用环境谱[5](飞行高度3000m以下),对表3中各环境下的疲劳寿命进行加权合并。飞行使用环境谱中各类环境成份所占的加权比例分别为室温大气87.5%、潮湿空气10%、3.5% NaCl 盐雾 + SO_2 及 3.5% 盐雾各占 1.25%[6]。按其环境比例折合后的寿命计算结果见表4。根据某部队数架飞机10多年的飞行记录统计,计算出飞机的年均飞行强度,从而得到飞机使用到某一日历年限时考核部位的剩余疲劳寿命也列入表4中。飞机使用到某一日历年限综合环境下的疲劳寿命及剩余寿命曲线如图3和图4所示。对图中曲线进行最小二乘法拟合,得到的外场腐蚀日历年限与对应的疲劳计算寿命和剩余寿命关系式为

$$y = \begin{cases} 24.16876 - 0.46811\lg L_f - 0.03666(\lg L_f)^2 \\ 22.150003 + 0.1713\lg L_f - 0.08453(\lg L_f)^2 \end{cases} \quad (9)$$

表4 不同日历年限综合环境条件下疲劳寿命计算结果

日历使用年限 /a	腐蚀深度 /mm	K_f	疲劳寿命/h	
			综合环境下疲劳寿命	剩余疲劳寿命
17	2.68	4.39	468907040	468905578
18	2.77	4.55	192217059	192215511
19	2.86	4.71	24326196	24324562
20	2.94	4.86	1107566	1105846
21	3.02	5.00	47312	45506
22	3.10	5.15	2690	798
23	3.17	5.28	238	0

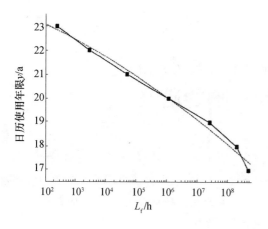

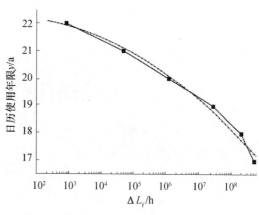

图 3　日历年限与腐蚀疲劳寿命曲线　　　图 4　日历年限与疲劳剩余寿命曲线

4　结论

通过对腐蚀环境下飞机铝合金结构件的寿命评定计算可得出如下结论：

（1）不同腐蚀环境介质对飞机结构疲劳寿命的影响程度不同。对疲劳寿命影响较为严重的次序是 3.5% NaCl 盐雾 + SO$_2$、3.5% NaCl 盐雾、潮湿空气、实验室空气。计算结果与海军飞机腐蚀疲劳定寿研究课题试验结论基本一致。3.5% NaCl 盐雾 + SO$_2$ 对应于海军沿海 + 工业污染的机场；3.5% NaCl 盐雾环境对应沿海，但工业污染很轻的机场；潮湿空气环境为基本远离海边，无工业污染的机场。

（2）当飞机服役时间较短时，结构件腐蚀损伤尺寸（主要是构件腐蚀深度）较小，疲劳寿命的降低幅度较慢，随飞机服役日历年限延长，腐蚀损伤尺寸加大，疲劳寿命下降幅度较快。因此，对现役的军用老旧飞机应重点对疲劳关键件加强腐蚀检查及监控。

（3）对本文选择的机型主要铝合金 LY12CZ 结构件算例，服役期达到 20 年时应缩短检查周期，对结构件腐蚀严重部位加以修理和腐蚀控制。

参 考 文 献

[1] 赵名洋.应变疲劳分析手册[M].北京:科学出版社,1991.

[2] 杨晓华,陈跃良.应力场强法(SA1)计算疲劳寿命[J].海军航空技术学院学报,2000,11(1):69 – 73.

[3] 蒋祖国.飞机结构腐蚀疲劳[M].北京:航空工业出版社,1992.

[4] 穆志韬,段成美.海军现役飞机外场腐蚀损伤统计规律模型及加速腐蚀试验研究[J].海军航空工程学院青岛分院学报,2001,14(1):12 – 15.

[5] 段成美.飞机的使用环境谱[A].飞机结构腐蚀疲劳论文集[C].1995:50 – 54.

[6] Chen Y L,Jin P. Study on load environmental spectrum and accelerated corrosion equivalent spectrum of aircraft structure [A]. FATIGUE,1999:2353 – 2358.

（作者:穆志韬。发表于《中国工程学》,2002 年第 03 期）

温度对铝合金材料疲劳短裂纹萌生行为影响的研究

摘　要：利用扫描电镜（SEM）原位观测技术，研究了高温下铝合金试件在循环应力作用下的疲劳短裂纹萌生行为。结果表明，温度对于短裂纹行为具有强烈的影响。基于局部应变法，文中提出了一种预测温度作用下的铝合金疲劳裂纹短萌生寿命的评估公式。

关键词：铝合金；原位技术；温度；疲劳短裂纹

1　引言

铝合金以其较高的比强度成为航空工业应用广泛的一种结构材料。虽然近年来面临以复合材料为代表的一系列新材料的挑战，但是其在飞机结构中仍然占据重要的地位。服役过程中，铝合金结构不仅要承受疲劳载荷的作用，还要承受环境造成的损伤[1-5]，这其中就包括温度环境。较高的温度会使得铝合金材料疲劳裂纹更加容易萌生，缩短结构件的寿命[4]。按照受材料微观结构影响程度来区分，裂纹通常分为短裂纹阶段和长裂纹阶段。短裂纹阶段往往消耗70%以上的构件寿命。基于短裂纹行为的结构剩余寿命评估成为前沿课题[3]。对于结构件来讲，其短裂纹阶段由萌生寿命和扩展寿命两部分组成，短裂纹萌生寿命比重更大[6]。因此，研究材料短裂纹萌生寿命有重要的意义，可以为制定飞机部件的检修周期提供依据。

2　高温疲劳试验

2.1　试验材料

试验材料采用了航空用锻造铝合金 LY12CZ，沿轧制方向截取哑铃状 SENT 试件，尺寸如图1所示，厚度为1mm。材料成分与主要力学性能见表1所列。试件中部利用线切割预置了一个半径为 0.05mm 的缺口。

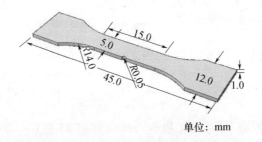

单位：mm

图1　LY12CZ 试件

表 1　LY12CZ 铝合金材料成分以及力学性能

材料成分					力学性能	
$\omega(\mathrm{Cu})/\%$	$\omega(\mathrm{Mn})/\%$	$\omega(\mathrm{Mg})/\%$	$\omega(\mathrm{Ti})/\%$	$\omega(\mathrm{Al})/\%$	$\sigma_{0.2}/\mathrm{MPa}$	$\sigma_{\mathrm{b}}/\mathrm{MPa}$
4.0	0.7	0.60	0.12	其他	275	415

2.2　试验方法

为了研究高温环境对于疲劳裂纹萌生行为的影响,采用带有液压伺服疲劳加载设备的扫描电镜原位观测研究方法,对温度与疲劳加载中的试件进行实时观测。这种技术的原理如图 2 所示。

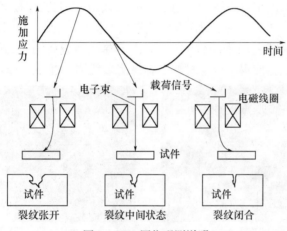

图 2　SEM 原位观测说明

原位观测克服了传统研究手段无法实时动态追踪疲劳裂纹的萌生行为,导致难以揭示高温下试样疲劳失效机制的弊端,使得定量表征环境温度与铝合金疲劳裂纹萌生之间的关联程度成为可能[6-10]。

本次试验采用 SS550 型电镜和液压伺服疲劳试验机完成疲劳加载与微尺度原位观测。电镜观察与液压伺服加载相对独立,分别由两台计算机控制。电镜自身的放大倍数为 20 ~ 200000 倍,最佳状态时分辨率可以达到 10nm,由于机械加载过程中的振动,分辨率有所下降,大约在亚微米量级,适宜动态拍摄高解析度的微小裂纹图像。该系统可以提供最大 1000N 的拉力,最高加载频率 25Hz,并可以对疲劳加载中的试件提供最高 800℃的恒温环境,便于研究高温条件下的疲劳过程。在疲劳加载过程中,利用 SEM 电镜系统可以进行高精度的原位同步实时观测,获得的试件表面图像可以传输给计算机,形成 1280 × 720 像素的试件表面高分辨率图像。本试验中分别对试件施加 50℃、100℃、250℃、400℃四种恒温载荷。每个温度载荷下分别施加最大应力 150MPa、200MPa、250MPa 三种疲劳机械荷载,其中疲劳机械加载采用正弦波形,应力比 $R = 0.1$。每个温度—疲劳荷载组合进行两次平行试验,一共 24 个试件。

为了加速疲劳损伤,设定载荷加载频率 $f = 10$Hz。每隔一定时间对试件表面进行一次检测。检测拍照时为了获得分辨率更高的图片,采集图像时将频率暂时调整为 $f = 0.5$ Hz。需要说明的是,原位观测只能发现表面裂纹,但是由于试件厚度相对其宽度来说很薄,可以原位试验中认为表面裂纹行为代表整个厚度方向上的裂纹行为,误差在可以接受的范围内[2,5-9]。

3 结果与讨论

3.1 高温下铝合金疲劳裂纹的萌生行为研究

通过 SEM 原位观测,可以清晰捕捉到材料微结构对于裂纹萌生行为的影响。从图3中可以看出,铝合金材料疲劳裂纹萌生存在穿晶断裂和沿晶断裂两种形式。如果晶界结合力较小,那么倾向于发生沿晶断裂;如果晶界结合力较大,那么比较容易发生穿晶断裂。高温条件下,晶界之间的结合力受到高温的影响而减弱,因此在温度较高的情况下,易表现出沿晶断裂倾向,如图3(a)所示;而在温度较低的情况下,晶粒之间的结合力相对比较大,因而容易发生穿晶断裂,如图3(b)所示。由于穿晶断裂所消耗的能量往往要高于沿晶断裂,因而高温环境会使得铝合金材料更容易萌生裂纹,从而缩短结构的疲劳寿命。

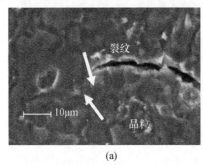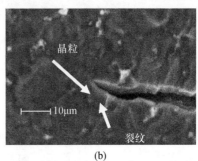

(a)　　　　　　　　　　　　　(b)

图3　高温下疲劳裂纹萌生 SEM 图

(a)沿晶断裂(400℃,250MPa);(b)穿晶断裂(100℃,250MPa)。

3.2 基于 SEM 原位观测的高温疲劳短裂纹萌生寿命的研究

SEM 原位疲劳试验具有实时观测、分辨率高的特点,可以定量得到裂纹长度随着应力循环的变化,从而很容易确认导致最终断裂的主裂纹。短裂纹与长裂纹的区别在于受材料微观结构影响的程度,因此其萌生寿命与传统的工程中宏观裂纹萌生寿命定义不同,其萌生寿命定义为裂纹扩展到"最大微观尺度障碍"所消耗的应力循环次数[3]。对于金属材料,一般取为 1~2 个晶粒尺度[3,4,9]。该批次 LY12CZ 铝合金的平均晶粒尺度为 40(m,因此本文将缺口根部主裂纹长度达到 40μm 时对应的应力循环次数作为裂纹萌生寿命(不计入预置裂纹长度)。试验得到的不同温度下的裂纹萌生寿命见表 2 所列。

表2　高温下试件疲劳裂纹萌生寿命

温度/℃	150MPa	200MPa	250MPa
50	41010	38012	28339
100	20001	12801	12004
250	15899	9091	8040
400	9950	6394	6499

文献[5]的工作说明采用局部应变法表征带有初始缺陷构件的疲劳裂纹萌生寿命是合理的。在机械疲劳载荷作用下,金属疲劳行为中存在临界应力强度因子 ΔK_{th}。它代表结构疲劳寿命趋于无穷时承受的最大应力强度因子范围。对此进行推广,可以设想高温条件下的承受疲劳载荷的金属也存在临界应变范围 $\Delta\varepsilon_{th}$。在给定温度环境下,当循环应变疲劳范围低于 $\Delta\varepsilon_{th}$ 时,则裂纹不会发生疲劳断裂,即其高温疲劳寿命趋于无限。也就是说,当局部应变 $\Delta\varepsilon \leqslant \Delta\varepsilon_{th}$,不造成结构件疲劳损伤。

基于上面的假设,施加于试件上的应变可以分成两个部分:一部分是不会造成金属损伤的临界应变范围 $\Delta\varepsilon_{th}$,$\Delta\varepsilon_{th}$ 在疲劳过程中可以恢复;另一部分是高于此值的造成材料损伤的 $\Delta\varepsilon_D$,$\Delta\varepsilon_D$ 无法恢复,在应变疲劳过程中会逐步累积,最终导致结构件疲劳破坏。这两部分之和就是总的施加应变范围,即 $\Delta\varepsilon = \Delta\varepsilon_{th} + \Delta\varepsilon_D$。因此裂纹萌生寿命 $N_{initial}$ 就取决于应变疲劳过程中 $\Delta\varepsilon_D$ 的累积。

基于 Manson – Coffin 公式以及疲劳应变的思想,裂纹萌生寿命可以用式(1)表示[5, 9]。

$$N_{initial} = A\left(\Delta\varepsilon - \Delta\varepsilon_{th}\right)^{-2} \tag{1}$$

式中:A 为应变疲劳抗力系数。

由于疲劳试验中的材料承受的最大应力值一般低于材料自身的屈服强度,结构处于弹性变形范围,因此胡克定律依然适用,即

$$\Delta\sigma = E\Delta\varepsilon \tag{2}$$

$$\Delta\sigma_{th} = E\Delta\varepsilon_{th} \tag{3}$$

式(3)中:$\Delta\sigma_{th}$ 为与临界应变范围 $\Delta\varepsilon_{th}$ 对应的应力值;E 为材料的弹性模量。

将(2)和式(3)代入式(1),得

$$N_{initial} = AE^2\left(\Delta\sigma - \Delta\sigma_{th}\right)^{-2} \tag{4}$$

式中:$\Delta\sigma$ 为远场施加应力。

由于缺口的存在导致的应力集中以及加载应力比的影响,因此需要将远场名义应力范围 $\Delta\sigma$ 进行修正,成为等效名义应力 $\Delta\sigma_{eqv}$,即

$$\Delta\sigma_{eqv} = \left[\frac{1}{2(1 - R)}\right]^{1/2} K_t\Delta\sigma \tag{5}$$

式中:K_t 为缺口所造成的应力集中因子。根据有限元分析的结果,本文所采用的试件预置缺口造成的 $K_t = 1.25$。对于每个试件由于缺口加工精度略有不同,K_t 稍有变化,浮动范围为 1.17 ~ 1.36。

以(5)中的 $\Delta\sigma_{eqv}$ 替代(4)中的 $\Delta\sigma$,则可以得到

$$N_{initial} = A_s\left[\Delta\sigma_{eqv} - (\Delta\sigma_{eqv})_{th}\right]^{-2} \tag{6}$$

式(6)中,A_s 为高温应力疲劳裂纹起始系数[5],$(\Delta\sigma_{eqv})_{th}$ 为裂纹起始门槛值。

对式(6)取自然对数,得

$$\lg N_{initial} = \lg A_s - 2\lg\left[\Delta\sigma_{eqv} - (\Delta\sigma_{eqv})_{th}\right] \tag{7}$$

根据 SEM 原位试验下试件的萌生寿命 $N_{initial}$ 就可以得到 A_s 和 $(\Delta\sigma_{eqv})_{th}$ 的值。

在 $\lg N_{initial}$—$\lg\left[\Delta\sigma_{eqv} - (\Delta\sigma_{eqv})_{th}\right]$ 双对数坐标下,式(7)表示一条斜率为 -2 的直线。

编制计算机程序进行线性回归分析,在斜率为 -2 ± 0.002 的条件下,可以求出 A_s 和 $(\Delta\sigma_{eqv})_{th}$ 的值。程序流程图如图4所示。其中 $(\Delta\sigma_{eqv})_{th}$ 的初值设为10MPa,迭代增量步0.1MPa。计算得到的 A_s 和 $(\Delta\sigma_{eqv})_{th}$ 随着温度的变化曲线绘制如图5所示[9-10]。

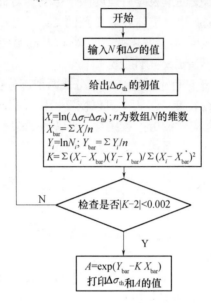

图4 回归计算流程图

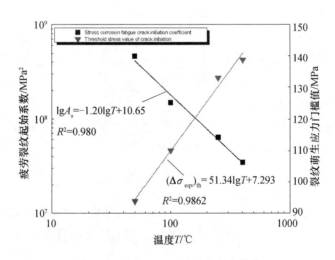

图5 A_s 和 $(\Delta\sigma_{eqv})_{th}$ 随温度变化曲线

可以看出,在双对数坐标下,$\lg A_s$ 随着 $\lg T$ 线性递减,这意味着 A_s 与环境温度呈现复杂的指数递减关系,拟合如式(8)所示,线性相关系数 $R^2 = 0.980$,线性程度良好。

$$A_s = 10^{10.65} T^{-1.2} \approx 4.47 \times 10^{10} T^{-1.2} \tag{8}$$

而 $(\Delta\sigma_{eqv})_{th}$ 随着温度呈现线性递增,其随温度变化的拟合关系式如式(9)所示。拟合线性相关系数 $R^2 = 0.9862$,同样具有满意的拟合效果。

$$(\Delta\sigma_{eqv})_{th} = 51.34 \lg T + 7.2930 \tag{9}$$

利用式(8)和式(9),结合式(6)就可以对高温 LY12CZ 铝合金试件在疲劳循环载荷作用下的裂纹萌生寿命进行评估,从而为温度载荷条件下铝合金构件疲劳寿命评估提供参考依据。

4　结论

(1) SEM 原位技术是研究疲劳短裂纹行为的一项有效工具。可以对材料微尺度裂纹萌生行为进行精确的观测。

(2) 利用疲劳应变法对于高温下含缺口试件裂纹萌生寿命进行评估,得到了一套评估经验公式,具有一定的工程实践价值。

(3) 所得到的评估公式的数值稳定性并不好,尤其是 A_s 的估计值式(8)系数过大,容易造成比较大的计算误差。因而需要进行更为细致的建模,获得稳定性更好的高温环境下裂纹扩展评估方法。

参 考 文 献

[1] Zheng X,Lu B. Fatigue formula under cyclic strain[C]. Fatigue and Fracture. 1990:175 – 184.

[2] Wang X S,Li Y Q,YU S W. Evaluation of the thermal – mechanical fatigue behavior for 62Sn38Pb bulk solder [J]. J Exp Tech. 2009,27(2):31 – 41.

[3] 赵永翔. 低周疲劳短裂纹行为和可靠性分析[D]. 四川:西南交通大学,2002.

[4] 乔宇,洪友士. 短裂纹群体行为及疲劳寿命预测[J]. 力学进展,2007,27(4):489 – 503.

[5] 王荣. 金属材料的腐蚀疲劳[M]. 西安:西北工业大学出版社,2001.

[6] Hamilton B C,Hall D E, Saxena A. Creep Crack Growth Behavior of Aluminum Alloy 2519:Part I—Experimental Analysis,Elevated Temperature Effects on Fatigue and Fracture[J]. ASTM STP 1297. American Society for Testing and Materials. 2007:3 – 18.

[7] Shuter D M,Geary W. The Influence of Specimen Thickness on Fatigue Crack Growth Retardation Following An Overload [J]. International journal of fatigue. 2010,17(2):111 – 119.

[8] Wang Xi – shu,Kawagoishi. A simple predicting method of fatigue crack growth rate based on a tensile strength of carbon steel[J]. Journal of Iron and Steel Research International. 2011,10(2):58 – 62.

[9] Wang X S,Wu B S,Wang Q Y. Online SEM investigation of micro fracture characteristics of concretes at various temperature values [J]. Cem. Concr. Res. 2009,35(7):1385 – 1390.

[10] Wang X S,Jin L. Li Y,et al. Effect of equal channel angular extrusion process on deformation behaviors of Mg – 3Al – Zn alloy [J]. Mater. Lett. 2010,62(5):1856 – 1858.

(作者:李旭东,刘治国,穆志韬,朱武峰。发表于《海军航空工程学院学报》,2012 年第 06 期)

腐蚀环境下现役飞机使用寿命的评估

摘　要:通过对我军现役飞机的使用寿命及腐蚀损伤状况的调研分析,阐述了在腐蚀环境作用下现役军用飞机使用寿命的评定方法,并从经济角度分析了腐蚀条件下飞机日历寿命的评估模型。

关键词:飞机结构;日历寿命;腐蚀损伤;使用寿命;腐蚀疲劳

1　引言

近十几年来,随着我军现役飞机服役时间的增长,飞机使用中发现由于腐蚀或腐蚀疲劳造成的破坏也越来越多。如螺钉锈蚀,蒙皮脱漆、变薄,翼梁缘条发生剥蚀、紧固件及飞机结构上一些重要承力构件出现腐蚀疲劳裂纹等,特别是沿海地区的海军型飞机这类问题更为突出。尤其是海军的特种飞机如水上飞机、舰载机等,常遇到海水、盐雾、潮湿等腐蚀性更为强烈的自然环境,飞机结构件在交变载荷和腐蚀环境交互作用下,防腐保护层加速失效,抗疲劳能力降低,飞机结构的腐蚀疲劳使用寿命显著缩短。由于缺乏这一方面的科学应用研究,造成部队对现役飞机的寿命管理较乱,尤其是现役军用飞机的飞行小时数、起落数与日历寿命严重不配套,造成使用与修理费用的增加。个别飞机因腐蚀严重,不得不进厂提前大修,大修后又无法准确地给出飞机的使用寿命。因此,本文对现役军用飞机在腐蚀损伤后寿命的评估方法进行了分析探讨。

2　现役军用飞机腐蚀疲劳破坏的特点

根据对现役军用飞机的使用环境调研统计,导致飞机结构材料腐蚀的主要介质为高温潮湿空气、盐雾、工业废气、油箱积水以及结构内局部环境积水(据海军使用环境谱统计,潮湿空气即相对湿度≥75%所占比例为全军时间的20%左右,盐雾及凝露占25%)。上述介质可分为腐蚀气体和液体两大类,对飞机结构来说,腐蚀疲劳研究主要是针对材料及结构件在这两类腐蚀介质中的疲劳和裂纹扩展特征。

结构件的腐蚀疲劳特征与材料的成分、热处理制度有关。在同一种腐蚀介质下,不同材料的腐蚀疲劳特点会有显著的不同。腐蚀疲劳的最大特点就是交变应力和腐蚀环境的协同作用,且相互之间有促进作用。一般来说,在腐蚀介质中,绝大部分结构件的疲劳寿命降低,裂纹扩展速率增加。在腐蚀介质同时作用时造成材料材质的退化,从微观分析中可以看到,腐蚀介质一方面在材料表面造成很多小的蚀坑,使结构件表面粗糙度上升,造成局部损伤,形成大量的疲劳源,加速疲劳裂纹的形成,引起疲劳强度降低;另一方面腐蚀介质随裂纹浸入材料内部,在裂尖处高应力区,对结构件造成进一步破坏而使裂纹扩展加快。

腐蚀疲劳断裂失效既不同于应力腐蚀开裂,也不同于一般的机械疲劳断裂,腐蚀疲劳对环境介质没有特定的限制,不像应力腐蚀那样,需要金属材料与腐蚀介质构成特定的组合关系。腐蚀疲劳一般不具有真正的疲劳极限,腐蚀疲劳曲线类似非铁基合金(如铝、镁)的一般疲劳曲线,没有与应力完全无关的水平线段,腐蚀疲劳的条件疲劳极限与材料抗拉强度没有直接关系。腐蚀疲劳性能同循环加载频率及波形密切相关,加载频率的影响尤为明显,加载的频率越低,腐蚀疲劳就越严重。这是因为当加载频率很高时,裂尖应变速率很高,环境影响来不及进行,环境对疲劳损伤的促进作用降低;相反,当加载频率降低时,腐蚀介质可以浸透到裂纹尖端,对疲劳损伤的促进作用加剧。

腐蚀疲劳在外观上表现出与常规疲劳不同的特征。在腐蚀疲劳条件下,往往同时有多条疲劳裂纹形成(常规疲劳裂纹常只有一条),并沿垂直于拉应力方向扩展。腐蚀疲劳断口的源区与疲劳扩展区一般均有腐蚀产物,通过微区成分分析,可测定腐蚀介质的组分及相对含量。腐蚀疲劳断裂一般起源于飞机结构件表面腐蚀损伤处(即包括孔蚀、晶间腐蚀、应力腐蚀等),大多数腐蚀疲劳断裂的源区及扩展区可见到明显的腐蚀损伤特征,腐蚀疲劳断口呈现穿晶及沿晶混合型,断裂表面颜色灰暗、无金属光泽,疲劳条带呈解理脆性特征。

3　飞机结构腐蚀疲劳寿命评估方法

我国飞机结构的腐蚀疲劳研究起步较晚,可供借鉴与参考的资料也不多,许多理论还有待于进一步的验证和完善。因而,在目前条件下,根据现有的腐蚀疲劳机理,进行精确的理论计算,确定飞机结构的腐蚀疲劳寿命具有相当大的困难;同时,模拟实际使用环境条件下全尺寸结构件的疲劳试验也需要有很长的时间,花费巨大的人力、物力和财力。目前的技术条件下进行这样的腐蚀疲劳试验确定飞机的疲劳寿命是不现实的。一个可行的解决办法是选择一些既受严重疲劳载荷又受严重腐蚀环境影响的飞机结构关键部位,进行典型结构的腐蚀疲劳试验和分析以用于对实验室全尺寸飞机机体或部件疲劳试验结构进行修正。

目前,在飞机结构腐蚀疲劳研究领域中,用于腐蚀疲劳寿命估算的方法比较多,在对具体结构的腐蚀疲劳寿命估算时要视结构的受载情况、使用环境特点等因素去选择相应的估算方法。下面就工程中常用的几种腐蚀疲劳寿命的估算方法进行分析探讨。

3.1　腐蚀等级——寿命评估法

(1)通过典型材料和结构件在不同腐蚀等级 M 程度下的疲劳试验,建立不同腐蚀等级与之对应的疲劳强度 S 之间的关系。

(2)对现役飞机典型结构腐蚀普查统计分析,建立飞机的日历使用时间 t 与腐蚀等级程度之间的关系,即可获得 t—S 曲线。

(3)通过对飞机使用时间统计,建立日历飞行时间谱,即备日历时间段 Δt_i 内的飞行小时数 F_{hi}。

(4)根据典型结构件关键疲劳部位的实测载荷谱 S_{aj}—n_j,分别按各日历时间段对应的疲劳强度 S_i 和飞行小时数 F_{hi},采用 Miner 法则求出各日历时间段内飞行累积损伤 d_i 和

总累积损伤 D,当总累积损伤 $D=1$ 时,所对应的飞行小时和日历时间即为该结构的腐蚀疲劳修正寿命。其计算公式为

$$
\begin{cases}
\dfrac{S_a}{S_{\infty p}} = 1 + \dfrac{A}{N^\beta} \\[4mm]
N_j = A^{\frac{1}{\alpha}} \cdot \left(\dfrac{S_{aj}}{S_{\infty pj}} - 1 \right)^{-\frac{1}{\alpha}} \\[4mm]
d_i = F_{hi} \sum_{j=1}^{m} \dfrac{n_j}{N_j}
\end{cases}
\tag{1}
$$

式中:m 为疲劳载荷级数;$S_{\infty p}$ 为安全疲劳强度极限;A、α 为疲劳曲线形状参数;S_a、N 为载荷幅值及其对应的疲劳寿命循环数。

则总的累积损伤为

$$
D = \sum_{i=1}^{k} d_i
$$

式中:k 为日历时间分段数。

3.2 影响系数法

在飞机定期检查和大修时,对腐蚀疲劳严重的典型结构件,根据其实际使用的时间和腐蚀疲劳严重程度,确定典型结构件的腐蚀疲劳寿命。

(1) 假如定义典型结构件的腐蚀疲劳寿命与疲劳寿命(不考虑环境条件的影响)的比值为腐蚀疲劳缩减系数 β,即

$$
\beta = \frac{\text{腐蚀疲劳寿命}}{\text{疲劳寿命}}
$$

(2) 分析飞机主要使用地区的温度和相对湿度。假没温度、相对湿度对疲劳寿命的影响满足三参数威布尔分布[3],确定温度与相对湿度影响系统分别为 f_t、f_H。

(3) 对于其他环境条件,如工业污染、盐雾、海水等因素,同样可根据实际情况确定寿命影响系数 f_E。

(4) 如果通过分析和试验得到飞机结构的疲劳寿命为 L_f,则依据使用环境可确定各影响系数,故飞机结构的腐蚀疲劳寿命为

$$
L_{cf} = \beta L_f = f_T f_H f_E L_f
\tag{2}
$$

若飞机在两个或多个不同的地区使用过,则可分别求出各使用地区的影响系数,并根据飞机在各地区的使用时间进行加权平均。

3.3 疲劳强度修正——加权系数法

(1) 通过对飞规结构件选用的材料在大气和使用环境介质下的疲劳试验,求出材料的腐蚀疲劳比例系数 $F = S_e / S_0$(式中:S_e、S_0 分别为 S—N 曲线上同一 N 值时在介质和空气中的疲劳强度 S 值);然后用比例系数修正等寿命图。

(2) 飞机在使用过程中受多种环境介质的影响,机体各个部位受到的腐蚀也是不同的。对于飞机上某一具体部位,可按该部位所受各介质作用时间比和防护条件等因素确

定一个加权系数 C_i，以考虑该种介质对该部位疲劳损伤的影响。对应各种腐蚀介质的加权数为 C_i，且有

$$\sum_{i=1}^{n} C_i = 1$$

式中：n 为环境中含有介质的种类数。

用各介质的经过修正的等寿命图计算环境中某介质作用下的结构损伤 D_i，则各种介质联合作用产生的损伤为

$$D_c = \sum_{i=1}^{n} D_i C_i \tag{3}$$

飞机结构的腐蚀疲劳寿命为

$$L_c = 1/D_c \tag{4}$$

4　飞机结构日历寿命的评估方法

飞机日历寿命即飞机使用以日历持续时间表示，单位为年。在日历寿命期内，只要飞机的飞行小时数或起落次数未达到使用寿命指标要求，飞机仍应具有所规定的使用功能，并确保飞行安全。日历寿命也是一种从经济角度确定的寿命，即到此寿命时，飞机会由于普通存在的开裂和腐蚀等影响飞机功能和安全，而若修理，所花费用及代价又太高。飞机结构的日历寿命和飞行载荷作用下的疲劳寿命（飞行小时数）都是飞机使用的两个重要战技指标。由于影响腐蚀的因素太多且复杂。最近国内外都开展了关于飞机结构日历寿命评定的研究，大都停留在理论分析和探索阶段。在实际工程中还没有找到一套切实可行的评定方法。现从以下两个方面分析飞机结构日历寿命的评估模型。

4.1　建立在腐蚀损伤基础上的评估模型

（1）根据法拉第定律的原理推断出，飞机结构在某一环境介质中，在达到同样腐蚀量 D 的情况下，提高腐蚀环境温度 T，日历小时数 H 缩短；腐蚀环境温度降低，日历小时数增长，当温度低到某一临界值 T_c，则日历小时数趋于无穷大（即接近不腐蚀），可建立飞机结构材料的腐蚀 T—H 曲线（图1）。

（2）假设任何腐蚀结构件部有一个临界腐蚀量 D_c，它可以是腐蚀深度、面积或腐蚀失质量。

（3）假定结构件有如图2所示的使用温度 T 和作用时间小时数 H 的腐蚀谱。

（4）假定结构件腐蚀到 D_c 时，腐蚀温度—时间谱的总循环块数为 λ，即在腐蚀温度—时间谱作用下，经过 λ 次循环后，就可达到临界腐蚀量 D_c。

（5）日历寿命数学模型的建立。由图1和图2组合分析可得到：在 T—H 曲线上，在 T_1 温度下，为得到 D_c 的腐蚀量，需要 H_1 小时，但在使用的温度—时间腐蚀谱中，在 T_1 温度下，只腐蚀作用了 h_1 小时，根据在某一温度下，腐蚀量与腐蚀时间成线性关系，因此它只占总腐蚀损伤量的 h_1/H_1，称它为腐蚀损伤度。同理可得到，使用温度—时间谱中 T_2，T_3，$\cdots$，T_{k-1}，T_k 的腐蚀损伤度 h_2/H_2，h_3/H_3，$\cdots$，h_{k-1}/H_{k-1}，h_k/H_k。

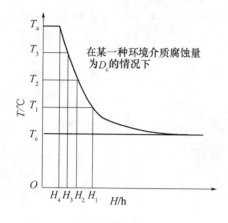

图 1　飞机结构材料腐蚀 $T—H$ 曲线

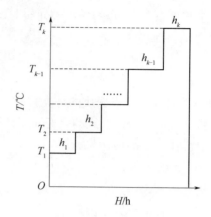

图 2　温度—时间腐蚀谱

根据腐蚀损伤线性累积假设,一个腐蚀温度—时间谱块的累积腐蚀损伤度为

$$\frac{h_1}{H_1} + \frac{h_2}{H_2} + \cdots + \frac{h_{k-1}}{H_{k-1}} + \frac{h_k}{H_k} = \sum_{i=1}^{k} \frac{h_i}{H_i} \tag{5}$$

而它只占循环谱块损伤度的 $1/\lambda$,因此有

$$\sum_{i=1}^{k} \frac{h_i}{H_i} = \frac{1}{\lambda}$$

$$\lambda \sum_{i=1}^{k} \frac{h_i}{H_i} = 1 \tag{6}$$

若腐蚀结构件是在 m 种介质的使用温度—时间谱同时作用时,可以得到结构件的腐蚀损伤日历寿命的计算公式为

$$\lambda \left[\left(\sum_{i=1}^{k} \frac{h_i}{H_i} \right)_1 + \left(\sum_{i=1}^{k} \frac{h_i}{H_i} \right)_2 + \cdots + \left(\sum_{i=1}^{k} \frac{h_i}{H_i} \right)_{m-1} + \left(\sum_{i=1}^{k} \frac{h_i}{H_i} \right)_m \right] = 1 \tag{7}$$

即

$$\lambda \sum_{j=1}^{m} \left(\sum_{i=1}^{k} \frac{h_i}{H_i} \right)_j = 1$$

4.2　建立在飞机大修经济基础上的评估模型

日历寿命指标实际上是在经济能力许可的范围内,通过以可靠性为中心的维修大纲(RCM),努力保证使用寿命规定的起落次数或飞行小时数能够达到。这个要求,对国外飞机,如波音系列飞机,对使用寿命所规定的飞行小时数、起落次数与日历寿命基本协调,即飞行小时数或飞行起落次数(两者之一)达到后,日历寿命亦告终结(根据日使用率进行计算)。国外飞机日使用率高,新机换代频繁,对日历寿命要求相对较短(如波音系列飞机使用 20 年);而我国情况相反,按目前我国许多机种实际使用率,即使规定较长的日历寿命,也很难使飞机能利用到规定的飞行小时数或起落次数。因此,要求的飞机日历寿命就完全属于一种经济寿命。

从经济观点确定飞机结构日历寿命,目前有几种不同的计算方法。其主要是将其历次修理的成本总和与购置一架新机的费用相比,或用最后一次大修所需成本与一架新机

374

的费用相比,这个比数不一定为恒值,它还与其他因素有关,如老旧飞机修复后的价值、新机替代的可能性、用户的经济状况等。根据上述情况,建立飞机结构日历寿命评估模型为

$$\left(\frac{N}{T} - 1\right)C_{\mathrm{m}} \leqslant \eta C_0 \tag{8}$$

式中:N 为日历寿命;T 为平均间隔修理时间;η 为经济比数;C_{m} 为平均一次修理成本;C_0 为一架飞机总成本。

若考虑到随使用年代越长,修理范围越广、腐蚀越严重,修理成本按某系数的指数上涨;同时,修理周期越来越短,也按某系数的指数下降。则式(8)修改为

$$\begin{cases} \displaystyle\sum_{i=1}^{n-1} C_{\mathrm{m}}\alpha^{i-1} \leqslant \eta C_0 \\ \displaystyle\sum_{i=1}^{n} \frac{T}{\beta^{i-1}} \leqslant N \end{cases} \tag{9}$$

式中:α 为修理成本每次增加的系数;β 为翻修间隔每次缩减的系数。

5　腐蚀环境条件下飞机寿命评定内容及方法的思考

现役军用飞机结构的腐蚀疲劳研究,目前虽取得了一些成绩,还仅限于部分飞机型号、部分关键结构件和有限的几种典型材料,今后应全面开展对其他型号飞机腐蚀疲劳寿命的评估。为了更科学、合理地给出现役军用飞机的服役寿命并加以安全监控,今后需进一步加强如下几方面的研究和完善工作:

(1)在现有研究成果的基础上,补测更多的腐蚀环境条件下的材料性能数据,提高腐蚀疲劳试验的技术水平和测试手段.逐步引入目前断裂力学的最新研究成果,探索实现从裂纹萌生到临界裂纹长度的全寿命评估手段,发展载荷谱与环境谱协同作用下的寿命预测方法。

(2)腐蚀环境对现役飞机结构寿命的影响很大,但在现有经济条件下又不可能对全机进行腐蚀疲劳试验,如何用材料、典型结构件的腐蚀疲劳试验结果来更好的修正飞机的使用寿命有待进一步研究,以确定适合中国国情的评定方法。评定的内容包括低周、高周腐蚀疲劳和谱载腐蚀疲劳以及腐蚀环境谱的当量化折算研究、环境谱与载荷谱的匹配等内容。

(3)由于现役军用飞机停放环境的腐蚀问题,飞机即使不飞行,其寿命也在损失,因此,今后应重点开展腐蚀环境条件下现役飞机的日历寿命和腐蚀损伤容限研究,不仅给出飞机的服役寿命,同时还给出日历寿命及最大允许腐蚀修复程度,确保现役老旧飞机的飞行训练安全。军用飞机所担负的任务不同于民机飞机,飞行小时数或起落次数使用进度较慢,当飞机日历寿命已达到指标规定值时,实际飞行小时数往往只达到飞机小时寿命的1/3,甚至更低,若飞完规定的小时寿命,日历寿命则要超过规定指标若干年。长期以来海军飞机三项寿命指标严重不配套的问题一直未能解决。由于飞机寿命指标的规定原则与外场使用实际情况不符,使部队在管理飞机日历寿命时有较大随意性,缺少充分的科学依据。寿命使用中的不配套问题,不仅造成修理费用的浪费,同时也潜伏着较大的不安全

隐患。

（4）飞机结构的腐蚀不仅与飞机的设计、选材、制造工艺、使用环境等有关，而且还和外场的维护紧密相联，要及时准确掌握飞机的腐蚀发展状况，一个重要的前提是，能够连续和量化地给出飞机的腐蚀数据，这些数据就可以作为飞机寿命评估的科学依据。要做到这一点的唯一途径是建立有效的"军用飞机腐蚀状况监控网络"，有了腐蚀监控网络，就可以连续地跟踪所有飞机的腐蚀发展情况，进而建立起现役飞机腐蚀数据库。这对于可靠使用飞机装备将发挥重要的指导作用，使现役军用飞机的腐蚀控制和防护工作达到一个更高的层次。

参 考 文 献

[1] 穆志韬,段成美,金平.飞机结构的腐蚀修理及防护控制技术[J].飞机制造工程,1995.

[2] 吴学仁,飞机结构腐蚀疲劳学术研究论文集[M].1995.

[3] 张福泽.金属机件腐蚀日历寿命的计算模型和确定方法[J].航空学报,1999.

[4] 金平,段成美,陈跃良.飞机停放环境谱的编制[J].海军航空技术学报,1999.

（作者：穆志韬。发表于《飞机工程》，1999 年第 04 期）

基于损伤检测的腐蚀疲劳寿命预测概率模型

摘　要：建立了飞机结构腐蚀疲劳寿命预测的四阶段概率模型，结合腐蚀疲劳损伤检测结果，通过检测的灵敏度和准确度两个随机变量来描述检测技术的可靠性；建立了检测后的修正腐蚀疲劳寿命预测概率模型，通过对比分析修正前后的腐蚀疲劳寿命分布，得出腐蚀损伤尺寸的检测结果。对腐蚀疲劳寿命的评估影响很大，并且检测技术越可靠，寿命评估越准确。

关键词：腐蚀疲劳寿命；腐蚀疲劳损伤检测；可靠性；概率模型

1　引言

飞机结构在腐蚀环境与载荷联合作用下，形成的腐蚀疲劳加速了飞机的疲劳破坏。腐蚀环境对现役老旧飞机结构寿命的影响日益突出。目前，我国飞机结构的寿命估算和疲劳试验绝大多数没有考虑环境的影响，也未进行腐蚀环境条件下的寿命修正。部分机型的使用通报中都明确规定，所给定的寿命结论不适用于在高温、高湿地区，即其使用寿命对在沿海服役的飞机不能直接应用[1]。因此，考虑海军飞机的使用条件和环境，有必要结合实际腐蚀疲劳损伤对老旧飞机使用寿命重新进行评估。调查表明：蚀坑腐蚀导致疲劳裂纹形成和扩展，是飞机结构重要的退化机理之一，飞机结构表面及隐藏在机身连接件部位的腐蚀坑是多点损伤的重要原因[2]。本文以飞机机翼大梁缘条（LY12CZ）为研究对象，对铝合金翼梁缘条的腐蚀疲劳失效机理及随机性进行了研究，并结合腐蚀疲劳损伤检测，对检测后结构腐蚀疲劳寿命重新进行评估。

2　腐蚀疲劳寿命概率模型

假设在腐蚀环境下飞机结构的腐蚀疲劳损伤过程主要包括四个阶段，如图 1 所示。结构全寿命 t_f 也由四个阶段之和组成，即

$$t_f = t_{pn} + t_{pg} + t_{sc} + t_{tc} \tag{1}$$

式中：t_{pn} 为蚀孔成核时间；t_{pg} 为蚀孔生长成表面裂纹所需时间；t_{sc} 为表面裂纹扩展成穿透裂纹所需时间；t_{tc} 为穿透裂纹扩展到结构临界裂纹所需时间。

则结构给定服役时间 t 的失效概率为

$$F_T(t) = P_f(t_f \leqslant t) \tag{2}$$

2.1　蚀孔成核阶段

该阶段主要包括涂层的老化、铝合金基体材料电化学腐蚀过程直至形成蚀孔。该过

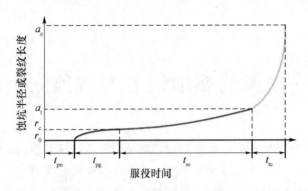

图 1　结构腐蚀疲劳寿命示意图

程与飞机的服役环境、金属材料特性和加工工艺等因素有关。可以保守地假设当铝合金件表面防护涂层失效后,蚀孔结束成核过程,蚀孔成核后尺寸为 r_0,为几微米量级,与材料的夹杂微孔的量级相当。假设此阶段所需时间 t_{pn} 服从威布尔分布,涂层的使用寿命一般为 3 ~ 5 年。故 t_{pn} 的最小值 γ 为 3 年,均值 μ 为 4 年[3]。

2.2　蚀孔生长阶段

飞机翼梁缘条蚀孔的形状较为复杂,为了简便,可以近似假设蚀孔形状为半球体[2],并以恒定的体积腐蚀速率扩展,根据 Farady 公式:

$$\frac{\mathrm{d}V}{\mathrm{d}t} = 2\pi r^2 \frac{\mathrm{d}r}{\mathrm{d}t} = \frac{MI_{p0}}{nF\rho}\mathrm{e}^{-\frac{\Delta H}{RT}} \tag{3}$$

式中:V 为蚀孔体积;M 为金属相对原子质量;n 为金属原子价;F 为法拉第常数;ρ 为金属密度,ΔH 为活化能;R 为通用气体常数;T 为环境热力学温度;I_{p0} 为金属孔蚀电流系数。

通过积分蚀孔生长时间表示为

$$t_{pg} = \frac{2\Delta nF\rho}{3MI_{p0}}(r_c^3 - r_0^3)\mathrm{e}^{-\frac{\Delta H}{RT}} \tag{4}$$

式中:r_c 为转变为表面裂纹蚀孔临界尺寸;r_0 为初始蚀孔尺寸。

2.3　表面裂纹扩展阶段

该阶段为表面裂纹扩展到穿透裂纹阶段。裂纹扩展公式采用标准的 Paris 公式,即

$$\frac{\mathrm{d}a_s}{\mathrm{d}t} = fC_s(\Delta K_{sc})^{m_s} \tag{5}$$

式中:f 为载荷频率;C_s 为表面裂纹扩展系数;ΔK_{sc} 为表面裂纹应力强度因子;m_s 为表面裂纹扩展指数。

Newman 和 Raju 给出的表面裂纹应力强度因子经验公式[4]:

$$\Delta K_{sc} = \frac{2}{\pi}\Delta\sigma\sqrt{\pi a}\left[1.04 + 0.201(a/h)^2 + 0.106(a/h)^4\right]\left[1.1 + 0.35(a/h)^2\right] \tag{6}$$

式中:a 为表面裂纹长度;h 为板厚;$\Delta\sigma$ 为应力幅值。

表面裂纹扩展到穿透裂纹的临界尺寸 a_t 所需时间为

$$t_{sc} = \int_{r_c}^{a_t} \frac{da}{fC_s [\Delta K_{sc}(a)]^{m_s}} \tag{7}$$

2.4　穿透裂纹扩展阶段

该阶段为穿透裂纹扩展到失效阶段。裂纹扩展公式采用标准的 Paris 公式,即

$$\frac{da_t}{dt} = fC_t (\Delta K)^{m_t} \tag{8}$$

式中:f 为载荷频率;C_t 为穿透裂纹扩展系数;m_t 为穿透裂纹扩展指数;ΔK_{tc} 为穿透裂纹应力强度因子,可表示成

$$\Delta K_{tc} = \Delta \sigma \sqrt{\pi a} \tag{9}$$

其中:a 为表面裂纹长度;$\Delta \sigma$ 为应力幅值。

穿透裂纹扩展到临界失效尺寸 a_c 所需时间为

$$t_{tc} = \int_{a_t}^{a_c} \frac{da}{fC_t [\Delta K_{tc}(a)]^{m_t}} \tag{10}$$

2.5　各阶段临界尺寸确定

2.5.1　蚀孔转变为表面疲劳裂纹临界尺寸 r_c

腐蚀疲劳裂纹的形成本质上是蚀孔生长和裂纹扩展相互竞争的结果,在这一阶段应力强度因子开始发挥作用,当与蚀孔等效的表面裂纹应力强度因子达到疲劳裂纹扩展门槛值,且腐蚀疲劳裂纹扩展速率达到蚀孔生长速率时,可以认为蚀孔转变成了疲劳裂纹[2]。

$$\frac{dr}{dt} = \frac{MI_{p0}}{2\pi r^2 nF\rho} e^{-\frac{\Delta H}{RT}} \tag{11}$$

即 $\frac{dr}{dt} \geqslant \frac{da_s}{dt}$,且 $\Delta K_{sc} \geqslant \Delta K_{th}$ 时,确定蚀孔转变为表面裂纹的临界尺寸 r_c。

2.5.2　表面裂纹转变为穿透裂纹临界尺寸 a_t

当表面裂纹应力强度因子与穿透型裂纹应力强度因子相等时,表面裂纹转化为穿透型裂纹。

$$\Delta \sigma \sqrt{\pi a} = \frac{2}{\pi} \Delta \sigma \sqrt{\pi a} [1.04 + 0.201(a/h)^2 + 0.106(a/h)^4][1.1 + 0.35(a/h)^2] \tag{12}$$

解方程(12),得 $a_t = 0.775h$。

2.6　结构全寿命

结构全寿命为

$$t_f = t_{pn} + \frac{2\pi nF\rho}{3MI_{p0}}(r_c^3 - r_0^3) e^{-\frac{\Delta H}{RT}} + \int_{r_c}^{a_t} \frac{da}{fC_s(\Delta K_{SC}a)^{m_s}} + \int_{a_t}^{a_c} \frac{da}{fC_t(\Delta K_{IC}a)^{m_t}} \tag{13}$$

腐蚀疲劳寿命的分布函数(CDF)可以表示为

$$F_{\mathrm{T}}(t) = P_{\mathrm{r}}(T \leqslant t) = \int_{t_{\mathrm{f}} \leqslant t} f(x)\,\mathrm{d}x \tag{14}$$

式中: $f(x)$ 为联合概率密度函数; x 为所有随机变量。

3 基于损伤检测的腐蚀疲劳寿命概率模型

尽管腐蚀疲劳寿命的概率模型能提前预测飞机结构在服役阶段某一时间的失效概率,但这只是一种先验型的概率模型,某一时间实际上的损伤情况可能与预测的不一样。前一阶段的损伤结果应该对后面的寿命预测产生较大影响,而前面建立的概率模型没有考虑到这一点。通过腐蚀疲劳损伤检测技术对飞机结构进行检测,有助于判断根据以往经验所做的统计推断(先验概率分布假设)的合理性和准确性。建立基于损伤检测的腐蚀疲劳寿命概率模型,是对上述腐蚀疲劳寿命概率模型的修正,修正后的腐蚀疲劳寿命概率模型对飞机结构腐蚀疲劳寿命预测更为精确。

3.1 腐蚀疲劳损伤检测可靠性描述

周期性的腐蚀疲劳损伤检测能提供现役飞机结构不同服役年限腐蚀疲劳损伤情况的动态信息。对裂纹和腐蚀损伤可以采用不同的检测技术。检测设备的灵敏度和检测结果的准确性对飞机结构腐蚀疲劳实际损伤评估会产生较大的影响。

腐蚀损伤常用检测手段有超声波检测、涡流检测等[5]。假设蚀孔形状为半球体,定义 r_{d} 为临界蚀坑半径检测尺寸, r_{d} 服从正态分布[6],当蚀坑半径小于 r_{d} 时,蚀坑不能被检测到。裂纹检测的常用检测手段有目视检测、超声波检测、声发射检测等。定义 a_{d} 为临界裂纹检测尺寸, a_{d} 服从正态分布[6],当裂纹小于 a_{d} 时,裂纹不能被检测到。

3.2 修正概率模型建立

假设飞机在机场自然环境中服役到 t', t' 时刻对飞机结构进行检测,结合三种可能的检测的结果对概率模型进行修正,可得到三种情况下修正后的腐蚀疲劳寿命概率模型。

3.2.1 未检测到腐蚀坑和裂纹

这并不是实际上没有损伤存在,而是损伤程度太小,无法检测到,可以表示为 $r_{t'} - r_{\mathrm{d}} \leqslant 0$:

$$r_{t'} = \left[\frac{3}{2\pi} \left(\frac{MI_{\mathrm{p}}t'}{nF\rho} \exp\left(-\frac{\Delta H}{RT} \right) \right) + r_0^3 \right]^{1/3} \tag{15}$$

式中: $r_{t'}$ 为 t' 时间实际蚀坑半径。

结合式(2),修正后腐蚀疲劳寿命分布和某服役时间 $t(t>t')$ 失效概率为

$$F_{\mathrm{T,up}}(t) = P_{\mathrm{r}}(T < t \mid r_{t'} - r_{\mathrm{d}} \leqslant 0) = \frac{P(T < t \mid r_{t'} - r_{\mathrm{d}} \leqslant 0)}{P(r_{t'} - r_{\mathrm{d}} \leqslant 0)} \tag{16}$$

3.2.2 检测到腐蚀坑,但未检测到裂纹

t' 时间检测到腐蚀坑半径为 R ,但还未检测到裂纹,可以表示为 $r_{t'} - R = 0 \cap a_{t'} - a_{\mathrm{d}} \leqslant 0$,结合式(2),修正后腐蚀疲劳寿命分布和某服役时间 $t(t>t')$ 失效概率为[9]

$$F_{T,up}(t) = P_r(T < t \mid r_{t'} - R = 0 \cap a_{t'} - a_d \leqslant 0)$$

$$= \frac{\dfrac{\partial}{\partial X} P(T < t \mid r_{t'} - R \leqslant X \cap a_{t'} - a_d \leqslant 0)}{\dfrac{\partial}{\partial X} P(r_{t'} - R \leqslant X \cap a_{t'} - a_d \leqslant 0)} \tag{17}$$

3.2.3 检测到裂纹

t' 时间检测到裂纹尺寸为 A,可以表示为 $a_{t'} = A$,结合表达式(2),修正后腐蚀疲劳寿命分布和某服役时间 $t(t > t')$ 失效概率为[9]

$$F_{T,up}(t) = P_r(T < t \mid a_{t'} - A = 0) = \frac{\dfrac{\partial}{\partial X} P(T < t \mid a_{t'} - A \leqslant X)}{\dfrac{\partial}{\partial X} P(a_{t'} - A \leqslant X)} \tag{18}$$

本文利用蒙特卡洛法计算修正前后的腐蚀疲劳寿命分布和某服役时间 t 失效概率。

4 算例与讨论

考虑飞机机翼大梁缘条承受循环载荷,翼梁缘条某处为厚 4mm 的 LY12CZ 铝合金。循环载荷幅值 $\Delta\sigma = 100$MPa,频率 $f = 10$r/d,不考虑飞机的机动载荷。模型中所涉及的铝合金材料参数:密度 $\rho = 2.7 \times 10^{-3}$ g/mm³,摩尔质量 $M = 27$,原子价 $n = 3$,活化能 $\Delta H = 50 \times 10^3$ J/mol,温度 $T = 293$K,表面裂纹扩展指数 $m_s = 3.0$,穿透裂纹扩展指数 $m_t = 4.06$,初始蚀坑半径 $r_0 = 0.002$mm,临界失效裂纹尺寸 $a_c = 6.0$mm。各随机变量分布及参数见表1。

表1 随机变量分布及参数

Variables 随机变量	均值	变异系数	分布类型
表面裂纹扩展系数 C_s / (m/cycle)	1.092×10^{-9}	0.5	对数正态
穿透裂纹扩展系数 C_t /(m/cycle)	1.86×10^{-11}	0.5	对数正态
点蚀电流系数 I_{p0} /(C/s)	0.5	0.2	对数正态
应力强度因子门槛值 K_{th} /(MPa·m$^{\frac{1}{2}}$)	2.23	0.2	对数正态

假设飞机机翼大梁缘条某处在点蚀成核后又经历了 200 天(包括日历地面停放和飞行),对飞机机翼大梁缘条进行腐蚀疲劳损伤检测。考虑三种损伤情况,每种损伤情况用两种检测手段,检测的变异系数分别为 0.2、0.5,见表2所列。通过未修正模型计算,飞机翼大梁缘条某处服役在蚀孔成核 200 天后,腐蚀坑半径均值将为 0.054mm。

表2 检测损伤类型及分布参数

检测损伤类型	均值	变异系数		分布类型
损伤检测 $1r_d$	0.03	0.2	0.5	正态
损伤检测 $2R$	0.06	0.2	0.5	正态
损伤检测 $3A$	0.6	0.2	0.5	正态

（1）机翼大梁缘条某处没有发现损伤。损伤检测 1 未发现蚀坑，说明损伤情况比之前预测的要轻。修正后的飞机机翼大梁缘条某处发生点蚀后，服役时间内腐蚀疲劳寿命（CDF）分布如图 2 所示，计算结果列入表 3 中。通过修正前后 CDF 比较也可以看出，从检测时间以后的服役时间，飞机机翼此处大梁缘条的失效概率整体比未修正的失效概率要小。同时，检测的结果可靠度越高，即变异系数越小，失效概率越小，飞机结构越安全。

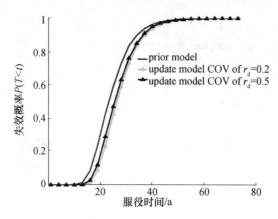

图 2　基于检测 1 修正前后腐蚀疲劳寿命对比

表 3　修正前后腐蚀疲劳寿命

服役时间/a	10	15	30	40
未修正失效概率	0.0005	0.0735	0.8246	0.9634
修正失效概率 1	0	0.0008	0.7429	0.9500
修正失效概率 2	0	0.0003	0.7156	0.9390

（2）机翼大梁缘条某处发现腐蚀坑半径为 0.06mm，但未发现裂纹。损伤检测 2 发现此处 0.06mm 的腐蚀坑，说明此处腐蚀情况比之前预测严重一些。修正后的飞机机翼大梁缘条某处发生点蚀后，服役时间内腐蚀疲劳寿命分布如图 3 所示，计算结果列入表 4 中。从检测时间以后，飞机机翼此处大梁缘条的失效概率整体比未修正的失效概率要大。同时，检测的结果可靠度越高，飞机机翼大梁缘条在检测以后服役时间失效概率越大，说明检测水平越高对飞机腐蚀疲劳寿命评定越准确。

表 4　修正前后腐蚀疲劳寿命

服役时间/a	10	15	30	40
未修正失效概率	0.0005	0.0735	0.8246	0.9634
修正失效概率 1	0.0035	0.1433	0.8669	0.9775
修正失效概率 2	0.0025	0.1134	0.8535	0.9705

（3）机翼大梁缘条某处发现裂纹，裂纹长度为 0.6mm。损伤检测 3 发现 0.6mm 裂纹，此处损伤情况比之前预测严重。修正后的飞机机翼大梁缘条某处发生点蚀后，服役时间内腐蚀疲劳寿命分布如图 4 所示，计算结果列入表 5 中。由图 4 可以发现飞机此处翼梁缘条在检测之后失效概率显著增加。同时，检测的结果可靠度越高，飞机机翼

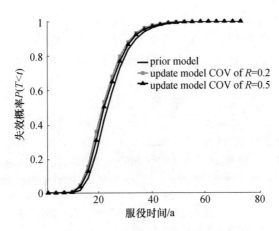

图3　基于检测2修正前后腐蚀疲劳寿命对比

大梁缘条在检测以后服役时间失效概率越大,说明检测水平越高对飞机腐蚀疲劳寿命评定越准确。

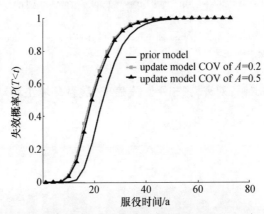

图4　基于检测3修正前后腐蚀疲劳寿命对比

表5　修正前后腐蚀疲劳寿命

服役时间/a	10	15	30	40
未修正失效概率	0.0005	0.0735	0.8246	0.9634
修正失效概率1	0.0444	0.3326	0.9107	0.9869
修正失效概率2	0.0344	0.2864	0.9045	0.9819

5　结论

（1）提出了一种基于腐蚀疲劳损伤检测的腐蚀疲劳寿命预测四阶段概率模型,可及时地对腐蚀疲劳损伤检测后的飞机结构进行腐蚀疲劳寿命评定。

（2）如果通过检测未发现损伤或发现损伤情况比未修正预测损伤情况轻,则从检测时间后,飞机失效概率比为未修正预测失效概率要小,同时检测手段越可靠,失效概率越小。

（3）如果通过检测发现损伤情况比未修正预测损伤情况严重,则从检测时间后,飞机失效概率比为未修正预测失效概率要大,同时检测手段越可靠,失效概率越大。

参 考 文 献

[5] 穆志韬,金平,段成美. 现役飞机结构腐蚀疲劳及寿命研究[J]. 中国工程科学,2000,2(4):34 – 38.

[6] 李仲,吕国志,葛森. 一种预测蚀坑腐蚀疲劳寿命的概率模型[J]. 机械强度,2004,26(6):226 – 228.

[7] Harlow D G, Wei R P. Probability approach for prediction of corrosion and corrosion fatigue life [J]. AIAA Journal,1994, 32(10):2073 – 2079.

[8] 陈跃良,吕国志,段成美. 服役条件下飞机结构腐蚀损伤概率模型研究[J]. 航空学报,2002,23(3):249 – 251.

[9] 徐可君,江龙平,隋育松. 预测腐蚀疲劳寿命的概率方法[J]. 机械强度,2003,25(2):229 – 232.

[10] Newman J C, Raju I S. An empirical stress – intensity factor equation for the surface crack[J]. Engineering Fracture Mechanics,1981,15(1):185 – 92.

[11] 聂向晖,张红,杜翠微,等. 金属材料腐蚀检(监)测常用方法概述[J]. 装备环境工程,2007 4(3):105 – 109.

[12] Zhang,R X,Sankaran Mahadevan. Reliability – based reassessment of corrosion fatigue life[J]. Structural Safety,2001 (23):77 – 91.

[13] Madsen H O. Fatigue – reliability updating through inspection of steel bridge [J]. Journal of Structural Engineering, ASCE 1994,120(5):1624 – 1642.

（作者：苏维国,穆志韬,刘涛,张宁平。发表于《装备环境工程》,2009 年第 05 期）

基于神经网络与蒙特卡洛方法的
疲劳寿命可靠性分析

摘　要：通过加速腐蚀试验以及疲劳试验数据，对腐蚀损伤表征因子（腐蚀坑最大宽度、腐蚀坑最大深度、点蚀率）进行统计分析，应用神经网络和蒙特卡洛法对 6A02 铝合金试验件的疲劳寿命进行可靠性分析，分析结果与实验结果的相对误差在工程上可以接受。

关键词：腐蚀损伤表征因子；疲劳寿命；蒙特卡洛；神经网络；可靠性

1　引言

飞机结构的腐蚀和腐蚀疲劳失效过程相当复杂，材料的力学性能、材料材质加工的不均匀性、结构所受的载荷频率与载荷历程、飞机服役的环境条件、维护保养中的人为因素，以及这些因素的相互关联，从而构成了一个复杂的、无法确定的随机过程。而且高强铝合金所发生的腐蚀是一种局部腐蚀，在同一腐蚀环境条件下，同一架飞机上所发生的腐蚀严重程度差别较大，要采用数理统计的方法，对外场维护中普查到的腐蚀数据进行统计分析，以提高外场腐蚀实测数据的应用可靠性[1]。本文通过 6A02 铝合金试件加速腐蚀试验和疲劳试验，应用神经网络与蒙特卡洛方法对 6A02 铝合金试件疲劳寿命进行可靠性分析，同时研究了几个重要的腐蚀损伤表征因子分散性对其疲劳寿命可靠性的影响大小。

2　加速腐蚀试验与疲劳试验

试验件材料为 6A02 铝合金，试样形状如图 1 所示，试件厚度为 3mm。材料化学成分见表 1 所列。根据海南某机场服役环境谱编制得到加速腐蚀试验环境谱[2]：加速腐蚀试验溶液为 5% NaCl 溶液，添加适量的稀 H_2SO_4，使溶液的 pH 值为 4 ~ 4.5；试验设备为周期浸润箱。其中在配置溶液中浸泡 3.8min，在溶液外烘烤 17.5min，21.3min 为一个周期；试验时试验箱温度设为 40°C，相对湿度为 90%；加速腐蚀试验 325 个周期相当于外场曝露试验 1a。

表 1　6A02 铝合金的化学成分

元素	Al	Cu	Mg	Mn	Fe	Si	Cr	Ti	其他
含量（质量分数）/%	94.1 ~ 93.7	0.15 ~ 0.4	0.8 ~ 1.2	0.15	0.7	0.4 ~ 0.8	0.04 ~ 0.35	0.15	0.15

对 180 个 6A02 铝合金试验件进行编号，第 n 年取 20 个试验件，编号为 1# − na、45# − na、90# − na 等，如图 2 所示，60# − 9a 试验件为腐蚀 9a 的 60 号试验件；加速腐蚀试验 3a、5a、7a、9a、11a、13a、15a、17a、19a，腐蚀完相应年限留样 20 件；文献[2]应用 MIT 筛

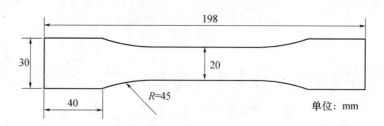

图 1   6A02 铝合金试件形状

选方法得到了对 6A02 铝合金试验件疲劳寿命影响较大的三个腐蚀损伤表征因子,即最大腐蚀坑深度 d_{max}、最大腐蚀坑宽度 b_{max} 和点蚀率 r。所以测量取出的每个试验件的 d_{max}、r、b_{max},已测量的试验件不放回,试件经不同的预腐蚀年限后,在 Material Test System 810 电液伺服疲劳试验机上进行疲劳试验。试验在室温下进行,加载波形为正弦波,波形采用 PVC 补偿,采取轴向等幅加载方式,应力比为 0.06,加载频率为 10Hz,最大应力为 308MPa。

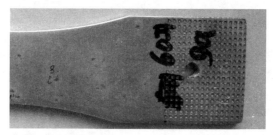

图 2   试验件编号

3   腐蚀损伤表征因子统计规律

3.1   统计模型

文献[3]的研究表明,LY12CZ、LC4CS 高强铝合金点蚀阶段的最大腐蚀深度服从 Gumbel(Ⅰ型极大值)分布。那么 6A02 铝合金点蚀阶段的 d_{max}、b_{max}、r 服从何种分布规律,现以正态、Gumbel、双参数威布尔分布等分布模型 d_{max}、b_{max}、r 数据进行分布检验。

(1) Gumbel(Ⅰ型极大值)分布概率密度函数 $f(D)$ 和分布函数 $F(D)$[1]。

概率密度函数为

$$f(D) = \frac{1}{\sigma}e^{-\frac{D-\mu}{\sigma}} \cdot e^{-e^{-\frac{D-\mu}{\sigma}}} \tag{1}$$

分布函数为

$$F(D) = \int f(D)\,\mathrm{d}D = e^{-e^{-\frac{D-\mu}{\sigma}}} \tag{2}$$

由式(2)可得

$$P(D \leqslant D_m) = \int_0^{D_m} f(D)\,\mathrm{d}D = e^{-e^{-\frac{D_m-\mu}{\sigma}}} \tag{3}$$

式中:D 为腐蚀损伤表征因子随机变量;$P(D \leqslant D_{\mathrm{m}})$ 为腐蚀损伤表征因子不超过数值 D_{m} 的概率;μ、σ 分别为位置和尺度参数。

对式(3)进行线性变换,得

$$\ln \ln \frac{1}{1 - P(D \leqslant D_{\mathrm{m}})} = -\frac{D}{\sigma} + \frac{\mu}{\sigma} \tag{4}$$

令

$$Z = \ln \ln \frac{1}{1 - P(D \leqslant D_{\mathrm{m}})}, B = -\frac{1}{\sigma}, A = \frac{\mu}{\sigma}$$

则式(4)变为

$$Z = B \cdot D + A \tag{5}$$

式中:A、B 为常数。

(2) 正态分布概率密度函数 $f(D)$ 和分布函数 $F(D)$[1]。

概率密度函数为

$$f(D) = \frac{1}{\sqrt{2\pi}\sigma} \mathrm{e}^{-\frac{(D-\mu)^2}{2\sigma^2}} \tag{6}$$

分布函数为

$$F(D) = \int f(D)\,\mathrm{d}D = \int \frac{1}{\sqrt{2\pi}\sigma} \mathrm{e}^{-\frac{(D-\mu)^2}{2\sigma^2}}\,\mathrm{d}D \tag{7}$$

由式(7)可得

$$P(D \leqslant D_{\mathrm{m}}) = \int_0^{D_{\mathrm{m}}} \frac{1}{\sqrt{2\pi}\sigma} \mathrm{e}^{-\frac{(D-\mu)^2}{2\sigma^2}}\,\mathrm{d}D \tag{8}$$

式中:D 为腐蚀损伤表征因子随机变量;$P(D \leqslant D_{\mathrm{m}})$ 为腐蚀损伤表征因子不超过数值 D_{m} 的概率;μ 为腐蚀损伤表征因子的平均值;σ^2 为方差。

由于腐蚀损伤表征因子取负值或取 $+\infty$ 都没有意义,因此在积分变量的下限取 0,上限取构件腐蚀损伤表征因子可能的最大值,最大值为构件的几何厚度。

(3) 双参数威布尔概率密度函数 $f(D)$ 和分布函数 $F(D)$[1]。

概率密度函数为

$$f(D) = \frac{m}{a} \cdot D^{m-1} \cdot \mathrm{e}^{-\frac{D^m}{a}} \tag{9}$$

分布函数为

$$F(D) = \int f(D)\,\mathrm{d}D = 1 - \mathrm{e}^{-\frac{D^m}{a}} = 1 - \mathrm{e}^{-\left(\frac{D}{\eta}\right)^m} \tag{10}$$

由式(10)可得

$$P(D \leqslant D_{\mathrm{m}}) = 1 - \mathrm{e}^{-\left(\frac{D_{\mathrm{m}}}{\eta}\right)^m} \tag{11}$$

式中:m 为形状参数;a 为尺度参数;$\eta = a^{\frac{1}{m}}$ 为真尺度参数。

对式(11)进行线性变换,得

$$\ln \ln \frac{1}{1 - P(D \leqslant D_{\mathrm{m}})} = m \ln D - m \ln \eta \tag{12}$$

令

$$Z = \ln\ln\frac{1}{1 - P(D \leqslant D_\mathrm{m})}, B = m, A = m\ln\eta$$

则式(12)变为

$$Z = B\ln D + A \tag{13}$$

式中:A、B 为常数;D、$P(D \leqslant D_\mathrm{m})$同式(5)。

3.2 统计结果

以第15年为例,6A02 铝合金试验件腐蚀 15a 之后测得的腐蚀坑最大深度结果见表2所列。

表2 6A02 铝合金材料试验件腐蚀坑深度统计

序号	腐蚀坑最大深度/μm	序号	腐蚀坑最大深度/μm
1	204.411	11	208.099
2	185.916	12	221.786
3	212.780	13	202.075
4	215.215	14	243.647
5	193.702	15	208.854
6	228.763	16	212.609
7	228.737	17	226.901
8	210.335	18	211.789
9	215.809	19	209.465
10	213.519	20	198.414

若腐蚀年限下 20 个 6A02 铝合金试验件上所测的最大深度按从小到大的次序排列,第 1 号是数值最小的测量值 D_1,第 20 号是数值最大的腐蚀深度测量值 D_{20}。

若第 i 号的腐蚀深度测量为 D_i,则腐蚀点的统计概率为

$$P_i = \frac{i}{n+1} \quad (i = 1,2,3,\cdots,n) \tag{14}$$

式中:n 为腐蚀试验件编号即测量值的试验件总个数,$n = 20$。

计算出 $\ln\ln(1/P_i)$、$\ln\ln[1/(1 - P_i)]$ 的数值,利用 2.1 中统计模型,采用 Gumbel、正态、双参数威布尔分布对表 2 数据拟合检验,检验结果如图 3 ~ 图 5 所示,分布检验相关性见表 3 所列。同理,求得 6A02 铝合金材料试验件在腐蚀 3a、5a、7a、9a、11a、13a、15a、19a 下腐蚀坑最大深度的分布相关性拟合结果,如图 6 所示。

表3 腐蚀 15a 的腐蚀坑最大深度分布相关性

拟合类型	拟合的线性方程	线性相关系数 R
Gumbel	$Z = 16.651 - 0.081D$	0.9748
正态	$Z = -318.418 + 2.029D$	0.9883
双参数威布尔	$Z = -64.807 + 12.269\ln D$	0.9315

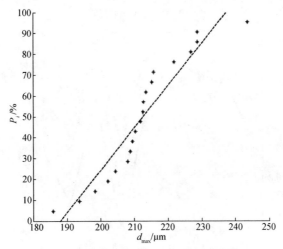

图 3　最大腐蚀深度的正态分布检验图

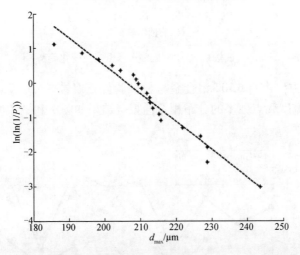

图 4　最大腐蚀坑深度的 Gumbel 第一极值分布检验图

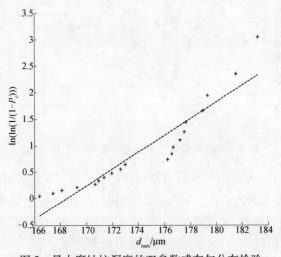

图 5　最大腐蚀坑深度的双参数威布尔分布检验

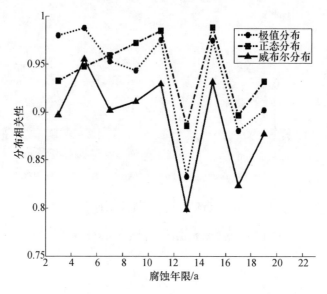

图6　腐蚀坑最大深度的分布相关性变化趋势

利用上述统计方法求得6A02铝合金材料试验件在腐蚀3a、5a、7a、9a、11a、13a、15a、19a下腐蚀坑最大宽度和点蚀率的分布相关性拟合结果如图7和图8所示。

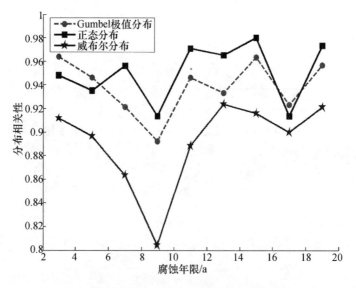

图7　腐蚀坑最大宽度的分布相关性变化趋势

由图6~图8可知,6A02铝合金材料试验件的d_{max}、b_{max}、r能较好地服从Gumbel极值分布、正态分布和威布尔分布。d_{max}、b_{max}在腐蚀初期,Gumbel极值分布的相关性大于正态分布和威布尔分布的相关性,加速腐蚀7a之后,正态分布的相关性大于Gumbel极值分布和威布尔分布。综上所述,d_{max}、b_{max}、r宜优先选用正态分布。

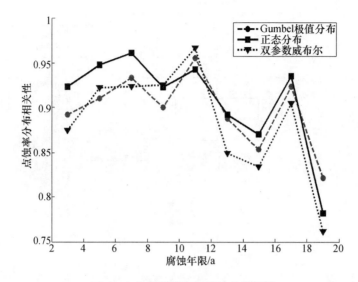

图 8　点蚀率的分布相关性变化趋势

4　可靠性分析

4.1　分析模型

以第 5 年、第 11 年、第 15 年为例,利用蒙特卡洛随即生成 3000 组[4]伪随机数。代入神经网络模型,对疲劳寿命进行预测,具体的运算过程如图 9 所示。图中 W 是模拟次数。神经网络模型:采用误差逆传播(BP)算法对疲劳寿命累计衰减函数进行预测,网络的输入层由三个神经元输入,即 d_{max}、b_{max}、r。网络输出为疲劳寿命。隐含层节点数为 6,采用 tansig 传递函数,traingdm 为训练函数[5],训练样本数据见表 4 所列。

表 4　神经网络训练样本数据

腐蚀年限/a	0	3	5	7	9	11	13	15	17	19
最大腐蚀坑深度/μm	0	73.97	111.97	146.44	168.98	178.55	194.50	210.90	237.81	246.26
最大腐蚀坑宽度/μm	0	58.33	112.22	159.45	288.79	556.8	599.86	635.53	687.65	732.17
点蚀率	0	0.328	0.409	0.535	0.569	0.808	1.106	1.251	1.391	1.516
平均疲劳寿命值/cycle	135658	65448	39186	32807	25835	21665	22747	20784	18668	15795

4.2　分析结果

(1) 6A02 铝合金试验件腐蚀 5a 下的疲劳寿命直方图如图 10 所示,其正态检验图如图 11 所示。模拟 3000 次得到的疲劳寿命预测值服从正态分布,相关性为 0.89,通过正态分布反累积函数求得可靠度为 0.6、0.7、0.8、0.9 下的疲劳寿命预测值,见表 5 所列。

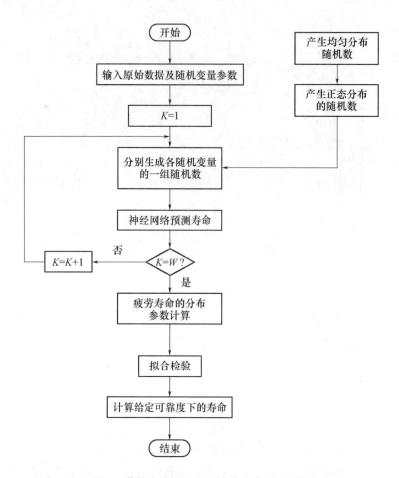

图 9　蒙特卡洛方法预测疲劳寿命的流程图

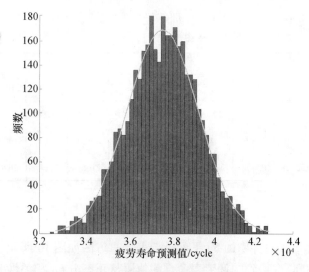

图 10　预测疲劳寿命直方图

表5　可靠度下的预测疲劳寿命

可靠度	0.9	0.8	0.7	0.6
预测疲劳寿命/cycle	36250	36966	37455	37872
相对试验值的误差/%	7.49	5.67	4.42	3.35

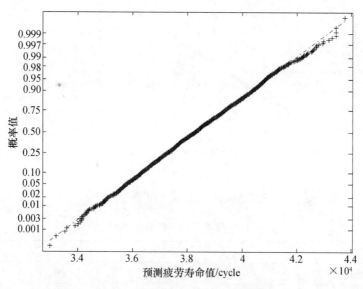

图11　预测疲劳寿命的正态检验图

由表5可知,随着可靠度的增加,疲劳寿命的预测误差越来越大,但是都小于10%,预测结果比较理想,工程上可以接受。

(2) 6A02 铝合金试验件腐蚀 11a 下的疲劳寿命直方图如图 12 所示,其正态检验如图 13 所示。模拟 3000 次得到的疲劳寿命预测值服从正态分布,相关性为 0.82,通过正态分布反累积函数求得可靠为 0.6、0.7、0.8、0.9 下的疲劳寿命预测值,见表 6 所列。

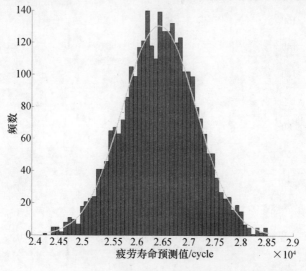

图12　预测疲劳寿命直方图

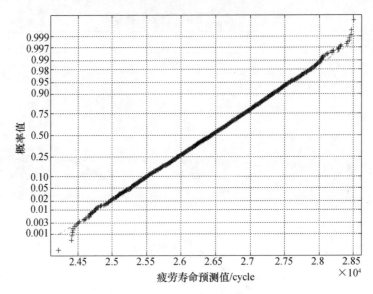

图 13　预测疲劳寿命的正态检验图

表 6　可靠度下的预测疲劳寿命

可靠度	0.9	0.8	0.7	0.6
预测疲劳寿命/cycle	26251	26061	25839	25530
相对试验值的误差/%	12.02	11.21	10.26	8.94

由表 6 可知，随着可靠度的增加，疲劳寿命的预测误差越来越大，但是都小于 15%，预测结果比较理想，工程上可以接受。

（3）6A02 铝合金试验件腐蚀 15a 下的疲劳寿命直方图如图 14 所示，其正态检验图如 15 所示。模拟 3000 次得到的疲劳寿命预测值服从正态分布，相关性为 0.84，通过正态分布反累积函数求得可靠度为 0.6、0.7、0.8、0.9 下的疲劳寿命预测值，见表 7 所列。

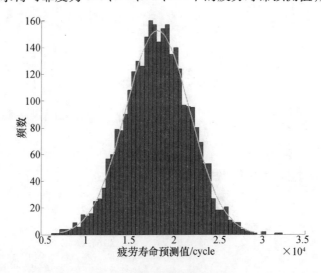

图 14　预测疲劳寿命直方图

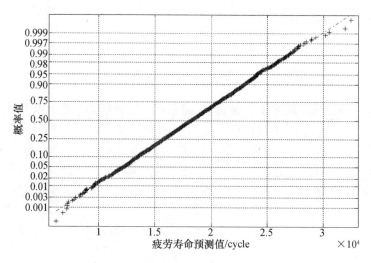

图 15　预测疲劳寿命的正态检验图

表 7　可靠度下的预测疲劳寿命

可靠度	0.9	0.8	0.7	0.6
预测疲劳寿命/cycle	18210	18937	19460	19908
相对试验值的误差/%	12.13	8.64	6.13	3.98

由表 7 可知,随着可靠度的增加,疲劳寿命的预测误差越来越大,但是都小于 15%,预测结果比较理想,工程上可以接受。

综上所述,在应力比、加载载荷、加载频率一定的情况下,通过腐蚀损伤表征因子 d_{max}、b_{max}、r 建立蒙特卡洛 - 神经网络模型来对一定可靠度下的剩余疲劳寿命进行预测,预测结果是比较合理的。

5　结论

(1) 建立了腐蚀损伤表征因子与疲劳寿命的神经网络模型,并结合蒙特卡洛方法对疲劳寿命进行可靠性分析。

(2) 研究了 d_{max}、b_{max}、r 的分布规律:d_{max}、b_{max}、r 能较好地服从 Gumbel 极值分布、正态分布和威布尔分布。d_{max}、b_{max} 在腐蚀初期,Gumbel 极值分布的相关性大于正态分布和威布尔分布的相关性,加速腐蚀 7a 之后,正态分布的相关性大于 Gumbel 极值分布和威布尔分布。

(3) 蒙特卡洛与神经网络方法的结合为工程上因高强铝合金腐蚀具有随机性和偶然性而对疲劳寿命产生影响的可靠性问题分析提供了一个思路参考。

参 考 文 献

[1] 穆志韬. 军用飞机结构腐蚀损伤规律研究及使用寿命研究[D]. 北京:北京航空航天大学,2001.

［2］邢玮,穆志韬,周立建.装备环境工程[J].2011:8(4):49－53.

［3］曹楚南.腐蚀试验数据的统计分析[M].北京:化学工业出版社,1988.

［4］段楠,薛会民.用蒙特卡洛法计算可靠度时模拟次数的选择[J].煤矿机械,2002(3):13－14.

［5］史峰,王小川.MATLAB神经网络30个案例分析[M].北京:北京航空航天大学出版社,2010.

（作者:穆志韬,邢玮,周立建。发表于《海军航空工程学院学报》,2012 年第 01 期）

LY12CZ 腐蚀损伤及日历寿命预测的神经网络研究

摘　要：建立 LY12CZ 铝合金试件的加速腐性周期对应最大腐性深度的 BP 网络映射模型，采用加速腐蚀试验数据对网络进行训练直至网络满足设定的精度要求，然后利用其预测 LY12CZ 试件的加速腐性损伤情况，并根据网络预测的最大腐蚀深度数据以及腐性损伤等效关系计算实验室加速腐蚀与某机场大气曝露腐蚀的当量因子 $k=2$，从而计算出 LY12CZ 铝合金材料于某机场实际环境下的日历寿命（a）等于浸泡加速试脸周期（d）乘以 2。

关键词：LY12CZ 铝合金；腐蚀损伤；BP 神经网络；寿命预测

1　引言

人工神经网络（Artificial Neural Network，ANN）是智能科学中的前沿热点，是由大量的简单处理单元（神经元）互相连接而形成的复杂网络系统，是对大脑神经网络的简化、抽象和模拟。由于神经网络具有大规模并行、分布式存储和处理、自组织、自适应和自学习能力，特别适用于处理需要同时考虑许多因素和条件的、不确定和模糊的信息处理问题。目前，神经网络已在模式识别（目标检测与识别、指纹识别）、图像处理、控制和优化、地震风险预测、军事、医药学、金融、石油工程等诸多领域中得到了成功的应用。近 10 年来，神经网络在腐蚀与防护领域的应用也在不断增多，已经应用于腐蚀疲劳开裂分析[1]、腐蚀形态识别[2]、自然环境中金属材料腐蚀预测[3]等方面。本文主要研究了人工神经网络在 LY12CZ 铝合金材料腐蚀损伤及日历寿命预测方面的应用。

LY12CZ 铝合金型材是一种军用飞机主体结构材料，是飞机结构的主要承力构件用材。由于军机的飞行小时数使用进度缓慢，大部分时间处于地面停放状态，导致 LY12CZ 铝合金材料腐蚀较为严重，且不易拆换，所以对飞行安全构成潜在威胁，影响军机的日历寿命。因此，LY12CZ 铝合金材料的日历寿命是军用飞机日历寿命研究中的重点。腐蚀后的 LY12CZ 铝合金型材的日历寿命通常取决于其最大腐蚀深度[4]。其最大腐蚀深度的获得目前主要根据实验室加速腐蚀试验与大气曝露试验的当量关系，采用 EXCO 溶液浸泡进行实验室加速腐蚀试验后统计处理试验结果来获得，并根据试验结果采用回归方法拟合出腐蚀时间与最大腐蚀深度的对应关系，作为评判其腐蚀损伤以及确定飞机结构日历寿命的依据[4-9]。

但在实际情况中，由于腐蚀涉及众多因素，并且腐蚀动力学、腐蚀机理与腐蚀深度的关系十分复杂[4-9]，可将其视为多种因素（温度、湿度、时间、介质等）综合作用的非线性系统，很难用一个方程拟合腐蚀发生、发展全过程[4-6]，因此可应用人工神经网络良好的自学习能力和非线性映射能力论进行 LY12CZ 铝合金的腐蚀损伤研究[9,10]。

2 神经网络预测模型

文中采用误差逆传播(BP)算法。BP 神经网络通常使用三层网络结构,即输入层、隐含层、输出层。其算法原理是[11]:某一个学习样本经隐含层计算后,将输出层输出的计算结果与已知的结果比较,若误差大于设定要求,则根据相差值进行逆向运算(向输入层方向运算),调整神经元节点间的连接权值,如此反复计算,直至误差满足设定的要求或运算次数达到设定值。

文献[6]给出了 LY12CZ 铝合金试验件在室温条件下浸泡于 EXCO 溶液中经过不同的腐蚀周期后最大腐蚀深度数据,见表 1。本文以此试验数据为原始数据,进行神经网络的训练、学习与仿真。

表 1 不同浸泡周期下试验件腐蚀损伤测量数据

腐蚀周期/h	最大腐蚀深度均值/μm	腐蚀周期/h	最大腐蚀深度均值/μm
12	181.9	120	720.7
18	251.6	144	728.7
24	277.2	168	842.6
48	355.7	192	919.9
72	473.9	216	1131.4
96	588.1	240	1190.4

2.1 网络结构

本文采用三层网络进行训练和预测。由于最大腐蚀深度数据存在一定的分散性,所以为了较好地实现从腐蚀周期输入到最大腐蚀深度输出的非线性映射,神经网络隐含层的数目定为较大数值,尝试不同的数值后发现隐含层数目为 70 时,网络具有较好的稳定性和较快的收敛速度。所以网络结构定为 1 – 70 – 1。隐含层神经元传递函数为 tansig(),保证网络能较好地映射输入、输出之间的非线性关系。输出层神经元采用线性传递函数 purelin(),保证输出层数值能够拓宽网络输出,取得较理想结果。

2.2 网络训练

文献[6]中的腐蚀损伤试验数据为同一批次试验所得,故训练神经网络采用批处理训练模式,即将网络训练所用的样本数据进行一次性输入,然后再调整网络权值和阈值,梯度计算也是由所有的样本数据参与。具体采用训练算法为基于数值最优化理论 Levenberg – Marquardt 算法[12]。在 MATLAB 环境下设定参数:最大训练次数为 1000 次;训练目标误差为 0.00001;其余参数为算法默认值。将表 1 中腐蚀浸泡周期为 12h、18h、24h、72h、96h、144h、168h、216h、240h 作为网络输入数据,而与其对应的最大腐蚀深度平均值作为网络的期望输出来训练网络。训练过程如图 1 所示。由图 1 可看出,网络能以较快的速度收敛于所设定的精度要求。

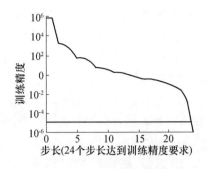

图 1　BP 神经网络训练过程

2.3　网络仿真

将表 1 中腐蚀周期 48h、120h、192h 作为网络输入数据，计算相应的网络输出，即期望的与输入腐蚀周期对应的最大腐蚀深度，计算结果见表 2。

表 2　BP 神经网络预测结果与试验及各种拟合方法计算结果比较

试验周期 /h	最大腐蚀深度 $D/\mu m$								
	试验结果	BP 网络方法		文献[5]方法		文献[6]方法		文献[8]方法	
		预测结果	相对误差 /%	预测结果	相对误差 /%	预测结果	相对误差 /%	预测结果	相对误差 /%
48	355.7	374.2	5.2	447.6	34.3	381.1	7.1	577.4	62.3
120	720.7	658.22	8.7	852	18.2	700.6	2.8	1208.8	67.7
192	919.9	975.9	6.1	1226.4	33.3	941.0	2.3	1432.2	55.7

2.4　结果比较与分析

文献[4-8]分别研究了 LY12CZ 铝合金型材在 EXCO 溶液中的腐蚀动力学规律，指出：LY12CZ 铝合金型材在溶液中浸泡腐蚀时，平行试件间的最大腐蚀深度具有分散性，最大腐蚀深度符合统计规律分布，最大腐蚀深度随时间变化的动力学曲线必须分段拟合。文献[5,6]分别给出了拟合曲线。

当腐蚀周期分别为 48h、120h、192h 时，利用其拟合曲线计算，其相对应的最大腐蚀深度结果见表 2。同时，文献[8]根据其试验结果采用幂函数形式进行数据拟合的方法，给出 LY12CZ 铝合金型材试件在 EXCO 溶液中最大腐蚀深度与腐蚀周期的幂函数关系式。当腐蚀周期分别为 45h、120h、192h 时，采用此关系式计算最大腐蚀深度，计算结果见表 2。

利用上述方法预测的相对误差结果也列于表 2 中。通过比较可知：利用 BP 神经网络预测 LY12CZ 型材在 EXCO 溶液中的最大腐蚀深度具有较高的准确性和稳定性。

3　日历寿命分析

飞机结构件最大腐蚀深度直接决定了其承载能力和能否正常使用，因而可以用其分析飞机结构日历寿命[4]。文献[5,8]根据 LY12CZ 型材在 EXCO 溶液中浸泡的最大腐蚀深度数据符合概率统计分布的特性,采用回归方程拟合最大腐蚀深度变化规律,根据拟合方程计算的最大腐蚀深度与同样试件置于机场大气环境曝露试验中达到相同的最大腐蚀深度计算浸泡加速腐蚀试验与大气曝露试验的当量关系。即在 EXCO 溶液中加速腐蚀 1天相当于在机场大气中腐蚀多少年,从而可以分析 LY12CZ 铝合金结构件的日历寿命。

由 BP 神经网络可以预测 LY12CZ 铝合金型材在 EXCO 溶液中浸泡最大腐蚀深度并具有较高的精度。根据加速腐蚀与大气曝露腐蚀的当量关系,可以使用由 BP 神经网络预侧的最大腐蚀深度来预测 LY12CZ 结构件的日历寿命。根据文献[8]研究结论:LY12CZ 试件在某机场地面大气曝露腐蚀条件下最大腐蚀深度符合幂函数分布,即

$$D = 113.96 \cdot T^{0.782}$$

式中:D 为最大腐蚀深度(mm);T 为大气曝露腐蚀时间(a)。

使用此结论来计算出实验室加速腐蚀与大气曝露腐蚀的当量关系。

由于 EXCO 溶液加速腐蚀所得到的最大腐蚀深度与机场地面大气曝露腐蚀得到的最大腐蚀深度相同,所以当量因子表达式为

$$k = \frac{T}{t}$$

式中:k 为当量因子;T 为大气曝露腐蚀时间(a);t 为实验室加速腐蚀时间(d)。

根据预测数据计算当量因子,计算结果见表 3。

表 3　由神经网络预测结果计算的当量因子

加速腐蚀时间 t/d	大气暴露腐蚀时间 T/a	当量因子 k
2	4.3	2.2
5	10.6	2.1
8	18.8	2.4

由表 3 计算得到的当量因子数据可以看出,数据具有一定的稳定性。另外,文献[13]研究结论认为:铝合金 EXCO 周期浸泡腐蚀与大气曝露腐蚀的当量因子为 2 ~ 3,所以可以使用此方法来预测 LY12CZ 铝合金试件的日历寿命,并且预测的日历寿命偏保守。即在 EXCO 溶液中加速腐蚀 1 天相当于在大气中曝露腐蚀 2 年。从周期浸泡试验推算得到的日历寿命(d)乘以 2,就得到某机场实际环境下的日历寿命(a)。

4　结论

此研究是将神经网络方法应用于预测 LY12CZ 铝合金型材在 EXCO 溶液中最大腐蚀深度的一次尝试,预测模型主要考察了同一介质下腐蚀时间单个因素的作用。结果表明,神经网络是一种可用于铝合金腐蚀损伤预测的可行方法。特别是对于实际环境下所涉及的多种因素综合作用的复杂过程,神经网络方法就更能显示其优越性。而神经网络预测的准确性依赖于用于训练网络的铝合金腐蚀试验数据的致密性和质量。

同时,利用 BP 神经网络预测的 LY12CZ 铝合金腐蚀损伤数据能够用于实验室加速腐

蚀与大气曝露腐蚀的当量因子计算,从而进行其日历寿命分析,计算结果表明该方法具有可行性。但飞机结构 LY12CZ 材料所处的实际小环境比大气曝露环境更为恶劣和复杂,并且往往伴有力学因素、缝隙造成的氧浓度差、不同金属接触造成的电偶腐蚀等加速作用,这些都是目前周期浸泡试验和大气曝露试验中忽略的因素,因此目前还缺乏足够的数据进行周期浸泡试验与飞机小环境之间的腐蚀时间当量换算。因而文中提出的日历寿命预测方法是一种简化了的分析方法,怎样将此方法用于飞机典型舱室具体环境中结构件的日历寿命分析还有待于进一步研究。

参 考 文 献

[1] HMG Smets,WFL Bogaerts. Neural network prediction of stress corrosion cracking[J]. Materials Performance,1992,31(9):62 – 64.

[2] 金鹰,董超芳,付冬梅,等.神经网络技术在腐蚀研究与工程中的应用[J].石油化工腐蚀与防护,2001,18(1):13 – 16.

[3] 蔡建平,柯伟.应用人工神经网络预测钢、低合金钢的大气腐蚀[J].中国腐蚀与防护学报,1997,17(4):305 – 306.

[4] 胡艳玲,李荻,郭宝兰.LY12CZ 铝合金型材的腐蚀动力学统计规律研究及日历寿命预测方法探讨[J].航空学报,2000,21(增刊):53 – 57.

[5] 谢伟杰,李荻,胡艳玲,等.LYY12CZ 和 7075T7351 铝合金在 EXCO 溶液中腐蚀动力学的统计研究[J].航空学报,1999,20(1):34 – 38.

[6] 王逾涯,韩恩厚,孙柞东,等.LY12CZ 铝合金在 EXCO 溶液中的腐蚀行为研究[J].装备环境工程,2005,2(1):20 – 24.

[7] 陈群志,崔常京,孙柞东,等.LY12CZ 铝合金腐蚀损伤的概率分布及其变化规律[J].装备环境工程,2005,2(3):1 – 6.

[8] 玉海,贺小帆,陈群志,等.铝合金试件腐蚀深度分布特性及变化规律研究[J].北京航空航天大学学报,2002,2(1):98 – 101.

[9] 刘延利,钟群鹏,张峥.基于人工神经网络的预腐蚀铝合金疲劳性能预测[J].航空学报,2001,3(2):135 – 139.

[10] 王海涛,韩恩厚,柯伟.腐蚀领域中人工神经网络的应用进展[J].腐蚀科学与防护技术,2004,5(3):147 – 150.

[11] 朱大奇,史慧.人工神经网络原理及应用仁[M].北京:科学出版社,2006.

[12] 董长虹.MATLAB 神经网络与应用[M].北京:国防工业出版社,2005.

[13] 王云,甘株.有色金属大气腐蚀数据积累及规律研究[Z].国家自然科学基金重大项目,材料自然腐蚀"八五"研究工作总结资料,1996.

(作者:刘治国,穆志韬,贾民平。发表于《装备环境工程》,2008 年第 05 期)

LY12CZ 航空铝合金腐蚀疲劳断口研究

摘　要：借助扫描电镜以及能谱分析技术对预腐蚀 LY12CZ 铝合金疲劳断口形貌进行了研究，分析了腐蚀疲劳断口形貌与合金中的 Si、Mg 等元素以及腐蚀损伤对断裂过程的影响。结果表明，疲劳断口是以韧性为主的多源性断口。腐蚀坑使得材料局部力学性能退化，成为裂纹萌生源。合金化过程中控制合适的 Mg、Si 等强化相元素含量，能够使强度与塑性相匹配，从而提高材料的抗疲劳性能。

关键词：疲劳；铝合金；断口分析；扫描电子显微镜

1　引言

由于较高的比强度以及低廉的成本，虽然面临以先进复合材料为代表的新材料的挑战，铝合金在航空工程以及海洋工程结构中仍然具有不可替代的地位。铝合金对于腐蚀很敏感，因此海洋环境特有的高湿热度与高盐度恶劣服役环境为铝合金结构的耐久性和安全性带来了挑战。研究铝合金在腐蚀环境及疲劳载荷作用下的退化行为是一项十分有意义的基础性工作[1-3]，其中断口分析技术显得尤其重要。通过断口分析可以获得材料退化失效全过程的重要信息。

王荣、Xue Y.[4,5]等分别对 2××× 和 7××× 系列铝合金断口进行了分析，指出了腐蚀损伤特征对于该系列合金疲劳断裂的影响。刘新灵[6]提出了根据断口特征运用逆向工程法重现断裂过程的方法。蒋祖国、赵光菊[7,8]等对航空用钛合金疲劳断口进行了系统研究。王习术等[9]对镁铝合金研究的过程中，同样借助于断口技术分析了不同添加元素对于镁铝合金疲劳性能的影响。然而，对航空用 LY12CZ 铝合金断口的分析则鲜有报道。文中借助高分辨率扫描电子显微镜（SEM）对预腐蚀 LY12CZ 铝合金疲劳断口进行了研究。

2　试验部分

2.1　试验材料

试验所用材料为 LY12CZ 可热处理强化铝合金，具有良好的成形能力和机械加工性能，也是航空工业中应用最为广泛的铝合金材料。主要材料成分和力学性能见表1。该合金构件在飞机结构中多以板材形式出现，试验中试件沿着材料轧制方向截取板材，尺寸如图1所示。为了控制裂纹萌生位置以便进行断口观察，在裂纹中部预置半径为 0.5mm 的贯通裂纹。

由于飞机在地面停放状态承受环境腐蚀，而在空中飞行主要承受机械疲劳载荷，因此

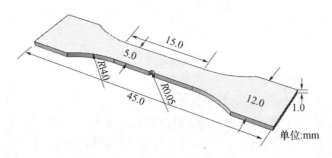

图 1 试件尺寸

存在一种先腐蚀、后疲劳的循环。试验中采用将试件预腐蚀,然后加载疲劳的试验方法。

表 1 LY12CZ 铝合金的材料成分及力学性能

材料成分								力学性能	
$\omega(Cu)\%$	$\omega(Fe)\%$	$\omega(Si)\%$	$\omega(Mn)\%$	$\omega(Zn)\%$	$\omega(Mg)\%$	$\omega(Ti)\%$	$\omega(Al)$	$\sigma_{0.2}/MPa$	σ_b/MPa
4.0	0.5	0.5	0.7	0.3	1.2	0.15	其他	275	415

2.2 试验方法

2.2.1 预腐蚀试验

EXCO 溶液是一种常见的铝合金腐蚀溶液,具有比较强的试验结果可重复性。试验基于 HB 5455—90 进行全浸泡试验,腐蚀溶液为标准 EXCO 溶液(ASTM G34):将 234g NaCl,50g KNO$_3$ 与 6.3mL 质量分数为 70% 的 HNO$_3$ 混合,然后稀释至 1L,pH = 0.4。浸润过程中保持溶液温度为(25 ± 3)℃。根据某型飞机结构中铝合金的腐蚀情况,确定浸润时间为 72h。

2.2.2 疲劳加载

根据 LY12CZ 铝合金构件的力学性能,在 Material Test System 810 电液伺服疲劳试验机上对预腐蚀试样进行疲劳加载试验。试验条件为室温 20℃,加载频率 6Hz,加载波形为 sine 波,波形采用 PVC 补偿,采取轴向等幅加载方式,应力比 $R = 0.1$,最大循环应力 200MPa,疲劳寿命 $N_f = 87600$。试件断裂后,为了保护断口不被污染和损伤,用镊子轻轻将断裂试件从夹具中取出并将其置于乙醇溶液中,利用超声波清洗 1 ~ 2min 后取出,待试件表面自然干燥后用胶布将其一侧表面固定于 SS550(Shimadzu, Japan)扫描电子显微镜载物台上,放入扫描电镜的真空室中即可逐一进行断口观察。

3 结果与讨论

疲劳断口是试样在疲劳过程中断裂以后形成的界面,其中蕴含着疲劳断裂全过程的失效信息,包括这一过程中的材料变形过程。对疲劳断口的理化检验分析作为一种分析断裂机制以及失效原因的手段而受到广泛应用。随着各种检验技术手段的诞生和完善,如 SEM、能谱分析技术等,疲劳断口分析技术日益受到重视。从断口的理化检验结果反推断裂过程,寻找断裂的原因,进而采取相应措施减缓乃至防止失效的发生[10-12]。

3.1 疲劳裂纹源区断口形貌分析

疲劳源是疲劳破坏的起点,为疲劳裂纹萌生的位置。对于预腐蚀疲劳试件,试验中观察到两种主要的裂纹萌生方式。

试件预制缺口会造成局部应力集中,成为疲劳萌生源。在疲劳断口上疲劳源区是一个非常短的扇形区域,如图2所示。然而,形成该区域消耗了50%以上的疲劳寿命。大部分的光亮区域是裂纹长度100μm以下的裂纹缓慢扩展形成的。由于在这一阶段裂纹张开位移小,裂纹扩展十分缓慢(低于10^{-3}μm/循环),反复张开与闭合使得断口上下表面不断挤压摩擦,因此形成了断口上最为平坦光滑的区域[5]。在裂纹源区边缘向裂纹稳态扩展区过渡的区域伴随有放射状条纹,为典型的脆性断裂特征。随着裂纹的扩展,断面越发粗糙。

断口光滑区域和粗糙区域的分界线与瞬断区和稳态扩展区的分界线并不重合,断口光滑区域大致成一个三角形,如图2中虚线所示。板状试样承受载荷时,在初始裂纹尖端由于应力集中超过材料的屈服强度,会形成一个塑性区域。塑性区域的形状和面积随着材料的厚度不同而不同,在很大程度上主导着断裂过程。一般来说,板状试样表面占主导的是平面应力状态,而平面应变区则集中在试件中部。平面应变区和平面应力区的相对面积比取决于材料厚度、裂纹长度以及腐蚀损伤深入材料基体的程度。图2也可以明显说明,从平面应变向平面应力的转变过程。平面应变状态下,断口平坦并且垂直于拉应力,在表面上有一圈很薄的表面应力断裂边缘,在该区域剪切应力起主要作用,因此其方向与拉应力成45°角。随着裂纹不断扩展,平面应变断裂量逐渐减小。当裂纹发展到瞬断区时,整个断口区变为平面应力状态[13,14]。

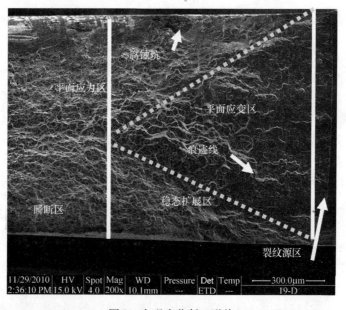

图2 宏观疲劳断口形貌

腐蚀损伤会在试件表面产生大量的腐蚀坑,一方面会造成腐蚀坑周围应力集中,另一方面也会破坏局部材料的晶粒排列而造成材料力学性能下降,这些均有利于裂纹的萌生扩展。图 2 中箭头所示断口上的一个腐蚀坑放大形貌如图 3 所示。从图 2、图 3 中可以看出,腐蚀坑底部存在发亮的腐蚀析出产物,并且以腐蚀坑为中心呈现出多条放射状纹理,但是多数纹理延伸距离并不远。这表明腐蚀坑处萌生了多道裂纹,在预制缺口萌生的主导裂纹影响下均在扩展一定长度后停止了扩展。

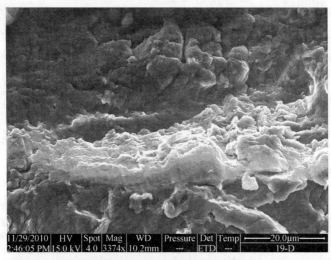

图 3　裂纹扩展路径上的腐蚀坑形貌

3. 2　疲劳裂纹稳态扩展区断口形貌分析

当裂纹由萌生区扩展到稳态扩展区,裂纹扩展速率相对于源区提高了 1 ~ 2 个数量级,短裂纹特有的闭合效应减弱,裂纹上、下分离面的摩擦减弱,断口变得粗糙,如图 4 所

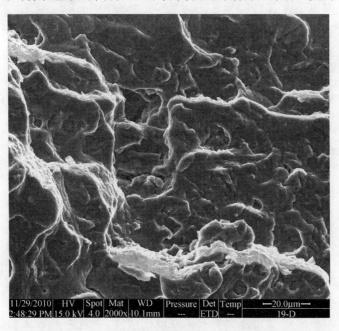

图 4　疲劳裂纹稳态扩展区断口形貌

示。裂纹扩展区可以看到大量的放射状解理台阶和白色塑性亮痕,表明在裂纹扩展区兼有脆性断裂和塑性断裂两种模式。同时说明,疲劳裂纹面并不是一个平面,而是沿着一系列具有高度差的寻求阻力最小的平面向前扩展[8,11-14]。

3.3　疲劳裂纹瞬断区断口形貌分析

铝合金预腐蚀疲劳断口形貌如图5所示。断面布满韧窝,为典型的塑性断裂。它是在外力作用下由界面处引起或在微裂纹之类的缺陷处产生,并在裂纹尖端前沿三向应力条件下长大、聚集,在拉应力作用下产生屈服并断裂遗留下来的半圆形空洞。韧窝的尺寸、形状与加载应力水平及塑性变形能力等紧密相关。由于疲劳裂纹萌生和扩展试验采用的是拉—拉疲劳正弦波形载荷形式,因此,所有的韧窝都是在拉伸作用下形成的。韧窝指向裂纹萌生源,大多数韧窝投影平面直径在几微米到十几微米之间。能谱分析显示检测的韧窝部位成分单一,为铝元素。

在韧窝中可以看到明显的滑移痕迹,表明在疲劳过程中韧窝处界面发生了塑性变形。这些滑移线与通常的条带状滑移形貌不同,它是以韧窝底部为轴心,围绕韧窝底部呈现一种独特的螺旋状滑移。韧窝之所以能够形成"窝状"形貌,正是由于其中心处和周边的滑移程度不同所致。这与铝材料自身独特的面心六面微观结构紧密相关。

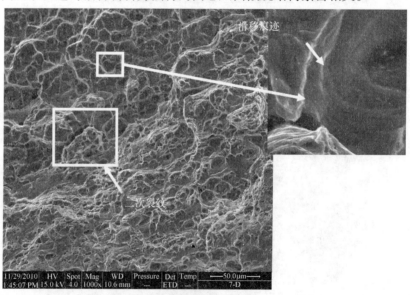

图 5　疲劳裂纹瞬断区断口形貌

3.4　疲劳裂纹与合金中微量元素的关系分析

LY12CZ 属于热处理可强化铝合金,其主要成分中含有 Mg、Ti。根据合金化的一般规律,形成无限固溶体或高浓度的固溶体型合金时,不仅能获得高的强度,而且还能获得优良的塑性与良好的压力加工性能。铝的合金化一般都会形成有限固溶体,如 Al－Cu、Al－Mg、Al－Zn、Al－Si 等二元合金均形成有限固溶体,并且都有较大的极限溶解度,能起较大的固溶强化效果。LY12CZ 铝合金在时效过程中主要形成三种质点相,即粗大质点相、中等尺寸质点相和弥散质点相。粗大质点相又分为两类:一种是含 Fe、Si 的不可溶相,组成为 (CuFeMn)Al_6、(CuFeMn)$_3Si_2Al_8$ 以及 $CuFeAl_2$;另一种是可溶解相,如 θ ($CuAl_2$)、S(Al_2MgCu)。这些粗大质点强化相会阻碍滑移和位错运动,使强度、硬度提高,但是伴有材料局部塑性、韧性降低。由于强度与塑性的不匹配反而造成局部延展性减弱、脆性增强,因此粗大质点相区域反而会成为材料抗断裂性能薄弱的区域。当外界应力超过界面能承受的极限载荷时,在界面处会出现垂直于主裂纹扩展方向的二次裂纹,如图 5 所示。对其周边区域的能谱分析也证实了该区域 Fe、Mn、Mg、Si 等元素的存在,如图 6 所示,见表 2。因此,LY12CZ 铝合金合金化过程中要控制 Cu、Fe 等合金元素以及杂质元素的含量。

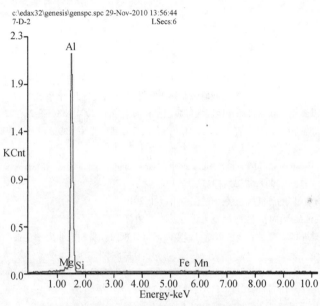

图 6　断面二次裂纹周围能谱

表 2　孔洞周边化学成分

成　分	质量分数/%	原子百分比/%
Mg	1. 62	1. 83
Al	93. 09	95. 13
Si	0. 47	0. 47
Fe	1. 92	0. 98
Mn	1. 81	0. 99

4　结论

（1）预腐蚀 LY12CZ 铝合金的疲劳断口主要由粗糙程度差异明显的疲劳裂纹源区、疲劳裂纹稳态扩展区与疲劳裂纹瞬断区组成。在裂纹源区和稳态扩展区断面相对光滑,瞬断区则相对粗糙。LY12CZ 铝合金断口疲劳源呈现多源性,预制裂纹根部和腐蚀坑都会萌生裂纹。

（2）在裂纹源区,存在解理台阶,表现为脆性断裂模式;在裂纹源区向裂纹稳态扩展区的过渡区,存在放射状条纹、解理台阶和塑性亮痕,呈现出脆性与塑性混合断裂形貌特征;在裂纹稳态扩展区、稳态区向瞬断区的过渡区以及瞬断区,存在大量韧窝和塑性滑移痕迹,主要表现为塑性断裂模式。

（3）LY12CZ 铝合金时效过程中 Fe、Mn、Mg、Si 等微量元素形成粗大质点强化相,提高了材料的强度,降低了塑性。由于强度塑性不匹配反而会造成局部弱化,有利于裂纹扩展,使得材料的抗疲劳性能下降。合金化过程中要控制 LY12CZ 中 Fe、Mn、Mg、Si 等元素的含量。

参 考 文 献

［1］王新坤,王东蜂,闫旭.飞机硬铝合金构件战时表面划伤电刷镀快速修复［J］.表面技术,2005,34(3):48－53.

［2］文邦伟,李继红,铝及铝合金在热带海洋地区大气腐蚀［J］.表面技术,2004,33(6):21－23.

［3］闻勃,郭兴伍,陈洁,等.2024 铝合金表面微弧氧化及封孔处理对其疲劳性能的影响［J］.表面技术,2012,5:14.

［4］王荣.金属材料的腐蚀疲劳［M］.西安:西北工业大学出版社,2001.

［5］Xue Y,EL Kadiri H,Horstemeyer M F,et al. Micro mechanisms of multistage fatigue crack growth in a high－strength aluminum alloy［J］. Acta Mater,2009,55(2):1975－1984.

［6］刘新灵.疲劳断口的定量分析［M］.北京:国防工业出版社,2010.

［7］蒋祖国.飞机结构腐蚀疲劳［M］.北京:航空工业出版社,1991.

［8］赵光菊,钟蜀晖,邓建华.TA6V 钛合金疲劳断口形貌及断口分析［J］.贵州工业大学学报(自然科学版),2007,36(6):25－28.

［9］Wang X S,Li X D,Ren H H,et al. SEM in－situ study on high cycle fatigue of SnPb－thereforelder joint in electronic packaging［J］. Microelectron Reliab,2011,51(2):1377－1384.

［10］美国金属学会.金属手册断口金相与断口图谱(上册)［M］.北京:科学出版社,2007.

［11］李旭东,穆志韬,刘治国,等.基于分形理论的 6A02 铝合金腐蚀损伤评估［J］.装备环境工程,2012,04:27－30.

［12］Li Xu－dong,Wang Xi－shu,Ren Huai－hui. et al. Effect of prior corrosion state on the fatigue small cracking behavior of 6151－T6 aluminum alloy［J］. Corrosion Science,2012,55:26－33.

［13］Hull Derek.断口形貌学［M］.李晓刚,董超芳,译.北京:科学出版社,2009.

［14］李旭东,刘治国,穆志韬.基于短裂纹的 LD10CZ 铝合金腐蚀疲劳裂纹扩展研究［J］.海军航空工程学院学报,2013,28(1):47－52.

（作者:李旭东,穆志韬,刘治国,李玲。发表于《装备环境工程》,2013 年第 01 期）

LY12CZ 腐蚀疲劳寿命的神经网络研究

摘　要:通过对已有 LY12CZ 腐蚀疲劳试验数据分析,建立腐蚀年限和应力幅值对应腐蚀疲劳寿命的 BP 网络映射模型来预测其腐蚀疲劳寿命。为了提高网络模型预测精度,采用牛顿插值法扩充历史试验数据,满足神经网络对训练数据致密性要求。研究结果表明,网络预测结果误差较小。利用网络预测结果计算,$\lg S_a$ 和 $\lg N$ 具有较高的线性相关性,$R = 0.94 \sim 0.99$,且斜率 $B = -3.3 \sim -3.4$。

关键词:LY12CZ 铝合金;牛顿插值法;BP 神经网络;腐蚀疲劳;寿命预测

1　引言

海军用飞机大都分布在沿海一带,服役环境恶劣,飞机结构普遍腐蚀严重,并且海军用飞机大部分时间(97% ~99% 的日历时间)处于停放状态,空中疲劳受载时间短暂(1% ~3% 的日历时间),因此可以认为决定海军用飞机结构疲劳寿命的模式为:腐蚀→疲劳→再腐蚀→再疲劳,直至破坏[1,2]。此种服役模式决定飞机结构疲劳寿命的确定应在纯疲劳定寿的全部试验,特别是决定性的全尺寸飞机结构疲劳试验基础上施加载荷谱和对应的地面腐蚀环境谱,但此种方法在工程上难以实现。因此,应当针对飞机结构中主体材料及关键部位,在其疲劳试验过程中考虑环境因素影响,进行腐蚀疲劳寿命分析。

作为军机主体结构材料的 LY12CZ 铝合金具有质量轻、强度好等性能,但其对机场腐蚀环境的作用相当敏感,极易因环境作用引起裂纹萌生、扩展直至断裂。因其腐蚀后的疲劳寿命对全机疲劳寿命有较大的影响,所以目前对 LY12CZ 的腐蚀疲劳性能研究较多。研究主要方式是:根据机场腐蚀环境谱,依据腐蚀当量关系进行加速腐蚀试验,然后再对预腐蚀试件进行相关的疲劳试验,进而使用不同方法从不同方面分析其疲劳性能。例如:文献[3]使用扫描电镜和光学显微镜分析了 LY12CZ 腐蚀坑深度和表面损伤度对其疲劳寿命的影响;文献[4]研究了 LY12CZ 的腐蚀疲劳机理和腐蚀疲劳全寿命工程模型;文献[5]研究了腐蚀环境下的细节疲劳额定值定义,进而用其分析飞机 LY12CZ 具体结构腐蚀疲劳作用下的产生工程可检裂纹 a_0 的日历年限方法;文献[6]研究了日历腐蚀环境对 LY12CZ 静强度和 S—N 曲线的影响;文献[7]研究了腐蚀溶液环境下对含中心孔的 LY12CZ 铝合金紧固件的疲劳裂纹扩展规律。

根据 LY12CZ 材料在实际服役环境中腐蚀疲劳过程复杂、影响因素众多的特点,可以将其腐蚀疲劳过程看作是一种多因素(时间、介质、应力水平、温度等)综合作用的非线性动力系统。本文尝试应用神经网络理论分析 LY12CZ 材料腐蚀疲劳寿命问题。

2　牛顿插值法

应用神经网络分析疲劳寿命问题时,需要数量充足且足够宽泛的腐蚀疲劳寿命试验数据用于训练神经网络,但目前腐蚀疲劳试验数据难以满足此要求[8]。因此考虑采用插值法对文献[8]历史试验数据进行拟合扩充,满足神经网络训练对数据致密性的要求,以提高网络模型训练仿真的精度。插值就是通过已知的 $n+1$ 对数据点,做 1 个 n 次或低于 n 次函数 $y = p(x)$ 来近似模拟数据变化规律函数 $y = f(x)$,使 $f(x) = p(x)$,并要求 $p(x)$ 既便于计算又能反映 $f(x)$ 的变化特性。插值方法很多,考虑到腐蚀后 LY12CZ 试件的对数疲劳寿命均值 $\lg N$ 和应力幅值 $\lg S_a$ 仍满足线性关系:

$$\lg N = A + B \cdot \lg S_a \quad (N \geqslant 5 \times 10^3) \tag{1}$$

斜率 B 和实验室纯环境下斜率相比变化微小,且 B 变化对对数疲劳寿命均值影响不大[5],因此使用线性插值方法能够满足数据精度要求。文中对文献[8]的腐蚀疲劳历史试验数据进行整理,见表1;然后使用牛顿插值法[9]对表1中数据进行拟合扩充,具体计算结果见表2。插值计算所得的数据能够较好地反映疲劳寿命试验值的变化规律,因此由牛顿插值法所得数据能够满足神经网络训练需要。

在具体插值计算过程中,并不是插值多项式的次数越高,精度越好(当次数较高时,数值常常不稳定);也并非插值节点越多,逼近效果越好。使用表2中的数据进行神经网络训练仿真计算。

表1　腐蚀年限和应力幅值对应的对数疲劳寿命值试验数据

腐蚀年限/a	对数疲劳寿命值				
	158MPa	128MPa	108MPa	98MPa	78MPa
3	3.73	4.38	4.00	4.39	4.64
8	3.36	4.22	4.07	4.22	4.40
13	3.34	3.87	4.29	4.38	—

表2　牛顿插值计算扩充后的腐蚀疲劳数据

腐蚀年限/a	对数疲劳寿命值							
	158MPa	143MPa	128MPa	118MPa	108MPa	98MPa	90MPa	78MPa
3	3.73	3.74	4.38	4.25	4.00	4.39	4.51	4.64
8	3.36	3.58	4.22	4.13	4.22	4.22	4.35	4.40
13	3.34	3.53	3.87	4.11	4.29	4.38	—	—

3　神经网络预测模型

神经网络方法现已经应用于腐蚀领域研究,文献[10－12]分别使用各种算法建立映射网络模型进行腐蚀问题分析,文中采用误差逆传播(BP)算法[13]。BP 神经网络通常使用三层网络结构,即输入层、隐含层、输出层,概括为某一个学习样本经隐含层计算后,将输出层输出的计算结果与已知结果比较,若误差大于设定要求,则根据相差值进行逆向运算(向输入层方向运算),调整神经元节点间的连接权值。如此反复计算,直至误差满足设定的要求或运算次数达到设定值。

文中将根据经牛顿插值法扩充后的腐蚀疲劳试验数据,考虑腐蚀年限和应力幅值两种因素对 LY12CZ 试件疲劳寿命的影响,建立腐蚀年限、应力幅值对应对数疲劳寿命的网络映射模型来分析 LY12CZ 的腐蚀疲劳寿命问题。

3.1 网络结构

采用三层网络进行训练和预测,输入层神经元数目为 2,分别对应腐蚀年限和应力水平;输出层神经元数目为 1,对应经历不同腐蚀年限和不同应力水平的对数疲劳寿命值;隐含层神经元数目尚无精确的方法来确定,尝试不同的数值组合发现,当其神经元数目定为 15 时,网络有较快的收敛速度和较高的仿真精度,所以隐含层神经元数目定为 15,网络结构为 2 - 15 - 1。隐含层神经元传递函数为 tansig( ),保证网络能较好地映射输入、输出之间的非线性关系。输出层神经元采用线性传递函数 purelin( ),保证输出层数值能够拓宽网络输出,取得较理想结果。

3.2 网络训练

利用经过牛顿插值法扩充的试验数据来训练网络。具体采用训练算法为基于数值最优化理论 Levenberg - Marquardt 算法[13]。在 MATLAB 环境下设定参数:最大训练次数为 1000;训练目标误差为 0.00001;其余参数为算法默认值。将表 2 中腐蚀年限分别为 3a、8a、13a 及应力幅值水平分别为 158MPa、143MPa、118MPa、105MPa、90MPa、78MPa 作为网络输入数据,而与其对应的对数疲劳寿命值作为网络的期望输出来训练网络,其训练过程如图 1 所示。图 1 表明,所设定的网络能以较快的速度收敛于所设定的精度要求。

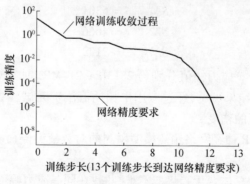

图 1 BP 神经网络训练过程

3.3 网络仿真

将表 2 中腐蚀年限 3a、8a、13a 及应力幅值为 128MPa、98MPa 作为网络输入数据,计算相应的网络输出,即期望的与输入的腐蚀年限和应力幅值对应的对数疲劳寿命均值,计算结果见表 3。

表 3 BP 神经网络预测对数疲劳寿命均值结果与试验值及 $S—N$ 拟合方法计算结果比较

腐蚀年限 /a	128MPa				
	试验值	BP 网络方法		$S—N$ 曲线拟合方法	
		预测结果	相对误差/%	预测结果	相对误差/%
3	4.38	4.12	5.91	4.08	6.85
8	4.22	3.55	0.73	3.96	6.16
12	3.87	3.97	2.58	3.84	0.78
腐蚀年限 /a	98MPa				
	试验值	BP 网络方法		$S—N$ 曲线拟合方法	
		预测结果	相对误差/%	预测结果	相对误差/%
3	4.39	4.54	3.42	4.45	1.37
8	5.22	4.40	4.27	4.34	2.84
12	4.38	4.25	3.06	4.33	1.14

4 结果分析

材料的 $S—N$ 曲线是名义应力法确定其疲劳寿命的基础。常规条件下各种金属材料的 $S—N$ 曲线已基本完备,常用的表达式有双参数的幂函数[14]、三参数的幂函数[15] 等,其中双参数的幂函数为 $S^\alpha N = C$,其中 α、C 为材料常数,常规条件下 α、C 通过试验均已测定。但材料在实际服役环境中常受到日历环境的作用,所以在应用常规条件的 $S—N$ 曲线表达式进行材料的疲劳寿命分析时必须考虑环境腐蚀的影响而对其进行修正。文献[6]根据腐蚀疲劳试验数据拟合 LY12CZ 材料的材料性能常数从而给出 3a、8a、13a 的 $S—N$ 曲线双参数幂函数表达式分别为

$$SN^{0.3136} = 5301 \tag{2}$$
$$SN^{0.3082} = 4666 \tag{3}$$
$$SN^{0.2312} = 2172 \tag{4}$$

采用上述表达式计算应力幅值分别为 281MPa、214MPa 时其对应对数疲劳寿命结果见表 3。通过比较计算结果可见,经过应用牛顿插值法扩充试验数据训练过的神经网络模型预测结果具有较高的精度。

图 2 示出了根据 BP 神经网络预测模型预测的对数疲劳寿命随预腐蚀年限和应力幅值变化情况。

从对数疲劳寿命的总体变化趋势上不难判断:在同一应力幅值下,对数疲劳寿命随着预腐蚀年限的增加而降低;在同一腐蚀年限下,对数疲劳寿命随应力幅值的增加而降低。由此可见,网络预测结果符合 LY12CZ 材料服役规律和试验规律。

图 3 为经过预腐蚀 3a 后由神经网络预测的对数疲劳寿命与应力幅值的拟合规律。按照文献[5]的假设,LY12CZ 材料在经过预腐蚀后,lgS_a 和 lgN 仍呈线性关系,见式(1),按照最小二乘法进行拟合,拟合结果见表 4。从表 4 中可见,lgS_a 和 lgN 拟合直线具有较高的线性相关性,并且拟合直线的斜率 B 与文献[5]中结论较为吻合。

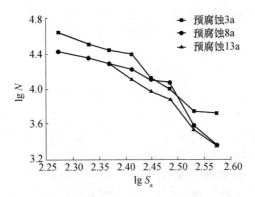

图2　不同预腐蚀年限的 $\lg S_a$ 和 $\lg N$ 对应关系

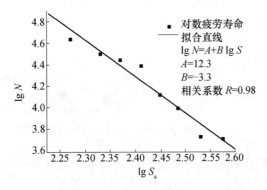

图3　对数疲劳寿命与应力幅值的拟合图

表4　最小二乘法拟合结果

预腐蚀年限/a	神经网络预测结果拟合直线			各注:文献[5]中斜率 B
	拟合表达式	相关系数 R	斜率 B	
3	$\lg N = 12.3 - 3.3\lg S_a$	0.98	-3.3	-3.0
8	$\lg N = 12.4 - 3.4\lg S_a$	0.94	-3.4	—
13	$\lg N = 15.2 - 3.3\lg S_a$	0.99	-3.3	-3.3

　　以上分析表明,使用牛顿插值法扩充疲劳试验数据来训练 BP 神经网络,进而使用训练后的网络模型来预测 LY12CZ 的疲劳寿命,网络预测结果具有较高准确性,说明此方法可行、可靠。

5　结论

　　使用牛顿插值法和 BP 神经网络方法组合来研究 LY12CZ 材料的疲劳寿命。网络模型中主要考虑腐蚀年限和应力幅值两种因素对 LY12CZ 材料疲劳寿命影响。针对现有疲劳试验数据有限、难以满足神经网络对训练数据致密性要求的问题,尝试使用牛顿插值法对现有疲劳试验数据进行拟合扩充。结果表明,插值计算后的数据能够较好地符合试验数据变化规律,从而可使用扩充后的数据来训练神经网络,网络训练结果表明网络模型能够较好较快地收敛于设定的精度要求。使用训练后的网络模型预测给定腐蚀年限和应力幅值的疲劳寿命具有较高的精度。表明该组合方法有效、可行。

参 考 文 献

[1] 穆志韬.海军飞机结构腐蚀损伤规律及使用寿命研究[D].北京:北京航空航天大学,2002.

[2] 陈群志.腐蚀环境下飞机结构日历寿命技术体系研究[D].北京:北京航空航天大学,1999.

[3] 张有宏,吕国志,陈跃良,等.铝合金腐蚀损伤的形态学研究[J].腐蚀科学与防护技术,2007,19(4):272-274.

[4] 沈海军.高强度铝合金腐蚀疲劳机理与腐蚀疲劳全寿命工程模型[D].西安:西北工业大学,2002.

[5] 杨玉恭,薛景川,焦坤芳,等.飞机结构腐蚀疲劳分析中 DFR 法[J].机械强度,2004,26(增刊):52-54.

[6] 杨晓华,姚卫星,陈跃良.日历腐蚀环境下 LY12CZ 铝合金力学性能研究[J].机械强度,2003,25(2):227-228.

[7] 张有宏,吕国志,李仲,等.LY12CZ 铝合金结构腐蚀疲劳裂纹扩展与剩余强度研究[J].航空学报,2007,28(2):332-335.

[8] 杨晓华,姚卫星,段成美.服役环境下材料 S—N 曲线的 BP 模型[J].南京航空航天大学学报,2003,35(5):494-497.

[9] 李庆扬,王能超,易大义.数值分析[M].武汉:华中理工大学出版社,1986.

[10] 张鑫,阎楚良.基于神经网络的结构疲劳寿命仿真的研究[J].计算机仿真,2002,19(6):41-43.

[11] 邓刃,李著信,樊友洪,等.基于神经网络的疲劳短裂纹扩展速率时序预测方法[J].机械强度,2006,28(5):757-760.

[12] 赵景茂,胡瑞,左禹.应用神经网络技术预测应力腐蚀开裂[J].腐蚀与防护,2004,25(11):501-506.

[13] 董长虹.MATLAB 神经网络与应用[M].北京:国防工业出版社,2005.

[14] 姚卫星.结构疲劳寿命分析[M].北京:国防工业出版社,2003.

[15] 高镇同,熊峻江.疲劳可靠性[M].北京:北京航空航天大学出版社,2000.

(作者:刘治国,穆志韬,金平。发表于《装备环境工程》,2008 年第 03 期)

飞机使用寿命的跟踪监控与评定

1 引言

随着航空科学技术及跨学科技术的相互渗透及发展,要求新设计的飞机或现役机种经适当的加改装后除具有良好的使用性能、较高的安全性、可靠性外,还希望飞机有尽可能长的使用寿命。飞机在整个服役过程中,如能对飞机使用情况实施跟踪监控并对其所处的状态完成必要的评定,就可以随时掌握飞机的可用状态,从而可充分发挥受控飞机的固有使用寿命。

2 飞机寿命跟踪监控的原因及目的

飞机结构无论是按安全寿命设计、损伤容限设计,还是按耐久性设计,其使用寿命都是按设计使用载荷谱考虑的。通常在疲劳寿命分析和飞机全尺寸疲劳试验中所施加的设计使用载荷谱是针对飞机预定的平均使用方式而言的。但是,飞机一旦装备部队投入使用,飞机的实际使用情况往往与设计使用情况有很大的差别。因而在飞机投入使用后,就需要通过疲劳载荷监控或专门的外场测试来获得实际使用载荷谱,重新评定机体结构是否满足疲劳要求,此时给出的是机群的平均寿命。

由于军机所执行的飞行任务与设计剖面往往有较大差别,即使同一架飞机同一飞行科目,由于飞行员技术水平、飞行季节、飞行区域、飞行重量、出勤率、训练方法等诸多因素的影响,使得同一机种的每架飞机所经受的载荷—时间历程存在着较大的差别,对各架飞机所造成的疲劳损伤也各不相同;另一方面,据统计现役飞机地面停放受载时间为99%以上,部分飞机服役环境恶劣,腐蚀环境对飞机疲劳使用寿命的影响也十分严重,如某型水上飞机,同一机种同一批次交付部队在同一机场服役,在后来的腐蚀抢修普查中发现,其中的一架飞机比其他几架飞机都严重得多,腐蚀部位多达112处,几处疲劳关键受载部位受到严重腐蚀,疲劳强度及该机的使用寿命大为下降。自然单机的疲劳寿命不同于机群的平均寿命。因此,为了实时掌握飞机的实际使用情况,确保飞行安全,就有必要对飞机的单机疲劳寿命实施跟踪监控及评定。通过采集飞机在使用中所经受的载荷(应变)—时间历程,确定飞机使用寿命的消耗率,估算出剩余寿命,为飞行部队更新飞机维修间隔和检查等级,确保飞机在整个使用寿命期间的结构完整性,合理地使用每架飞机,延长飞机的使用寿命,降低飞机使用成本和维修费用,减少甚至避免飞机疲劳事故的发生等创造条件;同时也为修订飞机强度和刚度规范,飞机的改型、改装、新机的设计提供使用依据,为部队的科研试飞、训练飞行提供准确的飞行参数数据,为飞行事故的分析、判断提供依据。

3 飞机寿命跟踪监控测量方法

单机疲劳寿命跟踪监控是在不影响飞机正常使用的前提条件下,在每架飞机上安装适当的测量监控仪器和数据记录系统,采集该飞机的真实使用数据,并经地面数据处理设备的系统处理、转换和计算,确定飞机结构上所监控的危险部位的寿命消耗情况,为使用部门及决策指挥者提供可靠的依据。

目前,国际上大致有两种方法实施单机疲劳寿命跟踪监控:一种是飞行参数监控;另一种是直接应变监控。两种方法各有优缺点,也有其自身的限制。最佳监控系统的选择取决于特定飞机的类型、它的疲劳特性、使用情况及本国的具体科学技术发展情况。

飞行参数监控是通过飞机重心运动和操纵舵面偏转情况,来采集、记录飞机每一个飞行起落所经历的飞行参数变化—时间历程,将这些飞行参数—时间历程经过物理量转换、滤波和压缩处理后,找出所记录的飞行参数与载荷之间的对应关系、载荷与跟踪监控部位应力之间的关系,获得监控部位应力—时间历程,通过分析计算,进而得到该架飞机每一飞行起落消耗多少寿命、剩余多少寿命,达到对单机实施疲劳监控的目的。这种监控方法可为新机提供设计标准,也可为制定飞机结构强度和刚度规范提供依据,是一种应用较早、发展也比较成熟的一种监控方法。目前,国内外用来实施这种监控方法的测试仪器也比较多,主要有 V - g 记录器、疲劳计、VGH 记录器、A24U - 6 磁记录器、MXU - 553/A 磁记录器、FJ - I 多参数飞行磁记录器等类型。

直接应变监控是监测记录结构特定疲劳危险部位的应变历程,并将其直接转换为应力。这种监控方式可以比较精确地确定实际使用情况对所监控结构的影响,与飞行参数监控相比,其测量参数缺乏应用普遍性。这种方法需要通常的应变测量装置,早期曾采用过示波器系统,后来陆续发展了机械应变记录(MSR)系统,数字式和模拟式磁记录系统以及带数字微处理装置的记录系统;对直升机高速旋转的动部件(如旋翼、尾桨叶等),采用先进的跟踪摇测系统。

4 飞机寿命跟踪监控评定的技术

飞机的单机疲劳寿命跟踪监控技术是一个比较复杂的、综合性的技术工程,记录仪器对每一个飞机起落都要采集数十万个记录数据,这样庞大的数据量靠人工进行判读处理是根本不可能的,需要借助于一整套地面设备及程序处理系统。另外,在飞机设计研制过程中就应为所选择的监控测试仪器考虑安装位置与空间,应尽可能把加速度传感器安排在飞机重心附近,机载记录设备安排在外场地勤人员易接近的地方,并预留口盖以便地面维护、更换记录磁带。飞机一旦投入使用就应立即开始单机跟踪监测,对监控数据进行搜集和传递,定期由部队使用部门把各单机监控的参数数据报送到地面数据处理中心。经过地面数据处理系统的计算处理,给出每个单机的载荷历程,分阶段按时完成基准使用载荷谱的编制,计算每个单机的寿命耗损情况。也可以计算出机队飞机的平均使用情况,这样军队的使用部门就随时可以知道全军受监控机种每架飞机的剩余寿命是多少,随时可以调整飞机的使用或报废,从而达到经济、可靠、有效地使用每架飞机。

为了详细说明单机疲劳寿命跟踪监控技术实施的具体步骤,下面以在我国某型歼击机上试用的 FJ–1 型多参数飞行磁记录系统进行单机监控的工作流程(图1)进行分析。

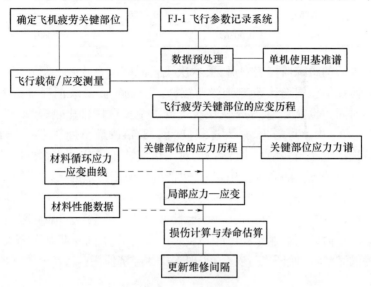

图1 某歼击机单机疲劳寿命跟踪监控流程图

首先,将磁带上记录的数据信息经地面处理接口装置输入计算机,并将以直流电压量表示的飞行参数根据相应的换算公式还原成具有真实物理意义的飞行参数。把还原成物理量的各飞行参数进行峰谷值过滤、压缩成基础数据库(要删除不正确的测量数据)。当有了足够时间的飞行记录数据后,按飞—续—飞形式编制单机使用基准载荷谱。

其次,依据各跟踪监控点的记录数据,计算确定各受监控危险部位的真实名义应力—时间历程,利用材料的疲劳性能数据和 S—N 曲线,采用局部应变法或名义应力法对各监控部位进行疲劳寿命分析,得到各跟踪监控危险部位的累积消耗寿命及剩余寿命,形成直观、明晰的单机疲劳寿命监控跟踪表(表1)。

表1 某歼击机单机疲劳寿命监控跟踪表

处理时间:××年××月××日

年	月	日	起落号	机号	科目代号
××××	××	××	×××	×××	×××
起飞重量 /kg	已飞行时间 /h	本次飞行时间 /h	峰谷点数	最大 N_y	最小 N_y
8150	2.2461	0.4381	22	3.87141	−0.1103
监控部位	剩余寿命 /h	已消耗寿命 /h	本次飞行消耗寿命 /h	累积消耗寿命 /h	本次损伤
1	2997.39166	2.58499	0.02035	2.60534	0.000010175
2	2994.99253	4.98025	0.02722	5.00747	0.00000907
3	2999.78812	0.21119	0.00069	0.21188	0.000000231

（续）

年	月	日	起落号	机号	科目代号
4	2999.89865	0.09579	0.0556	0.10135	0.000001851
5	2999.69399	0.30369	0.00232	0.30601	0.00000775

由上述处理后的跟踪监控表中可见,本次飞行时间为 0.4381 飞行小时,而通过跟踪监控测量及受监控部位损伤计算,5 个受监控跟踪点的实际最大消耗寿命为 0.0556h,远小于本次飞行时间。也就是说,该架机该次飞行由于飞行科目比较轻、动作平缓,所受的过载比较小(从表 1 中就可看出,最大过载仅为 3.87141;最小过载为 −0.1103),对飞机所造成的疲劳损伤也相当轻微。由此可见,对飞机实施单机疲劳寿命跟踪监控既可以延长使用受载不严重的飞机的实际使用寿命,也能确保使用严重的飞机的飞行安全。

最后,依据监控部位的几何、材料参数、应力谱、初始裂纹尺寸等有关参数,在线弹性断裂力学范围内,逐次累积裂纹损伤扩展量,计算出从初始裂纹到临界裂纹的扩展寿命,估算出飞机使用寿命的消耗速率和可能的裂纹扩展情况,实现单机疲劳寿命的跟踪监控,确保飞机结构的完整性,保证飞行安全,实现飞机的经济使用。

5　飞机寿命跟踪监控技术的应用与发展

国外早在 20 世纪 70 年代就开始研究发展单机疲劳寿命跟踪监控技术与设备,并已付诸实用,且所采用的监控跟踪手段相对来说比较先进。我国在这一技术领域起步较晚,但对于开展单机疲劳寿命跟踪监控技术的重要性、迫切性,国内军内外疲劳强度专家和领导有了明确的认识,并且着手开发用于单机疲劳寿命跟踪监控的测试仪器和设备。军内外广大科技人员通力合作,从 80 年代中后期开始立项进行研究,经过科研工作者几年的辛勤劳动,取得了可喜的成果,并在某型号的歼击机上进行了试用,取得了良好的单机跟踪监控效果。

但是,由于目前客观条件和经济条件的限制,在飞行部队中广泛推广实施跟踪监控技术还有一定的困难。但随着新型、实用监控记录设备及地面处理系统的研制和航空科学技术水平的提高,对单机疲劳寿命监控跟踪技术的进一步深化研究,在飞行部队尤其是像"水轰五""青六""超黄峰"等小机群装备的部队中广泛推广实施单机疲劳寿命跟踪监控是完全可行的,所产生的经济效益和社会效益是巨大的;同时,对部队现役装备作战潜力的发挥和安全保障具有重要的战略意义和军事价值。

(作者:穆志韬。发表于《民用飞机设计与研究》,2000 年第 01 期)

第六篇　涂层及非金属材料失效分析技术

基于灰色神经网络的有机涂层寿命预测研究

摘　要:曝露于大气腐蚀环境下的有机涂层使用寿命涉及因素繁多,难于精确预测。基于灰色理论和人工神经网络理论,建立了灰色神经网络模型对有机涂层腐蚀面积进行预测,进而预测其寿命。通过飞机结构模拟试验件加速腐蚀试验后的有机涂层寿命预测实例检验,发现灰色神经网络模型预测有机涂层寿命精度较高,结果理想。

关键词:有机涂层;寿命预测;灰色理论;人工神经网络;灰色神经网络

1　引言

有机涂层防护是控制装备腐蚀最有效、最经济的方法之一,在装备腐蚀控制中占据十分重要的地位[1]。为保证装备服役期的安全可靠性,需要在一定时间内对原有防护涂层性能进行检测和量化评估,为涂层是否需要重新涂装提供依据。

目前,国内对于检测时的涂层性能评估往往依靠经验,存在着较大的安全隐患[2]。关于有机涂层使用寿命国内外进行了一些研究,分别应用不同理论建立了涂层寿命预测公式[3-6],但是涂层的失效是一个包含诸多因素且相当复杂的过程。文献[3,4]的涂层寿命预测公式需要知道腐蚀介质在涂层中的扩散系数,而扩散系数的测量是非常困难的[5];文献[5,6]应用了只需小样本数据量的灰色理论进行预测,虽然短期预测精度较高,但在长期预测中精度会有一定下降。

人工神经网络具有自学习、非线性映射和并行分布处理能力,可以实现任意函数的逼近,达到希望的精度要求。文中将灰色理论与人工神经网络相结合,建立了一个灰色神经网络模型对有机涂层腐蚀面积进行预测,进而预测有机涂层使用寿命。

2　模型构建

2.1　灰色 GM(1,1)预测模型

灰色预测就是指以 GM(1,1)模型为基础的预测。GM(1,1)模型由一个单变量的一阶微分方程构成,通过对原始数据进行一次累加处理,用微分方程来逼近拟合。

设原始时间序列对应的 n 个观测值 $X^{(0)} = \{X^{(0)}(1), X^{(0)}(2), \cdots, X^{(0)}(n)\}$,通过处理拟合可得到原始序列 $X^{(0)}$ 的灰色预测模型为

$$\hat{X}^{(1)}(K+1) = \left(X^{(0)}(1) - \frac{\mu}{\alpha}\right)e^{-\alpha K} + \frac{\mu}{\alpha} \quad (K = 0,1,2,\cdots,n)$$

$$\hat{X}^{(0)} = \hat{X}^{(1)}(K) - \hat{X}^{(1)}(K-1) \quad (K = 1,2,\cdots,n)$$

式中:α 为发展灰数;μ 为内生控制灰数。

定义 $e^{(0)}(K) = X^{(0)}(K) - \hat{X}^{(0)}(K)$ 为残差,$q(K) = |e^{(0)}(K)/e^{(0)}(K)| \times 100\%$ 为相对误差。

2.2　人工神经网络模型

人工神经网络是理论化的人脑神经网络的数学模型,是基于模仿大脑神经网络结构和功能而建立的一种信息处理系统,具有大规模并行处理、容错性、自组织性和自适应性等特点,广泛应用于数据预测、函数拟合、优化控制等很多工程领域。BP 网络是一种按误差逆传播算法训练的多层前馈网络,由输入层、隐含层和输出层组成,是目前应用最广泛的神经网络模型之一。

2.3　灰色神经网络模型

灰色神经网络模型是将灰色理论与人工神经网络融合在一起,采用组合模型进行预测,可以充分利用灰色理论弱化数据序列波动性的特点和神经网络特有的自学习、非线性映射及并行分布处理的能力。

模型预测步骤如下:

(1) 灰色预测。应用灰色 GM(1,1)灰色预测模型对原始数据序列建模预测,得到序列的预测值,并计算出 $e^{(0)}(K)$。

(2) 灰色神经网络训练。将原始数据序列 $n-1$ 项的灰色预测值作为输入样本,对应的 $e^{(0)}(K)$ 作为输出样本,训练网络。

(3) 预测。将原始数据序列第 n 项的灰色预测值作为网络的输入样本,输出为对应数据的 $\Delta e^{(0)}(K)$。

(4) 最终预测值。用原始数据序列第 n 项的灰色预测值加上 $\Delta e^{(0)}(K)$,即得到该数据项的灰色神经网络预测值;

(5) 重复步骤(2)~(4),得到原始数据序列全部数据项的最终预测值。

3　基于灰色神经网络的有机涂层寿命预测实例

3.1　有机涂层加速腐蚀试验

某型飞机服役过程中结构件涂层发生了大面积的腐蚀破坏(图1),本文通过实验室加速腐蚀试验的方法再现其腐蚀过程,从而预测结构件涂层寿命。加速腐蚀用的飞机结构模拟试验件为两层组合试验件:下层为 LY12CZ 板材,作为对接带板;上层由 LY12CZ 板材、开有腰形孔的 LC4CZ 板材通过紧固件(铆钉、托板螺帽)连接在下层板上,模拟机翼前缘蒙皮与整体油箱壁板和前段蒙皮对接、整体油箱壁板与前段蒙皮和后段蒙皮对接、前段蒙皮和后段蒙皮对接、口盖与前段蒙皮对接。试验件尺寸:长 400mm、宽 220mm,板材厚度均为 2mm,外观如图 2 所示。

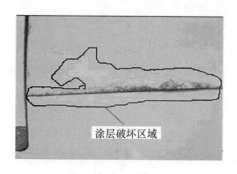

图 1　飞机蒙皮涂层腐蚀破坏

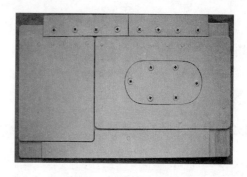

图 2　加速腐蚀试验件

试验件外表面的保护涂层为荷兰底漆+面漆,为模拟飞行中载荷对结构件表面涂层与基体金属黏合力的影响,试验前先在 MTS810 电液伺服疲劳试验机上对试验件进行预拉伸处理。试验时在配有 pH 值为 4.0 ± 0.2、质量分数为 5% 的 NaCl 溶液的周期浸润试验箱内进行周期浸润试验。试验的 1 个周浸谱循环为 16.8min,其中溶液中浸泡时间为 4.8min,溶液外红外灯烘烤 12min,当量外场腐蚀 1 个日历年需周浸循环 348 次,共 97.4h。每加速腐蚀 1 个日历年限,在紫外线辐射箱内对试验件进行紫外线辐照,辐照时间为 24h。综合考虑紫外照射和周浸,试验件完成 1 个完整的试验周期为 121.4h,相当于在外场腐蚀 1 个日历年。

3.2　有机涂层腐蚀面积预测

试验中每完成两个试验周期测量涂层腐蚀面积。测量时出于保守考虑,对涂层腐蚀破坏区域进行图形规则化处理,测量其最大腐蚀面积。如图 3 所示,矩形和圆形框内为腐蚀破坏区,整个试验件表面小腐蚀区域面积之和即为总的腐蚀面积。

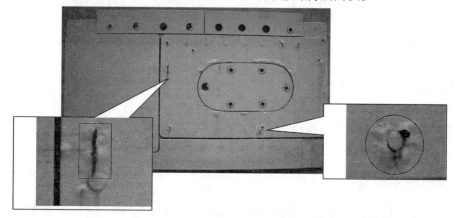

图 3　试验件涂层腐蚀面积测量

加速腐蚀到 6a 时涂层开始出现腐蚀,加速腐蚀到 16a 时的腐蚀面积数据见表 1。

表 1　试验件涂层腐蚀面积

加速腐蚀时间 /a	6	8	10	12	14	16
腐蚀面积比例 /%	1.5	2.1	2.7	3.4	4.6	7.4

应用灰色 GM(1,1)模型对涂层腐蚀面积进行预测,为评估预测精度,只对前 5 组数据建模,最后 1 组留作精度检验之用,计算结果见表2。由表2可知,预测加速腐蚀 16a 涂层腐蚀面积的误差是比较大的。

表2　灰色神经网络预测结果

加速腐蚀时间 /a	腐蚀面积比例实测值 /%	灰色预测值	残差值	残差的误差 修正值	灰色神经网络 预测值
6	1.5	1.500000	0	0.003985	1.503985
8	2.1	2.044819	0.055181	0.072081	2.116900
10	2.7	2.659162	0.040838	0.038828	2.697990
12	3.4	3.458079	− 0.058079	− 0.092493	3.365586
14	4.6	4.497021	0.102979	0.173819	4.670840
16	7.4	5.848099	1.551901	0.946632	6.794731

得到灰色预测值后,按照2.3节所述步骤对腐蚀面积进行灰色神经网络预测。采用的 BP 神经网络拓扑结构为 5 − 4 − 1,即5个输入节点,单隐层(隐层节点数为4,由经验公式 $m = \sqrt{n + l} + a^{[7]}$ 求得。式中:m 为隐层节点数;n 为输入节点数;l 为输出节点数;a 为 1 ~ 10 之间的常数),1个输出节点,学习速率为0.1,总体误差为0.0000001。涂层腐蚀面积预测结果见表2,相对误差见表3。

表3　预测结果相对误差

加速腐蚀时间/a	6	8	10	12	14	16
腐蚀面积比例实测值/%	1.5	2.1	2.7	3.4	4.6	7.4
灰色预测相对误差/%	0	2.627 667	1.512 519	1.708 206	2.238 674	20.971 635
平均相对误差/%	4.843117					
灰色神经网络预测 相对误差/%	0.265 667	0.804 762	0.0744 44	1.0121 76	1.540 000	8.179 311
平均相对误差/%	1.979 393					

由表2及表3可见,灰色理论的预测结果经神经网络模型修正后,误差大大减小,因此应用灰色神经网络模型对涂层腐蚀面积进行预测,精度将远高于单独的灰色预测,预测结果较为理想。

应用灰色神经网络模型,对试验件加速腐蚀 16a 后的 18a、20a、22a、24a 的涂层腐蚀面积进行预测,结果分别为9.638743%、12.450289%、15.247541%及18.300607%。

对 10 个不同加速腐蚀年限及其对应的涂层腐蚀面积进行拟合,其中涂层腐蚀面积前 6 个采用实测值,后 4 个采用灰色神经网络的预测值,拟合结果如图4所示。

由图4可见,拟合的曲线模型相关系数 $R = 0.997136$,相关性很高,因此采用该曲线方程来描述涂层腐蚀面积与加速腐蚀年限的关系可信度较高。拟合后的涂层腐蚀面积预测公式为

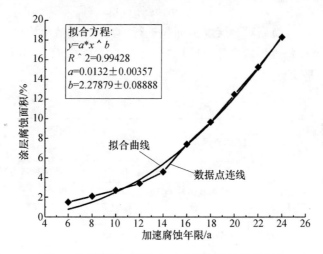

图4 涂层腐蚀面积与加速腐蚀年限的曲线拟合

$$S = 0.0132t^{2.27879}$$

3.3 有机涂层寿命预测

目前,关于涂层的使用寿命没有统一的定义,但有作为判定涂层达到使用寿命的依据[8],即发现涂层表面一个部位生锈、金属基体穿孔以及涂层的生锈面积达到某一预定值。

假设试验件经过某一加速腐蚀年限 t',涂层腐蚀面积比例为 $S'\%$,定义此时涂层达到了使用寿命,则根据涂层腐蚀面积预测公式可求出涂层的使用寿命 t'。例如,设涂层腐蚀面积为10%时,涂层达到了使用寿命,求解方程 $0.0132t^{2.27879} = 10$,可得涂层的使用寿命 $t' \approx 18a$。

4 结论

(1)将灰色理论和神经网络理论相融合,充分发挥了灰色预测所需样本量少、方法简单的优点,以及神经网络非线性映射能力强、并行处理能力突出的特点。计算结果表明,灰色神经网络模型预测的精度高,结果理想,完全可以应用于有机涂层腐蚀面积的预测。

(2)通过飞机结构模拟试验件加速腐蚀试验,运用灰色神经网络模型建立了试验件有机防护涂层腐蚀面积预测的曲线模型,并结合前人经验,得出了计算涂层使用寿命的一种方法。通过该实例获得的有机涂层寿命预测方法具有一定理论基础,计算简便,可用于装备的有机防护涂层寿命预测。

参 考 文 献

[1] 王俊芳,杨晓然. 军用防腐涂料涂装的发展探讨[J]. 装备环境工程,2005,2(6):45 – 47.

[2] 周小敏,刘钧泉. 有机涂层使用寿命探讨[J]. 装备环境工程,2010,7(1):57 – 60.

[3] Cmaitland C,Mayne J E O. Factors affecting the electrolytic resistance of polymer Films[J]. Official Digest,1962,34(1): 972.

［4］任必年.公路钢桥腐蚀与防护［M］.北京:人民交通出版社,2002.

［5］耿刚强,林杰,刘来君,等.钢桥防腐蚀涂层寿命的预测方法［J］.长安大学学报(自然科学版),2006,26(5): 43 – 47.

［6］林杰.桥梁钢结构防腐蚀涂层保护、失效规律及其寿命预测研究［D］.西安:长安大学,2006:46 – 53.

［7］周开利,康耀红.神经网络模型及其 MATLAB 仿真程序设计［M］.北京:清华大学出版社,2005.

［8］Zhen Fang. Simple talk about the forecast theory about coating's life［J］. Coating Application and Electric Plating,2005, (3):3 – 5.

（作者:周立建,穆志韬,邢玮,孔光明。发表于《装备环境工程》,2011 年第 05 期）

基于粗糙集的有机涂层腐蚀损伤综合评定模型

摘　要:运用粗糙集理论对评定涂层腐蚀损伤的 9 个单项指标进行了约简,消除了冗余信息,提高了评定效率,并依据粗糙集的属性重要性确定了相应评定指标的权重,消除了传统方法计算权重的主观性,增强了综合评定结果的可靠性,最终建立了有机涂层腐蚀损伤综合评定模型。通过对不同防护涂层的飞机典型结构试验件加速腐蚀试验的结果分析,验证了模型的可行性,并定量得到了不同涂层腐蚀损伤的综合评定等级。

关键词:有机涂层;腐蚀损伤;综合评定;粗糙集

1　引言

有机涂层是金属防腐最有效、经济和普遍的方法之一[1-4],飞机等装备广泛采用涂层体系来达到防腐蚀、提高使用寿命和日历寿命的目的[5-7]。涂层腐蚀、老化程度一般根据GB/T 1766—2008《色漆和清漆 涂层老化的评级方法》中的等级指标来描述[8],但是涂层腐蚀损伤评定的国家标准是针对光滑平板试样制定的,飞机结构中存在的大量紧固件等连接部位涂层在服役过程中的腐蚀损伤情况与光滑部位相比有明显差异[9],使得等级评定具有模糊性,不适宜用确定性数学方法进行描述。

粗糙集理论是波兰数学家 Z. Pawlak 在 1982 年提出的一种分析与处理模糊、不确定和不完整信息的数学工具[10]。该理论在定量分析和处理具有不确定性和不完备性的数据时很有优势,它对论域的划分只依赖于所需处理的数据集合本身,不需要任何预备的或额外的有关数据信息,因此对问题不确定性的处理比较客观。本文基于粗糙集理论计算结构件涂层腐蚀损伤各单项评定指标的权重,避免了专家打分的主观性,定量且较为客观地对飞机结构件有机涂层腐蚀损伤进行综合评定。

2　粗糙集的基本理论

2.1　基本概念

粗糙集是一种处理不精确、不相容和不完全数据的数学工具,通过上、下近似的概念来描述和表达系统的含糊性和不确定性[11]。

(1) 知识和知识库。设 $U \neq \varnothing$ 是研究对象组成的有限集合,称为论域。任意子集 $X \subseteq U$ 称为 U 中的一个概念或者范畴。论域 U 中的任意概念族称为关于 U 的知识。二元对 $K = (U, R)$ 表示一个知识库,也称为一个近似空间。

(2) 上近似和下近似。设 $X \subseteq U$ 是一个集合,R 是一个定义在 U 上的等价关系,则:

X 相对于 R 的下近似集表示为 $\underline{R}(X) = \cup \{ Y \in U/R | Y \subseteq X \}$;

X 相对于 R 的上近似集表示为 $\overline{R}(X) = U \{ Y \in U/R | Y \cap \cap X \neq \varnothing \}$;

$\mathrm{POS}_R(X) = \underline{R}(X)$ 称为 X 的 R 正域，$\mathrm{BND}_R(X) = \overline{R}(X) - \underline{R}(X)$ 称为 X 的 R 边界域。

（3）约简和核。设 P 是一个等价关系族，$R \in P$，如果 $\mathrm{IND}(P - \{R\}) = \mathrm{IND}(P)$，则称关系 R 在族集 P 中是可省略的；否则，称关系 R 在族集 P 中是不可省略的。若对所有的 $R \in P, R$ 都是必要的，则称族集 P 是独立的，否则称族集 P 是相关的。设 Q 也是一个等价关系族，若 $Q \subseteq P, Q$ 是独立的且 $\mathrm{IND}(P) = \mathrm{IND}(Q)$，则称 Q 为 P 的约简。P 中所有必要的关系的集合称为 P 的核，记作 $\mathrm{CORE}(P)$。

（4）相对约简和相对核。令 P 和 Q 为 U 中的等价关系，Q 的 P 正域记为 $\mathrm{POS}_P(Q)$。设 $S \subseteq P, S$ 是 P 的 Q 约简，当且仅当 S 是 P 的 Q 独立子族且 $\mathrm{POS}_S(Q) = \mathrm{POS}_P(Q)$。$P$ 的 Q 约简简称为相对约简。P 中所有 Q 必要的原始关系构成的集合称为 P 的 Q 核，简称为相对核，记为 $\mathrm{CORE}_Q(P)$。

（5）知识表达系统和决策表。四元组 $S = (U, A, V, f)$ 是一个知识表达系统，也称为信息系统。其中：U 是对象的非空有限集合，即论域；A 是属性的非空有限集合；V 是属性值的集合；$f: U \times A \to V$ 是一个信息函数，为每个对象的每个属性赋予一个信息值。若知识表达系统 S 中的属性集合 A 由条件属性集合 C 和决策属性集合 D 组成，且 $C \cup D = A$，$C \cap D = \varnothing$，则称 S 为决策表。

2.2　属性约简方法

基于区分矩阵的属性约简算法的主要思想是：首先构造区分矩阵，在区分矩阵的基础上得到区分函数；然后应用逻辑运算中的吸收律对区分函数进行化简，使之成为解析式，每个主蕴含式均为原系统的一个约简[12]。

2.2.1　区分矩阵的概念

令 $S = (U, A, V, f)$ 是一个知识表达系统，且 $|U| = n$。S 的区分矩阵是一个矩阵 $n \times n$，其中任一元素 $\alpha(x, y) = \{ a \in A | f(x, a) \neq f(y, a) \}$[13]。

2.2.2　区分函数的概念

$S = (U, A, V, f)$ 是一个决策表，$A = C \cup D$，对每个属性 $a \in C$，指定一个布尔变量"a"。若 $C_{ij} = \{ a_1, a_2, \cdots, a_k \} \neq \varnothing$，则指定一个布尔函数 $a_1 \vee a_2 \vee \cdots \vee a_k$，用 $\sum C_{ij}$ 表示；若 $C_{ij} = \varnothing$，则指定布尔常量 1。区分函数可用布尔函数定义如下[11]：

$$\Delta = \prod_{(x_i, x_j) \in U \times U} \sum C_{ij}$$

式中：$\sum$ 代表"$\vee$"；$\prod$ 代表"$\wedge$"。

2.3　权重计算

（1）知识的依赖度。令 $K = (U, R)$ 为一知识库，且 $P, Q \subseteq R$。当 $k = \gamma_P(Q) = |\mathrm{POS}_P(Q)| / |U|$ 时，称知识 Q 是 k 度依赖于知识 P[14]，其中"$||$"表示基数。

（2）属性的重要性。令 C、D 分别为条件属性集和决策属性集，属性子集 $C' \subseteq C$，关于

D 的重要性定义为[15]

$$\sigma_{CD}(C) = \gamma_C(D) - \gamma_{C-C'}(D) = (|\mathrm{POS}_C(D)| - |\mathrm{POS}_{C-C'}(D)|)/|U|.$$

（3）权重。设条件属性约简后为 $C = \{C_1, C_2, \cdots, C_k\}$，$C_i$ 关于决策属性 D 的重要性为 σ_i，则 σ_i 对应的权重[15]为 w_i，即

$$w_i = \sigma_i \Big/ \sum_{j=1}^k \sigma_j \quad (i = 1, 2, \cdots, k)$$

显然有 $\sum_{i=1}^k w_i = 1$，w_i 作为归一化后条件属性 C_i 的重要性。

3 涂层腐蚀损伤综合评定实例

3.1 涂层腐蚀损伤单项评定的等级分划与指标量化处理

3.1.1 单项评定等级的定义及划分

参照 GB/T 1766—2008《色漆和清漆涂层老化的评级方法》[8]，将飞机结构模拟试验件涂层的腐蚀损伤分为 6 级，用符号 $S_1, S_2, \cdots, S_6$ 表示。涂层腐蚀损伤的评定指标主要有失光率、变色值、粉化程度、开裂大小和数量、起泡大小和密度、剥落最大尺寸和面积，分别用符号 $R_1, R_2, \cdots, R_9$ 表示。涂层腐蚀损伤单项评定等级的定义与划分见表1。

表1 涂层腐蚀损伤单项评定等级定义及划分

评定指标		等级					
		S_1	S_2	S_3	S_4	S_5	S_6
失光	失光率 R_1/%	≤3	4~15	16~30	31~50	51~80	>80
变色	色差值 R_2	≤1.5	1.6~3.0	3.1~6.0	6.1~9.0	9.1~12.0	>12.0
粉化	粉化程度 R_3	无粉化	很轻微,试布上刚可观察到微量颜料粒子	轻微,试布上沾有少量颜料粒子	明显,试布上沾有较多颜料粒子	较重,试布上沾有很多颜料粒子	严重,试布上沾满大量颜料粒子
开裂	大小 R_4	10倍放大镜下无可见开裂	10倍放大镜下才可见开裂	正常视力下目视刚可见开裂	正常视力下目视清晰可见开裂	基本达到1mm宽的开裂	超过1mm宽的开裂
	数量 R_5	无可见的开裂	很少几条几乎可以忽略的开裂	少量可以察觉的开裂	中等数量的开裂	较多数量的开裂	密集型的开裂
起泡	大小(直径) R_6	10倍放大镜下无可见的泡	10倍放大镜下才可见的泡	正常视力下刚可见的泡	<0.5mm的泡	0.5mm~5mm的泡	>5mm的泡
	密度 R_7	无泡	很少几个泡	有少量泡	有中等数量的泡	有较多数量的泡	密集型的泡

（续）

评定指标		等　　级					
		S_1	S_2	S_3	S_4	S_5	S_6
剥落	最大尺寸 R_8	10倍放大镜下无可见剥落	≤1mm	≤3mm	≤10mm	≤30mm	>30mm
	面积 R_9 /%	≤0.1	≤0.3	≤1	≤3	≤15	>15

3.1.2　单项评定指标的量化

表1中腐蚀等级有的按数值大小定义,有的用语言定义不便于利用粗糙集理论构建决策表,因此需对单项评定指标的各腐蚀等级进行量化处理。依据文献[9],表1量化处理后的结果见表2所列。

表2　涂层腐蚀损伤单项评定指标量化结果

评定指标		等　　级					
		S_1	S_2	S_3	S_4	S_5	S_6
失光	R_1	≤3	3~15	15~30	30~50	50~80	>80
变色	R_2	≤1.5	1.5~3.0	3.0~6.0	6.0~9.0	9.0~12.0	>12.0
粉化	R_3	≤5	5~15	15~30	30~50	50~100	>100
开裂	R_4	≤0.05	0.05~0.1	0.1~0.2	0.2~0.5	0.5~1.0	>1.0
	R_5	≤1	1~5	5~7	7~11	11~15	15~20
起泡	R_6	≤0.01	0.01~0.05	0.05~0.1	0.1~0.5	0.5~5.0	>5.0
	R_7	≤1	1~5	5~10	10~17	17~25	>25
剥落	R_8	≤0.5	0.5~1	1~3	3~10	10~30	>30
	R_9	≤0.1	0.1~0.3	0.3~1	1~3	3~15	>15

3.2　飞机结构模拟试验件防护涂层加速腐蚀试验

某型飞机服役过程中结构件涂层发生了大面积的腐蚀破坏,螺钉等连接部位涂层腐蚀损伤尤为突出。本文通过实验室加速腐蚀试验的方法再现其腐蚀过程,试验件为两层组合试验件:下层为 LY12CZ 板材,作为对接带板;上层由 LY12CZ 板材、开有腰形孔的 LC4CZ 板材通过紧固件(铆钉、托板螺帽)连接在下层板上,试验件尺寸为 400mm × 220mm×2mm。按照试验件所采用的不同防护涂层,共分为6类,每类1件。

试验在配有 pH 值 4.0±0.2、质量分数为 5% 的 NaCl 溶液的周期浸润试验箱内进行,1个周浸循环的浸泡时间为 4.8min,红外灯烘烤时间为 12min,当量外场腐蚀 1 个日历年需周浸循环 348 次,共 97.4h。每加速腐蚀 1 个日历年限,试验件在紫外线辐射箱内辐照 24h。综合考虑紫外照射和周浸,试验件完成一个完整的试验周期为 121.4h,相当于在外场腐蚀 1 个日历年。

加速腐蚀到 15a 时,腐蚀主要集中在蒙皮(LY12CZ,LC4CZ)外表面,其涂层腐蚀损伤观测结果见表 3 所列。

表 3　加速腐蚀 15a 试验件涂层腐蚀损伤检测结果

评定指标		加速腐蚀试验件（15a）					
		T_1	T_2	T_3	T_4	T_5	T_6
失光	失光率/%	26.52	27.83	33.8	26.5	17.35	20.01
变色	色差值/ΔE^*	5.01	6.01	6.03	4.88	4.69	4.72
粉化	粉化程度	轻微,试布上沾有少量颜料粒子	轻微,试布上沾有少量颜料粒子	明显,试布上沾有较多颜料粒子	轻微,试布上沾有少量颜料粒子	轻微,试布上沾有少量颜料粒子	轻微,试布上沾有少量颜料粒子
开裂	大小	正常视力下目视刚可见开裂	正常视力下目视刚可见开裂	正常视力下目视清晰可见开裂	正常视力下目视刚可见开裂	正常视力下目视刚可见开裂	正常视力下目视刚可见开裂
	数量	很少几条几乎可以忽略的开裂	很少几条几乎可以忽略的开裂	少量可以察觉的开裂	很少几条几乎可以忽略的开裂	很少几条几乎可以忽略的开裂	少量可以察觉的开裂
起泡	大小(直径)	表面有 7~17mm 的泡	表面有 8~18mm 的泡	表面有 9~20mm 的泡	表面有 8~16mm 的泡	表面有 6~12mm 的泡	表面有 8~16mm 的泡
	密度	有较多数量的泡	有较多数量的泡	密集型的泡	密集型的泡	密集型的泡	密集型的泡
剥落	最大尺寸	有直径约13mm 的剥落	有直径约13mm 的剥落	有直径约14mm 的剥落	有直径约13mm 的剥落	有直径约12mm 的剥落	有直径约13mm 的剥落
	面积/%	1.2	1.2	2.27	1.6	0.8	1.3

3.3　涂层腐蚀损伤综合评定过程

3.3.1　构建涂层腐蚀损伤综合评定信息系统

将 6 个试验件的涂层定义为综合评定的论域 U，$U=\{T_1,T_2,\cdots,T_6\}$，选取的 9 个评定指标定义为条件属性集合 C，$C=\{R_1,R_2,\cdots,R_9\}$，表 3 中涂层腐蚀损伤观测结果量化处理后可得属性值数据见表 4 所列。

表 4　加速腐蚀试验件涂层评定指标属性值

U	R_1	R_2	R_3	R_4	R_5	R_6	R_7	R_8	R_9
T_1	26.52	5.01	25	0.16	4	12	20	13	1.2
T_2	27.83	6.01	28	0.18	4	13	22	13	1.2
T_3	33.8	6.03	36	0.25	6	14.5	30	14	2.27
T_4	26.5	4.88	24	0.15	4	12	40	13	1.6

（续）

U	R_1	R_2	R_3	R_4	R_5	R_6	R_7	R_8	R_9
T_5	17.35	4.69	18	0.12	3	9	30	12	0.8
T_6	20.01	4.86	22	0.14	5	12	40	13	1.3

注：表中起泡大小（R_6）的量化值采用起泡最小直径与最大直径的平均值

3.3.2 属性值的离散化

粗糙集理论在实际应用中一般要求决策系统中的属性值必须是离散型表达形式，表4中属性值数据离散化后见表5。

表5 加速腐蚀试验件涂层评定指标离散化的属性值

U	R_1	R_2	R_3	R_4	R_5	R_6	R_7	R_8	R_9
T_1	2	2	2	2	2	2	1	2	2
T_2	2	3	2	2	2	2	1	2	2
T_3	3	3	3	3	3	3	2	3	3
T_4	2	2	2	2	2	2	3	2	2
T_5	1	1	1	1	1	1	2	1	1
T_6	1	2	2	2	2	2	3	2	2

3.3.3 属性约简

由于区分矩阵是沿对角线对称的矩阵，因此约简时只需考虑其上三角或下三角即可。表5对应的区分矩阵见表6所列。

表6 表5信息系统的区分矩阵

	T_1	T_2	T_3	T_4	T_5	T_6
T_1						
T_2	R_2					
T_3	R_1, R_2, R_3 R_4, R_5, R_6 R_7, R_8, R_9	$R_1, R_3,$ $R_4, R_5, R_6,$ R_7, R_8, R_9	$R_1, R_2, R_3,$ $R_4, R_5, R_6,$ R_7, R_8, R_9			
T_4	R_7	R_2, R_7	$R_1, R_2, R_3,$ $R_4, R_5, R_6,$ R_7, R_8, R_9			
T_5	R_1, R_2, R_3 $R_4, R_5, R_6,$ R_7, R_8, R_9	$R_1, R_2, R_3,$ $R_4, R_5, R_6,$ R_7, R_8, R_9	$R_1, R_2, R_3,$ $R_4, R_5, R_6,$ R_8, R_9	$R_1, R_2, R_3,$ $R_4, R_5, R_6,$ R_7, R_8, R_9		
T_6	R_1, R_7	R_1, R_2, R_7	R_1, R_2, R_3 R_4, R_5, R_6 R_7, R_8, R_9	R_1	$R_2, R_3,$ $R_4, R_5, R_6,$ R_7, R_8, R_9	

则其区分函数为

$$
\begin{aligned}
\Delta = &R_2 \wedge (R_1 \vee R_2 \vee R_3 \vee R_4 \vee R_5 \vee R_6 \vee R_7 \vee R_8 \vee R_9) \wedge R_7 \wedge (R_1 \vee R_2 \vee \\
&R_3 \vee R_4 \vee R_5 \vee R_6 \vee R_7 \vee R_8 \vee R_9) \wedge (R_1 \vee R_7) \wedge (R_1 \vee R_3 \vee R_4 \vee R_5 \vee \\
&R_6 \vee R_7 \vee R_8 \vee R_9) \wedge (R_2 \vee R_7) \wedge (R_1 \vee R_2 \vee R_3 \vee R_4 \vee R_5 \vee R_6 \vee R_7 \vee \\
&R_8 \vee R_9) \wedge (R_1 \vee R_2 \vee R_7) \wedge (R_1 \vee R_2 \vee R_3 \vee R_4 \vee R_5 \vee R_6 \vee R_7 \vee R_8 \vee \\
&R_9) \wedge (R_1 \vee R_2 \vee R_3 \vee R_4 \vee R_5 \vee R_6 \vee R_8 \vee R_9) \wedge (R_1 \vee R_2 \vee R_3 \vee R_4 \vee \\
&R_5 \vee R_6 \vee R_7 \vee R_8 \vee R_9) \wedge (R_1 \vee R_2 \vee R_3 \vee R_4 \vee R_5 \vee R_6 \vee R_7 \vee R_8 \vee \\
&R_9) \wedge R_1 \wedge (R_2 \vee R_2 \vee R_3 \vee R_4 \vee R_5 \vee R_6 \vee R_7 \vee R_8 \vee R_9) \\
= &R_1 \wedge R_2 \vee R_7
\end{aligned}
$$

因此,该信息系统的最小约简为 $\{R_1, R_2, R_7\}$。

3.3.4 计算指标权重

由于 $\mathrm{POS}_C C = \{T_1, T_2, T_3, T_4, T_5, T_6\}$，$\mathrm{POS}_{C-\{R_1\}} C = \{T_1, T_2, T_3, T_4\}$，则评定指标 R_1 的重要性程度为

$$
\sigma(R_1) = (\mid \mathrm{POS}_C(C) \mid - \mid \mathrm{POS}_{C-\{R_1\}}(C) \mid) / \mid U \mid = 1/3
$$

同理,可得评定指标 R_2 和 R_7 的重要性程度分别为

$$
\sigma(R_2) = 1/3, \ \sigma(R_7) = 1/3
$$

归一化后,得到各评定指标的权重分别为

$$
w_1 = 1/3, \quad w_2 = 1/3, \quad w_7 = 1/3
$$

3.3.5 属性值标准化

由于评定指标 R_1、R_2 和 R_7 的量纲不同,在进行涂层腐蚀损伤综合评定前需对三个评定指标的属性值进行标准化。根据公式 $T'_{ij} = (T_{ij} - T_{\min})/(T_{\max} - T_{\min})$，对原始属性值进行标准化(式中:$T'_{ij}$ 为标准化的属性值;T_{ij} 为第 i 个试验件涂层、第 j 个评定指标的属性值;$T_{\min}$ 为与 T_{ij} 同属性的所有属性值的最小值;$T_{\max}$ 为与 T_{ij} 同属性的所有属性值的最大值;$i = 1, 2, \cdots, 6; j = 1, 2, 7$)。标准化后的结果见表7。

表 7　标准化的评定指标属性值

U	R_1	R_2	R_7
T_1	0.557	0.239	0
T_2	0.637	0.985	0.100
T_3	1.000	1.000	0.500
T_4	0.556	0.142	1.000
T_5	0	0	0.500
T_6	0.162	0.127	1.000

3.3.6 涂层腐蚀损伤综合评定

涂层腐蚀损伤综合评定公式为

$$
T'_i = \sum_j w_j \times T^*_{ij} \quad (i = 1, 2, \cdots, 6; j = 1, 2, 7)
$$

式中：T_i^* 为第 i 个试验件涂层的综合评定值；w_j 为第 j 个评定指标的权重；T_{ij}^* 为标准化的属性值。

评定结果见表8。

表8　试验件涂层腐蚀损伤综合评定值（一）

试验件涂层	T_1	T_2	T_3	T_4	T_5	T_6
综合评定值	0.265	0.574	0.833	0.566	0.167	0.430

由表8可得，6类涂有不同防腐涂层的试验件，按涂层腐蚀损伤程度从轻到重排列依次为 $T_5 < T_1 < T_6 < T_4 < T_2 < T_3$。

3.3.7　涂层腐蚀损伤综合评定等级计算

由涂层腐蚀损伤单项评定指标量化结果，通过插值计算出对应的单项评定等级，并根据3个指标的权重，计算出各试验件涂层腐蚀损伤的综合评定等级。计算结果见表9。

依据综合评定等级，6类试验件按涂层腐蚀损伤程度从轻到重排列依次为 $T_5 < T_1 < T_6 < T_4 < T_2 < T_3$。这与3.3.6节中得出的结果一致。

表9　试验件涂层腐蚀损伤综合评定等级（二）

试验件涂层	单项评定等级			综合评定等级
	R_1	R_2	R_7	
T_1	3.768	3.670	5.375	4.271
T_2	3.855	4.003	5.625	4.494
T_3	4.190	4.010	6	4.733
T_4	3.767	3.627	6	4.465
T_5	3.157	3.563	6	4.24
T_6	3.334	3.62	6	4.318

3.4　综合评定结果分析

根据粗糙集理论，将涂层腐蚀损伤9个单项评定指标约简为失光率、变色程度及起泡密度3个主要指标，且其权重相同。但这并不代表其余6项评定指标不重要，只是说明某些单项评定指标的观测值对于综合评定本加速腐蚀年限下的涂层腐蚀损伤程度时略显冗余，若加以考虑将不利于最终的评定，且可能弱化综合评定等级，因此予以约简。不同加速腐蚀年限下各单项评定指标的观测值会发生变化。因此，在进行涂层腐蚀损伤综合评定时，应对涂层腐蚀损伤情况仔细观测、记录，以得到满意的综合评定结果。

由3.3节的综合评定结果可以看出，6类涂有不同防腐涂层的试验件在加速腐蚀到15 a时，表面腐蚀损伤情况差异明显，其中第3类试验件，即蒙皮（LY12CZ，LC4CZ）外表面涂荷兰底漆、面漆，下层板外表面涂荷兰底漆 + 面漆的表面涂层腐蚀破坏最严重；第5类试验件，即蒙皮（LY12CZ，LC4CZ）外表面涂 TB06 – 9 底漆 + TS70 – 60 面漆，下层板外表面涂 TB06 – 9 底漆 + TS70 – 60 面漆的表面涂层腐蚀损伤最轻。因此，飞机在外场服役时应注重采用此种防护涂层。

4 结论

（1）粗糙集理论应用于涂层腐蚀损伤综合评定，可以发现 9 个单项评定指标间完全或部分的依赖关系，在不影响分类结果的前提下，最大限度地消除了冗余信息，约简了评定指标体系，提高了综合评定的效率；依据粗糙集的属性重要性确定单项评定指标的权重，避免了权重求取中人为因素的干扰，方法合理、准确，综合评定结果更加客观和可信。

（2）通过对不同防护涂层的飞机结构模拟试验件加速腐蚀试验，运用粗糙集理论综合评定了涂层腐蚀损伤程度，定量得到了不同涂层的综合评定等级，较准确地反映了涂层腐蚀损伤的综合情况，与试验结果的定性分析一致，为外场服役飞机选取防护涂层提供了定量依据。

参 考 文 献

［1］ Nguyen T N，Hubbard J B，Mcfadden G B. A mathematical model for the cathodic blistering of organic coatings on steel Immersed in electrolytes［J］. J of Coat Tech，1991，794（63）：43.

［2］ Rossi S，Deflorian F，Risatti M. Modified taber apparatus and new test geometry to evaluate the reduction of organic coatings corrosion protective properties induced by abrasive Particles［J］. Surface and Coatings Technology，2006，201（34）：1173 – 1179.

［3］ Akbarinezhad E，Bahremi M，Faridih R，et al. Another approach for ranking and evaluating organic paint coatings via electrochemical impedance spectroscopy［J］. Corrosion Science，2009，51（2）：356 – 363.

［4］ 周小敏，刘钧泉. 有机涂层使用寿命探讨［J］. 装备环境工程，2010，7（1）：57 – 60.

［5］ 陈群志，刘文珽，陈志伟，等. 腐蚀环境下飞机结构日历寿命研究现状与关键技术问题［J］. 中国安全科学学报，2000，10（3）：42 – 47.

［6］ 刘文珽，李玉海，陈群志，等. 飞机结构腐蚀部位涂层加速试验环境谱研究［J］. 北京航空航天大学学报，2002，28（1）：109 – 112.

［7］ 宋恩鹏，刘文珽，杨旭. 飞机内部腐蚀关键部位加速试验环境谱研究［J］. 航空学报，2006，27（4）：646 – 649.

［8］ GB/T 1766—2008，色漆和清漆 涂层老化的评级方法［S］.

［9］ 陈群志. 腐蚀环境下飞机结构日历寿命技术体系研究［D］. 北京：北京航空航天大学，1999.

［10］ Pawlak Z. Rough Sets［J］. International Journal of Information and Computer Science，1982，11（5）：341 – 356.

［11］ 张文修，吴伟志，梁吉业，等. 粗糙集理论与方法［M］. 北京：科学出版社，2001.

［12］ Skowron A，Rauszer C. The discernibility matrices and functions in information systems［C］. Slowinski r. Intelligent Decision Support：Handbook of Applications and Advances of the Rough Sets Theory. Dordrecht：Kluwer Academic Publishers，1992：331 – 362.

［13］ 闫敏. 基于粗糙集的数据约简技术及应用研究［D］. 南京：南京理工大学，2006.

［14］ 肖志军，麦雄发. 基于粗糙集理论的教学评价指标权重的确定［J］. 广西师范学院学报（自然科学版），2010，27（1）：67 – 69.

［15］ 刘高峰. 基于权重联系度的粗集模型及其在不完备决策表中的应用［D］. 成都：西南交通大学，2006.

（作者：周立建，穆志韬，邢玮，孔光明。发表于《装备环境工程》，2012 年第 01 期）

飞机典型结构件防护涂层耐腐蚀试验对比研究

摘　要:基于两种涂层的飞机典型结构模拟试验件加速腐蚀及老化试验,得到涂层光泽度和色差随加速腐蚀时间的变化规律。利用灰色关联分析方法,对影响涂层腐蚀损伤的 9 个评定指标进行量化比较,计算出两种涂层防护体系评价指标与参考标准之间的关联度大小,并对两种涂层防护体系进行了综合评定。结果表明,两种涂层光泽度和色差变化均随加速腐蚀时间增加而增大,TB06 – 9 涂层较 H06 – 076 涂层变化更明显,H06 – 076 涂层的防护效果优于 TB06 – 9 涂层。

关键词:加速腐蚀;灰色关联分析;涂层;腐蚀损伤

1　引言

腐蚀是飞机结构的主要损伤之一[1],涂层防腐是控制飞机结构腐蚀最有效、最经济的方法之一,在大气环境中使用的涂层,受大气环境因素影响会发生老化,进而基体腐蚀失效[2,3]。飞机上广泛采用涂层来达到防腐蚀的目的,对飞机涂层进行腐蚀条件下的试验研究,建立合理的寿命评估模型,研究腐蚀环境对飞机结构寿命的影响十分重要[4]。

在关于涂层腐蚀与防护的研究工作中,对比性的耐腐蚀试验是一种经常被采用的方法。在对比试验中,对于由单个性能指标评定试验结果是比较容易的,根据试验结果排序即可,但在绝大多数对比性腐蚀试验中,其评定指标不止一个,试验结果数据往往分散性很大,目前国内对于涂层性能评估往往依靠以往经验[5]。但对于复杂的试验系统,经验判断法要求判断者经验丰富,技术全面,否则可能造成误判,统计分析法计算繁杂,有时对于一些非定量化指标处理困难[6]。灰色关联分析作为灰色系统理论的重要组成部分,其基本任务是基于行为的微观或宏观几何接近,以分析和确定因子间的影响程度或因子对主行为的贡献测度。本文应用灰色关联分析理论,探讨不同涂层防护体系的腐蚀损伤情况的分析方法,以及不同涂层的防护优劣的客观定量,为飞机在外场修理维护时涂层的选择提供参考依据。

2　加速腐蚀试验

2.1　试验要求及过程

加速腐蚀试验选取的是模拟蒙皮与长桁铆接而成的结构件,蒙皮和长桁材料均为 LY12CZ,试验件尺寸如图 1 所示。试验件所用涂层为蒙皮,仅做阳极化处理后一面涂 H06 – 076 底漆(灰色),长桁涂 H06 – 076 底漆;蒙皮另一面涂 TB06 – 9(黄色)底漆,长桁涂 TB06 - 9 底漆;底漆厚度均为 15 ~ 25μm,共 10 件试验件,试验件如图 2 所示。

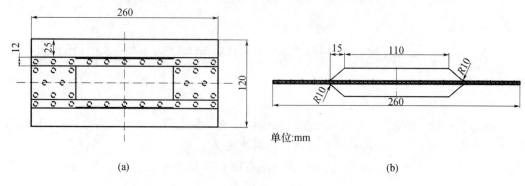

(a) (b)

图 1　试验件尺寸图

（a）俯视图；（b）正视图。

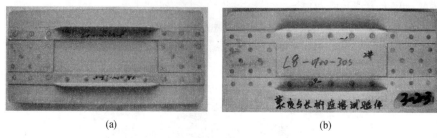

(a) (b)

图 2　蒙皮与长桁连接试验件

（a）H06 - 076 涂层；（b）TB06 - 9 涂层。

试验所用设备周期浸润试验箱如图 3 所示,当量加速试验环境谱如图 4 所示。

图 3　周期浸润腐蚀试验箱

　　根据试验件所用不同,防护体系分为涂 H06 - 076 底漆和涂 TB06 - 9 底漆。图 5 是试验件腐蚀试验到 10 个当量日历年时(文中以 $a_{当量}$ 表示当量日历年单位)两种涂层的外观形貌及局部微观破坏图。

2.2　光泽度及色差变化

　　光泽度表示的是材料表面对所获得的光泽的反射能力大小。涂层光泽度变化用失光率来表示,其反映出涂层表面随时间变化产生的腐蚀损伤程度,失光率越大,腐蚀老化越严重。选取三组试验件,用 XGP60 镜像光泽度仪测出的加速腐蚀不同年限时各试验件失

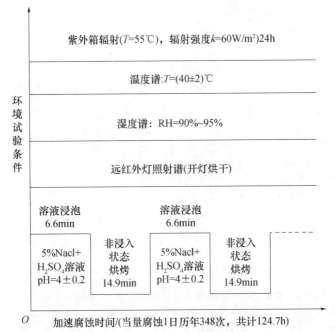

图 4 当量加速试验环境谱

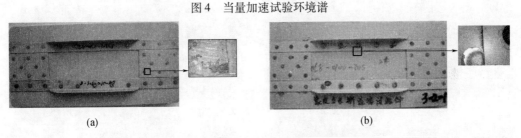

(a)　　　　　　　　　　　　　(b)

图 5 试验件腐蚀 10 个当量日历年时腐蚀情况

（a）H06 – 076 涂层；（b）TB06 – 9 涂层。

光率变化如图 6 所示。图 6 表明，含 TB06 – 9 涂层试验件随着腐蚀时间的增加失光率逐渐增加，试验件涂层颜色变暗；对含 H06 – 076 涂层试验件，失光率变化并不大，说明试验件颜色变化不大，与试验件外观形貌统计一致。

色差值 ΔE^* 是利用 HP – 200 精密色差仪测出的涂层被测表面红绿偏差 Δa、黄蓝偏差 Δb、表面亮度偏差 ΔL 计算，表示为

$$\Delta E = \left[(\Delta L^2) + (\Delta a)^2 + (\Delta b^2) \right]^{\frac{1}{2}}$$

ΔE^* 的值可以定量反映出被测涂层的色泽变化，ΔE^* 的值越大，表明涂层腐蚀老化越明显。选取三组试验件，计算当量加速腐蚀不同年限时各试验件的色差值，结果如图 7 所示。由图 7 看出，试验件表面随着腐蚀试验时间的增加 H06 – 076 涂层的色差变化较大，H06 – 076 涂层色差变化较 TB06 – 9 涂层明显，但并未出现较大差异。

试验中，涂层的老化失效主要是由于紫外线辐照损伤以及表面水分子吸附、扩散、溶渗作用进入涂层，到达涂层与金属基体分界面，再加上腐蚀性介质的渗入，使得涂层溶胀，导致涂层性能逐渐衰减而失效，表现为失光率及色差变化的增加。

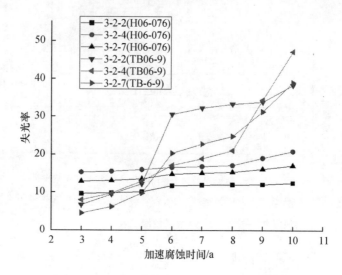

图6　试验件腐蚀不同年限时失光率变化曲线

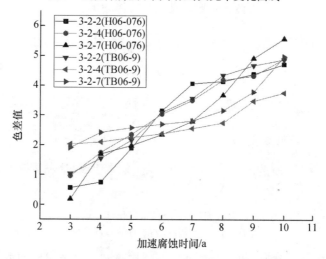

图7　试验件加速腐蚀不同年限时色差变化曲线

3　基于灰色关联分析的涂层腐蚀损伤评定

3.1　涂层腐蚀损伤指标量化处理

参照 GB/T 1766—2008《色漆和清漆涂层老化的评级方法》,将飞机结构模拟试验件涂层的腐蚀损伤分为6级,用符号 $S_1,S_2,\cdots,S_6$ 表示。涂层腐蚀损伤的评定指标主要有失光率 R_1、变色值 R_2、粉化程度 R_3、开裂大小 R_4 和数量 R_5、起泡大小 R_6 和密度 R_7、剥落最大尺寸 R_8 和面积 R_9。GB/T 1766—2008《色漆和清漆涂层老化的评级方法》中腐蚀等级有的按数值大小定义,有的用语言定义,不便于定量分析,因此要对单项评定指标的各腐蚀等级进行量化处理。文献[7]对 GB/T 1766—2008《色漆和清漆涂层老化的评级方法》中的指标进行了量化处理,量化处理后的结果见表1所列。

表1　涂层腐蚀损伤单项评定指标量化结果

评定指标		S_1	S_2	S_3	S_4	S_5	S_6
失光	R_1	≤3	3~15	15~30	30~50	50~80	>80
变色	R_2	≤1.5	1.5~3.0	3.0~6.0	6.0~9.0	9.0~12.0	>12.0
粉化	R_3	≤5	5~15	15~30	30~50	50~100	>100
开裂	R_4	≤0.05	0.05~0.1	0.1~0.2	0.2~0.5	0.5~1.0	>1.0
	R_5	≤1	1~5	5~7	7~11	11~15	15~20
起泡	R_6	≤0.01	0.01~0.05	0.05~0.1	0.1~0.5	0.5~5.0	>5.0
	R_7	≤1	1~5	5~10	10~17	17~25	>25
剥落	R_8	≤0.5	0.5~1	1~3	3~10	10~30	>30
	R_9	≤0.1	0.1~0.3	0.3~1	1~3	3~15	>15

3.2　涂层腐蚀损伤指标描述

经对加速腐蚀10a当量的试验件涂层腐蚀损伤情况进行观测记录,选取一个试验件结果,见表2所列。

表2　加速腐蚀10a试验件涂层腐蚀损伤检测结果

评定指标 涂层类型	失光 失光率 R_1 /%	变色 色差值 R_2	粉化 粉化程度 R_3	开裂 大小 R_4	数量 R_5	起泡 大小 R_6（直径）/mm	密度 R_7	剥落 最大尺寸 R_8	面积 R_9 /%
H06-076	12.45	4.72	很轻微,试布上刚可观察到微量颜料粒子	无可见开裂	无可见开裂	表面有2~3的泡	有中等数量的泡	无可见剥落	无可见剥落
TB06-9	38.33	4.88	轻微,试布上有少量颜料粒子	正常视力下目视清晰	少量可以察觉	表面有3~6的泡	有中等数量的泡	有直径约7mm的剥落	2.42

根据表1,将表2中加速腐蚀10a当量的试验件涂层腐蚀损伤指标量化处理,其中粉化、开裂、起泡几项指标的量化是在参照 GB/T 1766—2008《色漆和清漆涂层老化的评级方法》下在表1中确定对应取值范围而定,数据见表3所列。

表3　加速腐蚀10a当量试验件涂层腐蚀损伤指标量化结果

评定指标 涂层类型	R_1	R_2	R_3	R_4	R_5	R_6	R_7	R_8	R_9
H06-076	12.45	4.72	10	0.02	0.5	2.5	13	0.4	0.08
TB06-9	38.33	4.88	18	0.38	5.8	4.9	16	7	2.42

3.3　灰色关联度的计算

3.3.1　权重计算

本文采用离差权法确定指标权重,其原理是若某项指标的标准差越大,那么其指标参数的变异程度就越大,提供的信息量也越大,在评价中所起的作用越大,则其权重也应越大;反之,若某项指标的标准差越小,那么其指标参数的变异程度就越小,提供的信息量也越小,在评价中所起的作用越小,其权重也应越小。据此,用每一项指标参数的标准差作为该指标的权重[8],即

$$W_k = \sigma_k / \sum_{k=1}^{m} \sigma_k$$

式中

$$\sigma_k = \sqrt{\frac{1}{n-1} \sum_{i=1}^{n} \left[x_i(k) - \bar{x}(k) \right]^2}$$

其中

$$\bar{x}(k) = \frac{1}{n} \sum_{i=1}^{n} x_i(k)$$

得到 9 个腐蚀损伤指标的权重值见表 4 所列。

表 4　试验件涂层腐蚀损伤指标权重值

评定指标	R_1	R_2	R_3	R_4	R_5	R_6	R_7	R_8	R_9
指标权重	0.0285	0.0003	0.0053	0.0238	0.0175	0.7936	0.0099	0.0436	0.0774

9 个指标中,R_1、R_6、R_8、R_9 指标所占权重之和达到 0.9 以上,故可以判断涂层的腐蚀损伤比较侧重于失光率、起泡大小、剥落最大尺寸与剥落面积,而其他指标比较次要,计算时选取这 4 个指标作为参考,既简化了计算,也不致对评价结果有较大影响。

3.3.2　灰色关联度的计算

根据文献[9]中的关于灰色关联度的计算方法,对两种不同涂层的灰色关联度进行计算。对于涂层的腐蚀老化,理想来说,不论失效损伤面积大小,都会有腐蚀或老化损伤,只是希望尽量使腐蚀损伤量最小。故根据量化指标,选取 R_1、R_6、R_8、R_9 权重最大指标的等级 S_1 的值作为参考数列,两种涂层的指标值作为比较数列,对参考数列及比较数列采用初值法进行无量纲化处理,求得差序列以及灰色关联系数,再加入指标权重值,进而得到两种涂层的灰色关联度为

$$\gamma_1 = 0.9360, \quad \gamma_2 = 0.8926$$

由计算结果可知,故 H06 – 076 涂层防护体系较 TB06 – 9 涂层防护体系防护效果更好。

3.3.3　涂层腐蚀损伤定量等级评定

根据涂层腐蚀损伤指标的量化结果,通过插值法进行计算,选取其中权重最重的 4 个指标,计算出试验件涂层损伤的评定等级,结果见表 5。

表 5　试验件涂层腐蚀损伤综合评定等级

试验件涂层	单项评定等级				综合评定等级
	R_1	R_6	R_8	R_9	
H06 – 076	2.7875	4.4444	0.8	0.8	2.208
TB06 – 9	4.19	4.9778	2.4	3.71	3.8197

依据综合评定结果,TB06 - 9 涂层腐蚀明显比 H06 - 076 涂层腐蚀严重,此结果也与 3.3.2 节的结论一致。

3.4 综合评定结果分析

由 3.3 节的评定结果可以看出,两类涂层防护体系在经过 10 个当量日历年加速腐蚀时,腐蚀损伤情况差异明显。蒙皮阳极化处理后涂 H06 - 076 底漆,长桁涂 H06 - 076 底漆的腐蚀损伤综合评定等级远低于蒙皮阳极化处理后涂 TB06 - 9 底漆,长桁涂 TB06 - 9 底漆的涂层,其防护效果较好。

4 结论

(1) 对含不同涂层防护体系的飞机典型结构模拟试验件进行当量加速腐蚀试验,较好地再现了其腐蚀过程;对腐蚀试验后涂层的光泽度及色差变化规律进行分析,光泽度及色差值都随腐蚀时间增加而变大,TB06 - 9 涂层的失光率较 H06 - 076 涂层更为明显,两种涂层的色差变化差异不大。

(2) 利用加权灰色关联分析方法,计算出了两种不同涂层防护体系与参考标准之间的关联度大小;根据计算结果,对两种不同涂层防护体系的优劣进行了评定,蒙皮阳极化处理后涂 H06 - 076 底漆,长桁涂 H06 - 076 底漆的涂层比蒙皮阳极化处理后涂 TB06 - 9 底漆,长桁涂 TB06 - 9 底漆的涂层防护效果好。

参 考 文 献

[1] 金平,杨凯,薛庆增. 腐蚀环境下材料的疲劳缺口系数[J]. 海军航空工程学院学报,2010,25(5):485 - 492.

[2] 王俊芳,杨晓然. 军用防腐涂料涂装的发展探讨[J]. 装备环境工程,2005,2(6):45 - 47.

[3] 罗振华,蔡键平,张晓云,等. 耐候性有机涂层加速老化试验研究进展[J]. 合成材料老化与应用,2003,32(3):31 - 35.

[4] 陈跃良,张勇. 军用飞机结构日历寿命相关问题的思考[J]. 航空工程进展,2010,1(4):311 - 316.

[5] 周小敏,刘钧泉. 有机涂层使用寿命探讨[J]. 装备环境工程,2010,7(1):57 - 60.

[6] 汪学华,张伦武. 涂层大气腐蚀的模糊综合评定[J]. 环境技术,2001,06:35 - 38,46.

[7] 陈群志. 腐蚀环境下飞机结构日历寿命技术体系研究[D]. 北京:北京航空航天大学,1999.

[8] 刘明周,龚任波,扈静,等. 基于灰色关联分析的操纵装置操纵舒适性评价[J]. 中国机械工程. 2011,22(21):2642 - 2645.

[9] 罗佑新,张龙庭,李敏,等. 灰色系统理论及其在机械工程中的应用[M]. 长沙,国防科技大学出版社,2001.

(作者:黄亚超 穆志韬 苏维国。发表于《海军航空工程学院学报》,2012 年第 05 期)

固体发动机结构密封特性分析

摘　要:根据固体发动机密封结构的特点,从密封圈的密封机理出发,对固体发动机密封的充分必要条件及密封界面的接触压应力分布进行分析;研究了黏弹性材料的压缩回弹特性、应力松弛特性和一些可能的密封失效因素,为固体发动机结构密封工作可靠性及密封圈的正确选用提供了依据。

关键词:密封结构;固体发动机;密封圈;回弹特性;应力松弛

1　引言

美国"挑战者"号航天飞机因结构密封件失效,升空73s后发生爆炸,7名宇航员全部遇难,直接经济损失12亿美元,我国火箭也曾有因密封泄漏造成过卫星不能准确入轨的故障;另据资料统计[1],在国外某型火箭固体发动机出现的235个机械故障中,仅结构密封元件失效的故障就占38%。可见,密封问题是固体火箭发动机(简称固体发动机)技术的一个极其重要方面,结构密封性能的好坏直接影响着发动机的寿命及工作可靠性。因此,对固体发动机结构密封特性的分析研究是提高固体发动机工作可靠性的重要环节之一。

2　结构密封的必要条件分析

为确保密封结构的密封,根据力的平衡原理可知,在上、下法兰之间的连续接触面上,接触压应力必须大于或等于密封结构内部的压强,即 $\sigma \geq p$,才能确保结构密封,如图1所示。

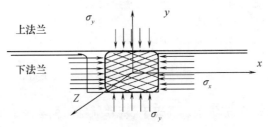

图1　矩形截面密封结构示意图

用于制造密封圈的橡胶材料属黏弹性不可压缩材料,事实上,绝对不可压缩材料是没有的,所以由内压强引起的密封界面上的接触应力一般都小于 p。即仅靠内压所提供的界面压应力并不能保证结构密封,必须预先给密封圈在安装时一个预压缩变形量 ε_0,则其预先压缩应力为 $E_\infty \varepsilon_0$。在内压强作用下,对任何形状的密封圈其密封界面上总的接触

压应力为

$$\sigma = f(\mu, \varepsilon_0) E_\infty \varepsilon_0 + \frac{\nu}{1 - \nu} p \tag{1}$$

对矩形密封圈,有 $f(\mu, \varepsilon_0) = 1$;对 O 形密封圈,有

$$f(\mu, \varepsilon_0) = 1.25\left(1 + \frac{\mu^2 k}{1 - \varepsilon_0}\right)$$

式中: E_∞、ν 分别为密封材料的平衡模量和泊松比;k 为 O 形圈接触宽度与其截面直径 d 之比。

压缩后的 O 形圈宽度 B 及其与法兰的连接宽度 b 可近似地由下式给出[1,2]:

$$B = \left(\frac{1}{1 - \varepsilon_0} - 0.6\varepsilon_0\right)d \tag{2}$$

$$b = (4\varepsilon_0^2 + 0.34\varepsilon_0 + 0.31)d \tag{3}$$

由于 O 形圈的 $f(\mu, \varepsilon_0) \geqslant 1.25$,而矩形圈的 $f(\mu, \varepsilon_0) = 1$,所以对同样的初始压缩量 ε_0 而言,O 形圈的密封可靠性比矩形圈的要高。因为 O 形圈沿密封界面的接触压应力分布是非均匀的,其应力峰值对结构密封十分有利,所以,在固体发动机结构中一般都采用 O 形圈技术进行密封。

3　结构密封件材料的回弹特性

密封橡胶材料的回弹特性是表征材料动态密封效能的一个主要指标。橡胶的回弹特性是指橡胶材料受压达到熵平衡状态后弹性内能自由释放所表现出的变形特征。

橡胶类密封圈都有一定的黏弹性,压缩应力卸掉后,密封圈不会立即恢复到原来的状态。作为密封圈材料,希望压缩应力卸掉后,立即恢复到原来状态,即希望其黏弹效应越小越好。如矩形橡胶圈长期压缩卸载后,其高度随时间的变化关系为[2,3]

$$H(t) = \left[1 - \varepsilon_0(1 - \tau_\varepsilon/\tau_\sigma) e^{-t/\tau_\sigma}\right]H_0 \tag{4}$$

式中: H_0 为密封圈原始高度;ε_0 为初始压缩量;τ_ε 为应变恒定时应力松弛时间;τ_σ 为应力恒定时应变松弛时间,且恒有 $\tau_\sigma > \tau_\varepsilon$。

由式(4)可见,只有理论上 $t \to \infty$ 时,其高度 $H(t)$ 才能恢复到 H_0。同时从式(4)中还可得知,减小 τ_σ 和 ε_0 或增大 τ_ε 都有利于胶圈高度的恢复。

τ_σ、τ_ε 是材料黏弹性常数。对于橡胶密封材料不仅要有一定的强度和硬度,还应要求 τ_σ 尽可能小,而 τ_ε 尽可能的大。在对固体发动机结构密封材料设计及研制时,应当作为重要性能指标提出要求。

对 O 形圈而言,除上述一些影响回弹特性因素外,还有考虑 O 形圈的截面直径等其他因素。表 1 给出了 F108 橡胶圈不同截面直径试样的回弹函数[4],图 2 给出了对应的曲线关系,图 3 给出了不同温度条件下回弹间隙与回弹时间的关系曲线。

表 1   不同密封圈截面直径试样的回弹函数

直径 ϕ/mm	$h = f(t)$	$v = \varphi(t)$
3.0	$h = 0.712t^{0.15}$	$v = 0.107t^{-0.85}$
4.0	$h = 1.066t^{0.144}$	$v = 0.154t^{-0.86}$
5.0	$h = 1.646t^{0.15}$	$v = 0.247t^{-0.85}$

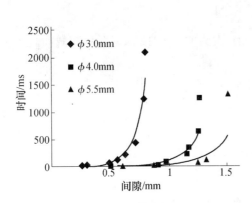 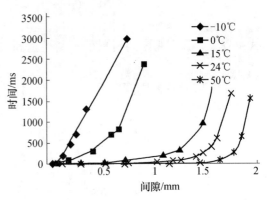

图 2   不同密封圈直径结构间隙与时间的关系曲线   图 3   不同温度下结构间隙与时间的关系曲线

从表 1、图 2 中可以得出,在相同温度及压缩率下,相同的 h/d(间隙直径比),密封橡胶圈直径越大,回弹所用时间越短,对结构受载变形时的密封越有利。

由图 3 中可以看出,在相同胶圈直径及压缩率下,在回弹间隙很小的一段回弹里,橡胶回弹速度的加速度很小,可认为在这一极小回弹间隙里回弹速度是一常数,把这一小段称为材料回弹初始线性段。回弹初始线性段越长,橡胶的回弹性能就越好。回弹初始线段随温度增加而显著增加,50℃时这一线性段长度大约为 1.45mm,而 0℃时几乎没有回弹初始线性段,-10℃试样已表现为脆性,可见温度对回弹函数的速度影响较大。

4   橡胶密封件压缩后的应力松弛分析

装配后的 O 形橡胶圈在固体发动机储存期间,其与密封槽接触界面上的应力会逐渐减小,而变形却基本不变,即存在着应力松弛现象。O 形圈的应力松弛将直接降低其密封性能。应力松弛现象是蠕变的一个特例,根据如下全量型蠕变理论基本方程关系式[5]联合求解,在求得 O 形圈装配后的初始应力后,可以据此求得某一时间 O 形圈的松弛应力:

$$e_{ij} = (3\bar{\varepsilon}/2\bar{\sigma})s_{ij} \tag{5}$$

$$\bar{\sigma} = c/(1 + at^b) \tag{6}$$

$$\sigma_x + \sigma_y + \sigma_z = 3k(\varepsilon_x + \varepsilon_y + \varepsilon_z) \tag{7}$$

式中:$k = 1/3(1-2\nu)$;e_{ij} 为应变偏量;s_{ij} 为应力偏量;a、b 为材料常数;t 为时间;ν 为泊松比;c 为松弛过程开始时的等效应力;当等效应力 $\bar{\sigma}$ 和等效应变 $\bar{\varepsilon}$ 的关系符合一维应力蠕变理论时,$\bar{\varepsilon}$ = 常数。

图 4 给出了某固体发动机 O 形橡胶圈安装储存 8 年期间的最大接触应力松弛情况。从图 4 可以看出,在开始阶段应力的变化比较大,随着储存时间的延长,应力的变化趋于

缓慢。另外,还可以看出应力松弛并没导致三个坐标轴方向的正应力都下降,而是对其进行重新分配后使它们都逐渐趋于它们的平均值。

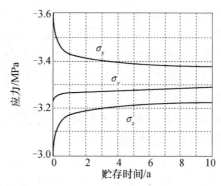

图4　O形橡胶圈最大接触应力松弛过

5　密封圈初始压缩量的选取

为确保结构密封可靠,无论对端面还是侧面密封,都必须提供预压缩量。经试验结果表明,O形圈初始压缩率一般为12%～30%,若考虑发动机承载时,密封连接部位可能发生结构变形的实际情况,建议固体发动机结构密封圈初始压缩率取15%～35%为宜。因为初始压缩率太小,在连接结构发生变形时容易丧失压缩率而使密封不可靠;太大的初始压缩率又易使O形圈产生较大的永久变形而缩短使用期。另外,鉴于固体发动机O形圈属长期压缩储存后一次性使用件,在径向(轴向)压缩状态下工作,因此其密封性能主要取决于压缩永久变形或接触应力的大小,所以一般可选取压缩永久变形作为储存性能变化的指标。可通过热空气高温加速老化试验的动力学曲线外推出25℃储存时的动力学变形方程,然后通过装于模拟发动机装配状态的加具内O形圈的模拟老化,得到可共检测的模拟件,用专门的容器进行气密检查。

6　结构密封槽尺寸的确定

端面密封槽多为矩形横截面,其横截面积不应小于O形密封圈的横截面积,否则会将O形圈压碎或剪坏。密封圈压缩后,如果其内外侧正好与密封槽的内外侧面相接触,密封圈是不会被压坏的。所以取压缩后的O形密封圈的宽度 B 作为密封圈的宽度,公式中的初始压缩量 ε_0 取值适用范围为 $0.1 \leqslant \varepsilon_0 \leqslant 0.4$。

7　密封结构形式的选取

结构的密封性能不仅与采用的密封件材料及形状有关,而且与密封件所处的结构位置、结构形式有很大的关系。前面曾经提到过的美国"挑战者"号航天飞机失事后,研究人员对固体火箭发动机助推器现场接头进行了重新设计。同时,在重新设计的密封槽中,对航天飞机的 5 种 O 形圈材料的回弹性进行了研究[6,7]。5 种材料有氟橡胶 V747 – 75、改进的碳氟橡胶 V835 – 75、氰基橡胶 N304 – 75 和 N602 – 70、硅橡胶 S650 – 70。做了两种类型的试验:一种是在各种间隙张开速率和各种温度下,测量 O 形密封圈的回弹特性;另一种是接头变形试验,用来确定 O 形密封状态下,适应规定的间隙张开量和振动的能力。接头变形试验时,由计算机产生一个非线性函数代替间隙张开位移,在间隙张开量 2 倍的条件下考察密封圈回弹性。结果显示:候选的 O 形密封圈材料一般在较高温度和较低的间隙张开率下能较好地满足间隙张开位移,而在 – 7 ~ +21℃ 间硅橡胶 S650 – 70 有最好的回弹性,氟橡胶 V747 – 75 的回弹性随温度降低而降低。

因此,为了提高固体发动机高压密封的可靠性,在分析研究国内外相关部件密封结构的基础上,建议密封结构的设计要结合结构总体受力变形、工作环境温度及密封材料的回弹特性综合考虑,密封结构尽量采用"自紧式"和"疏导法"设计。"自紧式"设计是借密封件自身的弹性变形增加密封的比压,提高密封性能。"疏导法"设计是根据结构上的可能性,将高的压力分成两部分,即变成高、低压密封的串联结构。在高压密封后面设置一个疏导腔,这个腔与低压腔连接,高压密封一旦发生泄漏就可把泄漏引入低压区,这是一个双保险的密封系统。

8 结论

(1)要保证结构可靠的密封,密封接触面的接触压应力必须大于或等于内压强;且结构中密封圈初始安装要有合适的预压缩量,考虑密到封连接部位可能发生的结构变形,建议固体发动机结构密封圈初始压缩率选取 15% ~ 35% 为宜。

(2)对结构因受力产生较大位移变形的密封部位,要尽量选用回弹特性好的密封材料(即黏弹材料的 τ_σ 要小,而 τ_ε 尽可能大);且密封圈的直径、工作环境温度对密封材料的回弹特性都有较大的影响,设计选用密封圈时应充分考虑。

(3)装配后的密封圈随固体发动机储存期间的增加,密封接触面上的压应力会逐渐减小,应力松弛现象在初始阶段应力的变化比较大,随着储存时间的延长,应力的变化趋于缓慢。所以,对超期储存发动机的使用应首先重点进行密封性检查。

参 考 文 献

[1] 张俭. 固体火箭发动机的密封问题初探[J]. 中国宇航学会推进技术会议论文集,1997.

[2] 陈汝训. 固体发动机的密封问题[J]. 强度与环境,1995(4).

[3] 刘磊,等. 双金属密封结构的有限元分析[J]. 润滑与密封,2001(6).

[4] 闫平义,苏胜良. 固体火箭发动机密封材料回探特性研究[J]. 宇航材料工艺,2001(6).

[5] 任全彬,等. 橡胶 O 形密封圈的变形及应力分析[J]. 航空动力学报,1995(3).

[6] Cynthia L Lach. Effect of Temperature and Gap Opening Rate on the Resiliency of Candidate Solid Rocket Booster O – Ring Materials[J]. NASA Technical Paper,1996(6):3226.

[7] Giants T W. Viton B O – Ring Resilience Study[J]. ADA402958,2001,1.

(作者:穆志韬 邢耀国。发表于《润滑与密封》,2004 年第 02 期)

密封结构中超弹性接触问题的有限元分析方法

摘　要：本文给出了不可压缩超弹性橡胶密封材料轴对称大变形的分析计算方法,利用基于接触面的罚单元算法,采用有限元分析方法对固体发动机密封结构进行了计算,对密封界面上的接触压应力分布规律进行了研究,为橡胶密封件的设计计算提供了一条新途径。

关键词：橡胶材料；有限元分析；密封；接触面

1　引言

工程中大多数密封结构具有复杂的装配关系及几何形状,形成装配的不同部件由于设计的需要往往具有不同的材料,材料的多样性和装配关系的复杂性使得密封结构的建模求解复杂。另外,密封结构中常包含有复杂材料特性的橡胶密封元件。橡胶材料属于超弹性近似不可压缩体,其本构关系是复杂的非线性函数,通常用应变能函数表示,而且应力张量不能由变形唯一地确定；结构受力复杂,受载后呈现出大位移、大应变,力学模型也表现出复杂的材料非线性和几何非线性,有限元求解过程中存在复杂的边界条件并包含有接触计算。因此,本文针对超弹性橡胶材料受载后的轴对称大变形特点,结合某型固体发动机具体的结构密封形式和发动机工况条件下的受力,采用三维有限元计算方法,对橡胶密封圈的接触应力和变形进行分析,为固体发动机的密封设计、优化和探索橡胶密封圈的失效准则提供一些理论依据。

2　超弹性橡胶密封材料的应力、应变关系

橡胶密封材料应力、应变关系极其复杂,一些国内外学者曾提出了专门描述橡胶材料的函数,如 Mooey – Revlin、Klosenr – Segal 模型和 Biderman 模型。为了配合有限元程序对密封问题的求解,根据橡胶材料分析的唯象学理论,本文选用 Mooey – Revlin 模型描述橡胶超弹性材料在大变形下的力学特性。在该模型中,通过附加体积约束能量项得到修正应变能函数,利用该修正的函数将原来的体积约束变分问题转化为无条件变分问题,其修正应变能函数形式为[1]

$$W = W(I_1, I_2) + \alpha \cdot f(I_3) \qquad (1)$$

式中：$f(I_3)$ 为罚函数,它满足 $f(I_3)\big|_{I_3=1} = 0$；α 为罚因子,它可近似理解为材料的体积变形模量。

为便于处理不可压缩材料的变形问题,白新理等[2]建议式(1)可表示为

$$W = C_1(I_1 - 3) + C_2(I_2 - 3) + \frac{\alpha}{2}(I_3 - 1) \qquad (2)$$

式中：C_1、C_2 为材料 Mooney – Rivlin 常数；I_1、I_2、I_3 分别是形变张量的第一、第二、第三不变量，如果材料是不可压缩的超弹性体，则 $I_3 = 1$。

对于不可压缩超弹性材料，应变能函数表征为应变或变形张量的纯量函数，应力表征为应变能函数对应变的偏导数。其本构方程为

$$S_{ij} = \frac{\partial W}{\partial E_{ij}} \tag{3}$$

式中：S_{ij} 为比奥雷 – 克希霍夫应力（Piola – Kirchhoff）；E_{ij} 为格林（Green）应变张量的分量。

在有限元分析中，由式（3）可导出橡胶超弹性材料的本构矩阵。

3 非线性问题的有限元分析方法

对于非线性问题通常不能采用一步直接求解的方案，必须将载荷分成若干级逐步加载到结构上，然后按各个阶段不同的非线性特性逐步求解。它实质上是把一个非常复杂的非线性加载过程，分割成若干个非线性程度较轻的加载小段，分别对每一小段迭代求解，这样可避免较严重非线性方程求解过程中的发散现象。

对于材料的几何变形的非线性求解，只能用大应变理论进行研究。采用全拉格朗日（TL）法以未变形时（或某一基准时刻）结构构形为参照构形，推导出非线性平衡方程。

现以 $t = 0$ 时刻的状态为度量基准，根据虚功原理，结构变形在 $t + \Delta t$ 时刻格林应变与克希霍夫应力间的关系：

$$\int_{0_V}^{t+\Delta t} \left\{ \delta^{t+\Delta t} \varepsilon \right\}^{\mathrm{T}} \left\{ {}^{t+\Delta t} S \right\} \mathrm{d}V = {}^{t+\Delta t} W \tag{4}$$

式中：$\left\{ {}^{t+\Delta t} \varepsilon \right\}$ 为 $t + \Delta t$ 时刻的格林 – 拉格朗日应变分量；$\left\{ {}^{t+\Delta t} S \right\}$ 为 $t + \Delta t$ 时刻的第二类比奥雷 – 克希霍夫应力分量；$\left\{ {}^{t+\Delta t} W \right\}$ 为 $t + \Delta t$ 时刻的外力虚功，包含体积力、面力和节点集中力所作的虚功；V 为以 $t = 0$ 时刻的状态为度量基准的体积。

式中（4）左端为 $t + \Delta t$ 时刻内力虚功，写成增量形式为

$$\left\{ {}^{t+\Delta t} S \right\} = \left\{ {}^{t} S \right\} + \left\{ S \right\} \tag{5}$$

$$\left\{ {}^{t+\Delta t} \varepsilon \right\} = \left\{ {}^{t} \varepsilon \right\} + \left\{ \varepsilon \right\} \tag{6}$$

$$\left\{ {}^{t+\Delta t} u \right\} = \left\{ {}^{t} u \right\} + \left\{ u \right\} \tag{7}$$

式中：$\left\{ {}^{t} S \right\}$、$\left\{ {}^{t} \varepsilon \right\}$、$\left\{ {}^{t} u \right\}$ 分别为 t 时刻的应力、应变和位移；$\left\{ S \right\}$、$\left\{ \varepsilon \right\}$、$\left\{ u \right\}$ 分别为增量应力、增量应变和增量位移；$\left\{ {}^{t+\Delta t} u \right\}$ 为 $t + \Delta t$ 时刻的位移。

式（5）、式（6）及式（7）是把 $t + \Delta t$ 的量写成 t 时刻的量与相应增量之和。增量应变 $\left\{ \varepsilon \right\}$ 又可写成线性部分 $\left\{ e \right\}$ 与非线性部分 $\left\{ \eta \right\}$ 之和，即

$$\left\{ \varepsilon \right\} = \left\{ e \right\} + \left\{ \eta \right\} \tag{8}$$

式中：$\left\{ e \right\}$、$\left\{ \eta \right\}$ 的元素分别为

$$e_{i,j} = \frac{1}{2} \left(u_{i,j} + u_{j,i} + {}^{t} u_{k,i} u_{k,j} + {}^{t} u_{k,j} u_{k,i} \right)$$

$$\eta_{i,j} = \frac{u_{k,i} u_{k,j}}{2}$$

增量应力和增量应变之间有如下关系：

$$\{S\} = [C]\{\varepsilon\} \tag{9}$$

式中：$[C]$ 为应力应变关系矩阵。不同的材料模式，$[C]$ 具有不同的形式。

将式(5)~式(9)代入式(4)，并考虑到 $\{\delta^{t+\Delta t}\varepsilon\} = \{\delta\varepsilon\}$，$\{\delta\varepsilon\} = \{\delta e\} + \{\delta\eta\}$ 整理得

$$\int_{0_V}^{t+\Delta t} \{\delta\varepsilon\}^T [C]\{\varepsilon\} dV + \int_{0_V}^{t+\Delta t} \{\delta\eta\}^T \{{}^tS\} dV = {}^{t+\Delta t}W - \int_{0_V}^{t+\Delta t} \{\delta e\}^T \{{}^tS\} dV \tag{10}$$

式(10)即是 $t+\Delta t$ 时刻的增量形式的平衡方程，此方程左边第一项为未知增量位移的四次方项，求解很困难。为此，对每一个载荷步将方程分段线性化处理，近似地取 $\{\varepsilon\} \approx \{e\}$，$\{\delta\varepsilon\} \approx \{\delta e\}$，则方程(10)可简化为线性化增量形式的完全拉格朗日方程(11)形式，线性化带来的误差，可通过平衡迭代修正来消除或减小。

$$\int_{0_V}^{t+\Delta t} \{\delta e\}^T [C]\{e\} dV + \int_{0_V}^{t+\Delta t} \{\delta\eta\}^T \{{}^tS\} dV = {}^{t+\Delta t}W - \int_{0_V}^{t+\Delta t} \{\delta e\}^T \{{}^tS\} dV \tag{11}$$

将整个物体离散后，采用有限元方法最终可导出完全拉格朗日非线性问题的有限元方程为

$$([{}^tK]_L + [{}^tK]_{NL})\{u^K\} = \{{}^{t+\Delta t}R\} - \{{}^tF\} \tag{12}$$

式中：$[{}^tK]_L$ 为线性总体刚度矩阵；$[{}^tK]_{NL}$ 为非线性总体刚度矩阵，反映了应变位移中非线性部分对刚度矩阵的影响；$\{u^K\}$ 为节点位移增量(未知量)；$\{{}^{t+\Delta t}R\}$ 为 $t+\Delta t$ 时刻的外载荷列阵；$\{{}^tF\}$ 为 t 时刻物体内原有的应力 $\{{}^tS\}$ 引起的等效节点力阵。

4 密封结构接触问题的求解分析

接触问题的复杂性是由于接触前、后系统状态的改变及接触边界条件的高度非线性所引起，因此，正确处理接触问题是计算成功的关键。目前，国内外对于接触问题已出现了许多的求解方法，如直接约束法、子结构法及罚函数算法等。直接约束法具有普遍适应性，不需要增加特殊的界面单元，不增加系统自由度数，也不涉及复杂的接触条件变化，但由于接触关系变化会增加系统矩阵带宽。

由于密封结构中橡胶材料属大变形、非线性接触问题，同时存在几何、材料及边界非线性，因而本文采用接触单元的罚函数算法进行分析。接触单元是将两个(或多个)物体的接触区域或变形过程中可能的接触区域定义为单元。当物体接触时，单元具有一定的刚度，可阻止物体接触边界的相互嵌入；当物体脱离开时，接触单元的刚度为零，对物体的变形没有任何约束。

物体接触边界的分析如图1所示，假设相互接触的 A、B 两个物体，S_σ 和 S_u 分别是给定的载荷和位移边界条件。选择局部坐标系 (ξ, ζ) 使 ξ 与接触面相切，ζ 垂直于接触面方向，C 是接触点。

A、B 两物体的接触通常可归纳为三种情况[3]：

(1)开式接触。两物体是分离的，此时接触约束释放，即

$$\Delta U_\zeta^A - \Delta U_\zeta^B + {}^0D_\zeta > 0$$

(2)黏式接触。两物体接触且无相对滑移，即

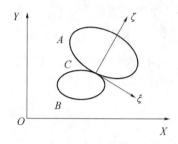

图1 A、B 两物体接触示意图

$$\begin{cases} {}^0P_\zeta + \Delta P_\zeta > 0 \\ {}^0P_\xi + \Delta P_\xi \leqslant \mu_s ({}^0P_\zeta + \Delta P) \end{cases}$$

（3）滑移接触。两接触体相接触，且沿接触面的切面有相对滑移，即

$$\begin{cases} {}^0P_\zeta + \Delta P_\zeta > 0 \\ ({}^0P_\xi + \Delta P_\xi)(\Delta U_\xi^A - \Delta U_\xi^B) \leqslant 0 \end{cases}$$

上述式中：P_ζ、P_ξ 分别代表 B 物体作用于 A 物体的法向接触力和切向接触力；${}^0D_\zeta$ 为两物体间的初始间隙；U_ζ、U_ξ 分别为两物体法向位移和切向位移；${}^0(\ )$ 和 $\Delta(\ )$ 分别表示初始值及增量值；μ_s 为静摩擦系数。上述判断条件可用来判断相接触物体的接触状态变化。

5   实例计算

选择某固体发动机助推器与喷管连接部位的密封槽及密封圈进行有限元计算。O 形密封圈为硅橡胶，泊松比取 $\mu = 0.4995$；在助推器点火工作的 0.12s 内然气压力由 0 上升到 7MPa。根据几何模型的对称性，取模型的 1/10 进行分析。

在 O 形密封圈安装过程中，由于钢结构件和橡胶件刚度差别很大，四周由钢构件组成的密封槽壁是 O 形圈变形时不可逾越的边界。故可以把这些空间位置一定的接触边界看作 O 形圈变形时的约束边界，O 形圈受到的压缩看作由某个约束边界上的指定位移引起。O 形密封圈本身边界上各节点的边界条件，则由各节点同约束边界的接触状况确定。假设：

（1）密封圈材料具有确定的弹性模量 E 和泊松比 μ。

（2）橡胶密封圈材料拉伸与压缩的蠕变性质相同。

（3）蠕变不引起体积的变化。

根据力的平衡原理，密封结构确保密封的充分必要条件是密封圈上、下法兰之间的接触界面上，接触压应力 σ 等于内压强[4,5]。因此，只要满足 $\sigma \geqslant p$，就能确保结构的密封。

当发动机没有点火时，密封结构内部无然气压力，仅计算了密封圈在不同压缩率条件下的结构接触密封压应力列入表1。

表1   密封圈在不同压缩率条件下的接触密封压应力

初始压缩率/%	10	16	20	26	30
密封压应力 σ/MPa	1.02	1.66	1.84	2.51	3.09

　　当发动机点火工作时,结构内部燃气压力开始增大,密封圈接触密封压应力计算结果列入表2。

表2　密封圈在内部不同燃气压力下的接触密封压应力

内部燃气压力 p/MPa	0	1	3	5	7
密封压应力 σ/MPa	1.84	2.96	6.15	7.82	9.86
注:压缩率20%					

　　图2、图3及图4分别给出了在密封圈初始压缩率为20%,发动机没有点火和点火工作内压值分别达到3MPa、5MPa时,密封圈和密封槽接触密封压应力分布图。图5中三条曲线分别给出了三种燃气内压值时,O形密封圈和密封槽接触界面上的接触压力(正应力)的分布,最大接触压应力的大小反映了O形密封圈的密封能力。

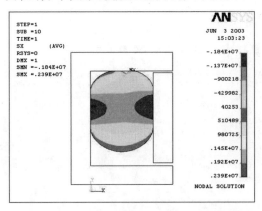

图2　燃气压力0时密封接触压应力云图

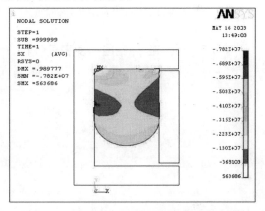

图3　燃气压力5MPa时密封接触压应力云图

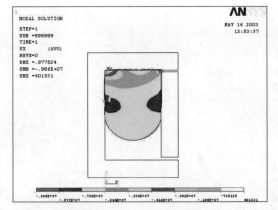

图4　燃气压力7MPa时密封接触压应力云图

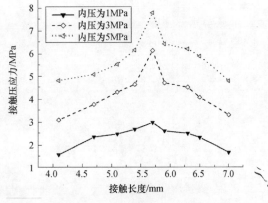

图5　不同压力下沿密封圈和槽接触面压应力分布

　　通过上述计算可得出如下结论:
　　(1)随密封圈安装时初始压缩率的增大,密封界面上接触压应力增大,对密封效果十分有利,但初始压缩率太大会使密封圈压缩残余变形量增大,密封圈使用寿命缩短,使得发动机储存寿命减少。

（2）在发动机最大燃气工作压力范围之内，密封圈接触界面上的密封最大压应力均大于对应的燃气内压值，满足密封要求的充分必要条件，说明发动机结构的密封设计合理。但随工作内压值的增大，将加速橡胶材料的松弛，造成橡胶材料"刚度"下降，在较高压力下密封圈材料易被从缝隙中挤出。

参 考 文 献

[1] 吕和祥. 橡皮轴对称大变形分析[J]. 大连工学院学报,1999,23(1).

[2] 白新理,杨开云,等. 不可压缩材料大变形接触分析[J]. 四川大学学报,2000,33(1).

[3] 刘磊,等. 双金属密封结构的有限元分析[J]. 润滑与密封,2001(6).

[4] 常新龙,等. 法兰连接密封结构的贮存可靠性分析[J]. 固体火箭技术,1999,22(3).

[5] Cynthia L. Lach. Effect of temperature and gap opening rate on the resiliency of candidate solid rocket booster O – ring materials[J]. NASA Technical Paper,1996,6:3226.

（作者：穆志韬 邢耀国。发表于《航空计算技术》,2003 年第 04 期）

不可压缩超弹性密封圈的回弹
特性和载荷衰减分析

摘　要:本文从不可压缩超弹性橡胶材料的密封机理出发,对结构密封界面的接触压应力和密封特点进行了理论分析,讨论了不可压缩超弹性橡胶材料的回弹特性及接触密封载荷的衰减变化规律,为工程应用中确定结构密封工作的可靠性及密封圈的正确选择提供了科学依据。

关键词:不可压缩超弹性材料;回弹特性;载荷衰减;接触分析

1　引言

橡胶材料在工程密封中的应用已广泛引起人们的重视。由于橡胶材料受力后,其变形是一个非常复杂的过程,伴随有大位移、大应变,并且本身又是非线性材料,在变形过程中其体积几乎不变,因此,在力学研究中一般把橡胶材料处理为各向同性不可压缩超弹性体。橡胶材料在航空航天器结构中多用作密封元件(如 O 形、矩形密封圈等),在装配状态下长期储存时,由于受到机械压缩应力、介质及空气中氧和温度的作用产生累积永久变形,密封圈的接触压缩载荷随储存时间的增加而减小(即衰减),尤其是工况中有结构变形时,密封圈的回弹特性下降,导致密封圈压缩比减少而引起泄漏,丧失其密封功能,引起灾难性事故。例如,1986 年美国"挑战者"号航天飞机点火升空 73s 后发生爆炸,直接经济损失 12 亿美元,失事的原因是固体发动机的 O 形密封圈在两个密封面发生变形时,由于结构密封部位张开间隙瞬时增大,胶圈在低温时的回弹速度小于结构变形速度而使密封失效。又如,俄罗斯因密封件失效曾造成"联盟"11 号飞船 3 名宇航员惨死于密封舱中。我国也曾发生某型固体火箭发动机试车失败与结构密封件材料回弹特性有关的事例。

因此,本文从橡胶密封圈的密封机理出发,探讨了密封界面的接触压应力、橡胶密封材料的回弹特性及密封压缩载荷衰减等因素对结构密封性能的影响。

2　结构密封界面的接触应力分析

为保证结构的密封,密封圈与密封槽上、下接触面上的压应力等于密封结构内部压强[1],即

$$\sigma = p \tag{1}$$

因此,只要满足 $\sigma \geqslant p$,就能确保密封。

能否保证结构密封,首先应确定密封界面上的接触压应力。取如图 1 所示密封圈截

面形心为坐标原点,设密封圈截面宽度为 w,内压 p 作用在 $x = -w/2$ 面上。这显然是一个平面应变问题,其平衡方程为

$$\begin{cases} \dfrac{\partial \sigma_x}{\partial x} + \dfrac{\partial \tau_{xy}}{\partial y} = 0 \\[2mm] \dfrac{\partial \tau_{xy}}{\partial x} + \dfrac{\partial \sigma_y}{\partial y} = 0 \end{cases} \tag{2}$$

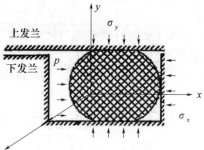

图1　密封圈截面及密封原理示意图

应力应变关系为

$$\begin{cases} \varepsilon_x = \dfrac{1}{E}[\sigma_x - \nu(\sigma_y + \sigma_z)] \\[2mm] \varepsilon_y = \dfrac{1}{E}[\sigma_y - \nu(\sigma_z + \sigma_x)] \\[2mm] \varepsilon_z = \dfrac{1}{E}[\sigma_z - \nu(\sigma_x + \sigma_y)] \end{cases} \tag{3}$$

式中: E、ν 分别为密封材料的弹性模量和泊松比。

由于对称性, $\tau_{xy} \equiv 0$。由式(2)的第一式积分得

$$\sigma_x = f(y) + c$$

σ_x 仅是 y 的函数,与 x 无关,但在 $x = -w/2$ 的面上, $\sigma_x = -p$, σ_x 与 y 也无关,即有 $\sigma_x = -p$。

由于沿密封圈的圆周方向长度不发生变化,则 $\varepsilon_z = 0$;密封圈与 y 方向上、下发兰面相接触,则有 $\varepsilon_y = 0$。将 $\varepsilon_y = \varepsilon_z = 0$ 及 $\sigma_x = -p$ 代入式(3),得

$$\begin{cases} \sigma_y = \nu(-p + \sigma_z) \\[1mm] \sigma_z = \nu(\sigma_y - p) \end{cases} \tag{4}$$

联立求解式(3)、式(4),得

$$\sigma_y = \sigma_z = \dfrac{-\nu}{1 - \nu} p \tag{5}$$

$$\varepsilon_x = \dfrac{(2\nu^2 + \nu - 1)}{(1 - \nu)E} p \tag{6}$$

由于橡胶材料为超弹性不可压缩体,其泊松比 $\nu = 0.5$,则得 $\sigma_y = -p$。即为式(1)所要求的密封条件。只要密封结构内部有内压强 p,则密封界面的接触压应力就是内压强。

仅靠内压所提供的界面压应力并不能可靠地保证结构密封,必须预先给密封圈在安装时一个预压缩变形量 ε_0,则其预先压缩应力为 $E\varepsilon_0$。在内压强作用下,对任何形状的密封圈其密封界面上总的接触压应力为

$$\sigma = f(\mu, \varepsilon_0) E\varepsilon_0 + \frac{\nu}{1 - \nu} p \tag{7}$$

对矩形密封圈,有 $f(\mu, \varepsilon_0) = 1$;对 O 形密封圈,有

$$f(\mu, \varepsilon_0) = 1.25\left(1 + \frac{\mu^2 k}{1 - \varepsilon_0}\right)$$

式中:k 为 O 形圈接触宽度与其截面直径 d 之比。

由于 O 形圈的 $f(\mu, \varepsilon_0) \geqslant 1.25$,而矩形圈的 $f(\mu, \varepsilon_0) = 1$,所以对同样的初始压缩量 ε_0 而言,O 形圈的密封可靠性比矩形圈的要高。因为 O 形圈沿密封界面的接触压应力分布是非均匀的,所以其应力峰值对结构密封十分有利。

为确保结构密封可靠,无论对端面密封还是侧面密封,都必须提供预压缩量 ε_0。试验结果表明,O 形圈的初始压缩率一般为 12% ~ 30%,若考虑到密封连接部位可能发生变形的实际情况,密封圈初始压缩率选取可适当增大到 15% ~ 35% 为宜。初始压缩率太小,在连接结构发生变形时容易丧失压缩率而使密封不可靠;初始压缩率太大,又易使 O 形圈产生较大的永久变形而缩短使用期。

3 橡胶密封材料的回弹特性

橡胶密封材料的回弹特性是表征材料动态密封效能的一个主要指标。橡胶的回弹特性是指橡胶材料受压达到熵平衡状态后弹性内能自由释放所表现出的变形特征。

橡胶材料回弹特性的数值变化,直接影响结构密封的可靠性。由于橡胶材料的变形黏弹阻滞,当结构充压受载变形的瞬间,橡胶圈的回弹速度不能及时响应结构件的变形,产生密封圈与结构件的脱离间隙;或者由于这种变形黏弹阻滞,使变形后密封圈的回复力在一定时间内远小于最初的压紧力而造成结构密封失效。因此,要对密封圈在密封结构中的变形特性以及影响因素进行分析。

橡胶类密封圈都有一定的黏弹性,压缩应力卸掉后,密封圈不会立即恢复到原来的状态。作为密封圈材料,希望压缩应力卸掉后,立即恢复到原来状态,即希望其黏弹效应越小越好。如矩形橡胶圈长期压缩卸载后,其高度随时间的变化关系为[2,3]

$$H(t) = \left[1 - \varepsilon_0\left(1 - \frac{\tau_\varepsilon}{\tau_\sigma}\right)e^{-\frac{t}{\tau_\sigma}}\right]H_0 \tag{8}$$

式中:H_0 为密封圈原始高度;ε_0 为初始压缩量;τ_ε 为应变恒定时应力松弛时间;τ_σ 为应力恒定时应变松弛时间,且恒有 $\tau_\sigma > \tau_\varepsilon$,$\tau_\sigma$ 和 τ_ε 是材料黏弹性常数。

由式(8)可见,只有理论上 $t \to \infty$ 时,其高度 $H(t)$ 才能恢复到 H_0。同时,从式(8)中还可得知,减小 τ_σ 和 ε_0 或增大 τ_ε 都有利于恢复胶圈的高度。

对于橡胶密封材料不仅要有一定的强度和硬度,还应要求 τ_σ 尽可能小,而 τ_ε 尽可能大。在对固体发动机结构密封材料设计及研制时,应当作为重要性能指标提出要求。

对 O 形圈而言,除上述一些影响回弹特性因素外,还有考虑 O 形圈的截面直径等其

他因素。表1、表2中分别给出了氟橡胶圈不同截面直径试样的回弹函数及在相同环境温度及胶圈截面直径的试验条件下,给定不同的密封圈初始压缩率所表现出的回弹函数。

表1 不同密封圈截面直径试样的回弹函数

直径 ϕ/mm	$h = f(t)$	$v = \varphi(t)$
3.0	$h = 0.712t^{0.15}$	$v = 0.107t^{-0.85}$
4.0	$h = 1.066t^{0.144}$	$v = 0.154t^{-0.86}$
5.0	$h = 1.646t^{0.15}$	$v = 0.247t^{-0.85}$
注:h 为回弹间隙;t 为回弹时间;v 为回弹速度		

表2 密封圈不同压缩率条件下的回弹函数

压缩率/%	$h = f(t)$	$v = \varphi(t)$
30	$h = 1.321t^{0.12}$	$v = 0.159t^{-0.88}$
50	$h = 2.283t^{0.2}$	$v = 0.457t^{-0.8}$
注:h 为回弹间隙;t 为回弹时间;v 为回弹速度		

在相同温度及压缩率下,密封橡胶圈直径越大,回弹所用时间越短,对结构受载变形时的密封越有利;在相同胶圈直径及压缩率下,回弹初期,橡胶回弹速度的加速度很小,可认为在这一极小回弹间隙段里回弹速度是一常数,把这一小段叫材料回弹初始线性段。回弹初始线性段越长,橡胶的回弹性能就越好。回弹初始线段随温度增加而显著增加,温度对回弹函数的速度影响较大。

4 密封载荷的衰减分析

结构中装配压缩的封圈随储存时间的延长,密封压缩载荷会逐渐减小,而变形却基本不变,密封能力逐渐下降。密封圈衰减的原因是橡胶材料的黏弹性行为造成,主要表现在材料黏弹性模量 E 的松弛[4]。如当结构中O形密封圈产生一定应变并保持不变时,某一时刻其弹性模量的松弛方程可写为

$$E(t)) = E_0 \int_0^\infty f(\tau) e^{-t/\tau} d\tau \tag{9}$$

式中:E_0 为初始弹性模量;$\tau = \eta/E$ 为应力松弛或载荷衰减时间(η 为材料黏度);$f(\tau)$ 为松弛时间分布函数,$f(\tau)d\tau$ 为松弛时间处在 τ 到 $\tau + d\tau$ 之间对应的载荷松弛贡献量。

密封圈载荷的衰减过程主要分为三个阶段[5],即开始的快速衰减阶段、过渡阶段和缓慢衰减阶段,如图2所示。为此,$f(\tau)$ 可用下式表示为

$$f(\tau) = \sum_{i=1}^{3} \frac{e_i t_i}{\tau^2} e^{-t_i/\tau} \tag{10}$$

式中:t_i 为衰减时间分布常数,t_1、t_2、t_3 分别为快速、过渡和缓慢衰减的三个阶段的松弛时间分布情况;e_1、e_2、e_3 分别为三个对应阶段的弹性模量在总的弹性模量中所占百分比,且有约束条件 $e_1 + e_2 + e_3 = 1$。

图3为不同 t_i 下 $f(\tau)$ 的情况。从图中可以看出,当 τ 趋于无穷大和无穷小时,$f(\tau)$ 都趋于零;对应三个衰减时间分布函数 t_1、t_2 和 t_3,$f(\tau)$ 有三个峰值,即有三个阶段的衰减时间 τ 对O形密封圈的载荷衰减规律起主要作用。把式(10)代入式(9),得

$$E(t) = \sum_{i=1}^{3} \frac{E_0 e_i t_i}{t + t_i} \tag{11}$$

式(11)表示的是橡胶O形圈材料应力松弛规律。由于当压缩率一定时,其压缩载荷与材料的弹性模量成正比,由式(11)可得

$$F(t) = F_0\left(\frac{e_1 t_1}{t + t_1} + \frac{e_2 t_2}{t + t_2} + \frac{e_3 t_3}{t + t_3}\right) \tag{12}$$

式中:F_0 为胶圈初始压缩状态时的载荷。

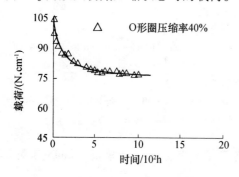

图2　橡胶 O 形圈长期载荷衰减曲线

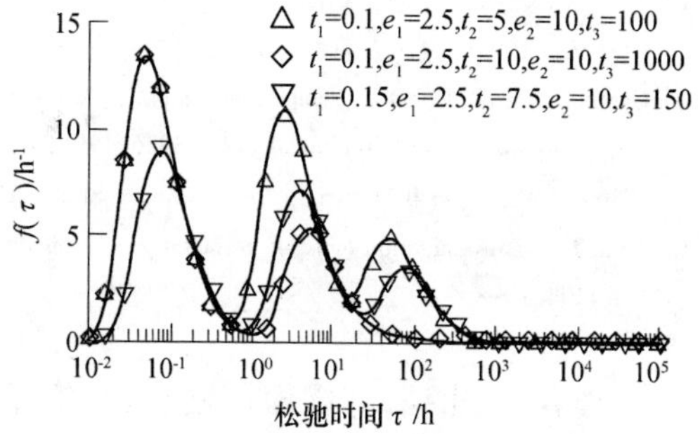

图3　t_i 对 $f(\tau)$ 的影响

为比较不同压缩率下橡胶圈的载荷衰减规律,需进行归一化处理,即把任一时刻的载荷都除以其初始压缩载荷 $F(t)/F_0$,图4给出了不同压缩率下橡胶密封圈的载荷衰减归一化曲线。从图中可以看出,在不同压缩率下的载荷衰减规律存在较大差别,初始压缩率越大,载荷衰减越慢;但初始压缩率过大会导致密封圈在结构中的使用寿命缩短。

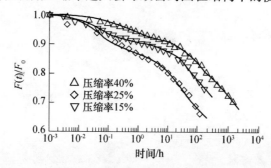

图4　不同压缩率下橡胶密封圈的载荷衰减归一化曲线

5　结论

(1)要保证结构可靠的密封,密封接触面的接触压应力必须大于或等于内压力;且结构中密封圈初始安装要有合适的预压缩量 ε_0,考虑密到密封连接处可能发生的结构变形,建议结构密封圈初始压缩率选取 15% ~ 35% 为宜。

(2)对结构因受力产生较大位移变形的密封部位,要尽量选用回弹特性好的密封材料(即黏弹材料的 τ_σ 要小,而 τ_ε 尽可能大);且密封圈的直径、工作环境温度对密封材料的回弹特性都有较大的影响,设计选用密封圈时应充分考虑。

(3)装配后的密封圈随储存时间的增加,密封接触载荷会逐渐衰减变小,初始压缩率越大,压缩载荷衰减越慢,但初始压缩率过大会导致密封圈在结构中的使用寿命缩短。

参 考 文 献

［1］任全彬,等.橡胶 O 形密封圈的变形及应力分析[J].航空动力学报,1995,3.

［2］闫平义,苏胜良.固体火箭发动机密封材料回探特性研究[J].宇航材料工艺,2001,6.

［3］Cynthia L. Lach. Effect of Temperature and Gap Opening Rate on the Resiliency of Candidate Solid Rocket Booster O – Ring Materials. NASA Technical Paper 3226,1996,6.

［4］Giants T W. Viton B O – Ring[J]. Resilience Study. ADA402958,2001,1.

［5］Trout F. An Investigation of Leakage of Large – diameter O – Ring Seals on Spacecraft Air – lock Hatches[J]. NASA TN D – 4394,1998.

（作者:穆志韬,邢耀国。发表于《海军航空工程学院青岛分院学报》,2003 年第 02 期）

固体发动机工况中密封圈大变形接触应力分析

摘　要:采用接触罚单元算法,应用大型 ANSYS 有限元分析系统软件,建立了橡胶密封圈的轴对称超弹性非线性问题的三维有限元分析模型,对固体火箭发动机密封的充分必要条件及在工况中密封界面上的接触压应力分布规律进行了研究,为固体火箭发动机等重要场合下 O 形橡胶密封圈的正确选用提供了一种方法。

关键词:固体发动机;O 形密封圈;黏弹性;接触密封;有限元分析

1　引言

固体火箭发动机(简称固体发动机)采用的橡胶材料主要是密封件,工况中用以密封发动机内的高温及高压燃气。O 形密封圈由于其独特的良好密封特性,在固体发动机结构中得到广泛的应用,其密封性能的好坏直接影响着发动机的寿命及工作可靠性。O 形橡胶密封圈部件虽小,但不合理的设计也会导致惨重的失败和损失。例如,1986 年美国"挑战者"号航天飞机点火升空 73s 后发生爆炸,直接经济损失 12 亿美元。事后美国航空宇航局对其进行大量研究,发现航天飞机失事的原因是由于固体发动机的 O 形密封圈在两个密封面发生变形时密封失效引起,后对发动机壳体接头 O 形密封圈系统进行了改进,使 O 形圈在两个密封面发生 2 倍最大可能变形时都能达到设计要求。

目前,国内外固体发动机壳体结构采用的 O 形密封圈设计,大多依据一些经验和定性原则进行。O 形圈在密封槽内的变形及密封界面上的接触压应力的分布是影响 O 形密封圈性能的重要参数,但要得到精确的解是非常困难的。进行水压试验验证时,无法得到具体的密封圈变形和应力应变结果,也无法确定橡胶 O 形密封圈的设计是否最优以及密封结构的可靠裕度大小。因此,本文针对橡胶黏弹性材料受载后的轴对称大变形特点,结合具体的结构密封形式和发动机工况条件下的受力,采用三维有限元分析方法,对橡胶密封圈的接触应力和变形进行分析,为固体发动机的密封设计、优化和探索橡胶 O 形密封圈的失效准则提供一些理论依据。

2　橡胶密封圈密封的充分必要条件

对如图 1 所示的密封结构,由力的平衡原理可知,确保密封的充分必要条件是密封圈上、下法兰之间的连续界面上,接触压应力 σ 等于内压强[1],即

$$\sigma = p \tag{1}$$

因此,只要 $\sigma \geqslant p$,就能确保结构的密封。

由于 O 形圈沿密封界面的接触应力分布是非均匀的,其应力峰对密封是有利的,这

是 O 形密封圈较矩形圈更为优越的原因。对同样的压缩量而言,O 形密封圈的可靠性比矩形圈要高,所以固体发动机一般采用 O 形圈进行密封。

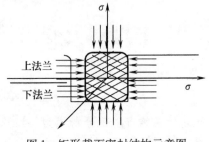

图 1 矩形截面密封结构示意图

3 模型的基本假设及接触条件

用有限元法分析橡胶构件,目前还仅限于简单的几何形状和边界条件[2]。因为在对橡胶材料分析中存在许多困难:①橡胶件的应力、应变关系是一个复杂的非线性函数,一般用三个应变不变量 I_1、I_2 和 I_3 应变能函数表示;②当构件受力后的变形一般是大位移和大应变,所以应变位移关系也是非线性函数;③橡胶件在变形过程中体积没有明显地改变,在数学上抽象成不可压缩材料,对于不可压缩材料,应力张量不能由变形唯一确定,计算应力张量时,不影响变形的静水压力应考虑。由于几何和物理的非线性,离散后由虚位移原理得到的是非常复杂的非线性方程。

3.1 基本假设

(1) O 形密封圈材料具有确定的弹性模量 E 和泊松比 μ。

(2) 钢构件组成的密封槽槽壁看作 O 形密封圈变形时的约束边界,O 形圈受到的压缩看作由某个约束边界的指定位移引起。

(3) O 形密封圈材料拉伸与压缩的蠕变性质相同。

(4) 蠕变不引起体积的变化。

3.2 接触条件

某边界节点在第 i 增量步内对接触状态第 k 次求解后,若 $\delta_{i,k} < 0$($\delta_{i,k}$ 为边界节点对于约束边界的法向距离),则表明此边界节点和约束边界相接触。在第 $k+1$ 次求解时,以上增量步求出的真实接触状态为初始接触状态。令 δ_i 为初始接触状态下边界节点对于约束边界的法向距离,为使此节点刚好位于接触边界上,即使 $\delta_{i,k+1} = 0$,则必须使其法向位移增量等于 δ_i,即满足 $\Delta u_n = \delta_i$。

4 橡胶密封圈的有限元接触计算模型

4.1 Mooey – Revlin 材料的轴对称超弹性模型

固体发动机橡胶 O 形密封圈的有限元计算,是一个含超弹性不可压缩体分析的接触问题,其本构关系是复杂的非线性函数。

令 u、v、w 分别为位移在 r、z、θ 方向的分量,对于轴对称位移有 $u=u(r,z)$,$v=v(r,z)$,$w=0$,其 Green 应变可以写为[3]

$$\{\varepsilon\} = \{\varepsilon_0\} + \{\varepsilon_{\mathrm{L}}\} \tag{2}$$

式中:$\{\varepsilon_0\}$ 为无穷小应变;$\{\varepsilon_{\mathrm{L}}\}$ 为大应变。

经过变分运算可得

$$\delta\varepsilon = ([H] + [C])\delta\psi \tag{3}$$

$$[H] = \begin{vmatrix} 1 & 0 & 0 & 0 & 0 \\ 0 & \dfrac{1}{2} & \dfrac{1}{2} & 0 & 0 \\ 0 & \dfrac{1}{2} & \dfrac{1}{2} & 0 & 0 \\ 0 & 0 & 0 & 1 & 0 \\ 0 & 0 & 0 & 0 & r \end{vmatrix}$$

$$[C] = \begin{vmatrix} \dfrac{\partial u}{\partial r} & \dfrac{\partial v}{\partial r} & 0 & 0 & 0 \\ \dfrac{1}{2}\dfrac{\partial u}{\partial z} & \dfrac{1}{2}\dfrac{\partial v}{\partial z} & \dfrac{1}{2}\dfrac{\partial u}{\partial r} & \dfrac{1}{2}\dfrac{\partial v}{\partial r} & 0 \\ \dfrac{1}{2}\dfrac{\partial u}{\partial z} & \dfrac{1}{2}\dfrac{\partial v}{\partial z} & \dfrac{1}{2}\dfrac{\partial u}{\partial r} & \dfrac{1}{2}\dfrac{\partial v}{\partial r} & 0 \\ 0 & 0 & \dfrac{\partial u}{\partial z} & \dfrac{\partial v}{\partial z} & 0 \\ 0 & 0 & 0 & 0 & u \end{vmatrix}$$

$$[\psi] = \begin{bmatrix} \dfrac{\partial u}{\partial r} & \dfrac{\partial v}{\partial r} & \dfrac{\partial u}{\partial z} & \dfrac{\partial v}{\partial z} & u \end{bmatrix}^{\mathrm{T}}$$

橡胶密封材料应力、应变关系极其复杂,一些国内外学者曾提出了专门描述橡胶材料的函数,如 Mooey – Revlin、Klosenr – Segal 模型[4] 和 Biderman 模型[5]。为了配合有限元程序对密封问题的求解,本文选用 Mooey – Revlin 模型。在该模型中,通过附加体积约束能量项,得到一个修正的应变能函数,利用该修正的应变能函数将原来的体积约束变分问题转化为无条件变分问题。采用的修正应变能函数形式为

$$\begin{aligned} W = & C_1(J_1 - 3) + C_2(J_2 - 3) + C_3(J_3 - 3)^2 + C_4(J_1 - 3)(J_2 - 3) + \\ & C_5(J_2 - 3)^2 + C_6(J_1 - 3)^3 + C_7(J_1 - 3)^2(J_2 - 3) + \\ & C_8(J_1 - 3)(J_2 - 3)^2 + C_9(J_2 - 3)^3 + K(J_3 - 1)^2/2 \end{aligned}$$

式中:$J_1 = I_1 I_3^{1/3}$,$J_2 = I_2 I_3^{1/3}$,$J_3 = I_3^{1/3}$(I_1、I_2、I_3 分别是应力张量的第一、二、三不变量);W 为修正应变能;$K = 6(A + B)/[3(1 - 2\mu)]$,$\mu$ 为泊松比,A、B 为常数;$C_1 \sim C_9$ 为 Mooey – Revlin 常数。

此模型是一个完整的非线性模型,实际应用时由于常数测量较困难,而仅取部分项做近似计算。

4.2 接触模型

在 O 形密封圈安装过程中,由于钢结构件和橡胶件刚度差别很大,四周由钢构件组成的密封槽壁是 O 形圈变形时不可逾越的边界。故可以把这些空间位置一定的接触边界看作 O 形圈变形时的约束边界,O 形圈受到的压缩看作由某个约束边界上的指定位移引起。O 形密封圈本身边界上各节点的边界条件,则由各节点同约束边界的接触状况确定。本文采用接触单元罚函数法进行有限元接触分析,接触单元是一种伪单元,没有形状函数,其刚度矩阵是阶跃的,大小预先确定,计算时根据不同的状态取值。通常在对计算对象进行完网格划分及网格优化改进后,即可在物体可能的接触边界上的节点之间建立接触单元。

5 实例计算及结论分析

以某型固体发动机助推器与喷管连接部位的密封槽及密封圈进行三维有限元计算。O 形密封圈为硅橡胶,其尺寸 $\phi 223 \times 5$,泊松比 $\mu = 0.4995$,安装状态下初始压缩量为20%。经对发动机点火阶段内弹道燃气压力计算机仿真计算得到,在 0.12 秒内燃气压力由 0 上升到 7MPa。计算时还要考虑到金属壳体结构由于内压的影响所产生的结构变形,即密封槽上、下法兰面之间的位移张开量对 O 形密封圈初始压缩量的影响。本文根据几何模型的对称性,取模型的 1/10 进行分析,如图 2 所示,共划分了 2508 个单元,3781 个节点。图 3 为燃气压力 5MPa 时的接触压应力计算结果。

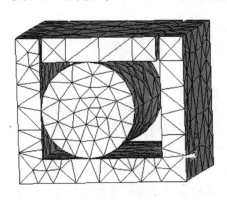

图 2 网格划分计算模型

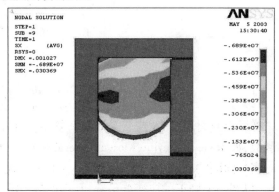

图 3 燃气压力 5MPa 时密封接触压应力分布

对密封圈初始压缩安装状态及发动机点火后不同燃气内压时密封圈的最大接触压应力计算结果如表 1、图 4。计算结果表明,工况中燃气压力在 0 ~ 7MPa 的范围内,O 形密封圈的最大接触密封压应力均能满足密封要求的充分必要条件(即 $\sigma \geq p$);但随燃气内压值的增加,图 5 说明了密封圈接触压应力的密封裕度将下降,橡胶材料高应力区扩大,将加速橡胶材料的松弛,从而造成橡胶材料"刚度"下降,在较高压力时密封圈材料易被挤出。

根据密封圈点火压力有限元计算结果,图 6 表示了 O 形密封圈在初始安装状态和四种不同燃气压力作用的工况条件下,O 形密封圈和密封槽接触界面上的接触压力(正应力)的分布,接触压力的大小反映了 O 形密封圈的密封能力。图中表明,虽燃气压力的增加,接触压力也随之增加,其峰值总是大于对应工况的燃气压力,这就保证了 O 形密封圈的密封功能,也反映了 O 形密封圈的"自动"密封能力。前一时期,通过几台超期发动机装配后在某试验基地打靶试验证实该密封部位无一泄漏。因此,选定合适的密封圈安装初始压缩量及承受的工作内压值是非常重要的,既要保证工作时可靠的密封,又要使密封截面上的应力尽量小,保证发动机结构密封件有较长的寿命,对发动机的长期储存及可靠的工作是极其有益的。

表 1　工况中不同燃气压力下密封圈接触压应力计算结果("－"表示压应力)

时间/s	0.0	0.013	0.038	0.063	0.012
燃气内压/MPa	0.0	－1.0	－3.0	－5.0	－7.0
密封圈接触压应力/MPa	－1.87	－2.73	－4.90	－6.89	－8.90
密封接触压应力裕度/%	100	63.5	38.8	27.4	21.3

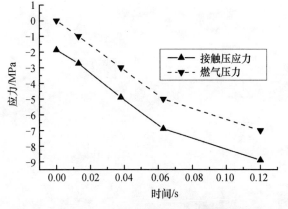

图 4　不同工况时刻燃气内压与密封接触应力

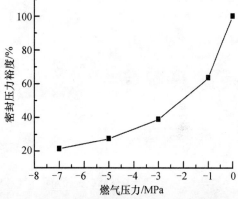

图 5　不同燃气内压值时的密封接触应力裕度

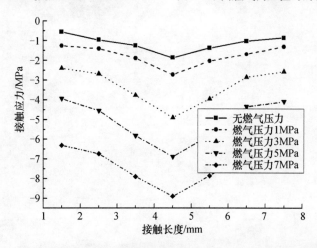

图 6　不同工况压力下沿密封圈和槽接触密封面之间的接触压力分布

参 考 文 献

[1] 陈汝训. 固体发动机的密封问题[J]. 强度与环境,1995,13(4):1-5.

[2] 关秀芬. 光滑及沟槽密封的转子动力学分析及计算[J]. 机械强度,1999,21(4):316-318.

[3] Kags H. Stress analysis of a tire under vertical load by a finite element method[J]. Tire Science & Technology,TSTCA, 1987,5(2):102-118.

[4] Lach Cynthia L. Effect of Temperature and Gap Opening Rate on the Resiliency of Candidate Solid Rocket Booster O-Ring Materials[J]. NASA Technical Paper 3226,1996,1-11.

[5] Giants T W. Viton B O-Ring Resilience Study[J]. ADA402958,2001:12-46.

（作者：穆志韬，邢耀国。发表于《机械强度》，2004 年第 05 期）

固体发动机密封技术的研究现状与发展

摘　要：本文从固体发动机密封结构的特点和密封可靠性出发，阐述了国内外关于固体发动机结构密封技术的研究现状。从橡胶密封材料的回弹特性、压缩率及应力松弛等方面分析了密封圈的密封机理和可能的影响密封失效因素，并对固体发动机的密封技术发展趋势进行了展望。

关键词：密封；固体发动机；密封圈压缩率；密封材料

1　引言

为延长常规固体发动机的使用寿命，防止发动机工作时壳体内高温、高压燃气的外泄，以及保证在储存和运输期间壳体的防潮、防腐，在各个结构系统连接部位都应有良好的密封。否则，发动机点火工作时，外泄燃气不仅会破坏发动机的内弹道性能，还会烧穿壳体的连接部位，引起灾难性事故；在低温环境下，外界侵入的潮湿气体会在药柱表面生成一层冰霜，使发动机点火困难；在高空中，壳体内的气压会与外界一样低，造成点火困难；而在存储和运输期间，又使药柱受潮变质发黏等。因此，固体发动机结构系统的密封特性研究是提高其工作可靠性的重要环节之一。

结构的密封形式多种多样，有间隙密封、弹性体压缩变形密封、机械密封及铁磁流体密封等。弹性体压缩变形是用得最多的密封形式，而采用 O 形密封圈结构又是其中最常见的构型。弹性 O 形密封圈 1939 年首次成为专利产品。在 20 世纪 40 年代和 50 年代早期，O 形密封圈主要用于军事领域如飞机的液压系统中，此后迅速扩展到其他工业领域。如今它遍及世界各地及乎所有的行业，从钟表、机床直到航天飞机。

2　国内外关于固体发动机密封技术的研究分析

O 形密封圈由于其独特的良好密封特性在固体火箭发动机结构中得到广泛应用，其结构密封性能的好坏直接影响发动机寿命及工作可靠性。在固体发动机燃烧室壳体的可拆卸连接部位，常用作密封圈的材料有硅橡胶、氟橡胶、丁晴橡胶和聚四氟乙烯塑料等[1,2]。这些用作密封件的非金属材料易受到环境作用，引起有机合成高分子物理化学性能和力学性能的慢性变化，致使材料失去工作能力和使用价值。用非金属材料制作的密封元件种类多，分布广，工作环境恶劣。如美国"大力神"Ⅱ洲际导弹共使用了橡胶密封件 340 多项，900 多处，且多数处于关键部位。因此，人们常把非金属材料的失效寿命看成是导弹的储存寿命。据《国外运载火箭故障资料汇编》记载，在土星火箭出现的 235 个机械故障中，仅密封件失效的故障就占 38%，有些大的飞行事故仅是由于价值几美元的密封元件失效造成的。如因密封件失效曾造成苏联"联盟"11 号飞船 3 名宇航员惨死于密封舱中;我国火箭也曾因密封泄漏造成过卫星不能准确入轨的故障。又如,1986年美国"挑战者"号航天飞机点火升空73s后爆炸,7名宇航员全部遇难,直接经济损失12亿美元。而造成这次灾难事故的原因,也是因为一个价值数美元的密封圈的可靠性出了问题。由于发射时当地气温较低(3.3℃),密封圈低温变硬,弹性变差,加之密封件长期储存在恶劣,连接部位出现0.4~0.6英寸的间隙,高达3000℃的燃气从缝隙喷出,导致了大爆炸。这次事故之后,引起国内外火箭专家们对火箭结构系统的密封可靠性极为关注。美国宇航局对其进行了大量研究发现,航天飞机失事的原因是由于固体火箭发动机的密封O形圈在其两个密封面发生变形时密封失效导致。后来对发动机壳体接头O形圈密封系统进行了改进,使O形圈在两个密封面发生2倍最大可能变形时都能达到密封设计要求。

对固体发动机非金属材料密封件而言其寿命较短,而金属材料的寿命较长。如美国"大力神"Ⅱ导弹活门密封件的寿命一般只有6年,而金属组合件寿命可达19年以上。若把导弹储存到6年就退役,这在军事上和经济上无疑是巨大损失。美国通过对"大力神"Ⅱ导弹的长期试验研究,认为通过修复维修的方式来延长导弹的服役期限是最好的办法。美军导弹上使用的密封元件,多数是O形密封圈,在导弹储存过程中,他们对这类密封圈的储存特性有详细的研究。对他们的使用环境,如介质压力和温度等都进行大量试验,然后根据密封元件所在工作环境把密封件的寿命分成三类进行更换维修,以提高导弹结构密封的可靠性。

目前,国内外许多学者对固体发动机结构密封系统进行了广泛研究,取得了一些可喜进展,特别是对O形圈的密封机理研究。例如:国外学者Rodriguez等对O形密封圈在空间环境下的泄漏率和泄漏率模型进行了研究;Lemon等研究了在多道O形圈密封情况下估算O形圈泄漏率的方法;Trout等则在一个用O形圈密封的空间站舱门模型上进行了泄漏率试验。我国清华大学王广振教授等对低压密封中O形圈的压缩率、温度、载荷衰减、原子氧辐射等对O形圈泄漏率的影响进行了研究;西北工业大学陈国定对腈基丁二烯橡胶(NBR)阶梯组合密封件的力学性能、密封摩擦机理进行了研究;二炮工程学院常新龙对固体发动机法兰连接密封结构的失效模式进行了研究,认为橡胶密封材料的老化使橡胶O形圈的可逆变形不断减少,密封力下降,当减到临界值时便发生泄漏,应力松弛使螺栓的弹性变形不断减少,当紧固力下降到一定值时也会使密封接头发生泄漏;中国航天工业总公司703、41所等单位,曾对密封材料的压缩率、回弹特性与密封性能之间的关系进行了研究。

另外,我国航天工业研究部门最近几年分别对氟硅橡胶密封件的环境储存寿命、加速老化试验以及氟橡胶密封圈在固体发动机上的应用也进行了研究。氟橡胶密封自20世纪50年代问世以来,由于它在弹性领域的第一次出现且具有热稳定性和化学稳定性集于一体的合成材料,加之其分子结构的特殊性,使它具有耐高温、耐臭氧,以及耐酸碱、油类、溶剂等化学腐蚀性,使它可在一般通用橡胶密封件无法胜任的极为苛刻的条件下使用,它也是唯一完全不燃烧的橡胶类密封件,并且还有优越的工艺性能。据资料报道,目前美国在航天系统的密封部位大都采用是氟橡胶密封材料件。

在国内,氟橡胶密封材料与使用虽然开发较晚,但发展速度比较快,20世纪70年代已开始使用。目前国内开展研究的单位和部门也不少,先后相继研制出了F101、F111、F108等多种牌号的氟橡胶O形密封圈,部分型号的氟密封圈已成功地应用于某型固体火箭发动机的密封。

3 影响发动机结构密封性能的一些主要因素分析

发动机点火工作时由于燃气载荷作用结构受力变形,再加上采用的橡胶密封件黏弹性材料受环境、结构部位等因素影响将引起物理性能、力学性能的不可逆变化,致使失去其工作能力。密封件的失效过程往往涉及多因素效应交互作用的复杂情况,其机制成因复杂,欲寻求主要因素,采取措施,强化薄弱环节以提高其寿命及可靠性。一般不易构造出数学模型,即使构造出数学模型也难以求解,特别是在伴有随机因素时更难以做到。因此,在固体发动机密封结构设计及密封件选择时应重点考虑如下因素。

3.1 密封件形状及材料对密封性能的影响

为确保发动机结构的密封,在密封连接结构上、下法兰之间的接触面上,接触压应力必须大于或等于密封结构内部的压强。用于制造密封圈的橡胶材料属黏弹性不可压缩材料,事实上,绝对不可压缩材料是没有的,所以由内压强引起的密封界面上的接触压应力一般都小于内部压力。即仅靠内压所提供的接触面压应力很难保证结构密封,必须预先给密封圈在安装时一个预压缩变形量,提供一个预压缩应力。对同样的初始压缩量而言,O 形圈的密封可靠性比矩形圈的要高。因为 O 形圈沿密封界面的接触压应力分布是非均匀的,其应力峰值对结构密封十分有利,所以,在固体发动机结构中一般都采用 O 形圈技术进行密封。

密封材料的回弹特性是表征材料动态密封效能的一个主要指标。橡胶的回弹特性是指橡胶材料受压达到熵平衡状态后弹性内能自由释放所表现出的变形特征。橡胶类密封圈都有一定的黏弹性,压缩应力卸掉后,密封圈不会立即恢复到原来的状态。作为选用的密封圈材料,希望压缩应力卸掉后,立即恢复到原来状态,即希望其黏弹效应越小越好,其密封效果就越好。影响密封圈黏弹性材料的回弹特性的因素主要有:① 橡胶圈的截面直径;② 橡胶圈的初始压缩量和压缩时间的长短;③ 橡胶圈的工作环境温度;④ 橡胶圈材料本身的性能等。表 1 列出了在相同环境温度及胶圈截面直径的试验条件下,给定不同的密封圈初始压缩率所表现出的回弹函数。

表 1 密封圈不同压缩率条件下的回弹函数

压缩率/%	$h = f(t)$	$v = \varphi(t)$
30	$h = 1.321t^{0.12}$	$v = 0.159t^{-0.88}$
50	$h = 2.283t^{0.2}$	$v = 0.457t^{-0.8}$

注:h 为回弹间隙;t 为回弹时间;v 为回弹速度

3.2 密封圈初始压缩量对密封性能的影响

为确保结构密封可靠,无论对端面密封还是侧面密封,都必须提供预压缩量。试验结果表明,O 形圈初始压缩率一般为 12% ~ 30%。若考虑发动机承载时,密封连接部位可能发生结构变形的实际情况,建议固体发动机结构密封圈初始压缩率选取 15% ~ 35% 为宜。因为初始压缩率太小,在连接结构发生变形时容易丧失压缩率而使密封不可靠;太大的初始压缩率又易使 O 形圈产生较大的永久变形而缩短使用期。另外,鉴于固体发动机 O 形圈属长期压缩储存后一次性使用件,在径向(轴向)压缩状态下工作,因此其密封性能主要取决于压缩永久变形或接触应力的大小,所以一般可选取压缩永久变形作为储存性能变化的指标。

3.3 密封件压缩后的应力松弛对密封性能的影响

装配后的橡胶密封圈在固体发动机储存期间,其与密封槽接触界面上的压应力会逐渐减小,而变形却基本不变,即存在着应力松弛现象。密封圈的应力松弛将直接降低密封结构的密封可靠性。经研究表明[3],密封圈在固体发动机储存过程中最大接触应力松弛情况存在的变化规律是:在储存开始阶段应力的变化比较大,随着储存时间的延长,应力的变化趋于缓慢。因此,对超期使用的发动机应重点检查其结构的密封性。

3.4 结构密封形式对密封性能的影响

结构的密封性能不仅与采用的密封件材料及形状有关,且与密封件所处的结构位置、结构形式有很大的关系。前面曾经提到过的美国"挑战者"号航天飞机失事后,研究人员对固体发动机助推器现场接头进行了重新设计。同时,在重新设计的密封槽中,对航天飞机(SRB)5 种候选 O 形圈材料的回弹性进行了研究。5 种材料有氟橡胶 V747 – 75,改进的碳氟橡胶 V835 – 75、氰基橡胶 N304 – 75 和 N602 – 70、硅橡胶 S650 – 70。做了以下两种类型的试验:一种是在各种间隙张开速率和各种温度下,测量 O 形密封圈的回弹特性;另一种是接头变形实验,用来确定 O 形密封状态下,适应规定的间隙张开量和振动的能力。接头变形试验时,由计算机产生一个非线性函数代替间隙张开位移,在间隙张开量 2 倍的条件下考察密封圈回弹性。结果显示,候选的 O 形密封圈材料一般在较高温度和较低的间隙张开率下能较好地满足间隙张开位移,而在 –7 ~ +21℃间,硅橡胶 S650 – 70 有最好的回弹性,氟橡胶 V747 – 75 的回弹性随温度降低而降低。用于回弹特性试验的密封结构简图及 5 种密封材料部分回弹试验结果如图 1 ~ 图 4 所示。

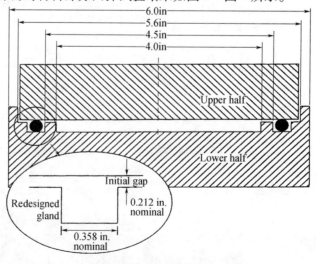

图 1 模拟密封面结构简图

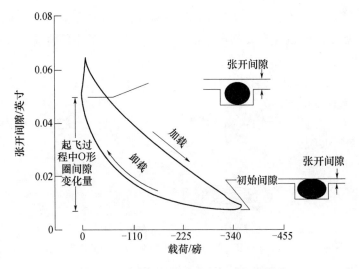

图2　O形密封圈压缩载荷与回弹间隙曲线

○　氰基橡胶 N304-75
□　氰基橡胶 N602-70
◇　硅橡胶 S650-70
△　氟橡胶 V747-75
◤　碳氟橡胶 V835-75

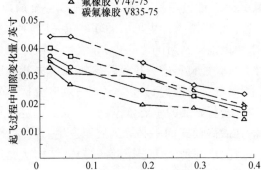

图3　5种O形圈材料在60°F时的回弹特性

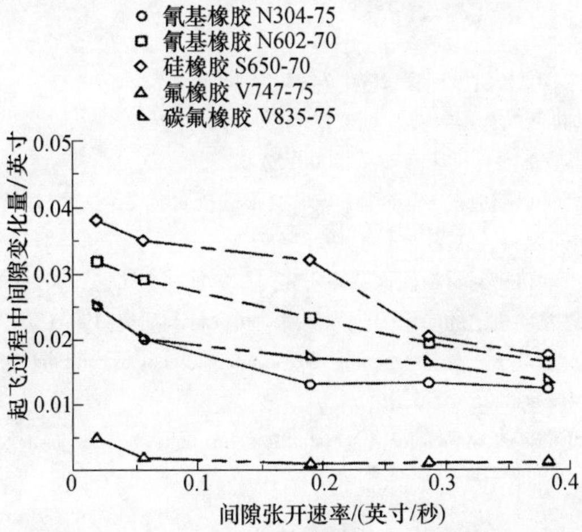

○　氰基橡胶 N304-75
□　氰基橡胶 N602-70
◇　硅橡胶 S650-70
△　氟橡胶 V747-75
◤　碳氟橡胶 V835-75

图4　5种O形圈材料在30°F时的回弹特性

因此,为了提高固体发动机高压密封的可靠性,在分析研究国内外相关部件密封结构的基础上,建议密封结构的设计要结合结构总体受力变形、工作环境温度及密封材料的回弹特性综合考虑,密封结构尽量采用"自紧式"和"疏导法"设计。"自紧式"设计就是借密封件自身的弹性变形增加密封的比压,提高密封性能。"疏导法"设计是根据结构上的可能性,将高的压力分成两部分,即变成高、低压密封的串联结构。在高压密封后面设置一个疏导腔,这个腔与低压腔连接,高压密封一旦发生泄漏就可把泄漏引入低压区,这是一个双保险的密封系统。

4 结构密封技术的发展趋势

结构密封技术虽不属于尖端技术,但是一项极其关键的技术,往往是一个不起眼的密封元件的失效,可以造成价值数百万元人民币甚至数亿元人民币的损失,有时还可能造成不可挽回的环境污染和人员伤害等灾难。先进的密封技术是基础研究与现代高科技手段的产物。随着科学技术、新材料和计算机技术的发展,密封件的选材、设计和回弹试验特性研究等已可以借助计算机来进行。如美国最大的流体动力产品公司之一的帕克·汉尼芬公司开发的 INPHORM 系列软件包能帮助设计人员完成健全的 O 形圈的设计,工程计算可以利用软件程序来检查,O 形圈选择也可借助软件包完成。另外,目前冗余技术已在许多密封设计方案中被采用以提高密封的可靠性;非线性有限元分析法已被成功地应用到超弹性大变形密封设计中;弹性材料的分析特性鉴定在过去几年里也取得了相当快的进展,这门技术已被用于预测分析及故障诊断—模式—效应分析。分析特性鉴定获得的信息是用户确定一个合适的密封方法的重要依据,分析特性鉴定的目的在于能够更精确地先期预测弹性材料的潜在故障模式而不必等到故障发生。同时,需要强调说明的是,O 形圈密封技术并非在任何情况下都是最佳选择,有时根据结构情况选用其他密封形式可能更为合适。

参 考 文 献

[1] 朱梅骝. 弹性 O 形圈密封技术[J]. 机械工程,2000,24(4).

[2] 杜天恩. 高压液体火箭发动机新结构密封[J]. 推进技术,2000,21(4).

[3] 刁利杰. 谈 O 形圈的安装与检查[J]. 机床与液压,2000(5).

[4] 张俭. 固体火箭发动机的密封问题初探[J]. 中国宇航学会推进技术会议论文集,1997.

[5] 陈汝训. 固体发动机的密封问题[J]. 强度与环境,1995(4).

[6] 闫平义,苏胜良. 固体火箭发动机密封材料回探特性研究[J]. 宇航材料工艺,2001(6).

[7] 于金凤. 氟橡胶密封在固体发动机上的应用[J]. 固体发动机设计与研究,1994(3).

[8] Lach. Cynthia L. Effect of temperature and gap Opening rate on the resiliency of candidate solid rocket booster O – ring materials[J]. NASA Technical Paper 3226,1996,6.

[9] Wensel R G,Metcalfer. O – Ring seal studies for space shuttle solid rocket booster joints[J]. Canadian Aeron. Space J, 1998,34(4).

(作者:穆志韬,邢耀国。发表于《机床与液压》,2004 年第 05 期)

金属裂纹板复合材料单面胶接修补结构应力分析

摘　要:考虑金属裂纹板复合材料单面胶接修补结构的几何非线性和边界条件,建立了考虑弯曲变形单面修补结构力学分析模型,计算出承受面内载荷时修补结构的弯矩和挠度,将补片自由端和金属板裂纹处的弯矩作为胶层应力控制微分方程的边界条件,推导出剪应力和剥离应力的解析解,及裂纹张开位移的表达式,并与有限元数值结果进行对比。分析结果表明,胶接修补结构应力分析理论模型和相关简化假设合理、正确。利用所建立的解析模型研究了金属裂纹复合材料单面胶接修补结构的应力分布特点及胶层主导破坏模式的失效机制,为胶接修补结构的承载能力分析以及结构改进设计提供了理论依据。

关键词:复合材料胶接修补;几何非线性;胶层应力;解析模型;失效分析;有限元分析

1　引言

飞机金属结构在服役期间因为疲劳载荷的作用,以及材料与结构固有的初始缺陷,会不可避免地产生裂纹,导致材料与结构性能退化,如不及时修理,将严重影响飞行安全[1]。为了保证飞机的飞行安全,恢复结构的使用功能和保持结构的完整性,就需要对损伤部位进行及时合理的修复。先进复合材料具有比强度高、比模量大、可设计性强、抗疲劳和耐腐蚀性能好等优点,将固化的或者未固化的复合材料预浸料补片,用胶接的方法贴补到飞机金属结构破坏损伤区域,进行局部补强,改善损伤区域的受力状况,以免损伤继续发展,达到延长飞机寿命的目的[2-6]。飞机金属结构复合材料修补在航空航天领域得到了越来越广泛应用,这种不同材料属性、不同几何尺寸构成非匀质多层复合结构的强度和失效问题,已成为当今国际材料、结构与力学领域十分关注并迅速发展的课题。

复合材料胶接修理中,修复效果取决于胶层的力学行为,对修补区域进行应力分析是保证复合材料修补结构安全性、耐久性/损伤容限的关键。修补区域胶层端部处于复杂的三维应力状态,由于其固有的剪滞效应、弯曲效应、端头效应、几何和材料非线性效应等因素以及复杂的边界条件,一般很难得到显示解析解[7-9]。由于有限元数值计算方法在复杂结构力学性能分析中的优越性,被广泛应用于复合材料修补分析与设计,R. Jones 等[10]提出了"双板-胶元模型",将修理结构的横向剪切效应放在"胶元"刚阵中考虑,基板和补片采用一般的平面单元。Sun 等[11]将基板和补片用 Mindlin 板元模拟,它们之间采用弹簧元进行连接。S. Naboulsi 等[12]的"三板模型"采用中厚板元来模拟胶层。孙宏涛等[13]在以上三种模型的基础上提出了"双板-胶元修正模型"以及"双板-弹簧元修正模型"。"双板-胶元修正模型"利用胶元与 Mindlin 板共同考虑横向剪切效应,并将该模型离散成"双板-弹簧元修正模型",具有较高的计算精度,且建模快速方便。

国内外相关文献较多利用有限元数值方法计算含损伤金属板复合材料胶接修理结构

的应力分布,在理论研究中,较少用解析方法分析胶层的力学行为和失效机制。本文中以飞机金属疲劳损伤复合材料单面胶接修理结构为研究对象,考虑胶接修补结构的几何非线性以及自由端和裂纹处边界条件,建立了复合材料单面胶接修补金属结构应力力学分析模型,推导出修补结构胶层剪应力和剥离应力表达式,与有限元数值结果进行对比,验证模型的有效性,并分析其破坏模式与失效机制。

2 复合材料单面胶接修补力学模型

图1为飞机金属疲劳损伤复合材料单面胶接修理结构的典型示意图,由三部分组成:①含穿透性损伤的金属裂纹板;②复合材料补片;③胶层。补片通过胶层传递载荷,改善裂纹尖端的应力分布,恢复结构的剩余强度,并增加结构剩余寿命。针对复合材料单面胶接修补金属穿透性损伤的特点,假设:①由于单面修补,考虑横向载荷和弯曲变形,认为胶层和被胶接件的应力厚度方向均匀分布,忽略横向的高阶剪切变形[8,14];②在板宽方向,认为结构处于平面应变状态,并得到如图2所示边界的裂纹板条;③金属板和复合材料板为理想线弹性材料,胶层不存在缺陷,即结合面位移函数保持连续[9]。首先推导出修补结构的弯矩和挠度的分布,然后建立面内和面外胶层应力模型,将推导出的弯矩作为边界条件,得到胶层剥离应力和剪切应力表达式,最后计算出裂纹面的张开位移。

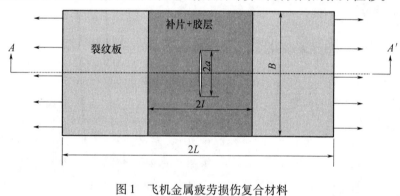

图1 飞机金属疲劳损伤复合材料
单面胶接修理结构

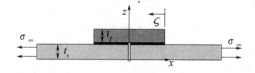

图2 金属裂纹板复合材料补片单面
修补裂纹板条 A—A'

2.1 修补结构弯矩和挠度计算

单面修补会形成偏心加载,导致金属板与补片产生弯曲变形,并且补片自由端处结构的抗弯刚度和中性轴位置突然变化,这种几何非线性导致在补片和金属板连接不连续处的胶层处产生明显的附加弯矩,从而对补片和母板的脱黏产生不利的影响。计算胶层应力前,必须先要求解出自由端和裂纹处力矩边界条件。

图 3 为单面修补的示意图,搭接区域外的弯矩可以表示为

$$M_H = -Pw_H \quad (\mid x \mid > l) \tag{1}$$

式中:w_H 为搭接区域外的横向挠度;P 为面内单位宽度上的载荷,$P = \sigma_\infty t_s$。

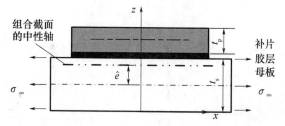

图 3　金属板复合材料补片单面修补示意图

搭接区域内的弯矩可表示为

$$M_I = -P(w_I + \hat{e}) \quad (\mid x \mid \leqslant l) \tag{2}$$

$$E'_{s,p} = \frac{E_{s,p}}{1 - v_{s,p}^2} \tag{3}$$

$$S = \frac{E'_p t_p}{E'_s t_s} \tag{4}$$

$$\hat{e} = \frac{\left(\dfrac{t_s + t_p}{2}\right)S}{1 + S} \tag{5}$$

式中:w_I 为搭接区域内的横向挠度;$\hat{e}$ 为偏心距;S 为刚度比。

$$M_H = -D_s \frac{d^2 w_H}{dx^2} \tag{6}$$

$$M_I = -D_I \frac{d^2 w_I}{dx^2} \tag{7}$$

式中:D_s 为金属板抗弯刚度;D_I 为修补区域抗弯刚度。

$$D_s = \frac{E'_s t_s^3}{12} \tag{8}$$

$$D_I = D'_s + D'_p \tag{9}$$

式中:D'_p 为复合材料补片对中性轴的抗弯刚度 D_{11},根据经典层合板理论,可得

$$D_{11} = \sum_{k=1}^{N} (\overline{Q}_{11})_k \left[t_k i_k^2 + \frac{t_k^3}{12} \right] \tag{10}$$

式中:N 为补片的铺层数目;t_k 为第 k 层厚度;$\bar{z}_k$ 为第 k 层到中性轴的距离;$(\overline{Q}_{11})_k$ 为第 k 层板的变换刚度系数。

$$D'_s = E'_s \left(\frac{t_s^3}{12} + t_s \hat{e}^2 \right) \tag{11}$$

经过整理,可得到关于 w_H 和 w_I 二阶的常系数微分方程为

$$\frac{\mathrm{d}^2 w_H}{\mathrm{d}x^2} - \frac{P}{D_s} w_H = 0 \tag{12}$$

$$\frac{\mathrm{d}^2 w_I}{\mathrm{d}x^2} - \frac{P}{D_I} w_I = \frac{P\hat{e}}{D_I} \tag{13}$$

其通解分别为

$$w_H = A\cosh(\xi_H x) + B\sinh(\xi_H x) \quad (|x| > l) \tag{14}$$

$$\xi_H = \sqrt{\frac{P}{D_s}} \tag{15}$$

$$w_I = C\cosh(\xi_I x) + F\sinh(\xi_I x) - \hat{e} \quad (|x| \leqslant l) \tag{16}$$

$$\xi_H = \sqrt{\frac{P}{D_I}} \tag{17}$$

式中：A、B、C、F 为待定系数。

对称边界条件为

$$\frac{\mathrm{d}w_I}{\mathrm{d}x}\Big|_{x=0} = 0 \tag{18}$$

位移连续边界条件为

$$w_H(l) = w_I(l) \tag{19}$$

斜率连续边界条件为

$$\frac{\mathrm{d}w_H}{\mathrm{d}x}(l) = \frac{\mathrm{d}w_I}{\mathrm{d}x}(l) \tag{20}$$

金属板载荷作用点固定边界为

$$w_H(L) = 0 \tag{21}$$

$$A = \frac{\hat{e}\tanh(\xi_H L)}{\cosh(\xi_H l)[\tanh(\xi_H l) - \tanh(\xi_H L)]} \cdot \frac{1}{1 - \frac{\xi_H[1 - \tanh(\xi_H l)\tanh(\xi_H L)]}{\xi_I\tanh(\xi_H l)[\tanh(\xi_H l) - \tanh(\xi_H L)]}} \tag{22}$$

$$B = -\frac{\hat{e}}{\cosh(\xi_H l)[\tanh(\xi_H l) - \tanh(\xi_H L)]} \cdot \frac{1}{1 - \frac{\xi_H[1 - \tanh(\xi_H l)\tanh(\xi_H L)]}{\xi_I\tanh(\xi_H l)[\tanh(\xi_H l) - \tanh(\xi_H L)]}} \tag{23}$$

$$C = \frac{\hat{e}}{\cosh(\xi_I l)\left\{1 - \frac{\xi_H[1 - \tanh(\xi_H l)\tanh(\xi_H L)]}{\xi_I\tanh(\xi_H l)[\tanh(\xi_H l) - \tanh(\xi_H L)]}\right\}} \tag{24}$$

$$F = 0 \tag{25}$$

结构的弯矩通过式(1)和式(2)求得，搭接区域补片自由端和裂纹处的弯矩分别为

$$M_H(l) = -\frac{P\hat{e}}{1 + \frac{\xi_I}{\xi_H}\tanh(\xi_I l)l} \cdot \frac{\xi_I}{\xi_H}\tanh(\xi_I l) \tag{26}$$

$$M_I^p(x = 0) = -\frac{P\hat{e}}{\cosh(\xi_I l) + \frac{\xi_I}{\xi_H}\sinh(\xi_I l)} - P\left(\frac{t_p + t_s}{2} - \hat{e}\right) \tag{27}$$

$$M_I^s(x = 0) = 0 \qquad\qquad (28)$$

2.2　面外剥离应力模型

单面胶接修补结构在受面内偏心载荷时,会在胶层的自由端和裂纹处产生较大的面外剥离应力,如图4所示。

图4　金属裂纹板复合材料单面修补裂纹附近受力分析

对母板,胶层和补片取微小单元 Δx,如图5所示,力矩平衡方程为

$$\begin{cases} \dfrac{\mathrm{d}M_p}{\mathrm{d}x} = V_p - \dfrac{\tau_p^{(A)}}{2} \\[3mm] \dfrac{\mathrm{d}M_s}{\mathrm{d}x} = V_s - \dfrac{\tau^{(A)} t_s}{2} \end{cases} \qquad\qquad (29)$$

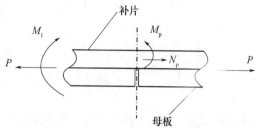

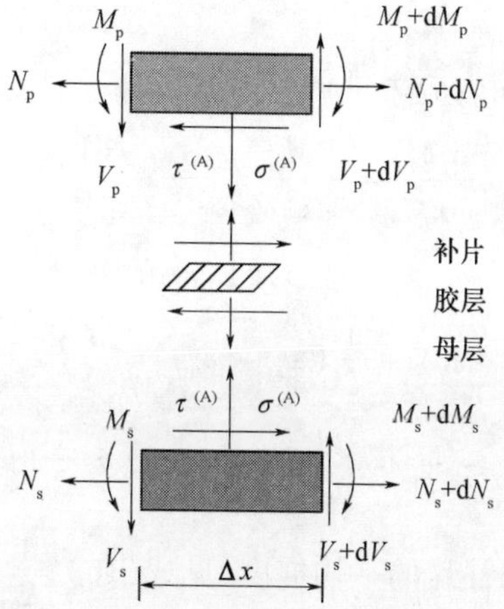

图5　金属板、胶层和补片微单元受力图

力平衡方程为

$$\begin{cases} \dfrac{\mathrm{d}N_p}{\mathrm{d}x} - \tau^{(A)} = 0 \\[3mm] \dfrac{\mathrm{d}N_s}{\mathrm{d}x} + \tau^{(A)} = 0 \\[3mm] \dfrac{\mathrm{d}V_p}{\mathrm{d}x} - \sigma^{(A)} = 0 \\[3mm] \dfrac{\mathrm{d}V_s}{\mathrm{d}x} + \sigma^{(A)} = 0 \end{cases} \qquad\qquad (30)$$

板弯曲力矩与挠度关系为

$$
\begin{cases}
\dfrac{\mathrm{d}^2 w_{\mathrm{p}}}{\mathrm{d}x^2} = -\dfrac{M_{\mathrm{p}}}{D_{\mathrm{p}}} \\[3mm]
\dfrac{\mathrm{d}^2 w_{\mathrm{s}}}{\mathrm{d}x^2} = -\dfrac{M_{\mathrm{s}}}{D_{\mathrm{s}}}
\end{cases}
\tag{31}
$$

变形协调方程为

$$
\begin{cases}
\varepsilon^{(A)} = \dfrac{\sigma^{(A)}}{E_{\mathrm{A}}} = \dfrac{w_{\mathrm{p}} - w_{\mathrm{s}}}{t_{\mathrm{A}}} \\[3mm]
\gamma^{(A)} = \dfrac{\tau^{(A)}}{G_{\mathrm{A}}} = \dfrac{u_{\mathrm{p}} - u_{\mathrm{s}}}{t_{\mathrm{A}}}
\end{cases}
\tag{32}
$$

由于金属板和补片承受弯曲载荷,补片下表面和金属板上表面应变表示为

$$
\begin{cases}
\dfrac{\mathrm{d}u_{\mathrm{p}}}{\mathrm{d}x} = \dfrac{N_{\mathrm{p}}}{E'_{\mathrm{p}} t_{\mathrm{p}}} - \dfrac{M_{\mathrm{p}} t_{\mathrm{p}}}{2D_{\mathrm{p}}} \\[3mm]
\dfrac{\mathrm{d}u_{\mathrm{s}}}{\mathrm{d}x} = \dfrac{N_{\mathrm{s}}}{E'_{\mathrm{s}} t_{\mathrm{s}}} + \dfrac{M_{\mathrm{s}} t_{\mathrm{s}}}{2D_{\mathrm{s}}}
\end{cases}
\tag{33}
$$

式(29) ~ 式(33)中:M_{p}、N_{p}、V_{p}、w_{p}、u_{p} 分别为补片的弯矩、剪力、轴向拉力、横向位移和轴向位移;M_{s}、V_{s}、N_{s}、w_{s}、u_{s} 分别为金属的弯矩、剪力、轴向拉力、横向位移和轴向位移;$\tau^{(A)}$、$\sigma^{(A)}$ 分别为胶层剪应力和剥离应力。

为了方便将面外应力和面内应力进行解耦,对式(29)微分,得

$$
\frac{\mathrm{d}^2 M_{\mathrm{s}}}{\mathrm{d}x^2} - \frac{\mathrm{d}^2 M_{\mathrm{p}}}{\mathrm{d}x^2} = \frac{\mathrm{d}V_{\mathrm{s}}}{\mathrm{d}x} - \frac{\mathrm{d}V_{\mathrm{p}}}{\mathrm{d}x}
\tag{34}
$$

将金属板和补片横向位移 w_{s}、w_{p} 分解为两部分:

$$
\begin{cases}
w_{\mathrm{s}} = \dfrac{1}{2}(w_{\mathrm{s}} - w_{\mathrm{p}}) + \dfrac{1}{2}(w_{\mathrm{s}} + w_{\mathrm{p}}) = \dfrac{1}{2}(w_{\mathrm{s}} - w_{\mathrm{p}}) + w_{\mathrm{I}} \\[3mm]
w_{\mathrm{p}} = -\dfrac{1}{2}(w_{\mathrm{s}} - w_{\mathrm{p}}) + \dfrac{1}{2}(w_{\mathrm{s}} + w_{\mathrm{p}}) = \dfrac{1}{2}(w_{\mathrm{s}} - w_{\mathrm{p}}) + w_{\mathrm{I}}
\end{cases}
\tag{35}
$$

式中:w_{I} 为修补区域金属板和补片的平均挠度,见式(16);$\dfrac{1}{2}(w_{\mathrm{s}} - w_{\mathrm{p}})$ 与胶层面外的应变有关。

联合方程(31)和方程(34)可以得到关于 w_{s}、w_{p} 的四阶微分方程:

$$
-D_{\mathrm{s}} \frac{\mathrm{d}^4 w_{\mathrm{s}}}{\mathrm{d}x^4} + D_{\mathrm{p}} \frac{\mathrm{d}^4 w_{\mathrm{p}}}{\mathrm{d}x^4} + 2\sigma^{(A)} = 0
\tag{36}
$$

代入式(35),得到关于 $\dfrac{1}{2}(w_{\mathrm{s}} - w_{\mathrm{p}})$ 的四阶的常系数非齐次微分方程为

$$
\frac{\mathrm{d}^4}{\mathrm{d}x^4}\left(\frac{w_{\mathrm{s}} - w_{\mathrm{p}}}{2}\right) + \frac{4E_{\mathrm{A}}}{t_{\mathrm{A}}(D_{\mathrm{s}} + D_{\mathrm{p}})}\left(\frac{w_{\mathrm{s}} - w_{\mathrm{p}}}{2}\right)
$$

$$
= \left(\frac{D_{\mathrm{s}} - D_{\mathrm{p}}}{D_{\mathrm{s}} + D_{\mathrm{p}}}\right)\frac{\mathrm{d}^4 w_{\mathrm{I}}}{\mathrm{d}x^4}
\tag{37}
$$

式中

$$- \left(\frac{D_s - D_p}{D_s + D_p} \right) \frac{\mathrm{d}^4 w_I}{\mathrm{d}x^4}$$

$$= - \left(\frac{D_s - D_p}{D_s + D_p} \right) \frac{\xi_I^4 \cosh(\xi_I x)}{\cosh(\xi_I l) + \frac{\xi_I}{\xi_H} \sinh(\xi_I l)} \hat{e} \tag{38}$$

其通解形式为

$$\frac{w_s - w_p}{2} = A\cosh(vx)\cos(vx) + B\sinh(vx)\sin(vx) + \\ G\sinh(vx)\cos(vx) + H\cosh(vx)\sin(vx) \tag{39}$$

式中

$$v^4 = \frac{E_s}{t_A(D_s + D_p)} \tag{40}$$

其特解形式为

$$\frac{w_s - w_p}{2} = J\cosh(\xi_I x) \tag{41}$$

$$J = \frac{(D_s - D_p)\hat{e}}{\left[\left(D_s + D_p + \frac{4E_A}{t_A \xi_I^4} \right) \right] \left[\cosh(\xi_I l) + \frac{\xi_I}{\xi_H} \sinh(\xi_I l) \right]} \tag{42}$$

（1）补片自由端附近。对于修补区域足够长的结构，即 $\xi_I \gg 1$，有

$$\sinh(\xi_I l) \approx \cosh(\xi_I l) \approx \frac{\mathrm{e}^{\xi_I l}}{2} \tag{43}$$

取 $\varsigma = l - x$，在搭接区域端部附近特解可以表示为

$$\frac{w_s - w_p}{2} \approx C_c \mathrm{e}^{-\xi_I \varsigma} \tag{44}$$

$$C_c = \frac{(D_s - D_p)\hat{e}}{\left(D_s + D_p + \frac{4E_A}{t_A \xi_I^4} \right) \left(1 + \frac{\xi_I}{\xi_H} \right)} \tag{45}$$

搭接区域端部附近通解可以表示为

$$\frac{w_s - w_p}{2} \approx \mathrm{e}^{-v\varsigma} \left[A\cos(v\varsigma) \right] + B\sin(v\varsigma) \right] \tag{46}$$

则在搭接区域端部附近完全解可以近似表示为

$$\frac{w_s - w_p}{2} = \mathrm{e}^{-v\varsigma} \left[A\cos(v\varsigma) + B\sin(v\varsigma) \right] + C_c \mathrm{e}^{-\xi_I \varsigma} \tag{47}$$

根据垂直与面内载荷方向的内力的合力为 0，可得

$$\int_0^\infty \sigma^{(A)} \mathrm{d}x = -\frac{E_A}{t_A} \int_0^\infty (w_s - w_p) \mathrm{d}x = 0 \tag{48}$$

$$A + B + \frac{2vC_c}{\xi_1} = 0 \tag{49}$$

搭接区域端部边界条件为

$$\frac{M_p}{D_p} - \frac{M_s}{D_s} = - \frac{M_H(l)}{D_s} \tag{50}$$

$M_H(l)$ 见式(26),整理后得

$$B = \frac{P\tanh(\xi_1 l)\frac{\xi_1}{\xi_H}\hat{e}}{4D_s v^2 \left(1 + \frac{\xi_1}{\xi_H}\tanh(\xi_1 l)\right)} + \frac{\xi_1^2(D_s - D_p)\hat{e}}{2v^2\left[(D_s + D_p) + \frac{4E_A}{t_A \xi_1^4}\right]\left(1 + \frac{\xi_1}{\xi_H}\right)} \tag{51}$$

$$A = \frac{P\tanh(\xi_1 l)\frac{\xi_1}{\xi_H}\hat{e}}{4D_s v^2 \left(1 + \frac{\xi_1}{\xi_H}\tanh(\xi_1 l)\right)} - \frac{(D_s - D_p)\left(\frac{\xi_1^2}{2v^2} - \frac{2v}{\xi_1}\right)\hat{e}}{2v^2\left[(D_s + D_p) + \frac{4E_A}{t_A \xi_1^4}\right]\left(1 + \frac{\xi_1}{\xi_H}\right)} \tag{52}$$

当 $\xi = 0$ 或 $x = l$ 时胶层剥离应力取得最大值为

$$\sigma_{max}^{(A)} = - \frac{E_A}{t_A}(w_s - w_p)\mid_{\varsigma=0}$$

$$= \frac{PE_A\tanh(\xi_1 l)\frac{\xi_1}{\xi_H}\hat{e}}{4D_s v^2 \left(1 + \frac{\xi_1}{\xi_H}\tanh(\xi_1 l)\right)} + \frac{E_A}{t_A}\left(\frac{\xi_1^2}{2v^2} - \frac{4v}{\xi_1} + 2\right)\frac{(D_s - D_p)\left(\frac{\xi_1^2}{2v^2} - \frac{2v}{\xi_1}\right)\hat{e}}{2v^2\left(D_s + D_p + \frac{4E_A}{t_A \xi_1^4}\right)\left(1 + \frac{\xi_1}{\xi_H}\right)}$$

$$\tag{53}$$

(2)金属板裂纹附近。由于裂纹相当于自由边界,因此裂纹处也会产生较大的剥离应力。对于式(41)当 $x \rightarrow 0$,有 $J\cosh(\xi_1 x) \rightarrow 0$。因此,特解可以近似为0。

$$\frac{w_s - w_p}{2} = e^{-v\varsigma}\left[A\cos(v\varsigma) + B\sin(v\varsigma)\right] \tag{54}$$

边界条件为

$$M_p = M_I^p(x = 0) \tag{55}$$

$$M_s = 0 \tag{56}$$

根据式(49)和式(50),有

$$B = \frac{M_I^p(0)}{4v^2 D_p} = - \frac{1}{4v^2 D_p} \times$$

$$\left[\frac{P\hat{e}}{\cosh(\xi_1 l) + \frac{\xi_1}{\xi_H}\sinh(\xi_1 l)} - P\left(\frac{t_p + t_s}{2} - \hat{e}\right)\right] \tag{57}$$

$$A = - \frac{M_I^p(0)}{4v^2 D_p} = \frac{1}{4v^2 D_p} \times$$

$$\left[\frac{P\hat{e}}{\cosh(\xi_1 l) + \dfrac{\xi_1}{\xi_H}\sinh(\xi_1 l)} - P\left(\frac{t_p + t_s}{2} - \hat{e}\right)\right] \tag{58}$$

$x = 0$ 时，胶层剥离应力取得最大值为

$$\sigma_{\max}^{(A)} = -2A\frac{E_A}{t_A}$$

$$= -\frac{E_A}{2v^2 D_p t_A}\left[\frac{P\hat{e}}{\cosh(\xi_1 l) + \dfrac{\xi_1}{\xi_H}\sinh(\xi_1 l)} - P\left(\frac{t_p + t_s}{2} - \hat{e}\right)\right] \tag{59}$$

2.3 面内剪应力模型

对式(33)进行微分，得

$$\begin{cases} \dfrac{\mathrm{d}^2 u_p}{\mathrm{d}x^2} = \dfrac{1}{E'_p t_p}\dfrac{\mathrm{d}N_p}{\mathrm{d}x} - \dfrac{t_p}{2D_p}\dfrac{\mathrm{d}M_p}{\mathrm{d}x} = \dfrac{\tau^{(A)}}{E'_p t_p} - \dfrac{t_p}{2D_p}\left(V_p - \dfrac{\tau^{(A)} t_p}{2}\right) \\[3mm] \dfrac{\mathrm{d}^2 u_s}{\mathrm{d}x^2} = \dfrac{1}{E'_s t_s}\dfrac{\mathrm{d}N_s}{\mathrm{d}x} - \dfrac{t_s}{2D_s}\dfrac{\mathrm{d}M_s}{\mathrm{d}x} = \dfrac{\tau^{(A)}}{E'_s t_s} - \dfrac{t_s}{2D_s}\left(V_s - \dfrac{\tau^{(A)} t_s}{2}\right) \end{cases} \tag{60}$$

式(60)中两式相减，得

$$\frac{\mathrm{d}^2 u_p}{\mathrm{d}x^2} - \frac{\mathrm{d}^2 u_s}{\mathrm{d}x^2} = \frac{t_A}{G_A}\frac{\mathrm{d}^2 \tau^{(A)}}{\mathrm{d}x^2}$$

$$= \left(\frac{1}{E'_p t_p} + \frac{1}{E'_s t_s}\right)\tau^{(A)} - \frac{V_p t_p}{2D_p} - \frac{V_s t_s}{2D_s} + \left(\frac{t_p^2}{4D_p} + \frac{t_s^2}{4D_s}\right)\tau^{(A)}$$

$$= \left(\frac{4}{E'_p t_p} + \frac{4}{E'_s t_s}\right)\tau^{(A)} - \left(\frac{V_p t_p}{2D_p} + \frac{V_s t_s}{2D_s}\right) \tag{61}$$

对式(61)两边微分，并结合式(30)整理，得

$$\frac{\mathrm{d}^3 \tau^{(A)}}{\mathrm{d}x^3} - \frac{4G_A}{t_A}\left(\frac{1}{E'_p t_p} + \frac{1}{E'_s t_s}\right)\frac{\mathrm{d}\tau^{(A)}}{\mathrm{d}x}$$

$$= -\frac{4G_A}{t_A}\left(\frac{t_p}{2D_p} - \frac{t_s}{2D_s}\right)\sigma^{(A)} \tag{62}$$

对于等刚度胶接，等式右边为 0，则得到关于胶层剪应力的二阶的常系数非齐次微分方程为

$$\frac{\mathrm{d}^3 \tau^{(A)}}{\mathrm{d}x^3} - \frac{4G_A}{t_A}\left(\frac{1}{E'_p t_p} + \frac{1}{E'_s t_s}\right)\frac{\mathrm{d}\tau^{(A)}}{\mathrm{d}x} = 0 \tag{63}$$

$$\frac{\mathrm{d}^2 \tau^{(A)}}{\mathrm{d}x^2} - \frac{4G_A}{t_A}\left(\frac{1}{E'_p t_p} + \frac{1}{E'_s t_s}\right)\tau^{(A)} = \mathrm{const} \tag{64}$$

对方程进行求解，可得到其解形式为

$$\tau^{(A)} = A\cosh(2\beta_A x) + B\sinh(2\beta_A x) + C \tag{65}$$

式中

$$\beta_{A} = \sqrt{\frac{G_{A}}{t_{A}}\left(\frac{1}{E'_{p}t_{p} + \frac{1}{E'_{s}t_{s}}}\right)} \qquad (66)$$

（1）补片自由端附近。根据胶接件胶层剪应力的分布特点，剪应力集中分布在连接两端，中间是低应力弹性槽，补片自由端边界条件有力和力矩边界条件为

$$\tau^{(A)}(0) = 0 \qquad (67)$$

$$\begin{cases} N_{s}(l) = P \\ N_{p}(l) = 0 \end{cases} \qquad (68)$$

$$\begin{cases} M_{s}(l) = M_{H}(l) \\ M_{p}(l) = 0 \end{cases} \qquad (69)$$

由于修补结构关于 z 轴对称，补片中点的载荷方向的内力等于胶层剪应力从中点到端点的合力，即

$$\int_{0}^{l} \tau^{(A)} \, \mathrm{d}x = N_{p}(0) \qquad (70)$$

假设补片与金属板刚性连接，补片和金属板应变相等[15]，即

$$\varepsilon_{s} = \varepsilon_{p} \qquad (71)$$

$$E'_{s}\varepsilon_{s}t_{s} + E'_{p}\varepsilon_{p}t_{p} = \sigma_{\infty}t_{s} \qquad (72)$$

联立式（71）和式（72），得

$$\varepsilon_{s,p} = \frac{\sigma_{\infty}t_{s}}{E'_{s}t_{s} + E'_{p}t_{p}} \qquad (73)$$

$$\begin{cases} \sigma_{s}(0) = E'_{s}\varepsilon_{s,p} = \dfrac{\sigma_{\infty}E'_{s}t_{s}}{E'_{s}t_{s} + E'_{p}t_{p}} \\ \sigma_{p}(0) = E'_{p}\varepsilon_{s,p} = \dfrac{\sigma_{\infty}E'_{s}t_{s}}{E'_{s}t_{s} + E'_{p}t_{p}} \end{cases} \qquad (74)$$

$$\begin{cases} N_{s}(0) = t_{s}\sigma_{s}(0) = \dfrac{\sigma_{\infty}t_{s}}{1 + S} \\ N_{p}(0) = t_{p}\sigma_{p}(0) = \dfrac{St_{s}\sigma_{\infty}}{1 + S} \end{cases} \qquad (75)$$

为了保证修补效果，搭接部分一般足够长，有 $l \gg \beta_{A}^{-1}$，因此 $\mathrm{e}^{-2\beta_{A}l} \approx 0$。搭接区域端部附近胶层剪应力近似表示为

$$\tau^{(A)} = B\mathrm{e}^{-2\beta_{A}\varsigma} + C \qquad (76)$$

取 $\varsigma = l - x$，根据边界条件可求得待定系数为

$$B = \frac{G_{A}}{2\beta_{A}t_{A}}\left[\frac{t_{s}M_{H}(l)}{2D_{s}} + \frac{\sigma_{\infty}}{E'_{s}}\right] \qquad (77)$$

$$C = \frac{S}{1 + S}\left(\frac{\sigma_{\infty}t_{s}}{l}\right) - \frac{1}{4\beta_{A}^{2}l}\left(\frac{t_{s}M_{H}(l)}{2D_{s}} + \frac{\sigma_{\infty}}{E'_{s}}\right)\frac{G_{A}}{t_{A}} \qquad (78)$$

根据式（76），胶层端部剪应力取最大值为

$$\tau_{\max}^{(A)} = \frac{S}{1+S}\left(\frac{\sigma_\infty t_s}{l}\right) + \frac{G_A}{2\beta_A t_A}\left(\frac{t_s M_H(l)}{2D_s} + \frac{\sigma_\infty}{E'_s}\right)\left(1 - \frac{1}{2\beta_A l}\right) \tag{79}$$

（2）金属板裂纹附近。裂纹相当于金属板自由边界,其边界条件在修补区域相应为

$$\int_0^l \tau^{(A)}\,\mathrm{d}x = \frac{\sigma_\infty t_s}{1+S} \tag{80}$$

$$\begin{cases} N_s(0) = P \\ N_p(0) = 0 \end{cases} \tag{81}$$

$$\begin{cases} M_p(0) = M_I^p(0) \\ M_s(0) = 0 \end{cases} \tag{82}$$

金属板裂纹附近胶层剪应力近似表示为

$$\tau^{(A)} = Be^{-2\beta_A x} + C \tag{83}$$

根据边界条件可求得待定系数为

$$B = \frac{G_A}{2\beta_A t_A}\left[\frac{M_I^p(0)t_p}{2D_p} - \frac{\sigma_\infty t_s}{E'_p t_p}\right] \tag{84}$$

$$C = \frac{1}{1+S}\left(\frac{\sigma_\infty t_s}{l}\right) - \frac{1}{4\beta_A^2 l}\left(\frac{M_I^p(0)t_p}{2D_p} - \frac{\sigma_\infty t_s}{E'_p t_p}\right)\frac{G_A}{t_A} \tag{85}$$

根据式（83）,胶层端部剪应力取最大值为

$$\tau_{\max}^{(A)} = \frac{1}{1+S}\left(\frac{\sigma_\infty t_s}{l}\right) + \frac{G_A}{2\beta_A t_A}\left(\frac{M_I^p(0)t_p}{2D_p} - \frac{\sigma_\infty t_s}{E'_p t_p}\right)\left(1 - \frac{1}{2\beta_A l}\right) \tag{86}$$

2.4　裂纹张开位移

图 6 为远端受面内载荷 σ_∞,结构的变形图,修补结构裂纹处胶层变形最大,根据式（86）得

$$\gamma_{\max}^{(A)} = \frac{1}{1+S}\left(\frac{\sigma_\infty t_s}{l}\right)\frac{1}{G_A} + \frac{1}{2\beta_A t_A}\left(\frac{M_I^p(0)t_p}{2D_p} - \frac{\sigma_\infty t_s}{E'_p t_p}\right)\left(1 - \frac{1}{2\beta_A l}\right) \tag{87}$$

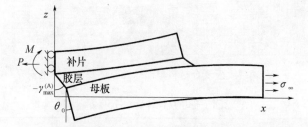

图 6　金属裂纹板复合材料单面修补裂纹张开位移

根据式（59）,得金属板裂纹面的转角为

$$\theta_0 = \frac{\partial w_s}{\partial y}\Big|_{y=0} = \frac{\partial(w_s - w_p)}{\partial y}\Big|_{y=0}$$

$$= \frac{1}{vD_p} \left[\frac{P\hat{e}}{\left(\cosh(\xi_1 l) + \dfrac{\xi_1}{\xi_H}\sinh(\xi_1 l) \right)} + P\left(\frac{t_p + t_s}{2} - \hat{e} \right) \right] \tag{88}$$

裂纹面的张开位移表达式为

$$u_0 = -\gamma_{max}^{(A)} t_A + \theta_0 \frac{t_s}{2} \tag{89}$$

3 数值验证与分析

利用有限元技术对含裂纹金属板复合材料单面修补形式进行建模,分析 T300/E51 复合材料单面胶接修补航空铝合金 LY12CZ 裂纹板结构的应力分布,胶黏剂采用 J150。几何尺寸: $L = 50\,mm$, $l = 30\,mm$, $B = 60\,mm$。材料力学性能见表 1。针对复合材料单面胶接修补结构的几何、边界和材料对称特点,为了减小计算的工作量,对修补结构做如图 7 所示的简化。采用内聚力单元模拟胶层,处理多相材料结构中不连续问题,上、下板统一采用平面应变单元,界面通过共用节点保证位移协调,单元网格划分如图 8 所示。

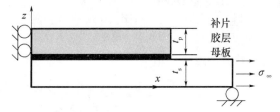

图 7　金属裂纹板复合材料单面修补有限元模型边界

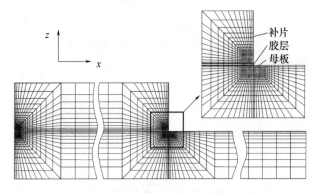

图 8　金属裂纹板复合材料单面修补整体及局部网格划分

表 1　LY12CZ、T300/E51 和 J150 的材料属性

LY12CZ	T300/E51	Adhesive J150
$E = 73.8\,GPa$ $v = 0.33$ $t = 3.0\,mm$	$E_1 = 136.2\,GPa$ $E_2 = E_3 = 9.5\,GPa$ $G_{12} = G_{23} = 6.9\,GPa$ $v = 0.33$ $t = 0.1\,mm\ per\ ply$ $15\,unidirectional(0°)plies$	$E = 2.9\,GPa$ $G = 1.09\,GPa$ $v = 0.33$ $t = 0.1\,mm$

图 9 为在远端应力为 40MPa 时结构弯矩和挠度分布规律,在补片自由端出现弯矩的跳跃,弯矩由 $5.8440\mathrm{N} \cdot \mathrm{mm}$ 变为 $-56.4189\mathrm{N} \cdot \mathrm{mm}$,跳跃值恰好为 $P\hat{e}$,这是因为补片的存在改变了修补区域的中性轴位置,传载路径的偏心使结构产生弯曲变形,如图 9(b)所示,这种几何非线性表现为在修补区域内产生凹向上弯曲变形,在修补区域外产生凸向上弯曲变形。对图 6 分析发现,当金属板足够长,载荷 P 足够大时,结构由于变形中性轴逐渐靠近载荷作用线甚至共线,偏心加载的现象随之消失。

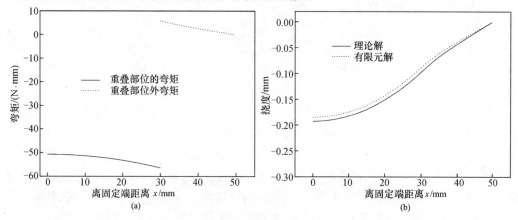

图 9　复合材料单面修补结构弯矩和挠度分布
（a）弯矩分布；（b）挠度分布。

图 10(a)为胶层剥离应力理论解析解与有限元数值解在远端应力为 40MPa 时在补片自由端和金属板裂纹附近的分布曲线,理论解析解与有限元数值解吻合较好。而图 10(b)显示胶层剪应力分布解析解与有限元解差别相对较大,原因是推导过程中假设修补区域足够长,端部附近和裂纹附近的胶层应力之间没有影响,将端部附近和裂纹附近的胶层作为单独研究对象。并且,在理论模型中为了对剪应力和剥离应力解耦,得到封闭形式

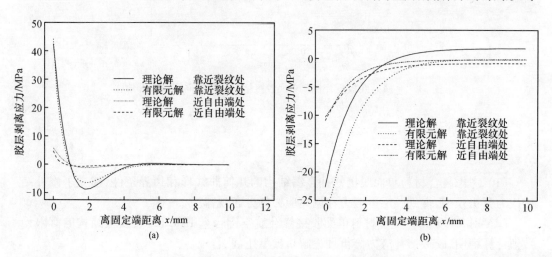

图 10　复合材料单面胶接修补胶层剥离应力和剪应变分布
（a）胶层剥离应力分布；（b）胶层剪切应力分布。

的解,在满足解的形式不变和结果精度较好的前提下,认为补片和金属是等刚度连接。以上两种近似给理论计算结果带来了一定的误差,尤其是在裂纹附近变化趋势一致,但数值相差 10% 左右。解析模型和有限元模型都没有考虑胶层自由端为应力自由边界以及界面应力奇异,所以应力峰值均出现在修补区域端部和裂纹处。

比较裂纹处和补片自由端胶层应力,裂纹处的剪切应力和剥离应力均大于补片自由端的胶层应力,所以,对于胶层主导的破坏模式最先发生失效的位置在裂纹处。对式(59)和式(86)分析发现:

$$\sigma_{max}^{(A)} \propto \frac{E_A}{2v^2 D_p t_A} \propto \frac{E_A}{\sqrt{t_A}} \tag{90}$$

$$\tau_{max}^{(A)} \propto \frac{G_A}{\beta_A t_A} \propto \frac{G_A}{\sqrt{t_A}} \tag{91}$$

胶层最大剥离应力值和最大剪应力值与胶层弹性模量和剪切模量成正比,与胶层厚度平方根成反比。因此,在实际修补过程中,选择弹性模量和剪切模量较小的黏粘剂,并在保证胶层工艺质量的前提下可以适当增加胶层厚度,可以有效增加结构的承载能力。

图 11 为裂纹的张开位移沿厚度方向的变化曲线,非对称修补导致未修补面的张开位移大于修补面的张开位移。因此,裂尖前缘应力强度因子在厚度方向不一致,从修理面到未修理面一侧递增。在疲劳载荷作用下,未修补面裂纹扩展速率大于修补面,裂纹扩展纹线由未修理时裂纹均衡扩展形成的直线变成曲线。

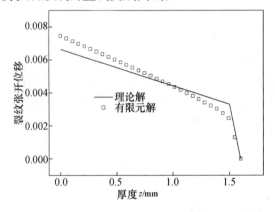

图 11　金属裂纹板复合材料单面胶接修补厚度方向裂纹张开位移

4　结论

（1）考虑复合材料单面胶接修补金属结构的几何非线形和边界条件,建立了修补结构应力分析模型,得到胶层剪应力和剥离应力的分布规律。

（2）对 T300/E51 复合材料单面胶接修补航空铝合金 LY12CZ 裂纹板结构的有限元数值计算证明,胶接修补应力分析理论解析模型正确、合理。

（3）由于补片和金属板材料属性和结构形式的不同,补片自由端和裂纹处胶层产生应力集中,胶层剥离应力和剪应力在裂纹附近取得最大值,对于胶层主导的破坏模式最先发生失效的位置在裂纹处。

参 考 文 献

[1] Baker A A. Repair of cracked or defective metallic aircraft components with advanced fibre composites [J]. Composite Structure,1984,2(2):153 – 234.

[2] Wang C H, Rose L RF. A crack bridging model for bonded plates subjected to tension and bending [J]. International Journal of Solids and Structure,1999,36(13):1985 – 2014.

[3] 朱书华,王跃全,童明波.复合材料层合板阶梯形挖补胶接修理渐进损伤分析[J].复合材料学报,2012,29(6):164 – 169.

[4] Rose L R F. An application of the inclusion analogy for bonded reinforcement [J]. International Journal of Solids and Structures,1981,17(8):827 – 838.

[5] Rose L R F. A cracked plate repaired by bonded reinforcements[J]. International Journal of Fracture,1982,18(2):135 – 144.

[6] 黄旭仁,胡芳友,赵培仲.加载速率对复合材料粘接修理金属结构力学性能的影响[J].复合材料学报,2013,30(2):220 – 225.

[7] 关志东,Yang Chihdar.复合材料管接头拉扭作用下胶层应力分析[J].复合材料学报,2004,21(3):96 – 101.

[8] Hart – Smith L J. Adhesive – bonded single – lap joints[R]. NASA/CR – 1973 – 112236,Washington:NASA,1973.

[9] 赵波.考虑弯曲效应的混元胶接单搭接头应力模型[J].机械工程学报,2008,44(10):129 – 137.

[10] Jones R, Callian R J, Aggarwal K C. Analysis of Bonded repair to damaged fiber Composite structures[J]. Engineering Fracture Mechanics,1983,17(1):37 – 46.

[11] Sun C T, Klug J, Arendt C. Analysis of cracked aluminum plates repaired with bonded composite patches[J]. AIAA Journal,1996,l34(2):3143 – 3151.

[12] Naboulsi S, Mall S. Modeling of cracked metallic structure with bonded composite patch using three layer technique[J]. Composite Structure,1996,35(3):295 – 308.

[13] 孙洪涛,刘元镛.改进的金属裂纹板复合材料胶接修补的有限元模型[J].西北工业大学学报,2000,18(3):446 – 451.

[14] Tsai M Y, Oplinger D W, Morton J. Improved theoretical solutions for adhesive lap joints [J]. International Journal of Solids and Structures,1998,35(12):1163 – 1185.

[15] 徐建新,张开达.复合材料补片止裂性能的方法研究[J].工程力学,1999,16(2):93 – 98.

（作者：苏维国，穆志韬，朱做涛，孔光明。发表于《复合材料学报》）2014 年第 03 期）

金属裂纹板复合材料修补结构的超奇异积分方程方法

摘　要:根据应力强度因子在线弹性范围内具有可叠加性,将金属裂纹板复合材料修补结构进行简化,在表面裂纹线弹簧模型的基础上,建立了基于超奇异积分方程的 Line – Spring 模型。利用第二类 Chebyshev 多项式展开的方法,将超奇异积分方程转化为线性方程组,推导出以裂纹面位移表示的应力强度因子表达式,得到了裂纹尖端应力强度因子的数值解,并利用虚拟裂纹闭合法以加以验证。参数分析确定了影响对称修补裂纹板应力强度因子的胶层界面刚度 R 和补片与金属板刚度比 S 两个主要参数,为胶接修补结构的承载能力分析以及改进设计提供理论依据。

关键词:复合材料胶接修补;超奇异积分方程;应力强度因子;Line – Spring 模型;虚拟裂纹闭合法

复合材料具有比模量大、比强度高、力学性能可设计性强、抗疲劳性能好等优点。飞机金属结构在服役期间因疲劳载荷的作用,会产生裂纹等疲劳损伤,若不及时修理,就会严重影响飞行安全。因此,将复合材料用胶接的方式贴补到结构损伤区域,减缓或避免裂纹继续扩展,以达到延长飞机寿命的目的[1-6]。飞机金属损伤复合材料修补技术广泛地应用于航空航天领域,这种不同几何尺寸、不同材料属性构成非匀质层合构件的断裂分析已成为国际结构、材料与力学领域研究热点。

应力强度因子的计算是对任何含裂纹结构进行断裂分析的前提。通常,复杂形状结构尤其像复合材料胶接修补金属裂纹板这样的多层结构的应力强度因子计算过程相当复杂的。Erdogan 和 Arin[7]利用基于复变量/格林函数的数值分析方法对复合材料补片胶接修理含中心裂纹金属板进行了研究,其中补片与基板均为无限大板,胶层采用线性剪切弹簧,假设结构处于平面应力状态,建立了在复数坐标系中表示金属板与补片格林函数结构的数学模型。求解积分方程得到了金属裂纹板应力强度因子以及金属板与补片中的应力与应变场。Keer 等[8]假设含裂纹金属板、胶层和补片均为各向同性材料且具有相同泊松比,处于平面应力状态,胶层、裂纹板和补片的剪切力作为空间力,厚度方向上均匀分布,利用复变函数方法解第二类 Fredholm 积分方程组,得到了胶接修补后应力强度因子缩减系数经验公式。Rose 等[9-11]在广义平面应力弹性包容理论的基础上,采用两步法近似计算了复合材料胶接修复结构中裂纹尖端的应力强度因子及裂纹扩展力;第一步假设金属板为完好板,并引入刚性胶接假设,计算出胶接区域内的应力;第二步在金属板内引入裂纹,估算出裂尖应力强度因子的上限值。在有限元数值计算方面,Jones[12]提出了"双板 – 胶元模型","胶元"刚阵考虑修补区域的横向剪切效应。Sun 等[13]将母板和补片用 Mindlin 板元模拟,胶层用弹簧元模拟。Naboulsi 和 Mall[14]的"三板模型"采用中厚板元来模拟胶层。孙宏涛[15]综合以上三种模型提出了"双板 – 胶元修正模型"以及"双板 – 弹簧元修正模型",具有计算精度较高,建模快速方便等优点。

断裂力学中多数裂纹问题的数学模型可以归结为求解奇异积分方程(SIE)。其基本思想是:利用没有裂纹情况下,体中应力场与由未知裂纹表面位移间断诱发的应力场叠加使裂纹表面应力自由的原理,这些奇异积分方程的封闭解一般情况下难以得到[16,17]。本文利用应力强度因子在线弹性断裂力学范围内具有可叠加性,将修补结构进行简化,在表面裂纹线弹簧模型的基础上建立了基于超奇异积分方程的 Line – Spring 模型。利用第二类切比雪夫多项式展开的方法,将超奇异积分方程转化为线性方程组,推导出以裂纹面位移表示的应力强度因子表达式,进一步提高了计算精度。并利用虚拟裂纹闭合法和有限元技术,计算得到了双面修补后,裂纹尖端的有限元数值解,验证了模型的有效性,确定了影响对称修补裂纹板应力强度因子的胶层界面刚度 R 和补片与金属板刚度比 S 两个主要参数。

1　复合材料胶接修补线性叠加模型

在线弹性断裂力学范围内,当裂纹体受多种载荷联合作用时,裂尖应力/应变场可以通过对每种载荷单独作用下的场线性叠加求得。因此,可以将边界上和体内受复杂加载条件的裂纹问题等效为具有简单边界的裂纹问题。根据应力强度因子线弹性叠加原理,将复合材料补片胶接修补金属裂纹板单向加载问题等效分解为如图 1 所示的两类问题:第一类问题,假设复合材料补片胶接到一块没有损伤的金属板上,并计算出胶接区域内金属板裂纹所在位置的应力值 σ_0;第二类问题,金属板上引入长度为 $2a$ 的裂纹,并在裂纹面上施加载荷 σ_0。假设补片与金属板刚性连接[9],则补片和金属板应变相等。

$$\varepsilon_s = \varepsilon_p \tag{1}$$
$$E'_s \varepsilon_s t_s + E'_p \varepsilon_p t_p = \sigma_\infty t_s \tag{2}$$

式中:下标 s、p 分别代表金属板和补片。$E'_{s,p} = \dfrac{E_{s,p}}{1 - \nu^2_{s,p}}$,$E$、$\nu$ 和 t 分别为弹性模量、泊松比和厚度。

联立式(1)和式(2),可得

$$\varepsilon_s = \frac{\sigma_\infty t_s}{E'_s t_s + E'_p t_p} \tag{3}$$

则,对应裂纹位置的金属板内正应力为

$$\sigma_0 = E'_s \varepsilon_s = \frac{\sigma_\infty E'_s t_s}{E'_s t_s + E'_p t_p} = \frac{\sigma_\infty}{1 + S} \tag{4}$$

定义为 S 为补片与金属板刚度比,其表达式为

$$S = \frac{E'_p t_p}{E'_s t_s} \tag{5}$$

胶层有效载荷传递区域尺寸相对于补片尺寸较小,忽略补片自由端对裂纹附近应力的影响[18],因此,可以假设补片和金属板均为无限大板,将问题等效为如图 2 所示。

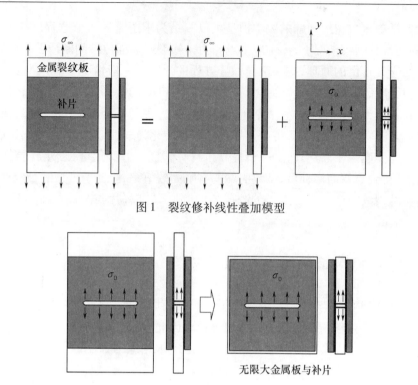

图 1   裂纹修补线性叠加模型

图 2   裂纹板修补等效

2   奇异积分方程 Line – Spring 模型

用平面弹性力学与奇异积分方程相结合的方法,建立含穿透性损伤复合材料双面胶接修补的应力强度因子模型。对金属裂纹板复合材料胶接修补结构而言,主要有以下两种载荷传载方式[18,19]:①与没有补片的裂纹板相似,由于裂纹的存在,引起裂纹尖端附近区域的应力重新分布,并在裂纹尖端产生应力奇异性,应力强度因子为 K_0;②由于补片的存在,部分载荷将通过补片传递。这两部分载荷的分配比例由结构的材料性能和裂纹长度决定。当裂纹较小时,可以近似认为载荷全部由金属板传递,相当于补片不存在。显然,由于补片的存在,部分载荷会通过补片传递,实际结构中裂纹尖端的应力强度因子要小于没有补片时的应力强度因子 K_0。随着裂纹长度的增加,原来由裂纹区域传递的载荷逐渐由补片传递,裂尖场趋于稳定。因此,实际结构中裂纹尖端的应力强度因子值随着裂纹长度增加趋于恒定值 $K_{1\infty}$。

2.1   长裂纹

假设金属板裂纹长度与补片宽度相比较小时,补片双面胶接修补金属裂纹板结构可以等效为双搭接金属板对接的情形。根据双面搭接胶层剪应力力学模型[20],如图 3 所示,胶层剪应力可以表示为

$$\tau^{(A)}(y) = \tau_{max}^{(A)} \exp^{-\beta_A y} \tag{6}$$

式中：$\tau^{(A)}$ 为胶层应力；$\tau_{max}^{(A)}$ 为最大胶层剪应力；$\beta_A = \sqrt{\dfrac{G_A}{t_A}\left(\dfrac{1}{E'_p t_p} + \dfrac{1}{E'_s t_s}\right)}$。根据胶层力平衡方程，有

$$\sigma_0 t_s = \int \tau^{(A)}(y)\,\mathrm{d}y \tag{7}$$

则，在裂纹处剪应力取得最大值为

$$\tau_{max}^{(A)} = \beta_A t_s \sigma_0 \tag{8}$$

如图 3 所示，根据对称性，裂纹处补片位移 $u_p(0) = 0$，金属板裂纹处的位移可以表示为

$$u_s(0) = -\tau^{(A)}(x = 0) \cdot \frac{t_A}{G_A} = \frac{\sigma_0 \beta_A t_A t_s}{G_A} \tag{9}$$

式中：G_A 为胶层剪切模量。

裂纹中心张开位移表示为

$$\delta = 2u_s(0) \tag{10}$$

裂纹张开位移 δ 与载荷 σ_0 的关系可以表示为

$$\sigma_0 = \frac{1}{2}\Lambda E'_s \delta \tag{11}$$

式中

$$\Lambda = \frac{1}{\beta_A} \cdot \frac{G_A}{t_A} \cdot \frac{1}{t_s E'_s} \tag{12}$$

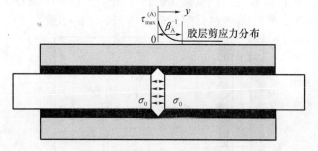

图3　双面胶接胶层剪应力分布

如图 4 所示，依据能量释放率计算双面修补长裂纹应力强度因子，假设裂纹扩展 $\mathrm{d}a$，则应变能变化

$$U_E = \frac{1}{2}\sigma_0 t_s \delta \tag{13}$$

外力所做的功为

$$W = \sigma_0 t_s \delta \tag{14}$$

释放的能量为

$$\Pi = U_E - W = -\frac{1}{2}\sigma_0 t_s \delta \tag{15}$$

能量释放率为

$$G_{I\infty} t_s = -\frac{\partial \prod}{\partial a} = \frac{1}{2}\sigma_0 t_s \delta \tag{16}$$

将式（12）代入式（16），得能量释放率

$$G_{I\infty} = \frac{\sigma_0^2}{\Lambda E'_s} \tag{17}$$

平面应力状态下，应力强度因子 K 与能量释放率 G 之间的关系为

$$G = \frac{K^2}{E} \tag{18}$$

则

$$K_{I\infty} = \frac{\sigma_0}{\sqrt{\Lambda}} \tag{19}$$

定义裂纹板胶接修补结构特征裂纹长度：

$$l^* = \frac{1}{\sqrt{\Lambda}} \tag{20}$$

令 $R = \dfrac{G_A}{t_A}$，表示胶层界面刚度，代入式（19），得

$$K_{I\infty} = \sigma_\infty \cdot (E'_s t_s)^{1/4} \cdot \frac{1}{R^{1/4}} \cdot \frac{1}{S^{1/4} \cdot (1+S)^{1/4}} \tag{21}$$

因此，影响双面胶接修补应力强度因子的两个主要参数为胶层界面刚度 R 和补片与金属板刚度比 S，这与文献[19]通过有限元分析得到的结论一致。

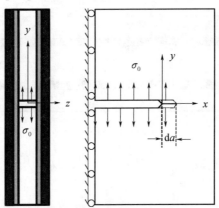

图 4 无限大修补金属板中无限长裂纹

2.2 短裂纹

当金属板裂纹长度小于特征裂纹长度，应力强度因子更多取决于裂纹长度。Rice 和 Levy[21] 提出的线弹簧模型（Lime Spring Model，LSM）用于分析板壳表面裂纹或非穿透裂纹问题，把三维裂纹问题有效地简化为含穿透裂纹的板壳和平面应变状态下裂纹板条两个较为简单的二维裂纹问题，交叉辅助求解。为了得到有限裂纹长度修补结构的应力强

度因子的解析解,借鉴 LSM 模型,根据双面胶接修补胶层剪应力分布规律[20](图5),可以将补片的功能等效于作用于裂纹面的连续分布的线性抗拉伸弹簧。这些弹簧对裂纹面施加了一定的闭合力,弹簧的本构关系可根据相应位置切出的平面应变裂纹板条所受的广义力和由于裂纹存在而引起的广义附加位移的关系来模拟,由式(11)确定。

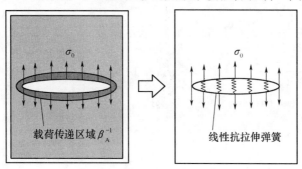

图5 Crack-Spring 模型

根据裂纹面上下对称性,有

$$
\begin{aligned}
\delta(x) &= u_s(x, y \to 0^+) - u_s(x, y \to 0^-) \\
&= 2u_s(x, y \to 0^+) \quad , \quad |x| < a
\end{aligned} \tag{22}
$$

$y = 0$ 时,位移和力边界条件为

$$
\begin{cases}
\sigma_y(x) = \Lambda E'_s u_s(x) - \sigma_0, & |x| < a \\
u_s(x) = 0, & |x| \geq a
\end{cases} \tag{23}
$$

根据超奇异积分方程在三维断裂力学的应用,关于裂纹面张开位移的边界超奇异积分方程可以表示为

$$
\frac{E'_s}{2\pi} \int_{-a}^{a} \frac{u_s(t)}{(x-t)^2} \mathrm{d}t = -\sigma_0 + \Lambda \tilde{E}'_s u_s(x) \tag{24}
$$

超奇异积分方程在普通和主值意义下均发散,此时计算必须依据 Hadmard 有限部积分概念[22,23],由于此类方程的未知函数在裂纹前缘性质较好,可使用有限部积分方法计算裂纹的超奇异积分项,数值解易于实现。

令 $r = x/a, \eta = t/a, u(x) = u(ar) = a \cdot h(ar)$,则方程变形为

$$
\frac{E'_s}{2\pi} \int_{-1}^{1} \frac{h(\eta)}{(r-\eta)^2} \mathrm{d}\eta = \Lambda E'_s a h(r) - \sigma_0 \tag{25}
$$

式中:$h(r)$ 为与裂纹面位移函数有关的未知函数,写成正则函数 $\overline{\omega}(r)$ 与权函数 $g(r)$ 乘积形式,有

$$
h(r) = \overline{\omega}(r) \cdot g(r) \tag{26}
$$

对于两端具有奇异性的内部裂纹,正则函数 $\overline{\omega}(r)$ 表示为

$$
\overline{\omega}(r) = \sqrt{1 - r^2} \tag{27}
$$

$g(r)$ 在 $[-1, 1]$ 为有界函数,可以表示为第二类切比雪夫多项式的截断级数

$$g(r) \approx \sum_{i=0}^{N} s_i U_i(r) \tag{28}$$

式中：$U_i(r) = \dfrac{\sin[(i+1)\arccos r]}{\sin(\arccos r)}$ $(i = 0, 1, \ldots, N)$，当 N 足够大时，表达式收敛，无穷接近真实值。

第 Ⅱ 类切比雪夫多项式有限部积分可以表示为

$$\int_{-1}^{1} \frac{\sqrt{1 - r^2}\, U_i(r)}{(x - r)^2}\, \mathrm{d}x = -\pi(i + 1) U_i(r) \quad (-1 < r < 1) \tag{29}$$

因此，有

$$\int_{-1}^{1} \frac{h(r)}{(r - \eta)^2}\, \mathrm{d}\eta = -\sum_{i=0}^{N} s_i \pi(i + 1) U_i(r) \tag{30}$$

将式(30)代入方程(24)，简化为

$$-\frac{E_s}{2\pi} \sum_{i=0}^{N} s_i \pi(i + 1) U_i(r) = -\sigma_0 + \Lambda E_s \sum_{i=0}^{N} s_i U_i(r) \sqrt{1 - r^2} \tag{31}$$

第 Ⅱ 类切比雪夫多项式正交性可以表示为

$$\int_{-1}^{1} \hat{W}(r) U_i(r)\, U_j(r)\, \mathrm{d}r = \begin{cases} 0 & (i \neq j) \\ \pi/2 & (i = j) \end{cases} \tag{32}$$

方程(31)两边同时乘以 $\hat{W}(r) U_j(r)$ $(j = 0, 1, 2, \cdots, N)$，然后从 $-1 \sim 1$ 积分，根据式(32)，方程可以简化为一系列线性方程：

$$\frac{E'_s}{2\pi} \sum_{i=0}^{N} A_{ij} \hat{s}_i + \Lambda E'_s a \sum_{i=0}^{N} \Gamma_{ij} \hat{s}_i = \frac{\pi}{2} \sigma_0 \delta_{0j} \tag{33}$$

式中

$$A_{ij} = \frac{\pi^2}{2}(i + 1) \delta_{ij} \tag{34}$$

$$
\Gamma_{ij} = \int_{-1}^{1} \left[\hat{W}(r) \right]^2 U_i(r) U_j(r)\, \mathrm{d}r
$$
$$
= \begin{cases} 0 & (i \neq j) \\ \dfrac{4(i + 1)(j + 1)}{(i + j + 3)(i + j + 1)(i - j + 1)(j - i + 1)} & (i = j) \end{cases}
$$
$$\tag{35}$$

式中：δ_{ij} 为克罗内克 δ 符号。

通过方程组(33)，可以求得第二类切比雪夫多项式系数，裂纹面的位移可以表示为

$$u_s(x) = u(a \cdot r) = a \cdot g(r) \sqrt{1 - r^2}$$
$$= a \cdot \sum_{i=0}^{N} s_i U_i(r) \sqrt{1 - r^2} \tag{36}$$

裂尖应力强度因子是用来描述裂尖附近应力奇异的严重程度，用裂纹面位移可以表示为

$$K_I = \lim_{x \to 0} \frac{E'_s}{4} \frac{\sqrt{2\pi}}{\sqrt{a-x}} \frac{u_s(x)}{\sqrt{a-x}} \tag{37}$$

将式(36)代入式(37),得

$$\begin{aligned}
K_I &= \lim_{x \to a} \frac{E'_s}{4} \frac{\sqrt{2\pi}}{4} \frac{u_s(x)}{\sqrt{a-x}} \\
&= \lim_{r \to 1} \frac{E'_s}{4} \frac{\sqrt{2\pi a}}{4} \sum_{i=0}^{N} s_i U_i(r) \sqrt{1+r} \\
&= \frac{E'_s}{2} \frac{\sqrt{\pi a}}{2} \sum_{i=0}^{N} s_i U_i(1)
\end{aligned} \tag{38}$$

式中:$U_i(1) = 1 + i$。

3　有限元数值验证

虚裂纹闭合法(VCCT)与有限元结合在断裂分析中有着广泛的应用,其理论基础是裂纹张开释放出的能量与外力使裂纹闭合所做的功相等。图6中显示长度为 a 的裂纹和其增长量 Δa 的虚拟裂纹扩展。能量释放率可以由节点力在裂纹张开过程中所做的功来计算,其能量释放率为[24]

$$G_I \approx \frac{F_y \Delta u_{3,4}}{2t_s \Delta a} \tag{39}$$

式中:F_y 为长度 a 裂纹尖端的节点力分量;Δu 为虚拟裂纹面上点的相对张开位移;G_I 为裂纹模式 I 下的应变能释放率分量。

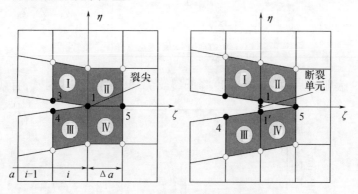

图6　虚拟裂纹闭合法示意图

平面应力状态下裂尖应力强度因子可由能量释放率,根据式(18)求得。以 ABAQUS 有限元软件为计算平台,利用虚拟裂纹闭合法技术,编写用户单元子程序,将断裂参数的计算过程镶嵌到断裂单元中,在后处理部分输出 SIF 值。

根据所建立的 Line – Spring 模型和有限元模型分别计算出 T300/E51 复合材料双面胶接修补航空铝合金 LY12CZ 裂纹板的应力强度因子及裂纹张开位移。针对复合材料双面胶接修补结构的几何、边界和材料对称特点,为了减小计算工作量,建立对称模型,边界条件、几何尺寸及网格如图7所示。采用零厚度内聚力界面单元处理多相材料结构中不连续问题,内聚力界面刚度 $K = 100\text{GPa/mm}$,复合材料补片采用壳单元,修补区域重叠单元之间采用共用节点连接。各材料力学性能见表1,裂纹附近的单元进行局部细化,最小网格尺寸,即 $\Delta a = 0.1875\text{mm}$。

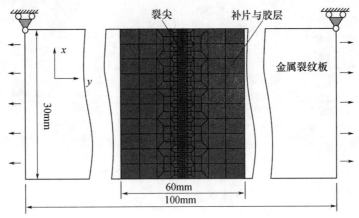

图7　边界条件及局部网格划分

表1　LY12CZ T300/E51 和 J150 材料属性

LY12CZ	T300/E51	J150
$E = 73.8\text{GPa}$	$E_1 = 136.2\text{GPa}$	$E = 2.9\text{GPa}$
$v = 0.33$	$E_2 = 9.5\text{GPa}$	$G = 1.09\text{GPa}$
$t = 3.0\text{mm}$	$G_{12} = 6.9\text{GPa}$	$v = 0.33$
	$v_{12} = 0.33$	$t = 0.1\text{mm}$
	$v_{23} = 0.4$	
	每层厚度 $t = 0.1\text{mm}$	
	0°方向铺15层	

图8 和图9 表明补片的存在大幅度降低裂纹尖端的应力强度因子,有效抑制裂纹的

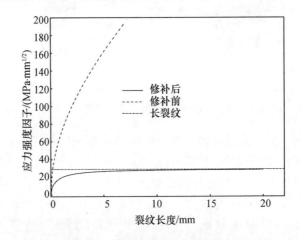

图8　修补与未修补裂尖应力强度因子

张开,改善了裂尖应力场,并且不再满足原有未修补裂尖场 $1/\sqrt{r}$ 奇异性,修补效果明显。随着裂纹长度增加,未修补结构裂尖应力强度因子发散,而修补结构裂尖应力强度因子很快收敛,并趋于恒定值,根据式(19)计算得到 $K_{I\infty} = 28.935 \text{MPa}\sqrt{\text{mm}}$。修补前裂纹的张开轮廓形状为椭圆形,修补后除靠近裂尖位置张开位移变化较大,其余位置变化较小,裂纹张开轮廓呈扁平状。图 10 为不同裂纹长度在 40MPa 远端载荷作用下,裂纹张开位移变化曲线,随着裂纹长度增加,裂纹张开后的形状更加趋于扁平,而裂纹中心张开位移最大值趋于恒定,根据式(9)计算得到, $\text{COD}_{\text{max}} = 7.158 \times 10^{-4} \text{mm}$。

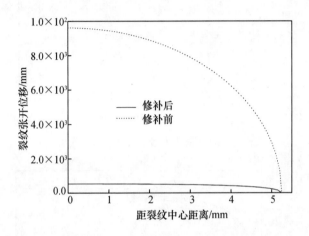

图 9　修补与未修补裂纹张开位移

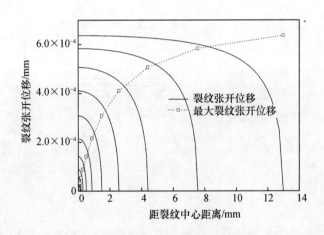

图 10　不同裂纹长度裂纹张开位移解析解

　　图 11 为双面修补后裂纹长度为 5.25mm 时裂纹张开位移分布规律,解析解与有限元数值解吻合较好。图 12 为双面修补后裂尖应力强度因子分布规律,解析解与有限元数值解吻合较好,并且与 Keer 模型[8] 和 Rose 模型[9,10] 均有较好相关性。理论解较有限元解略大,这是因为在计算裂纹面张开力 σ_0 时,近似认为补片与金属板刚性连接,这样的假设导致施加在裂纹面上的应力 σ_0 大于真实值,计算得到的裂尖应力强度因子稍微偏大。当

裂纹长度小于特征长度时,载荷主要由金属板承担,补片传递功能没有显现出来,在裂纹尖端产生严重应力集中,当裂纹大于特征裂纹长度时,复合材料补片胶接修补金属裂纹板修补效益随着裂纹长度的增加而更加明显,并且应力强度因子逐渐接近上限值 $K_{I\infty}$。

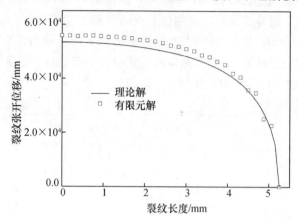

图 11　裂纹张开位移解析解与有限元解

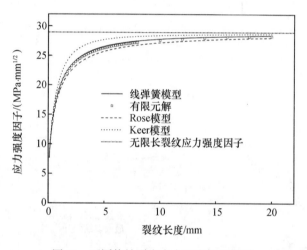

图 12　不同修补裂尖应力强度因子模型

4　结论

（1）利用应力强度因子在线弹性范围内具有可叠加性,将修补结构进行简化,在表面裂纹线弹簧模型的基础上建立了基于超奇异积分方程的 LSM 模型。

（2）对称修补裂纹板裂尖场得到改善,裂尖奇异性阶次变化,影响应力强度因子主要有胶层界面刚度 R 和补片与金属板刚度比 S 两个参数。

（3）利用第二类切比雪夫多项式展开的方法,将超奇异积分方程转化为线性方程组,推导出以裂纹面位移表示的应力强度因子表达式,进一步提高了计算精度。

（4）利用虚拟裂纹闭合法和有限元技术,计算得到了双面修补后,裂纹尖端的有限元数值解,验证了模型的有效性。

参 考 文 献

［1］ Baker A A. Repair of cracked or defective metallic aircraft components with advanced fibre composites ［J］. Composite Structure, 1984, 2(2)：153 – 234.

［2］ Wang C H, Rose L R F. A crack bridging model for bonded plates subjected to tension and bending ［J］. International Journal of Solids and Structure, 1999, 36(13)：1985 – 2014.

［3］ Wang Q Y, Pidaparti R M. Static characteristic and fatigue behavior of composite repaired aluminum plates ［J］. Composite Structure, 2002, 56(2)：151 – 155.

［4］ 王清远,陶华.复合材料修补件的强度和疲劳性能［J］. 材料工程,2003,1：21 – 24. Wang Qingyuan, Tao Hua. Strength and fatigue behavior of composite repaired components ［J］. Material Engineering,2003, 1：1 – 24.

［5］ 汪源龙,程小全,候卫国,张卫方.挖补修理复合材料层合板拉伸性能研究［J］. 工程力学,2012,29(7)：328 – 334. Wang Yuanlong, Chen Xiaoquan, Hou Weiguo, Zhang Weifang. Study on tensile performance of scraf repaired composite laminate[J]. ENGINEERING MECHANICS,1999,16(2)：93 – 98.

［6］ 彭福明,张晓欣,岳清瑞,杨勇新. FRP 加固金属拉伸构件的性能分析[J]. 工程力学,2007,24(3)：189 – 192. Peng Fuming, Zhang Xiaoxin, Yue Qingrui, Yang Yongxin. Performance analysis of tensile metallic members strengthened with FRP[J]. ENGINEERING MECHANICS,2007,24(3)：189 – 192.

［7］ Erdogan F, Arin K. A sandwich plate with a part – through and a debonding crack ［J］. Engineering Fracture Mechanics, 1972, 4(3)：449 – 458.

［8］ Keer L M, Lin C T, Mura T. Fracture analysis of adhesively bonded sheets ［J］. Journal of Applied Mechanics, 1976, 43：652 – 656.

［9］ Rose L R F. An application of the inclusion analogy for bonded reinforcement ［J］. International Journal of Solids and Structures, 1981, 17(8)：827 – 838.

［10］ Rose L R F. A cracked plate repaired by bonded reinforcements ［J］. International Journal of Fracture, 1982, 18(2)：135 – 144.

［11］ Wang C H. and Rose L F R. Bonded repair of cracks under mixed mode loading ［J］. International Journal of Solids and Structures, 1998, 35(21)：2749 – 2773.

［12］ Jones R, Callian R J, Aggarwal K C. Analysis of bonded repair to damaged fiber composite structures ［J］. Engineering Fracture Mechanics, 1983, 17(1)：37 – 46.

［13］ Sun C T, Klug J, Arendt C. Analysis of cracked aluminum plates repaired with bonded composite patchcs ［J］. AIAA Journal, 1996, l34 (2)：3143 – 3151.

［14］ Naboulsi S, Mall S. Modeling of cracked metallic structure with bonded composite patch using three layer technique ［J］. Composite Structure, 1996, 35(3)：295 – 308

［15］ 孙洪涛,刘元铺.改进的金属裂纹板复合材料胶接修补的有限元模型[J]. 西北工业大学学报, 2000, 18(3)：446 – 451. Sun Hongtao, Liu Yuanyong. The improved finite element Model of cracked metal plates repaired with bonded composite patches ［J］. Journal of Northwestern Polytechnical University, 2000, 18(3)：446 – 451.

［16］ 董春迎,谢志成,姚振汉,杜庆华. 边界积分方程中超奇异积分的解法[J]. 力学进展,1995,25(3)：424 – 429. Dong Chunying Xie Zhicheng Yao Zhenhan Du Qinghua. Some Numerical Solution Methods Of Hyper Singular Integrals In Bie[J]. Advance in mechanics 1995,25(3)：424 – 429.

［17］ 汤任基,秦太验.三维断裂力学的超奇异积分方程方法[J]. 力学学报. 1993,25(6),665 – 674. Tang Renji, Qin Taiyan Method of Hypersingular Integral Equations in Three – dimensional fracture mechanics ［J］. ACTA MECHANICA SINICA. 1993,25(6)：665 – 674.

［18］ 徐建新,张开达.复合材料补片止裂性能的方法研究[J]. 工程力学,1999,16(2)：93 – 98. Xu Jianxin, Zhang Kaida. Study on the method of fatigue resistance with composite patches ［J］. ENGINEERING MECHANICS,1999,16(2)：93 – 98.

［19］ 张移山,华庆祥.复合材料补片参数对裂纹尖端应力强度因子的影响[J]. 机械强度,2004,26(S)：100 – 103.

［20］ Hart – Smith L J. Analysis and Design of Advanced Composite Bonded Joints ［R］. Washington, USA：CR – 2218, NASA, 1974.

［21］ Rice J R and Levy N. The part – through surface crack in elastic plate ［J］. Journal of Applied Mechanics. 1972,39 (1)：185 – 194.

［22］ Joseph P F, Erdogan F. Surface crack problems in plates ［J］. International Journal of Fracture,1989, 41：105 – 131.

［23］ Martin P A. Exact solution of a simple hypersingular integral equation ［J］. Journal of Integral Equations and Applications, 1992, 4(2)：197 – 204.

［24］ Raju I S, Calculation of strain – energy release rate with high – order and singular finite – elements ［J］. Engineering Fracture Mechanics, 1977, 9：931 – 938.

（作者：苏维国，穆志韬，郝建滨，陈定海。发表于《工程力学》，2014 年第 06 期）

金属裂纹板复合材料胶接修补结构裂纹扩展行为研究

摘　要:本文为研究金属裂纹板复合材料胶接修补结构的裂纹扩展行为,进行了LY12CZ 航空铝合金裂纹板碳/环氧复合材料补片胶接修复结构的疲劳性能测试试验,观察修补结构疲劳失效模式,并测量一定疲劳周次下的铝合金板的裂纹长度。建立了考虑裂纹扩展,界面脱粘两种失效模式相互耦合的三维非线性有限元分析模型,计算出不同裂纹长度对应的疲劳寿命,对修补结构的疲劳性能进行了评估,其数值计算与试验结果吻合较好。

关键词:复合材料修补;疲劳;裂纹扩展寿命;有限元

损伤飞机结构的修理技术和老龄飞机结构的延寿问题,已经日益引起世界各国航空界的高度重视和普遍关注。与金属材料相比,先进复合材料具有比强度高、比模量大,抗疲劳、耐腐蚀性能好等优点[1-3]。随着先进复合材料的发展及其大量应用,相应研究和发展了复合材料补片胶接贴补飞机金属损伤的修理方法,即以固化的或者未固化的复合材料预浸料补片,用胶接的方法贴补到破坏损伤区,进行局部补强,以达到延长结构使用寿命[4]。

为了保证这种不同材料属性,不同几何尺寸构成非匀质多层复合修理结构的安全性、耐久性/损伤容限,必须对修理结构在交变载荷作用下裂尖应力强度因子,裂纹扩展速率,裂纹扩展寿命等结构抗疲劳性能进行分析,对修理效果进行评定[5],得到高效、可靠的修理方式,以指导工程实际的维修工作。由于有限元数值计算方法在复杂结构力学性能分析中优越性,广泛应用于复合材料修补分析与设计。Jones[6]、Sun[7]、Naboulsi 和 Mall[8]分别提出了“双板 – 胶元模型”“Mindlin 板 – 弹簧元模型”和“三板模型”,这三种模型都可以考虑结构的横向剪切变形。孙宏涛[9]在以上三种模型的基础上提出了“双板 – 胶元修正模型”以及“双板 – 弹簧元修正模型”。“双板 – 胶元修正模型”利用胶元与 Mindlin板共同考虑横向剪切效应,并将该模型离散成“双板 – 弹簧元修正模型”,具有较高的计算精度,且建模快速方便。

为了检验复合材料补片胶接修理技术的实际应用效果、验证胶接修理后试件疲劳寿命恢复程度,本文采用含中心贯穿裂纹的 LY12CZ 铝合金板模拟飞机疲劳受损结构,采用碳/环氧复合材料补片、利用罐压修理工艺对其进行胶接修理。测试和分析了铝合金板中心贯穿裂纹及铝合金板与复合材料补片之间脱粘的扩展,修补结构的裂纹扩展寿命,建立了考虑裂纹扩展,界面脱粘两种失效模式相互耦合的三维非线性有限元分析模型,计算出不同裂纹长度对应的疲劳寿命,对修补结构的疲劳性能进行评估数值计算与试验结果吻合较好。

1 计算模型

1.1 试验件制备

试验采用飞机金属结构使用较多、高强度 LY12 – CZ 铝合金板作为修理对象,预制 10mm 中心贯穿裂纹,然后在 $\sigma_{max} = 100MPa$,$R = 0.1$ 疲劳载荷下,使其扩展至 14mm。补片材料选用 T300/3234 碳/环氧复合材料,环氧树脂作为胶粘剂。铝合金板表面机械打磨后,涂硅烷偶联剂处理,在修理区域涂胶粘剂,把碳/环氧预浸料铺设在修理区域,将修理试件放入热压罐,以共固化的方法,制成如图 1 所示的金属裂纹板复合材料补片胶接修理试件。材料力学性能见表 1。

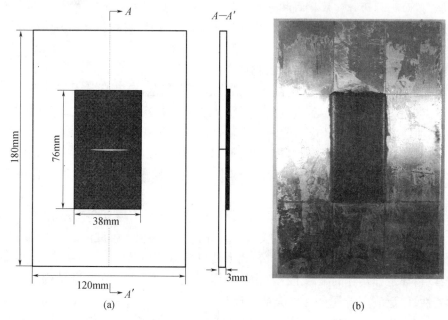

图 1 裂纹板修补尺寸与试样(单位:m)

(a)尺寸;(b)试样。

表 1 LY12CZ、T300/E51 和 J150 材料属性

LY12CZ	T300/3234	Adhesive
$E = 73.8GPa$ $v = 0.33$ $t = 3.0mm$	$E_1 = 136.2GPa$ $E_2 = 9.5GPa$ $G_{12} = G_{23} = 6.9GPa$ $v = 0.33$ 每层厚度 $t = 0.1mm$ 0°方向铺 15 层	$E = 2.9GPa$ $G = 1.09GPa$ $v = 0.33$ $t = 0.1mm$

1.2 疲劳试验

疲劳试验参照 ASTM E-64 在 MTS810 试验机进行,首先对试件预制 10mm 中心贯穿裂纹轴向最大载荷 $\sigma_{max} = 100\text{MPa}, R = 0.1$,正弦波加载,频率 10Hz。试验过程中,记录载荷循环次数及对应的裂纹长度,试件疲劳断裂后,记录其疲劳寿命。采用染色技术观察补片与基板之间的界面脱粘情况。修理试件经过一定疲劳周次的疲劳试验后,将 DPT-8 着色渗透剂从修理试件的裂纹中喷入,由于其较强的渗透性,能够透过裂纹向界面脱粘间隙扩展,从而浸润脱粘界面并着色。

2 复合材料胶接修补数值计算

2.1 失效模式分析

金属裂纹板复合材料补片胶接修理结构在疲劳载荷的作用下,其失效模式主要有:铝合金板裂纹的扩展直至断裂和界面脱粘萌生与扩展,复合材料补片一般不发生破坏。疲劳加载时,裂纹的扩展导致胶接修理区域应力分布状况恶化,使脱粘萌生并扩展,脱粘的出现又降低了修理效率,加快裂纹扩展速率,两种失效模式相互影响,共同作用决定了修理结构的疲劳寿命。

基于裂纹扩展分段的思想[10],采用 Paris 裂纹扩展公式,建立裂纹长度参数化的有限元模型,根据界面脱粘的失效准则和虚拟裂纹闭合技术,对复合材料补片胶接修理含中心贯穿裂纹铝合金板的疲劳寿命进行评估。将铝合金板中心贯穿裂纹从初始裂纹长度 a_0 到临界裂纹长度 a_f 的整个裂纹扩展过程划分为有限个较小的裂纹长度增量 Δa_j,则有

$$a_f - a_0 = \Delta a_1 + \Delta a_2 + \cdots + \Delta a_j + \Delta a_{j+1} + \cdots + \Delta a_n \tag{1}$$

裂纹的扩展寿命为裂纹板经历每段裂纹扩展增量的循环周次之和,即

$$N = N_1 + N_2 + \cdots + N_j + N_{j+1} + \cdots + N_n \tag{2}$$

如果每段裂纹扩展长度 $\Delta a_j = a_{j+1} - a_j$ 足够小,可以近似认为在该段裂纹扩展过程中,应力强度因子幅 ΔK_j 保持不变,根据 Paris 公式,结构在该段裂纹扩展过程所经历的疲劳寿命为

$$\Delta N_j = \frac{\Delta a_j}{C(\Delta K_j(\Delta a_j))^m} \tag{3}$$

裂纹板总的疲劳寿命为

$$N = \sum_{j=1}^{n-1} \Delta N_j = \sum_{j=1}^{n-1} \frac{\Delta a_j}{C(\Delta K_j(\Delta a_j))^m} \tag{4}$$

假设裂纹扩展到某一长度 a_{j+1} 时,根据界面最大剪应力失效准则判断铝合金板与复合材料补片之间是否出现新的脱粘,计算新的界面脱粘面积 S_{j+1},并更新面积 S_j,数值计算过程中采用单元杀死技术模拟胶层破坏,在此基础上根据虚拟裂纹闭合法计算界面脱粘后的应力强度因子。当裂纹尖端应力强度因子达到断裂韧性或者裂纹长度达到临界裂纹长度,计算结束,得到考虑脱粘影响的修补结构裂纹扩展寿命,其计算过程如图 2 所示。

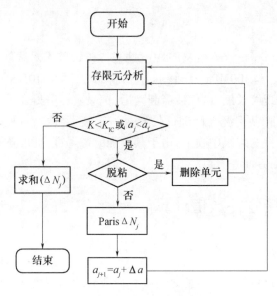

图2 疲劳寿命分析流程

2.2 有限元模型

针对复合材料胶接修补结构的几何、边界和材料对称特点,利用有限元软件 ABAQUS 建立如图3所示修补结构三维有限元模型,铝合金基板采用8节点六面体三维实体单元 C3D8R 进行建模,复合材料补片采用 SC8R 连续壳单元,采用内聚力界面单元处理多相材料结构中不连续问题,界面的脱粘失效采用最大剪应力准则。

图3 复合材料补片胶接修补裂纹有限元模型

4 分析和讨论

利用割线法对未修补试件的裂纹扩展试验数据进行处理,结合中心贯穿裂纹应力强度因子的经验公式,计算得到含中心贯穿裂纹 LY12CZ 铝合金板的裂纹扩展常数 $C = 1.25 \times 10^{-9}$,$m = 1.96$。如图4所示,试验中观察发现,在疲劳加载初期,裂纹周围的胶层承受剪应力较大,沿着裂纹周围形成椭圆形的脱粘。当裂纹扩展到靠近复合材料补片边缘时,补片边缘区域剪应力增大,使得补片边缘出现较大面积的脱粘,由试件中心向两边张开。裂纹超出补片宽度,中心区域的椭圆形脱粘和边缘的张开形脱粘连成一片,胶粘剂完全失效,裂纹扩展加速,经过较少周次的循环加载后,铝合金板断裂。图5为脱粘面积随裂纹扩展长度的变化规律,近似呈线性关系。整个试验过程中,复合材料补片没有出现损伤。

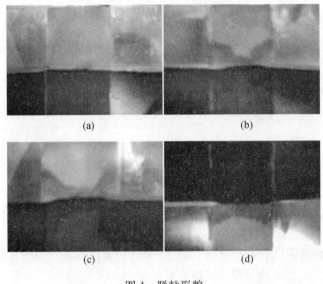

图 4　脱粘形貌

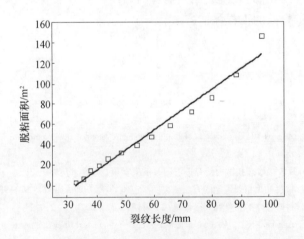

图 5　裂纹长度与脱粘面积的关系

图 6 为修补前后裂纹长度与裂纹扩展寿命的变化曲线,在疲劳载荷作用下,修补后裂纹扩展寿命明显增加,并且修补后金属板的裂纹扩展分为缓慢扩展和快速扩展两个阶段:在循环次数较少时,裂纹长度增加缓慢;当循环次数达到 5×10^5 后,即金属板裂尖扩展补片边缘附近,胶层失效加剧,裂纹进入快速扩展阶段。比较试验结果与考虑界面脱粘影响的裂纹扩展寿命有限元数值计算结果,两者吻合较好,其中在同一裂纹长度下,寿命预测值比试验结果略大,这是因为在计算过程中忽略了由于单面修补引起的弯曲效应,导致计算得到的应力强度因子比实际值要小,从而导致寿命的预测值要比实际值略大。

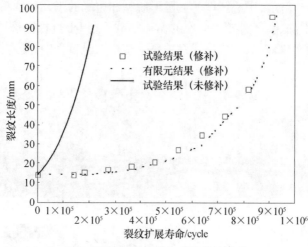

图 6　裂纹扩展寿命与裂纹长度曲线

5　结论

试验验证了金属裂纹板在复合材料胶接修补后,裂纹扩展速率明显降低,抗疲劳性能显著提高。其疲劳损伤过程为裂纹扩展和界面脱粘相互交替作用的渐进失效模式,考虑裂纹扩展与界面脱粘两种失效模式相互耦合的裂纹扩展寿命有限元模型计算结果正确、合理,可以作为一种有效的工程评估方法。

参 考 文 献

[1] Baker A A. Repair of cracked or defective metallic aircraft components with advanced fibre composites [J]. Composite Structure, 1984; 2(2): 153 –234.

[2] Jones R, Callian R J, Aggarwal K C. Analysis of Bonded repair to damaged fiber Composite structures [J]. Engineering Fracture Mechanics, 1983, 17(1): 37 –46.

[3] 徐建新. 复合材料补片胶接修理技术的研究进展[J].航空学报, 1999(4):381 –383.

[4] 徐建新,张开达.复合材料补片止裂性能的方法研究[J].工程力学,1999, 16(2): 93 –98.

[5] 王清远,陶华.复合材料修补件的强度和疲劳性能[J].材料工程, 2003, 1: 21 –24.

[6] Jones R, Callian R J, Aggarwal K C. Analysis of Bonded repair to damaged fiber Composite structures [J]. Engineering Fracture Mechanics, 1983, 17(1): 37 –46.

[7] Sun C T, Klug J, Arendt C. Analysis of cracked aluminum plates repaired with bonded composite patches [J]. AIAA Journal, 1996, l34 (2):3143 –3151.

[8] Naboulsi S, Mall S. Modeling of cracked metallic structure with bonded composite patch using three layer technique [J]. Composite Structure, 1996, 35(3): 295 –308.

[9] 孙洪涛,刘元镛.改进的金属裂纹板复合材料胶接修补的有限元模型[J]. 西北工业大学学报, 2000,18 (3):446 –451.

[10] 杨孚标.复合材料修补含中心裂纹铝合金板的静态与疲劳特性研究[D]. 长沙:国防科学技术大学, 2006.

（作者：苏维国,穆志韬,王朔。发表于《沈阳航空航天大学学报》,2014 年第 01 期）

金属损伤复合材料胶接修补结构力学试验研究

摘　要：为评估金属损伤复合材料胶接修补结构的剩余强度和剩余寿命，进行了含半穿透性和穿透性损伤 LY12CZ 航空铝合金板碳/环氧复合材料补片胶接修复结构的力学性能对比验证试验，分析在静拉伸和疲劳载荷作用下修补结构的破坏模式、失效机理，并对修理效果进行评定。试验研究发现，复合材料胶接修补技术有效改善了半穿透性损伤和穿透性损伤这两类损伤区域的受力状况，恢复其载荷传递路线，能大幅度提高含损伤试件的剩余强度和剩余寿命恢复，是一种高效、可靠金属损伤修补方法。

关键词：复合材料修补；穿透和半穿透性损伤；力学性能试验；失效载荷；疲劳寿命

1　引言

损伤飞机结构的修理技术和老龄飞机结构的延寿问题，已经日益引起世界各国航空界的高度重视和普遍关注[1]。随着先进复合材料的发展及胶接技术的不断成熟，复合材料补片胶接修理飞机金属损伤技术已经成为材料，结构与力学领域的研究热点[2]。由于各向异性复合材料的引入，多层修补结构的剩余强度问题和断裂问题更加复杂[3-8]。为了保证这种不同材料属性，不同几何尺寸构成非匀质多层复合修理结构的安全性、耐久性/损伤容限，必须对修理结构的破坏模式、失效机理进行分析，以得到高效、可靠的修理方式。在当前理论研究和数值计算不完善的条件下，试验验证已经成为指导工程实践的最有效的研究方法。Ratwani[9]试验研究了补片材料、尺寸和铺层设计及环境条件对胶接修复结构疲劳寿命的影响。Sandow[10]考察了 2024 - T3 铝合金板的厚度、胶粘剂种类及疲劳载荷类型等因素对结构疲劳寿命的影响。Kumar[11]试验研究了复合材料补片形状对含中心穿透性裂纹板剩余强度修复效果的影响，修复效果依次为多边形、长方形、椭圆形和圆形。Denney[12,13]研究了胶层脱胶位置、脱胶尺寸及初始裂纹长度、最大应力和应力比对疲劳裂纹扩展速率的影响。Schubbe[14]试验研究了复合材料补片长度和厚度对金属裂纹板修复效果的影响，较长的补片可有效避免脱胶，并延长疲劳寿命，而增加补片厚度会增加胶层传递的载荷，导致胶层过早脱粘。Klug[15]测试了碳纤维复合材料补片修复 2024 - T3 铝合金板的疲劳特性，单面修复可以使疲劳寿命提高 4 ~ 5 倍，而双面修复能达到 10 倍以上。Wang[16]试验研究了飞机蒙皮材料 7075 - T6 铝合金板在硼纤维复合材料贴片修复后的疲劳性能，随着复合材料贴片层数的增加，修复后构件疲劳寿命可延长 4 ~ 15 倍，同时裂纹扩展速率下降为原来的 $\frac{1}{20}$ ~ $\frac{1}{3}$。Aggelopoulos[17]试验研究了含表面裂纹钢板复合材料修补后在厚度方向上的裂纹扩展行为。Hosseini - Toudeshky[18]研究了含穿透性裂纹铝合金厚板复合材料单面修补后的修补面、未修补面和中面的裂纹扩展规律。

已有的文献均为对含裂纹金属板的修补，损伤类型单一，对疲劳损伤外的飞机穿透性结构损伤，比如含腐蚀坑半穿透性损伤没有进行试验验证，并且针对裂纹的修补没有考虑是否钻止裂孔。本文以 LY12 – CZ 航空铝合金试样为修补材料,将损伤类型分为半穿透型和穿透型,根据损伤类型以及胶接修补和钻止裂孔的情况,制备出 7 种类型的试验件,进行了各组典型件的静拉伸、疲劳力学性能对比验证试验。试验结果表明,复合材料修补能有效提高受损结构的承载能力和抗疲劳断裂性能,是一种高效、可靠的修补技术。

2 试验件制备

试验选用飞机主体结构使用较多、强度较大的 LY12CZ 铝合金材料作为修复研究对象,根据飞机金属结构在服役期间因为环境和载荷的作用而形成的损伤,将结构所受损伤分为半穿透损伤和穿透性损伤,分别模拟腐蚀环境造成的腐蚀坑以及环境和载荷共同作用下在腐蚀坑边缘处萌生的穿透疲劳裂纹。腐蚀损伤和止裂孔采用机械加工预制,孔边双侧穿透裂纹采用线切割预制。复合材料补片的性能会影响修复的效果,试验选用国产碳/环氧 T300/3234 复合材料,胶粘剂是补片和待修构件中间的传力媒介,试验选用 SY – 24C 中温固化环氧胶粘剂,固化温度为 (120 ± 5) ℃,固化时间为 1.5h,固化压力为 $0.1 \sim 0.3$ MPa。各材料的力学性能见表 1。

表 1 LY12CZ T300/3234 和 SY24 – C 材料属性

LY12CZ	T300/3234	SY – 24C
$E = 62.85$ GPa $\nu = 0.3$ $\sigma_s = 373.68$ MPa	$E_1 = 140.0$ GPa $E_2 = E_3 = 9.0$ GPa $\nu_{12} = \nu_{13} = 0.3$ $\nu_{23} = 0.3$ $G_{12} = G_{13} = G_{23} = 4.7$ GPa $t = 1.5$ mm	$E = 10.0$ GPa $\nu = 0.3$ $t = 0.2$ mm

采用磷酸电解质溶液对 LY12CZ 铝合金表面进行了阳极化处理,以改善表面的粘接性能。试验选择 B 阶段复合材料预浸料和胶粘剂共固化制度,试验设备及制备过程如图1 所示。为了消除高温固化过程中预浸料和胶粘剂可能出现的暴聚现象,试验采用两步固化法,工艺参数如图 2 所示。第一阶段,B 阶段的复合材料预浸料和胶粘剂平缓固化;第二阶段,通过增加固化温度来提高预浸料和胶粘剂的固化度,进而提升修理质量。

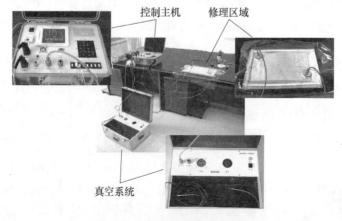

图 1 试验件制备过程

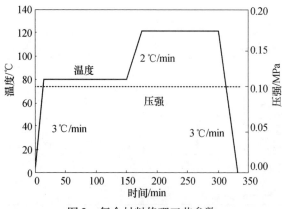

图2　复合材料修理工艺参数

　　根据损伤类型以及胶接修补和钻止裂孔情况,将试验件分为7种类型,见表2。C类(穿透损伤修补)、E类(半穿透损伤修补)和G类(穿透损伤修补含止裂孔)试验件形状和尺寸见图3、图4和图5,其余类试样尺寸参考上述类型尺寸。A－E类型试验件每类共8件,其中3件用于静拉伸试验,其余5件用于疲劳试验,F类和G类试验件每类共5件,全部用于疲劳试验。

表2　试件类型

类型	损伤类型	修补方式	数量
A	无损伤	未修补	8
B	腐蚀损伤	未修补	8
C	腐蚀损伤	补片胶接修补	8
D	疲劳损伤	未修补	8
E	疲劳损伤	补片胶接修补	8
F	疲劳损伤	钻止裂孔	8
G	疲劳损伤	钻止裂孔和补片胶接修补	5

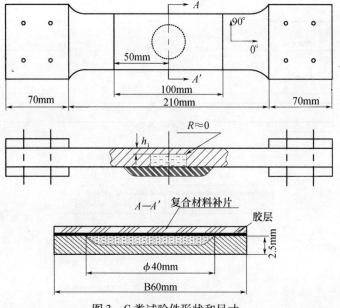

图3　C类试验件形状和尺寸

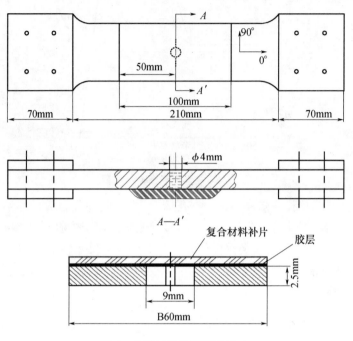

图4 E类试验件形状和尺寸

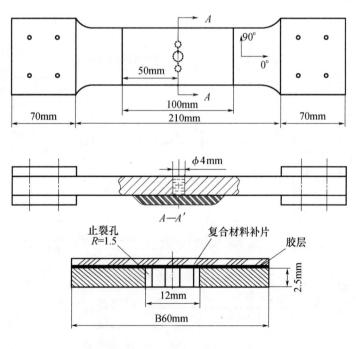

图5 G类试验件形状和尺寸

3　试验与结果分析

3.1　力学性能试验

通过静力试验,可以很直接、简便地测试复合材料胶接修理铝合金在静拉伸载荷作用下的力学行为和修理效果。静力拉伸试验参照 GB/T 1447—2005 和 GB/T 228—2002 在 MTS880 - 500kN 试验机上进行,轴向拉伸速率设定为 0.5mm/min,试件断裂为试验终止判据,试验过程中记录载荷与变形曲线和极限载荷,载荷与位移的测量误差均不超过 1%。

通过疲劳试验,可以测定试件在疲劳载荷作用下的力学行为和修理效果。试验参照 GB/T 3075—2008 和 GB/T 6398—2000 在 MTS880 - 500kN 试验机上进行,轴向最大载荷为损伤试件拉伸静强度的 70%,基准应力比为 0.1,正弦波加载,频率 10Hz,交变动载误差不超过 2%。试验中观察修补结构疲劳失效模式,记录其疲劳寿命,对于半穿透损伤修补试样还需测量一定疲劳周次下的铝合金板的裂纹长度。

3.2　结果与讨论

静拉伸试验测定了试样的极限载荷,结果见表 3,试验过程中载荷与位移关系如图 6 所示。和无损伤试件相比,由于承载的净截面积减小,含有半穿透性损伤和穿透性损伤未修理铝合金试件承载能力的保留率仅为 59.4%、60.8%。修理后铝合金试件承载能力的恢复率为 85.2%、84.5%,与未修理试件相比提升了 25.8%、23.7%。静拉伸过程中观察发现,当拉伸载荷较小时,材料处于弹性阶段,力与位移符合线形关系,并且所有试件的刚度差别较小。随着拉伸载荷的增加,铝合金板开始产生塑性变形,补片端部胶层应力集中更加严重,为最薄弱位置。当胶层应力和应变满足失效准则时,胶层端部迅速出现脱粘,脱粘位置的补片不再传递载荷,承载能力发生突变,随后铝合金板发生塑性断裂。因此,复合材料胶接修理试件的静拉伸破坏形式为分步渐进式失效而非突发性破坏。

表 3　静拉伸试验结果

试件编号	均值	分散系数
A1 A2 A3	84604	0.43%
B1 B2 B3	50225	2.68%
C1 C2 C3	72115	0.076%

（续）

试件编号	均值	分散系数
D1 D2 D3	51459	0.30%
E1 E2 E3	71454	0.83%

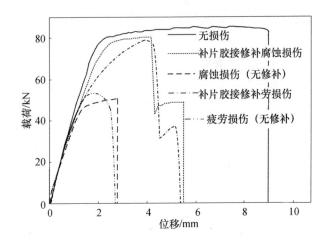

图6　载荷与位移曲线

通过疲劳试验可以测试结构抗疲劳断裂性能，其含半穿透性损伤试样疲劳试验结果对比数据见表4。对于半穿透性损伤未修补试样，由于在铝合金板凹坑处形成严重的应力集中，在疲劳载荷的作用下，极易形成疲劳源，并迅速扩展断裂，相比完好试样，其疲劳寿命至少缩减为原来的1/24。而对应修补试样，由于复合材料补片的"桥连"作用，改善了损伤区域的受力状况，延长了裂纹形成寿命，从而提高了疲劳强度，相比未修补试样，其疲劳寿命增加了4.4倍。对于疲劳断口形貌分析发现，未修补试样疲劳源主要在试样中线凹坑底部中心线附近，此处为应力集中最严重地方（图7）。修补后，其传力路线部分恢复，应力集中得到缓解，但是应力集中最严重的位置由于胶层和补片的影响，分散在凹坑底部周围，形成了如图8～图10所示的三种典型失效模式。所有修补试样均为中心线一侧首先开胶，继而扩展，补片和修补区域均留有胶痕，另一侧胶层完好，补片未出现分层、开裂等损伤。金属板疲劳断口留下明显的裂纹萌生和裂纹扩展痕迹（图7～图10），从疲劳源处开始出现较为光滑的裂纹缓慢扩展区，而后出现较为粗糙的裂纹快速扩展区，最后由于过载发生瞬间韧性断裂，断口呈现韧窝。观察发现，修补后试样的断口裂纹扩展区域面积要大于未修补试样，即瞬断区面积要小于未修补样，因此裂纹扩展寿命也相应增加。

表 4　疲劳试验结果

试件编号	均值	分散系数
A4 A5 A6 A7 A8	195923	28.00%
B4 B5 B6 B7 B8	8096	127.30%
C4 C5 C6 C7 C8	35753	50.17%

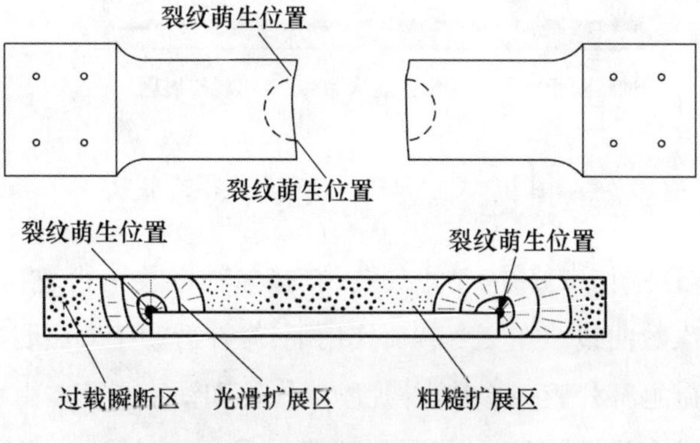

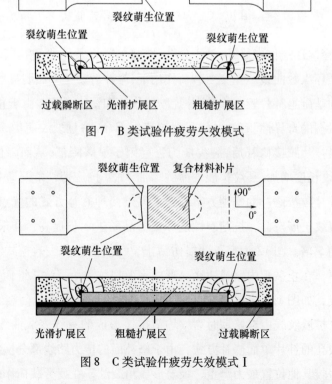

图 7　B 类试验件疲劳失效模式

图 8　C 类试验件疲劳失效模式 Ⅰ

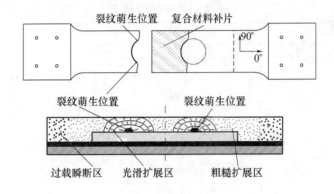

图9　C类试验件疲劳失效模式Ⅱ

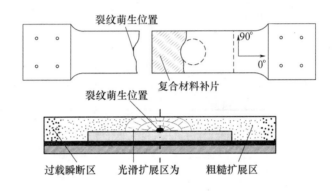

图10　C类试验件疲劳失效模式Ⅲ

　　图11为含穿透性损伤未修补、钻止裂孔、胶接修补以及钻止裂孔同时胶接修补试样的裂纹长度与循环次数曲线。在交变载荷作用下,修补后疲劳寿命明显增加,修复效果依次为钻止裂孔的基础上补片胶接修补、补片胶接修补和钻止裂孔。由于止裂孔的存在,消除了原有裂纹尖端的奇异性,有效增加了裂纹萌生寿命,一旦裂纹萌生,裂纹迅速扩展至断裂。复合材料补片胶接修补后,裂尖应力强度因子显著降低,从而降低了裂纹扩展速率,并且临界裂纹长度增加,裂纹扩展寿命约增加4倍,抗疲劳性能显著提高。在钻止裂孔基础上进行补片胶接修补的修理方案综合了以上两种修补方式的优点,同时增加了裂纹萌生寿命和裂纹扩展寿命,抗断裂性能和疲劳品质进一步提高,和未修补试样相比,疲劳寿命约增加5倍。图12为穿透性损伤钻止裂孔前后疲劳失效模式和断口形貌,在交变载荷作用下,在止裂孔内壁或边缘,形成表面裂纹和角裂纹,继而贯穿,裂纹扩展纹线近似为直线,如图12(b)、(c)所示。由于单面修补,修补面裂纹扩展速率小于未修补面,裂纹扩展纹线由未修理时裂纹均衡扩展形成的直线变成曲线,如图13(a)所示。而含止裂孔的补片单面修补方式,由于修补面的传力路线部分恢复,而未修补面孔边的应力集中较其他位置最为严重,极易形成角裂纹,在疲劳载荷作用下,裂纹贯穿

形成穿透性裂纹，并按照图 13（b）所示的方式扩展。与未穿透性损伤类似，金属裂纹板疲劳断口也留下明显的裂纹萌生和裂纹扩展痕迹，胶接修补后试样裂纹扩展区域面积要明显大于未胶接修补试样。

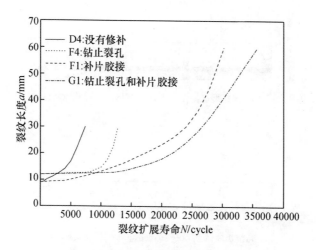

图 11   试验裂纹扩展曲线

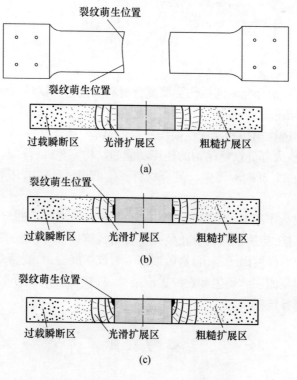

图 12   D 类和 F 类试验件疲劳失效模式

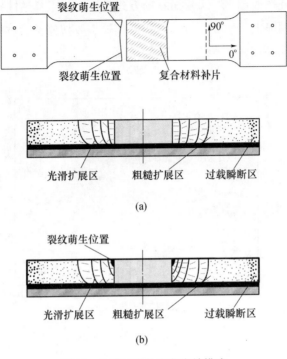

（a）

（b）

图 13　G 类试验件疲劳失效模式

4　结论

进行了 LY12CZ 铝合金不同损伤类型复合材料胶接修补试件的静拉伸和疲劳对比验证试验，得到以下结论。

（1）对含半穿透性损伤和穿透性损伤静拉伸试验，复合材料胶接修补能有效改善损伤区域的受力状况，大部分恢复结构的使用功能和结构完整性，修理后铝合金试件承载能力的恢复率分别为 85.2%、84.5%。复合材料胶接修理试件的破坏形式为分步渐进式失效而非突发性破坏。

（2）在疲劳载荷作用下，半穿透性损伤复合材料修补增加了凹坑底部裂纹萌生寿命，疲劳寿命约增加 4 倍，穿透性损伤含止裂孔复合材料胶接修补显著了增加裂纹萌生寿命，减小了裂纹尖端应力强度因子幅值，有效增加了裂纹扩展寿命，疲劳寿命约增加 5 倍。金属板疲劳断口有明显的裂纹萌生和裂纹扩展痕迹，胶接修补后试样裂纹扩展区域面积要明显大于未胶接修补试样。

参 考 文 献

［1］Baker A A. Repair of cracked or defective metallic aircraft components with advanced fibre composites ［J］. Composite Structure ,1984 , 2(2) :153 - 181.

［2］谢鸣九. 复合材料连接［M］. 上海：上海交通出版社 2011.（Xie Mingjiu. Joints for composite materials ［M］. Shanghai: Shanghai Jiao Tong University press, 2011.

［3］徐建新,张开达.复合材料补片止裂性能的方法研究［J］.工程力学,1999,16(2)：93－98.（Xu Jianxin, Zhang Kaida. Study of the method of failure resistance with composite patches［J］. Engineering Mechanics, 1999,16(2)：93－98.

［4］Wang Q Y, PIDAPARTI R M. Static characteristic and fatigue behavior of composite repaired aluminum plates［J］Composite Structure, 2002, 56(2)：151－155.

［5］王清远,陶华.复合材料修补件的强度和疲劳性能［J］.材料工程,2003,(1):21－24（Wang Qinyuan, Tao Hua. Strength and fatigue behavior of composite repaired components［J］. Material Engineering,2003,1:21－24.

［6］张移山,华庆祥.复合材料补片参数对裂纹尖端应力强度因子的影响［J］.机械强度,2004,26(S):100－103.（Zhang Yishan, Hua Qingxiang. Effect of the composite patch parameters on stress intensity factors near the crack tip［J］. Journal of Mechanical Strength,2004,26(S)：100－103.

［7］白江波,熊峻江,李绍春.复合材料胶结修补缺损金属结构的力学性能研究［J］.材料工程,2009,增刊2:359－362（Bai jiangbo, Xiong Junjiang, Li Shaochun. Mechanical Properties of cracked metallic structure repaired with adhesive bonding composite patch［J］. Material Engineering,2009,2:359－362.

［8］李绍春,熊峻江.复合材料胶接修补件力学性能的实验研究与数值模拟［J］.材料工程,2011,(6):11－16（LI Shaochun, Xiong Junjiang. Experimental investigation and numerical simulation on mechanical prosperities of notched metallic panels repaired with bonded composite patch［J］. Material Engineering,2011,6:11－16.

［9］Ratwani M M Analysis of cracked adhesively bonded laminated structures. AIAA Journal, 1974,17, 988－994.

［10］Sandow F A, Cannon R K. Composite repair of cracked Aluminum Alloy Aircraft Structure［R］. USAF Wright Labs Report TR－87－3072, 1987.

［11］Kumar A M, Hakeem S A. Optimum design of symmetric composite patch repair to centre cracked metallic sheet［J］. Composite Structures, 2000, 49(2)：285－292.

［12］Denney J J, Mall S. Effect of disbond on fatigue behavior of cracked aluminum panel with bonded composite patch［R］. AIAA－96－1322－CP.

［13］Denney J J, Mall S. Characterization of disbond effects on fatigue crack growth behaviour in aluminum plate with bonded composite patch［J］. Engineering Fracture Mechanics, 1997, 57(5)：507－525.

［14］Schubbe J J, Mall S. Investigation of a cracked thick aluminum panel repaired with a bonded composite patch［J］. Eng Fracture Mechanics, 1999, 63(1)：305－323.

［15］Klug J C, Maley S, Sun C T. Characterization of fatigue behavior of bonded composite repairs［J］. Journal of Aircraft, 1999, 36(5)：1016－1022.

［16］Wang C H. Fatigue crack closure analysis of bridged cracks representing composite repairs［J］. Fatigue and Fracture of Engineering Materials and Structures, 1999,23,477－488

［17］Aggelopoulos E S, Righiniotis T D, Chryssanthopoulous. Composite patch repair of steel plates with fatigue cracks growing in the thickness direction. ［J］Composite Structure, 2014, 108(1)：729－735.

［18］H. Hosseini－Toudeshky, B. Mohammadi. Mixed－mode numerical and experimental fatigue crack growth analyses of thick aluminum panels repaired with composite patches. ［J］Composite Structure, 2009, 91(1)：1－8.

（作者：苏维国,穆志韬,李旭东。发表于《应用力学学报》,2014年第05期）